3

Introduction to the Modern Theory of Dynamical Systems

现代动力系统理论导论 （第二卷）

□ Anatole Katok
Boris Hasselblatt 著

□ 金成桴 译

包含由 Anatole Katok 和 Leonardo Mendoza 撰写的补遗

高等教育出版社·北京

图字：01-2016-8992 号

Introduction to the Modern Theory of Dynamical Systems, 1st Edition, by Anatole Katok, Boris Hasselblatt, first published by Cambridge University Press in 1995.

图书在版编目（CIP）数据

现代动力系统理论导论．第二卷 /（美）卡托克（Anatole Katok），（美）哈塞尔布拉特（Boris Hasselblatt）著；金成桴译．-- 北京：高等教育出版社，2017. 7
（世界数学精品译丛）
书名原文：Introduction to the Modern Theory of Dynamical Systems
ISBN 978-7-04-047601-9

Ⅰ．①现… Ⅱ．①卡… ②哈… ③金… Ⅲ．①动力系统（数学）－理论 Ⅳ．① O19

中国版本图书馆 CIP 数据核字（2017）第 074626 号

策划编辑 李 鹏　　责任编辑 李 鹏　　封面设计 李小璐　　版式设计 马敬茹
责任校对 刁丽丽　　责任印制 韩 刚

出版发行	高等教育出版社	网　址	http://www.hep.edu.cn
社　址	北京市西城区德外大街4号		http://www.hep.com.cn
邮政编码	100120	网上订购	http://www.hepmall.com.cn
印　刷	北京东君印刷有限公司		http://www.hepmall.com
开　本	787mm×1092mm 1/16		http://www.hepmall.cn
印　张	26.75		
字　数	510 千字	版　次	2017年 7月第 1 版
购书热线	010-58581118	印　次	2017年 7月第 1次印刷
咨询电话	400-810-0598	定　价	89.00 元

物 料 号 47601-00

献给 Sveta 和 Kathy

中文版序

非常高兴我们的《现代动力系统理论导论》一书出版了中文版.

中国的数学在最近几十年里无论从数量还是质量上都取得了长足的发展, 动力系统理论是这些发展的最前沿. 中国主要大学的数学系都有许多动力系统研究小组. 许多学生都在学习动力系统, 包括本科生和研究生, 这个数量还在继续增长. 这就非常需要有这方面的中文教科书与参考书.

我们的《动力系统入门教程及最新发展概述》一书于 2009 年由科学出版社出版了中文版. 那本书是针对本科生和硕士研究生水平的数学系学生, 以及相邻学科需要接受这个主题介绍的学生. 本书出现虽然比它早, 但也代表掌握这个主题自然接下来的一步. 它的主要对象包括数学研究生, 以及在分析和几何各个领域做研究工作的数学家. 它也可作为教科书和参考书. 我们也希望《现代动力系统理论导论》中文版的出现有助于建立动力系统这个主题中的中文标准术语, 特别是它的几个新分支中的术语.

我们要深深感谢本书译者金成桴教授. 他为本书的中文翻译和出版付出了大量的精力. 我们非常了解他安排对我们这本不小著作的推荐并翻译成中文是多么的困难, 这项繁重艰巨任务的完成赢得了我们对他的敬佩和感激. 虽然我们不懂中文, 无法从语言学角度判断翻译质量, 但从我们知道并确信其出色的数学精度的时候起, 我们就非常满意. 译者还发现并改正原书相当数量的印刷错误, 那些错误在该书的 5 次印刷中我们没有注意到. 这个中文版还进行了不同的修正和小的改进, 这些积累将在今后英文版印刷中作最后更改.

我们也要感谢高等教育出版社为本书所承担的有关出版的所有工作.

Boris Hasselblatt, Anatole Katok

译者序

动力系统理论一般研究映射和流的大范围结构, 主要用来描述依赖于时间的确定性系统在坐标变换下不变的渐近性质. 它的发展与数学其他主要学科紧密联系, 又广泛应用于其他科学领域, 如非线性科学、混沌动力学、统计力学、化学、生物学、传染病学、经济学, 甚至社会科学等. 过去 40 多年来这个理论经历了持续的发展, 是目前发展最快、内容也最丰富的主要数学学科之一. Katok 和 Hasselblatt 的《现代动力系统理论导论》一书是剑桥大学出版社作为数学及其应用百科全书系列第 54 卷于 1995 年正式出版 (但它并非是一本动力系统的百科全书!). 该书的出版引起了数学, 特别是动力系统专家和其他科学领域人士的高度重视与兴趣, 吸引了广大读者, 出现供不应求的局面! 剑桥大学出版社不得不于 1996—1999 连续 5 年一次次重印. 这在数学著作出版史中非常罕见! 即使在其他科学领域也是少有的. 为了满足广大学生的需要, 出版社也从 1997 年开始印刷了大量平装本 (尽管本书是一本大部头著作!). 动力系统理论和应用方面的许多世界著名专家也都在国际著名数学期刊上对该书发表高度评价并向大家推荐此书. 除了本书封底上的评论之外, 还有几位专家的评论, 现摘录如下:

R. Devaney 在《数学情报员》(Mathematical Intelligencer) 上评论: "作者对什么是动力系统理论的所有内容有一个明确的想法, 该书为满足每个人的口味包含足够多的动力学内容, 它是一本一流水平的认真仔细而巧妙的经典汇编, 是动力系统这个领域任何一个学者都必须具备的著作."

K. Schmidt 在《德国数学月刊》(Monatshefte für Mathematik) 上评论: "在动力系统这个主题的全面和可读性方面没有其他更接近的处理, 对任何一个工作在动力系统几乎任何方向的人员来说本书是必不可少的, 即使专家也会从这本书中发现有趣的新证明和历史参考资料."

Richard Swanson 在《SIAM 评论》(SIAM Review) 上评论: "本书末尾的附注是完全的且相当有用. 它对本书相当多的问题提供了提示和解答. 这些问题的类型相对比较简单易懂, 我记得是过去 10—20 年阅读过研究论文的结果 …… 我建议本书作为一本特殊的参考书."

G. Sorger 在《国际数学新闻》(International Mathematical News) 上评论: "我认为 Katok 和 Hasselblatt 的《现代动力系统理论导论》一书是动力系统理论文献中的一个极其宝贵的资产. 我完全相信可把这本书推荐给任何处理这个理论的教学、科研或应用人员."

本书的特色到底表现在哪些地方? 纵观全书, 至少在以下几个方面与众不同. 首先, 动力系统的几组例子是按它们性态的复杂程度分批分层次介绍. 第二, 作者以严谨的现代数学理论 (包括传统的泛函分析、拓扑、微分流形理论、测度论, 以及同调论、同伦论、曲面几何等) 全面、广泛、深入、高屋建瓴、综合性地阐述了动力系统各个分支, 如拓扑动力系统、双曲动力系统、符号动力系统、遍历理论、低维动力系统、经典动力学的现代理论, 以及非一致双曲性态的动力系统, 但以光滑动力系统为重点, 并注意对底空间 (如各种曲面) 和有关动力系统 (流与映射) 的各种分类, 等等. 对动力系统上述各个分支的综合性介绍, 体现在探讨它们之间的内在联系, 因此各个分支的内容往往不是集中在一起介绍, 有的内容要等到介绍适当理论和方法以后才能讨论, 如对双曲动力系统的讨论和处理. 对各种方法的介绍与应用, 除了介绍具体方法, 也说明这些方法所用的范围和局限性, 并说明这些方法是来自拓扑、泛函分析、测度论、概率论、微分几何、微分流形、曲面几何, 同调论等数学各个领域. 即使有的在当前还只是处于探索阶段. 特别地, 全书除了重点介绍映射或流的动力系统, 也适当介绍有关群动力系统和代数动力系统. 第三, 本书内容很多, 但不全在同一个水平上, 适合多方面读者需要, 既可作为研究生动力系统课程的教材 (可分多个主题讲授), 如前面 4 章的基础内容, 又可为搞应用的研究人员和专家们参考, 他们可从本书看到许多问题的进展和解决方法的探讨, 并从作者对一些问题的独到见解和新颖思想得到启发和借鉴; 数学其他领域的专家们也可从中了解动力系统考虑的主要问题和需要解决的问题, 可考虑是否从本领域开发一些新方法来解决这些问题, 以推动整个动力系统理论的发展, 以及动力系统与其他学科的联系与综合利用等. 此外, 由于本书是一本自封闭的独立著作, 因此可为有志于学习动力系统理论并努力成为这方面专家的读者提供一本难得的自学用的优秀的一流教材. 该书已成为当今动力系统这个方向最权威的工具书之一. 第四, 本书后面的附注对各章节介绍的有关概念、方法、理论和发展历史以及结果归属等都解释得非常仔细, 使得读者从中得到有关理论的发展的一个全面的了解. 读者在阅读正文过程中可同时参考这些说明, 相信颇有收益. 第五, 本书还有一个重要特点, 是对双曲系统与低维动力系统的处理上, 它与其他同类著作不同. 对双曲系统, 分为局部理论、度量性质与拓扑性质, 以及遍历理论等, 由于这部分理论比较丰富, 这种处理的方法得到业内专家们 (如 Takens) 的赞赏, 认为是这个理论的最好处理方式. 低维动力学不是根据相空间的维数, 也不是如大多数著作主要介绍一维和二维动力系统, 而是将低维动力系统按其复杂程度分为极低维动力系统和低维动力系统. 最后, 本书内容极其丰富, 牵涉面又很广, 但好在作者在各章开始都对该章内容有一个简短介绍, 而且对有关内容随时都有总结, 例如动力系统理论中的各种分类问题, 寻找动力系统复杂性的存在无穷多个周期轨道的各种方法, 等等, 这方面在本书第 3 部分开始的第 10 章也有较详细的介绍, 它对全书内容还起着承上启下的良好作用.

全书除了引言、附录、附注、练习提示与答案, 共分 4 大部分和一个补遗. 第 1 部分通过动力系统的几个基本例子, 详细介绍动力系统的基本概念和研究方法. 第 2 部分主要介绍个别轨道附近的局部分析与轨道结构大范围复杂性之间的联系与相互影响. 第 3 和第 4 部分深入发展低维动力系统和双曲动力系统. 补遗部分主要介绍最近发展的具有非一致双曲性态的动力系统. 附录中介绍本书用到的其他较高级的数学理论, 包括拓扑、泛函分析、微分流形、微分几何、曲面的拓扑与几何、测度论、同调论、Lie 群等基础知识, 附注中介绍有关结果的发展历史与归属.

各部分内容的较详细介绍, 以及动力系统各个分支的概述可看本书的序和第 0 章.

作者 Katok 早先是在莫斯科大学取得的博士学位, 与著名动力系统专家 Arnold 等合作发表过多篇质量很高的文章. 他继承了苏联数学理论坚实的传统, 数学功底既深又宽. 现任美国宾夕法尼亚州立大学 Raymond N. Shibley 数学教授、动力系统与几何中心主任、《现代动力学杂志》(Journal of Modern Dynamics) 主编、是《遍历理论和动力系统》(Ergodic Theory and Dynamical Systems) 的共同创办人; 曾在 2008、2009、2011、2013 年四次获得动力系统的 Michael Brin 奖, 是动力系统学术界当今领军人物之一. 世界各主要数学研究所和大学都聘他做学术讲学和客座教授. Hasselblatt 是 Tufts 大学的数学教授, 他的主要研究领域是光滑动力系统的双曲性态.

在翻译本书的过程中, 根据作者提供的英文版 5 次印刷中发现的印刷错误, 我又改正了他们未发现的这几次印刷中的错误, 后者得到了 Hasselblatt 的确认. 数学名词的翻译主要参考科学出版社 1997 年出版的《数学百科全书》(第一、二、三、四、五卷) 和张鸿林、葛显良编订的《英汉数学词汇》, 以及有关同类著作. 中文版分两卷出版. 正文左右两边方括号内的数字是原书对应的页码, 便于读者查阅索引条目时参考, 索引词条后面的数字指原书的页码.

最后, 感谢作者 Katok 和 Hasselblatt 为中文版写的热情洋溢的序, 以及 Hasselblatt 提供的本书勘误表, 并对我新发现的错误予以确认. 感谢高等教育出版社学术著作分社策划编辑李鹏老师的热忱、持续的支持与帮助, 最后, 感谢我妻子何燕俐的耐心, 以及对我的理解、支持与关心.

金成桴, 2015 年 1 月

序

动力系统理论是一门与大多数数学主要领域紧密相关的重要数学学科. 其数学核心是研究映射和流的大范围轨道结构, 重点研究在坐标变换下不变的性质. 它的概念、方法和范例极大地刺激着许多其他科学的研究, 并已引起一个新的宽广的应用动力学领域 (也称为非线性科学或混沌理论). 动力系统的领域由几个主要学科组成, 但我们的主要兴趣是有限维微分动力学. 这个理论与其他几个主要领域, 如遍历理论、符号动力学以及拓扑动力学, 紧密地联系在一起. 然而, 迄今为止, 还没有一本书从相当综合的观点来处理微分动力学, 包括这些领域之间的关系. 本书试图填补这个空隙. 它对光滑动力系统的基础, 以及作为核心数学学科的动力学的其他有关领域, 提供一个全面的自封闭连贯的阐述, 同时给对应用有兴趣的研究人员提供基本的工具和范例. 本书介绍并严格发展了动力系统的中心概念和方法, 以及它们在各类主题中的应用.

本书包含什么. 一开始我们详细讨论一系列初等然而基本的例子. 用这些例子叙述和研究渐近性质的一般问题, 并引入主要概念 (如微分等价性与拓扑等价性、模、结构稳定性、轨道的渐近增长、熵、遍历性等), 同时简单地介绍几个重要方法 (不动点方法、编码、KAM 型 Newton 法、局部规范形、同伦技巧等).

第 2 部分主要介绍个别轨道 (例如周期轨道) 附近的局部分析与大范围轨道结构的复杂性之间的相互影响, 并通过探究双曲性、横截性、大范围拓扑不变量, 以及变分法来呈现这些影响. 其方法包括研究稳定与不稳定流形, 分支, 指标和度, 以及构造作为作用量泛函的极小和极小极大化轨道.

第 3 和第 4 部分针对第 1 部分概述的一般问题对低维动力系统和双曲动力

系统作相当深入的分析, 这两类系统特别适合这种分析. 双曲系统是很好了解的复杂性的重要例子. 无论从拓扑观点还是从统计观点, 双曲系统本身都体现了轨道结构的丰富性, 而且它们在扰动下都稳定. 同时其主要特性又能以很大精度定性和定量地描述. 另一方面, 低维动力系统存在两个情形. 在"极低维"情形, 轨道结构得以简化, 且只允许有有限的复杂性. 在"低维"情形, 某些复杂性是有可能的, 轨道结构的其他主要方面, 可以通过双曲性或有关类型的性态得到了解.

[xiv] 虽然我们以某种深度发展了与微分动力系统相关的大部分主题, 但我们并不试图写一本微分动力系统的百科全书. 纵然这是可能的, 并且由此产生的工作可作为严格的参考资料, 但作为这个理论的导论或教科书却没有用. 因此, 我们没有努力去阐述可用的最权威结果, 而是仅提供方法与结果的组织原则. 这也不是一本应用动力学的书, 例子也不是从各个学科广泛研究的模型中选取. 代之以, 我们的例子自然出现在有助于对其理解的主题的内部结构中. 我们强调的各个领域并不是按照这些领域发表的工作或者研究活动的相对数量, 而是反映我们对有关主题的基本概念和基础知识的理解. 一个明显的事实是对一维 (实的, 特别是复的) 动力学, 过去 15 年它见证了大量的活动并产生了许多辉煌的成果. 但它在本书中只起着相对谦让的作用. 一维实动力学主要用来作为容易处理的模型, 其中各种方法可相当成功地得到应用. 对复动力学, 我们认为它是一个迷人但是相当特殊的领域, 我们仅将它作为双曲集例子的一个来源. 另一方面, 我们尝试指出并强调动力学与其他数学领域 (概率论, 代数拓扑和微分拓扑, 几何, 变分法等) 的相互作用, 即使在某些情况下, 那里现有的知识状态还带有一定的试探性.

如何使用本书. 本书既可作为动力系统课程的教科书或自学教材, 也可作为动力系统的参考书. 作为教本, 最自然用作有志于成为动力系统专家的研究生的一年教材, 或者是那些希望获得这个领域坚实的一般知识的读者的主要资源. 本书的部分内容不要求有较多的数学背景, 这些可供科学和工程方面的优秀本科生和研究生使用, 他们学习有关主题不是为了成为这方面的专家. 这部分内容包括第 1 章, 第 2, 3, 5 章的大部分, 第 4, 6, 8, 9 章, 第 10, 11 章的部分, 以及第 12, 14, 15 和 16 章的大部分. 472 个练习是本书的一个重要组成部分. 它们分为几类, 其中有些是利用正文中的结果和方法的直接阐述, 另一些是没有在正文中讨论的探索例子, 或者是指出进一步的发展. 有时一个重要方面的主题用一系列练习开展. 其中选择考虑的 317 个练习在书后提供了提示和简短解答. 标有星号的我们主观认为有较高的难度, 因为它们要么有点创造性, 要么手头上没有明显的与主题有关的熟悉资料可用.

本书 4 个部分的每一部分都可粗略地作为研究生第 2 年一个学期或更长时间的基础课程. 教师们可按更专门的主题制订很多课程, 例如, 经典力学中的变

分法, 双曲动力系统, 扭转映射及其应用, 遍历理论和光滑遍历理论介绍, 以及熵 [xv]
的数学理论等. 为了帮助学生与教师为课程选择材料, 我们将各章之间的主要联系概述于图 F.1 中. 实箭头 A → B 表示 A 章的主要材料要用于 B 章 (这个关系可传递). 点线箭头 A --→ B 表示 A 章的材料应用于 B 章的某些部分. 除了组成其余各章的公共基础的第 1—4 章, 表的左边材料一般处理双曲动力学, 中间的处理低维动力学, 右边的处理与拓扑和经典力学有关的微分动力学.

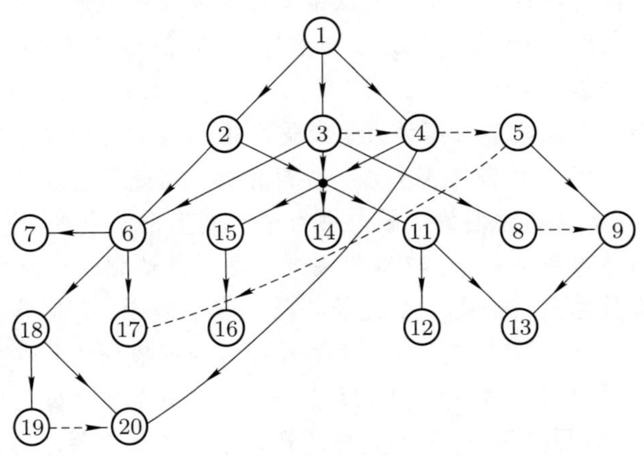

图 F.1

用于本书的有几类材料. 首先按惯例假设大家熟悉线性代数的结果 (包括 Jordan 标准形)、多元微积分、常微分方程 (包括方程组) 的基本理论、复分析基础、基本集合论、Lebesgue 积分初步、群论基础以及某些 Fourier 级数. 更高级的背景材料概述于附录. 其中大部分材料是: 拓扑空间, 度量空间与 Banach 空间, 初等同伦论的标准理论, 微分流形的基本理论, 包括向量场、丛与微分形式,
以及 Riemann 度量的定义与基本性质. 有些内容仅用于孤立个别情形. 最高水 [xvi]
平的材料包括曲面的基本拓扑与几何, 以及一般测度论, σ 代数, 和 Lebesgue 空间, 同调论, 有关 Lie 群和对称空间的材料, 流形上的曲率与联络, 横截性, 以及复函数的正规族. 这些材料的大部分, 不是全部, 也作为附录但通常不详细给出. 这种情况的材料, 可以采取承认它而不影响在正文中的使用, 或者可以跳过教材的有关部分也不会引起很大损失.

在正文的一些场合, 包括我们没有证明的重要背景事实. 这发生在某个结果与特殊的章节有机地联系在一起. Lefschetz 不动点公式就是这类结果的一个很好例子.

来源. 本书的大部分材料不是直接由原始结果组成. 尽管如此, 大多数材料的阐述由以下诸方面组成, 有我们自己的, 有原始的或者由我们对熟知结果作了大幅修改的, 以及对结构和主题的相互联系作了解释的, 等等. 正文的某些部分, 大体上第 6 章的正文, 第 3, 4 部分的大部分, 它们与其他的出版物紧密相关, 这些主要是原始的研究论文. 一个突出的例子是第 18 章和第 20 章阐述的双曲理论部分, 它是 R. Bowen 在 20 世纪 70 年代发表的论文, 他对相关理论给出的那种清晰处理可能难以得到进一步改进. 除了一些基本主题, 在好几个场合我们都遵循现有书籍对有关主题的说明. 例如只出现在第 3 部分中的 Hamilton 形式主义或变分法. 这样处理的原因是因为低维动力学发展的说明文献好于整个动力学领域. 我们感谢所有我们借用的证明与陈述, 就我们知道的这些归属都已放在本书末的附注中加以说明.

由于我们第一个原则是介绍动力系统这个主题的发展和叙述的自封闭形式, 而不是对该领域的发展和当前状态给予详尽阐述, 因此不企求罗列有关资料的全面清单, 那样很容易将我们的文献与书目增加到上千条或更多. 特别地, 不是所有的定理都引自原来的作者, 特别如果有关结果是该领域广泛发展的一部分, 而不是开创意义的结果或者是一个比较特殊的自然结果. 大部分结果的归属移到书后的附注中. 而由章节和某些数字编号安排的一般评论则在主要正文中特别指出. 此外, 为了不中断主要正文的逻辑进程, 本书主要部分的参考文献也归入到附注中. 我们的历史评论, 无论是介绍还是附注不旨在展示主题发展的一个连贯报告表, 而是主观选择的一些主要时刻.

文献目录中包括几类参考文献. 首先, 我们试图列出涵盖动力系统主要分支
[xvii] 的所有主要文献和代表性教科书以及综合报告. 接下来是介绍和发展我们主题的各个分支的开创性文章, 它们给出定义的主要概念, 或者包含主要结果的证明. 我们试图列出本书各个部分叙述所依据的, 或者在其他地方激发我们叙述的资源, 以及正文中叙述特殊结果的许多 (但不是全部) 原始资源. 最后, 还有在某些领域接触到的但在正文中没有处理的一些领域的原始和综合的重要工作的文献样品. 我们选择模型的原则是根据它们的内在意义, 不是根据具体科学问题的价值, 并省略了由非数学家 (即使是重要科学家) 提出的那些具体问题, 他们专注于研究科学问题所激发的模型, 只要这些模型仅仅包含假设和数值结果, 我们都省略了. 在我们引用的许多书和综合报告中提到这种被广泛利用的工作.

历史与致谢. 想写一本广泛介绍动力系统理论的书的总体思路是本书第一作者在加州理工学院于 1984—1985 年教授研究生课程时第一次出现的. 这个课程产生两套由本书第二作者和他的研究生同事 John Lindner 准备的讲课笔记, 对他们我们深表感谢. 引入的主要概念和方法的基本思想是通过一系列明确的基本例子来表述的, 这些是本书第一作者 1986 年 7 月于上海复旦大学数学研究所为研究生的 4 周密集的夏季课程教学所准备的. 那个课程的概要和笔记成为第 1—4 章主要部分的胚芽. 进一步进展是在加州理工学院 1986—1987 年的另一

个研究生课程期间作的, 此后, 本书原来计划的 300—350 页材料变得比较清晰, 但对主题的说明还太粗糙且不完整. 1989 年夏天, 我们制订了本书以后进行实质性修改的一个详细计划. 本书第一作者在宾夕法尼亚州立大学研究生第一年的另一个课程 (1990—1991) 期间帮助测试了本书的一些现有部分, 并发展了某些新材料.

我们深深感谢加州理工学院、Tufts 大学以及宾夕法尼亚州立大学所提供的优越工作条件以及对几个互访的支持. 特别感谢加利福尼亚伯克利数学科学研究所, 1992 年夏天我们在那里关于本书的主要部分在一起工作. 在这期间我们的项目从收集草稿转化到一个虽不完整但连贯的产品.

我们还要感谢几位先生在这个计划期间为我们提供的各种友好帮助和启发. 对可能已被采纳和遗忘的评论与建议的任何遗漏人, 我们深表歉意.

加州理工学院的技术打字员 Jessica Madow, 她打了当时现有手稿的主要部分. 宾夕法尼亚州立大学的 Kathy Wyland 和 Pat Snare 以 TeX 形式打了许多 [xviii]
章的第一次草稿. 有几位以计算机支持或排版建议提供了帮助. 数学科学研究所的 David Glaubman 给了很多帮助, 美国数学会技术支持部门的 Michael Downes 帮助正确生成每一页的页头, 我们在苏黎世大学的同事 Uwe Schmock 为 TeX 文件书写了上横线宏指令, 并做了有用的注解. Boris Katok 为本书作了大多数插图. Bill Schlesinger 为我们利用 Matlab 作许多图像给了最初的辅导. 我们也深深感谢剑桥大学出版社编辑 David Tranah 在这个项目的准备过程中对我们的鼓励与促进, Lauren Cowles 在本书的完成过程和准备出书时给了我们耐心的指导. 本书是利用美国数学会的 TeX 宏程序包 $\mathcal{AMS}$-TeX 按 TeX 打字的.

Viorel Niţică 和 Alexej Kononenko 作了主要练习的解答. 他们的工作帮助改正了练习中的一些缺点, 我们利用他们的解答作了许多提示.

以下人员向我们提出了许多建议, 包括指出数学和文体上的错误、印刷错误, 以及所需的更好解释: 很多帮助还来自宾夕法尼亚州立大学的 Howie Weiss. 下列人员还给我们更多的评论, 他们是 Luis Barreira, Misha Brin, Mirko Degli-Esposti, David DeLatte, Serge Ferleger, Eugene Gutkin, Moisey Guysinsky, Miao-hua Jiang, Tasso Kaper, Alexej Kononenko, Viorel Niţică, Ralf Spatzier, Garrett Stuck, Andrew Török, Chengbo Yue (岳澄波).

特别地, Howie Weiss, Tasso Kaper, Garrett Stuck, Ralf Spatzier 和 Misha Brin 使用了本书的部分进行教学, 这对完善本书很有帮助.

我们与 Michael Yakobson, Welington de Melo, Mikhael Lyubich 和 Zbigniew Nitecki 对一维映射进行了富有成效的讨论, 与 Eduard Zehnder 讨论了变分法的处理. 这些对各章的内容和阐述都是有用的. Gene Wayne 帮助提供无限维动力系统的参考文献, Mike Boyle 对符号动力系统的资源给了有用的指导.

多次印刷中作了许多改正. 其中我们要感谢 Luis Barreira, Marlies Gerber, Karl Friedrich Siburg, Garrett Stuck 和 Andrew Török, 他们指出许多小错误. Peter Walters 发现引理 4.5.2 和引理 20.2.3 不正确. Robert McKay 指出 14.2 节的某些结果需要回复性假设, Jonathan Robbins 指出 Hadamard–Perron 定理 6.2.8 证明的第 5 步的第一个形式有问题. Tim Hunt 改正了 DA 结构. 改正的条目已列在网站 http://www.tufts.edu/~bhasselb/thebook.html 上.

一个严重的疏漏存在于三次印刷中: 20.6 节完全是属于 Charles Toll 的, 我们无意中没给出归属. 我们真诚地道歉.

最后, 也是最重要的, 我们感谢 Svetlana Katok 和 Kathleen Hasselblatt 的持续支持和鼓励.

目录

第 3 部分　低 维 现 象

第 4 部分　双曲动力系统

补 遗

附 录

第 3 部分 [379]

低 维 现 象

第 10 章　导言: 什么是低维动力学? [381]

a. 动机. 在第 2, 3 和 4 章中, 我们描述了动力系统理论中的两个主要重点. 第一个重点的目的是对各类动力系统进行分类, 直到相差光滑共轭、拓扑共轭、具有好性质的半共轭, 以及在流情形的轨道等价性. 这个方法的主要工具是寻找模型并描述模. 第二个重点是对各类系统以及具体例子描述 (或计算) 主要的渐近不变量. 这些不变量包括周期轨道的增长, 拓扑熵, 同伦和同调性质, 回复性质, 以及用各种不变测度性质反映的统计性质.

对一般动力系统这两方面的问题仅得到一部分结果. 在非常一般的意义下, 第 2 部分的统一主题是轨道结构中的元素的确认和探索, 它们提供了这两方面的信息, 尤其是第二方面的. 特别地, 我们发现双曲性 (第 6 章)、横截性 (第 7 章), 大范围拓扑结构 (第 8 章) 和变分特性 (第 9 章), 它们在某些条件下确保相当丰富和 "有趣的" 渐近性态得到保持.

然而, 在第 2, 3 和 4 章中概述的两个主要领域可进一步大大地发展. 一个是本书现在这部分要研究的低维相空间中的动力系统, 另一个是我们在第 6 章开始讨论并将在第 4 部分深入研究的具有双曲结构的动力系统.

当我们谈论低维动力系统, 或者确切地说是低维相空间中的动力系统时, 已经想到用于连通流形中的 Euclid 空间的维数这个直接的老式概念. 换句话说, 假 [382]
设相空间是一个可度量化空间, 其中每一点的邻域同胚于特定维数 n 的 Euclid 空间, 我们称它为问题中的空间的维数. 我们并不打算触及维数的更一般的拓扑概念, 例如 Cantor 集的维数为 0, 或者依赖于度量的各种维数概念, 例如 Hausdorff 维数, 它在同胚于相同 Cantor 集的各种度量空间中可取 0 与无穷之间 (包括它们两个) 的任意值.

在讨论正文研究中的“低”维的确切意义之前, 我们先列出为什么要分别研究挑选在低维流形上的动力系统的几个其他理由.

首先, 至少也是重要的, 低维动力系统可通过少量变量的函数解析表达, 且可利用传统的几何对象如曲线与曲面的帮助形象和几何地表示. 在这种系统的描述中, 所包含的公式、方程和图像, 至少表面上使得这类动力系统借助直觉是最容易的.

其次, 我们经常用低维情形作为一般意义的重要动力学现象的优秀测试用例和证明的工具服务. 这些现象出现在低维情形往往会脱离麻烦的复杂性而有一个清晰的形式. 这使得有可能以最有效的方式掌握和展示问题的现象本质. 作为例子, 我们指出可利用扩张的圆周映射, 平面马蹄, 以及二维环面的双曲自同构, 介绍动力学中双曲性态的各个方面, 这些是本书第 4 部分的内容. 另一个例子是第 8 章讨论的度与指标概念. 2.4 节介绍的圆周的度以及二维流形上的不动点的指标是更复杂一般情形的既漂亮又容易的可直觉的模型.

最后, 还有更多的推测性理由. 由于物理世界是三维的, 至少看起来是三维的, 一些几何直觉在进入较高维数的空间时是以低维类似为基础. 这意味着, 在严格定义高维对象时某些没有预料到的现象通过这种直觉 (实际上) 可能会出现. 由于微分动力学和一定程度上的拓扑动力学是以上述直觉为基础, 这使得看起来更彻底的是进入直觉会有更多的直接应用, 并尝试对具体低维情形的现象和范例从那些有更普遍意义的情形中分出来讨论.

b. 介值性质与共形性. 通过更技术层面的讨论, 我们应该指出两个基本的数学事实. 一个是拓扑的, 一个是可微的, 它们对一维流形和高维流形是不同的.

[383] 拓扑事实是在一维空间中, 一点的小邻域被这点将两个连通分支分开, 而在高维流形邻域在移去点后保持连通. 这个性质非常接近对应于熟知的*介值定理*: 定义在闭区间上的连续函数取遍两个端点之间的所有值. 为动力学目的应用的介值定理的例子出现在命题 1.1.6, 引理 3.4.7 和命题 8.2.4 中.

可微事实是任何单变量非常数线性函数的*共形性*: 如果 $Ax = ax + b$, 这里 a, b, x 是实数, 且 $a \neq 0$, 则对每个 x, y, z 有

$$\frac{\|Az - Ax\|}{\|Ay - Ax\|} = \frac{\|z - x\|}{\|y - x\|}. \tag{10.0.1}$$

对线性映射 $A : \mathbb{R}^n \to \mathbb{R}^n, n \geqslant 2$, 仅当 $A = \lambda U$ 时 (10.0.1) 才成立, 其中 $\lambda \neq 0$ 是纯量, U 是正交映射. 回忆我们称这样的线性映射是*共形的*. 因此称 Riemann 流形到它自己的可微映射 $f : M \to M$ 是*共形的*, 如果它在每一点 $p \in M$ 的微分是 Euclid 空间 T_pM 和 $T_{f(p)}M$ 之间的共形线性映射. 以一维光滑映射的共形性为基础的典型论述出现在引理 5.1.18 证明中的有界畸变估计中.

因此, 一维流形的每个非奇异可微映射是共形的. 在二维可将球面 S^2 看作为 Riemann 球面, 即复平面加入单个无穷远点. 于是任何全纯函数 $f: S^2 \to S^2$, 即复变量 z 的任何有理映射是一个共形映射, 尽管它有奇点. 但是在这个特殊情形, 共形概念可扩充到奇点. 当然, 全纯函数的共形性是复分析中的一个核心内容, 它蕴含着比一维实情形有更多的刚性. 单个复变量分析的复杂工具的有用性使得复动力学成为一个有趣主题. 维数大于 2 的高维情形很少有共形映射, 这反映共形结构的更大刚性. 虽然它在几何中有深远的应用 (Mostow 刚性等), 但高维共形结构在动力系统的传统理论中的作用却有限.

下面几章我们将展示有着众多影响的一维的两个基本事实, 即出现在低维动力系统研究中的一维可微映射的介值定理和共形性. 应该指出, 这些现象的影响不局限于具有一维相空间的系统和全纯映射. 有时候当相空间的维数是 2 或 3 时, 与系统相应的重要不变结构 (例如, 双曲周期点的稳定和不稳定流形, 见 6.2a 节) 是一维的, 所以这两个基本事实也用于这些对象. 此外, 高维系统中的某些轨道似乎具有来自一维情形的性态 (见第 13 章扭转映射的 Aubry–Mather 集). [384]

对连续时间系统, 沿着流或 “时间” 方向的局部性态是平凡的, 至少在不是流的不动点的地方如此 (比较 0.3 节). 因此我们可以期望 $n+1$ 维相空间中的流的渐近性态比 n 维空间中的离散时间动力系统的只稍微复杂一点. 另一方面, 不可逆性带来了轨道性态的额外复杂性, 因为这时给定点的原像个数随着迭代次数的增长而增加. 另外, 对一般的不可逆系统, 即使在一维情形共形性也会被打破. 所以我们也期望不可逆动力系统的某些现象类似于高维可逆系统的现象. 事实上, 离散时间系统的经验法则是 n 维不可逆系统的渐近性态类似于一维可逆系统的渐近性态, 但不那么复杂.

c. 极低维系统与二维系统. 我们对两类低维现象进行区别, 为了有一个较好的名词称它们为 “极低维” 以区别简单的 “低维”. 在极低维的设置中只有相对简单的回复型和渐近轨道结构可出现, 例如, 这类系统的拓扑熵永远等于零. 在 1.1—1.6 节中讨论的例子都是这类现象的典型, 即使那些例子的相空间并不永远是低维的. 另一方面, 这些例子具有的一些现象, 例如拓扑传递性蕴含极小性和唯一遍历性 (参看命题 1.4.1, 4.2.2, 4.2.3), 它们对所有极低维系统并不成立, 其中可出现某类中间复杂性, 例如不同轨道闭包个数的有限性或遍历测度并不支撑周期轨道 (见定理 14.6.3 和 14.7.6).

在简单的 “低维” 情形, 一般动力系统的现象特征, 例如, 周期点的指数增长率, 正拓扑熵 (定义 3.1.3), 复杂的双曲集 (定义 6.4.2), 以及呈现的许多不变测度都可出现. 在我们第二批基本的光滑例子中, 即 1.7 节中的扩张映射, 2.5 节中的二次映射和二维马蹄, 以及二维环面的双曲自同构 (1.8 节) 就是这类范畴的代表. 但是它们在低维和一般情形之间存在两类不同范畴. 对前一情形, 一些复杂动力学现象出现在简化形式中, 例如, 比较 2.5 节中描述的二维环面双曲自同构的 Markov 分割为平行四边形与定理 18.7.3 中的双曲系统的 Markov 分割的一般构造. 此外, 不像一般情形, 低维情形的某些现象允许有详细的分类 (例如,
[385] Sharkovsky 定理 15.3.2 描述区间映射周期点集的各种可能的集合), 或者至少有一个好的刻画. 见一维映射 (推论 15.2.2), 曲面微分同胚 (推论 S.5.11) 的拓扑熵与周期轨道之间的联系, 以及对有零拓扑熵的区间映射的不变测度的描述 (定理 15.4.2).

d. 低维动力学的范围. 下面两章我们的讨论从描述典型的极低维情形开始, 即圆周上可逆的离散时间动力系统. 后面第 14 章我们讨论某些更复杂但仍是极低维的情形, 即紧曲面上的流, 以及某些可逆的逐段连续和逐段光滑的区间映射和圆周映射, 它们作为这种流的截面映射出现.

第 13 章我们继续研究 9.3 节开始讨论的具有二维相空间的系统的特殊类, 即扭转映射 (定义 9.3.1), 并求它们显示的本质上是一维性态的轨道. 指导的范例是第 11 章的在第 9 章无法用的圆周同胚的结构理论.

总之, 按照我们的方法, 极低维现象与一维流形上的可逆连续和逐段连续映射的轨道、二维流形上的流紧密地联系在一起, 它们的特殊轨道在其他情形显示着类似的性态.

在极低维情形, 完全的拓扑分类, 或者轨道结构的非常详细的描述通常是可能的 (见定理 11.2.7, 12.1.1, 14.1.1, 14.3.1, 14.6.3, 14.7.4 和 14.2 节). 我们也应强调拓扑情形与光滑情形之间的区别. 后者通常排除在拓扑情形可出现的复杂性.

二维情形包括:

(1) 一维不可逆映射 (第 15, 16 章).

(2) 复维数 1 中的不可逆共形映射, 即 Riemann 球面上的多项式和有理映射.

(3) 紧曲面上的微分同胚.

(4) 三维紧流形上的光滑流.

也存在这些情形的半局部范例. 例如, (2) 的范例包括非有理映射的不变集的研究. 这些系统只有第一类在本书的这部分有详细的讨论. 我们将在 17.8 节触及 S^2 的有理映射的动力学, 在那里我们将看到它们提供了双曲集的新的拓扑类型. 最后两个情形已经出现过并将继续出现在用来阐明研究特殊现象的例子中 (17.2, 17.5 节). 这些领域的主要结果包括非一致双曲性的应用, Nielsen–Thurston 理论, 以及在本书主要部分中没有考虑的其他技巧. 那些结果中的有些出现在补遗中, 特别见定理 S.5.9, 推论 S.5.11 和推论 S.5.13.

练　　习 [386]

练习 10.0.1—10.0.4 阐明介值定理在一维映射动力学中的应用. 其中我们先预览某些将在第 15 章再发展的思想.

10.0.1. 设 I 是 $\mathbb{R}$ 中的一个区间, $f : I \to \mathbb{R}$ 是满足 $\overline{I} \subset f(I)$ 的连续映射. 则 f 有不动点.

10.0.2. 假设 $f : I \to \mathbb{R}$ 是一个连续映射, $f^2(x)$ 和 $f^3(x)$ 对区间 I 内的某个点 x 有定义, 且满足 $f^3(x) < x < f(x) < f^2(x)$. 证明存在点 $y \in I$, 使得 $f(y) \neq y$ 和 $f^3(y) = y$.

10.0.3. 假设 $f : [0,1] \to \mathbb{R}$ 是一个连续映射, 使得 $f(0) \leqslant 0, f(1) \leqslant 0$, 且对某个 t 有 $f(t) > 1$. 证明 $P_n(f) \geqslant 2^n$. 此外, 证明对每个 $n \geqslant 1$, 存在最小正周期 n 的周期点.

10.0.4. 在相同的假设下, 证明 $h_{\text{top}}(f|_\Lambda) \geqslant \log 2$, 其中 $\Lambda := \bigcap\limits_{n=0}^{\infty} f^n(I)$ 是对所有迭代有定义的点集.

下面的问题包含类似于引理 5.1.18 的有界畸变估计的另一个例子.

10.0.5. 设 $f : I \to \mathbb{R}$ 或 $f : S^1 \to S^1$ 是 C^2 映射, J 是区间, 使得对每个 $x \in J$, $f^n(x)$ 有定义且 $(f')^n(x) \neq 0$. 考虑区间 $f^i(J)$, $i = 0, \cdots, n-1$, 令 N 是任何点都被这个区间系覆盖的最大重数. 证明对任何 $x, y \in J$ 有

$$\frac{(f^n)'(x)}{(f^n)'(y)} < \exp(KN),$$

其中 K 是依赖于 f 但与 x, y 和 n 无关的常数.

最后, 后面这两个练习证明 Riemann 球面上的可逆共形映射有非常简单的结构.

10.0.6. 将球面 S^2 表示为 Riemann 球面, 即加入单点 ∞ 的复平面 $\mathbb{C}$, 无穷远附近的坐标系由 $w = 1/z$ 给出, 其中 $z \in \mathbb{C}$. S^2 上的标准 Riemann 度量是 $ds^2 = (dx^2 + dy^2)/(x^2 + y^2)^2$, 其中 $z = x + iy$. 证明没有临界点的 C^1 共形映射 $f : S^2 \to S^2$, 即使得微分 Df 在任何点不为零的映射是

$$z \mapsto \frac{az+b}{cz+d} \quad \text{或者} \quad z \mapsto \frac{a\overline{z}+b}{c\overline{z}+d},$$

其中 $a, b, c, d \in \mathbb{C}$ 且 $ad - bc \neq 0$.

10.0.7. 若用在任何点的邻域内 f 是一个单射, 代替在每一点 $Df \neq 0$ 的假设, 证明上一个练习的断言.

第 11 章　圆周同胚

[387]

圆周同胚已经出现在前面几章中. 旋转 (1.3 节) 对它提供了容易彻底理解的例子. Poincaré 曾提出在什么条件下给定的同胚或微分同胚与旋转等价. 事实证明, 至少对充分光滑的映射, 单模和旋转数取无理数值时完全描述了拓扑类, 而且当它取有理数值时出现的复杂性可容易描述. 即使在拓扑情形, 旋转数的无理性保证具有对应旋转的半共轭性.

11.1. 旋转数

我们已经在几个情形用到通有覆盖的提升, 例如, 在 2.4, 2.6, 8.2, 9.3 节中. 自然投射 $\pi:\mathbb{R}\to S^1=\mathbb{R}/\mathbb{Z}, x\mapsto x+\mathbb{Z}$ 提供了满足下述性质的从同胚 $f:S^1\to S^1$ 到同胚 $F:\mathbb{R}\to\mathbb{R}$ 的提升

$$f\circ\pi=\pi\circ F. \tag{11.1.1}$$

这样的提升直到相差一个加法整数常数是唯一的. 用记号 $[x]:=\max\{k\in\mathbb{Z}|k\leqslant x\}$ 记实数 x 的整数部分.

命题 11.1.1. 设 $f:S^1\to S^1$ 是一个保定向同胚, $F:\mathbb{R}\to\mathbb{R}$ 是 f 的提升. 则对所有 $x\in\mathbb{R}$,

$$\tau(F):=\lim_{|n|\to\infty}\frac{1}{n}(F^n(x)-x)$$

存在. $\tau(F)$ 与 x 无关, 且直到相差一个整数有定义, 就是说, 如果 F_1, F_2 是 f 的提升, 则 $\tau(F_1)-\tau(F_2)=F_1-F_2\in\mathbb{Z}$. 如果 f 有周期点, 则 $\tau(F)$ 是有理数.

这个命题说明以下术语是合理的:

[388] **定义 11.1.2.** $\tau(f) := \pi(\tau(F))$ 称为 f 的旋转数.

命题 11.1.1 的证明. (i) 与 x 的无关性: 由于 f 是一个保定向同胚 $\deg(f)=1$, 即 $F(x+1)=F(x)+1$, 而且对 $x,y\in[0,1)$ 有 $|F(y)-F(x)|<1$. 因此

$$\left|\frac{1}{n}|F^n(x)-x|-\frac{1}{n}|F^n(y)-y|\right| \leqslant \frac{1}{n}(|F^n(x)-F^n(y)|+|x-y|) \leqslant \frac{2}{n},$$

因此 x 和 y 的旋转数重合.

(ii) 存在性: 取 $x\in\mathbb{R}$ 并令 $x_n=F^n(x), a_n:=x_n-x, k:=[a_n]$. 那么

$$\begin{aligned}a_{m+n} &= F^{m+n}(x)-x=F^m(x_n)-x_n+x_n-x\\&=(F^m(x+k)-(x+k))+(x_n-x)+(F^m(x_n)-F^m(x+k))-(x_n-x-k)\\&\leqslant a_m+a_n+1,\end{aligned}$$

因为当 $y-z\leqslant 1$ 和 $x_n-x-k=a_n-[a_n]>0$ 时有 $F^m(y)-F^m(z)\leqslant 1$. 由于 $\dfrac{a_n}{n}=\dfrac{1}{n}\sum\limits_{i=0}^{n-1}(F^{i+1}(x)-F^i(x))=\dfrac{1}{n}\sum\limits_{i=0}^{n-1}(F(x_i)-x_i)\geqslant \min\limits_{0\leqslant y\leqslant 1}F(y)-y$, $\dfrac{a_n}{n}$ 有下界, 因此命题 9.6.4 证明极限 $\dfrac{a_n}{n}$ 存在. 注意对 $k\in\mathbb{Z}$ 也有 $\tau(F+k)=\tau(F)+k$.

如果 f 有 q 周期点, 则对它的提升 x 和某个 $p\in\mathbb{Z}$ 有 $F^q(x)=x+p$. 因此对 $m\in\mathbb{N}$ 有

$$\frac{F^{mq}(x)-x}{mq}=\frac{1}{mq}\sum_{i=0}^{m-1}F^q(F^{iq}(x))-F^{iq}(x)=\frac{mp}{mq}=\frac{p}{q},$$

从而 $\tau(F)=p/q$. □

下面证明旋转数在保定向的拓扑共轭下不变:

命题 11.1.3. 如果 $h: S^1\to S^1$ 是一个保定向同胚, 那么 $\tau(h^{-1}fh)=\tau(f)$.

证明. 令 F 和 H 分别是 f 和 h 的提升, 即 $\pi F=f\pi$ 和 $\pi H=h\pi$. 那么 $\pi H^{-1}=h^{-1}h\pi H^{-1}=h^{-1}\pi HH^{-1}=h^{-1}\pi$, 所以 H^{-1} 是 h^{-1} 的提升. 同样, $H^{-1}FH$ 是 $h^{-1}fh$ 的提升, 因为 $\pi H^{-1}FH=h^{-1}\pi FH=h^{-1}f\pi H=h^{-1}fh\pi$.

假设 H 满足 $H(0)\in[0,1)$. 我们需要估计

$$|H^{-1}F^nH(x)-F^n(x)|=|(H^{-1}FH)^n(x)-F^n(x)|.$$

(1) 对 $x\in[0,1)$, 我们有 $0-1<H(x)-x<H(x)<H(1)<2$, 由周期性,

$$|H(x)-x|<2, \quad 对 \quad x\in\mathbb{R}.$$

类似地, 得到 [389]

$$|H^{-1}(x)-x|<2, \quad 对 \quad x\in\mathbb{R}.$$

(2) 如果 $|y-x|<2$, 则 $|F^n(y)-F^n(x)|<3$, 因为 $|[y]-[x]|\leqslant 2$, 因此

$$\begin{aligned}-3\leqslant [y]-[x]-1=F^n([y])-F^n([x]+1)&<F^n(y)-F^n(x)\\&<F^n([y]+1)-F^n([x])=[y]+1-[x]\leqslant 3.\end{aligned}$$

由这两个估计, 得到

$$|H^{-1}F^nH(x)-F^n(x)|\leqslant|H^{-1}F^nH(x)-F^nH(x)|+|F^nH(x)-F^n(x)|<2+3,$$

所以 $|(H^{-1}FH)^n(x)-F^n(x)|/n<5/n$, 因为由 (11.1.1) 有 $\tau(H^{-1}FH)=\tau(F)$.

□

因此, 我们证明了如果存在周期点, 则这个旋转数是有理数, 现在证明其逆.

命题 11.1.4. 如果 f 是 S^1 的保定向同胚, 则 $\tau(f)\in\mathbb{Q}$ 当且仅当 f 有周期点.

证明. 假设 $\tau(f)=p/q\in\mathbb{Q}$. 由 τ 的定义得到

$$\tau(f^m)=\lim_{n\to\infty}\frac{1}{n}((F^m)^n(x)-x)=m\lim_{n\to\infty}\frac{1}{mn}(F^{mn}(x)-x)=m\tau(f)\pmod 1,$$

所以 $\tau(f^q)=0$, 因为旋转数定义到相差一个整数. 因而只需证明, 如果 $\tau(f)=0$, 则 f 有周期点.

假设 f 没有周期点, 令 F 是满足 $F(0)\in[0,1)$ 的一个提升. 则对所有 $x\in\mathbb{R}$, $F(x)-x\in\mathbb{R}\backslash\mathbb{Z}$, 因为 $F(x)-x\in\mathbb{Z}$ 蕴含着 $\pi(x)$ 是 f 的周期点. 由介值定理 $0<F(x)-x<1$. 由于 $F-\mathrm{Id}$ 在 $[0,1]$ 上连续, 故它达到最小值和最大值, 因此, 存在 $\delta>0$ 使得

$$0<\delta\leqslant F(x)-x\leqslant 1-\delta<1.$$

由 $F-\mathrm{Id}$ 的周期性, 这估计对所有 $x\in\mathbb{R}$ 成立. 特别我们可取 $x=F^i(0)$ 并对 i 从 0 到 $n-1$ 求和, 得到

$$n\delta\leqslant F^n(0)\leqslant(1-\delta)n$$

或者

$$\delta\leqslant\frac{F^n(0)}{n}\leqslant 1-\delta.$$

令 $n\to\infty$ 得到 $\tau(f)\neq 0$, 由归谬法命题得证. □

命题 11.1.5. 设 $f:S^1\to S^1$ 是具有有理旋转数的一个保定向同胚. 那么所有周期点都有相同的周期. [390]

证明. 如果 $\tau(f)=p/q, p,q\in\mathbb{Z}$ 互素, 我们需要证明, 对任何周期点 $\pi(x)$ 存在 f 的提升 F 满足 $F^q(x)=x+p$. 如果 $\pi(x)$ 是周期点, F 是提升, 则对某个 $r,s\in\mathbb{Z}$ 有 $F^r(x)=x+s$, 以及

$$k+\frac{p}{q}=\tau(f)=\lim_{n\to\infty}\frac{F^{nr}(x)-x}{nr}=\lim_{n\to\infty}\frac{ns}{nr}=\frac{s}{r}.$$

可取 F 使得 $k=0$, 所以 $s=mp$ 和 $r=mq$. 如果 $F^q(x)-p>x$, 由单调性

$$F^{2q}(x)-2p=F^q(F^q(x)-p)-p\geqslant F^q(x)-p>x,$$

归纳地, $F^r(x)-s=F^{mq}(x)-mp>x$, 与假设矛盾. 因此 $F^{mq}(x)-mp\leqslant x$, 类似地, $F^{mq}(x)-mp\geqslant x$, 得证. □

下面几个结果说明当映射变化时旋转数关于映射的依赖性. 结合命题 11.1.3, 下面事实证明旋转数是圆周同胚的 C^0 模 (见定义 2.1.2).

命题 11.1.6. *$\tau(\cdot)$ 在 C^0 拓扑下连续.*

证明. 设 $\tau(f)=\tau, p'/q', p/q\in\mathbb{Q}$, 使得 $p'/q'<\tau<p/q$. 取 f 的提升 F, 使得对某个 $x\in\mathbb{R}$ 有 $-1<F^q(x)-x-p\leqslant 0$. 于是对所有 $x\in\mathbb{R}$ 有 $F^q(x)<x+p$, 因为否则对某个 $x\in\mathbb{R}$ 和 $\tau=p/q$ 有 $F^q(x)=x+p$. 由于 $F^q-\mathrm{Id}$ 是周期函数且连续, 故它达到最大值. 因此存在 $\delta>0$, 使得对所有 $x\in\mathbb{R}$ 有 $F^q(x)<x+p-\delta$. 这意味着对所有 $x\in\mathbb{R}$, 在一致拓扑下 F 的每个充分小扰动 $\overline{F}$ 满足 $\overline{F}^q(x)<x+p$. 因此 $\tau(\overline{f})<p/q$, 其中 $\overline{f}$ 是提升 $\overline{F}$ 的圆周同胚. 对 p'/q' 的论述类似, 证毕. □

进一步, 由旋转数的定义得知它是单调的, 即若 $F_1>F_2$ 则 $\tau(F_1)\geqslant\tau(F_2)$. 这引导下面术语:

定义 11.1.7. 在保定向的圆周同胚族上定义一个序 "$\prec$" 如下: 如果 $f_0:S^1\to S^1$ 和 $f_1:S^1\to S^1$ 在 f_0 和 f_1 之间永远不是直线同伦的反垂足结构. 换句话说, 如果我们将 S^1 想象为 $\mathbb{R}^2$ 中的单位圆, 则令 $f_t=\dfrac{tf_0+(1-t)f_1}{\|tf_0+(1-t)f_1\|}$. 提升这个同伦到 $\mathbb{R}$ 蕴含着 f_0 和 f_1 分别 "相容地" 提升 F_0 和 F_1. 于是, 如果对所有 $x\in\mathbb{R}$ 有 $F_0(x)<F_1(x)$, 我们就说 $f_0\prec f_1$.

注意, 序 "$\prec$" 不传递. 由旋转数的定义立刻得到:

[391] **命题 11.1.8.** *$\tau(\cdot)$ 是单调的, 即如果 $f_1\prec f_2$, 又如果 τ 的这个表示是从相容的提升中选取, 则 $\tau(f_1)\leqslant\tau(f_2)$.*

注. 特别地, 如果 $\{f_t\}$ 是保定向的圆周同胚族, 使得对每个 $x\in\mathbb{R}$, $f_t(x)$ 关于 t 递增, 那么 $\tau(f_t)$ 关于 t 是非减的.

在无理数值这个旋转数是严格递增的:

命题 11.1.9. *若 $f_1 \prec f_2$ 且 $\tau(f_1) \in \mathbb{R}\backslash\mathbb{Q}$, 则 $\tau(f_1) < \tau(f_2)$.*

证明. 若 F_1 和 F_2 如 "$\prec$" 定义中的提升, 则对所有 $x \in \mathbb{R}$ 有 $F_2(x) - F_1(x) > 0$, 由连续性和周期性, 对某个 $\delta > 0$ 和所有 $x \in \mathbb{R}$ 有 $F_2(x) - F_1(x) > \delta$. 取 $p/q \in \mathbb{Q}$ 使得 $p/q - \delta/q < \tau(F_1) < p/q$. 则存在 $x_0 \in \mathbb{R}$ 使得 $F_1^q(x_0) - x_0 > p - \delta$ (否则有 $\tau(F_1) = \lim\limits_{n\to\infty} \dfrac{F_1^{nq}(x) - x}{nq} \leqslant \lim\limits_{n\to\infty} \dfrac{n(p-\delta)}{nq} = \dfrac{p}{q} - \dfrac{\delta}{q}$). 由于

$$\begin{aligned} F_2^q(x_0) &= F_2(F_2^{q-1}(x_0)) > F_1(F_2^{q-1}(x_0)) + \delta \\ &> F_1(F_1^{q-1}(x_0)) + \delta = F_1^q(x_0) + \delta > x_0 + p, \end{aligned}$$

或者对所有 $x \in \mathbb{R}$ 有 $F_2^q(x) > x + p$, 或者对某个 $x_1 \in \mathbb{R}$ 有 $F_2^q(x_1) = x_1 + p$. 在每个情形都有 $\tau(F_1) < p/q \leqslant \tau(F_2)$. □

同时, 命题 11.1.9 显示无理旋转数不稳定, 有理旋转数的情形则不同:

命题 11.1.10. *设 $f : S^1 \to S^1$ 是具有有理旋转数 $\tau(f) = p/q$ 和某些非周期点的保定向同胚. 那么对满足 $\overline{f} \prec f$ 的所有充分靠近的扰动 $\overline{f}$, 或者对满足 $f \prec \overline{f}$ 的所有充分靠近的扰动 $\overline{f}$ 都有旋转数 p/q.*

证明. 由于 f 有非周期点, 对 f 的任何提升 F, $F^q - \mathrm{Id} - p$ 不恒等于零 (由假设它有零点). 若存在满足 $F^q(x) - x - p > 0$ 的 $x \in \mathbb{R}$, 则对充分小的扰动 $\overline{f} \prec f$, $\overline{f}$ 对应的提升 $\overline{F}$ 满足 $\overline{F}^q(x) - x - p > 0$, 因此 $\tau(\overline{f}) \geqslant p/q$, 从而由命题 11.1.8 有 $\tau(\overline{f}) \geqslant p/q$. 另外, 这对满足 $f \prec \overline{f}$ 的扰动同样成立. □

注. 该证明显示具有有理旋转数的圆周映射有一个吸引的或者排斥的周期轨道 (在轨道提升的点 $F^q - \mathrm{Id} - p$ 改变符号) 可 (按任一方向) 扰动而不改变旋转数.

另一方面, 若 $F^q - \mathrm{Id} - p$ 不改变符号, 例如, $F^q - \mathrm{Id} - p \geqslant 0$, 则满足 $f \prec \overline{f}$ 的任何扰动 $\overline{f}$ 都有旋转数 $\tau(\overline{f}) > p/q$, 因为 $\overline{F}^q - \mathrm{Id} - p \geqslant \delta > 0$. 此时 $F^q - \mathrm{Id} - p$ 的零点投射到 "抛物的" 或半稳定的周期轨道. 这些是 p 的一边吸引另一边排斥的轨道, 就是说, 存在 p 的某个开邻域 U, 使得对 $U\backslash\{p\}$ 的一个分支内的所有 x 有 $\lim\limits_{n\to\infty} d(f^n(x), f^n(p)) = 0$, 对另一个分支内的所有 x 有 $\lim\limits_{n\to-\infty} d(f^n(x), f^n(p)) = 0$ (见图 3.3.1).

为了看到这一点, 我们事实上要证明旋转数以非常不光滑的方式依赖于 f, [392]
重叙这些结果如下:

首先回忆单调连续函数 $\phi : [0,1] \to \mathbb{R}$ 称为魔鬼楼梯, 如果存在 $[0,1]$ 的具有稠密并的不相交开子区间族 $\{I_\alpha\}_{\alpha\in A}$, 使得 ϕ 在这些子区间上取不同的常数值.

命题 11.1.11. 设 $\{f_t\}_{t\in[0,1]}$ 是保定向圆周同胚的单调连续族, 使得 $\tau : t \mapsto \tau(f_t)$ 是非常数. 又若存在稠密集 $S \subset \mathbb{Q}$, 使得没有映射 f_t 拓扑共轭于 $\alpha \in S$ 的旋转 R_α, 那么 τ 是一个魔鬼楼梯.[1]

证明. 由命题 11.1.8 和 11.1.6, τ 单调连续. 与命题 11.1.10 一起这也蕴含着 $\tau^{-1}(S)$ 是正长度闭区间的不相交并. 我们需要证明 $\tau^{-1}(S)$ 稠密. 可假设 (如果有必要, 扩大 S) 只要 $\tau(f_t) = p/q \in \mathbb{Q}\backslash S$, f_t 就拓扑共轭于 $R_{p/q}$. 于是由命题 11.1.9 得知 τ 在点 $t \in \tau^{-1}([0,1]\backslash S)$ 严格单调: 如果这个旋转数取无理数值, 且在圆周上映共轭到有理旋转, 则它严格递增. 因此对 $t \in [0,1)\backslash\tau^{-1}(S)$ 和 $\varepsilon > 0$ 有 $\tau(t) \neq \tau(t+\varepsilon)$, 由 S 的稠密性, τ 的连续性, 以及介值定理, 存在 $t_1 \in \tau^{-1}(S) \cap [t, t+\varepsilon]$. 与对 $t = 1$ 的类似论述一起完成了命题的证明. □

在结束本节之前请注意, 这一节的结果依赖于 f 的单调性和连续性, 但与不可逆性无关. 因此只需假设 $f : S^1 \to S^1$ 是度为 1 的连续保序映射, 即它的提升 F 是非减的. 这样的映射可在有限个或可数多个区间集上取常数值 (见练习 11.1.1).

练 习

11.1.1. 设 $f : S^1 \to S^1$ 是度为 1 的单调 (不必可逆) 映射, 即它的提升是满足 $F(x+1) = F(x) + 1$ 的单调函数 $F : \mathbb{R} \to \mathbb{R}$. 证明命题 11.1.1, 11.1.3, 和 11.1.4 的断言对 f 成立.

11.1.2. 设 $f : S^1 \to S^1$ 是度为 1 的连续映射, $F : \mathbb{R} \to \mathbb{R}$ 是它的提升. 证明

$$\tau^+(F) := \lim_{n\to\infty} \max_x \frac{F^n(x) - x}{n} \quad 和 \quad \tau^-(F) := \lim_{n\to\infty} \min_x \frac{F^n(x) - x}{n}$$

均存在.

11.1.3. 在上一个练习的假设下称

$$R(F) := \left\{\tau \in \mathbb{R} \mid \exists x \in \mathbb{R}, \quad \lim_{n\to\infty} \frac{F^n(x) - x}{n} = \tau\right\}$$

为 F 的旋转集. 证明 $R(F) \neq \varnothing$.

[393] **11.1.4.** 对 $a, b \in [0,1]$, 令 $f_{a,b} : S^1 \to S^1, x \mapsto x + a + b\sin 2\pi x \pmod 1$. 证明对 $p/q \in \mathbb{Q} \cap [0,1]$, 区域 $A_{p/q} := \{(a,b) \in [0,1] \times [0,1] | \tau(f_{a,b}) = p/q\}$ 是闭的.

这些区域与 $[0,1] \times \{0\}$ 相交于点 p/q.

11.1.5. 证明 $A_{p/q}$ 与每条直线 $b =$ 常数相交于一个非空闭区间, 而且这个区间除了 $b = 0$ 有非零长度.

11.1.6. $A_{p/q}$ 是否连通?

11.1.7. 证明 $A_{p/q}$ 的并在 $[0,1]\times[0,1]$ 中稠密.[2]

11.2. Poincaré 分类

这一节我们给出圆周同胚的轨道的可能性态的完全描述. 这允许将圆周同胚的描述直到相差一个单调半共轭.

a. 有理旋转数.

命题 11.2.1. 设 $f: S^1 \to S^1$ 是具有有理旋转数 $\tau(f)=p/q$ 的一个保定向同胚. 假设 p 和 q 互素, 并令 $\overline{x}\in S^1$ 满足 $f^q(\overline{x})=\overline{x}$. 那么 $\{\overline{x}, f(\overline{x}), f^2(\overline{x}), \cdots, f^{q-1}(\overline{x})\}$ 在 S^1 上的序与 $\left\{0, \dfrac{p}{q}, \dfrac{2p}{q}, \cdots, \dfrac{(q-1)p}{q}\right\}$ 在 S^1 上的序相同. 特别地, 周期轨道在 S^1 上诱导的区间由 f 置换.

注. 这个命题说, 保定向圆周同胚的周期轨道与具有相同旋转数的圆周旋转的周期轨道相像.

证明. 设 F 是 f 的提升, 使得对 $x\in\pi^{-1}(\{\overline{x}\})$ 有 $F^q(x)=x+p$ (见命题 11.1.5). 集合 $A:=\pi^{-1}\{\overline{x}, f(\overline{x}), f^2(\overline{x}), \cdots, f^{q-1}(\overline{x})\}$ 给出 $[x, x+p]$ 的 $p\cdot q$ 个区间的分割. 同时 $[x, x+p]$ 被分割为区间 $[x, F(x)], [F(x), F^2(x)], \cdots, [F^{q-1}(x), F^q(x)]$, 它们的内部不相交. 由于 F 是这个分割中任何两个相邻区间之间的双射且保持 A, 每个区间 $[F^i(x), F^{i+1}(x)]$ 正好包含 A 的 $p+1$ 个点. 取 $k, r\in\mathbb{Z}$ 使得 x 在 A 中的右邻近是 $x_1=F^k(x)-r$. 由于 $\overline{F}=F^k-r$ 在 $\mathbb{R}$ 上递增且保持 A, $x_1=\overline{F}(x)$ 是 x 在 A 中最靠近右边的邻近, 以及 $[x, F(x)]$ 通过 A 被分割为 p 个子区间的事实证明了 $\overline{F}^p(x)=F(x)$. 因此, $f^{kp}(\overline{x})=f(\overline{x})$, 这里 k 是 0 和 $q-1$ 之间使得 $kp\equiv 1 \pmod q$ 的唯一数. 因此轨道的序为 $(\overline{x}, f^k(\overline{x}), f^{2k}(\overline{x}), \cdots, f^{(q-1)k}(\overline{x}))$.

现在令 $f=R_{p/q}$ 是 p/q 旋转. 则 $\pi\left\{0, \dfrac{p}{q}, \cdots, \dfrac{p(p-1)}{q}\right\}$ 是一个周期轨道, 因此由上面论述它如 $\left(0, \dfrac{kp}{q}, \dfrac{2kp}{q}, \cdots, \dfrac{(q-1)kp}{q}\right)$ 定序, 其中如前 $kp\equiv 1 \pmod q$. □

下面的命题断言, 对具有有理旋转数的圆周同胚, 所有非周期轨道都渐近于周期轨道. 这给出具有有理旋转数的可能轨道的完全分类 (回忆同宿点与异宿点的定义 6.5.4). [394]

命题 11.2.2. 设 $f: S^1\to S^1$ 是一个具有有理旋转数 $\tau(f)=p/q\in\mathbb{Q}$ 的保定向圆周同胚. 那么 f 的非周期轨道存在两个可能的类型:

(1) 如果 f 只有一个周期轨道, 那么其他每一点在 f^q 作用下异宿于这个周期轨道上的两点. 如果这个周期大于 1, 则这些点是不同的.

(2) 如果 f 的周期轨道多于一个, 则每个非周期点在 f^q 作用下异宿于不同周期轨道上的两点.

证明. 首先注意, f^q 可通过在 f^q 的不动点截断圆周与一个区间的同胚等同, 或者等价地, 通过取 f^q 的一个不动点的提升 z, 以及 f^q 的提升 $F^q(\cdot)-p$ 到 $[z,z+1]$ 上的限制. 于是命题的论述将由命题 1.1.6 应用到这个区间映射得到, 除了 (2) 的最后部分中的两个周期轨道是不同的还有问题外. 但如果有区间 $I=[a,b]\subset\mathbb{R}$ 使得 a 和 b 是 $F^q-\mathrm{Id}-p$ 的相邻零点, 且 a 和 b 投射到相同的周期轨道, 那么 f 只有一个周期轨道, 因为如果 $\pi(a)=x\in S^1, \pi(b)=f^k(x)\in S^1$, 那么 $\bigcup\limits_{n=0}^{q-1} f^{nk}\pi(a,b)$ 覆盖 $\{f^n(x)\}_{n=0}^{q-1}$ 在 S^1 中的补集, 且不包含周期点. 由不变性 $f^{nk}(\pi(a,b))$ 也不包含周期点. □

注. 上面的论述证明, 如果只存在一个周期轨道, 则它是半稳定的. 它 "在一边排斥在另一边吸引", 如图 3.3.1 所示.

注意, 非周期点不只是个别渐近于周期点, 这种性态对点在 f 的迭代下也是凝聚的, 所以对非周期点 x, 点 $x, f(x), \cdots, f^{q-1}(x)$ 都向前渐近于对应周期点的迭代 $y, f(y), \cdots, f^{q-1}(y)$, 而且它们按同一个方向移动. 这从单调性立刻得知.

引理 11.2.3. 如果 $I\subset\mathbb{R}$ 是端点为 $F^q-\mathrm{Id}-p$ 的两个相邻零点的区间, 那么 $F^q-\mathrm{Id}-p$ 在 I 和 $F(I)$ 的内部有相同的符号.

证明. 如果对 $x\in I$ 有 $(F^q-\mathrm{Id}-p)x>0$, 则 $F^q-\mathrm{Id}-p$ 在 I 的左端点递增. 由于 F 单调, $(F^q-\mathrm{Id}-p)\circ F$ 在 $F(I)$ 的左端点递增, 因此对 $x\in F(I)$ 有 $(F^q-\mathrm{Id}-p)x>0$.

负符号的情形类似. □

[395] **b. 无理旋转数.** 对这种情形的分类, 第一步是证明具有旋转数 $\tau(f)\in\mathbb{R}\backslash\mathbb{Q}$ 的圆周映射 f 的轨道的序如同 $\tau(f)$ 的旋转 $R_{\tau(f)}$ 的轨道的序.

命题 11.2.4. 设 $F:\mathbb{R}\to\mathbb{R}$ 是具有旋转数 $\tau=\tau(F)\in\mathbb{R}\backslash\mathbb{Q}$ 的保定向同胚 $f:S^1\to S^1$ 的一个提升. 那么对 $n_1,n_2,m_1,m_2\in\mathbb{Z}$ 和 $x\in\mathbb{R}$ 有

$$n_1\tau+m_1<n_2\tau+m_2 \quad \text{当且仅当} \quad F^{n_1}(x)+m_1<F^{n_2}(x)+m_2.$$

证明. 首先注意到, 对给定的 $n_1,n_2,m_1,m_2\in\mathbb{Z}$, 表达式 $p(x):=F^{n_1}(x)+m_1-F^{n_2}(x)-m_2$ 永不改变符号 (因此第二个不等式与 x 无关). 事实上, 由 $p(\cdot)$ 的连

续性, 符号的改变蕴含着存在 z 使得 $F^{n_1}(z) - F^{n_2}(z) + m_1 - m_2 = 0$. 但由于 $F^{n_1}(z) - F^{n_2}(z) \in \mathbb{Z}$, z 投射到周期点, 这是不可能的.

现在假设 $F^{n_1}(0)+m_1 < F^{n_2}(0)+m_2$. 记 $y := F^{n_2}(0)$, 这等价于 $F^{n_1-n_2}(y) - y < m_2 - m_1$. 如前这个不等式对所有 $y \in \mathbb{R}$ 成立, 特别地, 对 $y = 0$ 和 $y = F^{n_1-n_2}(0)$ 成立, 由此

$$F^{n_1-n_2}(0) < m_2 - m_1$$

和

$$F^{2(n_1-n_2)}(0) < (m_2 - m_1) + F^{n_1-n_2}(0) < 2(m_2 - m_1).$$

归纳地, $F^{n(n_1-n_2)}(0) < n(m_2 - m_1)$, 以及

$$\tau = \lim_{n\to\infty} \frac{F^{n(n_1-n_2)}(0)}{n(n_1 - n_2)} < \lim_{n\to\infty} \frac{n(m_2 - m_1)}{n(n_1 - n_2)} = \frac{m_2 - m_1}{n_1 - n_2}$$

(由于 $\tau \in \mathbb{R}\backslash\mathbb{Q}$, 不等式是严格的). 因此

$$n_1\tau + m_1 < n_2\tau + m_2.$$

从而我们证明了充分性. 类似地, $F^{n_1}(0) + m_1 > F^{n_2}(0) + m_2$ 蕴含着 $n_1\tau + m_1 > n_2\tau + m_2$, 两边的等号永不出现 (因为 $\tau \in \mathbb{R}\backslash\mathbb{Q}$ 和 f 没有周期点). "必要性" 得证. □

上述命题与早先的结果有着某些类似, 即在有理旋转数情形周期轨道上的序如对应旋转的轨道的序. 然后对有理旋转数确定非周期轨道渐近于周期轨道. 这启发研究具有无理旋转数的同胚的轨道的渐近性态.

命题 11.2.5. 设 $f: S^1 \to S^1$ 是 S^1 的一个保定向同胚, 又假设 $\tau(f) \in \mathbb{R}\backslash\mathbb{Q}$. 则 ω 极限集 $\omega(x)$ (见定义 1.6.2) 不依赖于 x, 而且 $E := \omega(x)$ 或者是 S^1, 或者是完美无处稠密集.

引理 11.2.6. 设 $f: S^1 \to S^1$ 是一个保定向同胚, $\tau(f) \in \mathbb{R}\backslash\mathbb{Q}$, $m, n \in \mathbb{Z}, m \neq$ [396]
$n, x \in S^1$, $I \subset S^1$ 是一个以 $f^m(x)$ 和 $f^n(x)$ 为端点的闭区间. 则每个半轨与 I 相交.

注. 对 $x \neq y \in S^1$, 恰好存在 S^1 中以 x 和 y 为端点的两个区间. 引理对两个选择都成立. 由于 $\tau(f)$ 是无理数, x 不是周期点, I 不是一个点.

证明. 考虑正半轨 $\{f^n(y)\}_{n\in\mathbb{N}}$. 负半轨的证明完全相同. 为了证明这个引理, 只需证明 I 的向后迭代覆盖 S^1, 就是说, $S^1 \subset \bigcup\limits_{k\in\mathbb{N}} f^{-k}(I)$.

令 $I_k := f^{-k(n-m)}(I)$, 注意它们都是毗邻的, 即如果 $k \in \mathbb{N}$, 则 I_k 和 I_{k-1} 有公共端点. 因此, 如果 $S^1 \neq \bigcup_{k \in \mathbb{N}} I_k$, 则这些区间的端点序列收敛于某个 $z \in S^1$. 所以

$$
\begin{aligned}
z &= \lim_{k \to \infty} f^{-k(n-m)} f^m(x) = \lim_{k \to \infty} f^{(-k+1)(n-m)} f^m(x) \\
&= \lim_{k \to \infty} f^{(n-m)} f^{-k(n-m)} f^m(x) = f^{(n-m)} \lim_{k \to \infty} f^{-k(n-m)} f^m(x) = f^{(n-m)}(z)
\end{aligned}
$$

是周期点. 这与假设 $\tau(f) \in \mathbb{R} \backslash \mathbb{Q}$ 矛盾. □

命题的证明. 与 x 的无关性: 我们需要证明对 $x, y \in S^1$ 有 $\omega(x) = \omega(y)$. 令 $z \in \omega(x)$. 则在 $\mathbb{N}$ 中存在序列 l_n 使得 $f^{l_n}(x) \to z$. 如果 $y \in S^1$, 则由引理 11.2.6 存在 $k_m \in \mathbb{N}$, 使得 $f^{k_m}(y) \in I_m := [f^{l_m}(x), f^{l_{m+1}}(x)]$. 但这样 $\lim\limits_{m \to \infty} f^{k_m}(y) = z$, 因此 $z \in \omega(y)$.

因此, 对所有 $x, y \in S^1$ 有 $\omega(x) \subset \omega(y)$, 由对称性, 对所有 $x, y \in S^1$ 有 $\omega(x) = \omega(y)$.

$E := \omega(x)$ 或者是 S^1, 或者无处稠密: 首先注意 E 是唯一极小的非空闭 f 不变集, 即如果 $A \subset S^1$ 是非空闭 f 不变集, 且 $x \in A$, 则 $\{f^k(x)\}_{k \in \mathbb{Z}} \subset A$, 因为 A 是不变集, 又因为是闭的, $E = \omega(x) \subset A$. 因此 $\varnothing$ 和 E 是 E 的唯一闭不变子集, 又因为 E 的边界 ∂E 是 E 的闭不变子集, 得知 $\partial E = \varnothing$ 或者 $\partial E = E$.

如果 $\partial E = \varnothing$, 则 $E = S^1$. 如果 $\partial E = E$, 则 E 是无处稠密集.

剩下的要证明 E 是完美的. E 是闭的. 令 $x \in E$. 由于 $E = \omega(x)$, 存在序列 k_n 使得 $\lim\limits_{n \to \infty} f^{k_n}(x) = x$. 由于 $\tau(f) \in \mathbb{R} \backslash \mathbb{Q}$, 不存在周期轨道, 因此对所有 n, $f^{k_n}(x) \neq x$. 从而 x 是 E 的一个聚点, 因为由不变性 $f^{k_n}(x) \in E$. □

上述命题证明具有无理旋转数的映射的轨道结构完全不同于具有有理旋转数的映射的轨道结构. 在有理旋转数情形所有轨道或者是周期轨道, 或者渐近于周期轨道, 对有无理旋转数的映射, 或者所有轨道稠密, 或者所有轨道渐近于一个 Cantor 集或者含于一个 Cantor 集内. 随着理解的深入, 我们将会看到, 当我们回到共轭问题时这种发散性将会扩大: 何时圆周映射等价于旋转? 在有理旋转
[397] 数情形, 这显然是一种很少出现的情况, 因为有理旋转的所有轨道都是有相同周期的周期轨道, 任何坐标变换再产生的映射只有 (事实上, 是使得 $f^q = \mathrm{Id}$ 的映射 f 的) 周期轨道.

在无理旋转数情形不存在这个约束, 而且存在与无理旋转的一个紧密联系.

定理 11.2.7 (Poincaré 分类定理). 设 $f: S^1 \to S^1$ 是具有无理旋转数的一个保定向同胚. 那么

(1) 如果 f 是传递的, 则 f 共轭于旋转 $R_{\tau(f)}$.

(2) 如果 f 不是传递的, 则通过不可逆连续单调映射 $h: S^1 \to S^1$, f 有作为拓扑因子 (参看定义 2.3.2) 的旋转 $R_{\tau(f)}$.

注. 值得将这个定理与命题 2.4.9 进行比较, 那里对度为 $k, |k| \geqslant 2$ 的映射给出类似的描述. 但是, 命题 2.4.9 的两个证明 (2.4b 节用编码和 2.4c 节用不动点方法) 与 Poincaré 分类定理的证明本质不同. 它们依赖模型映射 E_k 的双曲性, 现在证明的关键思想是保序.

证明. 取 f 的一个提升 $F: \mathbb{R} \to \mathbb{R}$, 令 $\tau := \tau(F), x \in \mathbb{R}$ 和 $B := \{F^n(x) + m\}_{n,m\in\mathbb{Z}}$ 是 $\pi(x)$ 的轨道的全提升. 定义 $H: B \to \mathbb{R}$, $F^n(x) + m \mapsto n\tau + m$. 由命题 11.2.4 得知这个映射是单调的. 注意到 $H(B)$ 在 $\mathbb{R}$ 中稠密 (命题 1.3.3). 如果我们滥用记号, 就用 R_τ 记映射 $\mathbb{R} \to \mathbb{R}, x \mapsto x + \tau$, 则在 B 上, $H \circ F = R_\tau \circ H$, 因为

$$H \circ F(F^n(x) + m) = H(F^{n+1}(x) + m) = (n+1)\tau + m$$

和

$$R_\tau \circ H \circ (F^n(x) + m) = R_\tau(n\tau + m) = (n+1)\tau + m.$$

引理 11.2.8. *H 有到 B 的闭包 $\overline{B}$ 的连续扩张.*

证明. 如果 $y \in \overline{B}$, 则存在序列 $\{x_n\}_{n\in\mathbb{N}} \subset B$ 使得 $y = \lim\limits_{n\to\infty} x_n$. 定义 $H(y) := \lim\limits_{n\to\infty} H(x_n)$. 为了证明 $\lim\limits_{n\to\infty} H(x_n)$ 存在, 且与逼近 y 的序列的选择无关, 首先我们注意, 由于 H 是单调的, 它的左右极限存在且与序列的选择无关. 如果左右极限不一致, 则 $\mathbb{R} \backslash H(B)$ 包含一个区间, 这与 $H(B)$ 的稠密性矛盾. □

现在可容易地将 H 扩展到 $\mathbb{R}$: 由于 $H: \overline{B} \to \mathbb{R}$ 是单调和满的 (因为 H 在 B 上单调连续, $\overline{B}$ 是闭的, $H(B)$ 在 $\mathbb{R}$ 中稠密), 在 $\overline{B}$ 的补区间上不存在定义 H 的选择, 因为在这些区间上集合 $H =$ 常数, 选择这个常数等于在区间端点的值. 这给出映射 $H: \mathbb{R} \to \mathbb{R}$, 使得 $H \circ F = R_\tau \circ H$, 因此 $h: S^1 \to S^1$ 是半共轭, 因为对 $z \in B$ 我们有

$$H(z+1) = H(F^n(x) + m + 1) = n\tau + m + 1 = H(z) + 1,$$

而且这个性质在连续扩张下得到保持. [398]

注意, 在传递情形我们从稠密轨道开始, 所以 $\overline{B} = \mathbb{R}$ 且 h 是一个双射. 定理得证. □

注. 由于 $\overline{B}$ 投射到 $\pi(x)$ 的轨道的闭包, 它包含 $\pi(x)$ 的 ω 极限集 $E = \omega(\pi(x))$, 且通过选择 $x \in \pi^{-1}(E)$ 得到 $\pi(\overline{B}) = E$, 其中 E 是前面讨论中的通有 ω 极限集. 在传递情形 $\overline{B} = \mathbb{R}$ 和 $E = S^1$, 但在非横截情形我们发现, 如果 $x \in \pi^{-1}(E)$, 那

么 $\pi(\overline{B}) = E$ 是一个 Cantor 集. 因此在半共轭情形这个 Cantor 集上的动力学几乎共轭于无理旋转 $R_{\tau(f)}$: 如果每个补区间的两个端点等同, 那么 h 成为到 S^1 的等化空间 $E/\sim$ 的一个双射, 且 $f|_{E/\sim}$ 共轭于 $R_{\tau(f)}$. E 中 f 的所有轨道在 E 中稠密 (由 E 的定义). 另一方面, 由 $E = \omega(x)$ 的构造得知, E 外所有点按时间的正负方向吸引 E, 因为这种点的迭代必须停留在 E 的不相交补区间内, 而且这些区间的长度趋于零.

反之, 可将非传递映射想象为由无理旋转的某些轨道 "破裂" 成的区间得到, 这些区间的并组成 E 的补. 因此这些补区间如无理旋转轨道上的点可置换. 这些区间的所有内点都是游荡的, 因为它们都停留在这些区间内, 它们的像都互不相交.

后面我们将显示这种例子的一个明显构造. 具有给定无理旋转数 τ 的圆周同胚的完全拓扑分类, 由旋转 R_τ 的轨道的有限或可数集模所有这些轨道的一个联合平移给出. 自然那些轨道是定理 11.2.7 中在半共轭下破裂的轨道. 由于无理旋转的轨道稠密, 这些不变量不是模.

c. 轨道类型与可测分类. 我们从上面讨论中获得对圆周同胚轨道的分类以结束本节: S^1 上的点在变换下可有 6 类不同轨道, 对有理旋转数和无理旋转数各有 3 类. 称映射的轨道 $\mathcal{O}$ 同宿于不变集 $S \subset S^1 \backslash \mathcal{O}$, 如果对任何 $x \in \mathcal{O}$ 有 $\alpha(x) = \omega(x) = S$. 类似地, 称 $\mathcal{O}$ 异宿于两个不相交的不变集 S_1, S_2, 如果 $\mathcal{O}$ 与它们每个都不相交, 而且对 $x \in \mathcal{O}$ 有 $\alpha(x) = S_1$, $\omega(x) = S_2$. 于是得到如下表所示的各种可能轨道的列表. 注意, 我们对有理旋转数的描述和用的记号与文献中的标准叙述和记号有所不同.

[399] **表. Poincaré 分类**

旋转数 $p/q \in \mathbb{Q}$	旋转数 $\alpha \in \mathbb{R} \backslash \mathbb{Q}$
$\mathrm{I}_{\frac{p}{q}}$: 周期轨道, 其周期与 $R_{\frac{p}{q}}$ 的相同, 而且轨道上的序与 $R_{\frac{p}{q}}$ 的序相同.	I_α : S^1 中稠密轨道的序与 R_α 的轨道上的序相同 (分下面两个情形).
$\mathrm{II}_{\frac{p}{q}}$: 同宿轨道: 当 $n \to +\infty$ 和 $n \to -\infty$ 时它趋于给定的周期轨道.	II_α : 在 Cantor 集中稠密的轨道.
$\mathrm{III}_{\frac{p}{q}}$: 异宿轨道: 当 $n \to +\infty$ 和 $n \to -\infty$ 时它趋于两个不同的周期轨道 (这种情况发生在有多于 1 个周期轨道时).	III_α : 同宿于 Cantor 集的轨道.

最后, Poincaré 分类定理 11.2.7 完全回答了关于圆周同胚的不变测度问题. 在有理旋转数情形每个遍历不变测度是原子的, 事实上它是周期轨道上的一致 δ 测度. 对无理旋转数我们需要分开考虑传递和非传递情形. 因为无理旋转是唯一

遍历的 (Kronecker–Weyl 等分布定理, 命题 4.2.1), 又因为唯一遍历性显然是一个拓扑共轭不变量, S^1 的具有无理旋转数的传递同胚是唯一遍历的.

现在设 $f: S^1 \to S^1$ 是具有无理旋转数的非传递同胚. 由于与 f 的唯一极小集 E 互补的任何区间互不相交, 这种区间关于任何 f 不变概率测度 μ 有零测度, 即 $\mu(S^1 \backslash E) = 0$. 但是 f 与无理旋转 $R_{\tau(f)}$ 之间的半共轭在 $E \backslash \mathcal{D}$ 上是一对一的, 这里的 $\mathcal{D}$ 是可数集. 任何 f 不变的不变概率测度不是原子的, 因为它没有周期点, 因此 $\mu(\mathcal{D}) = 0$. 如果 f 有两个不变的概率测度, 它们在集合 $A \subset E \backslash \mathcal{D}$ 上必须不同, 因此, 半共轭将把它们代入到旋转 $R_{\tau(f)}$ 的两个不同的不变测度, 这是不可能的. 因此, 回忆定义 4.1.20 我们有

定理 11.2.9. 具有无理旋转数的圆周同胚是唯一遍历的, 而且作为保测变换它度量同构于一个无理旋转.

推论 11.2.10. S^1 的任何同胚有零拓扑熵.

证明. 这由命题 11.2.2, 定理 11.2.9 和变分原理 (定理 4.5.3) 得到.

练　　习

11.2.1. 证明所有具有有理旋转数 p/q, 没有半稳定周期点, 以及具有给定个数 n 的周期轨道的保定向同胚都拓扑共轭, 证明此时的 n 是偶数.

11.2.2. 证明如果 $p/q \notin \{0, 1/2\} \pmod 1$, 则恰好存在两类 S^1 的具有旋转数 p/q 和有 n 个周期轨道的保定向同胚, 它们都是半稳定的. 如果 $p/q = 0$ 或者 $1/2 \pmod 1$, 则只存在一类这样的保定向同胚. [400]

11.2.3. 描述 S^1 的具有旋转数 p/q 和有 n 个周期轨道的保定向同胚的所有共轭类; 证明这类数目不多于 2^n. 对 $n = 1, 2, 3$ 计算这个数. 分开考虑情形 $p/q = 0$ 和 $p/q = 1/2$.

11.2.4. 设 $f: S^1 \to S^1$ 是一个保定向同胚. 证明 f 恰有两个不动点以及 f 有旋转数 0.

11.2.5. 假设保定向同胚 $f: S^1 \to S^1$ 有 $n \geqslant 0$ 个周期 2 周期轨道, 其周期轨道没有一个是半稳定的. 证明:

(1) 如果 n 是偶数, 则所有同胚都拓扑共轭.

(2) 如果 n 是奇数, 则恰好存在两类拓扑共轭.

11.2.6. 证明具有有理旋转数的圆周保定向同胚有作为因子的旋转, 当且仅当它的周期点集不可数.

11.2.7. 证明如果 $f: S^1 \to S^1$ 拓扑共轭于一个无理旋转, 那么这个共轭同胚直到相差一个旋转是唯一的 (即, 如果对 $i=1,2$ 有 $h_i \circ f = R_\tau \circ h_i$, 则 $h_1 \circ h_2^{-1}$ 是一个旋转).

11.2.8*. 证明具有无理旋转数的非传递同胚 $f: S^1 \to S^1$ 到它的极小集上的限制拓扑共轭于一个符号动力系统, 更具体地说, 全 2 移位 σ_2 (参看 (1.9.3)) 到闭不变集 Λ 上的限制, 当且仅当它由旋转通过 "破裂" 有限多个轨道得到.

11.2.9. 证明作为空间 (S^1, λ) 的保测变换的无理旋转 R_α 和 R_β 同构, 当且仅当 $\alpha = \pm\beta \pmod 1$.

11.2.10. 不利用熵的变分原理或 Poincaré 分类证明圆周同胚有零拓扑熵.

第 12 章 圆周微分同胚

[401]

事实证明, 如果在上一章的几个要素中加入足够的可微性就可在圆周映射的理论中产生几个新的事实. 在 11.2b 节末尾我们曾经概述具有无理旋转数的圆周同胚的完全拓扑分类. 当我们把注意力集中到充分光滑的微分同胚 (定理 12.1.1) 时情况就有很大的变化. 命题 12.2.1 的例子显示光滑性这个要求几乎是很苛刻的. 旋转数成为完全的拓扑共轭不变量, 这与双曲动力学的情况没有什么不同 (例如, 参看定理 2.6.1 和 2.6.3). 另外, 圆周微分同胚直到微分共轭的分类仅对旋转数满足额外的算术条件时才有可能. 在 12.3 节我们在解析设置下证明这类问题的一个局部结果, 而在 12.5 节和 12.6 节中我们说明如果没有这个算术条件, 那么共轭的各个病态行为可随意发生. 最后在 12.7 节我们证明无理旋转性态的一个方面, 即关于 Lebesgue 测度的遍历性对所有充分光滑的圆周微分同胚都得到保持.

12.1. Denjoy 定理

回忆 $g: S^1 \to \mathbb{R}$ 是*有界变差的*, 如果它的全变差 $\operatorname{Var}(g) := \sup \sum_{k=1}^{n} |g(x_k) - g(x'_k)|$ 有限. 这里的上确界取遍所有有限集 $\{x_k, x'_k\}_{k=1}^n$, 其中 x_k, x'_k 是区间 I_k 的端点, 对 $k \neq j$ 满足 $I_k \cap I_j = \varnothing$.

注. 每个 Lipschitz 函数, 从而每个连续可微函数都是有界变差函数.

定理 12.1.1 (Denjoy 定理).[1] *对具有无理旋转数 $\tau(f) \in \mathbb{R}\backslash\mathbb{Q}$ 的 C^1 微分同胚*

$f: S^1 \to S^1$, 有界变差的导数是传递的, 因此拓扑共轭于 $R_{\tau(f)}$.

[402] **注.** 由上面的注, 这个定理对具有无理旋转数的 C^2 微分同胚也成立.

引理 12.1.2. *如果 $f: S^1 \to S^1$ 是具有无理旋转数的一个同胚, 则对 $x_0 \in S^1$, 存在无穷多个 $n \in \mathbb{N}$, 使得对 $0 \leqslant k < n$, 区间 $f^k((x_0, f^{-n}(x_0)))$ 互不相交.*

证明. 记 $x_k = f^k(x_0), I = (x_0, x_{-n})$. 引理断言仅涉及 x_0 的轨道的序. 由于 f 共轭于或者半共轭于无理旋转, 故可假设 f 自己是一个无理旋转. 显然此时引理断言对所有满足当 $0 < |k| < n$ 时没有 x_k 在 I 内的 $n \in \mathbb{N}$ 成立. 但是由于 x_0 的轨道稠密, 因此有子序列收敛于 x_0, 显然这样的 n 有无穷多个. □

引理 12.1.3. *设 $X = S^1$, 或者 $X = [0, 1]$, 和 $Y \subset X$. 假设 $f: X \to X$ 使得 $f|_Y$ 是 C^1 的, f' 是有界变差, $|f'|$ 在 Y 上有界异于零. 设 $V < \infty$ 是 $\varphi: x \mapsto \log|f'(x)|$ 的变差. 如果 $I \subset Y$ 是一个区间, 使得 $I, f(I), \cdots, f^n(I)$ 是 Y 中两两不相交的区间, 以及 $x, y \in I$, 那么*

$$\exp(-V) \leqslant \frac{|(f^n)'(x)|}{|(f^n)'(y)|} \leqslant \exp(V).$$

证明.

$$\begin{aligned} V &\geqslant \sum_{k=0}^{n-1} |\varphi(f^k(x)) - \varphi(f^k(y))| \geqslant \left| \sum_{k=0}^{n-1} \varphi(f^k(x)) - \sum_{k=0}^{n-1} \varphi(f^k(y)) \right| \\ &= \left| \log \left(\prod_{k=0}^{n-1} |f'(f^k(x))| \cdot \prod_{k=0}^{n-1} |f'^{-1}(f^k(y))| \right) \right| = \left| \log \frac{|(f^n)'(x)|}{|(f^n)'(y)|} \right|. \end{aligned}$$

取指数得到证明. □

注. 这个论述是有界畸变估计的另一个例子. 它类似于引理 5.1.18 证明中所用的论述, 也是求解练习 10.0.6 所需的. 这里的主要差别是直接应用导数变差的有界性, 以代替通过二阶导数对这个变差的估计. 这个方法下次将出现在引理 12.7.3 的证明中.

引理 12.1.4. *如果 f 不共轭于旋转, I 是 $E = \omega(x)$ 补中的一个区间, $x_0 \in I$, n 如在引理 12.1.2 中的, 那么对每个 $x \in I$ 有 $\exp(-V) \leqslant (f^n)'(x) \cdot (f^{-n})'(x) \leqslant \exp(V)$.*

证明. 由于所有 $x \in I$ 在半共轭作用下都有相同的像, 故引理 12.1.2 中得到的 $n \in \mathbb{N}$ 的集合不依赖于 $x \in I$. 因此可用引理 12.1.3, 其中 $y = f^{-n}(x)$. □

[403] **定理 12.1.1 的证明.** 假设 f 不共轭于旋转, 取区间 $I \subset S^1 \backslash E$, 其中 E 如命题 11.2.5 中的. 注意它的所有像和原像都两两不相交. 另一方面, 由长度定义和引

理 12.1.4, 与对 $a,b>0$ 的明显估计 $a+b \geqslant \max(a,b) \geqslant \sqrt{a \cdot b}$ 一起, 对无穷多个 $n \in \mathbb{N}$ 一起, 得到

$$\begin{aligned} l(f^n(I)) + l(f^{-n}(I)) &= \int_I (f^n)'(x)dx + \int_I (f^{-n})'(x)dx \\ &= \int_I [(f^n)'(x) + (f^{-n})'(x)]dx \\ &\geqslant \int_I \sqrt{(f^n)'(x) \cdot (f^{-n})'(x)}dx \\ &\geqslant \int_I \sqrt{\exp(-V)}dx = l(I) \cdot e^{-V/2}. \end{aligned}$$

因为 $\sum_{i=-\infty}^{\infty} l(f^i(I)) = \infty$, 区间 $\{f^i(I)\}_{i\in\mathbb{Z}}$ 不可能不相交, 矛盾. □

上面论述背后的主要思想是通过控制其中区间的像组成 S^1 上的型的方法, 可得到对 f 迭代的导数的控制. 这里的 "型" 由考虑的那些 n 所控制, 对这些 n 某个区间前面 n 个像不相交, 这允许我们利用这个变差的有界性给出这些迭代的导数的强一致估计.

这解释利用变差的有界性可由动力学的低维性得到对区间像的控制. 在第 7 节我们将利用相同的思想证明这里讨论的这类圆周微分同胚的遍历性.

12.2. Denjoy 例子

Denjoy 定理几乎接近最优. 这里构造的例子说明我们用的正则性假设不能放松得太多. 它给出非传递圆周微分同胚的一阶导数有任意接近于 1 的 Hölder 指数. 这个构造的思想是从无理旋转开始将轨道的点用适当选择的区间代替. 所得的映射不是传递的. Denjoy 例子证明:

命题 12.2.1. 对 $\tau \in \mathbb{R}\backslash\mathbb{Q}, \alpha \in (0,1)$, 存在非传递的 C^1 微分同胚 $f: S^1 \to S^1$ 具有 α-Hölder 导数和旋转数 $\tau(f) = \tau$.

证明. 令 $k \in \mathbb{N}, \alpha = k/(k+1), l_n = (|n| + (2k)^k + 1)^{-(1+1/k)}$ 和 $c_n = 2\left(\frac{l_{n+1}}{l_n} - 1\right) \geqslant -1$. 首先注意

$$\sum_{n\in\mathbb{Z}} l_n < 2\sum_{n=0}^{\infty} l_n = 2\sum_{n=(2k)^k+1}^{\infty} \frac{1}{n^{1+1/k}} < 2\int_{(2k)^k}^{\infty} \frac{1}{x^{1+1/k}}dx = 1.$$

为了将无理旋转 R_τ 的轨道 $x_n = (R_\tau)^n x$ "破裂" 为长度 l_n 的区间 I_n, 将区间 [404]
I_n 插入 S^1, 使得它们的序与点 x_n 的序相同, 且使得任何两个这样的区间 I_m 和

I_n 之间的距离刚好是

$$\left(1-\sum_{n\in\mathbb{Z}} l_n\right) d(x_m, x_n) + \sum_{x_k\in(x_m,x_n)} l_k.$$

(这是插入的区间 I_k 的长度之和以及圆周上 x_m 和 x_n 之间的弧长, 适当尺度化显示 $S^1\setminus\bigcup_{n\in\mathbb{Z}} I_n$ 的总长是 $1-\sum_{n\in\mathbb{Z}} l_n$). 为了定义圆周同胚 f, 使得 $f(I_n)=I_{n+1}$ 且 $f|_{S^1\setminus\bigcup_{n\in\mathbb{Z}} I_n}$ 半共轭于一个旋转, 只需指定导数 $f'(x)$, 因为 f 可通过积分得到.

在区间 $[a,a+l]$ 上定义帐篷函数

$$h(a,l,x) := 1-\frac{1}{l}|2(x-a)-l|.$$

注意 $h(a,l,a+l/2)=1$, 且 $\int_a^{a+l} h(a,l,x)dx = l/2$. 将 I_n 的左端点记为 a_n, 并令

$$f'(x)=\begin{cases}1, & 若\ x\in S^1\setminus\bigcup_{n\in\mathbb{Z}} I_n,\\ 1+c_n h(a_n,l_n,x), & 若\ x\in I_n.\end{cases}$$

由于 $c_n = 2((l_{n+1}/l_n)-1) = 2(l_{n+1}-l_n)/l_n$, 得到

$$\int_{I_n} f'(x)dx = \int_{I_n}(1+c_n h(a_n,l_n,x))dx = l_n + \frac{l_n}{2}c_n = l_{n+1},$$

所以事实上 $f(I_n)=I_{n+1}$.

现在证明 f' 有 Hölder 指数 α. 这只需求 M_α 使得对所有 $n\in\mathbb{Z}$ 有 $|c_n|\leqslant M_\alpha\cdot(l_n/2)^\alpha$, 因为这意味着在 $I_n(n\in\mathbb{Z})$ 上, 从而在 S^1 上有 $|f'(x)-f'(y)|\leqslant M_\alpha d(x,y)^\alpha$. 为此先考虑情形 $n\geqslant 0$, 并令 $m=1+n+(2k)^k$. 注意由于 $(1+x)^{-\beta} = 1-\beta\cdot x+O(x^2)$ (由 Taylor 展开), 对所有但有限多个 $m\in\mathbb{N}$,

$$\left|\left(1+\frac{1}{m}\right)^{-\beta}-1\right| < 2\beta\cdot\frac{1}{m}.$$

因此,

$$\begin{aligned}\frac{1}{2}|c_n| l_n^{-\alpha} &= l_n^{-k/(k+1)}\left|\frac{l_{n+1}}{l_n}-1\right| = m\cdot\left|\left(\frac{(m+1)}{m}\right)^{-(k+1)/k}-1\right|\\ &= m\cdot\left|\left(1+\frac{1}{m}\right)^{-(k+1)/k}-1\right| < 2\frac{k+1}{k} = \frac{2}{\alpha}.\end{aligned}$$

从而, 对所有但有限多个 $n \in \mathbb{N}$ 有 $|c_n|(l_n/2)^{-\alpha} < 2^{\alpha+2}/\alpha$. 情形 $\alpha < 0$ 类似处理, 因此得到

$$|c_n| \leqslant M_\alpha \left(\frac{l_n}{2}\right)^\alpha,$$

所以, f' 是 α-Hölder 连续的. □

注意到 R_τ 的半共轭由映射建立, 它的导数在所有区间 I_n 上为零, 在其他 [405]
地方等于 $\left(1 - \sum_{n \in \mathbb{Z}} l_n\right)^{-1}$. 对这个构造稍作修改就可证明

命题 12.2.2. 对 $a \in [0,1], \alpha \in (0,1)$, 存在非传递的 C^1 微分同胚 $f: S^1 \to S^1$, 它有 α-Hölder 导数, 且使得 f 不变的极小集的 Lebesgue 测度是 a.

证明. 我们只需证明可使得游荡集 $\bigcup_{n \in \mathbb{Z}} I_n$ 的 Lebesgue 测度等于 $1 - a$. 为此取 $l_n(a) := (1-a) l_n / \sum_{m \in \mathbb{Z}} l_m$, 所以 $\sum_{m \in \mathbb{Z}} l_m(a) = 1 - a$. 因为 c_n 保持相同, 所以上面的估计不变. □

练　　习

12.2.1. 如果 Denjoy 集 $S^1 \Big\backslash \bigcup_{n \in \mathbb{Z}} I_n$ 的 Lebesgue 测度是正的, 证明这一节所构造的微分同胚的唯一不变测度绝对连续, 否则是奇异的.

12.2.2*. 修改我们的构造以对给定的 $\beta > 0$ 得到非传递的 C^1 微分同胚具有给定的无理旋转数, 它的导数满足下面对任何 $\alpha < 1$ 比 α-Hölder 连续更强的条件:

$$|f'(x) - f'(y)| < |x - y| |\log |x - y||^{1+\beta}.$$

解释为什么这个构造不能对 $\beta = 0$ 产生效果.

12.3. Diophantus 旋转数的局部解析共轭

前面我们已经看到用有理数逼近无理数的速度会影响映射的动力学性质, 即 Siegel 定理 2.8.2 中给出的线性部分为 λ 的复映射的解析线性化论述是 Diophantus 的. 旋转数的有理逼近性质对确定由 Denjoy 定理 12.1.1 给出的映射是否光滑是基本的. 存在一些大范围结果, 它们保证如果充分光滑的圆周同胚有不能用有理数很好逼近的旋转数, 那么 Denjoy 理论中的共轭事实上是光滑的 (在解析圆周微分同胚情形是解析的). 一般地, 尽管现在对旋转数的算术性质与映射所

要求的光滑性之间的相互影响已经搞清楚了, 但相当复杂. 这些结果充分利用了问题的低维性并结合各类有力的解析估计. 这一节我们证明一个 Arnold 定理, 它是这个方向的第一个结果. 该定理说, 如果具有 Diophantus 旋转数的解析圆
[406] 周映射充分接近于旋转, 则它解析共轭于一个旋转. 不像后来的大范围结果这个定理被推广到了高维, 那里代替固定的旋转数, 是在典型映射族中找适当的参数值. 我们用的方法与 Siegel 定理 2.8.2 用的一样, 仅有的差别是我们现在工作在一个环状区域而那里是复平面中的圆盘.

定理 12.3.1 (Arnold 定理). 给定 $c > 0, d, r > 1$, 存在 $\varepsilon > 0$, 使得如果 α 是 Diophantus 型 (c, d) (见定义 2.8.1), u 是环域 $A_r := \{z \in \mathbb{C} | 1/r < |z| < r\}$ 上的解析函数, 在 A_r 上满足 $u(z) < \varepsilon$, 以及 $f(z) := e^{2\pi i\alpha}z + u(z)$ 保持单位圆, 且在 S^1 上有旋转数 α, 那么 f 解析共轭于 α 的圆周旋转.

证明. 我们所用的方法与 Siegel 定理 2.8.2 证明的完全一样, 只不过改用环域 A_r. 我们将自由地参照那个证明. 特别地, 如在 (2.8.2), 假设 $\lambda := e^{2\pi i\alpha}$. 为了将 Siegel 定理的设置用于这个环域得先从复变量改编几个引理. 与引理 2.8.3 类似的是

引理 12.3.2.

(1) 假设 φ 在 A_r 上解析, 在 $\overline{A}_r$ 上连续, 在 A_r 上满足 $|\varphi| < \varepsilon$. 那么 $\varphi(z) = \sum_{k\in\mathbb{Z}} \varphi_k z^k$ 和 $|\varphi_k| \leqslant \varepsilon r^{-|k|}$.

(2) 如果 $|\varphi_k| \leqslant K r^{-|k|}$ 和 $\varphi(z) = \sum_{k\in\mathbb{Z}} \varphi_k z^k$, 那么 φ 在 A_r 上解析, 在 $A_{r-\delta}$ 上有$|\varphi| \leqslant 2Kr/\delta$.

证明. (1) 令

$$\varphi^+(z) := \frac{1}{2\pi i}\int_{|\zeta|=r} \frac{\varphi(\zeta)}{\zeta - z} d\zeta, |z| < r,$$

$$\varphi^-(z) := -\frac{1}{2\pi i}\int_{|\zeta|=1/r} \frac{\varphi(\zeta)}{\zeta - z} d\zeta, |z| > 1/r,$$

由 Cauchy 积分公式 φ^+ 在 B_r 上解析, φ^- 对 $1/z \in B_r$ 解析. 由 Cauchy 定理 $\varphi = \varphi^+ + \varphi^-$. 此外

$$\varphi^+(z) = \sum_{k=0}^{\infty} \varphi_k z^k, \text{ 其中 } \varphi_k = \frac{1}{2\pi i}\int_{|z|=r} \frac{\varphi(z)}{z^{k+1}} dz, \text{ 所以 } |\varphi_k| \leqslant \varepsilon r^{-k}.$$

经过一番计算, 我们得到

$$\varphi^-\left(\frac{1}{z}\right) = \sum_{k=1}^{\infty} \varphi_{-k} z^k, \text{ 其中 } \varphi_{-k} = \frac{1}{2\pi i}\int_{|z|=1/r} \frac{\varphi(z)}{z^{k-1}} dz, \text{ 所以 } |\varphi_{-k}| \leqslant \varepsilon r^{-k}.$$

(2) 这由引理 2.8.3 对 $\varphi^{\pm}$ 得到. □

对 $\varphi^{\pm}$ 应用引理 2.8.3 也得到 [407]

引理 12.3.3. 设 $\varphi = \sum\limits_{k\in\mathbb{Z}} \varphi_k z^k$ 在 A_ρ 上解析, 在 A_ρ 上满足 $|\varphi| < \delta$, λ 如 (2.8.2) 中的. 那么

$$\psi(z) := \sum_{k\in\mathbb{Z}} \frac{\varphi_k}{\lambda^k - \lambda} z^k$$

在 A_ρ 上解析, 且存在 $c(d) > 0$ 使得在 $\overline{A_{\rho(1-\Delta)}}$ 上

$$|\psi| < 2\delta c_0 c(d) \Delta^{-(d+1)}.$$

现在回忆 2.7 节中的 Newton 法设置. 考虑算子

$$\mathcal{F}(f, h) = h^{-1} \circ f \circ h,$$

并记共轭方程为

$$\mathcal{F}(f, h) = g. \tag{12.3.1}$$

下面求这个共轭方程在 (g, Id) 的线性化的近似解 h. 为此记

$$\mathcal{F}(f, h) = \mathcal{F}(g, \mathrm{Id}) + D_1\mathcal{F}(g, \mathrm{Id})(f - g) + D_2\mathcal{F}(g, \mathrm{Id})(h - \mathrm{Id}) + \mathcal{R}(f, h),$$

其中 $\mathcal{R}(f, h)$ 是 $(f - g, h - \mathrm{Id}) =: (u, w)$ 的二次项. 去掉 $\mathcal{R}(f, h)$ 线性化 (12.3.1), 得到

$$\mathcal{F}(g, \mathrm{Id}) + D_1\mathcal{F}(g, \mathrm{Id})u + D_2\mathcal{F}(g, \mathrm{Id})w = g,$$

这简化为

$$u + D_2\mathcal{F}(g, \mathrm{Id})w = 0. \tag{12.3.2}$$

将 $h = \mathrm{Id} + w$ 代入 $\mathcal{F}(f, h)$ 得到函数 $f_1 = h^{-1} \circ f \circ h = \mathcal{F}(f, h) = g + \mathcal{R}(f, h)$, 所以 $u_1 := f_1 - g$ 的大小应该是 $u = f - g$ 大小的二阶. 为了验证这一点, 需要估计 $\mathcal{F}$ 与它在 (g, Id) 的线性化之间的差. 在情形 $g = \Lambda$, 其中 $\Lambda(z) = \lambda z$, 我们已经在 2.7 节计算过 $D_2\mathcal{F}(g, \mathrm{Id})$, 得到 (12.3.2) 变成

$$u = w \circ \Lambda - \Lambda \circ w. \tag{12.3.3}$$

给定 $u = \sum\limits_{k=1}^{\infty} u_k z^k$, 记 $w = \sum\limits_{k=1}^{\infty} w_k z^k$, 得到

$$w_k = \frac{u_k}{\lambda^k - \lambda}. \tag{12.3.4}$$

现在利用引理 12.3.3, 因为可通过从 (12.3.4) 得到 w 的系数来求解 (12.3.3). 但
[408] (12.3.4) 中的系数 $\eta := u_1$ 必须等于零. 不像 Siegel 定理, 现在我们并不知道这个, 所以首先要用 $\widetilde{u}(z) := u(z) - \eta z$ 代替 (12.3.3) 中的 u. 但我们也不知道候选的共轭 h 是否保持单位圆, 但这并不需要. 不管怎么样, 得到的共轭最后将 $f|_{S^1}$ 共轭于圆周旋转, 因为它将 f 共轭于环域旋转.

然后, 考虑如下的迭代过程. 假设求解方程

$$f_n - g + D_2\mathcal{F}(g, \mathrm{Id})w_{n+1} = 0 \tag{12.3.5}$$

的 $f_1, \cdots, f_n$ 已构造好, 令

$$h_{n+1} = h_n \circ (\mathrm{Id} + w_{n+1}) \quad 和 \quad f_{n+1} = h_{n+1}^{-1} \circ f_n \circ h_{n+1}. \tag{12.3.6}$$

构造的最后一步是证明序列 h_n 在适当拓扑下收敛. 这可从提供 $f_n - g$ 大小的快速递减的相同估计得到.

为了尽可能保持与 Siegel 情形类似的记号, 假设在 A_r 上有 $|\widetilde{u}| < \varepsilon$. 利用引理 12.3.2 可假设关于 u' 有相同的上界, 所以在 A_r 上有

$$|u| < \varepsilon \quad 和 \quad |u'| < \varepsilon. \tag{12.3.7}$$

用 $\widetilde{u}$ 代替 u 使得 (12.3.4) 不变: 从 (12.3.3) 我们仍得到 $w_k = \dfrac{u_k}{\lambda^k - \lambda}$. 因此可对 $\widetilde{u}$ 利用引理 12.3.3, 其中 $\rho = r$ 和 $\delta = \varepsilon$, 得到

$$|w| < 2\varepsilon c_0 c(d)\Delta^{-(d+1)}. \tag{12.3.8}$$

注意, 微分 (12.3.3) 并用 z 乘之, 得到 $z\widetilde{u}(z) = \lambda z w'(\lambda z) - \lambda z w'(z)$, 因此可用引理 12.3.3 得到

$$|zw'(z)| < 2r\varepsilon c_0 c(d)\Delta^{-(d+1)}, \tag{12.3.9}$$

因为在 A_r 上有 $z\widetilde{u}' < r\varepsilon$.

在得到共轭候选者 $h(z) = z + w(z)$ 后, 接下来要证明, 如果 ε 充分小, 新映射 $f_1 = h^{-1} \circ f \circ h$ 在 $A_{r(1-\Delta)}$ 上有定义.

引理 12.3.4. 如果

$$2\varepsilon c_0 c(d) < \Delta^{d+2}(1-\Delta)/r \quad 和 \quad 0 < \Delta < \frac{1}{4}, \tag{12.3.10}$$

那么

$$h(A_{r(1-4\Delta)}) \subset A_{r(1-3\Delta)} \quad 和 \quad A_{r(1-2\Delta)} \subset h(A_{r(1-\Delta)}). \tag{12.3.11}$$

证明. 为了证明 (12.3.11) 中的第一个包含关系, 取 $|z| < r(1-4\Delta)$ 并利用 (12.3.8), 得到 [409]

$$|h(z)| \leqslant |z| + |w(z)| < r(1-4\Delta) + 2\varepsilon c_0 c(d)\Delta^{-(d+1)} < r(1-4\Delta+\Delta).$$

作稍繁计算, 证明由 $|1/z| < r(1-4\Delta)$ 得到 $|h(z)| \geqslant 1/r(1-3\Delta)$, 这证明了第一个包含关系.

为了证明 (12.3.11) 中的第二个包含关系, 注意由 (12.3.8) 和 (12.3.10) 有 $|h(z)-z| = |w(z)| < \Delta$, 对 $|z| = r(1-\Delta)$ 显然有 $|z| - r(1-2\Delta) = r\Delta > |w(z)|$. 因此,

$$|h(z)| = |z - (h(z)-z)| \geqslant |z| - |w(z)| > r(1-2\Delta).$$

再次稍作有关计算, 证明由 $|1/z| < r(1-\Delta)$ 得到 $|h(z)| \geqslant 1/r(1-2\Delta)$ (这是唯一用到 (12.3.10) 中的 r 的地方). □

为了证明 f_1 在 $A_{r(1-4\Delta)}$ 上有定义, 记 $f_1(z) = \lambda z + u_1(z)$. 下面的引理还证明这个误差二次衰减.

引理 12.3.5. *如果*

$$2\varepsilon c_0 c(d) < \Delta^{d+2}(1-\Delta)/r \quad \text{和} \quad 0 < \varepsilon < \Delta < \frac{1}{5}, \tag{12.3.12}$$

则 f_1 定义在 $A_{r(1-4\Delta)}$ 上, 而且对某个绝对常数 c' 有

$$|u_1'| \leqslant \varepsilon^2 \frac{c' c_0 c(d)}{(1-\Delta)\Delta^{d+2}} \quad \text{在 } A_{r(1-5\Delta)} \text{ 上}.$$

证明. 由引理 12.3.4 我们有 $h(A_{r(1-4\Delta)}) \subset A_{r(1-3\Delta)}$. 由方程 (12.3.7) 得知在 $A_{r(1-3\Delta)}$ 上 $|f(z)| \leqslant r(1-3\Delta) + \varepsilon < r(1-2\Delta)$ 和 $|f(z)| \geqslant 1/(r(1-3\Delta)) - \varepsilon > 1/(r(1-2\Delta))$. 由引理 12.3.4, h^{-1} 在 $A_{r(1-2\Delta)}$ 上有定义, 因此 $f_1 = h^{-1} \circ f \circ h$ 定义在 $A_{r(1-4\Delta)}$ 上.

现在将 $h \circ f_1 = f \circ h$ 重写为

$$\lambda z + u_1(z) + w(\lambda z + u_1(z)) = \lambda(z + w(z)) + u(h(z)).$$

按照 (12.3.3) 的形式, 有 $u(z) - \eta z = w(\lambda z) - \lambda w(z)$. 用此代替 $\lambda w(z)$ 得到

$$u_1(z) = w(\lambda z) - w(\lambda z + u_1(z)) + u(h(z)) - u(z) + \eta z. \tag{12.3.13}$$

由中值定理和 (12.3.9), 并利用 (12.3.12) 得到

$$|w(\lambda z) - w(\lambda z + u_1(z))| \leqslant \sup|w'| \sup|u_1| \leqslant \frac{2r\varepsilon c_0 c(d)}{\Delta^{d+1}} \sup|u_1| < \frac{1}{5}\sup|u_1|.$$

接下来由 (12.3.8), 得到在 $A_{r(1-4\Delta)}$ 上有

$$|u(h(z)-u(z)|\leqslant \sup|u'||w|<\varepsilon^2 2rc_0c(d)\Delta^{-(d+1)}.$$

[410] 在 Siegel 定理的证明中并不出现下面这个重要事实. 为了估计 ηz, 我们利用 f 的旋转数是 α 这个事实, 其中 $\lambda=e^{2\pi i\alpha}$. 这蕴含着 f_1 在不变圆周 $h(S^1)$ 上的旋转数是 α. (回忆我们并不知道是否 $h(S^1)=S^1$. 但我们看到, 这里并不需要知道这点.) 于是有 $f_1(z)=(\lambda+\eta)z+(u_1(z)-\eta z)$. 由上面的论述, 我们看到

$$|u_1(z)-\eta z|<3\varepsilon^2 rc_0c(d)\Delta^{(d+1)}=:\kappa. \tag{12.3.14}$$

为了证明 $|\eta|$ 很小, 我们证明 $\lambda+\eta$ 的绝对值和辐角接近于 λ 的绝对值和辐角.

首先回忆, 由于微分同胚 h 接近于恒同, 共轭于 f 的 f_1 有 C^1 接近于 S^1 的不变圆周 $h(S^1)$. 可以假设这个圆周在环域 $2\geqslant|z|>1/2$ 内. 假设 $|\lambda+\eta|\geqslant 1$ ($|\lambda+\eta|<1$ 的情形完全类似). 令 $z_0\in h(S^1)$ 是有最大绝对值的点. 于是由 (12.3.14) 有 $|z_0|\geqslant|f_1(z_0)|\geqslant|\lambda+\eta||z_0|-\kappa$. 因此

$$(|\lambda+\eta|-1)\leqslant\frac{\kappa}{|z_0|}\leqslant 2\kappa. \tag{12.3.15}$$

类似地, 由于 f_1 的旋转数在不变圆周 $h(S^1)$ 上的限制为 $\alpha=(\arg\lambda)/2\pi$, 得知 $\arg f_1(z)-\arg z-\arg\lambda$ 在某点 $z_1\in h(S^1)$ 等于零. 但是由 (12.3.14),

$$\arg f_1(z_1)-\arg(z_1)-\arg(\lambda+\eta)\leqslant\arcsin\frac{\kappa}{|(\lambda+\eta)z_1|}\leqslant\frac{4\kappa}{1+2\kappa}\leqslant 8\kappa.$$

最后两个不等式由 (12.3.15) 和 κ 足够小的事实得到. 因此 $\arg(\lambda+\eta)-\arg\lambda\leqslant 8\kappa$, 与 (12.3.15) 比较得到 $|\eta|\leqslant 10\kappa$. 从现在起我们完全可与引理 2.8.6 证明一样进行. □

现在我们还必须证明 (12.3.6) 中的序列 h_n 的收敛性. 为此, 事实上需要有完全像 Siegel 定理 2.8.2 证明中的估计, 余下的论述只需稍作调整即可. 因此我们证明了定理 12.3.1. □

12.4. 共轭的不变测度与正则性

如果没有旋转数逼近速度的限制, 旋转共轭的正则性 (超出由 Denjoy 定理 12.1.1 给出的连续性) 就不能得到保证. 下面两节我们证明, 这时对 C^∞ 映射共轭的正则性的各种可能性实际上都可实现. 一个值得注意的例外是保证 Lipschitz 共轭的简单结果必须是 C^1 的. 但是在最典型意义下, 也是最坏的情形是有奇点

的病态共轭, 它将 Lebesgue 测度为零的某个集合带到全测度集, 反之亦然. 我们将证明这种情况发生在大多数单参数族中的适当参数值.

由于我们在上一章末尾 (定理 11.2.9) 证明了传递的同胚 $f: S^1 \to S^1$ 是唯一遍历的, 而且它的唯一不变概率测度 μ 可从 Lebesgue 测度 λ 得到, 故只有旋转 $R_{\tau(f)}$ 的不变概率测度是通过共轭 $h: S^1 \to S^1$ 由公式 $\mu = h_*\lambda$, 即由 $\mu(A) = \lambda(h^{-1}(A))$ 得到. [411]

命题 12.4.1. C^1 圆周微分同胚的不变测度 μ 或者绝对连续, 或者是奇异的.

证明. 假设 $\mu = \mu_1 + \mu_2$, 其中 μ_1 绝对连续, μ_2 是奇异的. 由于每个微分同胚保持 Lebesgue 零测度集, 故 $\mu_1 + \mu_2 = \mu = f_*\mu = f_*\mu_1 + f_*\mu_2$, 所以 μ_1 和 μ_2 都是不变的, 由唯一遍历性其中之一是零. □

利用唯一遍历性与轨道的等分布之间的联系 (推论 4.1.14), 得到下面结果.

定理 12.4.2. 设 $f: S^1 \to S^1$ 是传递的保定向同胚, μ 是它的唯一不变的 Borel 概率测度, $E \subset S^1$ 是开 (或闭) 区间的有限并, χ_E 是它的特征函数, $x \in S^1$. 那么

$$\lim_{n\to\infty} \frac{1}{n} \sum_{k=0}^{n-1} \chi_E(f^k(x)) = \mu(E).$$

现在假设给定 μ, 要求得到有关 h 的信息. 用 $[\cdot,\cdot]$ 记 S^1 上的一个区间. 如果令 $y_0 = h(0)$, 则 $y = h(x)$ 由条件

$$\mu([y_0, y]) = h_*\lambda([y_0, y]) = \lambda([0, x]) = x \tag{12.4.1}$$

唯一确定, 因为 μ 在非空开集上是正的. 因此不变测度 μ 直到相差一个旋转唯一确定 h. 为了利用这个性质, 注意 Gottschalk–Hedlund 定理 2.9.4 的下面的直接结果:

命题 12.4.3. 假设 $f: S^1 \to S^1$ 是无理旋转的 Lipschitz 共轭. 那么这个共轭是 C^1 的.

证明. 这个假设蕴含着 $K := \sup_{n\in\mathbb{Z}} \sup_{x\in S^1} |(f^n)'| < \infty$, 由此得到对所有 $n \in \mathbb{Z}$ 有 $1/K \leqslant (f^n)' \leqslant K$, 从而 $\infty > \sup_{n\in\mathbb{Z}} |\log(f^n)'| = \left|\sum_{i=0}^{n-1} (\log f') \circ f^i\right|$. 由定理 2.9.4 存在连续函数 $\varphi: S^1 \to \mathbb{R}$, 使得 $\log f' = \varphi - \varphi \circ f$. 用常数调整 φ 使得有 $\int_{S^1} e^{\varphi} = 1$. 现在令 $h(x) := \int_0^x e^{\varphi(t)} dt$. 于是 $h: S^1 \to S^1$ 是 C^1 的, 且导数非零, 因此 h^{-1} 也是 C^1 的 (商规则). 此外, $(h' \circ f)f' = h'$, 从而 $h \circ f = R_{\tau(f)} \circ h$. □

[412] 现在我们可以总结不变测度性质与旋转的共轭的正则性之间的关系.

命题 12.4.4. *设 f 是一个传递的保定向圆周微分同胚. f 的不变测度关于有 C^r 密度的 Lebesgue 测度绝对连续, 当且仅当通过 C^{r+1} 微分同胚 h, f 共轭于旋转 R_τ. 有异于零上界的密度等价于这个共轭是一个 C^1 微分同胚这一事实.*

证明. 假设不变测度关于密度 ρ 绝对连续. 那么由 (12.4.1),

$$\int_{x_0}^{h(x)} \rho(t)dt = x,$$

即 $\rho(h(x)) = 1/h'(x)$. 如果 $g = h^{-1}$, 则 $\rho(x) = g'(x)$. 因此 g 由积分 ρ 得到. 如果 ρ 连续, 则它必须是严格正的, 因为使得 $\rho = 0$ 的点的集合 A 是 f 不变且是闭的, 由 f 的传递性 $A = \varnothing$ 或 $A = S^1$. 但是后一情形蕴含着 $\rho \equiv 0$. 因此如果 ρ 是 C^r 的, $r \geqslant 0$, 则 g 是 C^{r+1} 的, 且 $g' \neq 0$, 所以 $h = g^{-1}$ 也是 C^{r+1} 的.

如果 $0 < a < \rho < b$, 我们得到

$$a < \frac{|g(x) - g(y)|}{|x - y|} < b,$$

因此

$$\frac{1}{b} < \frac{|h(x) - h(y)|}{|x - y|} < \frac{1}{a}.$$

从而, 这个共轭和它的逆 Lipschitz 连续, 最后的论断由命题 12.4.3 得到. □

因此, 为了求共轭于旋转的圆周微分同胚, 只有通过不可微映射, 故只需验证关于 Lebesgue 测度的这个不变测度是奇异的.

12.5. 奇异共轭的一个例子

构造奇异共轭例子背后的思想是, 为了从映射的单参数族中提取一个映射序列, 使它们围绕 Lebesgue 零测度集的不变测度逐渐递增而用归纳法. 正如我们在上一个命题中看到的, 这表明没有旋转的可微共轭.

定理 12.5.1. *存在解析的保定向微分同胚 $f: S^1 \to S^1$, 使得 $f = h \circ R_{\tau(f)} \circ h^{-1}$, 其中 h 是不可微同胚.*

证明. 对某个固定的 $\mu, |\mu| < 1/2\pi$, 考虑由

$$F_\alpha(x) = x + \alpha + \mu \sin 2\pi x$$

[413] 诱导的圆周微分同胚族 f_α. 这个族作为一个单参数子族出现在练习 11.1.4—11.1.7 中考虑的族中. 首先作一个有用的技术性观察:

引理 12.5.2. *f_α 永远没有无穷多个周期点.*

证明. 注意在 $\mathbb{C}$ 上 F_α 延拓为在 ∞ 有本性奇点的整函数. 故由 Picard 定理 F_α 不是一个单射, 因此, 没有迭代 F_α^q 是单射的. 另一方面, 存在无穷多个周期轨道意味着对某个 $p, q \in \mathbb{Z}$, $\tau(f_\alpha) = p/q$, 而且 $F_\alpha^q(x) - x - p$ 在 $[0,1]$ 上的零点有聚点. 由解析性在 $\mathbb{C}$ 上有 $F_\alpha^q = \mathrm{Id} + p$. 但这是一个单射, 矛盾. □

由于这个族关于 α 单调, 旋转数 $\rho(\alpha) := \tau(f_\alpha)$ 关于 α 递增 (命题 11.1.8). 下面的观察对构造这个例子至关重要:

假设 α 是某个区间 I 的右端点, 对此 $\tau(f_\beta) = p/q$ $(\beta \in I)$. 命题 11.1.10 证明, 此时对所有 $x \in \mathbb{R}$ 有 $F_\alpha^q(x) - x \geqslant p$ (以及对某个 $x \in \mathbb{R}$ 有 $F_\alpha^q(x) - x = p$). 由于只存在有限多个周期轨道, 它们都是半稳定的, 所有其他点在迭代 f_α^q 作用下都按一个方向移动. 因此 f_α 的周期点集的任何邻域 E 有性质: 对 $\varepsilon > 0$ 存在 $N \in \mathbb{N}$, 使得长为 N 的任何轨道段至多包含 εN 个点在 E 外, 或者对所有 $x \in S^1$ 有 $A_N\chi_E(f_\alpha, x) := \dfrac{1}{N}\displaystyle\sum_{k=0}^{N-1} \chi_E(f_\alpha^k(x)) > 1 - \varepsilon$. 因此对 f_α 的任何充分小扰动 $\overline{f}$ 以及相同的 E 和 N, 我们有

$$A_N\chi_E(\overline{f}, x) > 1 - 2\varepsilon \quad (x \in S^1).$$

从现在起令 $A_N\chi_E(f) := \inf\{A_N\chi_E(f, x) | x \in S^1\}$.

我们从取 $p_1, q_1 \in \mathbb{Z}, \alpha_1 = \max \tau^{-1}(p_1/q_1)$, 和满足 $\lambda(E_1) < 1$ (其中 λ 是 S^1 上的 Lebesgue 测度) 的周期点集的邻域 E_1 开始此构造. 选取 $N_1 \in \mathbb{N}$ 使得 $A_{N_1}\chi_{E_1}(f_{\alpha_1}) > 1/2$.

对所有子序列 α_n, 我们要求

$$A_{N_1}\chi_{E_1}(f_{\alpha_n}) > 0 \quad \text{和} \quad \alpha_n \leqslant \alpha_1 + \frac{1}{10}.$$

递归地可取 α_n 使得

(1) α_n 满足加在上面每步的条件,

(2) $\alpha_n > \alpha_{n-1}$,

(3) $\alpha_n = \max(\tau^{-1}(p_n/q_n))$,

(4) $(p_n/q_n) - (p_{n-1}/q_{n-1}) < (2(n-1)^2 \max\limits_{1 \leqslant k \leqslant n-1} q_k^2)^{-1}$.

由命题 11.1.11 这可做到.

令 E_n 是 f_{α_n} 的周期点集的邻域, 它的 Lebesgue 测度 $\lambda(E_n) < 1/n!$, 且由有限多个开区间组成. 选择 $N_n \in \mathbb{N}$ 使得

$$A_{N_n}\chi_{E_n}(f_{\alpha_n}) > 1 - \frac{1}{2n!},$$

[414] 而且要求对所有子序列 α_m,

$$A_{N_n}\chi_{E_n}(f_{\alpha_m}) > 1 - \frac{1}{n!}.$$

令 $\alpha = \lim\limits_{n\to\infty}\alpha_n$, 并用 μ 记 f_α 的不变测度. 我们证明 μ 关于 Lebesgue 测度不是绝对连续的.

注意, 由于 $\{\alpha_n\}$ 是单调序列且有界于 $\alpha_1 + \frac{1}{10}$, 故 $\lim\limits_{n\to\infty}\alpha_n$ 存在. 此外, 旋转数 $\tau(f_\alpha)$ 事实上是无理数: 由连续性 $\tau(f_\alpha) = \lim\limits_{n\to\infty}\frac{p_n}{q_n}$, 因此

$$\left|\tau(f_\alpha) - \frac{p_n}{q_n}\right| \leqslant \sum_{k=n}^{\infty}\left|\frac{p_{k+1}}{q_{k+1}} - \frac{p_k}{q_k}\right| < \sum_{k=n}^{\infty}\frac{1}{2k^2\max\limits_{1\leqslant i\leqslant k} q_i^2} \leqslant \sum_{k=n}^{\infty}\frac{1}{2k^2 q_n^2} \leqslant \frac{\pi^2}{12q_n^2} \leqslant \frac{1}{q_n^2},$$

同时对 $p/q \in \mathbb{Q}$ 和 $n \in \mathbb{N}$ 使得 $q_n > q$, 于是我们有

$$\left|\frac{p}{q} - \frac{p_n}{q_n}\right| = \left|\frac{pq_n - qp_n}{qq_n}\right| \geqslant \frac{1}{q_n^2}.$$

特别地, 事实上 f_α 的不变测度有定义.

现在对 $n \in \mathbb{N}$ 有 $A_{N_n}\chi_{E_n}(f_\alpha) > 1 - 1/n!$. 由 $A_{N_n}\chi_{E_n}$ 的构造, 这蕴含着

$$A_m\chi_{E_n}(f_\alpha) > 1 - \frac{1}{n!}, \quad \text{对所有 } m > N_n.$$

由于 E_n 是开区间的有限并, 故可用等分布定理 (定理 11.3.1) 得到

$$\mu(E_n) > 1 - \frac{1}{n!} \quad (n \in \mathbb{N}).$$

但是只要 $n \geqslant m$ 就有 $E_n \subset F_m := \bigcup\limits_{k\geqslant m} E_k$, 所以对所有 $n \in \mathbb{N}$ 有 $\mu(F_m) > 1 - 1/n!$. 因此, 对 $F := \bigcap\limits_{m\in\mathbb{N}} F_m$ 有 $\mu(F_m) = 1$.

但是, $\lambda(F_m) \leqslant \sum\limits_{n=m}^{\infty}\lambda(E_n) \underset{m\to\infty}{\longrightarrow} 0$, 因此 $\lambda(F) = 0$, 从而 μ 是奇异的. 于是由命题 12.4.4 这证明 f_α 不是光滑共轭于旋转. □

注. 练习 12.5.1 说明上面论述的范围.

由于共轭的同胚是一个单调函数, 它几乎处处可微. 但是, 由于它是奇异的, 它的导数几乎处处为零.

练　　习

12.5.1. 设 $g_t : S^1 \to S^1, t \in [a,b]$ 是一个微分同胚族, 使得 g_t 在 $\mathbb{R}$ 上的提升 G_t 是一个连续依赖于 t 的整函数族. 假设 g_t 对任何 t 不是一个旋转, 而且旋转数 $\tau(g_t)$ 不是常数. 证明存在不可数多个 t 使得 g_t 拓扑共轭于无理旋转, 并有奇异不变测度.

12.6. 最速逼近法

[415]

a. 中间正则性的共轭. 这一节我们描述另一个归纳构造, 它允许产生具有无理 (但可非常好近似) 旋转数的 C^∞ 微分同胚, 它们有旋转共轭的正则性的几乎每个可能的次数. 特别地, 我们可以使得这个共轭奇异, 它不是 Lipschitz 的绝对连续, 且对任何 $r \in \mathbb{N}$ 也不是 C^{r+1} 而是 C^r 的. 类似于 Newton 法情形, 这个方法除了本书讨论的两个情形还有许多其他应用, 我们的构造仅仅是另一个归纳过程的最简单应用, 这个归纳过程已被用来构造许多具有不寻常性质的各种动力系统, 另外, 这种性质的存在性不知道. 我们指出, 旋转的奇异共轭现象在下面意义下是通有的: 在 C^∞ 共轭于旋转的 C^∞ 圆周微分同胚的集合的 C^∞ 闭包内, 存在一个微分同胚的剩余集通过奇异同胚共轭于一个旋转. 当然, 这意味着这个微分同胚通过一个绝对连续的同胚共轭于圆周旋转, 特别地, Lipschitz 连续或者光滑同胚组成第一范畴集. 我们也指出这个方法仅限于 C^∞ 范畴, 它对解析范畴的应用, 虽然不是完全不可能, 但还是有问题的.

定理 12.6.1. *在 $C^\infty(S^1)$ 中任给定 0 的邻域 U, 存在 α 和 $f : S^1 \xrightarrow{C^\infty} S^1$, 使得 $f - R_\alpha \in U$, 且 f 通过共轭 h 共轭于 R_α, h 有下面三个性质的任何一个:*

(1) *h 是奇异的.*

(2) *h 绝对连续但不 Lipschitz 连续.*

(3) *h 是 C^r 的但不是 C^{r+1} 的, 其中 $r \in \mathbb{N}$ 任意.*

证明. 我们得到的 α 作为由 $\alpha_{n+1} = \alpha_n + \beta_n$ 归纳定义的 $\alpha_n = p_n/q_n \in \mathbb{Q}$ 的极限, 其中 $\beta_n = 1/K_n q_n$. K_n 的选择用以保证 f 的光滑性. 解释如下: 对每个 n 构造映射 $A_n = \mathrm{Id} + a_n : S^1 \to S^1$, 其中 $a_n(x + (1/q_{n-1})) = a_n(x)$, 令 $h_n = A_1 \circ \cdots \circ A_n$ 和 $f_n := h_n \circ R_{p_n/q_n} \circ h_n^{-1}$. 现在解释 K_n 的选择, 以及它如何保证在 C^∞ 拓扑下有 $f_n \to f$. 为此令

$$\begin{aligned} f_{n+1,K} &= h_{n+1} \circ R_{p_n/q_n} \circ R_{1/Kq_n} \circ h_{n+1}^{-1} \\ &= h_n \circ A_{n+1} \circ R_{p_n/q_n} \circ R_{1/Kq_n} \circ A_{n+1}^{-1} \circ h_n^{-1} \\ &= h_n \circ R_{p_n/q_n} \circ A_{n+1} \circ R_{1/Kq_n} \circ A_{n+1}^{-1} \circ h_n^{-1}, \end{aligned}$$

因为由构造 A_{n+1} 与 R_{1/q_n} 可交换. 现在注意, 对 $1/Kq_n = 0$ 我们有 $f_{n+1,K} = f_n$, 故对充分大的 K 函数 $f_{n+1,K}$ 和 f_n 如我们希望的 C^∞ 接近. 因此取 K_n 足够大, 以便由 $f_{n+1} = f_{n+1,K_n}$ 定义的序列在 C^∞ 拓扑下收敛于函数 f, 使得按要求 $f - R_\alpha \in U$.

[416] 我们将看到, 共轭 h_n 是 C^0 收敛的, 所以极限 h 是所求的共轭. 从而可通过控制 h_n 的对应性质得到 h 所要的性质. 首先注意, 我们总可选取 a_n 的 C^0 范数充分小, 使得 h_{n+1} 如希望的 C^0 接近于 h_n (对逆同样成立), 因此得到 h_n 到某个 h 的 C^0 收敛性. 由于 $f_n \circ h_n = h_n \circ R_{p_n/q_n}$, 取 C^0 极限得到 $f \circ h = h \circ R_\alpha$, 其中 $h : S^1 \to S^1$ 是单调的满射. 但是如果 h 映一个区间到一点, 那么它也在 R_α 作用下映它的像到一点, 又由于有限多个这样的像覆盖 S^1, 但这由满射性是不可能的, 所以 h 是一个同胚, 而且 $f = h \circ R_\alpha \circ h^{-1}$.

现在开始处理绝对连续共轭不是 C^1 的情形 (2). 选择 a_n 的支集充分小使得它的像在 h_{n-1} 作用下有测度 $\mu_n \underset{n\to\infty}{\longrightarrow} 0$. 这对几乎每点 x 的序列 $h_n(x)$ 有稳定化作用, 并给出 h 的绝对连续性. 现在需要证明用这个方法我们得不到 C^1 收敛性. 为此构造 a_n, 使得 h_n 至少在某处有导数绝对值 $M_n \to \infty$, 且使得 $h_{n-1}(\operatorname{supp}(a_n))$ 的测度小于这个集合测度的一半, 在这个集合上 h_{n-1} 的导数超过 M_{n-1}. 因此, 这个极限函数 h 在正测度集合上与在这个集合上的导数绝对值大于 M_n 的函数重合. 由于正测度集合有聚点, h 若可微则有无界导数. 因此 h 不可能是 C^1 的, 从而由命题 12.4.3 它不是 Lipschitz 的. 这证明了情形 (2).

现在开始讨论情形 (3). 对任给的 r, 我们将利用构造的函数, 其中任意小支集是 C^r 小但 C^{r+1} 大. 这样的函数可通过取适当的 C^0 小函数但有大的导数, 例如由局部的 $\varepsilon \sin(x/\delta)$ 和它积分 r 次得到.

先考虑情形 $r = 1$, 由于这时的表示较容易. 因此需要确认 h_n 有小的导数和大的二阶导数. 为此研究 h_n 的导数与 h_{n+1} 之间的关系. 注意到 $h'_{n+1} = (h_n \circ A_{n+1})' = h'_n \circ A_{n+1} \cdot (1 + a'_{n+1})$. 因为我们取 a_n 为 C^1 小, 求得的 h_{n+1} 按需要 C^1 接近于 h_n. 另一方面, 二阶导数通过 $h''_{n+1} = h''_n \circ A_{n+1} \cdot (1 + a'_{n+1}) + h'_n \circ A_{n+1} \cdot a''_{n+1}$ 相联系. 右端第一项接近于 h''_n. 第二项 $h'_n \circ A_{n+1}$ 接近于 1, 因此 (关于 x 一致) 有界异于零, 所以可选择 a_{n+1} 使得 h_{n+1} 得到的二阶导数在某个集合上远远大于 h_n 的二阶导数. 注意, 为了证明 h^{-1} 是 C^1 的, 我们不必得到逆的导数的明显表达式, 因为 h_n C^1 接近于恒同, 因此只要 h_n 很小它们的逆的导数就很小. 按这个方法作选择得到我们所要的例子.

接下来考虑任意 r. 借助 h_n 的 k 阶导数计算 h_{n+1} 的 k 阶导数并不很方便.
[417] 但我们完全充分了解最高阶项之间是如何相互影响的. 首先注意, h_{n+1} 的 r 阶导数仅包含 a_{n+1} 和 h_n 直到 r 阶导数, 由构造它们被控制. 特别地, 包含 $h_n^{(r)}$ 的项是 $h_n^{(r)} \circ A_{n+1} \cdot (1 + a'_{n+1})$, 因此接近于 $h_n^{(r)}$, 所有剩余项都很小. 在考虑 $r+1$

阶导数时, 应该再次注意包含 $h_n^{(r+1)}$ 的项是 $h_n^{(r+1)} \circ A_{n+1} \cdot (1 + a'_{n+1})$, 因此接近于 $h_n^{(r+1)}$. 此外, 再次出现的 $a_{n+1}^{(r+1)}$ 带有因子 $h'_n \circ A_{n+1}$, 如我们在 $r = 1$ 情形解释的, 它一致有界异于零, 因此允许选择 a_{n+1} 使得按此方式得到对 $h_{n+1}^{(r+1)}$ 所要的作用, 因为所有剩余项仅包含低阶导数, 因此很小. 这结束了对情形 (3) 的讨论.

最后, 通过构造奇异共轭完成情形 (1) 的证明. 这时不可能作共轭序列逐点稳定化, 但这并不需要. 在 n 步对旋转 R_{p_n/q_n} 考虑长为 $1/q_n$ 的 q_n 个基本域 I. 将每个基本域划分为 N 个相等的线段, $N \in \mathbb{N}$ 为某个数, 并取 "核心" C 为包含 I 所有但除了第一个和最后一个的这些线段的区间. 取 A_n 光滑使得 A_n 与恒同在 I 的端点邻域内重合, 且使得它的导数在每个 C 上足够小以满足 $h'_n < \delta_n$, 其中 $\delta_n \to 0$. 接下来取 K_n 是 N 的倍数 (足够大如开始描述的), 所以 A_{n+1} 保持分割的区间 I 以及在 n 步的核心 C. 这有着对所有 $k \geqslant n$ 测度 $\lambda\left(h_k\left(\bigcup C\right)\right) < \delta_n$ 的作用. 因此 $\lambda\left(h\left(\bigcup C\right)\right) = 0$, 不管取 C 的是在哪一步. 由于当 $n \to \infty$ 时 $\lambda\left(\bigcup C\right) \to 1$, 这证明 h 是奇异的. □

b. 具有非驯上边缘的光滑余环. 下面证明一个类似但是线性的构造, 它允许我们通过命题 4.2.5 和 4.2.6 产生一个极小非遍历变换的例子. 我们将构造一个解析函数 φ, 使得对很不连续的函数 Φ 有 $\varphi(x) = \Phi(x + \alpha) - \Phi(x)$. 不连续性的一个强概念是下面的定义.

定义 12.6.2. 设 X, Y 是拓扑空间, μ 是 X 上的测度. 可测映射 $f : X \to X$ 称为关于 μ 是度量稠密的, 如果对所有非空开集 $U \subset X, V \subset Y$ 有 $\mu(U \cap f^{-1}(V)) > 0$.

命题 12.6.3. 存在 $\alpha \in \mathbb{R}$ 和解析函数 $\varphi : S^1 \to \mathbb{R}$, 使得 $\varphi(x) = \Phi(x+\alpha) - \Phi(x)$, 其中 $\Phi : S^1 \to \mathbb{R}$ 可测且关于 Lebesgue 测度是度量稠密的.

我们将利用命题 4.2.5 和命题 4.2.6 证明

推论 12.6.4. $\mathbb{T}^2$ 上存在解析极小非遍历的微分同胚.

证明. 考虑由 $f(x, y) = (x + \alpha, y + \varphi(x))$ 给出的映射 $f : \mathbb{T}^2 \to \mathbb{T}^2$, 其中 φ 是命题 12.6.3 中的. 由命题 4.2.5, f 有不可数多个不同的遍历不变测度, 特别
地, 它有非遍历不变测度. 如果 f 不是极小的, 则由命题 4.2.6, 对某个连续函数 [418]
$\psi : S^1 \to \mathbb{R}$ 和 $r \in \mathbb{Q}$ 有 $\varphi(x) = \psi(x + \alpha) - \psi(x) + r$. 但若令 $F = \psi - \Phi$, 则得 $F(x + \alpha) - F(x) = r$, 所以 $r \neq 0$, 因为否则由 R_α 的遍历性有 $F =$ 常数, 这是不可能的, 因为 Φ 不连续. 因此可假设 $r > 0$ (情形 $r < 0$ 类似). 于是对所有 $x \in S^1$ 有 $F(x + \alpha) = F(x) + r > F(x)$. 但存在正测度集合 $A = F^{-1}(-\infty, c)$, 这与 Poincaré 回归定理 4.1.19 矛盾. □

命题 12.6.3 的证明. 较方便的是通过考虑 $\mathbb{C}$ 中的单位圆来切换到圆周上的乘性记法. 于是 $x \mapsto x+\alpha$ 变成 $z \mapsto \lambda z$, 其中 $\lambda = e^{2\pi i\alpha}$. 通过取由

$$D_{q,m}(z) = \sum_{j=1}^{m-1}\left(z^{jq} + z^{-jq}\right)$$

给出的 Dirichlet 核 $D_{q,n}: S^1 \to \mathbb{R}$ 递归定义 Φ_n, 这是一个密度集中在 q 次单位根周围的函数, 令 $\Phi_n = \sum_{k=1}^{n} C_k D_{q_k,m_k}(z)$. 我们的构造依赖对 C_n, q_n 和 m_n 的适当选择. C_n 的选择相当自由. 令 $\alpha_n = p_n/q_n$, 最后令 $\alpha = \lim_{n\to\infty} \alpha_n$ 和 $\Phi = \lim_{n\to\infty} \Phi_n$. 后面的极限是按测度的极限, 即要证明对任何 $\varepsilon > 0$ 当 $n \to \infty$ 时 $\mu(\{z||\Phi(z) - \Phi_n(z)| \geqslant \varepsilon\}) \to 0$. 当然, 为此只需证明对每个 ε, $\mu_{n,\varepsilon} := \mu(\{z||\Phi_{n+1}(z) - \Phi_n(z)| \geqslant \varepsilon\})$ 是可和序列.

现在假设我们已经对所有 $k \leqslant n$ 选取了 C_k, q_k 和 m_k, 使得 $\varphi_n(z) := \Phi_n(\lambda_n z) - \Phi(z)$ 在 S^1 的邻域内解析. 于是通过取充分大 L_n, 并令 $\alpha_{n+1} = \alpha_n + 1/L_n q_n$, 可取 $\Phi_n(\lambda_{n+1} z) - \Phi(z)$ 如我们需要的接近于 φ_n. 取 L_n (和 m_{n+1}) 足够大使得 Φ_{n+1} 充分接近于度量稠密 (因为 q_{n+1} 次单位根是 $2\pi/q_{n+1}$-稠密), 同时选取 m_{n+1} 充分大, 保证 Φ_{n+1} 按测度充分接近于零以保证收敛性. 后面的选择也保证度量密度的度按要求增加 (即去掉的项不是很强).

现在注意, 由于 $\Phi_{n+1} - \Phi_n = C_{n+1} D_{L_n q_n, m_{n+1}}$ 是 $2\pi/q_n$ 周期, 我们得到 $\varphi_{n+1}(z) := \Phi_{n+1}(\lambda_{n+1} z) - \Phi_{n+1}(z) = \Phi_n(\lambda_{n+1} z) - \Phi_n(z)$, 由构造这按要求接近于 φ_n, 证明完毕.

注意常数 C_n 没有指定, 它可按任何特殊形式选取, 因此可以选择它们或多或少快速减少, 并得到可积或不可积的 Φ 作为结果. □

练　习

12.6.1. 证明对情形 (2) 中构造的 h 和 h^{-1} 的导数是无界的, 因此在每个区间上它们均不连续.

12.6.2*. 对情形 (2) 使得构造中的 $h' : A \to [0, \infty)$ 度量稠密.

[419] **12.6.3.** 证明使定理 12.6.1 结论可达到的旋转数 α 的集合是剩余集 (即包含稠密的 G_δ).

12.7. 关于 Lebesgue 测度的遍历性

我们用下面的结果结束本章, 这个结果说明在某种意义下, 任何一个圆周微分同胚关于 Lebesgue 测度与无理旋转有某种程度的类似. 首先我们将定义 4.1.6 对不变测度介绍的遍历性概念推广到非不变测度.

定义 12.7.1. 设 $f: X \to X$ 是一个双射, μ 是 X 上的概率测度, 使得 $f_*\mu$ 等价于 μ. 则 μ 称为是拟不变的. 如果 X 的每个 μ 可测的 f 不变子集有 μ 测度 0 或 1, 则称 f 关于 μ 是遍历的.

注意, Lebesgue 测度在任何圆周微分同胚作用下是拟不变的. 下面的定理再次建立在有界畸变估计的基础上.

定理 12.7.2. 设 $f: S^1 \to S^1$ 是一个保定向微分同胚, 它的导数是有界变差的, 并使得这个旋转数是无理数. 则 f 关于 Lebesgue 测度是遍历的.

注. 由 Denjoy 定理 f 拓扑共轭于一个旋转, 因此如早先证明的它是唯一遍历的. 正如我们在上面两节看到的, f 不变测度可以是奇异的, 所以 Lebesgue 测度可不等价于任何不变测度 (命题 5.1.2).

引理 12.7.3. 设 F 是 f 的一个提升, $a < b < c < d < a+1 \in \mathbb{R}, n \in \mathbb{N}, V$ 是 $\log f'$ 的全变差, N 是覆盖重次, 即 $\{\pi(F^i([a,d]))\}_{i=0}^{n-1}$ 覆盖 S^1 点的最大重次 (参看练习 10.0.5). 那么

$$\frac{F^n(c) - F^n(b)}{F^n(d) - F^n(a)} \leqslant \frac{c-b}{d-a} \exp NV.$$

证明. 由中值定理存在点 $x_i \in F^i([b,c])$ 和 $y_i \in F^i([a,d])$, 其中 $0 \leqslant i \leqslant n-1$, 使得

$$F^n(c) - F^n(b) = (c-b) \cdot \prod_{i=0}^{n-1} \frac{F^{i+1}(c) - F^{i+1}(b)}{F^i(c) - F^i(b)} = (c-b) \cdot \prod_{i=0}^{n-1} F'(x_i)$$

和

$$F^n(d) - F^n(a) = (d-a) \cdot \prod_{i=0}^{n-1} F'(y_i).$$

因此 [420]

$$\frac{F^n(c) - F^n(b)}{F^n(d) - F^n(a)} = \frac{c-b}{d-a} \frac{\prod_{i=0}^{n-1} F'(x_i)}{\prod_{i=0}^{n-1} F'(y_i)} = \frac{c-b}{d-a} \exp\left(\sum_{n=0}^{\infty} (\log F'(x_i) - \log F'(y_i))\right).$$

但如果 Δ_i 是端点为 x_i, y_i 的区间, 则 $\pi(\Delta_i) \subset \pi(F^i([a,d]))$ 和 $\{\pi(\Delta_i)\}_{i=1}^{n-1}$ 以重次至多 N 覆盖 S^1 的点. 因此 $\left|\sum_{n=0}^{\infty}(\log F'(x_i) - \log F'(y_i))\right| \leqslant NV$, 引理得证. □

如果 λ 表示 Lebesgue 测度, 则我们有

推论 12.7.4. 设 $a < d < a+1 \in \mathbb{R}$, $B \subset \mathbb{R}$ 是 Lebesgue 可测集, $n \in \mathbb{N}$, F, N, V 如前, 那么

$$\frac{\lambda(F^n(B \cap [a,d]))}{\lambda(F^n([a,d]))} \leqslant \frac{\lambda(B \cap [a,d])}{\lambda([a,d])} \cdot \exp(NV).$$

证明. 注意上式两端的分母如前, 经由区间覆盖这个 Lebesgue 测度有定义. □

引理 12.7.5. 对 $\varepsilon > 0, x \in S^1$, 存在 r 和弧 $\Delta = \Delta(x,\varepsilon) \subset S^1$, 使得 $x \in \Delta, \lambda(f^i(\Delta)) = \varepsilon\ (i = 0, \cdots, r), \bigcup_{i=0}^{r} f^i(\Delta) = S^1$, 而且这个覆盖的重次不超过 3.

证明. 由 Denjoy 定理 12.1.1, 可假设 f 是无理旋转且 $x = 0$. 取 $k \in \mathbb{N}$ 使得对 $0 < i < k$ 有 $u_k := |f^k(0)| < |f^i(0)|$ 和 $u_k < \varepsilon$. 于是容易看到, $\Delta(0,\varepsilon) := (-u_k, u_k)$ 和 $r = k - 1 + \min\{i > 0 \| f^i(0)| < |f^k(0)|\}$ 是所求的. □

定理 12.7.2 的证明. 假设 $A \subset S^1$ 是 Lebesgue 可测的, $\lambda(A) > 0$ 和 $f(A) \subset A$. 设 $x_0 \in A$ 是 A 的 Lebesgue 密度点, 即使得对任何 $\delta > 0$, 存在 $\varepsilon > 0$ 满足对所有 $\varepsilon_1, \varepsilon_2 \in (0, \varepsilon_0)$ 有

$$\lambda(A \cap (x_0 - \varepsilon_1, x_0 + \varepsilon_0)) > (1-\delta)(\varepsilon_1 + \varepsilon_2).$$

因此, 对 x_0, ε 可找弧 $\Delta = (x_0 - \varepsilon_1, x_0 + \varepsilon_2)$, 如引理 12.7.5 满足 $\varepsilon_1, \varepsilon_2 < \varepsilon$, 应用推论 12.7.4 得到

$$\begin{aligned}\frac{\lambda((S^1 \backslash A) \cap f^i(\Delta))}{\lambda(f^i(\Delta))} &\leqslant \frac{\lambda(f^i(S^1 \backslash A) \cap f^i(\Delta))}{\lambda(f^i(\Delta))} = \frac{\lambda(f^i((S^1 \backslash A) \cap \Delta))}{\lambda(f^i(\Delta))} \\ &\leqslant \frac{\lambda((S^1 \backslash A) \cap \Delta)}{\lambda(\Delta)} \cdot \exp 3V \leqslant \delta \exp 3V.\end{aligned}$$

因此, $\lambda(S^1 \backslash A) \leqslant \sum_{i=0}^{r} \lambda((S^1 \backslash A) \cap f^i(\Delta)) \leqslant \delta \cdot \exp(3V) \cdot \sum_{i=0}^{r} \lambda(f^i(\Delta)) \leqslant 3\delta \exp(3V)$.
但是, δ 是任意的, 因此, $\lambda(S^1 \backslash A) = 0$ 以及 f 是遍历的. □

[421]

练 习

12.7.1. 证明没有一个有有理旋转数的微分同胚关于 Lebesgue 测度是遍历的, 更一般地, 关于任何非原子的拟不变测度是遍历的.

12.7.2. 证明存在无理数 α, 使得旋转 R_α 具有奇异的拟不变遍历测度.

第 13 章　扭转映射

[423]

现在回到我们曾经在 9.2 节和 9.3 节开始研究过的扭转映射. 这两节的主要结果是对扭转区间中的任何有理旋转数至少存在两个特殊的周期轨道 (定理 9.3.7). 这些轨道 ((p,q) 型 Birkhoff 周期轨道) 可从两个不同的观点考虑. 一方面, 它们是周期状态空间中的作用量泛函 (9.3.7) 的特殊极小和山路型极小化极大临界点. 事实上, 极小 Birkhoff 周期轨道由下述性质刻画, 即在状态空间中定义的具有相同端点的作用量泛函 (9.3.12) 在它们的每个轨道段上都达到极小. 另一方面, 这些轨道保序, 即它们的角坐标一一保序对应于通过角度 $2\pi p/q$ 的旋转的轨道 (参看定义 9.3.6 后面的注).

这一章将从两个方面推广这个研究, 包括具有*无理*旋转数的轨道. 我们将广泛使用第 11 章发展的圆周同胚的结构理论. 在 13.2 节我们集中保序, 在 13.3—13.4 节集中变分描述. 大多数显著的结论是对圆周同胚的 Denjoy 型轨道, 它们的闭包是仅对低正则性映射才出现的极小无处稠密集 (定理 12.1.1), 对扭转映射的类似轨道, 它们的闭包 (Aubry–Mather 集) 投射到圆周上的无处稠密 Cantor 集. 它们出现在任意光滑系统中是作为一个规则, 而不是一个例外情形 (这个说明的详细细节见 13.5 节).

13.1. 正则性引理

这一节我们证明扭转映射的任何保序轨道形成 Lipschitz 函数图像的一部分, Lipschitz 常数可在 $S^1\times(0,1)$ 内的任何闭圆环上一致取得. 如同在 9.3 节我们经常用提升工作.

[424] **引理 13.1.1.** 设 $F:\mathbb{R}\times(0,1)\to\mathbb{R}\times(0,1)$ 是扭转映射 $f:C\to C$ (不必保面积) 的提升. 如果对 $i=-1,0,1$, 有 $(x_i,y_i)=F^i(x_0,y_0)$, $(x'_i,y'_i)=F^i(x'_0,y'_0)$, 以及 $x'_i>x_i$, 那么存在 $M\in\mathbb{R}$ 使得 $|y'_0-y_0|<M|x'_0-x_0|$. M 可在 C 中任何闭圆环上一致地选取.

证明. 首先假设 $y'_0<y_0$. 如果 $(\widetilde{x},\widetilde{y})=F(x'_0,y_0)$, 则由扭转条件 9.3.1(4), 得到

$$\widetilde{x}>x'_1+c(y_0-y'_0),$$

其中 c 是 C 内任何闭圆环上有界异于零的常数. 另一方面, f 的可微性意味着存在常数 L (C 内紧圆环上的有界常数) 使得

$$x'_1>x_1>\widetilde{x}-L(x'_0-x_0).$$

取 $M=Lc^{-1}$ 即得引理断言. 如果 $y'_0>y_0$, 则可用 f^{-1} 代替 f 重复相同论述. □

定义 13.1.2. (参看定义 9.3.6.) 考虑扭转微分同胚 $f:C\to C$. f 的一个方向或两个方向可无限的轨道段 (或者轨道) $\{(x_m,y_m),\cdots,(x_n,y_n)\}$, $-\infty\leqslant m<n\leqslant\infty$, 称为有序的或保序的, 如果当 $i\neq j$ 时 $x_i\neq x_j$ 且 $(i,j)\neq(n,m)$, 以及 f 保持 x 坐标的循环次序, 即如果 x_i,x_j,x_k 有正向序 (关于 S^1 上所选取的定向), 其中 $i,j,k<n$, 则 x_{i+1},x_{j+1},x_{k+1} 有相同序.

推论 13.1.3. 考虑保面积扭转映射 $f:C\to C$ 和包含在 C 中闭圆环内 f 的保序轨道段 $\{(x_m,y_m),\cdots,(x_n,y_n)\}$, $-\infty\leqslant m<n\leqslant\infty$. 则对满足 $m<i,j<n$ 的所有 i,j 有 $|y_i-y_j|<M|x_i-x_j|$.

证明. 对三元组 $(i-1,i,i+1)$ 和 $(j-1,j,j+1)$ 应用引理 13.1.1. □

这个推论说明, 有序轨道的闭包 E 包含在 Lipschitz 函数 $\varphi:S^1\to(0,1)$ 的图像中. 注意, $f|_E$ 投射到 E 到 S^1 的投射的同胚, 也可将它线性地扩展到这个集合的间隙以得到一个圆周同胚. 因此可将有序轨道的旋转数定义为这个诱导的圆周同胚的旋转数. 所以我们也看到二维环域扭转映射的有序轨道的内在动力学本质上是一维的. 事实上, 下一节我们将看到, 对应于扭转区间中的所有旋转数, 一维映射的动力学表示为单个扭转映射的动力学.

[425]

练 习

13.1.1. 设 $f:S^1\times[0,1]\to S^1\times[0,1]$ 是闭环域内的一个扭转同胚 (见定义 9.3.19). 证明正则性引理 13.1.1 的下面形式: 存在一个严格单调的非负函数 $\omega:[0,1]\to\mathbb{R}$ (连续性模), 使得如果对 $i=-1,0,1$, 有 $(x_i,y_i)=F^i(x_0,y_0)$ 和 $(x'_i,y'_i)=F^i(x'_0,y'_0)$ 以及 $x'_i>x_i$, 则 $|y'_0-y_0|<\omega(|x'_0-x_0|)$.

13.1.2. 如果 f 是一个 C^2 微分同胚, 使得 $\left.\dfrac{\partial F_1}{\partial y}\right|_{y=0} \equiv \left.\dfrac{\partial F_1}{\partial y}\right|_{y=1} \equiv 0$, 但二阶导数 $\dfrac{\partial^2 F_1}{\partial y^2}$ 对 $y=0$ 是正的, 对 $y=1$ 是负的, 试在此情形计算函数 ω.

13.2. Aubry–Mather 集与同宿轨道的存在性

a. Aubry–Mather 集. 我们在度量空间 X 的闭子集空间内引入下面度量:

定义 13.2.1. 对任何两个闭集 A, B 定义 Hausdorff 度量

$$d(A,B) := \sup\{d(x,B)|x \in A\} + \sup\{d(A,y)|y \in B\}.$$

由这个 Hausdorff 度量诱导的关于这个拓扑的极限称为 Hausdorff 极限.

我们观察两个事实:

引理 13.2.2. *紧度量空间的闭子集上的 Hausdorff 度量定义一个紧拓扑.*

证明. 我们需要验证全有界性和完全性. 取有限 $\varepsilon/2$-网 N. 任何闭集 $A \subset X$ 由中心在 N 的点的 ε-球的并覆盖, 这些并的闭包与 A 至多有 Hausdorff 距离 ε. 由于这种集合只有有限多个, 这证明这个度量是全有界的. 为了证明它是完全的. 考虑闭集的 Cauchy 序列 $A_n \subset X$ (关于 Hausdorff 度量). 若令 $A : \bigcap_{k\in\mathbb{N}} \overline{\bigcup_{n\geqslant k} A_n}$, 那么容易验证 $d(A_n, A) \to 0$. □

注意, 在 Hausdorff 度量下, 紧度量空间 X 的任一同胚 f 在 X 的闭子集族上诱导一个自然同胚, 因此我们可得到下面的

引理 13.2.3. *度量空间的同胚 f 的闭不变集族关于 Hausdorff 度量是闭的.*

证明. 这恰好是诱导同胚的不动点集, 因此是闭的. □

定义 13.2.4. 设 $f: C \to C$ 是一个扭转映射. 闭不变集 $E \subset C$ 称为有序集, 如 [426]
果它一对一地投射到圆周的子集, 而且 f 保持 E 上的循环次序. Aubry–Mather 集是一个一对一地投射到 S^1 上的无处稠密 Cantor 集的极小有序不变集.

注意, 有序集中的任何一个轨道是一个有序轨道. Aubry–Mather 集的投影的补是圆周上可数多个区间的并. 我们称这些区间为 Aubry–Mather 集的*间隙*. 每个区间的端点是 Aubry–Mather 集上点的投影, 也称它们为*端点*. 由推论 13.1.3 立刻得到:

推论 13.2.5. 设 $f: C \to C$ 是一个扭转映射, A 是 f 的一个 Aubry–Mather 集. 那么存在 Lipschitz 连续函数 $\varphi: S^1 \to (0,1)$, 它的图包含 A.

证明. 推论 13.1.3 给出, 这样的函数定义在 A 到 S^1 的投影上. 通过这个 Cantor 集的间隙将它线性地扩展得到一个具有相同 Lipschitz 常数的函数. □

如在 13.1 节末尾的定义, Aubry–Mather 集或不变圆周的旋转数定义为它的任何轨道的旋转数. 现在我们可以证明扭转映射理论中的一个核心结果.

定理 13.2.6. 设 $f: C \to C$ 是一个保面积扭转微分同胚. 对 f 的扭转区间中的任何无理数 α, 存在具有旋转数 α 的 Aubry–Mather 集 A, 或者是具有旋转数 α 的不变圆周 graph(φ), 其中 φ 是 Lipschitz 函数.

证明. 设 p_n/q_n 是由逼近 α 的既约分数给出的有理数序列. 应用定理 9.3.7, 并任取 (p_n, q_n) 型 Birkhoff 周期轨道序列 w_n. 按照推论 13.1.3 可构造一个 Lipschitz 函数 $\varphi_n: S^1 \to (0,1)$, 其图像包含 w_n. 通过得到 (9.3.5) 的一个类似论述, 得知所有这些轨道都包含在 C 的闭圆环内, 因此 Lipschitz 常数的选取可不依赖于 n. 利用这个等度连续函数族的准紧性 (Arzelá–Ascoli 定理 A.1.24), 不失一般性, 可以假设这些函数收敛于 Lipschitz 函数 φ. φ 的图像可以不是 f 不变的, 但它永远包含一个按下述方式得到的闭 f 不变集 A. φ_n 的定义域包含 (p_n, q_n) 型 Birkhoff 周期轨道到 S^1 的投影. 这些 (p_n, q_n) 型 Birkhoff 周期轨道是 C 的闭 f 不变子集, 因此在 Hausdorff 度量的拓扑下有聚点 $A \subset C$. 集合 A 显然属于 φ 的图像, 由引理 13.2.3 它是 f 不变的. 此外, f 保持 A 的循环次序 (因为这对 Birkhoff 周期轨道 w_n 成立, 而且这是一个闭性质). 如果我们用 f_n 记 f 从 (p_n, q_n) 型 Birkhoff 周期轨道到 S^1 的投影在 S^1 中的扩张, 并用 f_α 记 $f|_A$ 到 S^1 的投影的扩张, 那
[427] 么 $f_n \to f_\alpha$ 一致地成立. 因此由旋转数在 C^0 拓扑下的连续性 (命题 11.1.6), A 的旋转数是 α. 现在考虑 f_α 的极小集. 由命题 11.2.5 的二分性, 它或者是整个圆周, 或者是一个不变 Cantor 集. 对后一个情形这个 Cantor 集在 $\mathrm{Id} \times \varphi$ 作用下的像是旋转数为 α 的 Aubry–Mather 集. □

注. 注意, 事实上, 定理 13.2.6 中得到的 Aubry–Mather 集可以是 f 不变圆周的子集. 此时 f 在这个不变圆周上的限制是一个 Denjoy 型的同胚, 它类似于 12.2 节构造的例子. 我们知道这可以对 $C^{3-\varepsilon}$ 微分同胚发生,[1] 尽管我们并不知道这对有更高光滑性的映射是否有可能. 当然在光滑不变圆周情形, 又如果 f 本身不很光滑, 则只能得到 Aubry–Mather 集 (参看 Denjoy 定理 12.1.1).

(p_n, q_n) 型 Birkhoff 周期轨道的 Hausdorff 极限可以比 Aubry–Mather 集大, 尽管它永远是一个保序集. 但如果它不是一个极小集, 那么它包含一个同宿于 Aubry–Mather 集的轨道集. 在现在这个阶段我们并不知道这样的轨道是否真正

存在, 但以后我们将会看到, 通过取 Birkhoff 周期轨道的极小化极大的 Hausdorff 极限再仔细地利用某些变分估计, 可以证明这种轨道总是存在的 (见 13.4 节).

我们指出, 通过在 Hausdorff 度量下收敛的任何不变有序集代替上面论述中的 Birkhoff 周期轨道 w_n, 可以得到下面的

命题 13.2.7. *有序不变集的旋转数在 Hausdorff 度量的拓扑下是连续的.*

接下来, 由此得到

推论 13.2.8. *有序轨道的旋转数是初始条件的连续函数.*

证明. 设 $x_n \to x$ 是有序轨道的收敛点列. 不失一般性, 可以假设 x_n 的轨道的旋转数列 α_n 收敛. 考虑 x_n 的轨道族. 由 Hausdorff 度量拓扑的紧性, 它包含一个子序列, 该子序列收敛于包含 x 的轨道闭包的一个有序集. 因此由命题 13.2.7, x_n 的轨道的旋转数的极限是 x 的轨道的旋转数. □

现在我们可以证明, 对任何一个无理数, 至多存在一个以它为旋转数的不变圆周.

定理 13.2.9. *设 $f: C \to C$ 是一个保面积的扭转映射, α 是扭转区间中的无理数. 那么 f 至多有一个旋转数为 α 的形如 graph(φ) 的不变圆周. 如果存在这样的不变圆周, 那么在这个圆周的外面 f 没有以 α 为旋转数的 Aubry–Mather 集,* [428]
因此至多有一个这样的 Aubry–Mather 集.

注. 事实上, 对扭转映射, 它可能有几个具有同一有理旋转数的不变圆周. 这情形出现在椭圆弹子球运动中 (参看图 9.2.3), 其中异宿环的两个分支组成具有旋转数 1/2 的一对不变圆周. 数学摆的时间 t 映射 (对小的 t) (5.2c 节) 具有旋转数 0 的类似现象.

证明. 我们从下面引理开始.

引理 13.2.10. *假设 f 有具旋转数 α 的不变圆周 R (形式为 graph(φ)). 那么每个闭包与 R 不相交的保序轨道有异于 α 的旋转数.*

证明. 圆周 R 将圆环 C 划分为两个连通分支, 自然我们分别称它们为上分支和下分支. 假设 x 是 $C \backslash R$ 的上分支中的点, 它的轨道保序且与 R 不相交. 那么 f 在 x 的轨道上的限制投射到圆周 S^1 的子集 E 上的一个映射. 我们要将它扩展为 S^1 的映射 f_2, 它严格位于由 $f|_R$ 诱导的映射 f_1 的前面 (在定义 11.1.7 的意义下), 即 $f_1 \prec f_2$. 这个关系在 E 上已经成立, 所以只需小心地从 E 扩展. 扩展到 E 的闭包不改变这个严格不等式, 因为我们有扭转条件和 x 的轨道与 R 不相交的假设. 因此只需在 $\overline{E}$ 的补区间上定义 g. 这可定义如下: 记这个区间的端

点为 x_1 和 x_2. 然后用 δ 记差 $f_2(x_1)-f_1(x_1)$ 和 $f_2(x_2)-f_1(x_2)$ 的较小者, 并令 $f_2(tx_1+(1-t)x_2)=\max(tf_2(x_1)+(1-t)f_2(x_2),\delta+f_1(tx_1+(1-t)x_2))$. 注意 f_2 是 S^1 上的单调函数, 此时我们仍有 $f_1\prec f_2$. 因此, 由命题 11.1.9 得知 f_2 的旋转数大于 α. 同样在 $C\backslash R$ 的下分支不可能有旋转数为 α 的保序轨道. □

假设存在旋转数为 α 的两个不变圆周. 它们的交是不变的, 所以如果它们中至少有一个是传递的, 则它们不相交, 由引理这是不可能的. 否则这个交包含一个公共 Aubry–Mather 集 A, 而且这两个圆周组成两个不同函数 φ_1 和 φ_2 的图像, 它们在 A 上的投影重合. $\max(\varphi_1,\varphi_2)$ 和 $\min(\varphi_1,\varphi_2)$ 的图像都是不变的, 因此这两个图像之间的区域也是不变的. 但是, 后一区域必须有无穷多个连通分支, 因为它将非回复余区间投射到 Aubry–Mather 集的投影. 因此得到一个具有两两不相交的像的开圆盘, 由保面积性 (参看 Poincaré 回归定理) 这是不可能的. 这里我们用了旋转数的无理性, 不然可能存在有限多个通过 f 互相交换的分支.

[429] 由这个引理也得知, 在旋转数 α 的不变圆周外不可能有以 α 为旋转数的 Aubry–Mather 集. □

注. 在没有以 α 为旋转数的不变圆周情况下, 可存在许多具有这个旋转数的 Aubry–Mather 集. 事实上, 通常存在这种集合的多参数族 [2].

现在我们将这个过程转到用无理数逼近有理数, 并为了构造具有有理旋转数的非周期轨道, 考虑相应的 Aubry–Mather 集的极限.

命题 13.2.11. 设 $f:C\to C$ 是一个保面积扭转映射, p/q 是扭转区间内的有理数. 那么存在具有有理旋转数 p/q 的保序闭 f 不变集, 它或者是由周期轨道组成的不变圆周, 或者包含非周期点, 此外, 在后一情形每个余区间的两个端点是非周期点.

证明. 设 $\{\alpha_n\}_{n\in\mathbb{N}}$ 是扭转区间内逼近 p/q 的无理数序列. 考虑对应的具有旋转数 α_n 的不变极小保序集 A_n. 不失一般性, 可假设在 Hausdorff 度量的拓扑下当 $n\to\infty$ 时 A_n 收敛于集合 A. 显然 A 是 f 不变且有序的. 如果无穷多个 A_n 是圆周, 则 A 也是圆周. 由旋转数的连续性 f 在这个圆周上的限制有旋转数 p/q. 由具有有理旋转数的圆周映射的分类 (参看命题 11.2.2 或者 11.2c 节的表), 这种情形我们已经证明了. 所以可以假设所有的 A_n 都是 Aubry–Mather 集. 为了了解 A 的动力学, 考虑间隙, 即 S^1 中 A 到 S^1 的投影的余区间. 每个这样的间隙 $G\subset S^1$ 有确定的长度 $l(G)$, 我们希望证明这种间隙的两个端点不是周期点.

为此首先注意, A 的间隙 G 是 A_n 对应的间隙 G_n 在 Hausdorff 度量下的极限. 用 f_n 记 $f|_{A_n}$ 到 S^1 的投射扩展成的圆周同胚, 以 f_0 记对应于 $f|_A$ 的同样扩展. 于是, 由于 f_n 有无理旋转数, 在 f_n 的迭代下间隙 G_n 的像两两不相交,

所以 $\sum_{m\in\mathbb{N}} l(f_n^m(G_n)) \leqslant 1$. 如果 G 的两个端点是周期的, 则间隙 G 是周期的, 即 $\sum_{n\in\mathbb{N}} l(f_0(G))$ 发散. 但是对所有 $m\in\mathbb{N}$ 有 $l(f_n^m G_n)\to l(f_0^m G)$, 这给出矛盾. 因此 G 的端点中有一个是非周期点.

注意, 间隙 G 的另一个端点也必须是非周期点, 因为否则 $f_0^q(G)$ 是与 G 非平凡相交且与 G 不重合的间隙. □

因此, 在一般情况下, 只有这种不变集仅包含有限多个周期轨道时它的结构才能得以描述:

推论 13.2.12. 如果具有有理旋转数 p/q 的闭保序 f 不变集 A 仅仅包含有限 [430]
多个周期轨道, 那么存在一个按下述方式异宿连接的完全集: 如果 $\gamma_1,\cdots,\gamma_s$ 表示 A 中的周期轨道, 并且按照圆周诱导的循环次序保序, 那么存在异宿轨道 $\sigma_1,\cdots,\sigma_n$, 使得或者

$$
\begin{aligned}
\gamma_1 &= \omega(\sigma_s) = \alpha(\sigma_1),\\
\gamma_2 &= \omega(\sigma_1) = \alpha(\sigma_2),\\
&\vdots\\
\gamma_s &= \omega(\sigma_{s-1}) = \alpha(\sigma_s)
\end{aligned}
$$

或者交换 α 和 ω 同样情形也成立. 这里 α 和 ω 表示一个轨道的 α 极限集和 ω 极限集 (参看定义 1.6.2). 如果 $s=1$, 自然, 这时 σ_1 是一个同宿轨道.

迄今为止, 我们已经对任何给定的保面积扭转映射构造了如 11.2c 节所述的有序 (Birkhoff) 周期轨道, 它是如 11.2c 节表中描述的 $\mathrm{I}_{p/q}$ 型轨道, $\mathrm{II}_{p/q}$ 型或 $\mathrm{III}_{p/q}$ 型非周期轨道, 不变圆周上的稠密轨道是 I_α 型轨道, Aubry–Mather 集中的轨道是 II_α 型轨道. 因此扭转映射中我们展示的对圆周同胚出现的所有类型的轨道, 除了这些还有只能在第 4 节作为更细致的变分法结果的 III_α 型轨道.

b. 不变圆周与不稳定性区域. 由 Birkhoff 证明的下面结果表明这些不变圆周将环域划分成轨道在其顶部与底部之间自由游弋的区域. 这从稍更一般的半局部结果即可得到, 它并没利用可微性, 且在不变集上的假设很方便由在半开圆环 $A=S^1\times[0,\infty)$ 上的假设表示.

定理 13.2.13 (Birkhoff 定理).[3] 设 $f: A\to A$ 是保定向的扭转同胚, $U\subset NW(f)$ 是包含 $S^1\times\{0\}$ 且具有连通边界的 f 不变的开的相对紧集. 那么 ∂U 是连续函数 $\psi: S^1\to(0,\infty)$ 的图像.

注. 如果 f 保面积, 或者保在开集上为正、在紧集上有限的任何测度, 则假设 $U \subset NW(f)$ 自动满足 (命题 4.1.18).

利用推论 13.1.3, 我们得到

推论 13.2.14. 如果在定理 13.2.13 的假设下 f 是一个 C^1 扭转微分同胚, 那么 ψ 是 Lipschitz 的.

定理 13.2.13 的证明. 设 $V := \{(x,y)|(x,y') \subset U$, 其中 $y' \in [0,y]\}$. V 是开且连通的, 因此道路连通. 我们证明 $V = U$.

[431] **引理 13.2.15.** 如果 $I = [x_1, x_2] \subset S^1, (x_1, y), (x_2, y) \in V$ 和 $I \times \{y\} \subset U$, 那么 $I \times [0, y] \subset U$.

证明. $C := \partial(I \times [0, y]) \subset U$ 是一个 Jordan 曲线, $A \backslash U$ 是无界且连通的, 因此包含在 C 的外部. □

设 $\partial_U, \mathrm{Cl}_U$ 分别表示关于 U 的拓扑的边界和闭包.

引理 13.2.16. $\partial_U V$ 是线段 $S_i = \{x_i\} \times (y_{i,1}, y_{i,2}) (i \in I \subset \mathbb{N})$ 的不相交并, 其中 $0 < y_{i,1} < y_{i,2}$, $(x_i, y_{i,1}), (x_i, y_{i,2}) \in \partial U$. 此外 S_i 将 $p \in S_i$ 的每个充分小邻域划分为两个开集 $V' \subset V$ 和 $U' \subset U \backslash V$.

证明. 包含 $(x, y) \in \partial_U V$ 的 $U \cap (\{x\} \times [0, \infty))$ 的连通分支是 $S := \{x\} \times (y_1, y_2)$, 其中 $0 < y_1 < y_2$ (因为 $(x, 0) \in V$ 而 U 有界) 和 $(x, y_1), (x, y_2) \in \partial U$. 另外 $V \cap S = \varnothing$. 现在证明 $S \subset \partial_U V$.

对充分小的包含 x 的开区间 $I \subset S^1$, 存在 $\varepsilon > 0$, 使得 $W := I \times (y - \varepsilon, y + \varepsilon) \subset U$. 如果 $(x', y') \in W \cap V$, 那么 $\{x'\} \times (y - \varepsilon, y + \varepsilon) \subset V$, 因此, $V \cap W = \bigcup \{\{x'\} \times (y - \varepsilon, y + \varepsilon) | (x', y') \in W \cap V\}$, 以及 $\{x\} \times (y - \varepsilon, y + \varepsilon) \subset \partial_U(V \cap W) \subset \partial_U V$, 因为 $\{x\} \times (y - \varepsilon, y + \varepsilon) \subset S \subset U \backslash V$ 和 $(x, y) \in \partial_U V$. 从而 $\partial_U V \cap S$ 在 S 内是开的, 且在 S 内又是闭的. 因为 $S \subset U$, 所以 $S \subset \partial_U V$.

由上面引理, $[a, b] \times (y - \varepsilon, y + \varepsilon) \subset V$, 只要 $(a, y), (b, y) \in W \cap V$. 因此, 对充分小 δ 和 ε, $((x - \delta, x + \delta) \times (y - \varepsilon, y + \varepsilon)) \backslash (\{x\}(y - \varepsilon, y + \varepsilon))$ 的每个分支在 V 和 $U \backslash V$ 内. 特别地, 这样的 S 至多有可数多个. □

引理 13.2.17. 对每个 i 集合 $U \backslash S_i$ 由两个连通分支组成, 其中之一与 V 不相交, 而且它的边界与 S_j 不相交, 其中 $j \neq i$.

证明. 由引理 13.2.16, 用 U_i 记 U' 包含开集 $U \backslash S_i$ 的连通分支. 假设 U_i 中存在从 U' 中开始终止于某个 $S_j, j \neq i$ 或 V' 的路径 c, 其中 V' 也如引理 13.2.16 中的. 在后一情形 c 必须穿过 $\partial_U V$ 至少一次, 由构造这意味着对某个 $j \neq i$, c 穿过 S_j. 因

此在任一情形得到一条路径 $\gamma:[0,1]\to U$, 使得 $\gamma(0,1)\subset U\backslash\bigcup_{k\in I}S_k, \gamma(0)\in \operatorname{Int}S_i$, 以及对某个 $j\neq i$ 有 $\gamma(1)\in\operatorname{Int}S_j$. 现在考虑从 γ 得到的路径如下: 利用 V' 中终止于 (x_0,y_0) 的短水平线段将 γ 扩展到 $[-\varepsilon,0)$, 再添加铅垂线段 $\{x_0\}\times[0,y_0]$. 接下来注意由构造原来的路径 γ 与 V 不相交, 所以可以用 V 中的水平线段扩展它超过 1, 反之添加连接 $S^1\times\{0\}$ 的铅垂线段. 因此, 得到 U 中端点在 $S^1\times\{0\}$ 上的简单路径 Γ (因为 $\gamma\cap V=\varnothing$). 由 Jordan 曲线定理 A.5.2, 立刻得到这条路径将圆环划分成为两个分离的分支. 考虑 S_i 的端点, 它们属于 ∂U, 由假设它是连通的. 但另一方面, 由构造它们是 $A\backslash\Gamma$ 的不同分支, 这与 ∂U 的连通性矛盾. □

注意, $\mathrm{Cl}_U U_i=U_i\cup S_i$ 和 $V\cap\mathrm{Cl}_U U_i=\varnothing$. 显然, 我们需要证明这样的 U_i 不 [432]
可能出现.

引理 13.2.18.

(1) $U=V\cup\left(\bigcup_{i\in I}\mathrm{Cl}_U U_i\right)$.

(2) U_i 是 $U\backslash\mathrm{Cl}_U V$ 的连通分支.

(3) $\mathrm{Cl}_U U_i$ 是 $U\backslash V$ 的连通分支.

证明. (1) 如果 $p\in U$ 和 $p\notin\mathrm{Cl}_U V$, 那么由 U 的道路连通性, 存在满足 $\gamma(0)=p,\gamma(1)=q\in\mathrm{Cl}_U V$ 和 $\gamma([0,1))\subset U\backslash\mathrm{Cl}_U V$ 的弧 γ, 因此 $q\in\partial_U V$, 即 $q\in S_i$. 但由于 $U_i\cup S_i\cup V$ 包含 q 的邻域, 我们有 $p\in\gamma([0,1))\subset U_i$. 从而

$$U=\mathrm{Cl}_U V\cup\bigcup_{i\in I}U_i=V\cup\bigcup_{i\in I}\mathrm{Cl}_U U_i.$$

(2) U_i 是开的, 因此在 $U\backslash\mathrm{Cl}_U V$ 中是开的, 且在 $U\backslash\mathrm{Cl}_U V$ 中也是闭的, 因为 $\partial_U U_i=S_i\subset\mathrm{Cl}_U V$.

(3) $\mathrm{Cl}_U U_i$ 在 U 中是闭的, 因此在 $U\backslash V$ 中是闭的. $\mathrm{Cl}_U U_i$ 在 $U\backslash V$ 中也是开的, 因为由上一引理 $V\cup\mathrm{Cl}_U U_i$ 包含 $\partial_U U_i$ 的邻域. □

现在我们区分哪些 U_i“挂在” 右边, 哪些 “挂在” 左边: 令 $\{R_j\}_{j\in J\subset I}:=\{U_i|U_i\text{ 在 }S_i\text{ 的右边}\}$ 和 $\{L_k\}_{k\in K\subset I}:=\{U_i|U_i\text{ 在 }S_i\text{ 的左边}\}$. 另外, $R:=\bigcup_{j\in J}R_j$, $L:=\bigcup_{k\in K}L_k$. 注意由引理 13.2.16, $V\cup\left(\bigcup_{j\in J}\mathrm{Cl}_U R_j\right)$ 在 U 中是开的, 因此它的

补 $\bigcup_{j\in J} \mathrm{Cl}_U R_j$ 是闭的, 所以

$$\mathrm{Cl}_U R = \bigcup_{j\in J} \mathrm{Cl}_U R_j, \text{ 同样, } \mathrm{Cl}_U L = \bigcup_{k\in K} \mathrm{Cl}_U L_k, \tag{13.2.1}$$

特别地, $U = V \cup \mathrm{Cl}_U R \cup \mathrm{Cl}_U L$.

引理 13.2.19.

(1) $f(V) \cap \mathrm{Cl}_U L_k = \varnothing$.

(2) $f^{-1}(V) \cap \mathrm{Cl}_U R_j = \varnothing$.

(3) $f^{-1}(\mathrm{Cl}_U L) \subset \mathrm{Cl}_U R \cup \mathrm{Cl}_U L$.

(4) $f^{-1}(\mathrm{Cl}_U L) \cap \mathrm{Cl}_U R = \varnothing$.

(5) $f(\mathrm{Cl}_U R) \cap \mathrm{Cl}_U L = \varnothing$.

(6) $f^{-1}(\mathrm{Cl}_U L) \subset L$.

(7) $f(\mathrm{Cl}_U R) \subset R$.

证明. (1) 若 $(x, y) \in V$, 则曲线 $\gamma(s) = f(x, s), s \in [0, y]$ 从 $S^1 \times \{0\}$ 上开始且包含在 U 内. 由扭转条件它从左到右横穿铅垂直线. 但是进入 L_k 以后必须从右到左横穿 S_k. 由于 $f(V)$ 在 U 中是开的, 断言得证. 用相同方法得到断言 (2), (3) 显然是 (1) 的结论.

(4) 如果 $f^{-1}(\mathrm{Cl}_U L_k) \cap \mathrm{Cl}_U R_j \neq \varnothing$, 那么, 因为 $\mathrm{Cl}_U U_i$ 逐对不相交且是连通的, 并且由 (3), 得 $f^{-1}(\mathrm{Cl}_U L_k) \subset \mathrm{Cl}_U R_j$. 由于 $f^{-1}(S_k)$ 横截于铅垂线段且 S_j 是铅垂线, 这意味着 $f^{-1}(S_k) \cap R_j \neq \varnothing$, 因此, $f^{-1}(V) \cap R_j \neq \varnothing$, 与 (2) 矛盾. 同样得到断言 (5).

(6) 断言 (3) 和 (4) 蕴含着 $f^{-1}(\mathrm{Cl}_U L) \subset \mathrm{Cl}_U L$. 再次由于 $f^{-1}(\partial_U L)$ 与 $\partial_U L$ 横截, 必须有 (6). 同样得到断言 (7). □

[433] 现在我们可证明 $U = V$. 如若不然, 则 $R \neq \varnothing$ 或者 $L \neq \varnothing$. 假设是前者, 则由 (7) 有 $f(\mathrm{Cl}_U R) \subsetneqq R$, 因为 f 是同胚. 而 $\mathrm{Cl}_U R$ 和 R 不是同胚. 但是 $f^{-1}(R \backslash f(\mathrm{Cl}_U R))$ 是由游荡点组成的 U 的非空子集, 由假设它被排除. 同样地, $L = \varnothing$.

为了证明定理 13.2.3, 注意由假设 ∂U 投射到 S^1, 所以只要这个投射到 ∂U 的限制是一个单射, 由于 $U = V$, 这等于证明 ∂U 不包含铅垂线段. 而由扭转条件得知: 如果 p 是线段 $S \subset \partial U$ 的内点, 则 S 左边接近于 p 的任何 q 映到 $f(S) \subset \partial U$ 的上面, 因此不包含在 $U = V$ 内. 类似地, S 右边 p 附近的任何点 q 有原像在 $f^{-1}(S) \subset \partial U$ 的上面, 因此不包含在 U 中. 但是那样 $p \notin \partial U$, 矛盾. □

定理 13.2.13 有一个容易的结论, 它显示在具有无理旋转数的保面积扭转映射的两个不变圆周之间存在相当数量的动力学复杂性.

定义 13.2.20. 如果 f 是一个扭转映射, 使得分别存在旋转数 $\rho_1 < \rho_2$ 的不变圆周 C_1 和 C_2, 而且没有旋转数在 (ρ_1, ρ_2) 中的不变圆周, 则称由 C_1 和 C_2 围成的圆环为不稳定性区域.

注意 C_1 和 C_2 必须互不相交, 而且不稳定性区域内不可能包含任何不变圆周.

命题 13.2.21. 假设 C_1, C_2 围成保面积扭转映射 f 的不稳定性区域, 令 $\varepsilon > 0$. 那么在 C_1 的 ε 邻域 $W_{1,\varepsilon}$ 内存在点 p, 其迭代在 C_2 的 ε 邻域 $W_{2,\varepsilon}$ 内.

证明. 如若不然, 则存在 $\varepsilon > 0$ 使得 $\bigcup\limits_{n\in\mathbb{N}} f^n(W_{1,\varepsilon})$ 与 $W_{2,\varepsilon}$ 不相交. 设 W 是不稳定性区域去掉 $V_0 = \bigcup\limits_{n\in\mathbb{N}} f^n(W_{1,\varepsilon})$ 的包含 C_2 的连通分支. 为了看到 ∂W 是连通的, 通过 C_2 与点恒同并利用引理 A.7.8, 将由 C_1 和 C_2 所围的开柱面与平面 $\mathbb{R}^2$ 等同. 因此可对 $\overline{W}$ 的补 V 用 Birkhoff 定理 13.2.13 得到 C_1 和 C_2 之间的严格不变圆周, 这与假设矛盾. □

这个结果证明存在轨道, 从不稳定性区域的一个边界分支的任意邻近到另一个边界分支的任意邻近游弋.

推论 13.2.22. 假设 C_1, C_2 围成保面积扭转映射 f 的不稳定性区域, 令 $\varepsilon > 0$. 如果 $f|_{C_1}$ 是拓扑传递的, 那么对每个 $q \in C_1$ 在 q 的 ε 邻域 $B(q, \varepsilon)$ 内存在点 p, 其迭代在 C_2 的 ε 邻域 $W_{2,\varepsilon}$ 内.

证明. 由假设 $B(q, \varepsilon)$ 的迭代的有限并包含 C_1 的邻域. □

练　　习 [434]

13.2.1. 设 f 是闭圆环 $A = S^1 \times [0, 1]$ 的扭转微分同胚. 令 $\mathrm{Or}(f)$ 是其轨道有序 (保序) 的所有点的集合. 证明 $\mathrm{Or}(f)$ 是闭和 f 不变的, 拓扑熵 $h_{\mathrm{top}}(f|_{\mathrm{Or}(f)})$ 为零.

13.2.2. 对椭圆弹子球 (9.2 节) 描述集合 $\mathrm{Or}(f)$.

13.2.3. 设 A_1, A_2 是具有不同旋转数的扭转映射 f 的有序集. 证明存在 $\varepsilon > 0$ 使得任何有序轨道与 A_1 或 A_2 的 ε 邻域不相交.

13.2.4. 在没有假设 A 仅包含有限多个周期轨道下叙述推论 13.2.12 的推广.

13.2.5. 推广定理 13.2.6 到保持在开集上有正测度的扭转微分同胚 (见定义 9.3.19).

13.2.6*. 设 f 是闭圆环的保面积扭转微分同胚, F 是它的一个提升, $\tau_0 < \tau_1$ 是这个提升到边界分支上的限制的旋转数. 称 $[\tau_0, \tau_1]$ 是全扭转区间. 证明定理 13.2.6 的断言对任何 $\alpha \in [\tau_0, \tau_1]$ 成立.

13.2.7. 假设 f 是 $S^1 \times [0,1]$ 的一个扭转微分同胚, 对此 $\mathrm{Or}(f) = S^1 \times [0,1]$. 证明 f 对全扭转区间内的所有旋转数有不变圆周.

13.3. 作用量泛函, 极小轨道与有序轨道

a. 极小作用量. 现在我们回到变分法, 特别地, 讨论由 (9.3.7) 对周期状态和由 (9.3.12) 对非周期情形定义作用量泛函. 从现在起为了方便大多数时间是对通有覆盖工作. 由于我们进行工作的状态不再假设是有序的, 故用动力学序记它们. 最后假设扭转映射已经如 9.2c 节描述那样扩展过. 我们先重复和扩展 9.2e 中的某些定义. 并利用定义 9.3.15 中的术语.

定义 13.3.1. 称 (a,b,n) 状态 $\{s_0, \cdots, s_n\}$ 是有序的, 如果 $s_i \leqslant s_l - k \leqslant s_j$ 蕴含着 $s_{i+1} \leqslant s_{l+1} - k \leqslant s_{j+1}$, 只要 $0 \leqslant i,j,l < n$ 和 $k \in \mathbb{Z}$. 空间 $\Sigma(a,b,n)$ 中 (9.3.12) 的这个作用量泛函 L 的极小记为 $M(a,b,n)$ (它存在且在某个轨道段上达到). 序列 $\{s_i\}_{i\in\mathbb{Z}}$ 称为大范围极小化状态, 如果每个有限段 $\{s_i\}_{i=n}^m$ 是 L 的极小 $(s_n, s_m, m-n)$ 状态.

还应注意 L 的临界点, 特别是极小状态代表 f 的轨道段. 由于 f 的扩张保
[435] 证对大的 $s - s'$, $H(s,s')$ 的值大, 故作用量泛函是一个真映射, 它将 (正) 无穷映到紧区域外, 因此有极小.

注. 注意, 大范围极小化状态的这个定义与 Riemann 流形上极小测地线定义 (定义 9.6.1) 平行, 而且有序状态的这个概念与表示轨道段对状态定义有序的定义 13.1.2 相同.

首先研究极小 $M(x,y,n)$ 的性质. 由周期性显然对任何 $k \in \mathbb{Z}$ 有 $M(x,y,n) = M(x+k, y+k, n)$. 现在考虑 $s_1 \in \Sigma(x,y,n)$ 和 $s_2 \in \Sigma(y,z,m)$. 于是我们可自然地连接 s_1 和 s_2 得到状态 $s \in \Sigma(x,z,n+m)$, 且有 $L(s) = L(s_1) + L(s_2)$, 从而对所有 $x,y,z \in \mathbb{R}$ 和 $n,m \in \mathbb{N}$ 有

$$M(x,z,n+m) \leqslant M(x,y,n) + M(y,z,m). \tag{13.3.1}$$

现在研究 $M(x,y,n)$ 关于 (x,y) 如何变化.

引理 13.3.2. 假设 $|y-x|/n<K$ 和 $|x'-x|\leqslant 1, |y'-y|\leqslant 1$. 那么存在依赖于 K 的常数 C, 使得

$$|M(x,y,n)-M(x',y',n)|\leqslant C. \tag{13.3.2}$$

证明. 设 s 是一个极小 (x,y,n) 状态, 取 s' 为 $(x',y',n+2)$ 状态, 它是通过从 s 加 x' 到 s 的开始再加 y' 到它的末尾得到的. 于是 $L(s')=H(x',x)+M(x,y,n)+H(y,y')$, 由假设 $H(x',x)+H(y,y')\leqslant$ 常数. 由紧性存在一个依赖于 K 的先验界 $|M|<C_1 n$, 即取为检验状态的一个一致间隔. 由于 s 是极小的, 容易从命题 9.3.5 的扩张构造中看到, H 以跳跃的大小 $s_{i+1}-s_i$ 二次增长, 不可能有太多的长跳跃. 特别地, 我们可求依赖于 K 的常数 D, 使得对某个 i 有 $|s_{i+1}-s_i|, |s_{i+2}-s_{i+1}|, |s_{i+3}-s_{i+2}|<D$. 现在通过从 s' 中去掉 s_{i+1} 和 s_{i+2} 定义 (x',y',n) 状态 t. 于是

$$L(t)=L(s')+H(s_i,s_{i+3})-H(s_i,s_{i+1})-H(s_{i+1},s_{i+2})-H(s_{i+2},s_{i+3})$$

以及

$$\begin{aligned}&|L(t)-M(x,y,n)|\\ \leqslant\ &|H(s_i,s_{i+3})-H(s_i,s_{i+1})-H(s_{i+1},s_{i+2})-H(s_{i+2},s_{i+3})|+\text{常数}\leqslant C,\end{aligned}$$

其中 C 依赖于 K. □

作为一个结果, 我们注意 [436]

推论 13.3.3. 如果 $|x-y|/n<K$ 和 $|x'-y'|/n<K$, 那么

$$|M(x,y,n)-M(x',y',n)|\leqslant C(|x'-x|+|y'-y|).$$

命题 13.3.4. 如果 $\lim\limits_{n\to\infty}\dfrac{y_n-x_n}{n}=\alpha$, 那么

$$A(\alpha):=\lim_{n\to\infty}\frac{1}{n}M(x_n,y_n,n)$$

存在且只仅依赖于 α. 我们称 $A(\alpha)$ 为极小作用量.

证明. 为了看到这个极限存在, 考虑序列 $x_n=0$ 和 $y_n=n\alpha$, 并记 $a_n:=M(0,n\alpha,n)$. 利用 (13.3.1) 和引理 13.3.2, 得到

$$\begin{aligned}a_{n+m}&=M(0,(n+m)\alpha,n+m)\leqslant M(0,n\alpha,n)+M(n\alpha,(m+n)\alpha,m)\\&=a_n+M(n\alpha-[n\alpha],(m+n)\alpha-[n\alpha],m)\\&\leqslant a_n+M(0,m\alpha,m)+C=a_n+a_m+C,\end{aligned}$$

其中 C 如引理 13.3.2 中的, 因此仅依赖于 α. 从而由命题 9.6.4 序列 $\{a_n/n\}$ 收敛.

现在只需证明这个极限不依赖于序列 $\{x_n\}$ 和 $\{y_n\}$, 命题就得证. 假设有两对序列 $\{x_n\},\{y_n\}$ 和 $\{x'_n\},\{y'_n\}$. 由于 $\lim\limits_{n\to\infty}\dfrac{y_n-x_n}{n}=\alpha$ 和 $\lim\limits_{n\to\infty}\dfrac{y'_n-x'_n}{n}=\alpha$, 可以通过整数平移序列 $\{x'_n\},\{y'_n\}$ 使得有 $|x'_n-x_n|<1$, 因此 $\lim\limits_{n\to\infty}\dfrac{y'_n-y_n}{n}=\lim\limits_{n\to\infty}\dfrac{(x'_n-x_n)-(y'_n-y_n)}{n}=0$. 但是推论 13.3.3 显示 $\lim\limits_{n\to\infty}\dfrac{1}{n}|M(x_n,y_n,n)-M(x'_n,y'_n,n)|\leqslant C\lim\limits_{n\to\infty}\dfrac{1}{n}(|x'_n-x_n|+|y'_n-y_n|)=0$, 因此, 这个极限对所有这样的序列都存在, 且与序列无关. □

命题 13.3.5. 函数 $\alpha\mapsto A(\alpha)$ 是凸的.

证明.

$$
\begin{aligned}
A(t\alpha+(1-t)\beta)&=\lim_{n\to\infty}\frac{1}{n}M(0,(t\alpha+(1-t)\beta)n,n)\\
&\leqslant\lim_{n\to\infty}\frac{1}{n}(M(0,nt\alpha,n)+M(nt\alpha,n(1-t)\beta,n))\\
&=tA(\alpha)+(1-t)A(\alpha).
\end{aligned}
$$

□

b. 极小轨道. 我们希望了解泛函 L 达到极小时的状态结构. 利用引理 9.3.11 以及命题 9.3.12 证明中的概念, 给出下面类似于推论 9.3.13 的结论.

命题 13.3.6. 对 (x,y,n) 状态 s 和 (x',y',n) 状态 s', 其中 $x<x'$ 和 $y<y'$, 令 $x_i:=\min(s_i,s'_i)$ 和 $x'_i:=\max(s_i,s'_i)$. 那么有 $L(s)+L(s')\geqslant L(x)+L(x')$, 如果 s'_i-s_i 达到负值, 且它离开端点永不为零, 则这个不等式是严格的.

注. 注意序列 $\{x_i\}$ 是 (x,y,n) 状态, $\{x'_n\}$ 是 (x',y',n) 状态. 等价地, L 在 $(x+k,y+k,n)$ 状态上的极小与 L 在 (x,y,n) 状态上的极小重合.

[437] 现在考虑两个不同类型的极小状态. 它们不可能相交多于一次:

命题 13.3.7. 假设 $s=\{s_i\}_{i=0}^{n}$ 是极小 (s_0,s_n,n) 状态, $s'=\{s'_i\}_{i=0}^{n'}$ 是极小 $(s'_0,s'_{n'},n')$ 状态. 那么对任何 $k\in\mathbb{Z}$, 序列 s'_i-s_i-k 至多改变一次符号.

证明. 假设对某个 $k\in\mathbb{Z}$ 序列 s'_i-s_i-k 改变符号多于一次. 通过截断可假设 s 和 s' 有相同长度 m, s'_i-s_i-k 改变符号奇数次. 为确切起见, 假设 $s'_0-s_0-k>0$. 用 $t_i:=s'_i-k$ 定义 t, 并令 $x_i:=\min(s_i,t_i)$ 和 $x'_i=\max(s_i,t_i)$. 于是 $x_0=s_0,y_0=t_0,x_m=s_m$, $y_m=t_m$ 以及$\{x_i\}$ 与 $\{y_i\}$ 每个都不同于 s 和 t. 因此由命题 13.3.6 有 $L(s)+L(s')=L(t)+L(s)\geqslant L(x)+L(y)$. 由 $L(s)$ 和 $L(s')$

的极小性, 必须有等式. 如我们在定理 9.3.10 证明中的论述, x 和 x' 不可能都代表轨道, 因此都不可能是极小, 矛盾. □

现在我们可以将命题 9.3.17 推广到非周期回复轨道情形 (参看定义 3.3.2).

推论 13.3.8. *在每个有限段是有序状态 (参看定义 13.3.1) 的意义下, 大范围极小回复轨道是一个有序状态.*

证明. 假设 (x, y) 是有大范围极小回复轨道的点, 令 $(s_n, y_n) := F^n(x, y)$. 不失一般性假设在 $i = 0$ 和 $i = 1$ 之间序列 $s_i - s_{i+m} - k$ 改变符号. 由回复性存在 $N \in \mathbb{N}$ 使得 $|s_N - s_0| + |s_m - s_{m+N}| < |s_0 - s_m - k|$, 所以 $s_N - s_{N+m} - k$ 有与 $s_0 - s_m - k$ 相同的符号, 而序列 $s_i - s_{i+m} - k$ 至少改变符号两次, 由命题 13.3.7 这是不可能的. □

与 9.6 节类似, 注意到大范围极小轨道的集合是闭的. 定理 9.3.7 证明对扭转区间中的每个有理旋转数, 存在一个 (p, q) 型的极小 Birkhoff 周期轨道, 由定理 9.3.10 它是大范围极小. 因此, 在 Aubry–Mather 集合上从极小 Birkhoff 周期轨道通过定理 13.2.6 的逼近构造得到的轨道是大范围极小的. 从而我们证明了:

推论 13.3.9. *对扭转区间中的每个旋转数, 存在具有这个旋转数的大范围极小回复轨道.*

现在我们描述具有给定旋转数的所有回复的极小轨道集合的结构.

定理 13.3.10. *设 $f : C \to C$ 是保面积扭转映射, α 是扭转区间中的一个数. 那么具有旋转数 α 的所有回复的大范围极小轨道的并 M_α^r 是一个有序集.*

证明. 大范围极小轨道的闭包是一个有序集, 所以我们只需证明任何两个这样的轨道适当地交结在一起, 即它们的并也是一个有序集. 设 x 和 y 是具有大范围极小轨道的回复点, 旋转数为有理数 α, 那么它们是有相同周期的周期点. 所 [438]
以如果轨道相交, 则它们通常相交无穷多次. 但是由命题 13.3.7 它们至多相交一次. 因此这些轨道适当地交结在一起.

设 x 和 y 是具有大范围极小轨道的回复点, 无理旋转数为 α. 先假设它们中没有一个是对应 Aubry–Mather 集的端点 (如果这些点的任何一个位于传递的不变圆周上, 则没有这个限制). 于是对 $\varepsilon > 0$ 和 $N \in \mathbb{N}$ 可找 $n \in \mathbb{Z}$, 使得 $f^{-n}(y)$ 和 $f^n(y)$ 的循环坐标彼此相差在 ε 内, 而且 $f^{-n}(x)$ 和 $f^n(x)$ 的循环坐标也彼此相差在 ε 内, 这从两个轨道的闭包都半共轭于具有旋转数 α 的圆周旋转的事实得知, 这由于 x 和 y 都不是 Aubry–Mather 集的端点, 这个半共轭分别在 x 和 y 是单射 (参看 Poincaré 分类定理 11.2.7). 如果 ε 小于 x 和 y 的循环坐标之间的距离, 则我们证明了在 $-n$ 与 n 之间轨道相交偶数次, 由命题 13.3.7 这是不可能的.

如果其中一个轨道是一个端点, 注意到若 x 的轨道与 y 的轨道适当地交结在一起, 那么它与 y 的轨道闭包中的任何轨道也适当地交结在一起. 但是端点在非端点的轨道闭包内, 所以如果其中一个轨道是一个端点那我们就证明了结论. 如果 x 和 y 都是端点, 则由于 y 在非端点的轨道闭包内, 我们又得到相同结论. □

由此立刻得到极小 Aubry–Mather 集的唯一性和较强的逼近结果.

推论 13.3.11. 设 $f: C \to C$ 是一个保面积扭转映射, α 是扭转区间中的一个无理数. 则或者存在由具有旋转数 α 的大范围极小轨道组成的传递的不变圆周, 或者存在唯一的具有旋转数 α 的大范围极小 Aubry–Mather 集 $\mathcal{A}_\alpha$. 如果 $\dfrac{p_n}{q_n} \to \alpha$, w_n 是 (p_n, q_n) 型 Birkhoff 周期轨道序列, 那么在 Hausdorff 度量的拓扑下这个极限是具有旋转数 α 的有序集, 它或者是传递的不变圆周, 或者包含具有旋转数 α 的极小 Aubry–Mather 集.

证明. 大范围极小圆周或者 Aubry–Mather 集的存在性由大范围极小轨道集的闭性得到, 因此 (p_n, q_n) 型 Birkhoff 周期轨道的 Hausdorff 闭包内的任何有序集由极小轨道组成. 唯一性由下面事实得到, 由定理 13.3.10, 任何具有旋转数 α 的回复极小轨道与 Aubry–Mather 集交结在一起, 因此属于 Aubry–Mather 集. □

对有理旋转数 p/q, 在下述意义下命题 9.3.17 建立了这个结果的一个范例: 它断言作用量泛函在回复 (即周期) 的大范围极小轨道上的值的唯一性. 但是有
[439] 可能这种轨道多于一个, 例如, 对可积的扭转映射情形, 或者对小心构造的扰动, 它破坏了具有旋转数 p/q 的不变圆周, 但保持多于一个具有旋转数 p/q 和作用量泛函有同一极小值的 Birkhoff 周期轨道.

c. 平均作用量与极小测度. 现在我们可以用不变测度来解释极小作用量.

命题 13.3.12. 考虑由 $(x_n, y_n) = f^n(x, y)$ 给出的有序轨道. 那么极限

$$\mathcal{L}^+(x) := \lim_{n\to\infty} \frac{1}{n} \sum_{i=0}^{n-1} H(x_i, x_{i+1}),$$

$$\mathcal{L}^-(x) := \lim_{n\to\infty} \frac{1}{n} \sum_{i=0}^{n-1} H(x_{i-n}, x_{i+1-n})$$

均存在.

证明. 假设 (x, y) 的旋转数 α 是无理数. 那么 (x, y) 的轨道闭包包含唯一极小集 E. 由定理 11.2.9 这个极小集是唯一遍历的, 即有唯一的 f 不变测度 μ. 考虑

由

$$h(x,y)=H(x,x') \quad 当\ f(x,y)=(x',y') \tag{13.3.3}$$

定义的连续函数 h. 注意 $\frac{1}{n}\sum_{i=0}^{n-1}H(x_i,x_{i+1})$ 是这个函数在 (x,y) 的时间平均. 由命题 4.1.13, 对 E 中的轨道 h 的时间平均一致收敛于 h 在 E 上关于测度 μ 的积分. 对回复轨道这证明了命题. 对非回复点 (x,y), 轨道的循环坐标给出了集合 E 中的间隙序列. 这个轨道双向渐近于包含 x 的间隙端点的轨道, 由 h 的连续性这个平均是相同的.

如果旋转数是有理数, 而且 (x,y) 的轨道是周期的, 则断言显然成立. 否则 (x,y) 的轨道正向渐近于周期轨道且负向渐近于周期点. 不管哪个情形这两个极限都存在, 如果这两个周期轨道重合则 $\mathcal{L}^+$ 和 $\mathcal{L}^-$ 也重合. □

定义 13.3.13. 考虑由 $(x_n,y_n)=f^n(x,y)$ 给出的不异宿于两个不同周期轨道的有序轨道. 通过令

$$\mathcal{L}(x):=\lim_{n\to\infty}\frac{1}{n}L(\{x_0,\cdots,x_{n-1}\})=\lim_{n\to\infty}\frac{1}{n}\sum_{i=0}^{n-1}H(x_i,x_{i+1})$$

我们定义轨道上的平均作用量 $\mathcal{L}$.

命题 13.3.14. 极小作用量 $A(\alpha)$ 是旋转数为 α 的所有有序轨道的平均作用量上的下确界.

证明. 由命题 13.3.4, 对这样的轨道有 $L(\{x_0,\cdots,x_{n-1}\})\geqslant M(x_0,x_{n-1},n)/n\to\mathcal{A}(\alpha)$. 由命题 13.3.12, 对极小轨道我们有以上的这个极限等式. □

因此, 对 $\alpha=p/q$, 其中 p 和 q 互素, $A(p/q)$ 是作用量泛函 L 在由 q 划分的 [440]
(p,q) 型的状态空间上的极小, 或者等价地, 它是 L 在任何 (p,q) 型 Birkhoff 周期轨道上的值的 $1/q$ 倍. 这可解释为由 (13.3.3) 定义的函数 h 在任何极小 Birkhoff 周期轨道上对一致 δ 测度的积分. 类似地, 对无理数 α, 用 μ_α 记在旋转数为 α 的极小 Aubry–Mather 集上的唯一 f 不变的 Borel 概率测度 (见定理 11.2.9). 于是 $A(\alpha)=\int hd\mu_\alpha$.

d. Aubry–Mather 集的稳定集. 现在我们跟随极小 Aubry–Mather 集的空隙构造大范围极小半轨. 这个构造也是寻找同宿于极小 Aubry–Mather 集的轨道的第一步, 即轨道的循环坐标具有类似于圆周同胚的 III_α 型轨道.

命题 13.3.15. 设 G 是极小 Aubry–Mather 集 $\mathcal{A}_\alpha$ 的一个间隙, $x\in G$. 那么存在分别以 (x,y^+) 和 (x,y^-) 为初始值的大范围极小的正负半轨, 它们与 $\mathcal{A}_\alpha$ 的每个轨道适当地交结在一起.

证明. 设 (p_n, q_n) 是满足 $p_n/q_n \to \alpha$ 的序列, 考虑 (p_n, q_n) 型极小 Birkhoff 周期轨道 w_n. 按照推论 13.3.11, w_n 的 Hausdorff 极限包含 Aubry–Mather 集 $\mathcal{A}_\alpha$. 如果 w_n 的极限包含点 (x, y), 则 (x, y) 的轨道是大范围极小轨道, 它与 $\mathcal{A}_\alpha$ 的所有轨道适当地交结在一起, 我们甚至有比此命题论断更强的结论.

要不然, 对每个 n 考虑大范围极小 $(x, x+p_n, q_n)$ 状态. 它表示一个轨道段, 由命题 13.3.7, 它与 w_n 交结在一起 (这个边界条件必须有偶数次相交, 而由命题 13.3.7 只允许至多一次). 因此它表示一条连接具有循环坐标 x 的两点 (x, y_n^+) 和 (x, y_n^-) 的有序轨道段 v_n, x 包含在轨道 w_n 的间隙 G_n 内. 不失一般性可假设 $G_n \to G$. 由推论 13.1.3, w_n 和去掉端点 (x, y_n^+) 和 (x, y_n^-) 的轨道段 v_n 的并 W_n 位于 Lipschitz 函数的图像上, Lipschitz 常数关于 n 一致. 因此 W_n 在 Hausdorff 度量下的极限 W 属于 Lipschitz 函数的间隙, 而且包含 $\mathcal{A}_\alpha$ 与 $(x, \lim\limits_n y_n^+) =: (x, y^+)$ 的所有像和 $(x, \lim\limits_n y_n^-) =: (x, y^-)$ 的原像. W 在下面意义下几乎是不变和有序的: $W \backslash f(W) = \{(x, y^-)\}, W \backslash f^{-1}(W) = \{(x, y^+)\}$, 以及 f (对应地, f^-) 在 $W \cap f^{-1}(W)$ (对应地, $W \cap f(W)$) 上保序. □

练 习

13.3.1. 证明可积扭转映射 (见 9.3a 节) 的所有轨道都是大范围极小的.

13.3.2. 求椭圆弹子球映射 (9.2 节) 的大范围极小轨道.

[441] **13.3.3*.** 假设闭圆环 $A = S^1 \times [0, 1]$ 的保面积扭转微分同胚的所有轨道都是大范围极小. 证明 A 分裂为 f 不变的 Lipschitz 间隙 G_α 的不相交并, 这里 α 跑遍全扭转区间 (见练习 13.2.6), G_α 上的所有轨道都是具有旋转数 α 的有序轨道.

13.4. 同宿于 Aubry–Mather 集的轨道

这一节我们通过不存在具有问题中的旋转数的不变圆周时, 证明存在非回复点渐近于极小 Aubry–Mather 集, 来建立圆周映射的最后一类轨道对保面积扭转映射的存在性. 我们对这种轨道的存在性证明完全以有理数逼近为基础, 事实上这些轨道可以作为无穷维极小化极大的变分问题的极小化极大解构造, 它考虑所有状态与 Aubry–Mather 集中的间隙的特殊序列交结在一起. 这个方法是我们在定理 9.3.7 证明中第二个 (极小化极大) (p, q) 型 Birkhoff 周期轨道构造的推广.

定理 13.4.1. *假设存在保面积扭转映射 f 的极小 Aubry–Mather 集 $\mathcal{A}_\alpha$, G 是 $\mathcal{A}_\alpha$ 的任何间隙. 那么存在投射到 G 的点, 其迭代投射到 G 的对应像.*

证明. 考虑 (p_n, q_n) 型 Birkhoff 周期轨道序列, 其中 $p_n/q_n \to \alpha \in \mathbb{R}\backslash\mathbb{Q}$. 这个 Hausdorff 极限包含具有旋转数 α 的极小 Aubry–Mather 集. 如果它包含极小 Aubry–Mather 集间隙中的点, 则这个点的轨道就是所求的. 否则考虑与 (p_n, q_n) 型 Birkhoff 周期轨道 w_n 交结在一起的极小化极大 Birkhoff 周期轨道 w_n'. 我们将研究量

$$\Delta L(p_n, q_n) := L(w_n') - L(w_n)$$

的极限性态, 即研究 (p_n, q_n) 型的极小化极大与极小的 Birkhoff 周期轨道之间的作用量之差的极限性态. 我们将证明出现下面两个情形之一:

(1) w_n' 的 Hausdorff 极限包含投影位于 G 中的点. 这个点的轨道与极小 Aubry–Mather 集适当的交结在一起, 因此是所求的.

(2) $\Delta L(p_n, q_n) \underset{n\to\infty}{\longrightarrow} 0$.

在第二个情形, 我们分别考虑命题 13.3.15 中构造的满足初始值 (x, y^+) 和 (x, y^-) 的大范围极小的正负半轨, 并证明 $y^+ = y^-$, 所以这对点是单个轨道的一部分, 因此是所求的. 从而在此情形, 通过证明间隙中的每一点是所求类型轨道的投影
来得到更强的结论. 我们借助 $\Delta L(p, q)$ 证明差 $y_n^+ - y_n^-$ 有界来证明 $y^+ = y^-$, 其 [442]
中 $y_n^\pm$ 是命题 13.3.15 证明中所定义的.

因此, 我们需要证明两件事: 首先, 如果 w_n' 的 Hausdorff 极限不包含其投影位于 G 中的点, 那么 $\Delta L(p_n, q_n) \underset{n\to\infty}{\longrightarrow} 0$. 其次, 借助 $\Delta L(p, q)$ 给出 y_n^+ 和 y_n^- 之差的界.

如在这一章的前面, 我们用动力学序记状态和轨道, 而不是第 9 章用的几何序.

现在证明, 如果 w_n' 的这个 Hausdorff 极限不包含其投影位于 G 中的点, 那么 $\Delta L(p_n, q_n) \underset{n\to\infty}{\longrightarrow} 0$. 考虑周期状态 $s = \{s_0, \cdots, s_q\}$, 使得 $s_q = s_0 + p$. 称这些状态为 (p, q) 状态. 回忆定义 9.3.3 和它后面定义的函数 h_1 和 h_2. 我们说状态 s 在 k 匹配, 如果 $h_1(s_{k-1}, s_k) = h_2(s_k, s_{k+1})$ (参看命题 9.3.4). 此时我们记 $y_k := h_1(s_{k-1}, s_k)$, 如果状态 s' 在 k 匹配, 则令 $y_k' := h_1(s_{k-1}', s_k')$. 如果 s 和 s' 是两个周期状态, 则用 $O(s, s')$ 记 $k \in \mathbb{Z}$ 的集合, 使得 s, s' 在 $k-1, k, k+1$ 匹配, 以及 $s_{k-1}' - s_{k-1}$, $s_k' - s_k$ 与 $s_{k+1}' - s_{k+1}$ 有相同符号. 正则性引理 13.1.1 的证明显示, 存在依赖于 f 的常数 C_1, 使得对 $k \in O(s, s')$ 有

$$|h_1(s_{k-1}', s_k') - h_1(s_{k-1}, s_k)| = |y_k' - y_k| < C_1 |s_k' - s_k|. \tag{13.4.1}$$

$O(s, s')$ 中的数对我们的估计将是“好”点. 分别考虑从 w_n 和 w_n' 中得到的状态 s^n 和 s'^n. 设 ρ_n 是使得 $s_{\rho_n}^n$ 投射到圆周上 s_0^n 的右边邻域, 和 $\sigma_n \in \mathbb{Z}$ 使得 $s_{\rho_n}^n - \sigma_n - s_0^n$ 是 $s_{i+\rho}^n - s_i^n$ 的小数部分. 现在我们考虑 w_n' 的 Hausdorff 极限不

包含其投影位于极小 Aubry–Mather 集的间隙 G 中的点的情形. 我们需要证明此时 $\Delta L(p_n,q_n) \underset{n\to\infty}{\longrightarrow} 0$.

由假设, 存在不包含 w'_n 的 Hausdorff 极限的点的间隙 $G=(l_0,r_0)$. 因此, 不失一般性

$$s_0^n \to l_0$$

和

$$s'^n_0 \to l_0 \quad 或 \quad s'^n_0 \to r_0.$$

对任何 $\varepsilon>0$ 存在 $m(\varepsilon)\in\mathbb{N}$, 使得极小 Aubry–Mather 集至多有 $m(\varepsilon)$ 个或更多个长度为 $\varepsilon/2$ 的间隙. 令

$$A_{n,\varepsilon}:=\{k \mid 0\leqslant k<q_n, s^n_{k+\rho_n}-\sigma_n-s^n_k\geqslant\varepsilon\},$$

得到对所有 $\varepsilon>0$ 和充分大的 n 有

$$\operatorname{card} A_{n,\varepsilon}\leqslant m(\varepsilon).$$

[443] 注意, 如果 $k\notin A_{n,\varepsilon}$, 则

$$s'^n_k-s^n_k<\varepsilon \quad 和 \quad s^n_{k+\rho_n}-\sigma_n-s'^n_k<\varepsilon. \tag{13.4.2}$$

由假设,轨道 w'_n 和 w_n 的 Hausdorff 极限重合, 因此

$$\lim_{n\to\infty}\sup_{k\in\mathbb{Z}}\max(s'^n_k-s^n_k, s^n_{k+\rho_n}-\sigma_n-s'^n_k)=0,$$

所以, 对任何 $\delta\in\left(0,\dfrac{\varepsilon}{2}\right)$ 和充分大的 n, 以及所有的 k, 我们有

$$s'^n_k-s^n_k<\delta \quad 或者 \quad s^n_{k+\rho_n}-\sigma_n-s'^n_k<\delta.$$

令

$$\begin{aligned}L_{n,\varepsilon}&:=\{k\in A_{n,\varepsilon}|s'^n_k-s^n_k<\delta\},\\ R_{n,\varepsilon}&:=\{k\in A_{n,\varepsilon}|s^n_{k+\rho_n}-\sigma_n-s'^n_k<\delta\}.\end{aligned}\tag{13.4.3}$$

我们有

引理 13.4.2. $\min\{|k_1-k_2||k_1-\rho_n\in A_{n,\varepsilon},k_2\in A_{n,\varepsilon}\}\underset{n\to\infty}{\longrightarrow}\infty$.

证明. 如若不然, 则存在 $\mathcal{A}_\alpha$ 的间隙 $G=(l_0,r_0), G'=(l'_0,r'_0), i_n,k_n\in\mathbb{N}$, 使得

$$x_n:=s^n_{k_n}\underset{n\to\infty}{\longrightarrow} l_0, \quad s^n_{k_n+i_n}\underset{n\to\infty}{\longrightarrow} r'_0 \mod 1,$$

且 $\{i_n\}_{n\in\mathbb{N}}$ 有界. 但是, 若 $(s^n_{k_n+i_n},\widetilde{y}_n)=F^{i_n}(x_n,y_n)$ 收敛且 $\{i_n\}_{n\in\mathbb{N}}$ 有界, 则 $i_n=i\in\mathbb{N}$ 是常数. 由于 A 是完美集, 由极小性 G 在 f^i 下的像 (以自然方式定义) 是 G'. 因此 $F^i(x_n,y_n)\to r'_0$, 从而 $s^n_{k_n+i}\to r'_0 \bmod 1$, 但是由单调性 $F^i(x_n,y_n)\to l'_0$, 即 $s^n_{k_n+i}\to l'_0 \bmod 1$, 矛盾. □

相同论述也得到

引理 13.4.3. $\min\{|k_1-k_2||k_1\in L_{n,\varepsilon},k_2\in R_{n,\varepsilon}\}\underset{n\to\infty}{\longrightarrow}\infty$.

固定区间 $\Delta\subset[0,1)$, 使得 Δ 到圆周的投影不与长度为 $l(\Delta)/2$ 或更长的间隙相交, 记

$$C_{n,\Delta}:=\{k\in[0,q_n-1]|s^n_k-\sigma_n\in\Delta\}.$$

称区间 $S=[k,k+s-1]$ 为一个 A_n 线段, 如果

$$S\cap C_{n,\Delta}=\{k\},\quad S\cap A_{n,\varepsilon}\neq\varnothing\quad 且\quad k+s\in C_{n,\Delta}.$$

A_n 线段 $S=[k,k+s-1]$ 的集合记为 $\mathfrak{A}_n$, 其中 $k\in[1,q_n-1]$. 利用 f 在 $\mathcal{A}_\alpha$ 上的唯一遍历性以及 $w_n\to\mathcal{A}_\alpha$ 的事实, 存在 $N(\Delta)\in\mathbb{N}$ 使得对任何充分大的 n, 任何长度为 $N(\Delta)$ 的区间与 $C_{n,\Delta}$ 相交. 特别地, 对任何 A_n 线段 $S=[k,k+s-1]$, 我们有 $s-1\leqslant N(\Delta)$. 如果 S 和 S' 是 A_n 线段, 则由引理 13.4.2 得 $S\cap(S'+\rho_n)=\varnothing$. 对 $S=[k,k+s-1]\in\mathfrak{A}_n$, 令 $\mathcal{D}_S:=\displaystyle\sum_{i=k}^{k+s-1}(H(s^n_i,s^n_{i+1})-H(s^n_{i+\rho_n},s^n_{i+\rho_n+1}))$. 如果 $\mathcal{D}_S<0$ 则称 $S\in\mathfrak{A}_n$ 为左 A_n 线段, 记左 A_n 线段的集合为 $\mathfrak{A}_{n,\mathrm{l}}$. 如果 $\mathcal{D}_S>0$ 则称 $S\in\mathfrak{A}_n$ 为右 A_n 线段, 记右 A_n 线段的集合为 $\mathfrak{A}_{n,\mathrm{r}}$.

现在证明我们可以沿着 A_n 线段从左端点到右端点改变 s^n 但不改变作用量很多.

引理 13.4.4. *存在* $c\in\mathbb{R}$ *使得* $\displaystyle\overline{\lim_{n\to\infty}}\sum_{S\in\mathfrak{A}}|\mathcal{D}_S|<c\cdot l(\Delta)$. [444]

证明. 定义

$$t^n_k:=\begin{cases}s^n_{k-\rho_n}+\sigma_n, & 如果\ k-\rho_n\ 是左\ A_n\ 线段,\\ s^n_{k+\rho_n}-\sigma_n, & 如果\ k\ 是右\ A_n\ 线段,\\ s^n_k, & 其他.\end{cases}$$

这是周期的, 且 $t^n_{k+\rho_n}\geqslant t^n_k$. t^n 也与 s^n 适当交结在一起, 又因为 s^n 是极小状态, $L(t^n)\geqslant L(s^n)$. 如果 $B_{\mathrm{l}}(B_{\mathrm{r}})$ 和 $E_{\mathrm{l}}(E_{\mathrm{r}})$ 分别表示 $\mathfrak{A}_{n,\mathrm{l}}(\mathfrak{A}_{n,\mathrm{r}})$ 中的区间的第一个元

素集和最后一个元素集, 则由 H 的可微性得

$$
\begin{aligned}
0 &\leqslant L(t^n) - L(s^n) \\
&= \sum_{S\in\mathfrak{A}_{n,\mathrm{l}}} \mathcal{D}_S - \sum_{S\in\mathfrak{A}_{n,\mathrm{r}}} \mathcal{D}_S + \sum_{k-\rho_n\in B_\mathrm{l}} [H(s^n_{k-1}, s^n_{k-\rho_n}) - H(s^n_{k-1}, s^n_k)] \\
&\quad + \sum_{k-\rho_n\in E_\mathrm{l}} [H(s^n_{k-\rho_n}, s^n_{k+1}) - H(s^n_k, s^n_{k+1})] \\
&\quad + \sum_{k\in B_\mathrm{r}} [H(s^n_{k-1}, s^n_{k+\rho_n}) - H(s^n_{k-1}, s^n_k)] + \sum_{k\in E_\mathrm{r}} [H(s^n_{k+\rho_n}, s^n_{k+1}) - H(s^n_k, s^n_{k+1})] \\
&\leqslant - \sum_{S\in\mathfrak{A}_{n,\mathrm{l}}} |\mathcal{D}_S| + \text{常数} \left(\sum_{k-\rho_n\in B_\mathrm{l}\cup E_\mathrm{l}} (s^n_k - s^n_{k-\rho_n}) + \sum_{k-\rho_n\in B_\mathrm{r}\cup E_\mathrm{r}} (s^n_{k+\rho_n} - s^n_k) \right).
\end{aligned}
$$

由于 A_n 线段两两不相交, 对充分大的 n 最后两个和式有界于 $c\cdot l(\Delta)$, 得证. □

现在我们可以证明, 如果 w'_n 的 Hausdorff 极限不包含其投影位于 G 中的点, 那么有 $\Delta L(p_n, q_n) \underset{n\to\infty}{\longrightarrow} 0$.

引理 13.4.2 蕴含着如果区间 Δ 充分小, n 充分大, 那么每个 A_n 线段 S 仅与由 (13.4.3) 定义的集合 $L_{n,\varepsilon}$ 和 $R_{n,\varepsilon}$ 中的一个相交. 于是分别称 S 为 L 线段或 R 线段. 假设 S 是 R 线段. 由于它的长度至多是 $N(\Delta)$, 由定义我们有

$$
\sum_{k\in S} (s^n_{k+\rho_n} - \sigma_n - s'^n_k) < N(\Delta)\delta. \tag{13.4.4}
$$

记

$$
\mu_k := H(s'^n_k, s'^n_{k+1}) - H(s^n_k, s^n_{k+1}).
$$

则有

$$
\Delta L(p_n, q_n) = L(s'^n) - L(s^n) = \sum_{k=0}^{q_n-1} \mu_k = \sum_{S\ \text{是}\ R\ \text{线段}} \sum_{k\in S} \mu_k + \sum_{\substack{k\ \text{不在任何}\\ R\ \text{线段内}}} \mu_k.
$$

为了估计第一个和式, 注意, 如果 S 是 R 线段, 则由 H 的可微性和 (13.4.4) 得

$$
\begin{aligned}
\sum_{n\in S} \mu_k &= -\mathcal{D}_S + \sum_{n\in S} [H(s'^n_k, s'^n_{k+1}) - H(s^n_{k+\rho_n}, s^n_{k+\rho_n+1})] \\
&< |\mathcal{D}_S| + c\sum_{n\in S} (s^n_{k+\rho_n} - \sigma_n - s'^n_k) < |\mathcal{D}_S| + cN(\Delta)\delta,
\end{aligned}
$$

[445] 因此, 由于至多存在 $m(\varepsilon)$ 个 R 线段,

$$
\sum_{S\ \text{是}\ R\ \text{线段}} \sum_{k\in S} \mu_k < \sum_{S\in\mathfrak{A}} |\mathcal{D}_S| + cm(\varepsilon)N(\Delta)\delta \leqslant c(l(\Delta) + m(\varepsilon)N(\Delta)\delta),
$$

如果我们先固定 ε, 然后取 Δ 充分小, 最后选 δ 足够小, 则上式左端任意小.

为了估计第二个和式, 我们需要下面的引理.

引理 13.4.5. *存在 $C \in \mathbb{R}$, 使得对任何 (p,q) 和任何 (p,q) 状态 s 和 s', 以及任何区间 $I=[l,m] \subset O(s,s')$, 我们有*

$$\left|\sum_{k=1}^{m}[H({s'}_k,{s'}_{k+1})-H(s_k,s_{k+1})]\right| \leqslant C\sum_{k=l}^{m}({s'}_k-s_k)^2+|s_{m+1}-{s'}_{m+1}|+|s_{l-1}-{s'}_{l-1}|.$$

证明. 设 $\mu_k := H({s'}_k,{s'}_{k+1})-H(s_k,s_{k+1})$. 那么 $L(s')-L(s)=\sum\limits_{k=0}^{q-1}\mu_k$. 但是

$$\begin{aligned}
&\left|\sum_{k=l}^{m}[H({s'}_k,{s'}_{k+1})-H(s_k,s_{k+1})\right| \\
=&\left|\sum_{k=l}^{m}([H({s'}_k,{s'}_{k+1})-H(s_k,{s'}_{k+1})]-[H(s_k,s_{k+1})-H(s_k,{s'}_{k+1})])\right| \\
=&\left|\sum_{k=l}^{m}([H({s'}_k,{s'}_{k+1})-H(s_k,{s'}_{k+1})]-[H(s_{k-1},s_k)-H(s_{k-1},{s'}_k)]\right. \\
&\left.-[H(s_{k-1},s_k)-H(s_{k-1},{s'}_k)-H(s_k,s_{k+1})-H(s_k,{s'}_{k+1})])\right| \\
\leqslant&\left|\sum_{k=l}^{m}[H(s_{k-1},s_k)-H(s_{k-1},{s'}_k)-H(s_k,s_{k+1})-H(s_k,{s'}_{k+1})]\right| \\
&+\sum_{k=l}^{m}|[H({s'}_k,{s'}_{k+1})-H(s_k,{s'}_{k+1})]-[H(s_{k-1},s_k)-H(s_{k-1},{s'}_k)]| \\
=&|H(s_{l-1},s_l)-H(s_{l-1},{s'}_l)-H(s_m,s_{m+1})-H(s_m,{s'}_{m+1})| \\
&+\sum_{k=l}^{m}|[H({s'}_k,{s'}_{k+1})-H(s_k,{s'}_{k+1})]-[H(s_{k-1},s_k)-H(s_{k-1},{s'}_k)]|.
\end{aligned}$$

利用 f 的可微性得知第一项有上界 $C_4(|s_{m+1}-{s'}_{m+1}|+|s_l-{s'}_l|)<C_5(|s_{m+1}-{s'}_{m+1}|+|s_{l-1}-{s'}_{l-1}|)$. 接下来

$$\begin{aligned}
&[H({s'}_k,{s'}_{k+1})-H(s_k,{s'}_{k+1})]-[H(s_{k-1},s_k)-H(s_{k-1},{s'}_k)] \\
=&({s'}_k-s_k)\frac{\partial H}{\partial x}(\xi,{s'}_{k+1})-(s_k-{s'}_k)\frac{\partial H}{\partial x'}(s_{k-1},\eta) \\
=&({s'}_k-s_k)h_2(\xi,{s'}_{k+1})-({s'}_k-s_k)h_1(s_{k-1},\eta),
\end{aligned}$$

由中值定理其中 ξ 和 η 在 ${s'}_k$ 和 s_k 之间. 但是, 如果 $k \in I \subset O(s,s')$, 则 [446]
$h_1({s'}_{k-1},{s'}_k)=h_2({s'}_k,{s'}_{k+1})$, 从而 $h_2(\xi,{s'}_{k+1})-h_1(s_{k-1},\eta)$ 至多关于 $({s'}_k-s_k)$ 是线性的. 因此

$$[H({s'}_k,{s'}_{k+1})-H(s_k,{s'}_{k+1})]-[H(s_{k-1},s_k)-H(s_{k-1},{s'}_k)] \leqslant C_3({s'}_k-s_k)^2. \quad \square$$

为了估计 $\sum\limits_{\substack{k\ \text{不在任何}\\ R\ \text{线段内}}} \mu_k$, 注意每个不在任何 R 线段内的 k 在区间 $[i,j]$ 内满足

$$s_i^n - \sigma_n \in \Delta \quad 和 \quad s_{j+1}^n - \sigma_n \in \Delta. \tag{13.4.5}$$

由于 $O(s,s') = [1, q_n - 1]$, 由引理 13.4.5 得到

$$\mu_i + \cdots + \mu_j \leqslant c\left({s'}_i^n - s_i^n + {s'}_{j+1}^n - s_{j+1}^n + \sum_{k=i+1}^{j} ({s'}_k^n - s_k^n)^2\right).$$

由 (13.4.5) 以及二次项的和, 将所有这些表达式相加得到线性项之和有上界 $c \cdot l(\Delta)$. 由 (13.4.2) 和 (13.4.3) 每一项平方小于 ε, 它们的和至多是 1. 因此二次项之和小于 ε, 从而 $n \to \infty$ 时 $\Delta L(p_n, q_n)$ 任意小.

现在我们已经证明, 如果 w_n' 的 Hausdorff 极限不包含其投影位于 G 中的点, 那么 $\Delta L(p_n, q_n) \underset{n\to\infty}{\longrightarrow} 0$. 再由下面引理完成定理 13.4.1 的证明:

引理 13.4.6. 利用命题 13.3.15 的陈述和证明中的记号, 设 s 是由 Birkhoff 周期轨道 w_n 表示的状态, s^x 是大范围极小 $(x, x+p_n, q_n)$ 状态. 那么

$$L(s^x) - L(s) \geqslant c|y_n^+ - y_n^-|.$$

证明. 如果 $s^x = \{{s'}_0, \cdots, {s'}_{q_n}\}$, 则令 $s(t) = \{{s'}_0 + t, {s'}_1, \cdots, {s'}_{q_n-1}, {s'}_{q_n} + t\}$. 于是

$$\begin{aligned}\left.\frac{dL(s(t))}{dt}\right|_{t=0} &= \frac{dH(x,{s'}_1)}{dx} + \frac{dH({s'}_{q_n-1},x)}{dx}\\ &= -h_2(x,{s'}_1) + h_2({s'}_{q_n-1},x) = y_n^+ - y_n^-.\end{aligned}$$

对 $\varepsilon > 0$ 令 $t = \varepsilon\operatorname{sgn}(y_n^+ - y_n^-)$. 如果 ε 充分小并满足 $s_0 \leqslant x + t \leqslant s_{\rho_n} - \sigma_n$, 那么

$$L(s) \leqslant L(s(t)) \leqslant L(s^x) + \frac{\varepsilon}{2}|y_n^+ - y_n^-|.$$

这就得到引理断言. □

注意, 由这个引理得知, 命题 13.3.15 中得到的半轨是满足初始值 $(x, y^+) = (x, y^-)$ 的单个轨道的一部分. 因此对 $\mathcal{A}_\alpha$ 的间隙 G 中的每个 x 有所求类型的轨道, 它的投影包含 x. □

[447] 有趣地指出, 如果 w_n 的 Hausdorff 极限包含整个圆周, 那么 $\Delta L(p_n, q_n) \underset{n\to\infty}{\longrightarrow}$

0. 这包含引理 13.4.5 相对容易的以下应用. 由假设

$$\max_i(s^n_{i+\rho_n} - \sigma_n - s^n_i) \underset{n\to\infty}{\longrightarrow} 0,$$

所以

$$\max_i({s'}^n_i - s^n_i) \underset{n\to\infty}{\longrightarrow} 0, \tag{13.4.6}$$

因此, 由于 $O(s^n, {s'}^n) = \{1, \cdots, q_n - 1\}$, 由引理 13.4.5, 得到

$$\Delta L(p_n, q_n) = L({s'}^n) - L(s^n) \leqslant \text{常数} \sum_{i=0}^{q-1}({s'}^n_i - s^n_i)^2.$$

由于 $\sum\limits_{i=0}^{q-1}({s'}^n_i - s^n_i) < 1$, 由此和 (13.4.6), 得到 $\Delta L(p_n, q_n) \underset{n\to\infty}{\longrightarrow} 0$.

其逆由练习 13.4.1 给出.

练　　习

13.4.1*. 证明如果在定理 13.4.1 的假设下 $\Delta L(p_n, q_n) \to 0$, 那么 f 有一个不变圆周.

13.5. 不变圆周的不存在性与 Aubry–Mather 集的局部化

这一节我们利用与正则性引理 13.1.1 有关的概念, 给出一个可以用来证明一点不是任何有序集的聚点的准则. 如果这个准则沿着连接圆环的两个边界分支的曲线满足, 那么我们就可得到这个映射没有不变圆周.

命题 13.5.1. 设 $f: C \to C$ 是一个扭转映射, $F = (F_1, F_2)$ 是带域 S 的提升, $\hat{F} = (\hat{F}_1, \hat{F}_2)$ 是其逆, $(x, y) \in S$ 是投影到 C 中有序集的聚点的点. 那么

$$\frac{\partial F_2/\partial y}{\partial F_1/\partial y}(F^{-1}(x,y)) \geqslant -\frac{\partial \hat{F}_2/\partial y}{\partial \hat{F}_1/\partial y}(F(x,y)). \tag{13.5.1}$$

证明. 记 $(x_{-1}, y_{-1}) := F^{-1}(x_0, y_0), (x_1, y_1) = F(x_0, y_0)$. 如果 (x'_0, y'_0) 是有序集附近的点, 则原像 (x'_{-1}, y'_{-1}) 和像 (x'_1, y'_1) 与 (x_0, y_0) 的原像和像交结在一起, 就是说, 所有差 $x'_i - x_i$ 不管它们如何接近 (x', y') 都有相同符号. 由此得知 $F(x_{-1} \times (0,1))$ 在 (x_0, y_0) 的斜率超过 $F^{-1}(x_1 \times (0,1))$ 在 (x_0, y_0) 的斜率, 即

$$\frac{\partial F_2/\partial y}{\partial F_1/\partial y}(F^{-1}(x,y)) \geqslant -\frac{\partial \hat{F}_2/\partial y}{\partial \hat{F}_1/\partial y}(F(x,y)).$$

□

[448] 这个条件表示必须有向量在 x 指向 "右边", 它的像与原像仍指向右方. 它也可通过生成函数利用 $F(x\times(0,1))$ 的表达式作为函数 $h(x,\cdot)$ 的图像另外表达.

在保面积扭转映射情形, 通过生成函数对 (13.5.1) 有一个特别方便的解释. 就是说, 由 (9.3.2), 曲线 $F(x_{-1}\times(0,1))$ 在 (x_0,y_0) 的斜率等于 $\dfrac{\partial^2 H(x,x')}{\partial x'^2}(x_{-1},x_0)$, 以及 $F^{-1}(x_1\times(0,1))$ 在 (x_0,y_0) 的斜率是 $\dfrac{\partial^2 H(x,x')}{\partial x^2}(x_0,x_1)$.

由此立刻得到下面的推论.

推论 13.5.2. *假设对 $h_2(\cdot,x)$ 的定义域中的所有 $y\in\mathbb{R}$ 和 $h_1(\cdot,x)$ 的定义域中的 z (参看定义 9.3.3 和接下来的一节) 有*

$$\frac{\partial^2 H(x,x')}{\partial x'^2}(x,y) < -\frac{\partial^2 H(x,x')}{\partial x^2}(y,z),$$

那么在 C 中不存在不变圆周, 此外, 存在 $\{x\}\times(0,1)$ 的邻域与 f 所有的 Aubry–Mather 集都不相交.

我们给出这个推论的两个简单应用. 首先考虑 9.2a 节中的标准映射

$$F:\mathbb{R}\times\mathbb{R}\to\mathbb{R}\times\mathbb{R},\quad (x,y)\mapsto(x+y,y+V(x+y)),$$

其中 V 是周期函数. 设 U 是 V 的反导数. 则直接计算显示, 这个映射有生成函数 $H(x,x')=\dfrac{1}{2}(x-x')^2+U(x')$. 于是我们得到

$$\frac{\partial^2 H}{\partial x^2}=1 \quad 和 \quad \frac{\partial^2 H}{\partial x'^2}=1+V'(x').$$

假设对某个 x_0 有 $V'(x_0)<-2$. 则这个推论的条件满足, 因此不存在不变圆周, 此外, 存在 $\{x_0\}\times(0,1)$ 的邻域与 f 所有的 Aubry–Mather 集都不相交. 特别地, 对族 f_λ, 其中 $V_\lambda=(\lambda/2\pi)\sin 2\pi x$, 得到当 $|\lambda|>2$ 时不存在不变圆周.[1]

作为第二个应用, 考虑 9.2 节讨论的弹子球问题. 此时的不变圆周对应于焦散曲线或者波阵面的奇性集. 设 R 是相空间中的不变圆周. 考虑 R 中由轨道产生的有向线段. 它们的渐屈线有时候是凸的, 有时候包含凸弧和奇点. 在凸的情形它可描述如下. 线段 l 的定向允许我们区别 $D\backslash l$ 的 "左边" 区域和 "右边" 区域. 因此左边区域的交集的边界 c 作为凸焦散曲线得到. 事实上, 来自 R 中一个轨道的每个线段都切于 c. 如果我们将弹子球想象在凸的装镜子的房间内, 光线
[449] 从焦散曲线的切线照亮房间, 于是我们看到焦散曲线的轮廓为特殊的围绕黑区域的亮曲线. 如我们在 (9.2.2) 和 (9.2.3) 中证明的, 关于坐标 (s,r) 的生成函数简单地是对应于值 s 和 s' 的边界点之间的距离, 其中 s 是沿着边界曲线的长度参数. 星形的非凸焦散曲线的形状如图 13.5.1 所示.[2]

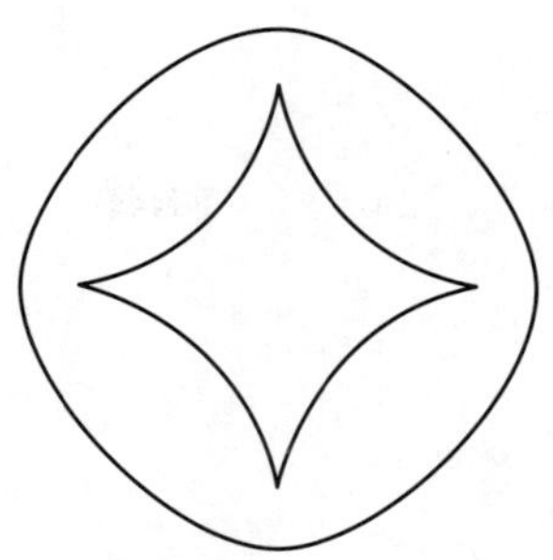

图 13.5.1 非凸的焦散曲线

命题 13.5.3 (Mather).[3] 设 D 是平面中的一个有界区域, 边界 B 是 C^2 的, 其上有曲率为零的点. 那么不存在弹子球映射的焦散曲线.

证明. 假设在参数 s_0 的边界是平坦的.

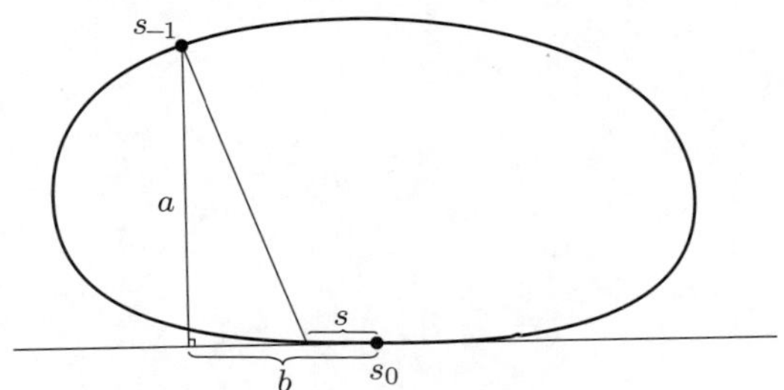

图 13.5.2 具有平坦边界点的弹子球

给定点 s_{-1}, 考虑从 s_{-1} 到 $s_0 - s$ 的弦的长度 $f(s) := H(s_{-1}, s_0 - s)$, 直到 [450]
相差二阶它由 $f(s) = \sqrt{a^2 + (b-s)^2}$ 给出, 其中 a 和 b 如图 13.5.2 所示, 即从切线上对应于 s_0 的点的距离. 于是

$$f''(0) = -(a^2 + b^2)^{-\frac{1}{2}} - b^2(a^2 + b^2)^{-\frac{3}{2}} > 0.$$

类似的计算显示, 从 s_1 到 $s_0 + s$ 的弦长作为 s 的函数有负的二阶导数. 因此有

$$\frac{\partial^2 H(s_{-1}, s)}{\partial s^2} < 0 < -\frac{\partial^2 H(s, s_1)}{\partial s^2},$$

由此得到推论 13.5.2 中的条件. □

练　　习

13.5.1. (Gutkin, Katok) 考虑 C^1 的逐段 C^2 凸曲线 B, 假设至少在一点 $p \in B$ 的附近, 当 $x \to p$ 时曲线在 x 的曲率趋于无穷. 证明 B 的外弹子球 (见 9.3a 节的末尾) 没有焦散曲线.

第 14 章　曲面上的流与有关动力系统 [451]

这一章我们研究第 10 章描述的具有极低维性态的一类连续时间动力系统,即紧闭曲面上的光滑流. 我们也将注意带边界的曲面, 如圆盘、柱面以及如平面这样的开曲面上的流. 特别地, 我们将处理半局部问题. 与这类流相应的另一个自然对象是截面上由流诱导的 Poincaré 映射. 如果这个流在开集上保持非原子正测度 (例如面积), 那么, 这样的 Poincaré 回复映射拓扑共轭于具有有限个不连续点的局部等距映射. 术语 "区间交换变换" 给出这类映射的一个直观描述.

一般地, 曲面上流的渐近性态由轨道的慢增长刻画, 但它们比第 11 章和第 12 章研究的一维可逆映射有较少的一致的回复类型和统计性态. 前一情形与轨道和流的一维横截线局部地将这个曲面分开的事实密切相关, 后一情形主要由于亏格大于 1 的曲面比圆周 (和环面) 有更复杂的拓扑, 而且较少受时间变化的影响. 一方面, 这类复杂性的典型表现介于我们第一批例子 (1.3—1.6 节) 的简单性态与圆周微分同胚之间. 另一方面, 具有正测度熵的例子 (1.7—1.9, 5.4, 9.6 节) 都是非平凡轨道闭包的个数和亏格大于 1 曲面上流的非原子遍历不变测度的有限性结果 (定理 14.6.3 和定理 14.7.6), 它们分别代替极小集唯一性 (命题 11.2.5) 和圆周同胚的唯一遍历性 (定理 11.2.9).

尽管这些结果的大多数在非常一般的条件下都成立, 但我们仅用以下简化假设证明它们, 例如不动点的有限性和不太退化的结构, 以及开集的保面积或者有正测度. 这样假设是合理的, 因为事实上, 第一, 不像圆周映射情形, 这些假设 [452]
不会把我们限制在本质上是平凡的情形, 但确实表达了曲面上流的复杂性; 第二, 这时出现几个有趣情形, 例如在具有有理数内角的多边形内的弹子球问题.

14.1. Poincaré–Bendixson 理论

a. Poincaré–Bendixson 定理. 我们从研究以下曲面上的流开始, 这种曲面的拓扑只允许有不动点和周期轨道这样简单类型的回复轨道. 但这并不意味着在这样的曲面上的任何流的大范围轨道结构是平凡的, 只是这种结构的复杂性必须属于不动点、周期轨道和鞍点连接图像的组合, 而不是回复性态. 球面、平面和圆盘是具有这种性质的曲面的几个主要例子, 但这类曲面也包括柱面、Möbius 带和射影平面. 我们的论述以 Jordan 曲线定理 A.5.2 为基础. 得到下面的:

定理 14.1.1 (Poincaré–Bendixson 定理). *设 M 是球面 S^2 或射影平面的开子集这样的曲面. X 是 M 上的一个 C^1 向量场. 那么所有正向和负向回复轨道都是周期轨道. 此外, 如果一点的 ω 极限集不包含不动点, 则它由单个周期轨道组成.*

证明. 首先假设 M 是球面的一个子集. 由 X 生成的流记为 φ^t, 假设 p 是正向回复点, 且是非周期点. 在 p 取一短横截线段 γ, 并令 t 是使得 $\varphi^t(p)\in\gamma$ 的最小正数. 于是 p 和 $\varphi^t(p)$ 之间的轨道段 $\{\varphi^s(p)\}_{0\leqslant s\leqslant t}$ 和线段 γ 的并是一条单闭曲线 $\mathcal{C}$, 称它为*准横截线* (因为后面将用这种曲线构造横截线). 由 Jordan 曲线定理 A.5.2, $\mathcal{C}$ 的补由两个不相交的开集 A 和 B 组成. 我们可以记它们在 γ 附近的流是从 A 跑向 B. 这意味着 $\varphi^t(p)$ 的正半轨, 从而 p 的 ω 极限集 $\omega(p)$ 在 B 中. 由于 p 是回复的, 我们有 $A\ni\varphi^{-t}(p)\in\mathcal{O}(p)\subset\omega(p)\subset B$, 矛盾.

如果 M 是射影平面的一个子集, 那么存在 M 的一个可定向二重覆盖. 如果 $p\in M$ 是正向回复的非周期点, 则考虑覆盖它的两点 p_1 和 p_2. p_1 的轨道在向量场 X 的提升生成的流作用下凝聚在 $\{p_1,p_2\}$. 如果它凝聚在 p_1, 则由上面的论述我们已经证明了结论. 否则它凝聚在 p_2, 这时我们可以在 p_2 附近构造一条准横截线, 这又导致矛盾.

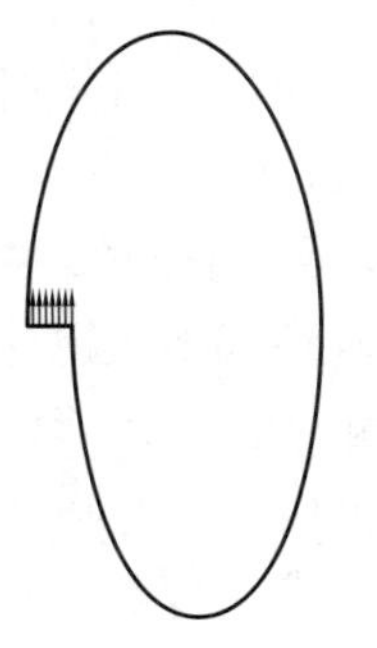

图 14.1.1 准横截线

现在考虑点 p 的 ω 极限集 W, 假设它不包含不动点. 由推论 3.3.7 在 W 中
存在回复点. 由上面论述它们都是周期点. 设 $q \in W$ 是一个周期点. 注意, 在射
影平面情形 q 到可定向的二重覆盖的提升仍是周期的, 因此可假设 M 是可定向
的. 考虑包含 q 的小横截线段 γ. 由连续性这个线段的回复映射在 γ 上 q 的邻域
内有定义. 取 q 的单边邻域 I 足够小, 使得 γ 上的第一点 $\varphi^t(p)$ 不在 I 内, 但这 [453]
些回复有无穷多次. 通过 $[0,\delta)$ 参数化这个邻域, 给出从区间 $[0,\delta)$ 到区间 $[0,\delta')$
使得 0 不动的连续映射. p 的轨道提供无穷多个 $x \in (0,\delta)$, 对此 $f(x) < x$, 因此,
或者对所有 $x \in [0,\delta)$ 有 $f(x) < x$, 或者 $[0,\delta)$ 包含不动点 y. 后一情形是不可能
的, 因为区间 $[0,y]$ 在 f 作用下是不变的, 故可存在流的不变环域, 它将 q 的轨
道从 p 的轨道分开, 因此 $q \notin \omega(p)$. 但是如果 $f(x) < x$, 那么所有 $x \in (0,\delta)$ 是正
向单调渐近于 0. 由于到 I 的回复时间有限, 这意味着 p 在相继回复之间的轨道
段收敛于 q 的轨道, 因此 $\omega(p)$ 与 q 的轨道重合. □

b. 横截线的存在性.

定义 14.1.2. 曲面上向量场的*横截线*是一条简单闭曲线, 使得向量场无处切于此曲线.

设 τ 是向量场 X 的一条横截线, 并固定 τ 的一个定向. 于是在 τ 的每一点可确定 τ 和 X 之间的交角. 对所有点这个交角或者在 $(0,\pi)$ 内或者在 $(-\pi,0)$ 内.

命题 14.1.3. *设 M 是一个有 Riemann 度量的曲面, X 是 M 上具有正向回复非周期轨道的 C^1 向量场. 则对每个 $\varepsilon > 0$ 存在定向横截线 τ, 使得在每一点 X 与 τ 之间的交角在 $(0,\varepsilon)$ 内.*

注意, 在可定向曲面情形这个证明比较容易, 但在不可定向情形这有点复杂.

证明. 我们从构造更谨慎形式的准横截线开始. 自然, 由于我们在任意曲面上,
所以不能用 Jordan 曲线定理 A.5.2, 从而得不到定理 14.1.1 证明中的那样的矛 [454]
盾. 设 p 是一个正向回复点, 考虑一个流箱, 即 p 的邻域 $\mathcal{U}$, 其中存在 C^1 坐标
$(x,y), -\varepsilon \leqslant y \leqslant \varepsilon$, 在此坐标下 $X = \dfrac{\partial}{\partial y}$ 和 $p = 0$. 边界曲线 $y = -\varepsilon$ 称为这个流
箱的底, 曲线 $y = \varepsilon$ 称为这个流箱的顶.

记由 X 产生的流为 φ^t. 由于 p 正向回复, 但不是周期点, 故存在 t 的无穷多个值使得 $\varphi^t(p)$ 在 $\mathcal{U}$ 中的直线 $y = 0$ 上. 因为 X 沿着 p 的轨道不为零, 故可沿着 p 的正半轨选择向量场 Y, 使得 (X,Y) 是一个标架, 即 X 和 Y 在每一点线性无关. 这对 p 的轨道上的所有点确定了一个定向. 对 $\varphi^t(p)$ 在 $\mathcal{U}$ 中的任何两点可以比较这些定向. 给定 $\delta > 0$, 称 t_0 是*最接近的回复时间*, 如果点 $\varphi^{t_0}(p)$

在 $\mathcal{U}$ 中的直线 $y=0,|x|<\delta$ 上, 且比在同一直线上对任何 $t\in(0,t_0)$ 的任何点 $\varphi^t(p)$ 更接近于 0. 我们希望有无穷多个最接近的回复点, 其定向与在 p 的定向相同. 如果这不成立, 则对无穷多个最接近的回复点, 在 p 和 $\varphi^t(p)$ 的定向不同, 所以可以考虑相继的两个最接近的回复时间 t_0 和 t_1, 使得在 $\varphi^{t_0}(p)$ 与 $\varphi^{t_1}(p)$ 的定向相同, 而且 $\varphi^{t_0}(p)$ 与 $\varphi^{t_1}(p)$ 之间的距离如我们要求的小. 用 $\varphi^{t_0}(p)$ 代替 p 令我们处在第一个情形. 因此可假设点 p 有最接近的回复点 $\varphi^{t_0}(p)$, 在这点的定向与在 p 的重合. 注意, 上面的论述只是为了顾及非定向曲面所需的.

现在考虑围绕 p 的 $t\in[0,t_0]$ 的轨道段的窄带. 这个带域可假设为可定向的, 因为沿着 p 的轨道可将标架 (X,Y) 扩张到这个轨道段的小邻域内. 因此, 利用 Riemann 结构可定义一个旋转向量场 $Z=R_\theta X$, 它与 X 有角度 θ. 如果这个角度足够小且有正的符号, 那么 p 在由 Z 生成的流 ψ_θ 的作用下的轨道停留在这个带域内, 并回到直线 $y=0$ 上 p 与 $\varphi^{t_0}(p)$ 之间的点 $\psi_\theta^{t'}(p)$. 考虑 $\mathcal{U}$ 中用直线连接点 $\psi_\theta^{t_1}$ 和 $\psi_\theta^{t_2}(p)$ 所定义的曲线 c, 其中选择 t_1 和 t_2 使得对 $t\in[0,t_1]$ 和 $t\in[t_2,t']$ 有 $\psi_\theta^t(p)\in\mathcal{U}$. 如果 t_1 不是太小, t_2 又不是太接近, 则对充分小 δ, $\dot c$ 与 X 之间在它们有定义的地方的交角小于 ε. 因此可取充分接近于 c 的光滑曲线 τ, 使得沿着 τ, $\dot\tau$ 与 X 之间的交角在 0 与 ε 之间. 这是所要求的横截线. □

我们希望看到这种横截线的回复映射在何处有定义. 由这个构造显然得知对横截线 τ 至少存在一点 $q\in\tau$ 以正时间回到 τ. 因此到 τ 的回复映射有定义且在 τ 的非空子集上连续. 在某些情形, 下面的结果所给出的方法证明这是一个大集合. 它不仅用在闭的横截线, 而且也用于横截线段. 注意回到横截线的点集是一个开集, 因此是不相交区间的并.

[455] **命题 14.1.4.** *设 M 是一个闭曲面, 其上有 C^1 向量场 X. 假设 τ 是一条横截线, 不必是闭的. 如果 τ_0 是回到 τ 的点集, $p\in\partial\tau_0$ 是 τ_0 内一个区间的端点, 它不是 τ 的端点且不回到 τ 的端点, 则 ω 极限集 $\omega(p)$ 由 X 的不动点组成.*

证明. 记由 X 生成的流为 φ^t, 并假设存在点 $y\in\omega(p)\backslash\mathrm{Fix}\,(\varphi^t)$. 注意此时 p 的轨道有无限长, 因为存在 $\varepsilon>0$ 和 y 的邻域 (例如, 流箱), 轨道无限多次回到这个邻域并使得每次回到该邻域内的轨道段长度为 ε. 由于 M 是紧的, 因此 p 的轨道有非周期回复极限点. 这意味着对 $\varepsilon>0$ 存在时间 $0<t_1<t_2$, 使得 $d(\varphi^{t_1}(p),\varphi^{t_2}(p))<\varepsilon$, 而且在 $\varphi^{t_1}(p)$ 与 $\varphi^{t_2}(p)$ 的定向 (如前面证明的) 重合. 通过用短横截线封闭 $\{\varphi^t(p)|t_1\leqslant t\leqslant t_2\}$ 得到准横截线. 因此, 我们刚才从 p 的轨道产生的准横截线具有任意短的横截线片段.

注意, 对给定横截于 X 的两个线段 τ_1 和 τ_2, 存在其正轨道与 τ_2 相交的点的一个区间 $I\subset\tau_1$, 以及由开始于 I 终止于 τ_2 的轨道段组成的流箱. 注意到任何与流箱的轨道段相交的闭横截线必须与流箱的底或顶相交, 或者甚至横穿整个流箱, 即与流箱内的每个轨道段相交是有用的. 这对准横截线的横截线段同样成立, 只要它的终点不在这个流箱内.

给定 $q \in I$, 令 r 为 p 与 q 之间的中点 (在 I 内), 用 J 记以 q 和 r 为端点的区间. 设 d 是以 J 为底、顶在 τ 中的流箱的最小宽度 (即与流箱中所有轨道段相交的曲线长度的下确界). 正如我们已经看到的, 可以构造一条 p 的轨道的准横截线, 它的横截部分 γ 的长度小于 $d/2$ 且与 τ 不相交. 注意 I 中充分接近于 p 的每一点 p' 的正半轨必须与 γ 相交 (时间接近于 t_1 或者接近于 t_2). 端点为 p 和 p' 的区间是由终点在 γ 上的轨道段组成的流箱的底. 除了对这个底, τ 与这个流箱不相交, 因为否则 τ 将与流箱内的所有轨道段相交, 特别与 p 的轨道段相交. 但是由假设 p 不回到 τ.

现在考虑流箱, 它的底是 τ 中端点为 q 和 p' 的区间, 顶在 τ 中. 我们可以假设这个区间包含 p 与 q 的中点. 上面的论述证明 γ 与这个流箱相交, 从而与它完全相交 (因为它与 τ 分离).

因此, 按照 d 的选择 γ 的长度将超过 d. 但另一方面我们选择的 γ 其长度小于 $d/2$. 这个矛盾完成了我们的证明. □

推论 14.1.5. 如果 X 是闭曲面上一个无不动点的向量场, τ 是闭横截线, 那么 τ 的回复映射或者在整个 τ 上都有定义, 或者它根本没有定义.

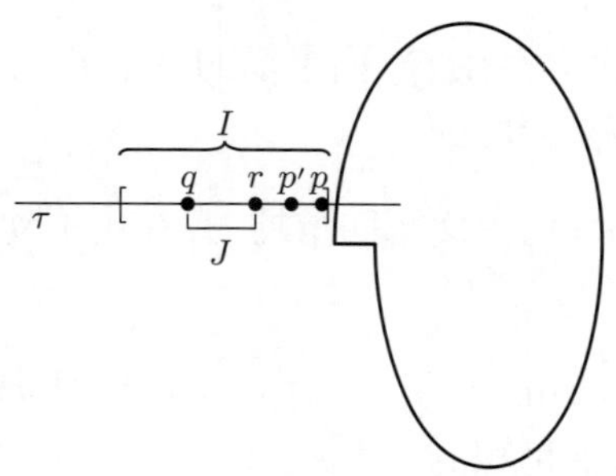

图 14.1.2 横截线上的排列

命题 14.1.6. 设 X 是闭紧曲面 M 上的一个保面积向量场, 它的所有不动点是中心和 (可能的多重) 鞍点. 设 τ 是 X 的横截线, 不必是闭的. 则 τ 的回复映射在所有但有限多个点有定义且连续, 在这些点的两个单边极限存在. [456]

证明. 首先, X 的不动点集是有限的, 因为鞍点孤立且 M 是紧的. 存在有限多个正半轨, 它们的 ω 极限集由不动点组成. 它们是鞍点的 (稳定) 分界线. 事实上, 任何分界线的 ω 极限集由单个鞍点组成.

将命题 4.1.18 (1) 应用于时间 1 映射, 得知回复点的集合在 M 中稠密, 因此它与围绕 $p \in \tau$ 的任何流箱 $\mathcal{U}$ 的交在 $\mathcal{U}$ 中稠密. 由于回复点集是流不变的, τ 中回到 τ 的点集 τ_0 在 τ 中稠密. 回忆 τ_0 是开的, 因此由区间组成. 从而由命题 14.1.4, τ_0 的任何分支的任何端点的正半轨必须是其中一个不动点的稳定分界线. 因此 τ_0 由有限多个区间组成, 又因为它在 τ 中稠密, 它的补是有限的.

注意, 在 τ_0 的每个区间上回复映射是一个单射, 因而是单调的, 从而在端点的单边极限存在. □

注. 利用面积不变性的唯一方法是通过命题 4.1.18, 它可用于流有一个不变测度, 其支集是整个曲面, 即在开集上它是正的. 但是在保面积情形可得到回复映射的其他信息.

推论 14.1.7. *在上述命题的假设下, τ 上存在一个光滑参数, 使得 τ 的回复映射在 τ_0 的每个分支上是等距.*

[457] **证明.** 考虑 τ 上由 (不变) 面积诱导的光滑不变测度 (参看命题 5.1.11). 取初始点 $p \in \tau$ 和在 τ 上的定向. 然后由 p 与 x 之间的区间 (带符号) 的测度参数化点 $x \in \tau$. □

在 14.5 节我们将研究出现在这个推论中的回复映射.

练　　习

14.1.1*. 证明在紧闭曲面上存在 C^r 向量场的一个 C^r 开稠集, 它仅有有限多个不动点和周期轨道, 且都是双曲的.

14.1.2. 证明对球面上的任何保面积向量场, 存在由不动点和周期轨道组成的稠密不变集.

14.1.3. 证明 Poincaré–Bendixson 定理 14.1.1 对由 C^0 向量场生成的任何流都成立, 只要这个向量场是唯一可积的.

14.2. 环面上的无不动点流

a. 大范围横截线. 按照 Poincaré–Hopf 指标定理 8.6.6, 允许无不动点流的仅有的紧 (无边界) 曲面是环面和 Klein 瓶. 由此得知, Klein 瓶上不可能有非平凡回复性 (见练习 14.2.3), 环面上具有非平凡回复性的流等价于由一个圆周微分同胚建立的函数作用下的流.

我们将利用下面的观察. 考虑具有 Riemann 度量的任何紧可定向曲面 M. 对 M 上给定的向量场 X, 存在通过在每一点 p 将 $X(p)$ 旋转一个 θ 角度得到的

单参数向量场族 $R_\theta X$. 由可定向性它有定义. 显然 $R_\theta X$ 的不动点与 X 的重合.

命题 14.2.1. *环面 $\mathbb{T}^2$ 上无不动点的 C^1 流有闭横截线.*

证明. 在 $\mathbb{T}^2$ 上固定一个 Riemann 度量, 并考虑垂直于 X 的向量场 $Z = R_{\pi/2}X$. 如果 Z 有周期轨道, 那么这给出 X 的一个闭横截线. 否则 Z 有正回复非周期轨道, 利用命题 14.1.3 得到一个与 Z 的角度小于 $\pi/4$ 的 Z 的定向横截线. 但这也是 X 的闭横截线, 因为它与 X 的角度不可为零. □

命题 14.2.2. *若在闭曲面上有非周期回复轨道的无不动点流允许有闭横截线, 则每条轨道横截相交.* [458]

证明. 我们证明与横截线 τ 相交的轨道的点集在 $\mathbb{T}^2$ 中开且闭. 首先注意由推论 14.1.5, 回复映射在整条横截线上有定义. 由 τ 的紧性回复时间有界. 因此轨道与 τ 相交的点集是闭集 $\bigcup_{t\in[-\varepsilon,\varepsilon]} \varphi^t(\tau)$ 像的有限并, 从而是闭的. 但这个集合同样是开集 $\bigcup_{t\in(-\varepsilon,\varepsilon)} \varphi^t(\tau)$ 的有限并, 因此是开的. □

由这两个结果得到所要的等价性:

推论 14.2.3. *$\mathbb{T}^2$ 上具有非周期回复轨道的无不动点的 C^1 流光滑共轭于保定向圆周同胚上的函数作用下的流.*

证明. 由命题 14.2.1 这个流允许有横截线 τ, 由命题 14.2.2 每个轨道横截于 τ. 如果我们用角度 $\theta \in S^1$ 参数化 τ, 那么 τ 的回复映射确定一个圆周微分同胚 f. 如果 θ 的回复时间是 $h(\theta)$, 那么可以通过 (θ, y) 坐标化 $\mathbb{T}^2$, 其中 $0 \leqslant y < h(\theta)$, 在这些坐标下向量场是 $\dfrac{\partial}{\partial y}$, 即这个流是一个特殊流. □

通过与圆周映射的这个紧密联系就可利用第 11 章和第 12 章的结果. 第一个例子是下面的分类.

命题 14.2.4. *$\mathbb{T}^2$ 上具有非周期回复轨道的无不动点的 C^2 流拓扑共轭于线性流的时间改变.*

证明. 由命题 14.2.1 存在一条横截线, 可假设它是光滑的, 所以这个流共轭于 C^2 圆周微分同胚上的一个特殊流. 由定理 12.1.1 这个微分同胚拓扑共轭于一个旋转, 由推论 14.2.3 这个流拓扑共轭于旋转上的一个特殊流, 即 $\mathbb{T}^2$ 上一个线性流的时间改变. □

我们已在正则性少于 C^2 的圆周映射理论中找到了复杂性, 即出现这个情况的 Denjoy 例子 (参看命题 12.2.1). 就是说, 12.2 节 Denjoy 映射中的特殊流是一个在环面上具有 Denjoy 型性态的流, 特别它不拓扑共轭于旋转的特殊流.

b. 保面积流. 在某些情形, 命题 14.2.4 中得到的拓扑共轭实际上是一个光滑共轭. 我们第一次考虑的保面积流, 那里 Poincaré 回归定理 4.1.19 提供了最后两个论述所需的回复性.

命题 14.2.5. 设 φ^t 是 $\mathbb{T}^2$ 上保 C^r 面积元素的 C^k 流, 令 $n=\min(k,r+1)$. 则 φ^t C^n 共轭于圆周旋转的一个特殊流.

[459] **证明.** 首先注意, 由命题 14.2.1 得到的 C^∞ 横截线 τ 在由命题 5.1.11 的回复映射作用下有 $C^{\min(k,r)}$ 长度参数不变量. 因此由命题 12.4.4 这个回复映射 C^n 共轭于圆周旋转. 如在推论 14.2.3 证明中扩展这个共轭得到特殊流的一个 C^n 共轭. □

注意, 对给定的线性流通过选取不同的横截线可将它表示为不同旋转的扭扩. 但是, 容易看到, 旋转数仅依赖于横截线的同伦型. 特别地, 考虑流 T_t^ω 以及提升到斜率为 l/k 的直线的横截线 $\tau_{k,l}$. 然后考虑由 $A=\begin{pmatrix} k & m \\ l & n \end{pmatrix}$ 给出的线性变换, 其中整数 m,n 满足 $\det A=1$. 关于横截线 $\tau_{k,l}$ 的旋转数是由 $T_t^{A^{-1}\omega}$ 利用水平横截线 $\tau_{1,0}$ 得到的, 即 $A^{-1}\omega$ 的斜率的倒数 $\dfrac{n\omega_1-m\omega_2}{-l\omega_1+k\omega_2}$. 注意 (m,n) 直到相差 (k,l) 的整数倍是唯一的, 所以旋转数的这个表达式按模 1 定义. 特别地, 由两个不同横截线得到的旋转数 ρ 和 ρ' 通过线性分式变换

$$\rho'=\frac{a\rho+b}{c\rho+d}$$

相联系, 其中 $\begin{pmatrix} a & b \\ c & d \end{pmatrix}$ 是行列式为 1 的整数矩阵.

回忆 (定义 2.8.1) 一个无理数 α 称为 Diophantus 数, 如果存在 $k,r>0$ 使得对任何非零 $p,q\in\mathbb{Z}$ 有 $|q\alpha-p|>kq^{-r}$. 这个性质在线性分式变换下不变.

引理 14.2.6. 如果 α 是 Diophantus 无理数, $\begin{pmatrix} a & b \\ c & d \end{pmatrix}$ 是非奇异整数矩阵, 那么 $\dfrac{a\alpha+b}{c\alpha+d}$ 也是 Diophantus 数.

证明. 注意, 由假设 a 和 c 不可能都为零. 因此有

$$\left|q\left(\frac{a\alpha+b}{c\alpha+d}\right)-p\right|=\left|\frac{(qa-pc)\alpha+(qb-pd)}{c\alpha+d}\right|>\frac{k|qa-pc|^{-r}}{|c\alpha+d|}=\frac{k'}{|qa-pc|^r}>\frac{k''}{q^r},$$

由于对这些 p/q 有 $|qa-pc| <$ 常数 $\cdot\, q$, 逼近 $\dfrac{a\alpha+b}{c\alpha+d}$ 也是 Diophantus 数. □

回到一般的保面积流, 自然要问由命题 14.2.5 得到的光滑共轭的特殊流是否光滑共轭于一个扭扩. 按照命题 2.9.5, 这个问题的一个充分条件是这个基是通过一个 Diophantus 角的旋转. 因此我们有

推论 14.2.7. 设 φ^t 是 $\mathbb{T}^2$ 的保 C^∞ 面积元素的 C^∞ 流, 且具有使得诱导映射有 Diophantus 旋转数的横截线. 则 φ^t C^∞ 共轭于一个线性流. [460]

在 14.7a 节中我们将看到这个问题可不用横截线解决.

练 习

14.2.1. 证明对数 ρ 的通有 (稠密 G_δ) 集, 存在实解析函数 φ, 使得在旋转 R_ρ 上建立的 φ 作用下的特殊流不 C^0 流等价于线性流.

14.2.2. 证明 Klein 瓶上每个无不动点流都有一个周期轨道.

14.2.3. 证明 Klein 瓶上无不动点流的任何回复轨道都是周期轨道.

14.2.4. 证明对 $r \geqslant 0$, 存在环面上轨道等价于线性流的 C^∞ 流是 C^r 的, 但不是 C^{r+1} 的.

14.3. 极小集

迄今为止, 我们已经看到曲面上流的极小集例子是非常有限的. 当然对任何紧曲面上的流出现不动点和周期轨道是显然的. 此外, $\mathbb{T}^2$ 上的无理线性流是极小的. 最后, 当我们对 Denjoy 例子建立特殊流时出现我们提到的极小 Cantor 集. 后者对环面上的 C^1 流是可能的, 但对环面上的无不动点的 C^2 流是不可能的. 事实上, 现在我们证明对任何曲面上的 C^2 流, 前面三个例子仅对紧极小集类才有可能. 这是 Denjoy 定理的推广, 证明再次利用有界畸变估计.

定理 14.3.1 (Schwartz).[1] 设 M 是一个光滑曲面, φ^t 是 C^2 流, A 是非空紧极小集. 则 A 或者是不动点, 或者是周期轨道, 或者 $A=M$.

注. 如果 $A=M$, 我们可以得到 M 是紧的, φ^t 是无不动点流, 由紧曲面的分类和 Poincaré–Hopf 定理 8.6.6, M 或者是环面, 或者是 Klein 瓶. 练习 14.2.3 排除后者, 因此 $M=\mathbb{T}^2$.

如 $\mathbb{T}^2$ 上的 Denjoy 型流显示, 真正需要的是 C^2 假设. 我们应用它如下. 极小集 A 没有真闭不变子集, 所以 $\partial A = A$ 或者 $\partial A = \varnothing$. 因此 A 无处稠密, 除非 $A=M$. 从而我们只需排除 Cantor 型集的可能性, 这可利用 C^2 假设通过

Denjoy 定理 12.1.1 证明的类似论述来完成.

[461] **证明.** 为了用归谬法, 假设 A 是无不动点或周期点的无处稠密的紧不变极小集. 在 A 中取一点并考虑通过这点的 C^∞ 横截线段 τ, 它的两个端点在 A 中. 取流箱 $\bigcup\limits_{|t|<\varepsilon}\varphi^t(\tau)$, 令 τ 与 $I=(-\eta,\eta)\subset\mathbb{R}$ 等同, $\tau\cap A$ 与 I 的紧的非空无处稠密子集 C 等同. 因此 $W:=I\backslash C$ 是开区间 $(a_l,b_l), l\in\mathbb{N}$ 的稠密和可数不相交并. 如果 U 是 $x\in I$ 的集合, 它的轨道在某个时间 $t>0$ 回到 τ, 但对时间 $0<s<t$ 它不与 τ 的端点相交. 于是 U 是 C 在 I 中的邻域, 而且回复映射 f 在 U 上定义且是一个连续的单射, 事实上由横截性它是 C^2 的. 由于 τ 横截于向量场 $\dot{\varphi}^t$, 在 U 上也有 $f'\neq 0$. 如果 V 是 C 的一个开邻域, 它的闭包在 U 内, 则由 $\overline{V}$ 的紧性存在 $K>1$, 使得在 V 上

$$\frac{1}{K}<|f'|<K,\quad |f''|<K. \tag{14.3.1}$$

当然 C 是 f 无周期点的非空紧的不变极小集. 此外, 端点集 $\widetilde{C}:=\bigcup\limits_{l\in\mathbb{N}}\{a_l,b_l\}\backslash\{-\eta,\eta\}\subset C$ 也是 f 不变的. 因此如果 (a_l,b_l) 是 W 的一个分支, $(a_l,b_l)\subset U$, $a_l\neq-\eta$ 和 $b_l\neq\eta$, 那么 $f((a_l,b_l))$ 也是 W 的一个分支.

现在考虑距离

$$\varepsilon:=d(C,\partial V)\in(0,\eta)$$

并注意满足 $b_l-a_l\geqslant\varepsilon$ 的点 $a_l,b_l\in\widetilde{C}$ 的集合 Q 是有限的. 因此存在 $N\in\mathbb{N}$ 使得对 $n\geqslant N$ 有 $f^n(a_1)\notin Q$. 由于 $\widetilde{C}$ 是不变的, 存在 $l\in\mathbb{N}$ 使得 $f^n(a_1)=a_l$ 或者 $f^n(a_1)=b_l$. 从而 $(a,b):=(a_l,b_l)$ 有性质: 对所有 $n\in\mathbb{N}$, $f^n((a,b))$ 是长度小于 ε 的 W 的一个分支. 由此得到

$$f^n([a,b])\subset V, \text{ 对 } n\in\mathbb{N},$$

因为 $\{a,b\}\subset C$. 由于 C 不包含周期点, 这些区间互不相交, 从而它们的长度可和. 现在我们在 Denjoy 型论述中利用这个事实最终证明 C 中必须存在周期点.

命题 14.3.2. 假设 $f:[0,1]\to[0,1]$ 是 C^2 的, $K>0$. 那么存在 $C\in\mathbb{R}$ 使得, 如果 $I\subset[0,1]$ 和 (14.3.1) 在 $\bigcup\limits_{i=0}^{k}f^i(I)$ 上成立, 则对所有 $x,y\in I$,

$$\left|\log\frac{(f^{k+1})'(x)}{(f^{k+1})'(y)}\right|\leqslant C\sum_{i=0}^{k}|f^i(x)-f^i(y)|.$$

证明. 由链规则 $f^{k+1'}(x)=\prod_{i=1}^{k} f'(f^i(x))$, 由中值定理存在 $\xi_i \subset f^i((p,q))$ 使得 [462]
由 (14.3.1)

$$\begin{aligned}\left|\log\left|\frac{f^{k+1'}(p)}{f^{k+1'}(q)}\right|\right| &\leqslant \sum_{i=0}^{k} |\log|f'(f^i(p))|-\log|f'(f^i(q))|| \\ &\leqslant \sum_{i=0}^{k} |D\log|f'(\xi_i)||\cdot|f^i(p)-f^i(q)| \\ &= \sum_{i=0}^{k} |f'(\xi_i)|^{-1}|f''(\xi_i)|\cdot|f^i(p)-f^i(q)| \\ &\leqslant K^2\sum_{i=0}^{k}|f^i(p)-f^i(q)|.\end{aligned}$$

□

为了后面的应用, 注意下面的直接结果:

引理 14.3.3. *如果 $f:[0,1]\to[0,1]$ 是一个 C^2 映射, I 有互不相交的像, 那么 I 的 ω 极限集包含临界点.*

假设 $n\in\mathbb{N}$, 以及 $[p,q]\subset[s,t]\subset V$, 使得对 $0\leqslant k\leqslant n$ 有 $f^k([s,t])\subset V$. 则由引理 14.3.3

$$\left|\frac{f^{k+1'}(p)}{f^{k+1'}(q)}\right| \leqslant \exp\left(K^2\sum_{i=0}^{k}|f^i(p)-f^i(q)|\right). \tag{14.3.2}$$

我们首先利用这个观察证明 $|f^{i'}(a)|$ 是可和的. 为此注意, 由中值定理存在 $\xi_i\in(a,b)$, 使得 $f^i(b)-f^i(a)=f^{i'}(\xi_i)\cdot(b-a)$, 因此

$$(b-a)\sum_{i=0}^{\infty}|f^{i'}(\xi_i)|=\sum_{i=0}^{\infty}|f^i(b)-f^i(a)|\leqslant 2\eta,$$

因为区间 $f^i((a,b))$ 互不相交. 由于由 (14.3.2) 有 $|f^{i'}(a)|\leqslant|f^{i'}(\xi_i)|e^{2K^2\eta}$, 于是我们证明了

$$1\leqslant d:=\sum_{i=0}^{\infty}|f^{i'}(a)|\leqslant\frac{2\eta}{b-a}e^{2K^2\eta}. \tag{14.3.3}$$

我们希望看到由 (14.3.3) 得到

$$\lim_{i\to\infty} f^{i'}(x)=0,\ 对\ |x-a|\leqslant\delta:=\frac{\varepsilon}{3K^2d(1+\eta)}<\frac{\varepsilon}{3d}<\varepsilon\ 一致成立. \tag{14.3.4}$$

为此证明

[463] **引理 14.3.4.** 对所有 $n \in \mathbb{N}$,

(1) $f^n([a-\delta, a+\delta]) \subset V$,

(2) 当 $|x-a| \leqslant \delta$ 时 $|f^n(x) - f^n(a)| < \varepsilon$,

(3) 当 $|x-a| \leqslant \delta$ 时 $|f^{n'}(x)| \leqslant |f^{n'}(a)|$.

注意, 由 (3) 事实上得到 (14.3.4), (1) 和 (2) 仅仅为了归纳法证明所用.

证明. 用归纳法证明. 对 $n=0$ 断言是显然的. 假设结论对 $k \leqslant n$ 成立. 我们首先对 $n+1$ 证明 (3). 由方程 (14.3.2) 得到

$$|f^{n+1'}(x)| \leqslant |f^{n+1'}(a)| \exp\left(K^2 \sum_{k=0}^{n} |f^k(x) - f^k(a)|\right),$$

由中值定理和 (3) 得到

$$\sum_{k=0}^{n} |f^k(x) - f^k(a)| \leqslant |x-a| \sum_{k=0}^{n} |f^{k'}(\xi_k)| \leqslant 3|x-a| \sum_{k=0}^{n} |f^{k'}(a)|.$$

由 (14.3.3) 得到对 $n+1$ 证明 (3) 的

$$|f^{n+1'}(x)| \leqslant |f^{n+1'}(a)| e^{3K^2 d\delta} < |f^{n+1'}(a)| e^{\frac{\varepsilon}{\eta}} < e|f^{n+1'}(a)|.$$

为了证明 (2), 注意, 由中值定理和 (3) 有

$$|f^{n+1}(x) - f^{n+1}(a)| \leqslant |x-a| \cdot |f^{n+1'}(\xi)| \leqslant 3\delta |f^{n+1'}(a)| \leqslant 3d\delta < \varepsilon,$$

由此证得 (2).

最后, 由于 $f^{n+1}(a) \in C$, 由 (2) 和 ε 的选择得到 (1). □

现在我们可结束定理的证明. 由于 C 是极小的, 存在无穷多个 $k \in \mathbb{N}$, 使得 $|f^k(a) - a| \leqslant \delta/2$. 对足够大的 k 和 $|x-a| \leqslant \delta$, 由 (14.3.4) 有 $|f^{k'}(x)| < 1/2$, 因此 $\left|\dfrac{d}{dx}(f^k(x) - x)\right| > 1/2$, 所以 $f^k(x) - x$ 在 $[a-\delta, a+\delta]$ 上改变符号, 从而有零点 $z \in [a-\delta, a+\delta]$. 当然我们可用压缩映射原理命题 1.1.2, 但是在一维情形中值定理已够用. 因此 $f^k(z) = z$, 此外由 (14.3.4), $f^{kn}(a) \underset{n\to\infty}{\longrightarrow} z$. 由于 $a \in C$ 和 C 是闭不变的, 得知 $z \in C$, 这与假设 C 不包含周期点矛盾. 定理得证. □

练 习

14.3.1. 给定亏格为 g, $1 \leqslant k \leqslant g$ 的定向曲面, 证明存在 C^1 流恰有 k 个无处稠密的不是不动点或圆周的极小集.

14.3.2. 证明在亏格为 g 的定向曲面上, 任何 C^1 流没有多于 g 个不是不动点或周期轨道的不同极小集.

14.4. 新现象 [464]

对有不动点的环面上的光滑流和对高亏格曲面上的流都出现有动力学性态的新类型.

a. Cherry 流.[1] 现在我们证明, 对环面上的任意光滑流, 在流的横截线上出现 Denjoy 型极小集的不动点性态. 我们的思想是按下述方法修改线性流, 有一条包含稠密点集的横截线, 其上仅在有限时间回到横截线然后吸引到不动点. 剩下的点形成一个 Cantor 集, 于是不可避免地具有 Denjoy 型性态, 且由那些在它们的轨道闭包内有鞍点的点所组成集. 因此容易修改这个例子给出亏格为 2 的曲面上的流没有吸引不动点但有两个鞍点并具有类似的现象.

下面就来描述这个结构. 考虑如图 7.3.4 所示的具有鞍结点相图的圆盘 $D_1 \subset \mathbb{R}^2$ 上的局部向量场, 并通过冲击函数将它插入到 D_1 的邻域 D_2 外的常数向量场 $X=(0,1)$. 取直径为 ε 的 D_2 和以 $\arctan\alpha$ 为角度的旋转向量场. 将 D_2 平移到单位正方形 $[0,1]^2$ 的中心, 并将这个向量场在 $[0,1]^2$ 上的限制投射到 $\mathbb{T}^2=[0,1]^2/\mathbb{Z}^2$. 这给出在圆盘 $D \subset \mathbb{T}^2$ 上有结点 p 和鞍点 s 在 D 外为常数的向量场 X_0. 如果 ε 和 α 不太大, 则存在区间 $[a,b] \subset \{0\}\times S^1$, 使得对 $y \in (a,b)\times S^1$ 有 $a,b \in W^s(s), \omega(y)=p$, 以及 $\{0\}\times S^1$ 上的回复映射在 $[a,b]$ 外有定义. 注意, 这个映射 (通过常数插入穿过 $[a,b]$) 扩展到度为 1 的连续单调的圆周映射 f_0, 因此旋转数 $\tau(f_0)$ 连续依赖于这个构造. 在 $[1-\delta,1]\times S^1$ 上修改 X_0 可使得在 $[a,b]$ 外有 $Df(x)>1$.

现在证明可使 $\tau(f_0)$ 为无理数. 令 $Y_\lambda=(0,h(x))$ 是 $\mathbb{R}^2$ 上 $\operatorname{supp}(h)\subset[1-\delta,1]$ 的 C^∞ 向量场, 使得通过 $(\cos\alpha,0)+Y_\lambda$ 的流在 $\{0\}\times\mathbb{R}$ 与 $\{1\}\times\mathbb{R}$ 之间诱导的映射关于 λ 是一个传递. 向量场 $X_\lambda=X_0+Y_\lambda$ 在 $\mathbb{T}^2$ 上生成的流, 其中诱导的圆周映射 f_λ 在 $\mathbb{R}$ 上的提升 F_λ 满足 $\tau(F_1)-\tau(F_0)=1$, 因此存在 λ_0 满足 $\tau(f_{\lambda_0})\notin\mathbb{Q}$. 令 $f:=f_{\lambda_0}$.

我们称这个汇的盆 $T=\{q|\omega(q)=p\}$ 为尾, 它的补 $\Lambda=\mathbb{T}^2\backslash T$ 为 Cherry 集. 为了看到 $K:=\Lambda\cap(\{0\}\times S^1)$ 是一个 Cantor 集, 令 $K_0\subset K$ 是极大闭区间和 $K_n:=f^n(K_0)$. 于是 $l(K_{n+1})\geqslant l(K_n)$ 和 $K_i\cap K_j=\varnothing$, 因为否则由极大性我们有包含关系, 从而由引理 15.1.2 有 f 的周期点, 这是不可能的, 因为 $\tau(f)\notin\mathbb{Q}$. 于是必须有 $l(K_0)=0$, 而且 K 有非空内点. 接下来逐对互不相交的区间 $I_n:=f^{1-n}((a,b))$ 在 $\{0\}\times S^1$ 中有稠密并, 区间端点属于 $W:=W^s(s)\backslash\{s\}$ 的不同分支, 所以这些分支的每一个在 Λ 中稠密, 而且对 $x\in W$ 有 $\alpha(x)=\Lambda$. 这证明 K 是完美的, 因此是 Cantor 集.

对逆向流, Cherry 集是一个我们在 Poincaré–Bendixson 设置或在无不动点

[465] 的环面流中没有遇到过的一类吸引子.

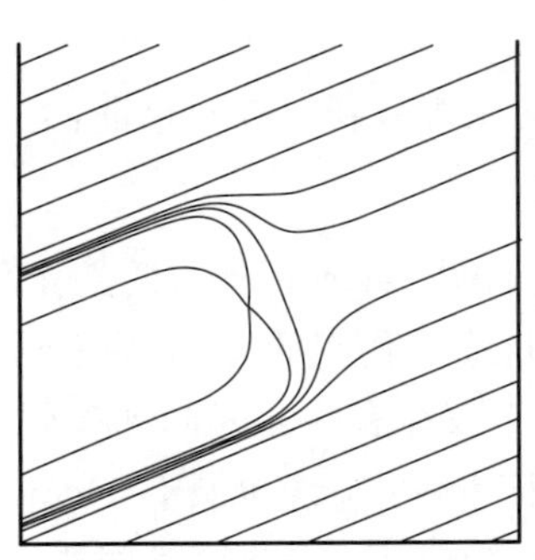

图 14.4.1 Cherry 流

定义拟极小集为包含有限多个不动点, 且使得每个不吸引到不动点的半轨在这个集合内稠密是有用的. 我们可将我们的讨论概述如下: Cherry 流的非游荡点集是由吸引不动点和包含双曲鞍点的拟极小集组成. 后面我们将看到, 拟极小集是高亏格曲面上的流包括保面积流的典型现象. 适当修改拓扑 (见 14.5b 节和练习 14.5.2) 可使它们在闭横截线上产生 Poincaré 回复映射的极小集.

修改 Cherry 流可使得在二重环面, 即在带有两个柄的球面上产生流, 就是说, 移去吸引不动点的小邻域, 并考虑具有移去相同圆盘的环面的第二个拷贝和逆向流. 于是这些流可沿着这两个圆盘的边界黏合在一起给出二重环面上的流, 它没有吸引或排斥不动点, 但有两个鞍点, 以及两个各自包含鞍点的互不相交的闭不变无处稠密的拟极小集 C^+ 和 C^-. 在这两个集合以外每一点 x 的 α 极限集是 C^-, ω 极限集是 C^+. 这个流显然是不保面积的. 下面我们考虑在亏格为 2 的相同曲面上的一个保面积流的有趣例子.

b. 八边形上的线性流. 如果我们视环面上的线性流为单位正方形上轨道都平行的流, 自然可尝试将这个结构通过用对另一个中心对称的八边形代替正方形加以推广, 八边形的对边通过平移等同, 考虑通过等同得到的扩展闭曲面内部的线性流. 为了得到光滑流, 或者即使是连续流, 得小心定义顶点附近的流. 但是, 从大范围轨道结构的观点和非不动点的回复性态, 这并不特别重要.

[466] 对这类结构, 正方形以后的下一个候选者是正六边形. 但可看到这个构造没有产生什么新意: 六边形的平移平铺这个平面, 对边等同的三个平移有理相关, 即它们的和是零. 因此由这些平移产生的群简单地是一个格, 它的生成子是两个交角为 $\pi/3$ 的等长向量. 这允许我们将这个线性流扩展到平铺平面, 并视它为有两个生成子的格的因子上的线性流, 这又是一个环面.

为了产生新现象, 考虑下一个候选者, 即正八边形. 它有 4 对对边通过平移等同. 平移向量有相等的长度, 它们相互之间的交角是 $\pi/4$ 的倍数. 容易看到 (参看练习 14.4.3), 通过这些平移产生的群不是离散的, 就是说, 当我们将平移应用到八边形时我们将回复并覆盖每个点无穷多次.

当八边形的对边等同时, 8 个顶点都黏合在一起. 注意, 从拓扑观点这个构造等价于 5.4e 节中由双曲八边形对亏格 2 曲面的构造, 因此所得的曲面同胚于带两个柄的球面. 我们将用构造曲面上的向量场并计算它的 Euler 示性数来给出这个事实的另一个证明. 后面我们从动力学观点再对这个向量场进行研究. 在平面上取一个不平行于任何边的方向, 并在这个八边形内作平行于这个方向的定向线段族, 平行对边的等同允许将这些线段黏合在一起, 除了在顶点开始和结束的线段. 正好存在 3 条在顶点开始的线段和 3 条在顶点结束的线段. 等化空间中顶点的邻域由 8 个扇形组成, 它们按进入线段和出去线段交替的方式黏合在一起, 将这个邻域划分成 6 个扇形. 没有其他轨道穿过这些分界线的任何一个. 因此轨道在这个特殊点的图像看上去类似于图 8.4.1 显示的例子, 除了现在是 6 条分界线而不是那里的 8 条. 通过适当的时间改变可使这个流成为有二重鞍点的光滑流.

现在我们在等同的顶点邻域内给出一个自然的微分结构的描述, 它也自然提供流的时间改变. 问题是在投射到等化空间时没有 Euclid 的微分结构, 因为现在总角度是 6π 而不是 2π. 在 5.4e 节的在双曲平面上的构造中总角度实际上是 2π. 在现在的情形固定这个的自然方法是在八边形的顶点邻域内引入复坐标 w, 使得标准的 Euclid 复坐标 $z = x + iy$ 由 $z - z_0 = w^3$ 给出, 其中 z_0 是顶点坐标. 将具有这些局部坐标的棱黏合在一起, 给出因子中的总角度为 2π. 注
意, 在任何不包含顶点的开集内坐标 w 对 z 局部可微地相容, 因此实际上我们 [467]
在这个曲面上定义了一个微分结构. 事实上, 我们还可以用坐标 w 明显地描述 Euclid 面积. 即如果 $z = x + iy$, 则 Euclid 面积是 $dx \wedge dy$. 如果 $w = u + iv$, 则 $z = w^3 = u^3 - 3uv^2 + i(3u^2v - v^3)$, 因此

$$dx \wedge dy = [(3u^2 - 3v^2)du - 6uvdv] \wedge [6uvdu + (3u^2 - 3v^2)dv] = (3u^2 + 3v^2)^2 dudv.$$

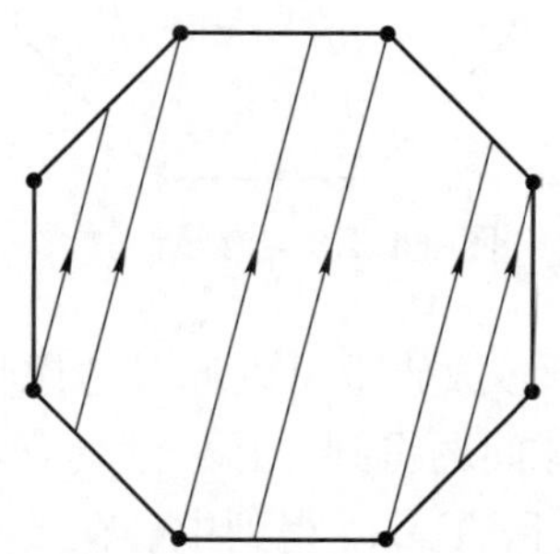

图 14.4.2 具有分界线的线性流

现在利用 (由命题 5.1.9 得到的) 以下事实, 如果向量场 v 的流保体积 $\rho\Omega$, 则 ρv 的流保 Ω. 因此在顶点的邻域内可通过向量场乘上 $(3u^2+3v^2)=9|w|^4$, 得到的向量场在这个邻域内保 w 坐标的标准 Euclid 面积元素. 为了在这个曲面上得到保光滑面积元素的向量场, 我们用有下面性质的函数 ρ 乘之: 在顶点的小邻域内 ρ 等于刚才描述的数量因子. 在稍微大一点的邻域外令 $\rho=1$ 并光滑地插入. 所得的流在顶点的邻域外保持 Euclid 面积, 在顶点的小邻域内为 w 标准面积. 在围绕这个顶点的小领口内不变面积是 Euclid 面积的一个光滑倍数.

现在证明这个向量场已经定义了. 事实上它是一个光滑向量场. 注意问题仅仅出现在顶点, 所以需要在那里确认光滑性. 在 z 坐标下原来的向量场是常数向量场 $Y=(a,b)$. 坐标变换是 $z=w^3$, 它的导数由 $Y=3w^2X$ 或者 $X=Y/(3w^2)$ 给出. 因此尺度化向量场由 $9|w|^4X=9w^2\overline{w}^2Y/(3w^2)=3\overline{w}^2Y$ 给出, 它实际上是有 6 条分界线的鞍点的光滑向量场.

现在考虑一个方便的横截线的回复映射. 取连接两条边界对边线段中点的
[468] 线段作为横截线, 使得这条横截线与向量场之间的交角在 $(\pi/4,\pi/2)$ 内. 注意, 在这种直线的邻域内, 流不变体积是 Euclid 体积, 因为我们已经不在顶点. 因此自然诱导的体积正好是长度元素 (乘上一个常数). 现在考虑这条横截线的回复映射. 除了位于终止于鞍点的流的线段上的 3 点它是连续的. 其他地方回复映射逐段保持定向, 因为不变体积诱导长度元素, 不包含间断点的任何区间的像与区间自己的长度相同. 回复映射在每个没有间断点的区间上的限制是一个平移, 且有推论 14.1.7 描述情况的一个特殊情形. 拓扑地这个横截线是圆周, 它是 3 个没有间断点的区间 Δ_1,Δ_2 和 Δ_3 的并, 如果取这条横截线的长度为单位长度, 那么它们的长度对应地是 $l_1=1/(1+\sqrt{2}), l_2=(1+\cot\alpha)/(2+\sqrt{2})$ 和 $1-l_1-l_2$.

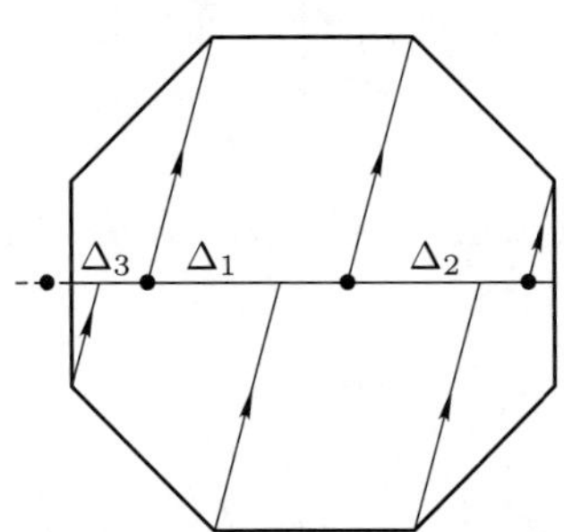

图 14.4.3　诱导映射

这里讨论的线性流的单参数族也可以通过考虑具有内角 $\pi/2,\pi/8$ 和 $3\pi/8$ 的三角形桌子 T 内的弹子球问题得到. 用 v 记具有内角 $\pi/8$ 的顶点. 注意, 通过在三角形邻边的反复反射到顶点 v, 得到中心在 v 的八边形, 它是 16 个 T 的拷贝的并.

现在考虑 T 内的弹子球轨道. 在 T 的边上反射它, 如所要求, 这意味着继续沿着一条直线到 T 的拷贝反射. 当轨道遇到八边形的边时, 在 T 的边界的反射是跳到对边并继续按同一个方向进行, 就是说, 轨道的延伸刚好对应于轨道按相反方向到这个三角形的另一个拷贝的平移. 因此这个轨道刚好提升到弹子球轨道的斜率的八边形上的线性流的轨道. 从而我们在这个三角形内的弹子球轨道的集合与八边形上各个线性流的所有轨道的集合之间建立了一一对应. 特别 [469]
要注意, 八边形上固定的线性流的轨道对应于关于固定边的角度至多取 16 个值的弹子球轨道, 就是说, 对给定的角度 α 得到角度 $\pm\alpha + k\pi/4$, 即由我们用以生成这个八边形的通过各个反射的反射角 α 得到的角度.

我们将证明一个一般性结果 (推论 14.6.6), 因此得到, 对所有但可数多个方向, 八边形上的线性流是拓扑传递和拟极小的. 这类似于环面上的线性流情形 (见命题 1.5.1).

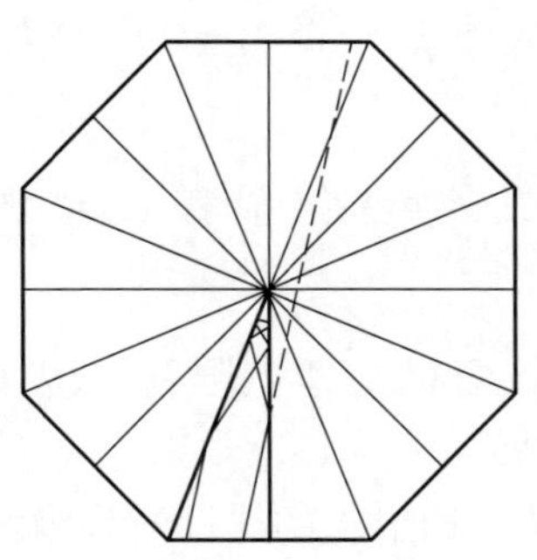

图 14.4.4 八边形分解

练 习

14.4.1. 给定亏格为 g 的可定向曲面, $1 \leqslant k \leqslant g$, 证明存在一个恰好具有 k 个无处稠密的不是圆周的拟极小集的 C^∞ 流.

14.4.2. 证明在亏格为 g 的可定向曲面上的任何 C^∞ 流有不多于 g 个不同的不是不动点或圆周的拟极小集.

14.4.3. 证明关于由正八边形对边等同的平移生成的群的任何点的轨道是稠密的.

14.4.4. 对八边形上的线性流, 考虑由八边形的对角线 (直径) 给出的横截线. 讨论在它上面由横截线的拓扑描述流诱导的映射, 给出没有间断点的最大区间的长度以及它们排列的方式.

14.4.5. 将子节 b 中的构造推广到正 $2n$ 边形 $(n \geqslant 4)$. 计算所得的所有曲面的

亏格, 以及流的不动点个数与指标, 并描述时间光滑改变时的微分结构.

[470] 14.5. 区间交换变换

a. 定义与刚性区间. 八边形上对线性流的回复映射, 是作为在有有限个鞍点的曲面上出现保面积流的截面映射的一个例子 (见推论 14.1.7).

定义 14.5.1. 考虑 $\{1,\cdots,n\}$ 的一个排列 π, 向量 $v=(v_1,\cdots,v_n)$ 在单位单形的内部, 即对 $i=1,\cdots,n$ 和 $\sum_{i=1}^{n} v_i=1$ 有 $v_i>0$, 向量 $\varepsilon=(\varepsilon_1,\cdots,\varepsilon_n)$ 的坐标为 1 或 -1. 对 $i=1,\cdots,n$, 令 $u_0=0, u_i=v_1+\cdots+v_i, \Delta_i=(u_{i-1},u_i)$. 区间交换变换 $I_{v,\pi,\varepsilon}:[0,1]\to[0,1]$ 是在每个区间 Δ_i 上连续且保持 Lebesgue 测度的映射, 按照排列 π 重排这些区间, 而且按照 $\varepsilon_i(i=1,\cdots,n)$ 的符号保持或者改变在 Δ_i 上的定向. 如果对所有 i 有 $\varepsilon_i=1$, 就将 $I_{v,\pi,\varepsilon}$ 记为 $I_{v,\pi}$. 这样的映射称为定向的区间交换变换.

注. 类似地, 可定义圆周的弧交换变换. 显然 n 个弧的每个弧交换变换也是 $n+1$ 个区间的区间交换变换.

因此, 映射 $I_{v,\pi,\varepsilon}$ 到每个区间 Δ_i 上的限制, 或者是 Δ_i 的平移 (如果 $\varepsilon_i=1$), 或者是关于一点的反射 (如果 $\varepsilon_i=-1$).

关于水平线有斜率 α 的八边形上的线性流到横截线中点的回复映射是一个有 4 个区间的区间变换 (由圆周的 3 个弧的交换变换得到).

当我们谈论区间交换变换时, 较方便的是利用广义意义下的术语 "分割", 如 $[0,1]$ 或者一个 $\Delta\subset[0,1]$ 分割为逐段内部互不相交的区间. 如果两个相继的内部 Δ_i 和 Δ_{i+1} 映为保定向的 $\Delta_k\cup\Delta_{k+1}$, 或者映为逆定向的 $\Delta_k\cup\Delta_{k-1}$, 则可将 $\Delta_i\cup\Delta_{i+1}$ 聚集在一起, 并考虑 $I_{v,\pi,\varepsilon}$ 为更少个数区间的区间交换. 因此不失一般性总可假设 $u_1,\cdots,u_{n-1}$ 是 I 的不连续点, 分割 $\xi:=\xi(I)$ 是分 I 为连续性区间的分割.

映射 $I_{v,\pi,\varepsilon}$ 在不连续点 $u_1,u_2,\cdots,u_{n-1}$ 的定义还不够明确. 有时存在一个自然方法推广这个定义到这些点以得到一个一对一映射. 例如对 $n=2,\pi=(2,1)$, 这时在区间内只存在一个不连续点 v_1, 如果我们令 $I_{v,\pi}(v_1)=0$, 则通过 0 和 1 等同得到一个旋转角度为 $2\pi v_2$ 的圆周旋转. 但是, 如在 4b 节中的八边形例子, 通常这样的自然推广是不可能的. 更有效的方法是下面的方法. 在每个不连续点 u_i 映射 $I_{v,\pi,\varepsilon}$ 有左右极限, 对应地记它们为 w_i^- 和 w_i^+. 为使它有意义想象点 u_i 有两个 "端点", 而 w_i^- 和 w_i^+ 想象为这两个 "端点" 的像.

[471] **定义 14.5.2.** 一个区间交换变换 $I=I_{v,\pi,\varepsilon}$ 称为有鞍点连接, 如果对某个 $i,j\in$

$\{0,\cdots,n\}$ 和某个 $k\in\mathbb{N}$ 有 $I^k(w_i^+)=u_j$ (对应地, $I^k(w_i^-)=u_j$), 但是, 对 $0<l<k$, $I^l(w_i^+)$ (对应地, $I^l(w_i^-)$) 是连续点. 轨道段 $u_i,w_i^+,I(w_i^+),\cdots,I^{k-1}(w_i^+),u_j$ (对应地, $u_i,w_i^-,\cdots,I^{k-1}(w_i^-),u_j$) 称为连接段. 称 $\{1,\cdots,n\}$ 的排列 π 是不可约的, 如果对 $k=1,\cdots,n-1$, 它不保持形如 $\{1,\cdots,k\}$ 的任何子集. 一个开区间 $\Delta\subset[0,1]$ 称为在 I 下是刚性的, 如果 I 的所有正迭代在 Δ 上有定义且连续. 一个刚性区间是极大刚性区间, 如果任何其他刚性区间或者与它不相交, 或者包含在其内部. 一个区间交换变换称为是通有的, 如果它没有刚性区间. 一点 $x\in[0,1]$ 称为是 I 的通有点, 如果 x 的所有正负迭代都有定义, 就是说, x 没有像或原像是不连续点.

显然我们有

引理 14.5.3. 任何一个区间交换变换 $I_{v,\pi,\varepsilon}$ 的不同连接段的个数不超过 $2n-2$, 其中 n 是连续性区间的个数.

引理 14.5.4. 区间交换变换 I 的任何刚性区间 Δ 由周期点组成. 任何极大刚性区间或者由相同周期的周期点组成, 或者除了中点它的所有点都有偶数周期 $2k$, 这时中点有周期 k. 最大刚性区间的任何端点属于一个连接线段.

证明. 只需考虑极大刚性区间, 因为与给定刚性区间 Δ 相交的刚性区间的并仍是刚性区间, 显然它是极大的.

对任一刚性区间 Δ, 任何像 $I^k(\Delta)$ 是相同长度的区间, 又如果 Δ 是极大的, 那么 $I^k(\Delta)\cap\Delta$ 或者是空的, 或者等于 Δ. 如果对所有 k, $I^k(\Delta)\cap\Delta=\varnothing$, 则对所有 $k,l\geqslant 0$, 由 I 在 Δ 的每个像上的可逆性和连续性有 $I^k(\Delta)\cap I^l(\Delta)=\varnothing$. 但这是不可能的, 因为这些区间的长度之和是无穷. 因此存在 $k\in\mathbb{N}$ 使得 $I^k(\Delta)=\Delta$. 由于 I^k 保 Lebesgue 测度且在 Δ 上连续, 它或者是恒等变换, 或者是中点的反射, 因此是不动的, 而且 I^{2k} 在 Δ 上是恒同.

设 x 是 Δ 的左端点. I^k (对应地, I^{2k}) 必须在 x 不连续, 因为否则它在 x 的邻域内是恒同, 与 Δ 的极大性矛盾. 同样论述可应用于 I^{-k} (对应地, I^{-2k}). 由于不连续性仅仅出现在点 $u_1,\cdots,u_{n-1}$ 之一的像, 因此 x 属于一个连接线段. 对 Δ 的右端点的论述相同. □

从而, 任何极大刚性区间可与它的轨道即与它的像的并相应. 由于对 n 个区间的交换变换不同的连接线段的个数不超过 $2n-2$, 相同的连接线段只可能是一个极大刚性区间的端点, 因此至多存在 $2n-2$ 个轨道不同的极大刚性区间. [472]

推论 14.5.5. 如果一个区间交换变换没有鞍点连接, 则它是通有的.

推论 14.5.6. I 在任何刚性区间 Δ 上的所有 (正和负) 迭代有定义且连续.

联合分割 $\xi_{-m}^I := \xi \vee I^{-1}(\xi) \vee \cdots \vee I^{1-m}(\xi)$ 为 I^k, $k = 1, \cdots, m$ 的至多由 $m(n-1)+1$ 个区间组成的连续性区间, 而且如果没有鞍点连接则它刚好有这么多个区间. 对嵌套序列 $\xi_{-m}^I, m \in \mathbb{N}$, 存在下面明显的二分法:

(1) 当 $m \to \infty$ 时 $\max\limits_{c \in \xi_{-m}^I} l(c) \to 0$, 其中 $l(\cdot)$ 是长度. 这发生在通有区间的交换变换.

(2) 存在元素 $c_m \in \xi_{-m}^I$ 的一个嵌套序列, 使得 $c_\infty := \bigcap\limits_{m=1}^{\infty} c_m$ 是一个有正长度的区间. 那么 c_∞ 是极大刚性区间的闭包, 而且任何极大刚性区间显然以这个方式出现.

b. 编码. 设 L 是所有极大刚性区间的闭包的并. 分割 ξ 提供编码不变集 $[0,1]\backslash L$ 上的区间交换变换的一个自然方法. 即令

$$\Omega_I := \left\{ \omega \in \Omega_n \middle| \bigcap_{m \in \mathbb{Z}} I^{-m}(\Delta_{\omega_m+1}) \neq \varnothing \right\}. \tag{14.5.1}$$

Ω_I 是闭的 (练习 14.5.1), 且显然是提升不变的. 如果 I 是通有的, 则映射 $h : \Omega_I \to [0,1], \omega \mapsto \bigcap\limits_{m \in \mathbb{Z}} I^{-m}(\Delta_{\omega_m+1})$ 是一个有限对 1 的连续满射, 它在通有点的原像上是一个单射. 如果 I 没有鞍点连接, 那么任何非通有点恰有两个原像. 否则, 点的原像个数的上界显然是 2^n.

如果 I 有刚性区间, 则 h 在 Ω_I 上没有定义. 但是, 它在对应于极大刚性区间的轨道的有限多个周期轨道的补上仍有定义且连续, 它的像是 $[0,1]\backslash L$. 即使这个映射不能扩展为符号系统与 I 之间的半共轭, 但它对 Ω_I 上任何非原子遍历移位不变测度是一个测度论同构, 因为不连续性集和非唯一性集都只能携带原子遍历测度.

注意, 在非传递情形, 有类似于圆周映射的测度论分类 (定理 11.2.9).

[473] **c. 轨道闭包的结构.** 我们将在下面自由地使用拓扑动力系统中的一些术语, 如回复性等. 然而这些对连续映射定义是合理的, 因为一方面这些定义并不要求连续性, 而且我们也没有用到这些性质, 另一方面由于我们有符号模型在手上, 那里所有这些概念都以标准形式出现.

第一回复映射的构造在区间交换变换的研究中起着重要作用. 这要归功于下面的引理, 它证明区间交换变换类在子区间诱导的运算 (取回复映射) 下是闭的, 而且区间增加数至多是 2.

引理 14.5.7. *设 I 是 n 个区间或圆弧的交换变换. 那么对任何区间 (或弧) Δ, 第一回复映射 I_Δ 除了至多 $n+1$ 个点以外处处有定义且连续, 而且它是一个有*

$k \leqslant n+2$ 个区间的交换变换.

证明. 由 Poincaré 回归定理 4.1.19, 回复到 Δ 的点集有全 Lebesgue 测度, 因此是稠密的. 假设 $x \in \Delta$ 满足 $y = I_{\Delta}(x) = I^k(x) \in \operatorname{Int}(\Delta)$, 以及 $I^l(x)(0 \leqslant l \leqslant k)$ 是 I 的连续点. 那么 I^k 在 x 附近是一个局部等距, 因此映 x 的邻域到 Δ 中 y 的邻域. 另一方面, $\min\limits_{1 \leqslant l < k} \operatorname{dist}(I^l(x), \Delta) = \varepsilon > 0$, 故 $I_{\Delta} = I^k$ 是 x 的邻域. 从而 I_{Δ} 在 x 连续, 因此 I_{Δ} 在开集上有定义且连续.

设 z 是最大区间的左端点, 其中 I_{Δ} 有定义且连续. 这意味着对某个 k 在 z 的单边邻域内 $I_{\Delta} = I^k$. 但是, 如果 $I^l(z), 0 \leqslant l \leqslant k$ 是 I 的连续点, 不是 Δ 的端点, 则 $I^k(z) \in \operatorname{Int}\Delta$, 而由上面的论述在 z 的双边邻域内 $I_{\Delta} = I^k$, 矛盾. 因此, 对 $0 \leqslant l \leqslant k$, 迭代 $I^l(z)$ 或者是 I 的不连续点, 或者是 Δ 的端点. 考虑这种 l 的最小者. I 的 $n-1$ 个不连续点的每一个, 以及 Δ 的两个端点的每一个, 可以作为 I_{Δ} 的连续性区间的至多一个左端点的迭代的方式出现. 因此 I_{Δ} 除了 $\operatorname{Int}\Delta$ 中至多 $n+1$ 个点以外都有定义, 且在余区间上它是一个等距. □

注. 上面的论述本质上是命题 14.1.6 在区间交换变换设置下的重证.

推论 14.5.8. 区间交换变换的每个通有点是回复点.

现在我们可以证明区间交换变换第一个重要的有限性结果.

命题 14.5.9. 设 x 是区间交换变换 I 的非周期回复点. 那么 x 的轨道的闭包的补由有限多个区间组成, 它们的端点属于连接线段.

证明. 设 $\Delta = (a, b)$ 是这样一个余区间. 由引理 14.5.7 除了 Δ 的有限多个点外 [474]
I_{Δ} 有定义, 所以, $I_{\Delta}(x)$ 在 a 的右极限 $I_{\Delta}(a^+)$ 有定义. 它有两个可能性:

(1) $I_{\Delta}(a^+) \in \operatorname{Int}\Delta$. 则对某个最小 $k > 0$ 有 $I_{\Delta}(a^+) = I^k(a^+)$. 如果 I^k 在 a 连续, 那么 I^k 在 a 附近是等距的, 因此 x 凝聚在 a 的轨道的点映为凝聚在 $I^k(a) \in \operatorname{Int}\Delta$ 的点, 矛盾. 从而对某个 $l < k$, $I^l(a)$ 是 I 的不连续点.

(2) $I_{\Delta}(a) \in \partial\Delta$, 即 $I_{\Delta}(a^+) = a$ 或者 $I_{\Delta}(a^+) = b$. 对第一个情形, 在 a 的右边邻域内 $I_{\Delta} = I^k = \mathrm{Id}$. 如果 a 是 I^k 的连续点, 则在 a 的邻域内 $I^k = \mathrm{Id}$, 这与非周期回复轨道凝聚在 a 的事实矛盾, 因此 a 的迭代是 I 的不连续点. 通过考虑 I_{Δ}^2, 将情形 $I_{\Delta} = I(a^+) = b$ 化为上一情形, 或者化为情形 (1).

因此, 在所有情形我们求得 a 的正半轨包含 I 的不连续点. 同样的论述和结论应用于 I^{-1}, 所以 a 属于连接线段. 由对称性这对 b 同样成立. □

推论 14.5.10. 每个通有点或者是周期点, 或者它的轨道闭包是区间的有限并.

推论 14.5.11. 对通有的区间交换变换, 所有但有限多个轨道的闭包是有限多个区间的并 U. U 中任何通有点的轨道在 U 中稠密.

推论 14.5.12. 如果一个区间交换变换没有鞍点连接, 那么每个通有轨道和每个不包含不连续点的半轨是稠密的.

注意, 后一个推论描述的情况接近于拓扑极小, 因为它对一个区间交换可以是拓扑极小. 事实上, 符号模型 Ω_I 在这情形是极小集 (练习 14.5.2).

我们称由有限多个 (长度非零的) 区间组成的轨道闭包为区间交换变换 I 的*传递分支*. 不同传递分支的内部互不相交. 类似地, 称极大刚性区间的轨道为*周期分支*. 因此我们找到了除了可能位于连接线段的点以外的所有点, 它们或者属于传递分支, 或者属于周期分支. 由引理 14.5.4 和命题 14.5.9 得知, 每个 (传递的或周期的) 分支的边界由完全的连接线段组成. 连接线段的个数不超过 $2n-2$. 每个连接线段可属于至多有两个分支的边界. 因此总分支数不超过 $4n-4$. 此外, 在定向情形, 每个连接线段有两个方向, 每个分支的边界必须至少包含一个正定向和一个负定向线段, 这可将分支个数减少到 $2n-2$. 因此区间交换变换的轨道拓扑结构可概述如下:

[475] **定理 14.5.13.** 设 I 是 n 个区间的交换映射. 则 $[0,1]$ 分解为连接线段的有限并和 $k \leqslant 4n-4$ 个互不相交的开不变集, 它们每一个或者是传递分支, 或者是周期分支, 而且是开区间的有限并. 如果此外 I 是定向的, 则 $k \leqslant 2n-2$.

d. 不变测度. 最后这个定理给出区间交换变换的一个拓扑有限性结果. 事实上, 每个传递分支是*拟极小的*: 任何不在不连续点开始或结束的半轨在其中稠密. 对应的测度论性质在传递分支上可以有非原子不变测度的唯一性. 我们将在下一个子节中看到, 即使在没有鞍点连接的更强假设下这也不成立. 然而, 存在不变测度的下面一般的有限性结果:

定理 14.5.14. 设 I 是 n 个区间的交换变换. 则对在传递分支的并上支撑的 I, 至多存在 n 个互相奇异的不变非原子 Borel 概率测度.[1]

推论 14.5.15. 对 I 至多存在 n 个相异的不变非原子遍历 Borel 概率测度.

推论 14.5.16. 对通有的区间交换, 存在不多于 n 个正 Lebesgue 测度的不相交不变集.

证明. 由于这样的测度在传递分支上支撑, 由 ξ 构造的联合分割关于 (4.3.9) 的度量 $\mathcal{D}$ 稠密, 所以 ξ 是一个单边生成子 (一般讨论见 4.3 节). 因此不变测度由它在联合分割 ξ_m^I 上的值确定. 关键是, 事实上它是由它在 ξ 中的区间上的值确定. 就是说, 这些确定了联合分割 $\xi \vee I(\xi)$ 的元素的测度如下: 从左端点开始并注意 $\xi \vee I(\xi)$ 的第一个区间是 ξ 最左边区间的较短者, 最左边区间的像在 ξ 中, 所以它的测度确定. 接下来的区间又是左边剩下来的其他区间的较短者, 以及接下来的像, 等等. 类似地, 我们可以通过归纳法确定 $\xi\vee\cdots\vee I^n(\xi)$ 的区间上的测度值, 以及通过 $I(\xi\vee\cdots\vee I^n(\xi))$ 在 ξ 上的叠加确定 $\xi\vee\cdots\vee I^{n+1}$ 的区间上的测度值. 这定义了一个从 I 不变测度到 $\mathbb{R}^n$ 中的 $n-1$ 维单形 σ 的映射 h, 显然它是一个连续 (在弱 * 拓扑下) 仿射映射, 而且我们看到它是一个单射. 注意, 互相奇异的测度对应于 σ 的线性无关元素. 即如果 $a_1h(\mu_1)+\cdots+a_lh(\mu_l)=0$, 则在满足 $\mu_i(A)>0$ 和 $\mu_j(A)=0,\ i\neq j$ 的集合 A 上只要 $a_i=0$ 就有 $0=a_1\mu_1(A)+\cdots+a_l\mu_l(A)=a_i\mu_i(A)$. □

注. 这个测度集合的像永远是一个单形, 它的顶点对应于遍历测度.

注意, 对一个区间交换, 不同的不变测度在这个交换和其他区间交换之间产 [476]
生共轭. 为了方便此讨论, 假设这个区间交换是拓扑传递的, 它比没有鞍点连接弱, 但强于通有性. 此时开集上的每一个非原子不变测度是正的, 因此将区间 $[0,t]$ 映到它的测度的这个映射是一个同胚, 且取这个区间交换到另一个区间交换, 使得所给不变测度的像是 Lebesgue 测度. 因此, 如果一个拓扑传递的区间交换有 k 个遍历不变测度, 那么我们有一个拓扑共轭的区间交换的 $k-1$ 维单形.

e. 极小的非唯一遍历的区间交换. 我们立即将看到, 没有鞍点连接 (由推论 14.5.12) 蕴含本质极小性是许多区间交换变换族中的一个典型性质. 现在我们给出一个没有鞍点连接和不是唯一遍历的区间交换变换例子. 这里构造的方法和结果与推论 12.6.4 中出现的非常类似. 假设 $s:[0,1]\to[0,1]=\mathbb{Z}/2$ 有三个不连续点. 那么 m 个区间的交换 I 的扩张

$$I_s:[0,1]\to[0,1], I_s(x,i):=(I(x),i+s(x))$$

可看作为最多 $2(m+3)$ 个区间的交换, 它们通过 I 的连续性区间的细分定义的 (至多 $m+3$ 个) 区间的两个拷贝得到, 如果必要可在 s 的不连续点细分. 于是我们的例子变成下面的上边缘构造的一个推论:

定理 14.5.17. 设 I 是没有鞍点连接的定向的区间交换变换. 则存在一个具有三个不连续点的函数 $s:[0,1]\to\{0,1\}$, 使得

(i) 对某个可测函数 $h:[0,1]\to\{0,1\}$, $s(x)=h(I(x))-h(x)$, 以及

(ii) 对开集 $O\subset[0,1]$, 有 $\lambda(h^{-1}(\{1\})\cap O)>0, \lambda(h^{-1}(\{0\})\cap O)>0$.[2]

因此, 类似于命题 12.6.3, h 是度量稠密的 (定义 12.6.2), s 刚好是非驯上边缘的. 从而, 类似于推论 12.6.4, 得到我们所要的例子:

推论 14.5.18. 由对应于 s 的扩张 I_s 给出的区间交换没有鞍点连接, 而且不是遍历的.

证明. 由定理 14.5.17 的 (i), s 是一个可测的上边缘, 因此 I_s 通过 $(x,i)\mapsto(x,i+h(x))$ 度量同构于 $I\times\mathrm{Id}$, 从而 I_s 保 $\operatorname{graph}h$ 和 $\operatorname{graph}(1-h)$, 它们都有正 (积) 测度. 另一方面, 可以看到通过考虑点 w_i^- (如前定义 14.5.2), 没有鞍点连接, 注意由推论 14.5.12 它的正 I 半轨稠密, 所以由定理 14.5.17 的 (ii), 它对 I_s 稠密, 因此不是连接线段的部分. 类似地小心取点 w_i^+, 显然在 $w_i^\pm$ 的正半轨外没有点可以是连接线段的部分. □

[477] **定理 14.5.17 的证明.** 我们将利用加法模 1, 就是说, 允许切换 + 和 − 的符号. 用 I^{-1} 代替 I 我们可用

(i′) $s(x)=h(I^{-1}(x))-h(x)$

代替 (i). 称区间 $\Delta\subset[0,1]$ 是 k 净的, 如果对 $|i|\leqslant k$, I^i 在 $\operatorname{Int}\Delta$ 上连续. 对 $n\in\mathbb{N}_0$ 令 $a_n:=I^n(0)$. 由于没有鞍点连接, 这个序列有定义, 由推论 14.5.12 它在 $[0,1]$ 中稠密. 对 $a_n<a_m$ 令 $\chi_{m,n}=\chi_{[a_n,a_m)}$ 为特征函数.

现在我们从类似于命题 12.6.3 的递归构造开始, 虽然这里的更明显. 首先令 $k_0=0$ 和 $k_1>0$ 使得 $[a_0,a_{k_1}]\cap[a_1,a_{k_1+1}]=\varnothing$. 递归地确定一个递增序列 $\{k_m\}_{m\in\mathbb{N}_0}$, 以及由

$$l_0=1,l_1=k_1+1,l_{m+1}=k_{m+1}-k_m+l_{m-1},\ \text{即由}\ l_m=1+\sum_{i=0}^{m-1}(-1)^ik_{m-i}$$

定义的相关序列 l_m, 使得

(1) $a_{k_0}<\cdots<a_{k_m}<a_{l_0}<a_{l_2}<\cdots<a_{l_{2[m/2]}}<a_{l_1}<\cdots<a_{l_{2[(m+1)/2]-1}}$,

(2) $[a_{k_m},a_{k_{m+1}}]$ 是 k_m 净的,

(3) $a_{k_{m+1}}-a_{k_m}<(a_{k_m}-a_{k_{m-1}})/3k_m$.

为了看到 (1)—(3) 可递归地满足, 假设它们对 m 成立. 由 (1) 存在 c 使得 $a_{k_m}<c<a_{l_0}$, 而且 $[a_{k_m},c)$ 是 k_m 净的. 由 $\{a_n\}$ 的稠密性, 存在 $k_{m+1}>k_m$ 使得 $a_{k_{m+1}}$ 是 $[a_{k_m},c)$ 左边的一半, 这对 $m+1$ 证明了 (2). 取 $a_{k_{m+1}}$ 仍接近于 a_{k_m} 也得到 (3). 为了验证 (1), 注意 $a<\cdots<a_{k_{m+1}}<a_{l_0}$ 已经知道. 接下来注意 (由归纳法) $l_m=k_m-l_{m-1}+2\leqslant k_m+1\leqslant k_{m+1}$, 因此 $-k_m<l_{m-1}-k_m\leqslant 0$, 所以 (2) 蕴含着 $[a_{l_{m-1}},a_{l_{m+1}}]=I^{l_{m-1}-k_m}([a_{k_m},a_{k_{m+1}}])$ 是 $[a_{k_m},a_{k_{m+1}}]$ 的一个平移, 由此得到 (1) 中余下的不等式.

为了构造 s, 令 $s_1(x):=\chi_{0,k_1}(x)+\chi_{1,k_1+1}(x)=\chi_{0,k_1}(x)-\chi_{0,k_1}(I^{-1}(x))$ 和

$$\begin{aligned}s_{m+1}(x)&:=s_m(x)+\chi_{k_m,k_{m+1}}(x)-\chi_{l_{m-1},l_{m+1}}(x)\\&=s_m(x)+\chi_{k_m,k_{m+1}}(x)-\chi_{k_m,k_{m+1}}(I^{k_{m+1}-l_{m+1}}(x))\\&=s_m(x)+g_{m+1}(I^{-1}(x))-g_{m+1}(x),\end{aligned}$$

其中 $g_{m+1}(x) = \sum_{i=1}^{k_m - l_{m-1}} \chi_{k_m - i, k_{m+1} - i}(x)$. 由 (1) 这得到

$$
\begin{aligned}
s_m(x) &= \sum_{i=1}^{m} \chi_{k_{i-1},k_i}(x) + \chi_{l_0,l_1}(x) - \sum_{i=1}^{m-1} \chi_{l_{i-1},l_{i+1}}(x) \\
&= \chi_{0,k_m}(x) + \chi_{l_{2[m/2]},,l_{2[(m+1)/2]-1}}(x) \to \chi_{[0,b)}(x) + \chi_{[c,d)}(x) =: s(x)
\end{aligned}
$$

(注意我们加入了 mod 2), 这里 $b = \lim_{m\to\infty} a_{k_m}, c = \lim_{m\to\infty} a_{l_{2m}}, d = \lim_{m\to\infty} a_{l_{2m+1}}$. 因 [478]
此 s 有三个不连续点. 现在我们证明 s 是上边缘的. 首先, $c_m(x) = h_m(I^{-1}(x)) - h_m(x)$, 其中

$$
h_m(x) := \chi_{0,k_1}(x) + \sum_{i=2}^{m} g_i(x) = \chi_{0,k_1}(x) + \sum_{j=2}^{m} \sum_{i=2}^{k_{j-1}-l_{j-2}} \chi_{k_{j-1}-i,k_j-i}(x).
$$

由于由 (3) 有 $\lambda(g_{m+1}^{-1}(\{1\})) \leqslant (k_m - l_{m-1})(a_{k_{m+1}} - a_{k_m}) < (a_{k_m} - a_{k_{m-1}})/3$, h_m 在 L^1 中收敛于函数 h, 显然它满足 (i′).

下面我们证明 (ii). 称 $[a_{k_{m-1}+i}, a_{k_m+i})$ 是秩为 m 的区间, 如果 $i \in \{0, \cdots, k_{m-1} - l_{m-2} - 1\}$. 这样的区间或者互不相交, 或者存在一个包含关系: 假设 $n \leqslant m, i \in \{0, \cdots, k_{m-1} - l_{m-2} - 1\}, j \in \{0, \cdots, k_{n-1} - l_{n-2} - 1\}$ 和 $a_{k_{m-1}+i} \leqslant a_{k_{n-1}+j} < a_{k_m+i}$. 由于 $k_{n-1} + j < 2k_{n-1} \leqslant 2k_{m-1}$, 应用 $I^{-(k_{n-1}+j)}$ 给出 $a_{k_{m-1}+(j-k_{n-1}-j)} \leqslant 0 < a_{k_m+(j-k_{n-1}-j)}$, 所以我们有左边的等式, 因此 $a_{k_{m-1}+i} = a_{k_{n-1}+j}$. 特别地, 给定秩的区间互不相交, h_m 在每个秩为 m 的区间上为常数.

对任何区间 $\Delta \subset [0,1]$, 由 $\{a_m\}$ 的稠密性, 存在秩为某个 m 的区间 $\Delta' \subset \Delta$. h_m 在 Δ' 上为常数, 对 $n > m$ 由 (3) 得到

$$
\begin{aligned}
\lambda(\{x \in \Delta' | h_n(x) = h_m(x)\}) &\geqslant \lambda(\Delta') - \sum_{i=1}^{n-m} \lambda(g_{n+i}^{-1}(\{1\})) \\
&\geqslant \lambda(\Delta') \left(1 - \frac{1}{3} - \frac{1}{9} - \cdots - \frac{1}{3^{n-m}}\right) \geqslant \lambda(\Delta')/3
\end{aligned}
$$

以及 $\lambda(\{x \in \Delta' | h(x) = h_m(x)\}) \geqslant \lambda(\Delta')/3$. 另一方面, 对使得 Δ' 包含秩为 m' 的区间 Δ'' 的最小 $m' > m$, 在 Δ'' 上 $h_{m'}$ 的常数值不同于在 Δ' 上 h_m 的值, 如前, 同样论述证明 $\lambda(\{x \in \Delta'' | h(x) = h_{m'}(x)\}) \geqslant \lambda(\Delta'')/3$. □

练　　习

14.5.1. 证明 (14.5.1) 中定义的集合 Ω_I 在 Ω_n 中是闭的.

14.5.2. 证明如果 I 没有鞍点连接, 则 Ω_I 上的移位是极小的.

14.5.3. 证明每个区间交换关于任何不变测度有零熵.

14.5.4. 考虑排列 $\pi = (3, 2, 1)$. 证明对任何向量 v, 定向的区间交换变换 $I_{v,\pi}$ 可以通过在一个区间上诱导的圆周旋转得到. 证明此时的极小性蕴含着唯一遍历性, 并求极小性的充分必要条件.

14.5.5. 考虑圆周上两个弧的交换, 它在一个弧上改变定向. 证明所有轨道是周期的.

[479] **14.5.6.** 考虑映射 $I \times \mathbb{Z}_2, (x, j) \mapsto (x + \alpha, j\chi_\beta(x))$, 其中 χ_β 是 $[0, \beta]$ 的特征函数. 证明存在 α, β, 使得这个映射没有鞍点连接, 但不是唯一遍历的.

14.6. 在流和弹子球中的应用

a. 轨道分类. 推论 14.1.7 显示, 出现的区间交换变换如同 (或者更严格地说, 是光滑共轭于) 由有鞍点型不动点的紧曲面上保面积流诱导的 Poincaré 映射. 也存在应用区间交换变换理论的更一般情形.

设 $f : [0, 1] \to [0, 1]$ 是一个逐段单调映射, 除了有限个点外它是一对一且连续的. 表示这种变换的一个更方便方法是将它写为 $f = I \circ h$, 其中 h 是一个同胚, I 是区间交换变换. 设 μ 是非原子 f 不变的 Borel 概率测度. 则映射 $g : [0, 1] \to [0, 1], g(x) := \mu([0, x])$ 单调, 且在 f 与区间交换变换之间定义了一个半共轭, 因子映射保 Lebesgue 测度, 且只有有限多个不连续点. 存在一个明显但重要的情形, 那里这个半共轭事实上是一个共轭.

命题 14.6.1. 开区间上保正测度的任何如上的 $f = I \circ h$ 拓扑共轭于区间交换变换.

利用流的 Poincaré 映射得到如下结果.

命题 14.6.2. 设 φ 是紧闭曲面上由唯一可积的 C^0 向量场 X 定义的 C^0 流, τ 是 X 的横截线. 假设 φ 有有限多个轨道等价于 (重) 鞍点或中心的不动点. 此外, 假设 φ 在开集上保持正的 Borel 概率测度. 那么在 τ 上诱导的第一回复映射拓扑共轭于一个区间交换变换.

证明. 由命题 14.1.6 后面的注, 除了有限多个鞍点的稳定分界线与 τ 的最后交点, 这个回复映射有定义. 假设 τ 不通过中心, 则对任何 $\varepsilon > 0$, 这个回复映射保持由 $\nu(A) := \mu\left(\bigcup\limits_{t=0}^{\varepsilon} \varphi^t(A)\right) \Big/ \varepsilon$ 定义的测度 ν, 它比 τ 的极小回复时间小. 由于对任何开集 $A \subset \tau$ 有 $\nu(A) > 0$, 命题 14.6.1 得证. □

利用这个结果我们就可对曲面上的保测度流应用定理 14.5.13. [480]

定理 14.6.3. 在命题 14.6.2 的假设下, 曲面 M 按 φ 不变形式分裂为 $M = \bigcup_{i=1}^{k} P_i \cup \bigcup_{j=1}^{l} T_j \cup C$, 其中 l 至多等于 M 的亏格, P_i 是由周期轨道组成的开集, 每个 T_j 是开的, T_j 中不是不动点的稳定分界线的每个半轨在 T_j 中稠密, C 是不动点与鞍点连接的有限并.[1]

推论 14.6.4. 如果此外 φ 没有鞍点连接, 则它是拟极小的, 即除了不动点和分界线每个半轨在 M 中稠密.

注. 类似于上一节, 我们称 P_i 为流的周期分支, T_j 为流的传递分支.

证明. 除了不动点我们可以构造一个与 φ 的每个半轨相交的闭横截线的有限族. 现在应用定理 14.5.13 到每个横截线的回复映射, 并取在流作用下的每个周期分支和传递分支的像. 它们产生集合 P_i 和 T_j. 任何不包含在这些集合内的轨道必须是流的鞍点连接. 剩下的要证明 $l \leqslant \operatorname{genus}(M)$. 首先, 在每个 T_j 内先取一个轨道段, 它几乎回来并封闭得到一个准横截线 γ_j. 保测度意味着 $M\backslash\gamma_j$ 是连通的. 由于 γ_j 互不相交, 对 $M \Big\backslash \bigcup_{j=1}^{l} \gamma_j$ 应用相同论述得到 $l \leqslant \operatorname{genus}(M)$ (见定理 A.5.2 后面的注). □

注. 在没有中心情形可给出关于 $k+l$ 的估计. 一个容易情形是利用 Poincaré–Hopf 指标公式 (定理 8.6.6) 计算稳定分界线的个数, 更精细的论述可给出 $k+l \leqslant \operatorname{genus}(M)$.

b. 多边形中的平行流和弹子球. 最好的回复性质情形出现在定理 14.6.3 的分解中包含没有周期分支的单个传递分支, 即 M 是如 14.4a 节末尾定义的流的拟极小集. 由推论 14.6.4 没有鞍点连接是对拟极小性的一个充分条件. 下一节我们将证明如何参数化保面积流的光滑轨道等价类集合, 使得在没有同调平凡闭轨的情况下, 大多数流没有鞍点连接. 马上我们证明在保面积流的自然单参数族中有类似于多边形上以斜率为参数的线性流, 所有但可数多个流都没有鞍点连接.

首先, 我们推广 14.4b 节中的八边形构造. 设 $P \subset \mathbb{R}^2$ 是一个多边形, 它的内角可小于、等于或大于 π. 换句话说, P 是一个通常的 (不必是凸的) 多边形, 它的有些边可人为分成几段. 此外, 假设 P 的边分为一对对平行的等长弧. 用 [481]
$T_1^{\pm1}, \cdots, T_m^{\pm1}$ 记每对边的平移等同. 任何中心对称的多边形, 凸或非凸, 每对对边等同是这种设置的一个例子. 另一个例子是由在长 (外) 边上加两个顶点的 L 形多边形给出. 通过传递等同对边使得 P 成为一个紧闭曲面 $\widetilde{P}$. 如在 14.4b 节,除了顶点在所有点存在一个明显的光滑结构. 在这些点光滑结构也可定义, 但这对描述平行流不是本质的. 对角度 $\alpha \in [0, 2\pi)$ 的每个值在 $\widetilde{P}$ 上可定义平行流为沿着定向直线以单位速度的运动, 这些定向直线与固定方向 (考虑到等同) 形成角度 α. 这样的流是不连续的, 它对所有时间值有定义, 除了在其轨道永不遇到顶点的点. 由于这种点的集合有全 Lebesgue 测度 λ, 作为保测度流它对所有时间值有定义. 为了使得可应用定理 14.6.3, 通过非负函数 ρ 乘向量场 X_α 确定流, 这个函数在顶点为零且使得 ρ^{-1} 是 Lebesgue 可积的. 向量场 ρX_α 是 C^0 的, 并对在开集上保持正测度 $\rho^{-1}\lambda$ 的 C^0 流单独积分. 顶点是鞍点型不动点, 任何横截线上的第一回复映射与原来不连续流的映射重合. 用 $\mathcal{T}$ 记由平移 $T_1, \cdots, T_m$ 生成的平行平移群, $p_1, \cdots, p_{2m}$ 为 P 的顶点.

命题 14.6.5. 如果 $\widetilde{P}$ 上的平行流有鞍点连接, 那么它的方向平行于形如 $g + p_j - p_i$ 的向量, 其中某个 $g \in \mathcal{T}, i, j = 1, \cdots, 2m$.

证明. 假设存在鞍点连接, 即轨道从 p_i 开始在 p_j 结束. 考虑下面的 "开折" 过程. 在 p_i 开始, 每个时间轨道到达一个边, 代替用点的适当平移, 用它的逆到整个多边形. 按照这个方法得到轨道与从 p_i 开始的直线段之间的对应. 由于存在鞍点连接, 经过有限多次与线段相交到达移位的多边形 $T\widetilde{P}$ 的顶点. 显然移位 T 是一个基本平移 $T_k, k = 1, \cdots, m$ 与整数系数的线性组合, 顶点是 p_j 的平移. 因此轨道平行于 $T + p_j - p_i$. □

推论 14.6.6. 对 α 的所有但可数多个值, $\widetilde{P}$ 上的线性流没有鞍点连接, 因此是拟极小的. 这同样应用于由流在任何直线段上诱导的区间交换变换.

在 14.4 节末尾我们曾经描述正八边形中的平行流族与一个角度等于 $\pi/8$ 的直角三角形内的弹子球流之间的对应. 我们可将这个构造加以推广, 在这里简短地描述一下.

[482] 考虑在多边形 P 内的弹子球, 它的内角与 π 可公度. 我们称这样的多边形为有理的. 设 G 是从 P 的边反射生成的平面运动群. 它有平行平移的有限指标的规范子群 G_0, 因子群 G/G_0 同构于二面体群 D_r; 它对应于 G 在方向集合上的作用. 换句话说, 任何弹子球轨道的方向经过反射以后属于 G/G_0 的同一轨道. 现在可在 G_0 的每个陪集取 G 的元素 $g_0, \cdots, g_{2N-1}$. 它们可以按 $g_0 = \mathrm{Id}, g_{m+1} = R_m g_m$ 定序, 其中 R_m 是生成 G 的 P 的边上的一个反射. 现在取 P 的 $2N$ 个拷贝 $P, R_1P, R_2R_1P, \cdots, R_{2N-1}\cdots R_1P$, 并通过对应的反射与它们等同. 所得的图像不像图 14.4.4 中的 16 个三角形, 可以有重叠. 不过, 对这个多边形的任何一个 "自由" 边存在另一个自由边, 它可通过 G_0 中的平移等同. 因此可以构造一个闭曲面 S, 而且 G/G_0 的任何轨道 P 上的流可提升为 S 上的

平行流, 尽管出现几片 "叶" 它仍是明确有定义的. 现在考虑在 ∂P 上有足点的单位切向量集合上的弹子球映射. 一个方便的方法是通过取边 l 和方向 α, 考虑 $l \times (G/G_0)\{\alpha\}$ 的回复映射来研究它. 后者是 $2N$ 个区间的并, 将它们放在一起并对它们每一个作适当的 Lebesgue 测度正规化, 得到一个区间交换变换族 $I^{(\alpha)}$. 完全如命题 14.6.5 的证明和这一节的论述, 我们得到

命题 14.6.7. *对有理多边形的任何边 l, 以及所有但可数多个 α 值, 区间交换变换 $I^{(\alpha)}$ 没有鞍点连接.*[2]

我们已经看到, 在保测流的横截线上, Poincaré 映射同构于区间交换变换. 事实上, 存在一个构造显示, 至少在定向情形任何区间交换变换以这种方式出现, 即对任何定向的区间交换变换 $I_{v,\pi}$ (见定义 14.5.1), 存在紧可定向曲面 M, 有有限多个鞍点型不动点的光滑保面积流 φ, 以及横截线 τ, 使得在 τ 上 φ 的第一回复映射光滑共轭于 $I_{v,\pi}$. 因此在此意义下, 这些理论都是等价的.

练　　习

14.6.1. 在带 n 个柄的球面上构造一个不动点是简单鞍点的保面积流例子, 使得它有 n 个传递分支, 但没有周期分支.

14.6.2. 考虑如子节 b 开始描述的具有恒同的 L 形多边形中的平行流. 证明所得的曲面同胚于有两个柄的球面, 经过适当的时间改变这个流有一个拓扑二重鞍点.

14.6.3. 考虑如上描述的具有恒同的 L 形多边形中的平行流. 将它化为多边形内的平行流, 并计算所得曲面的亏格. [483]

14.7. 旋转数的推广

a. 环面上流的旋转向量. 在第 12 章讨论的圆周微分同胚中, 我们看到光滑共轭于线性映射的可能性与圆周微分同胚的旋转数的算术性质有关. 这个情况正如我们所希望的与环面上的流类似. 这是发展对应的旋转数概念的许多动机之一. 如在圆周微分同胚的旋转数定义中, 我们需要转到空间的通有覆盖. 但是, 它们之间存在有趣的差别. 在第一同调群中圆周生成子的选择直到相差一个定向是唯一的, 而映射到通有覆盖的提升直到相差一个覆叠变换是确定的, 对旋转数有依赖的后一因子仅按模 1 定义. 对环面 (或任何流形) 上的向量场, 通有覆盖的提升是唯一的, 但生成子在 $H_1(\mathbb{T}^2, \mathbb{Z})$ 中的选择不唯一. 因此, 对 $H_1(\mathbb{T}^2, \mathbb{Z})$ 中的基的任何给定选择, 可以定义一个旋转向量, 因而它确定到相差一个 $SL(2, \mathbb{Z})$ 的作用.

命题 14.7.1. 设 φ^t 是 $\mathbb{T}^2$ 上无不动点 C^1 流, 用 Φ^t 表示 φ^t 到通有覆盖 $\mathbb{R}^2$ 上的提升. 那么对每个 $x \in \mathbb{R}^2$ 极限

$$\rho(\varphi) := \lim_{t\to\infty} \frac{1}{t}\Phi^t(x) \in \mathbb{R}^2 \tag{14.7.1}$$

存在, 且与 x 无关. 我们将称它为 φ 的旋转向量.

证明. 首先注意, $\rho(\varphi)$ 的存在性与 x 无关且是流共轭的一个不变量. 设 $h : \mathbb{T}^2 \to \mathbb{T}^2$ 是一个同胚, $H = L + G$ 是它到通有覆盖 $\mathbb{R}^2$ 上的提升, 其中 L 是线性映射, G 是周期的. 设 $x \in \mathbb{R}^2$ 和 $y = H^{-1}(x)$. 那么

$$\frac{1}{t}H(\Phi^t(H^{-1}(x))) = L\left(\frac{1}{t}\Phi^t(y)\right) + \frac{1}{t}G(\Phi^t(y)).$$

$G(\Phi^t(y))$ 有界, 所以 $\lim\limits_{t\to\infty} \frac{1}{t}H(\Phi^t(H^{-1}(x))) = L \lim\limits_{t\to\infty} \frac{1}{t}\Phi^t(y)$.

利用命题 14.2.1 我们构造流 φ^t 的闭横截线 τ. 由命题 14.2.2 得到 C^1 微分同胚 $h : \mathbb{T}^2 \to \mathbb{T}^2$, 它映 τ 到标准的 “水平” 圆周 $\tau_0 : S^1 \times \{0\} = \{(s, 0)|s \in \mathbb{R}/\mathbb{Z}\}$ (用加性记法). 我们证明极限 (14.7.1) 对于流 $h \circ \varphi^t \circ h^{-1}$ 存在. 由于每一点回
[484] 到 τ_0, 而且回到 τ_0 的回复时间有限, 故只需证明这个极限对 τ_0 上的点存在. 此外, 由相同理由只需考虑回到 τ_0 的时间序列 $t_n(s)$. 用 f 记到 τ_0 的回复映射, 用 F 记到 $\mathbb{R} \times \{0\}$ 的提升. 注意在通有覆盖上回到 τ_0 对应于第二个坐标改变 1 或者 -1. 不失一般性考虑第一个情形. 于是 $\Phi^{t_n(s)}(s, 0) = (F^n(s), n)$. 注意到 $t_n(s) = t(s) + t(f(s)) + \cdots + t(f^{n-1}(s))$, 其中 $t(s)$ 是到 τ_0 的回复时间. 利用旋转数对 s 的存在性, 即 $\lim\limits_{n\to\infty} \dfrac{F^n(s)}{n} = \tau(f)$, 以及 F 的唯一遍历性, 得到 $\lim\limits_{n\to\infty} \dfrac{t_n(s)}{n} = \int t(s)d\mu =: t_0$, 这里 μ 是 F 唯一不变的 Borel 概率测度. 于是有

$$\lim_{n\to\infty} \frac{\Phi^{t_n(s)}(s, 0)}{t_n(s)} = \lim_{n\to\infty} \left(\frac{n}{t_n(s)} \cdot \frac{F^n(s)}{n}, \frac{n}{t_n(s)}\right) = \left(\frac{\tau(f)}{t_0}, \frac{1}{t_0}\right). \qquad \square$$

现在我们可以不用顾及横截线重叙推论 14.2.7.

推论 14.7.2. 设 φ^t 是保面积元素的 C^∞ 流. 如果旋转向量 $\rho(\varphi)$ 的坐标是 Diophantus 数, 那么 φ^t C^∞ 共轭于线性流.[1]

b. 渐近闭链.[2] 现在考虑更一般情形. 设 M 是一个紧微分流形, φ^t 是由向量场 X 生成的 C^1 流并保测度 μ. 设 ω 是闭一次微分形式. 则积分

$$\int X \lrcorner \omega d\mu$$

事实上仅依赖于 ω 的上同调类, 因为由于保 μ, 如果 $\omega_2 - \omega_1 = dF$, 则 $X \lrcorner (\omega_2 - \omega_1) = \pounds_X F$, 以及

$$\int X \lrcorner \omega_2 d\mu - \int X \lrcorner \omega_1 d\mu = \int \pounds_X F d\mu = \left(\frac{d}{dt} \int F \circ \varphi^t d\mu \right) \bigg|_{t=0} = 0.$$

因此映射 $\omega \mapsto \int X \lrcorner \omega d\mu$ 在 M 的第一 de Rham 上同调群上定义一个线性泛函, 由对偶性它可与称为关于测度 μ 的流的渐近闭链的元素 $\rho_\mu \in H_1(M, \mathbb{R})$ 等同.

现在假设 μ 是遍历的. 此时我们可以给渐近闭链一个几何解释. 由 Birkhoff 遍历定理 4.1.2, 对 μ-a.e. $x \in M$ 有

$$\lim_{t \to \infty} \frac{1}{t} \int_0^t \omega(X(\varphi^s(x)))ds = \int X \lrcorner \omega d\mu. \tag{14.7.2}$$

设 $\gamma_t(x)$ 是 x 到 $\varphi^t(x)$ 的定向轨道段. 由微分形式的积分定义, $\int_0^t \omega(X(\varphi^s(x)))ds = \int_{\gamma_t(x)} \omega$. 类似于 3.1 节末尾对于流的同调熵的构造, 即取连接点 x 和 y 的有界长度的弧族 $\gamma_{x,y}$, 例如关于给定 Riemann 度量的最短测地线 (见定理 9.5.9). 于 [485]
是

$$\left| \int_{\gamma_{x,y}} \omega \right| < 常数. \tag{14.7.3}$$

用闭路 $\widetilde{\gamma}_t(x) := \gamma_t(x) \cdot \gamma_{y,x}$ 代替 $\gamma_t(x)$. 由 (14.7.2) 和 (14.7.3) 得到

$$\lim_{t \to \infty} \frac{1}{t} \int_{\widetilde{\gamma}_t(x)} \omega = \int X \lrcorner \omega d\mu.$$

由于 $H^1(M, \mathbb{R})$ 中的任何同调类由它在闭一次微分形式的基上的值唯一确定, 故对 μ-a.e. $x \in M$ 它可化为

$$\rho_\mu = \lim_{t \to \infty} \frac{1}{t} [\widetilde{\gamma}_t(x)],$$

其中 $[\cdot]$ 表示同调类.

注意, 对唯一遍历流, 上面所有的 a.e. 收敛性都是一致的. 不难看到 (练习 14.7.1), 二维环面上无不动点流的旋转向量简单地是渐近闭链关于第一上同调群的标准基的坐标表示.

在二维可定向情形它是我们当前的主要考虑, 我们也可把渐近闭链解释为第一上同调群的元素. 一般地, n 维定向流形上的流对应的元素属于 $n-1$ 维上同调群. 即向量场 X 和不变测度 μ 定义一个流量的流动, 类似于闭 $n-1$ 次微分形式的对象可以在 $n-1$ 维子流形上积分. 如果 τ 是 X 定向的 $n-1$ 维横截

线, $A\subset\tau$ 是 Borel 子集, 则流量 $\mathcal{F}(A)$ 定义为 $\pm\mu\left(\bigcup_{t=0}^{\varepsilon}\varphi^t(A)\right)\Big/\varepsilon$, 其中 φ^t 是由 X 生成的流, $\varepsilon>0$ 是任何小数, 正负号由 M 的定向确定, 此定向由 τ 上 X 的定向得到. 为了简化讨论, 考虑由体积 Ω 给定的测度 μ 以及向量场是 C^1 的这个特殊情形. 于是流量流动由称为流量形式的 $n-1$ 次微分形式 $X\lrcorner\Omega$ 的积分定义.

引理 14.7.3. *流量形式是闭的, 当且仅当向量场 X 保 Ω.*

证明. 由 (A.3.3) 和 $d\Omega=0$, 我们有 $\pounds_X\Omega=d(X\lrcorner\Omega)$. □

任何闭 $n-1$ 次微分形式 ω 通过 $l_\omega(\alpha)=\int_M\omega\lrcorner\alpha$ 确定 $H^1(M,\mathbb{R})$ (即在 $H_1(M,\mathbb{R})$ 上) 中的一个线性泛函 l_ω. 应用这些到我们的情形 $\omega=X\lrcorner\Omega$, 得到

$$l_{X\lrcorner\Omega}(\alpha)=\int_M(X\lrcorner\Omega)\wedge\alpha=\int_M(X\lrcorner\alpha)\Omega=\int_M(X\lrcorner\alpha)d\mu=\rho_\mu(\alpha).$$

接下来证明如何在二维保面积情形, 渐近闭链可扩展成一个给出直到相差光滑轨道等价性的完全局部 (在向量场空间中) 分类的不变量.

[486] **c. 保面积流的基本类与光滑分类.**[3] 我们说曲面上保面积向量场的零点 p 是*指标 $-n$ 的通有鞍点* (或者*通有的 n 重鞍点*), 如果在 p 附近的局部坐标下, 这个向量场是 Hamilton 的, Hamilton 函数是 $H(x,y)=\prod_{i=1}^{n+1}(\alpha_ix-\beta_iy)+R(x,y)$, 其中所有比 β_i/α_i 不相同, 而且 R 在 0 有零个 $n+1$ 次射式. 因此任何标准的线性鞍点是通有一重鞍点, 在图 8.4.1 的左边显示的鞍点是通有三重鞍点.

现在考虑亏格为 g 的紧可定向闭曲面 M, M 上光滑二次微分形式 $\Omega, p_1,\cdots,p_r\in M$, 以及 $n_1,\cdots,n_r\in\mathbb{N}$, 使得 $\sum_{i=1}^{r}n_i=2g-2$. 设 χ 是 M 上保形式 Ω 的 C^∞ 向量场空间, 使得对 $i\in\{1,\cdots,r\}$ 点 p_i 是指标为 $-n_i$ 的通有鞍点, 且没有其他零点. 临界点的这个描述与 Poincaré–Hopf 公式 (定理 8.6.6) 是一致的. 我们称 $\Delta:=\{p_1,\cdots,p_r\}$ 为*临界点集*. 考虑 M 上具有实系数的*相对于* Δ 的一维闭链空间, 这样的闭链可表示为边界属于 Δ 的 M 上的定向弧的线性组合. 相对边界与通常边界相同. 因此由相对边界分解的相对闭链空间有维数 $2g+r-1$. 我们需要加入 $2g$ 个独立的连接 Δ 中点的弧集的闭链形成一个树.

对任何向量场 $X\in\mathcal{X}$, 流量形式在相对闭链空间上的限制称为 X 的*基本类*, 记为 $FC(X)$. 在亏格为 $g\geqslant 2$ 的可定向曲面上, 保面积向量场的第一个分类结果概述如下:

定理 14.7.4. 假设 $X_t \in \mathcal{X}, 0 \leqslant t \leqslant 1$ 是满足 $FC(X_t) = \lambda_t FC(X_0)$ 的光滑族，其中 λ_t 是一个正数. 那么, 除了临界点集存在一个是 C^∞ 微分同胚的 Lipschitz 同胚族 $h_t : M \to M$ 和正函数 μ_t, 使得对 $i = 1, \cdots, r$ 有 $h_t(p_i) = p_i$, 而且 $(h_t)_* X_0 = \mu_t X_t$. 换句话说, h_t 起着 X_0 生成的流与除了临界点集是 C^∞ 的 X_t 生成的流之间的 Lipschitz 轨道等价性作用.

证明. 不奇怪我们利用 "同伦技巧", 我们在 Moser 定理 5.1.27 的证明中第一次用过它, 以后还会出现多次. 考虑一次微分形式 $\omega_t = X_t \lrcorner \Omega$, 并令 $\alpha_t := \dfrac{d\omega_t}{dt}$. 我们求族 h_t 的无穷小生成子 $H_t := \dfrac{dh_t}{dt}$. 假设已求得 h_t 使得 $h_t^* \omega_t = \omega_0$. 那么若 $h_t^* \Omega = \lambda_t \Omega$, 则有

$$X_0 \lrcorner \Omega = h_t^*(X_t \lrcorner \Omega) = (h_t)_* X_t \lrcorner h_t^* \Omega = \lambda_t^{-1} (h_t)_* X_t \lrcorner \Omega,$$

即 $(h_t)_* X_t = \lambda_t X_0$. 由 (A.3.3) 有

$$\frac{d}{dt}(h_t^* \omega_t) = h_t^* \pounds_{H_t} \omega_t + h_t^* \alpha_t = h_t^*(d(H_t \lrcorner \omega_t) + \alpha_t),$$

因此要找向量场 H_t 使得这个等式的右端等于零. [487]

由假设 α_t 是一个恰当形式, 即 $\alpha_t = dP_t$, 其中函数 P_t 确定到相差一个常数. 此外, 由于 α_t 在相对闭链 $P_t(p_i) = P_t(p_j), i, j = 1, \cdots, r$ 上为零, 故可假设对所有 i 有 $P_t(p_i) = 0$. 因此只需求解

$$H_t \lrcorner \omega_t = -P_t. \tag{14.7.4}$$

这由 $\ker \omega_t = X_t$ 的定义得到. (14.7.4) 的解直到相差 $\ker \omega_t$ 中的项是确定的. 固定一个 Riemann 度量确定这个唯一解使得它与 X_t 垂直, 并使得 (X_t, H_t) 是一个正定向对. 自然 $H_t(p_i) = 0$. 因此离开 X_t 的零点, H_t 有定义, 并且是连续和 C^∞ 的. 形式 w_t 在点 p_i 有 n_i 阶零点, 这对 α_t 同样成立, 因为 Taylor 系数关于 t 可微. 因此 P_t 有 $n_i + 1$ 阶零点, 选择的 H_t 沿着 p_i 的梯度线递减, 在 p_i 附近它与到 p_i 的距离成比例. 因此 H_t 是 Lipschitz 向量场, H_t 是唯一可积的 Lipschitz 同胚的单参数族, 除了临界集它们是光滑的, 并确定 X_t 与 X_0 之间的轨道等价性. □

注. 在临界集出现非光滑性的原因是因为在多重鞍点附近出现光滑轨道等价性的局部不变集. 就是说, n 重鞍点有 $2n+2$ 条分界线, 而且如果两个这样的鞍点光滑轨道等价, 那么在分界线的切线方向必须由共轭的导数相互携带. 因此我们必须考虑 $GL(n, \mathbb{R})$ 在直线的 $n+1$ 元素组上的作用. 这个作用对 $n \leqslant 2$ 是传递的, 对 $n \geqslant 3$ 存在不变量 (交比).

事实上, 如果所有鞍点只是二重的, 那么定理 14.7.4 中的光滑轨道等价性可以达到. 首先注意, 如果向量场在临界点集附近等同, 那么所得的共轭也在附近等同. 因此我们首先可在每个临界点附近找一个局部坐标变换将鞍点化为一个标准形. 在简单鞍点情形这是练习 6.6.4—6.6.5 的连续时间的对应. 作时间变换并小心应用 Moser 定理 5.1.27 可将它化为在临界点集附近是恒同的流的情形.

命题 14.7.5. *考虑在具有有限多个鞍点型不动点的曲面上的一个保面积向量场. 则在传递分支上支撑的不变测度由它们的渐近闭链唯一确定.*

注. 对于流这类似于定理 14.5.14.

证明. 由定理 14.6.3, 只需证明通过传递分支内小横截线的流量由测度的渐近闭
[488] 链确定, 即由通过闭曲线的流量确定. 为此利用定理 14.6.3, 从非常接近于横截线的一个端点开始、终止于非常接近于另一个端点的轨道段, 并用横截线段封闭它. 通过这些闭曲线的流量与通过它们的横截线部分的相同, 另一方面, 它们每一个, 从而它们的极限, 也是通过横截线的流量, 实际上是由渐近闭链确定的.

定理 14.7.6. *曲面 M 上的任何保面积向量场, 至多存在 genus(M) 个非平凡遍历不变测度.*[4]

证明. 我们从证明这种向量场的任何两个稠密轨道的渐近交点的个数 (见定理 A.5.2 后面的说明) 是零开始. 为此取一条横截线, 对任何两个轨道, 考虑从这条横截线开始和结束的轨道段, 它与这条横截线相交 n 次. 我们通过用横截线段封闭轨道来构造渐近闭链, 并用横截线段连接它们的端点来封闭这两个轨道段. 于是所得的每个曲线的长度是 n 阶的. 在横截线上, 它们彼此相交可不超过 $2n$ 次, 因此当这个极限是零时, 通过长度标准化后它们交点个数是 $2n/n^2$ 阶的. 从而所有稠密轨道位于 (辛的) 交形式 (见定理 A.5.2 后面的说明) 的 g 维 Lagrange 子空间内.

现在非平凡流不变测度由它们的渐近闭链确定, 即我们有遍历测度到渐近闭链的单射. 它是一个仿射映射, 因此如定理 14.7.6 证明的, 互相奇异的测度对应于线性无关点; 故像位于 g 维子空间内, 从而至多存在 g 个不同的遍历测度. □

练　　习

14.7.1. 证明二维环面上的无不动点流的旋转向量是渐近闭链关于第一上同调群中标准基的坐标表示.

14.7.2*. 考虑二重环面, 并在由一个联合环面的同调生成子组成的第一同调群中取标准基 $(\gamma_1, \gamma_2, \gamma_3, \gamma_4)$. 取两点 p, q 并通过短曲线 γ_5 连接它们. 证明对任何具有正坐标的 (x_1, x_2, x_3, x_4) 存在 $\varepsilon > 0$ 使得对 $|x_5| < \varepsilon$, 在有简单鞍点 p 和 q 的二重环面上存在 C^∞ 保面积流, 通过 γ_i 的流量是 x_i.

14.7.3. 在上一个练习的假设下, 证明如果 $(x_1, \cdots, x_5)$ 有理无关, 那么所得的流是拟极小的.

14.7.4*. 证明在上面几个练习构造的流中存在拟极小非遍历测度.

第 15 章 区间上的连续映射

[489]

区间上的连续映射提供一个理想环境, 在这个环境下我们可以发展以编码思想与有拓扑 Markov 链的半共轭为基础的结构理论. 介值定理可让我们从 I 的子区间上的数据推知它们是如何包含在其他子区间的像中的所有所需信息. 用这个方法得到有关拓扑熵, 周期轨道的增长, 不同周期轨道的呈现, 以及具有零拓扑熵的映射结构的非常精确的结果. 后面我们引入超出拓扑 Markov 链范围的编码型机制, 对逐段单调映射提供直到相差一个几乎可逆的半共轭的模型充分族.

15.1. Markov 覆盖与 Markov 分割

考虑连续映射 $f : I \to I$. 我们说 $J \subset I$ (在 f 作用下) *覆盖* $K \subset I$, 如果 $K \subset f(J)$, 记此情形为 $J \to K$. 如果 $J \to K$, 那么这个覆盖以明显方式产生:

引理 15.1.1. *设 J, K 是区间, K 是闭的, 以及 $J \to K$, 则存在闭区间 $L \subset J$ 使得 $f(L) = K$.*

证明. 记 $K = [a, b]$. 然后令 $c := \max f^{-1}(\{a\})$, 并取 $L = [c, d]$, 其中 $d := \min((c, \infty) \cap f^{-1}(\{b\}))$, 只要这有定义. 否则取 $L = [c', d']$, 其中 $c' := \max((-\infty, c) \cap f^{-1}(\{b\}))$ 和 $d' := \min((c', \infty) \cap f^{-1}(\{a\}))$ 是所要求的. □

因此, 如果 $J \to K$, 则存在内部互不相交的区间 $L_1, \cdots, L_k$ 使得 $f(L_i) = K$. 有时若 k 是这些子区间 L_i 的最大个数, 则用带 k 个箭头的 $J \rightrightarrows K$ 紧凑地记之. 这些 L_i 称为与 $J \to K$ 相应的*全分支*. 注意, K 在 J 中的原像可以包含无穷多个区间, 即使由紧性只存在有限个全分支.

[490] 下面两个引理提供这个覆盖关系与周期点之间的联系.

引理 15.1.2. 如果 $J \to J$, 那么 f 有不动点 $x \in J$.

证明. 如果 $J = [a,b]$, 则 $J \to J$ 蕴含着存在 $c, d \in J$, 使得 $f(c) = a \leqslant c$ 和 $f(d) = b \geqslant d$, 由介值定理 $f(x) - x$ 在 J 中有零点.

引理 15.1.3. 如果 $I_0 \to I_1 \to I_2 \to \cdots \to I_n$, 那么 $\bigcap_{i=0}^{n} f^{-i}(I_i)$ 包含区间 Δ_n, 使得 $f^n(\Delta_n) = I_n$.

证明. 取相应于 $I_0 \to I_1$ 的全分支 Δ_1, 则相应于 $I_1 \to I_2$ 的全分支是 $\delta_2 \subset I_1$, 相应于 $\Delta_1 \to \delta$ 的全分支是 Δ_2. 递归地继续得到 Δ_n.

由引理 15.1.2 得到

推论 15.1.4. 如果 $I_0 \to I_1 \to I_2 \to \cdots \to I_{n-1} \to I_0$, 那么存在 $x \in \mathrm{Fix}\,(f^n)$, 使得对 $0 \leqslant i < n$ 有 $f^i(x) \in I_i$.

注意这个 n 不必是原始 (最小) 周期.

考虑 I 的闭子区间族 $\mathcal{C} = \{I_1, \cdots, I_n\}$, 它们内部两两互不相交. 于是由关系 "$\to$" 得到相应于 $\mathcal{C}$ 的有向图即 Markov 图的棱, 它们的顶点是 $\mathcal{C}$ 中的区间. 令 A 是由这个图确定的 0-1 矩阵 (见 1.9c 节), σ_A^R 是由 A 定义的单边拓扑 Markov 移位. 我们称 A 相应于族 $\mathcal{C}$. 下面的事实显示, 在一维映射的 "马蹄型" 分支上建立了基本编码.

定理 15.1.5. 设 $\mathcal{C} = \{I_1, \cdots, I_n\}$ 是 I 的两两不相交的闭子区间族, $J := \bigcup I_i$, A 是相应于 $\mathcal{C}$ 的矩阵. 那么存在 f 不变的闭子集 $S \subset J$, 使得通过半共轭 $h : S \to \Omega_A^R$, σ_A^R 是 $f|_S$ 的一个因子. 在 h 作用下原像多于一个的点至多有可数多个, 这些点的原像是区间.

证明. 首先我们得到 S. 用 S_1 记全分支的并, 每个全分支相应于 Markov 图中的每个箭头. 这是一个两两互不相交的区间族, 每一个映上 $\mathcal{C}$ 中的一个区间. 现在按类似于引理 15.1.3 的证明论述, 但要对相继的 n 确认这些选择是连贯的. 对 $n \in \mathbb{N}$ 我们递纳定义 S_n 如下: 由归纳法假设 S_{n-1} 由那些在 f^{n-1} 作用下覆盖 $\mathcal{C}$ 的区间的区间组成. 现在考虑 S_1 的区间. 它们包含在 $\mathcal{C}$ 的区间中, 我们可以通过 S_{n-1} 的区间在 f^{n-1} 作用下定义相应于 S_1 的区间覆盖的全分支. 又按归纳法假设取相应于 Markov 图的每个箭头的全分支得到集合 S_n. 注意由构造 $S_n \subset S_{n-1}$, 因此如果所有 S_n 非空, 紧集 S_n 的交 S 非空. S 的连通分支是闭区间或者可能是一些孤立点. 由构造存在一个到 Ω_A^R 的明显映射, 它在 S 的每个分支上是常数, 并定义了所求的半共轭. □

推论 15.1.6. 对 Ω_A^R 中 σ_A^R 的每个周期轨道 ω, 在 ω 的原像 $h^{-1}(\{\omega\})$ 中存在相 [491]
同周期的周期轨道, 因此 $P_n(f) \geqslant P_n(f|_S) \geqslant P_n(\sigma_A^R)$.

证明. 若 $h^{-1}(\{\omega\})$ 是一个点, 结论显然. 若它是一个区间, 则利用引理 15.1.2. □

注. 2.5b 节中对二次映射 f_λ 的不变 Cantor 集的构造是上述步骤的一个例子. 在那个情形 $\mathcal{C} = \{\Delta^0, \Delta^1\}$, 由于 f_λ 在 Δ^0 和 Δ^1 上的单调性, 每个箭头对应于单个全分支, 由于 f_λ 在 Δ^0 和 Δ^1 上的双曲性, S 所有的分支是点. 因此 S 是唯一确定的, 而且这个半共轭是一个共轭.

在二次映射情形 S 的唯一性是下面情形的一个例子:

推论 15.1.7. 如果在定理 15.1.5 的假设下, f 在 $\mathcal{C}$ 的每个区间上单调, 那么 S 是唯一确定的, 而且 $S = \bigcap\limits_{n\in\mathbb{N}} f^{-n}(J)$.

证明. 在每一步的每个箭头只存在一个全分支. □

在下一章我们将对 C^1 映射给出一个条件, 以推广二次映射例子的情形, 这个条件保证 S 的每个分支是一个点 (推论 16.1.2).

推论 15.1.8. 在定理 15.1.5 的假设下, $f|_{\bigcap\limits_{n\in\mathbb{N}} f^{-n}(J)}$ 至少是 $h_{\text{top}}(\sigma_A^R)$, 其中 A 是相应于 $\mathcal{C}$ 的矩阵. 特别地, $h_{\text{top}}(f) \geqslant h_{\text{top}}(\sigma_A^R)$.

证明. 这由命题 3.1.7(1) 和命题 3.1.6 得到. □

现在我们回到区间族 $\mathcal{C}$ 不是整个不相交的情况, 就是说, 区间的有些端点可能是公共的. 在这种情况下, 构造如前的半共轭就存在困难, 因为点的旅程不是唯一确定的. 帐篷映射的例子 (练习 2.4.1) 显示这个映射自己事实上可以是 Markov 链的 (真) 因子. 一般地, 在任一方向可以根本不存在半共轭 (见 2.5a 节). 但是, 所出现的等同足以放心得到熵和周期点增长的相同结论.

定理 15.1.9. 设 $f : [0,1] \to [0,1]$ 是一个连续映射, $\mathcal{C} = \{I_1, \cdots, I_m\}$ 是 I 的闭子区间族, 它们内部两两互不相交, $J := \bigcup I_i$, A 是相应于 $\mathcal{C}$ 的 0-1 矩阵. 那么存在一个 f 不变的闭子集 $S \subset J$, 使得 $(f|_S, S)$ 和 (σ_A^R, Ω_A^R) 有满足 $h_{\text{top}}(\sigma) = h_{\text{top}}(\sigma_A^R)$ 的公共拓扑因子 (σ, X), 而且 σ 的周期点的指数增长率 $p(\sigma)$ 和 $p(\sigma_A^R)$ 重合.

证明. 如定理 15.1.5 证明中的构造 S. 由于 $\mathcal{C}$ 中的区间可以有公共的边界点, 不
存在到 Ω_A^R 的典范映射. 设 X 是 σ_A^R 中通过 S 中相同点的旅程的两个序列的等 [492]
同得到的空间. 则移位 σ_A^R 和 $f|_S$ 都自然投射到 (σ, X). 注意, 半共轭 $g : \Omega_A^R \to X$

在可数集之外是一个单射, 即边界点的向后轨道中的点的旅程. 此外注意, 在变分原理 (定理 4.5.3) 中它只需考虑非原子测度, 因为纯原子测度的熵为零. 但是 g 建立了 σ_A^R 与 σ 的非原子不变测度之间的双射对应, 因此由变分原理定理 4.5.3, $h_{\rm top}(\sigma) = h_{\rm top}(\sigma_A^R)$.

显然我们有 $p(\sigma) \leqslant p(\sigma_A^R)$. 为了得到反向不等式, 注意 g 仅等同 σ_A^R 的周期轨道, 如果它们是 $\mathcal{C}$ 中区间的公共边界点 (因此必须是周期的) 的旅程, 而且至多可存在两个对应于一个端点的可允许旅程. □

对马蹄这个熵估计有一个特别简单的应用.

定义 15.1.10. 如果 $I \subset \mathbb{R}$ 是一个闭区间, $f : I \to \mathbb{R}$ 连续, $a < c < b \in I$, 如果 $[a,b] \subset f([a,c]) \cap f([c,b])$, 则说 $[a,b]$ 是 f 的一个马蹄.

马蹄的出现显然产生了一个全 2 移位 σ_2^R 作为 f 到不变集上的限制的一个因子, 因此我们有

推论 15.1.11. *如果 $f : I \to \mathbb{R}$ 有马蹄, 则 $h_{\rm top}(f) \geqslant \log 2$.*

这些技巧的另一个直接应用是对 Sharkovsky 定理 15.3.2 的下面一个特殊情形的简易证明.[1]

命题 15.1.12. *假设 $f : [0,1] \to [0,1]$ 有周期 3 周期点. 那么 f 有所有周期的周期点.*

证明. 考虑周期 3 轨道, 并用 $\{x_1 < x_2 < x_3\}$ 记它的点. 考虑区间 $I_1 = [x_1, x_2]$ 和 $I_2 = [x_2, x_3]$. 假设 $f(x_2) = x_3$. 于是 $f^2(x_2) = x_1$, 因此 I_2 f 覆盖 I_1 和 I_2, 以及 I_1 覆盖 I_2. 如果 $f(x_2) = x_1$, 我们重记 I_1 和 I_2 得到相同结论. 因此相应于 I_1, I_2 的 Markov 图包含图

$$I_1 \rightleftarrows \underset{\circlearrowleft}{I_2} \tag{15.1.1}$$

而且对 $n \in \mathbb{N}$ 我们有闭路 $I_1 \to I_2 \to I_2 \to \cdots \to I_2 \to I_1$ (I_2 出现 $n-1$ 次), 由推论 15.1.4 这给出周期 n 周期点, 显然不可能有任何更小的周期. □

在练习中我们将考虑帐篷映射的一个推广, 它提供了所给 Markov 图的一个标准模型.

[493] **定义 15.1.13.** 映射 $f : [0,1] \to [0,1]$ 称为标准映射 (有时称为马蹄映射), 如果存在 $m \in \mathbb{N}$ 使得

(1) 集合 $\{0, 1/m, 2/m, \cdots, 1\}$ 是向前 f 不变的.

(2) 在每个区间 $I_k := [k/m, k+1/m]$ 上这个映射是非常数且是线性的.

(3) 这样的 f 关于集合 $\mathcal{C} = \{I_k | 0 \leqslant k < m\}$ 的 Markov 图不包含 "周期陷阱", 即不带箭头的闭路离开这个闭路.

令 A 是相应于 f 关于集合 $\mathcal{C} = \{I_k | 0 \leqslant k < m\}$ 的 Markov 图的 Markov 矩阵. 注意由 (1) 离开 I_k 的箭头个数也是 f' 在 I_k 上的绝对值.

练　　习

15.1.1. 证明任何标准映射 f 是由 f 的 Markov 图得到的拓扑 Markov 链的一个因子. 对至多可数多个点的每个点的原像个数超过 1.

15.1.2. 假设 f 是具有 Markov 矩阵 A 和变差 $V(f)$ 的标准映射. 证明 $\lim\limits_{n\to\infty} \dfrac{1}{n} \log V(f^n) = h_{\text{top}}(\sigma_A^R)$.

15.1.3. 假设 $\mathcal{C} = \{I_1, \cdots, I_n\}$ 是内部两两互不相交的闭区间族, $J := \bigcup\limits_{i=1}^{n} I_i$ 是一个区间. 证明存在闭 f 不变集 $S \subset J$, 使得 $f|_S$ 有作为因子的标准映射.

15.2. 熵, 周期轨道与马蹄

我们在 3.2e 节中已经注意到, 在许多情况下周期轨道的指数增长率 $p(f)$ 等于拓扑熵 $h_{\text{top}}(f)$. 在 18.5 节中我们将证明 $p(f)$ 与 $h_{\text{top}}(f)$ 相等是有双曲性态的动力系统的一个一般特征. 对更一般的系统类周期轨道可以不是孤立的, 所以只能期望得到一个不等式 $p(f) \geqslant h_{\text{top}}(f)$. 现在我们的主要目的是证明, 区间映射的拓扑熵事实上是周期轨道增长率的下界. 进一步如定理 15.1.5 我们证明这个熵由不变集的熵近似. 我们强调, 以下 "区间" 这个词可以指单个点, 或开区间, 或半开区间, 或闭区间.

定理 15.2.1. 假设 f 是一个连续的区间映射, 那么对 $n \in \mathbb{N}$, 存在

(1) 一个区间 J_n,

(2) J_n 的两两互不相交的子区间族 $\mathcal{D}_n$, 以及

(3) $k_n \in \mathbb{N}$

使得 [494]

$$\lim_{n\to\infty} \frac{1}{k_n} \log \operatorname{card} \mathcal{D}_n = h_{\text{top}}(f) \quad \text{和} \quad J_n \subset f^{k_n}(I), \text{ 对所有 } I \in \mathcal{D}_n.$$

这个结果可能稍带一点技巧性, 但是由它立刻给出周期点与拓扑熵之间的重要关系:

推论 15.2.2. 对每个区间映射 f 有 $p(f) \geqslant h_{\text{top}}(f)$.

证明. 由引理 15.1.2, 每个 $I \in \mathcal{D}_n$ 包含周期 k_n 点. □

进一步我们可以推断, 有正拓扑熵的映射必须有一个具马蹄 (见定义 15.1.10) 的迭代:

推论 15.2.3. 假设 f 是连续的区间映射, 且 $h_{\text{top}}(f) > 0$, 那么存在 $k \in \mathbb{N}$ 使得 f^k 有马蹄.

证明. 取 n 使得 $\mathcal{D}_n > 1$, 并令 $I_1 \neq I_2 \in \mathcal{D}_n$. 那么对 $i = 1, 2$, 在 f^{k_n} 作用下 $I_i \to J_n$. 这意味着 J_n 是一个马蹄. □

依次我们得到

推论 15.2.4. 假设 f 是一个连续的区间映射, 又 $h_{\text{top}}(f) > 0$. 那么存在周期不是 2 的幂的周期点.

证明. 取 n 如上一个证明中的, 并回忆在马蹄中所有周期都会出现. □

因此, 所有周期是 2 的幂的周期点必须有零拓扑熵.

定理 15.2.1 的证明. 不失一般性取这个区间为 $[0, 1]$. 我们从一个初等引理开始.

引理 15.2.5. 如果 $a_n, b_n \geqslant 0$, 则

$$\overline{\lim_{n\to\infty}} \frac{1}{n} \log \left(\sum_{k=0}^{n} e^{a_k + b_{n-k}} \right) \leqslant M := \max \left(\overline{\lim_{n\to\infty}} \frac{a_n}{n}, \overline{\lim_{n\to\infty}} \frac{b_n}{n} \right).$$

证明. 如果 $M < \infty$, 令 $S := \max_{n\in\mathbb{N}} (1/n) \max(a_n, b_n)$, 并对 $U > M$ 取 $N \in \mathbb{N}$, 使得对 $n \geqslant N$ 有 $\max(a_n, b_n) \leqslant nU$. 如果 $n \geqslant 2N$ 和 $k \leqslant n$, 则有 $k \geqslant N$, 或者 $n - k \geqslant N$, 所以 $a_k + b_{n-k} \leqslant NS + (n - N)U \leqslant NS + nU$, 以及

$$\overline{\lim_{n\to\infty}} \frac{1}{n} \log \left(\sum_{k=0}^{n} e^{a_k + b_{n-k}} \right) \leqslant \lim_{n\to\infty} \left(\frac{1}{n} \log(n+1) + \frac{1}{n}(NS + nU) \right) = U.$$

但 $U > M$ 是任意的. □

[495] 现在我们调用区间映射的拓扑熵的 Adler–Konheim–McAndrew 定义 (练习 3.1.7—3.1.9), 其中可用区间分割代替覆盖. 然后用引理 15.2.8 容易建立它与我们的标准定义一致.

设 $\mathcal{C}$ 是 $[0, 1]$ 的区间有限分割, $\mathcal{C}^n := \bigvee_{i=0}^{n-1} f^{-i}(\mathcal{C})$. 此外, 对任何 $J \subset [0, 1]$ 令 $N(J, \mathcal{C}) := \min \left\{ \operatorname{card} C \,\middle|\, C \subset \mathcal{C}, J \subset \bigcup_{I \in C} I \right\}$, 并定义 $h(f, \mathcal{C}) := \overline{\lim_{n\to\infty}} \frac{1}{n} \log \operatorname{card} (\mathcal{C}^n)$.

取

$$\varnothing \neq E_1 := E := \left\{ J \in \mathcal{C} \,\middle|\, \overline{\lim_{n\to\infty}} \frac{1}{n} \log N(J, \mathcal{C}^n) = h(f, \mathcal{C}) \right\} \subset \mathcal{C}.$$

递归定义 E_n: 如果 $I \in E_{n-1}, J \in E$, 则在 f^{n-1} 作用下 $I \to f^{n-1}(I) \cap J$, 只要后者非空, 因此, 此时由引理 15.1.1, 存在区间 $K = K(I, J) \subset I$ 使得 $f^{n-1}(K) = f^{n-1}(I) \cap J$. 令 $E_n := \{K(I, J) | I \in E_{n-1}, J \in E, f^{n-1}(I) \cap J \neq \varnothing\}$.

接下来, 为了方便起见利用下面记号: 如果 $\mathcal{A}$ 是空间 X 的子集族且 $Y \subset X$, 则令 $\mathcal{A}|_Y := \{I \cap Y | I \in \mathcal{A}\}$.

引理 15.2.6. *对所有 $J \subset E$ 有 $\overline{\lim\limits_{n\to\infty}} \log \operatorname{card}(E_n|_J) = h(f, \mathcal{C})$.*

证明. 显然 $\operatorname{card}(E_n|_J) \leqslant \operatorname{card}(\mathcal{C}^n|_J) = N(J, \mathcal{C}^n) \leqslant \operatorname{card}(\mathcal{C}^n)$. 为了证明反向不等式, 令 $a_n := \log \operatorname{card}(E_n|_J), b_n := \log \left(\sum\limits_{I \in \mathcal{C} \setminus E} \operatorname{card}(\mathcal{C}^n|_I) \right)$ 和 $a_0 = b_0 = 1$. 我们利用修改的子乘法性论述. 注意

$$\operatorname{card}(\mathcal{C}^n|_J) \leqslant \sum_{k=0}^{n} \operatorname{card}(E_k|_J) \cdot \left(\sum_{I \in \mathcal{C} \setminus E} \operatorname{card}(\mathcal{C}^{n-k}|_I) \right) = \sum_{k=0}^{n} e^{a_k + b_{n-k}}. \quad (15.2.1)$$

即若 $L \in \mathcal{C}^n|_J$, 则对 $0 \leqslant i \leqslant n$ 有 $f^i(L) \subset K \in \mathcal{C}$. 令 k_0 是满足 $f^{k_0}(L) \subset I \in \mathcal{C} \setminus E$ 的最小整数. 相应于这样的 L 可有 $E_{k_0}|_J$ 的唯一元素和 $\mathcal{C}^{n-k_0}|_I$ 的唯一元素. 因此, 通过 (15.2.1) 右端对 $k = k_0$ 求和, 得知这样的 L 的总数有界.

于是, 由 E 的定义, 我们有

$$h(f, \mathcal{C}) \leqslant \overline{\lim_{n\to\infty}} \frac{1}{n} \log \operatorname{card}(\mathcal{C}^n|_J) \leqslant \overline{\lim_{n\to\infty}} \frac{1}{n} \log \sum_{k=0}^{n} e^{a_k + b_{n-k}}, \text{ 如果 } J \in E, \quad (15.2.2)$$

对 $J \in \mathcal{C} \setminus E$ 也有 $\overline{\lim\limits_{n\to\infty}} \dfrac{1}{n} \log \operatorname{card}(\mathcal{C}^n|_J) \leqslant h(f, \mathcal{C})$, 因此

$$\overline{\lim_{n\to\infty}} \frac{1}{n} b_n < h(f, \mathcal{C}). \quad (15.2.3)$$

由引理 15.2.5, 关系式 (15.2.2) 和 (15.2.3) 意味着 $\overline{\lim\limits_{n\to\infty}} \dfrac{1}{n} a_n \geqslant h(f, \mathcal{C})$. □

下面这个主要引理证明, 至少有一个 $J \in E$ 在 f^n 作用下由许多 $I \in E_n|_J$ [496]
覆盖, 或者更具体地说, f^n 在 J 上的 Markov 矩阵沿着对角线有相当比例的 1 的分块.

引理 15.2.7. *如果 $\gamma(J, I, n) := \operatorname{card}\{L \in E_n|_J | I \subset f^n(L)\}$ 和 $h(f, \mathcal{C}) > \log 3$, 那么存在 $K \in E$, 使得*

$$\overline{\lim_{n\to\infty}} \frac{1}{n} \log \gamma(K, K, n) = h(f, \mathcal{C}).$$

证明. 显然我们永远有"$\leqslant$".

固定 $J \in E, u \in (\log 3, h(f,\mathcal{C}))$. 则对所有 $N \in \mathbb{N}$, 存在 $n \geqslant N$ 使得

$$\begin{aligned}&\frac{1}{n}\log\operatorname{card}(E_n|_J) > u,\\&\operatorname{card}(E_{n+1}|_J) \geqslant 3\operatorname{card}(E_n|_J),\end{aligned} \tag{15.2.4}$$

因为否则存在 $N \in \mathbb{N}$, 使得 $\frac{1}{n}\log\operatorname{card}(E_n|_J) > u$ 意味着对 $n \geqslant N$ 有 $\operatorname{card}(E_{n+1}|_J) < 3\operatorname{card}(E_n|_J)$, 因此有 $\overline{\lim\limits_{n\to\infty}}\frac{1}{n}\log\operatorname{card}(E_n|_J) \leqslant u$, 这与引理 15.2.6 矛盾.

如果 $L \in E_n|_J$, 则 $f^n(L)$ 是一个区间, 所以至多存在 $\mathcal{C}$ 的与 $f^n(L)$ 相交的两个区间没有被它覆盖. 因此

$$\operatorname{card}\{I \in E | I \subset f^n(L)\} + 2 \geqslant \operatorname{card}\{I \in E | I \cap f^n(L) \neq \varnothing\} \geqslant \operatorname{card}(E_{n+1}|_L),$$

其中最后一个不等式是由 E_{n+1} 的定义得到. 这是证明的关键, 那里用到一维性. 关键是存在足够的完全交以产生 E_{n+1} 的元素. 对所有 $L \in E_n|_J$ 将这些不等式相加给出

$$\begin{aligned}&\sum_{I\in E}\gamma(J,I,n) = \sum_{I\in E}\operatorname{card}\{L \in E_n|_J | I \subset f^n(L)\}\\=&\sum_{I\in E_n|_J}\operatorname{card}\{I \in E | I \subset f^n(L)\} \geqslant \operatorname{card}(E_{n+1}|_J) - 2\operatorname{card}(E_n|_J),\end{aligned}$$

所以由 (15.2.4), 对所有 $u < h(f,\mathcal{C})$ 有 $\overline{\lim\limits_{n\to\infty}}\frac{1}{n}\log\left(\sum\limits_{I\in E}\gamma(J,I,n)\right)$, 只要 $\overline{\lim\limits_{n\to\infty}}\frac{1}{n}\log\left(\sum\limits_{I\in E}\gamma(J,I,n)\right) \geqslant h(f,\mathcal{C})$. 由于 E 是有限的, 存在 $\varphi(J) \in E$, 使得 $\overline{\lim\limits_{n\to\infty}}\frac{1}{n}\log\left(\sum\limits_{I\in E}\gamma(J,\varphi(J),n)\right) \geqslant h(f,\mathcal{C})$. 又因为 E 也是有限的, 变换 $\varphi: E \to E$ 有周期 m 周期点 K. 由于对任何 $n_i \in \mathbb{N}$, 我们有

$$\gamma\left(K, K, \sum_{i=0}^{m-1} n_i\right) \geqslant \prod_{i=0}^{m-1}\gamma(\varphi^i(K), \varphi^{i+1}(K), n_i),$$

因此, 求得 $\overline{\lim\limits_{n\to\infty}}\frac{1}{n}\log\gamma(K,K,n) \geqslant h(f,\mathcal{C})$. □

[497] **引理 15.2.8.** 如果 $\mathcal{C}$ 为长度至多是 ε 的区间的一个分割, 那么 $h(f,\mathcal{C}) \geqslant h_d(f,2\varepsilon)$ (见 (3.1.10)).

证明. 在极大 2ε 分离集中至多有一点在 $\mathcal{C}^n$ 的每个元素中, 因此, 引理由 (3.1.15) 得到. □

现在来完成定理的证明. 如果 $h_{\text{top}}(f) = 0$, 则对所有 $n \in \mathbb{N}$, 令 $J_n = \bigcap_{j=0}^{\infty} f^j([0,1]), \mathcal{D}_n = \{J_n\}, k_n = n$.

否则, 取 $[0,1]$ 的长度至多是 $1/2n$ 的区间的有限分割 $\mathcal{C}_n$. 固定 $n \in \mathbb{N}$ 并取 $r \in \mathbb{N}$ 使得 $\log 3 < rh(f, \mathcal{C}_n)$. 将引理 15.2.7 应用于 f^r, 存在区间 J_n 和 $m_n > m_{n-1}$, 使得

$$\frac{1}{m_n} \log \gamma(J_n, J_n, m_n) \geqslant h(f^r, \mathcal{C}_n) - \frac{1}{n}.$$

令 $k_n = rm_n$ 和 $\mathcal{D}_n = \{I \in E_{m_n, f^r|_{J_n}} | J_n \subset f^{k_n}(I)\}$. 于是对所有 $I \in \mathcal{D}_n$ 和 $\mathcal{D}_n = \gamma(J_n, J_n, m_n)$ 有 $J_n \subset f^{k_n}(I)$. 现在

$$\begin{aligned}\varliminf_{n\to\infty} \frac{1}{k_n} \operatorname{card} \mathcal{D}_n &= \frac{1}{r} \varliminf_{n\to\infty} \frac{1}{m_n} \log \gamma(J_n, J_n, m_n) \\ &\geqslant \frac{1}{r} \varliminf_{n\to\infty} h(f^r, \mathcal{C}_n) - \frac{1}{n} \geqslant \frac{1}{r} \varliminf_{n\to\infty} h_d\left(f^r, \frac{1}{n}\right) - \frac{1}{n} = h_{\text{top}}(f).\end{aligned}$$

反向不等式是显然的. □

注意, f^{k_n} 相应于 $\mathcal{D}_n$ 的 Markov 图有逼近 $h_{\text{top}}(f)$ 的熵. 因此利用定理 15.1.5, 我们有

推论 15.2.9. *如果 $f : [0,1] \to [0,1]$ 连续, 那么 f 的拓扑熵由相应于子区间族的 f 的迭代的 Markov 图的拓扑熵任意逼近.*

定理 15.2.1 的一个较接近的重叙形式是

推论 15.2.10. *设 $f : [0,1] \to [0,1]$ 连续, 以及 $\varepsilon > 0$, 那么存在 $n \in \mathbb{N}$, 使得 f^n 有不变集 Λ 是全移位的一个因子, 且满足 $h_{\text{top}}(f^n|_\Lambda) \geqslant n(h_{\text{top}}(f) - \varepsilon)$.*

我们有趣地指出, 类似的事实对二维流形的 $C^{1+\alpha}$ 微分同胚也成立. 就是说, 由推论 S.5.10, 任何这样的微分同胚有一个不变的双曲马蹄型集, 它的熵任意逼近拓扑熵. 不像一维情形这不是一个拓扑事实. 例如, Marry Rees 构造了一个具有正拓扑熵的二维环面的极小同胚.[1] 在二维设置中, 介值定理通过取双曲性起作用. 属于 Ruelle 不等式 (定理 S.2.13) 的双曲性断言, 正拓扑熵蕴含着线性化系统中的某些指数展开. 类似的事实对 Riemann 球面的全纯映射和复二维曲面中的全纯微分同胚成立. 这两个情形也利用双曲性. 第一个情形是由于映射自己 [498]
的共形性, 第二个情形是由于在局部稳定和不稳定流形上的限制的共形性.

现在利用定理 15.2.1 来看拓扑熵是如何依赖于映射的:

定理 15.2.11. $h_{\text{top}}: C^0([0,1],[0,1]) \to \mathbb{R}\cup\{\infty\}$ 是下半连续的.

证明. 利用定理 15.2.1 中的记号, 固定 $f\in C^0([0,1],[0,1])$ 和 $\varepsilon>0$. 取 $n\in\mathbb{N}$ 使得 $(1/k_n)\log(\operatorname{card}\mathcal{D}_n-2)\geqslant h_{\text{top}}(f)-\varepsilon$. 取区间 $K_n\subset J_n$ 使得 $\overline{K}_n\subset \operatorname{Int}J_n$, 没有 $I\in\mathcal{D}_n$ 同时交于 K_n 和 $J_n\backslash K_n$, 而且至多有两个 $I\in\mathcal{D}_n$ 与 K_n 不相交. 于是对所有 $I\in\mathcal{D}_n$ 有 $\overline{K}_n\subset\operatorname{Int}(f^{k_n}(I))$, 因此对所有 $I\in\mathcal{D}_n$, 和任何充分 C^0 接近于 f 的 $g\in C^0([0,1],[0,1])$, 有 $\overline{K}_n\subset\operatorname{Int}(g^{k_n}(I))$. 稍微变化 $I\in\mathcal{D}_n$ 得到区间的不相交族 $\mathcal{F}_n$, 使得

(1) 如果 x 是 $I\in\mathcal{F}_n$ 的一个端点, 但不是 K_n 的端点, 则 $g^{k_n}(x)\notin\overline{K}_n$;

(2) $\operatorname{card}\mathcal{F}_n\geqslant\operatorname{card}\mathcal{D}_n-2$;

(3) 对所有 $I\in\mathcal{F}_n$ 有 $\overline{K}_n\subset\operatorname{Int}(g^{k_n}(I))$.

于是对每一个 $I\in\mathcal{F}_n$ 有 $Y:=\bigcap\limits_{i=0}^{\infty}g^{-ik_n}(\overline{K}_n)\subset g^{k_n}(I)$. 通过考虑 δ 分离集, 我们看到这蕴含着 $h_{\text{top}}(g^{k_n}|_Y)\geqslant\log\operatorname{card}\mathcal{F}_n$. 因此

$$h(g)=\frac{h(g^{k_n})}{k_n}\geqslant\frac{h(g^{k_n}|_Y)}{k_n}\geqslant\frac{\log\operatorname{card}\mathcal{F}_n}{k_n}\geqslant\frac{\log(\operatorname{card}\mathcal{D}_n-2)}{k_n}\geqslant h(f)-\varepsilon. \qquad \square$$

注意, 定理 15.2.11 的结论也对上述高维光滑和全纯情形成立 (见推论 S.5.13).

现在我们回到映射 f 的熵与变分 $V(f)$ 之间的关系. 这种关系的一个特殊情形出现在练习 15.1.2 中. 一般情形的一个明显联系如下.

命题 15.2.12. 设 $f:[0,1]\to[0,1]$ 连续. 则 $h_{\text{top}}(f)\leqslant\varliminf\limits_{n\to\infty}\dfrac{1}{n}\log V(f^n)$. 假设 f 是逐段单调的, 即单调性的极大区间的个数 $c(f)$ 有限. 则 $h_{\text{top}}(f)\leqslant\lim\limits_{n\to\infty}\dfrac{1}{n}\log c_n\leqslant\dfrac{1}{n}\log c_n$, 其中 $c_n:=c(f^n)$.

证明. 如果 $\{x_1,\cdots,x_N\}\subset[0,1]$ 是极大 (n,ε) 分离集, 即 $N=N_d(f,\varepsilon,n)$ (见 (3.1.16)), 则对 $1\leqslant i\leqslant N$ 存在 $0\leqslant k_i<n$ 使得 $|f^{k_i}(x_i)-f^{k_i}(x_{i+1})|>\varepsilon$, 因此 $\sum\limits_{k=0}^{n-1}V(f^k)\geqslant\varepsilon(N_d(f,\varepsilon,n)-1)$. 令 $n\to\infty$, 然后令 $\varepsilon\to 0$, 由 (3.1.15) 得到第一个断言. 为了证明第二个断言, 注意这个极限存在且是 $\dfrac{\log c_n}{n}$ 的下确界, 因为 $\{c_n\}_{n\in\mathbb{N}}$ 显然是子乘法的. 但是当 $c_n\geqslant V(f^n)$ 时每个单调性区间的变分至多是 1. $\square$

[499] 现在我们证明对逐段单调映射这些估计都是等式.

命题 15.2.13. 如果 $f:[0,1]\to[0,1]$ 是逐段单调连续映射, 那么

$$\lim_{n\to\infty}\frac{1}{n}\log c_n = h_{\mathrm{top}}(f).$$

证明. 取 2ε 小于两个转向点之间的最小距离. 设 $\mathcal{C}$ 是 $[0,1]$ 的长度在 ε 和 2ε 之间的区间分割, 在这些区间上 f 是单调的. 于是 $\operatorname{card}\mathcal{C}^n \geqslant c_n$. 由 ε 的选择每个半径为 ε 的 d_n^f 球覆盖 $\mathcal{C}^n$ 的元素至多 3^n 次. 因此 $[0,1]$ 的 d_n^f ε 球的最小覆盖的势为 $S=S_d(f,\varepsilon,n)\geqslant 3^{-n}\operatorname{card}\mathcal{C}^n\geqslant 3^{-n}c_n$. 因此 $\lim\limits_{n\to\infty}\frac{1}{n}\log c_n\leqslant h_{\mathrm{top}}(f)+\log 3$, 应用这个结果到 f^k, 得到 $\lim\limits_{n\to\infty}\frac{1}{n}\log c_n\leqslant\frac{1}{k}h_{\mathrm{top}}(f^k)+\frac{1}{k}\log 3=h_{\mathrm{top}}(f)+\frac{1}{k}\log 3$. 令 $k\to\infty$ 得到结论. □

推论 15.2.14. 如果 $f:[0,1]\to[0,1]$ 是逐段单调连续映射, 那么

$$\lim_{n\to\infty}\frac{1}{n}\log V(f^n)=h_{\mathrm{top}}(f).$$

证明. $h_{\mathrm{top}}(f)\leqslant\underline{\lim}\frac{\log V(f^n)}{n}\leqslant\overline{\lim}\frac{\log V(f^n)}{n}\leqslant\lim\frac{\log c_n}{n}=h_{\mathrm{top}}(f).$ □

在某些情况下, 利用这个结果我们就可用明显的形式计算拓扑熵. 例如, 考虑斜率为 $s\in[1,2]$ 的帐篷映射

$$\tau_s: x\mapsto s(1-|1-2x|)/2. \tag{15.2.5}$$

它与它的所有迭代一起有常数绝对值斜率, 因此这给出上面的变分, 即 $V(\tau_s^n)=s^n$. 于是由推论 15.2.14 给出

$$h_{\mathrm{top}}(\tau_s)=\log s. \tag{15.2.6}$$

当然这个论述可适用于斜率是常数绝对值的任何映射. 这个结果在与 Milnor–Thurston 分类定理 15.6.1 的联系中也有用.

由于仅存在可数多个 0-1 矩阵, 拓扑 Markov 链的拓扑熵只可能取可数多个值, 而由 (15.2.6), 帐篷映射可以有拓扑熵的任何值. 因此我们立刻看到, 用 Markov 链模拟所有区间映射并不充分. 在 15.5 节我们将回到这个主题. 但是, 首先我们证明用 Markov 模型就足以理解不同周期的周期点是如何出现的.

练 习 [500]

15.2.1. 证明对每个 s 存在无穷多个具有常数绝对值斜率 s 的映射没有两个是拓扑共轭的.

15.2.2. 给定 $\varepsilon>0$ 和 $0\leqslant h\leqslant\infty$, 构造 $[0,1]$ 的一个映射, 它 C^0 接近于恒同且有拓扑熵 h.

15.3. Sharkovsky 定理

上一节我们证明了熵给出周期轨道个数增长率的下界. 现在我们证明只要某些周期的周期点存在就得到熵的下界. 我们从 Sharkovsky 的著名定理开始, 它以确切的方式描述了不同周期的周期轨道出现的次序. 它的一个非常特殊的情形为命题 15.1.12.

定义 15.3.1. 自然数 $\mathbb{N}$ 的 Sharkovsky 序由

$$1 \lhd 2 \lhd 2^2 \lhd 2^3 \lhd \cdots \lhd 2^m \lhd \cdots \lhd 2^k(2n-1) \lhd \cdots \lhd 2^k \cdot 3 \lhd \cdots \lhd 2 \cdot 3 \lhd \cdots \lhd 2n-1 \lhd \cdots \lhd 9 \lhd 7 \lhd 5 \lhd 3$$

定义.

回忆对 $n \in \mathbb{N}$, 最小周期 n 周期点是 $\operatorname{Fix}(f^n) \backslash \left(\bigcup_{i=1}^{n-1} \operatorname{Fix}(f^i) \right)$ 中的点.

定理 15.3.2 (Sharkovsky 定理).[1] 设 $I \subset \mathbb{R}$ 是一个闭区间, $f: I \to I$ 是连续映射. 如果 f 有最小周期 p 周期点, 且 $q \lhd p$, 那么 f 有最小周期 q 周期点.

证明. 下面的主要引理刻画一个 "最小 Markov 模型", 它在任何区间映射中出现奇数周期的周期点. 它也为熵的下界估计的基础 (定理 15.3.5) 服务.

引理 15.3.3. 设 $I \subset \mathbb{R}$ 是一个闭区间, $f: I \to I$ 是连续映射. 又设 $x \in I$ 是奇数周期 $p > 1$ 周期轨道, 使得没有奇数 $q < p$ 周期的周期轨道. 如果 $x_{\min}$ 和 $x_{\max}$ 是 x 的轨道的最小值和最大值, 那么由 x 的轨道 $\mathcal{O}(x)$ 诱导的 $J := [x_{\min}, x_{\max}]$ 的分割 $\mathcal{C}$ 的 Markov 图包含下面的子图:

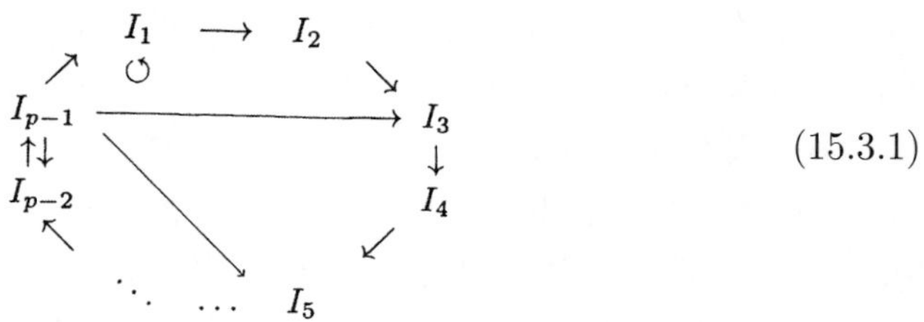

(15.3.1)

[501] 即对每个奇数 k, 可将分割的区间按方式 $I_1 \to I_1 \to I_2 \to \cdots \to I_{p-1}$ 和 $I_{p-1} \to I_k$ 表示为 $\{I_1, \cdots, I_{p-1}\}$.

证明. 取 $a := \max\{y \in \mathcal{O}(x) | f(y) > y\}$ 和 $I_1 = [a, b]$, 其中 b 是轨道 $\mathcal{O}(x)$ 上从右边最接近于 a 的点. 于是 $f(a) \geqslant b$ 和 $f(b) \leqslant a$, 因此 $I_1 \subset f(I_1)$, 即 $I_1 \to I_1$. 事实上, 这个包含是真的, 因为 a 有奇数周期. 现在 $f(I_1) \subset f(f(I_1))$, 所以归纳地, $I_1 \subset f(I_1) \subset \cdots \subset f^p(I_1)$; 从而 $f^p(I_1)$ 包含 a 的轨道, 故包含 J.

现在我们看到存在元素 $I \in \mathcal{C}\backslash\{I_1\}$ 使得 $I \to I_1$. 令 $l := \mathrm{card}\,\{y \in \mathcal{O}(x) | y < a\}$ 和 $r := \mathrm{card}\,\{y \in \mathcal{O}(x) | y > b\}$. 于是 $l + r = p - 2$, 所以 $l \neq r$. 因此, 至少在 I_1 的一边存在 $\mathcal{O}(x)$ 上的点其像在同一边. 另一方面, 由于 x 是周期点, 两边有 $\mathcal{O}(x)$ 的点在 f 作用下改变边. 因此, 存在相邻的一对点 c, d 使得它们中恰有一点改变边, 即 $I = [c, d]$ 是所要求的.

现在用方式 $I_1 \to \cdots \to I_k \to I_1$ 记包含 I_1 的最短非平凡闭路的区间. 我们要证明 $k = p - 1$. 由这个闭路的极小性得 $k \leqslant p - 1$, 故只需证明 $k \geqslant p - 1$. 为此令 $q \in \{k, k+1\}$ 为奇数. 由推论 15.1.4 通过闭路 $I_1 \to \cdots \to I_k \to I_1$ 或者闭路 $I_1 \to \cdots \to I_k \to I_1 \to I_1$ 的存在性得知点 $y \in \mathrm{Fix}\,(f^q)$. y 不是不动点, 因为否则 $y \in I_1 \cap \cdots \cap I_k \subset I_1 \cap I_2$ 在 x 的轨道内, 矛盾. 因此, 由对 p 的假设我们有 $q \geqslant p$, 由此得知 $k \geqslant p - 1$.

剩下的要证明对奇数 k 有 $I_{p-1} \to I_k$. 为此我们证明 I_i 的次序直到相差定向如

$$I_{p-1}, I_{p-3}, \cdots, I_2, I_1, I_3, \cdots, I_{p-2}. \tag{15.3.2}$$

注意, 由于 $I_1 \to \cdots \to I_{p-1} \to I_1$ 是最短的非平凡闭路 $I_1 \to \cdots \to I_1$, 我们有 $I_k \to I_j$ 意味着 $j \leqslant k + 1$. 因此 I_1 覆盖 I_1 和 I_2, 由连通性 I_2 是 $I_1 = [a, b]$ 的邻近, 所以直到相差定向有 $I_2 = [c, a]$ 和 $f(a) = b$ 以及 $c = f(b)$. 现在来确定 $f(I_2)$. 由于 $f(a) = b$ 和 I_2 不覆盖 I_1 (因为 $I_1 \to \cdots \to I_{p-1} \to I_1$ 是最短的非平凡闭路 $I_1 \to \cdots \to I_1$), $f(I_2)$ 整个位于 a 的右边. 它覆盖 I_3, 所以 $I_3 = [b, d]$. 由于 I_2 不覆盖其他区间, 所以实际上有 $d = f^2(b)$. 类似地, 我们看到 $I_4 = [e, c]$, 从而递归地得到所要的次序.

记 $a_i := f^i(a)$, 我们已经证明 $x_{\min} = a_{p-1} < a_{p-3} < \cdots < a_2 < a < a_1 < a_3 < \cdots < a_{p-2} = x_{\max}$, 因此, 显然对奇数 k 有 $I_{p-1} = [a_{p-1}, a_{p-3}] \to I_k$. □

引理 15.3.4. *如果 f 有奇数周期的周期点, 那么它有周期 2 点.*

证明. 设 p 是最小偶数周期, 且 $x \in \mathrm{Fix}\,(f^p)$. 若 $p = 2$ 则引理得证. 否则可以按两个不同方式出现周期 2 点. 假设第一个是存在 $\mathcal{O}(x)$ 的一对相邻点 c, d, 使得区
间 $[c, d] \neq I_1$ 覆盖 I_1 (用的记号如前). 记由 $\mathcal{O}(x)$ 产生的使得 $I_1 \to \cdots \to I_k \to I_1$ [502]
的区间是最短非平凡闭路 $I_1 \to \cdots \to I_1$. 于是, 显然 $k \leqslant p - 1$.

设 $q \in \{k, k+1\}$ 是偶数. 则 $q \leqslant p$. 由推论 15.1.4 存在闭路 $I_1 \to \cdots \to I_k \to I_1$ 或者闭路 $I_1 \to \cdots \to I_k \to I_1 \to I_1$, 这意味着存在点 $y \in \mathrm{Fix}\,(f^q)$. 但 y 不是不动点, 因为否则 $y \in I_1 \cap \cdots \cap I_k \subset I_1 \cap I_2$ 是 x 的轨道上的点, 矛盾. 因此由对 p 的假设, 我们有 $q = p$, 从而 $k \geqslant p - 1$.

此外, 如前, 可以证明 I_i 的次序直到相差定向为

$$I_{p-2}, \cdots, I_2, I_1, I_3, \cdots, I_{p-1},$$

而且对偶数 k 有 $I_{p-1} \to I_k$. 因此由推论 15.1.4 闭路 $I_{p-1} \to I_{p-2} \to I_{p-1}$ 给出最小周期 2 点.

在第二个情形, 当不存在区间 $[c, d]$ 覆盖 I_1 时, 我们要证明此时有 $[x_{\min}, a] \to [b, x_{\max}] \to [x_{\min}, a]$. 为此注意 $f(a) \geqslant b$, 所以 $f([x_{\min}, a])$ 包含 I_1 右边的点. 我们的假设意味着 $[x_{\min}, a]$ 不覆盖 I_1, 因此 $f([x_{\min}, a])$ 不在 a 的右边. 同样 $f[b, x_{\max}]$ 位于 b 的左边. 但是那样, 由于 f 置换 $\mathcal{O}(x)$, 必须有 $[x_{\min}, a] \to [b, x_{\max}] \to [x_{\min}, a]$. 现在由推论 15.1.4 再次得到周期 2 点. □

现在我们可以证明定理.

(0) 如果 $p = 2^k$ 和 $q \lhd p$, 那么对某个 $l < k$ 有 $q = 2^l$.

容易看到存在不动点, 所以考虑情形 $l > 0$. 如果 x 是最小周期 p 周期点, 则它是 $f^{\frac{q}{2}} = f^{2^{l-1}}$ 的周期 2^{k-l+1} 周期点, 由引理 15.3.4, $f^{2^{l-1}}$ 有最小周期 2 周期点. 这点也是 f 的最小周期 $2^{l-1+1} = q$ 周期点.

否则, 如果 $p = r \cdot 2^k$, $r > 1$ 为奇数以及 $q \lhd p$, 则存在三个情形:

(1) $q = 2^l, l \leqslant k$,

(2) $q = s \cdot 2^k$, s 是偶数,

(3) $q = s \cdot 2^k$, $s > r$ 是奇数.

为了在情形 (1) 证明定理, 注意利用在情形 (2) 的 $s = 2$ 得到周期 2^{k+1} 周期点, 故由在情形 (0) 的定理我们有周期 2^l 周期点, $l \leqslant k$.

为了在情形 (2) 证明定理, 不失一般性可假设 r 是最小的, 即对奇数 $t < r$, f 没有周期 $t \cdot 2^k$ 周期点. 于是 r 是 f^{2^k} 的最小奇数周期. 由引理 15.3.3 我们有长度为 s 的非平凡闭路, 即如果 $s < r$ 则 $I_{r-1} \to I_{r-s} \to \cdots \to I_{r-2} \to I_{r-1}$, 否则, $I_1 \to I_2 \to \cdots \to I_{r-1} \to I_1 \to I_1 \to \cdots \to I_1$. 由推论 15.1.4, f^{2^k} 有最小周期 s 周期点, 因此它是 f 的最小周期 $s \cdot 2^k = q$ 周期点 (它是最小周期, 因为否则 $s/2$ 是 f^{2^k} 关于这一点的周期).

最后, 在情形 (3), 闭路 $I_1 \to I_2 \to \cdots \to I_{r-1} \to I_1 \to I_1 \to \cdots \to I_1$ 给出 f^{2^k} 的最小周期 s 周期点. 如果在 f 的作用下最小周期是 $s \cdot 2^k$, 则我们已经证明
[503] 了. 否则它是对某个 $t < k$ 的 $s \cdot 2^t$. 但是那样我们可取 $p' = s \cdot 2^t$ 和 $s' = s \cdot 2^{k-t}$
来通过 (2) 得到最小周期 $s' \cdot 2^t = s \cdot 2^k = q$ 的一个周期轨道.

因此, 我们证明了 Sharkovsky 定理. □

证明 Sharkovsky 定理的这个方法允许我们发展考虑的几类周期轨道 (通过映射在周期轨道上诱导的排列定义) 的信息. 我们说一个周期轨道促成另一个周期轨道, 如果有第一类周期轨道的任何映射也有第二类周期轨道. 因此周期 p 促成周期 $q \lhd p$. 在练习 15.3.1 中我们看到一类周期 4 轨道促成所有其他周期的周期轨道的存在性的一个例子.

当已知出现某些周期点时, 结合前面论述所获得的知识, 就可得到一个区间映射熵的下界. 我们将利用命题 3.2.5 与由引理 15.3.3 给出的关于 Markov 图的信息之间的联系. 这个联系由定理 15.1.9 给出.

定理 15.3.5. 设 $I \subset \mathbb{R}$ 是一个闭区间, $f : I \to I$ 是连续映射, 它有周期 $p \cdot 2^m$ 周期点, $p > 1$ 为奇数. 那么 $h_{\rm top}(f) \geqslant 2^{-m} \log \lambda_p$, 其中 λ_p 是 $x^p - 2x^{p-2} - 1$ 的最大根.

证明. 假设 p 是最小的, 考虑 $\widetilde{f} := f^{2^m}$. 注意, 由引理 15.3.3, $\widetilde{f}$ 关于由周期轨道诱导的分割的 Markov 图包含子图 (15.3.1). 由定理 15.1.9 和 Perron–Frobenius 定理 1.9.11, 只需证明 (15.3.1) 的熵是 $x^p - 2x^{p-2} - 1$ 的最大根. 因此需要计算相应于 (15.3.1) 的 Markov 矩阵的特征多项式, 就是说, 我们需要 $n \times n$ 矩阵

$$A_n := \begin{pmatrix} 1 & 0 & 0 & & & & 1 \\ 1 & 0 & 0 & & & & 0 \\ 0 & 1 & 0 & & & & 1 \\ & 0 & 1 & \ddots & & & 0 \\ & & 0 & \ddots & 0 & 0 & \vdots \\ & & & \ddots & 1 & 0 & 1 \\ & & & & 0 & 1 & 0 \end{pmatrix}$$

的最大特征值公式, 其中 n 为偶数. 如果 J 是其他元素为零的 $n \times n$ 矩阵, 则 $P_n(\lambda) := \det(A_n - \lambda \mathrm{Id})$ 与 $Q_n(\lambda) := \det(A_n - \lambda \mathrm{Id} - J)$ 通过 $P_n(\lambda) = (1 - \lambda)(-\lambda)Q_{n-2}(\lambda) - 1$ 相联系. 另一方面, $Q_n(\lambda) = \lambda^2 Q_{n-2}(\lambda) - 1$ 和 $Q_2(\lambda) = \lambda^2 - 1$, 所以归纳地, $Q_n(\lambda) = \lambda^n - \lambda^{n-2} - \cdots - 1$, 因此, $Q_n(\lambda) - Q_{n-2}(\lambda) = \lambda^n - 2\lambda^{n-2}$. 由于 $P_n(\lambda) = (\lambda^2 - \lambda)Q_{n-2}(\lambda) - 1 = Q_n(\lambda) - \lambda Q_{n-2}(\lambda)$, 我们有

$$\begin{aligned} (1+\lambda)P_n(\lambda) &= (1+\lambda)(Q_n(\lambda) - \lambda Q_{n-2}(\lambda)) \\ &= Q_n(\lambda) - \lambda Q_{n-2}(\lambda) + \lambda Q_n(\lambda) - (\lambda^2 Q_{n-2}(\lambda) - 1) - 1 \\ &= \lambda(Q_n(\lambda) - Q_{n-2}(\lambda)) - 1 = \lambda^{n+1} - 2\lambda^{n-1} - 1. \end{aligned}$$

这个多项式的最大根是正的, 因此与 $P_n(\lambda)$ 的最大根重合. 应用这个到 $n = p - 1$ [504]
得到定理的论断. □

特别地, 注意, 我们证明了具有零熵的映射不可能有周期不是 2 的幂的周期点, 这补充了推论 15.2.4. 结合这些, 我们有

推论 15.3.6. 假设 $f : [0,1] \to [0,1]$ 连续. 那么 $h_{\rm top}(f) = 0$, 当且仅当 f 的每个周期点的周期是 2 的幂.

最后, 我们证明, 不同于 Sharkovsky 定理, 对周期轨道的呈现没有限制的定理 15.3.5 对拓扑熵的估计是精确的. 为此对 $p \in \mathbb{N}$ 令 $S_p := \{p\} \cup \{q \in \mathbb{N} | q \triangleleft p\}$ 和 $S_\infty = \{2^n | n \in \mathbb{N}\}$. 另外, 令 $\mathcal{P}(f) := \left\{ n \in \mathbb{N} \middle| \operatorname{Fix}(f^n) \middle\backslash \bigcup_{k<n} \operatorname{Fix}(f^k) \neq \varnothing \right\}$. 于是我们有

定理 15.3.7.[2] 对 $p \in \mathbb{N} \cup \{\infty\}$, 存在连续映射 $f : [0,1] \to [0,1]$, 使得 $\mathcal{P}(f) = S_p$, 而且如果我们记 $p = n \cdot 2^k$, n 为奇数, 那么 $h_{\text{top}}(f) = 2^{-k} \log \lambda_n$, 其中 λ_n 如定理 15.3.5 中的.

证明. 首先考虑 p 是 2 的幂的情形. 为此我们说明倍周期构造, 即 "平方根技巧". 考虑任何映射 $f : [0,1] \to [0,1]$, 以及用对 $x \in [0,1/3]$ 的 $\widetilde{f}(x) = (2 + f(3x))/3$, 和对 $x \in [2/3,1]$ 的 $\widetilde{f}(x) = x - 2/3$ 定义 $\widetilde{f} : [0,1] \to [0,1]$, 再将它线性地扩张到 $[1/3,2/3]$. 注意在 $[0,1/3]$ 上 $\widetilde{f}^2(x) = f(3x)/3$, 故对 f 的每个周期 n 点存在 $\widetilde{f}$ 的周期 $2n$ 点. 此外, 在 $[1/3,2/3]$ 上的限制是线性扩张同胚, 因此有唯一不动点, 且没有其他周期点. 从而 $\widetilde{f}$ 的周期刚好是 f 的周期的两倍, 还存在另一个不动点.

如果 $p = 1$, 则映射 $f_1(x) = x(1-x)$ 有零点作为不动点, 而且没有周期点, 因为所有点都吸向 0. 如果 $p = 2$, 取 $f_2 = \widetilde{f_1}$. 由前面讨论它有周期 2 周期点, 显然它也是 $[1/3,2/3]$ 中的不动点. 归纳地令 $f_n = \widetilde{f}_{n-1}$ 并注意 f_n 有周期 2^k 周期点, $k < n$, 且没有其他的. 此时, 注意在 $[2 \cdot 3^{-\min(n,m)}, 1]$ 上有 $f_n = f_m$, 由此易知 $f_n \to f_\infty$ 一致成立, 而且 $f_\infty(0) = 1$. f_∞ 是 2 的所有幂是周期的一个映射例子, 没有更多的. 所有这些映射的熵也为零.[3]

下面假设 p 是奇数, 考虑有 Markov 图 (15.3.1) (利用约定 (15.3.2) 构造) 的标准映射 f_p (定义 15.1.13). 由构造 f_p 有周期 p 点. 没有更小周期 (除了 1) 的点, 因为 (15.3.1) 中所有小于 p 的奇数长度的闭路仅含 I_1, 因此从 f_p 的不动点产生. 由定理 15.1.9, 练习 15.1.1 以及变分原理定理 4.5.3, 我们有 $h_{\text{top}}(f) = \log \lambda_p$.

最后假设 $p = 2^k n$, n 为某奇数. 则对由 f_n 得到的映射 $f_{n,k}$, 用平方根技巧
[505] k 次得到 $\mathcal{P}(f_{n,k}) = S_p$. 此外, 倍周期构造具有从映射 f 产生映射 $\widetilde{f}$ 的效应, 它将 $[0,1/3]$ 与 $[2/3,1]$ 互换, 而且 $\widetilde{f}$ 在 $(1/3,2/3)$ 中的仅有游荡点是不动点. 因此 $[0,3^{-k}]$ 在 $f_{n,k}^{2^k}$ 作用下不变, 而且这个区间的像的并包含 $f_{n,k}$ 的所有非周期游荡点. 于是由命题 3.1.7(3) 得到 $h_{\text{top}}(f_{n,k}) = 2^{-k} \log \lambda_n$. □

练　　习

15.3.1. 假设 $f : [0,1] \to [0,1]$ 有周期轨道 $\{x_1 < x_2 < x_3 < x_4\}$, 使得对 $i < 4$ 有 $f(x_i) = x_{i+1}$, 以及 $f(x_4) = x_1$. 证明 f 具有所有周期的周期点.

15.3.2. 证明对任何 $n \geqslant 3$ 存在 n 个元素的排列, 使得实现这个排列的最小周期 n 的周期轨道 $\{x_1 < \cdots < x_n\}$ 促使存在所有其他周期的周期点.

15.4. 具有零拓扑熵的映射

下面我们的结果是借助不变测度描述有零拓扑熵的区间映射. 在一定程度上它可被看作为有无理旋转数的圆周同胚的可测分类 (定理 11.2.9) 的类似. 存在拓扑熵也是零而旋转仅给出在可测范畴或者在半共轭下的模型. 这里我们证明对区间的不可逆映射刚好存在一个有零熵的非原子测度模型. 证明的一个重要因素是注意到出现马蹄意味着产生正拓扑熵 (推论 15.1.11). 这已被我们反复用来排除组合复杂性. 我们从描述这些映射的标准模型开始, 它第一次出现在练习 1.3.3 中.

定义 15.4.1. 由

$$(\alpha_2\omega)_i = \begin{cases} 1-\omega_i, & \text{对所有 } j<i \text{ 有 } \omega_i = 1, \\ \omega_i, & \text{其他} \end{cases}$$

给出的具有 Bernoulli 测度 $\nu = \mu_{(1/2,1/2)}$ 的空间 Ω_2^R 的映射 $\alpha_2 : \Omega_2^{\mathrm{R}} \to \Omega_2^{\mathrm{R}}$ 称为*二进加法机*.

注意 α 的逆是

$$(\alpha_2^{-1}\omega)_i = \begin{cases} 1-\omega_i, & \text{对所有 } j<i \text{ 有 } \omega_i = 0, \\ \omega_i, & \text{其他}. \end{cases}$$

此外, α 映柱体到相同长度的柱体, 因此是保 ν 的同胚.

定理 15.4.2. *设 $f : [0,1] \to [0,1]$ 连续, 满足 $h_{\mathrm{top}}(f) = 0$, μ 是非原子遍历 f 不变的 Borel 概率测度. 则 (f,μ) 度量同构 (定义 4.1.20) 于二进加法机, 以及 $f|_{\mathrm{supp}\,\mu}$ 有作为拓扑因子的二进加法机.* [506]

证明. 令 $S = \mathrm{supp}\,\mu$ 和

$$S_0 := \{x \in S | f(x) = x\}, \quad S_1 := \{x \in S | f(x) > x\}, \quad S_2 := \{x \in S | f(x) < x\}.$$

那么

(1) S 是一个闭不变集,
(2) $f|_S$ 是拓扑传递的 (由命题 4.1.18(2)),
(3) S 是无限的,

(4) S_1 和 S_2 非空.

我们的证明策略是证明 $S_0=\varnothing, f(S_1)=S_2$ 和 $f(S_2)=S_1$. 而这是通过利用 f 和它的迭代没有马蹄 (定义 15.1.10 和推论 15.1.11) 的下面几个引理得到的. 另一个主要方法是通过命题 4.1.18(2) 由遍历性得到 f 在 S 上的传递性.

引理 15.4.3. $\sup S_1 \leqslant \inf(S_0\cup S_2)$ 和 $\sup(S_0\cup S_1)\leqslant \inf S_2$.

证明. 如果我们令 $\overline{f}(x):=1-f(1-x)$, 则第二个论断可通过考虑 $\overline{f}$ 从第一个论断得到. 为了证明第一个论断, 令 $p:=\inf(S_0\cup S_2)$, 并假设存在 $q\in S_1\cap(p,1]$. $f|_{(S_0\cup S_1)\cap[p,1]}$ 在 c 上达到最大值. 由定义 $f(c)\geqslant c\in S_0\cup S_1$, 又因为由连续性 $f(p)\leqslant p$ 和 $f(q)\geqslant q>p$, 故必须有 $c>p$.

(1) 为了得到矛盾, 假设 $c\in S_1$ 并令 $a:=\sup\{x<c|f(x)=x\}$. 注意 $S\cap[a,c]\subset S_1\cup S_0$, 因为由介值定理, $f(x)<x\leqslant c<f(c)$ 意味着存在 $y\in[x,c]\cap\mathrm{Fix}\,(f)$, 因此由 a 的选择 $x\leqslant y\leqslant a$, 显然 $x\neq a$.

为了得到马蹄, 要证明存在 $b\in S\cap[c,f(c)]$, 使得 $f(b)\leqslant a$. 为此假设对所有 $x\in S\cap[c,f(c)]$ 有 $f(x)>a$. 此时 $A:=S\cap[a,f(c)]$ 是有非空内部的闭不变集: 由 c 的选择对所有 $x\in A$ 有 $f(x)\leqslant f(c)$. 此外如前指出的对 $x\in S\cap[a,c]$, 有 $f(x)\geqslant x\geqslant a$, 以及由假设对 $x\in S\cap[c,f(c)]$ 有 $f(x)\geqslant a$. 但是 $f|_S$ 是拓扑传递的, 因此没有这样的不变集. 从而我们有 $a<c<b$ 和 $f(b)\leqslant a=f(a)$, 以及 $f(c)\geqslant b$, 所以 $[a,b]\subset f([a,c])\cap f([c,b])$, 故有马蹄. 但这是不可能的, 因为 $h_{\rm top}(f)=0$ (推论 15.1.11).

(2) 因此 $c\in S_0$, 即 $f(c)=c$. 假设 f 在 $(S_0\cup S_2)\cap[0,c]$ 的极小值在 u 上达到. 如果 $u\in S_2$ 则可用上一段以 $\overline{f}$ 代替 f 论述, 其中用 u 代替 c, 以及用 c 代替 a, 以得到马蹄. 因此 $u\in S_0$, 从而 $u=p$ 和 $f(S\cap[p,c])\subset[p,c]$. 再由拓扑传递性得到 $S\subset[p,c]$.

注意当 $x<c$ 时 $[x,c]\cap S\not\subset S_1$, 因为否则 $[x,c]\cap S$ 将是具有非空内部的不
[507] 变集, 这与 f 在 S 上的拓扑传递性矛盾. 现在证明, 对 $x<c$ 也有 $[x,c]\cap S\not\subset S_2$. 如果 $p\leqslant x<c$ 和 $[x,c]\cap S\in S_2$, 则 $M:=\max\{f(y)|p\leqslant y\leqslant x\}=c$, 因为否则, $[p,M]\cap S$ 是真闭 f 不变集, 这与拓扑传递性矛盾. 因此取 $v\in[p,x]\cap S$, 使得 $f(v)=c=f(c)$. 于是 $v\in S_1$, 且可先选择 $c=v$. 但是我们已经证明 $c\notin S_1$, 矛盾.

因此, 对 $x<c$ 存在 $[x,c]$ 中的点 S_1 和 S_2, 只要 $(x,c)\cap\mathrm{Fix}\,f\neq\varnothing$. 我们将用此来构造迭代的马蹄导致矛盾来证明引理 15.4.3. 取 $x\in(p,c)\cap S, \beta\in(x,c)\cap\mathrm{Fix}\,(f)$. 由拓扑传递性存在某个 $y\in(p,x)$ 和 $N\in\mathbb{N}$ 使得 $f^N(y)\in[\beta,c]$. 由于 $f(p)\leqslant p$ 以及由连续性存在某个 $\alpha\in(p,x)$ 使得 $f^N(\alpha)=\beta$, 对 $n\geqslant N$ 有 $f^n(\alpha)=\beta$. 由拓扑传递性也存在 $\gamma\in(\alpha,\beta)$ 和 $n\geqslant N$ 使得 $f^n(\gamma)<\alpha$. 因此

$[\alpha,\beta]\subset f^n([\alpha,\gamma])\cap f^n([\gamma,\beta])$, 得 f^n 的马蹄. □

我们的目标是证明 $S_0=\varnothing$. 以下是该方向迈出的一步:

引理 15.4.4. $S_0=\varnothing$, 或者 $S_0=\{\sup S_1\}=\{\inf S_2\}$.

证明. 由引理 15.4.3 得到 $S_0\subset[p,q]:=[\sup S_1,\inf S_2]$, 所以由拓扑传递性 $S_0\subset\{p,q\}$. 如果 $S_0\neq\varnothing$, 通过用 $\overline{f}$ 代替 f 我们有 $p\in S_0$. 假设 $p\neq q$ 以得到矛盾. 如果 U 是 p 的充分小邻域, $x\in U\cap S\backslash\{p\}$, 则由连续性 $x\in S_1, x<p=f(p)$ 和 $f(x)<q$, 从而由 S 的不变性 $x<f(x)\leqslant p$, 因此 $\omega(x)=\{p\}$, 这与拓扑传递性矛盾. □

下面我们证明 f 互换 S_1 和 S_2. 事实上容易得到 S_0 是空的, 从而得到 S 上的可测动力学的完全描述.

引理 15.4.5. $f(S_1)=S_2$ 和 $f(S_2)=S_1$.

证明. 我们证明 $f(S_1)\subset S_2$. 应用此到 $\overline{f}$ 得到 $f(S_2)\subset S_1$, 再由拓扑传递性得到引理. 为了得到矛盾假设存在 $p\in S_1$, 满足 $f(p)\in S_0\cup S_1$, 令 $a:=\sup\{x\in S_1|f(x)\in S_0\cup S_1\}\in S_0\cup S_1$.

(1) 假设 $a\in S_1$. 我们证明这将产生一个马蹄, 因此是不可能的. 首先注意, 存在 $r\in S_0\cup S_1$ 使得 $f(r)\leqslant a$. 因为否则 $s=\inf\{f(x)|x\in S_0\cup S_1\}>a$ 和 $[s,1]\cap(S_2\cup S_0)$ 是 S 的真 f 不变子集 (如果 $x\in[s,1]\cap(S_2\cup S_0)$, 则 $x\in S_0\cup S_2$, 因为 $f(x)\geqslant s$), 而且 f 不是拓扑传递的.

我们有 $r\notin S_0$, 因为否则 $S_0\ni r-f(r)\leqslant a\in S_1$, 矛盾. 因此 $a<t:=\inf\{x\in S_2|f(x)\leqslant a\}\in S_2$. 我们希望得到存在 $c\in[a,t]\cap S$ 使得 $f(x)\geqslant t$. 如果这不成立, 则 $M:=\max\{f(x)|x\in[a,t]\cap S\}<t$, 而且 $(a,t)\cap S$ 是不变集: 如果 $x\in(a,t)\cap S$, 则由定义 $f(x)\leqslant M<t$, 此时或者 $x\in(a,t)\cap S_2$, 则 $f(x)>a$, 或者 $x\in(a,t)\cap(S_0\cup S_1)$, 则 $f(x)\geqslant x>a$. 由拓扑传递性这又不可能.

由连续性在 $[\sup S_1,\inf S_2]$ 内存在不动点 $b=f(b)$. 由定义 $c\in S_1$, 所以 $c\leqslant$ [508]
b. 由我们的选择 $f(a)\in S_1\cup S_0$, 因此 $f(a)\leqslant b$. 从而 $[b,t]\subset f([a,c])\cap f([c,b])$. 由于 $f(t)\leqslant a$, 由我们的选择有 $[a,b]\subset f([b,t])$, 故得到 $[a,b]\subset f^2([a,c])\cap f^2([c,b])$, 从而得到 f^2 的马蹄, 这是不可能的.

(2) 因此, 我们证明了 $a\in S_0$. 还要证明这时也产生 f 迭代的马蹄. 由 a 的定义存在一个递增序列 $w_n\to a$, 其中 $w_n\in S_1$ 和 $w_n<f(w_n)\in S_0\cup S_1$. $a\in S_0$ 蕴含着 $a\geqslant\sup S_1$, 因此对所有 n 有 $f(w_n)\leqslant a$. 由于 $[w_n,a]\cap S$ 不可能是不变的, 故存在 $z_n\in(w_n,a)\cap S_1$ 使得 $f(z_n)>a$. 由连续性 $f(z_n)\to f(a)=a$, 所以存在 $k\in\mathbb{N}$ 使得 $\gamma:=z_2<w_k=:\beta<a$. 如果 $m\in\mathbb{N}$ 满足 $f(z_m)<f(\gamma)$, 不失一般性可假设 z_m 在 $f|_S$ 的一个稠密轨道上 (z_m 由开性条件定义). 因此存

在 $N \in \mathbb{N}$ 使得 $f^N(z_m) < w_2 =: \alpha$ 和 $[\alpha, f(z_m)] \subset f([\alpha,\gamma]) \cap f([\gamma,\beta])$. 但那样 $[\alpha,\beta] \subset [f^N(z_m),\alpha] \subset f^N([\alpha,\gamma]) \cap f^N([\gamma,\beta])$, 得 f^N 的马蹄. □

引理 15.4.6. $S_0 = \varnothing$.

证明. 如果 $S_0 = \{p\} = [\sup S_1, \inf S_2]$, 则代替 f 考虑 f^2, 以及代替 S 考虑 f^2 不变集 $S_0 \cup S_1$. f^2 在此集合上是拓扑传递的. 因此, 应用事实 $f^2(p) = p$ 于引理 15.4.3, 得到集合 $\{x \in S_0 \cup S_1 | f^2(x) < x\}$ 是空的, 这与利用 f^2 证明开始的观察 (4) 矛盾. 从而由引理 15.4.4 证明了引理 15.4.6. □

现在我们构造加法机的一个同构. 递归地定义 $S^0 := S, S_i^0 = S_i$ $(i = 1,2)$, $S^n := S_1^{n-1}, S_1^n := \{x \in S^n | f^{2^n}(x) > x\}, S_2^n := \{x \in S^n | f^{2^n}(x) < x\}$. 利用引理 15.4.5 和引理 15.4.6 归纳证明 S_i^n 是闭的, $S_1^n \cup S_2^n = S^n = f^{2^n}(S^n)$, 以及 $f^{2^n}|_{S^n}$ 是拓扑传递的. 对任何 $n \in \mathbb{N}$, 集合 $\{f^j(S^n) | 0 \leqslant j < 2^n\}$ 是 S 通过测度为 2^{-n} 的集合的分割. 用 $\pi(S^n) = \{\omega \in \Omega_2^R | \omega_1 = \cdots = \omega_n = 1\}$ 定义 $h: S \to \Omega_2^R$, 以及 $h \circ f = \alpha_2 \circ h$. 则 h 是有定义的连续满射, 且保测度. 为了完成定理 15.4.2 的证明, 需要证明 h μ-几乎处处是一个单射. 事实上我们将证明至多存在可数多个集合, 其中 h 是 2 对 1 的, 在这些集合外 h 是一个单射. 就是说, 点 $\omega \in \Omega_2^R$ 在 h 作用下的原像是 S 与区间集合的交, 因此它或者是一个点, 或者是 S 与一个区间的交其测度为零, 因为 ν 是非原子的 (因此这个交至多由两点组成). 这些区间互相不相交, 所以至多有可数多个. □

作为这个证明的一个副产品, 我们指出, 具有零拓扑熵的映射和遍历不变测度对应于 Sharkovsky 序中的二重极限点.

命题 15.4.7. *在定理 15.4.2 的假设下, 映射 f 有最小周期 $2^k, k = 0, 1, \cdots$ 的周期轨道, 没有其他周期的轨道.*

[509] **证明.** 由引理 15.3.5, f 只可能有周期 2 的幂的周期点. 用与前面相同的记号, 令 $\Delta_0 = [\sup S_1, \inf S_2]$. 于是由引理 15.4.5, $\Delta_0 \to \Delta_0$, 因此由引理 15.1.2, Δ_0 包含 f 的不动点. 我们用归纳法, 定义 $\Delta_n = [\sup S_1^n, \inf S_2^n]$. 递归地应用引理 15.4.5 证明在 f^{2^n} 作用下 $\Delta_n \to \Delta_n$, 因此由引理 15.1.2, Δ_n 包含 f 的最小周期 2^n 周期点. □

注意, 由这个构造这些周期轨道在下面意义下适当地交结在一起: 在周期直到 2^{n+1} 的周期点的集合内任何周期 2^n 的点的直接邻域内有周期 2^{n+1} 点.

还要注意, S 包含在周期点集的闭包内, 尽管它与所有周期点互不相交. 即集合 S 按下面构造得到: 对给定的 n 令 $\mathcal{S}_n$ 是区间 $[\inf A, \sup A]$ 的并, 其中 A 是 S^{n+1} 在 f 迭代下的像. 任何余区间包含周期点, 而且 S 是 $\bigcap\limits_{n \in \mathbb{N}} \mathcal{S}_n$ 的边界.

这个论述的逆为:

定理 15.4.8. 设 f 是一个区间映射, 对所有 $n\in\mathbb{N}$ 它有周期 2^n 的周期点的适当交结的系统, 没有其他周期点. 那么它有一个是加法机的遍历不变测度 μ, 而且其支集在周期点的闭包内.

注. 若没有轨道是适当交结的假设, 则这个结果不成立. 由定理 15.3.5, 我们可用零拓扑熵假设代替没有其他周期的假设. 定理 15.3.7 证明中构造的映射 f_∞ 满足定理 15.4.8 的条件.

证明. 我们从研究周期点的交结集开始. 将不动点视为中点, 在它两边都有一个周期 2 点, 它们由 f 互相交换. 在两边存在两个周期 4 点. 我们将利用没有周期为 2 的幂的周期, 首先看到左边两个周期 4 点映到右边两个周期 4 点. 周期 4 点与周期 2 点相邻, 6 个周期 2 和 4 的点定义了 5 个区间集合. 我们将研究其 Markov 图. 假设左边的周期 4 点映到左边其他的周期 4 点. 记这些周期点为 $x_0,\cdots,x_5$ (具周期 4, 2, 4, 4, 2, 4), 用 I_i 记区间 $[x_{i-1},x_i]$. 如果左边和右边的周期 4 点不互相交换, 则 f 诱导周期 4 点的下面排列之一: (1234), (1243), (2134), (2143). 由练习 15.3.1 第一个促使出现所有周期, 因此被禁止. 同样最后一个也被禁止 (它可写为 (4321)). 剩下两个排列都是 $\{x_2,x_3\}$ 映为 $\{x_1,x_4\}$, 就是说, 区间 I_3 f 覆盖其他所有区间. 由于 I_3 在每个情形被其他 (至少 2 个) 区间覆盖, 得到一个同构于 (15.1.1) 的子图, 因此有周期 3 点, 这与我们的假设矛盾.

对这个论述稍作精细说明就可证明, 对任何 $n\in\mathbb{N}$, 我们的交结系统的 2^n [510]
周期轨道的左右两半通过 f 交换. 此外, 通过考虑 f^2 在它的任一半的作用可更详细地研究周期 8 轨道的动力学. 由于每一半通过 f 交换, 这有定义, 而且我们又得到与前面相同的情形, 所以我们有 f^2 在左边一半作用的描述. 现在证明左边一半 $\{x_1,\cdots,x_4\}$ 通过 $f(\{x_1,x_2\})=(x_i,x_{i+1}), i=5$ 或 $i=7$ 映为右边一半 $\{x_5,\cdots,x_8\}$ (即在 "一捆" 中), 由假设这与必须存在周期 6 轨道的结论矛盾. 周期 8 轨道定义的 6 个区间并不包含交结系统的不动点. 记这 6 个区间为 I_1 到 I_6, 我们需要证明 (作为代表情形) $I_1\to I_5$ 不被允许. 但必须有 $I_5\to I_3$, 因为我们知道 f^2 在这个轨道的左边一半, 而且 $I_3\to I_j, j=4,5,6$, 又由于 I_3 的两个端点必须映为右边一半的端点. 因为对至少一个 $j=4,5,6$ 我们有 $I_j\to I_1$, 故得到 Markov 图 $I_1\to I_6\rightleftarrows I_3\to I_j\to I_1$, 它包含长度 6 的闭路, 由推论 15.1.4 这促使了周期 6 轨道. 这个结论的一个等价描述是, 没有包含周期 4 点的区间可以 f 覆盖包含周期 2 点的区间. 一般地, 同样论述可以证明, 由周期 2^{n+1} 轨道定义的区间没有一个包含交结系统的周期 2^n 点的可以 f 覆盖包含这个系统的周期 2^{n-1} 点的区间.

我们将利用对动力学的上面描述构造一个集合 S, 使得它是希望的遍历不变测度的支集. 首先考虑区间 I, 它的端点是周期 2 点. 令 $\mathcal{S}^0$ 是 $I \to I$ 的一个全分支, 存在两个区间, 它们的端点在周期 4 轨道上, 且包含周期 2 点, I_1 在左边, I_2 在右边. 令 $\mathcal{S}^1$ 是 $I_1 \to I_2 \to I_1$ 和 $I_2 \to I_1 \to I_2$ 每个的全分支的并. 注意 $\mathcal{S}^1$ 与不动点有正距离. 同样 $\mathcal{S}^2$ 是作为对应于长度 4 的闭路的全分支的并得到, 相应于这 4 个区间的这 4 个闭路是从周期 8 轨道类似得到. 因此 $\mathcal{S}^2$ 被周期 1 和周期 2 点分开. 同样, 我们得到由 2^{n-1} 个被周期直到 2^{n-1} 的点分开的区间组成的集合 $\mathcal{S}^n$. 接下来令 S 为 $\bigcup\limits_{m=1}^{\infty}\bigcap\limits_{n=m}^{\infty}\mathcal{S}^n$ 的边界, 即 S 是周期点集的闭包内的非周期点集. 定义测度 μ 是周期 2^n 轨道上一致测度 δ_n 的弱极限. 最后用 y_n 表示 $\mathcal{S}^n$ 中最左边区间的右端点, 令 $S^n = \{x \in S | x \leqslant y_n\}$. 对这些 S^n 定理 15.4.2 证明中的最后论述可逐字逐句应用. □

练　习

15.4.1*. 假设 $f : [0,1] \to [0,1]$ 是有有限多个不动点的逐段单调映射, 而且 $h_{\text{top}}(f) < (\log 2)/2$. 设 μ 是使得 f 和 f^2 是遍历的 f 不变的 Borel 概率测度. 证明 $\mu = \delta_x$ 集中在一点.

[511]

15.5. 折叠理论

正如我们在第 2 节末尾指出的, 即使对逐段单调映射, 拓扑 Markov 链也并不提供足够丰富的模型类. 然而, 用符号动力系统的更一般类就可描述这类映射的本质特性. 属于 Milnor 和 Thurston 的这个思想是考虑临界点关于分割为单调性区间的编码. 这个方法可以对任何逐段单调映射工作. 为了避免繁复的记号, 我们简单地选择考虑这类映射的最简单的, 即单峰映射.

在这一章的余下部分我们用 Ω 记符号 0, 1, 2 的单边序列空间 Ω_3^R, 用 σ 记 Ω 上的单边移位 σ^R.

定义 15.5.1. 设 $I = [0,1]$ 表示单位区间. 连续映射 $f : I \to I$ 称为是单峰的, 如果 $f(0) = f(1) = 0$, 而且存在 $c \in (0,1)$ 使得 f 在 $I_0 := [0,c)$ 上递增, 在 $I_2 := (c,1]$ 上递减. 称 c 为 f 的转向点, 并令 $I_1 := \{c\}$. 设 $i^f := i : I \to \Omega, x \mapsto i(x)$, 使得 $f^n(x) \in I_{i_n}$. 那么称 $i(x)$ 为 x 的旅程. 令 $I(x) := \{y | i(y) = i(x)\}$. $\nu := \nu(f) := i(c)$ 称为 f 的折叠序列.

映射 $x \mapsto \lambda x(1-x)$ 是二次映射族中一个有用的标准例子. 显然我们有 $\sigma \circ i = i \circ f$. 注意单边极限

$$i(x^-) := \lim_{y \to x^-} i(y) \quad 和 \quad i(x^+) := \lim_{y \to x^+} i(y)$$

有定义, 且与 $i(x)$ 重合当且仅当对所有 $i \in \mathbb{N}_0$ 有 $f^i(x) \neq c$. 反之, 如果对某个 $i \in \mathbb{N}_0$ 有 $f^i(x) = c$, 则 $i(x) \neq i(x^+) \neq i(x^-) \neq i(x)$. 注意我们永远有 $\nu_0 = 1$.

从旅程如何得到动力学信息的一个例子是下面引理.

引理 15.5.2. 设 $f : I \to I$ 是一个单峰映射, $x \in I$, 以及 $n, p \in \mathbb{N}$ 使得 $\sigma^{p+n}(i(x)) = \sigma^n(i(x))$. 那么 ω 极限集 $\omega(x)$ 是周期 p 或 $2p$ 的周期轨道.

证明. 用 $f^n(x)$ 代替 x, 假设 $n = 0$. 如果对某个 i 有 $f^i(x) = c$, 那么 c, 因此 x 是 p 周期点, 引理得证. 否则, 由 $\sigma^p(i(x)) = i(x)$ 得知 $\{f^{kp+j}(x) | k \in \mathbb{N}\} \subset I_{l_j}$, 其中 $l_j \in \{0, 2\}$. 设 $K_j \subset I_{l_j}$ 是包含 $\{f^{kp+j}(x) | k \in \mathbb{N}\} \subset I_{l_j}$ 的最小闭区间. 于是对 $0 \leqslant j < p-1$, $f|_{K_j}$ 单调, $f(K_j) \subset K_{j+1}$, 以及 $f(K_{p-1}) \subset K_0$, 所以 $f^p|_{K_0} : K_0 \to K_0$ 是单调的. 如果 $f^p|_{K_0}$ 递增, 那么由命题 1.1.6, K_0 的每一点, 从而 x 渐近于某个 $y \in \mathrm{Fix}\,(f^p)$. 如果 $f^p|_{K_0}$ 递减, 则由命题 1.1.6, $f^{2p}|_{K_0}$ 递增, 而且 x 渐近于某个 $y \in \mathrm{Fix}\,(f^{2p})$. □

为了了解点的旅程与它的动力学之间的关系, 较好的是现在在 Ω 上定义一 [512]
个序, 对旅程它对应于点的序.

定义 15.5.3. 如果 $\alpha \in \Omega$, 则令 $\varepsilon_n(\alpha) := (1-\alpha_0)(1-\alpha_1)(1-\alpha_2)\cdots(1-\alpha_{n-1})$. 如果 $\omega \in \Omega$ 则说 $\alpha \prec \omega$, 当且仅当存在 $n \in \mathbb{N}$, 使得对 $i < n$ 有 $\alpha_i = \omega_i$, 且 $\varepsilon_n(\alpha)(\alpha_n + 1) < \varepsilon_n(\omega)(\omega_n + 1)$. 此外, 令 $\alpha \preccurlyeq \omega$ 意味着 $\alpha \prec \omega$ 或者 $\alpha = \omega$.

注. 注意, 这定义了一个线性序.

引理 15.5.4. 对 $x, y \in I$ 我们有 $i(x) \prec i(y) \Rightarrow x < y \Rightarrow i(x) \preccurlyeq i(y)$.

证明. 如果 $i(x) \prec i(y)$, n 如 "$\prec$" 定义中的, 则对 $0 \leqslant j \leqslant n-1$ 有 $i_j(x) \neq 1$, 此外 f^n 在有端点 x 和 y 的区间上单调, 递增与递减取决于 $\varepsilon_n(i(x))$ 是正还是负. 与在此情形的观察一起, 得到 $i_n(x) < i_n(y) \Leftrightarrow f^n(x) < f^n(y)$ 和 $i_n(x) > i_n(y) \Leftrightarrow f^n(x) > f^n(y)$, 这证明 $x < y$.

由逆否命题这意味着 $x < y \Rightarrow i(x) \preccurlyeq i(y)$. □

注. 上一引理证明 $I(x) = \{y | i(y) = i(x)\}$ 是一个区间 (有可能长度是零), 在这个区间上 f^n 对一切 $n \in \mathbb{N}$ 是单调的, 而且这对不是包含 $I(x)$ 的开区间也成立. 进一步除非区间 $f^j(I(x))(j \in \mathbb{N})$ 两两互不相交, 则对某个 $n, p \in \mathbb{N}$, 存在

$y \in f^{n+p}(I(x)) \cap f^n(I(x))$, 所以 $\sigma^{n+p}(i(x)) = i(y) = \sigma^n(i(x))$, 就是说, i 是最终周期的, 因此由引理 15.5.2, 每个 $y \in I(x)$ 渐近于 f 的周期点.

这些观察的要点是现在我们可以确定 Ω 中的序列是否是一个点的旅程. 我们将看到下面明显的必要条件本质上也是充分的.

推论 15.5.5. 如果 $\alpha = i(x) \in \Omega$, 那么

$$\alpha_j = 1 \Rightarrow \sigma^j(\alpha) = \nu \quad \text{和} \quad \sigma^{j+1}(\alpha) \preccurlyeq \sigma(\nu), \text{ 对所有 } j. \tag{15.5.1}$$

证明. 如果 $\alpha_j = 1$, 那么 $f^j(x) = c$, 因此 $\sigma^j(\alpha) = \sigma^j(i(x)) = i(f^j(x)) = \nu$. 由于 $f^{j+1}(x) < f(c)$, 我们有 $\sigma(\nu) = i(f(c)) \succcurlyeq i(f^{j+1}(x)) = \sigma^{j+1}(\alpha)$. □

如果我们假设 (15.5.1) 中的是严格不等式, 则这个条件变成充分的.

命题 15.5.6. 如果 $f: I \to I$ 是具有折叠序列 ν 的单峰映射, 而且 $\alpha \in \Omega$, 满足

$$\alpha_j = 1 \Rightarrow \sigma^j(\alpha) = i(c), \quad \sigma^{j+1}(\alpha) \prec \sigma(\nu), \text{ 对所有 } j, \tag{15.5.2}$$

那么对某个 $x \in I$ 有 $\alpha = i(x)$.

证明. 若此结论不成立, 则由引理 15.5.4, $L := \{x \in I | i(x) \prec \alpha\}$ 和 $R := \{x \in$
[513] $I | \alpha \prec i(x)\}$ 是区间, 而且 $I = L \cup R$ 和 $0 \in L, 1 \in R$. 因此由于 I 是连通的, 我们有 $\sup L = \inf R =: a$ 以及 $a \in L$ 或 $a \in R$. 假设 $a \in L$. 那么

$$i(a) \prec \alpha \preccurlyeq i(a^+), \tag{15.5.3}$$

所以存在 $n \in \mathbb{N}$, 使得对 $j < n$ 有 $i_j(a) = \alpha_j$, 且

$$\varepsilon_n(\alpha)(i_n(a) + 1) < \varepsilon_n(\alpha)(\alpha_n + 1). \tag{15.5.4}$$

注意, 对 $j < n$ 有 $i_j(a) \neq 1$, 因为否则 $\sigma^j(\alpha) = i(c)$, 所以 $\alpha = i(a)$. 因此, f^n 在 a 的某个开邻域上是单调的. 特别地, 对 $0 \leqslant j \leqslant n$ 有 $i_j(a^+) = i_j(a)$. 另一方面

$$f^n(a) = c, \tag{15.5.5}$$

因为否则存在包含 a 的开区间 J, 以及对 $j \leqslant n$ 有 $f^j(J) \subset I_{i_j(a)}$, 从而对所有 $y \in J$ 有 $i(y) \prec \alpha$, 即 $a \in J \subset L$, 这与 a 的定义矛盾. 这证明了 $i_{n+1}(a^+) \neq i_{n+1}(a)$, 因此

$$\varepsilon_n(\alpha)(i_{n+1}(a^+) + 1) < \varepsilon_n(\alpha)(i_{n+1}(a) + 1),$$

因为 $i(a) \preccurlyeq i(a^+)$. 此外由 (15.5.4) 和 (15.5.5) 得到

$$\varepsilon_n(\alpha) \cdot 2 < \varepsilon_n(\alpha)(\alpha_n + 1),$$

因此, 如果 $\varepsilon_n(\alpha)=1$ 则 $\alpha_n=2$, 以及如果 $\varepsilon_n(\alpha)=-1$ 则 $\alpha_n=0$. 在第一个情形 $\nu_0=1<2=\alpha_n$, 所以 $\nu\prec\sigma^n(\alpha)$. 由于 $\varepsilon_n(\alpha)=1$, 这意味着 $i(a^+)\prec i(a)\prec\alpha$, 与 (15.5.5) 矛盾. 在第二个情形 $\nu_0=1>0=\alpha_n$, 所以 $\sigma^n(\alpha)\prec\nu$. 由于 $\varepsilon_n(\alpha)=-1$ 意味着 $i(a)\prec i(a^+)\prec\alpha$, 但这与 (15.5.5) 矛盾. 因此 $a\notin L$, 用 $1-f(1-x)$ 代替 $f(x)$ 也得到 $a\notin R$. □

存在一个有趣情形, 其中所有旅程满足充分条件 (15.5.2) 而不仅仅是满足 (15.5.1). 就是说, 当 c 不是周期点且 $I(f(c))=\{f(c)\}$, 即 c 的全原像 $C_f:=\{x\in[0,1]|f^n(x)=c$, 对某个 $n\in\mathbb{N}\}$ 是稠密时, 我们得到许多结构信息.

命题 15.5.7. 假设 $f,g:I\to I$ 是具有某个折叠序列的单峰映射. 那么存在严格单调的 $h:C_f\to C_g$, 使得在 C_f 上有 $h\circ f=g\circ h$. 如果 $\overline{C}_g=I$, 则 h 扩张到 f 与 g 之间的一个半共轭 $h:I\to I$. 特别地, 如果我们仅考虑具有 C_f 稠密的映射, 那么这个折叠序列是一个完全的拓扑共轭不变集.

证明. 如果 $x\in C_f$, 则 $i^f(x)$ 满足 (15.5.2), 所以对某个 $y\in I$ 有 $i^f(x)=i^g(y)$, 显然 $y\in C_g$; 因此 y 是唯一的 (因为由逐段单调性通过 g 的某个迭代映为临界点的 $I(y)$ 是一个点). 因此 $h(x):=y$ 有定义, 而且由引理 15.5.4 它也是单调的. 显然 $i^f(h\circ f(x))=i^g(g\circ h(x))$, 所以在 C_f 上有 $h\circ f=g\circ h$. 由单调性 f 扩张到 $\overline{C}_f\subset I$. 如果 (a,b) 是 $I\backslash C_f$ 的一个连通分支, 而且 $\overline{C}_g=I$, 则 $h(a)=h(b)$, 以及对 $x\in(a,b)$, 我们令 $h(x)=h(a)$. 则 $h:I\to I$ 是单调的, 而且 $h\circ f=g\circ h$. □

15.6. 帐篷模型 [514]

定理 15.6.1. (Milnor, Thurston) 设 $f:I\to I$ 是一个有正拓扑熵的单峰映射. 那么 f 半共轭于斜率为 $s=e^{h_{\text{top}}(f)}$ 的帐篷映射 $\tau_s:x\mapsto s(1-|1-2x|)/2$.

这个证明相当间接, 证明演示如何使用复分析建立某种渐近性 (此时是 $\Lambda(J)$; 见定义 15.6.7) 的存在性, 再用它构造半共轭. 更具体地说, 有关映射重要的渐近信息被组织在收敛的幂级数内, 其方法类似于我们在 ζ 函数中所做的. 于是所得的全纯函数或亚纯函数的解析性质被用来产生所要的渐近性. 我们将用某些估计建立收敛性以及用泛函方程来定位函数的零点和极点. 类似的方法广泛应用于双曲映射的 ζ 函数理论中.[1]

证明. 设 $B(0,1)\subset\mathbb{C}$ 是一个单位开圆盘, 用 $C^\omega(B(0,1))$ 记在紧集上赋予一致收敛性拓扑的全纯函数空间. 为了方便, 对任何区间 $J\subset I$, 令

$$E_n(J):=\{x\in J|f^n(x)=c,f^k(x)\neq c,\ 对\ k<n\}.$$

定义 15.6.2. 设 $\widetilde{k}=(\widetilde{k}^0,\widetilde{k}^2):\Omega\to C^\omega(B(0,1))\times C^\omega(B(0,1))$,

$$\widetilde{k}^i(\alpha)=\sum_{n=0}^{\infty}\widetilde{k}^i_n(\alpha)t^n,$$

其中

$$\widetilde{k}^i_n(\alpha)=\begin{cases}\varepsilon_n(\alpha), & \text{如果 } \alpha_n=i,\\ \dfrac{1}{2}\varepsilon_n(\alpha), & \text{如果 } \alpha_n=1,\\ 0, & \text{其他},\end{cases}$$

以及通过 $k:=\widetilde{k}\circ i$ 定义 $k:I\to C^\omega(B(0,1))\times C^\omega(B(0,1))$, 其中 i 是旅程映射. 记 $k(x,t)=\sum\limits_{n=0}^{\infty}k_n(x)t^n$, 即 $k^i_n(x)=\widetilde{k}^i_n(i(x))$. 用

$$K(t):=k(c^+,t)-k(c^-,t)$$

定义折叠不变量.

注意 $\widetilde{k}(\alpha)$ 在 $B(0,1)$ 上全纯. 如果 $\alpha_n=1$, 则对 $n\in\mathbb{N}_0$ 它是一个多项式. 注意还有 $K(0)=(-1,1)$.

引理 15.6.3. $\widetilde{k}$ 关于 α 连续.

证明. 如果 $\alpha\in\Omega, A\subset B(0,1)$ 是紧的, 和 $\varepsilon>0$, 则令 $r<1$ 使得 $A\subset B(0,r), N\in\mathbb{N}$ 满足 $2r^N/(1-r)<\varepsilon$, 以及 V 是 α 在 Ω 中的一个邻域, 使得对所有 $\beta\in V$ 和 $n<N$ 有 $\beta_n=\alpha_n$. 那么, 在 A 上我们有

$$|\widetilde{k}^i(\alpha)(t)-\widetilde{k}^i(\beta)(t)|\leqslant\sum_{n=N}^{\infty}|\widetilde{k}^i(\alpha)-\widetilde{k}^i(\beta)||t|^n\leqslant\sum_{n=N}^{\infty}2|t|^n\leqslant\frac{2r^N}{1-r}<\varepsilon.\qquad\square$$

[515] **引理 15.6.4.**

(1) $(1-t)k^0(x,t)+(1+t)k^2(x,t)=1$.

(2) $(1+t)K_2(t)=-(1-t)K_0(t)$.

(3) $k(x^+,t)=k(x,t)+\dfrac{1}{2}t^nK(t)$, 对 $x\in E_n(I)$.

(4) $k(x^-,t)=k(x,t)-\dfrac{1}{2}t^nK(t)$, 对 $x\in E_n(I)$.

(5) $k(x,t)$ 是 $x\in E_n(I)$ 的 n 次多项式.

证明. 注意

$$k^0_0(x)+k^2_0(x)=1.\tag{15.6.1}$$

我们也有

$$k_n^0(x) - k_n^2(x) = k_{n+1}^0(x) + k_{n+1}^2(x). \tag{15.6.2}$$

回忆 $I_0 = [0, c)$ 和 $I_2 = (c, 1]$. 为了看到有 (15.6.2), 注意, 如果 $\varepsilon_n(i(x)) = 0$, 那么上式两端为零. 否则考虑下面三个情形:

I. $f^n(x) \in I_i, f^{n+1}(x) \in I_j$. 那么 $k_{n+1}^j(x) = (1-i)k_n^i(x), k_{n+1}^{2-j}(x) = 0$ 和 $k_n^{2-i}(x) = 0$, 证得 (15.6.2).

II. $f^n(x) = c$. 则 $k_n^0(x) - k_n^2(x) = \frac{1}{2}\varepsilon_n(i(x)) - \frac{1}{2}\varepsilon_n(i(x)) = k_{n+1}^0(x) + k_{n+1}^2(x)$.

III. $f^n(x) \in I_i, f^{n+1}(x) = c$. 则 $k_{n+1}^0(x) + k_{n+1}^2(x) = \frac{1}{2}(1-i)k_n^i(x) + \frac{1}{2}(1-i)k_n^i(x) = (1-i)k_n^i(x) = k_n^0(x) - k_n^2(x)$.

现在我们利用 (15.6.2) 证明引理 15.6.4 中的 (1):

$$\begin{aligned}
&(1-t)\sum_{n=0}^{N} k_n^0(x)t^n + (1+t)\sum_{n=0}^{N} k_n^2(x)t^n \\
&= \sum_{n=0}^{N} [(k_n^0(x) + k_n^2(x))t^n - (k_n^0(x) - k_n^2(x))t^{n+1}] \\
&= \sum_{n=0}^{N} [(k_n^0(x) + k_n^2(x))t^n - (k_{n+1}^0(x) - k_{n+1}^2(x))t^{n+1}] \\
&= 1 - (k_{N+1}^0(x) + k_{N+1}^2(x))t^{N+1} \xrightarrow[N\to\infty]{} 1
\end{aligned}$$

在紧集上一致收敛. 这证明了 (1). 论断 (2) 立刻得到.

论断 (5) 是明显的. 为了证明 (3) 和 (4), 比较它们两端的 Taylor 系数. 这有点冗长乏味, 但仅利用下面容易的观察:

$$\begin{gathered}
i(x)_j = i(x^-)_j = i(x^+)_j, \text{ 对 } j < n, \\
\sigma^{n+1}(i(x^-)) = \sigma^{n+1}(i(x^+)) = \sigma(i(c^-)) = \sigma(i(c^+)), \\
\varepsilon_{n+k}(i(x^-)) = -\varepsilon_{n+k}(i(x^+)), \\
\varepsilon_n(i(x^-)) \cdot \varepsilon_k(i(c^-)) = \varepsilon_{n+k}(i(x^-)), \\
\varepsilon_n(i(x^+)) \cdot \varepsilon_k(i(c^+)) = \varepsilon_{n+k}(i(x^+)),
\end{gathered}$$

其中 $k \geqslant 1$. 为了比较 t^n 的系数, 注意 $K(0) = (-1, 1)$. □

由引理 15.6.4(2), 我们可定义 [516]

$$K_f(t) := \frac{K_2(t)}{1-t} = -\frac{K_0(t)}{1+t}.$$

注意 K_f 在 $B(0,1)$ 上是全纯函数.

定义 15.6.5. 回忆在命题 15.2.12 中我们定义 $c(f^n) = c_n$ 为 f^n 的转向点个数, 令 $s := \lim\limits_{n\to\infty} \sqrt[n]{c(f^n)} = e^{h_{\text{top}}(f)}$ (见命题 15.2.13), 对区间 $J \subset I$ 令 $C_n(J) := \operatorname{card} E_n(J)$ 和

$$C(J)(t) := \sum_{n=0}^{\infty} C_n(J)t^n.$$

定义折叠函数为

$$L_f(J,t) := \sum_{n=0}^{\infty} c(f^n|_J)t^n.$$

从现在起假设 $s > 1$.

引理 15.6.6. 如果 $[a,b] = J \subset I$, 那么 $C(J)$ 在 $B(0,1/s)$ 上全纯,

$$C(J)(t)K(t) = k(b^-,t) - k(b^+,t), \text{ 对 } |t| < \frac{1}{s}, \tag{15.6.3}$$

而且, $C(J)$ 在 $B(0,1)$ 上是至多在 K_f 的零点是极点的亚纯函数. 此外 $L_f(J,\cdot)$ 在 $B(0,1)$ 上是至多在 K_f 的零点为极点的亚纯函数, 在 $1/s$ 有 $L_f(I,\cdot)$ 的极点.

证明. 由于 $C_n(J) \leqslant c(f^n|_J) \leqslant c(f^n)$, 因此 $C(J)$ 在 $B(0,1/s)$ 上全纯. 现在 $F_n(J) := \bigcup\limits_{k\leqslant n} E_k(J)$ 是 $f^n|_J$ 的转向点集合. 若 x 和 y 是 $F_n(J)$ 的相邻点, $x<y$, 则对任何 $z \in (x,y)$ 直到 n 次有 $k(y^-,t) = k(z,t) = k(x^+,t)$. 因此利用上一引理的 (3) 和 (4) 得

$$\begin{aligned} k(b^-,t) - k(a^+,t) + o(t^n) &= \sum_{x\in F_n(J)} (k(x^+,t) - k(x^-,t)) = \sum_{k\leqslant n} \sum_{x\in E_k(J)} t^k K(t) \\ &= \sum_{k\leqslant n} C_k(J)K(t)t^k. \end{aligned}$$

这证明了 (15.6.3). 为了看到 $C(J)$ 在 $B(0,1)$ 上是至多在 K_f 的零点为极点的亚纯函数, 注意对 $|t| < 1/s$,

$$C(J)(t)K_2(t) = k^2(b^-,t) - k^2(a^+,t),$$

因此, $C(J)K_f(t) = (1-t)(k^2(b^-,t) - k^2(a^+,t))$.

[517] 为了研究 L_f, 注意恒等式

$$\left(\sum_{n=0}^{\infty} t^{n+1}\right)\left(\sum_{m=0}^{\infty} a_m t^m\right) = \sum_{n=0}^{\infty}\left(\sum_{m=0}^{n-1} a_m\right)t^n.$$

由于 $c(f^n|_J) = 1 + \sum_{m=0}^{n-1} C_m(J)$, 得到

$$L_f(J,t) = \sum_{n=0}^{\infty} c(f^n|_J)t^n = \frac{1}{1-t} + \sum_{n=0}^{\infty}\sum_{m=0}^{n-1} C_m(J)t^n = \frac{1}{1-t}(1 + tC(J)(t)),$$

所以 $L_f(J,\cdot)$ 事实上在 $B(0,1)$ 上是至多 $C(J)$ 的极点为极点的亚纯函数, 因此至多是 K_f 的零点为其极点的亚纯函数. 为看到 $L_f(I,\cdot)$ 有极点在 $1/s$, 注意由于 $L_f(I,\cdot)$ 的系数 $c(f^n)$ 是正的, 因此 $|L_f(I,t)| \leqslant \sum_{n=0}^{\infty} c(f^n)|t|^n$, 我们有 $\lim_{t\to 1/s} \sum_{n=0}^{\infty} c(f^n)|t|^n = \infty$, 因为由子乘法性 $c(f^n) \geqslant s^n$. □

特别地, 由引理 15.6.6 得知 $\dfrac{L_f(J,t)}{L_f(I,t)}$ 是亚纯函数, 对 $0 < t < 1/s$ 显然有 $0 \leqslant L_f(J,t) \leqslant L_f(I,t)$. 这是复分析保证产生半共轭的某些极限存在的关键点.

定义 15.6.7. 对区间 $J \subset I$, 令 $\Lambda(J) := \lim_{t\to 1/s} \dfrac{L_f(J,t)}{L_f(I,t)} \in [0,1]$ 和 $h : I \to I, x \mapsto \Lambda([0,x])$.

显然 h 是非减的. 我们通过证明 h 是 f 与具有斜率 s 的帐篷映射之间的一个半共轭来结束定理证明.

引理 15.6.8.

(1) 如果 $J_1 \cap J_2$ 是一点, 那么 $\Lambda(J_1 \cup J_2) = \Lambda(J_1) + \Lambda(J_2)$.

(2) 如果 f 在 J 上单调, 那么 $\Lambda(f(J)) = s\Lambda(J)$.

(3) h 连续.

(4) 在 $[0,c]$ 上, $h(f(x)) = sh(x)$.

(5) 在 $[c,1]$ 上, $h(f(x)) = s(1-h(x))$.

证明. (1) 由于 $|c(f^n|_{J_1}) + c(f^n|_{J_2}) - c(f^n|_{J_1\cup J_2})| \leqslant 1$, 因此

$$|L_f(J_1,t) + L_f(J_2,t) - L_f(J_1 \cup J_2, t)| \leqslant \sum_{n=0}^{\infty} |t|^n = \frac{1}{1-|t|}.$$

用 $L_f(I,t)$ 相除并令 $t \to 1/s$ 取极限得到 (1), 因为 $L_f(I,t)$ 有极点 $1/s$.

(2) 注意, $c(f^{n+1}|_J) = c(f^{n+1}|_{f(J)})$, 这意味着 $L_f(J,t) = 1 + tL_f(f(J),t)$, 因此, $\Lambda(J) = \lim_{t\to 1/s} \dfrac{1 + tL_f(f(J),t)}{L_f(I,t)} = \dfrac{1}{s}\Lambda(f(J))$.

(3) 如果 $x < y$ 使得 $f^n|_{[x,y]}$ 单调, 那么 $h(y) = \Lambda([0,y]) = \Lambda([0,x]) +$ [518]

$\Lambda([x,y]) = h(x) + s^{-n}\Lambda(f^n([x,y])) \leqslant h(x) + s^{-n}$.

(4) 利用 (2) 和 $f(0) = 0$ 以及 $h(0) = \Lambda([0,0]) = 0$.

(5) 对 $x \in [c,1]$, 我们有

$$\begin{aligned} h(f(x)) &= \Lambda([0,f(x)]) = \Lambda(f([x,1])) = s\Lambda([x,1]) \\ &= s(\Lambda([0,1]) - \Lambda([0,x])) = s(1-h(x)). \end{aligned}$$ □

这证明了定理 15.6.1. □

注. 类似于折叠理论, 这一节的结果可推广到任意逐段单调映射. 一个非常有吸引力的结果是直到半共轭性, 具有正熵的这类映射允许有一个有限维模型族.

练　　习

15.6.1. 证明, 如果 f 是单峰的, $h_{\text{top}}(f) > 0$, 那么 $\lim\limits_{n\to\infty} \dfrac{V(f^n)}{e^{nh_{\text{top}}(f)}} = 1$.

第 16 章　区间上的光滑映射

[519]

类似于第 11 章和第 12 章研究的可逆圆周映射情形, 对区间上的可微映射允许我们加深有关轨道结构的许多结果. 不像第 12 章, 那里的主要主题是旋转的共轭, 原型的非双曲模型, 这里区别光滑情形的主要新特征是出现在 6.4 节中定义的双曲集.

16.1. 双曲排斥极的结构

在上一章我们已经看到, 不可逆的区间映射可以有不同周期的周期点. 对 f 的周期点 p, p 的吸引盆 B 是正向渐近于 p 的所有点的集合 (p 可以是吸引点, 或半稳定点). 称含有 p 的轨道 $\mathcal{O}(p)$ 的点的连通分支的并为 p 的*直接吸引盆*. 吸引点的盆和直接盆显然都是开的. 考虑 f 的半稳定点与周期点的所有盆的并的补的并 R. 这个集合称为 f 的*通有排斥集*. 由构造它是闭和 f 不变的. 在 $f^{-1}(R) = R$ 意义下它也是 "f^{-1} 不变的". 任何复杂动力学显然都发生在 R 上. 例如, 在 R 上支撑的每个非原子 f 不变测度. 所以, 由变分原理 (定理 4.5.3) $h_{\text{top}}(f) = h_{\text{top}}(f|_R)$. 如果仅存在有限多个吸引周期点, 那么 R 在传统意义下是一个排斥极, 即对 R 的充分小邻域 U 和 $x \in U \backslash R$, 存在 $n \in \mathbb{N}$ 使得 $f^n(x) \notin U$. 这激发我们对双曲排斥极的研究. 一个排斥的双曲集 (定义 6.4.3) 称为是*局部极大的*, 如果它有不包含更大不变集的开邻域.

定理 16.1.1. *如果 $f : [0,1] \xrightarrow{C^1} [0,1]$, 那么任何局部极大双曲排斥极 Λ 拓扑共轭于一个拓扑 Markov 链.*

[520] **证明.** 固定 Λ 的不包含临界点且不是真包含 Λ 的不变集的邻域 U, 并考虑 Λ 的在 U 中逐对不相交的区间的开覆盖 $\mathcal{C}$, 在这些区间上 f 单调. 由于 $f|_\Lambda$ 是双曲的, 存在 $n \in \mathbb{N}$, 使得这些区间每一个的 n 次原像均在 $\bigcup\limits_{I\in\mathcal{C}} I$ 中. 因此集族 $\mathcal{C}_n = \{J_i | 0 \leqslant i \leqslant N\}$ 显然对 f^n 是 Λ 的 Markov 覆盖. 可以假设对 $0 \leqslant k \leqslant n, 0 \leqslant i \leqslant N$, f 在 $f^k(I_i)$ 上单调, 所以由引理 15.1.3 得到的区间族 Δ_n 正则地有定义, 且由构造它对 f 是 Λ 的 Markov 覆盖. 由我们对 U 的选择, Λ 是这些 Δ_n 的并的原像的交. □

注. 后面 (命题 18.7.8) 我们将对全不连通双曲集证明一个类似结果.

推论 16.1.2. 设 $f : [0,1] \xrightarrow{C^1} [0,1]$, 又假设通有排斥集 R 是一个双曲排斥极. 则 $f|_R$ 拓扑共轭于一个拓扑 Markov 链.

练　习

16.1.1. 给定 $n \in \mathbb{N}$, 构造一个 C^∞ 区间映射, 它的通有排斥集拓扑共轭于 n 个符号的全移位.

16.2. 光滑映射的双曲集

这一节我们证明除了临界点, 任何光滑区间映射在很大程度上都是双曲的.

定理 16.2.1. (Mañé)[1] 如果 $f \in C^2([0,1],[0,1])$, U 是 f 临界点的邻域, 那么

(1) f 在 $[0,1]\backslash U$ 中的所有充分大周期的周期轨道都是双曲排斥的.

(2) 如果 B_0 是吸引周期轨道在 $[0,1]\backslash U$ 中的直接吸引盆的并, 又若 $[0,1]\backslash U$ 中 f 所有的周期轨道都是双曲的, 则存在 $C > 0$ 和 $\lambda > 1$, 使得对每个轨道段 $\{x, \cdots, f^n(x)\} \subset [0,1]\backslash(U \cup B_0)$ 有 $|Df^n(x)| \geqslant C\lambda^n$.

推论 16.2.2. 如果 $f \in C^2([0,1],[0,1])$, Λ 是闭不变集, 它既不包含临界点也不包含吸引周期点或非双曲周期点, 那么 Λ 是双曲的.

证明. 如果 $U \subset [0,1]\backslash\Lambda$ 是临界点的一个邻域, 则定理 16.2.1(1) 给出 $N \in \mathbb{N}$, 使得 $[0,1]\backslash U$ 中所有周期至少是 N 的周期点都是双曲排斥的. 其余周期点是一个紧集, 因此存在 Λ 的邻域 V 不包含临界点或非双曲周期点. 如果 $W \subset \overline{W} \subset V$ 是 Λ 的邻域, 则由定理 16.2.1(2) 和练习 6.4.2 的变式一起, 得知 f 在 $\Lambda \subset W$ 上是双曲的. □

[521] **推论 16.2.3.** 如果 $f \in C^2([0,1],[0,1])$, 又若所有临界点在双曲吸引周期轨道的吸引盆内, 而且所有周期点是双曲的, 那么只存在有限多个双曲吸引周期轨道,

而且通有排斥集是双曲的.

定理 16.2.1 的证明.

引理 16.2.4. 如果 p 是周期 n 点, I 是包含 p 的区间, 使得 $f^n(I)\cap\mathcal{O}(p)=\{p\}$, 那么 $\{I,f(I),\cdots,f^{n-1}(I)\}$ 的覆盖重次至多是 3.

证明. $f^n(I)$ 包含在最大区间 J 内, 对此 $J\cap\mathcal{O}(p)=\{p\}$. 显然 $f^i(I)\mathcal{O}(p)=\{f^i(p)\}$, $A:=\{i<n|f^i(p)\in\overline{J}\}$ 至多有 3 个元素. 但是如果 $f^i(I)\cap J\neq\varnothing$, 则 $i\in A$.

假设存在数 $0\leqslant i_1,i_2,i_3,i_4<n$, 使得 $f^{i_1}(I)\cap f^{i_2}(I)\cap f^{i_3}(I)\cap f^{i_4}(I)\neq\varnothing$, 就是说, $\varnothing\neq f^{n-i_4+i_1}(I)\cap f^{n-i_4+i_2}(I)\cap f^{n-i_4+i_3}(I)\cap f^n(I)\subset f^{n-i_4+i_1}(I)\cap f^{n-i_4+i_2}(I)\cap f^{n-i_4+i_3}(I)\cap J$. 则由于 $\operatorname{card}A\leqslant 3$, 这些数有两个相同, 得证. □

引理 16.2.5. 如果 I 是一个区间, 使得对所有 $n\in\mathbb{N}$, $f^n|_I:I\to f^n(I)$ 是一个同胚, 那么或者 I 有互不相交的像, 或者存在区间 J 和 $i,k\in\mathbb{N}$, 使得 $f^i(I)\subset J, f^k(J)\subset J$, 而且 $f^k|_J$ 是单调的.

注. 在后一情形, 应用命题 1.1.6 于 f^{2k}, 得知 I 中的每一点都正向渐近于周期 $2k$ 轨道.

证明. 如果这些像两两互不相交, 即存在 $i,k\in\mathbb{N}$ 使得 $f^i(I)\cap f^{i+k}(I)\neq\varnothing$, 则 $f^{i+nk}(I)\cap f^{i+(n+1)k}(I)\neq\varnothing$, 于是 $J:=\bigcup\limits_{n=0}^{\infty}f^{i+nk}(I)$ 是所求的. □

下一个引理完成定理 16.2.1 的 (1) 的证明.

引理 16.2.6. 若 U 是临界点的一个邻域, 则存在 $M_n\to\infty$, 使得如果 p 有周期 n, 满足 $\mathcal{O}(p)\cap U=\varnothing$, 那么 $|(f^n)'(p)|>M_n$.

证明. 首先在 U 内对 f 作方便的修改. 设 K 是包含 $[0,1]$ 的邻域的一个区间, 令 $g\in C^2(K,K)$ 使得

(1) $g|_{[0,1]\setminus U}=f|_{[0,1]\setminus U}$.

(2) ∂K 是 g 的一个吸引周期轨道, 其直接吸引盆在 $K\setminus[0,1]$ 中.

(3) 对 f 的每个临界点 c, 存在开区间 $c\in W_c\subset V_c\subset U$, 使得对 $V_c\setminus W_c$ 的任何分支 J, 存在 $g(J)\cup g^2(J)$ 中的排斥周期点.

显然, 只需对 g 用 $V:=\bigcup\limits_c V_c$ 代替 U 证明引理 16.2.6. 同时令 $W:=\bigcup\limits_c W_c$.

(3) 的目的是提供某个扩张的量. 事实上, 它蕴含着存在 $\delta>0$ 使得对 $V\setminus W$ 的任何分支 J 和任何 $i\in\mathbb{N}$ 有 $l(g^i(J))>\delta$.

现在在 $K\setminus V$ 中考虑周期 n 轨道, 并在它上面取点 p 和临界点 c, 使得在 p 和 [522]

c 之间没有 $\mathcal{O}(p)$ 中的点. 令 I 是包含 p 的最大区间, 对此 $g^i(I)\cap W=\varnothing\ (i\leqslant n)$ 和 $g^n(I)\cap\mathcal{O}(p)=\{p\}$.

现在我们证明 $l(I)\to 0$, 即对 $\varepsilon>0$ 存在 $N\in\mathbb{N}$, 使得由 $n\geqslant N$ 得到 $l(I)<\varepsilon$. 为此假设这不成立, 则存在周期 m_n 点的序列 p_n, 其中 $m_n\to\infty$, 对此对应区间 I_n 的长度至少是 ε, 而且 (不失一般性) 收敛于区间 I. 但是那样对 $k\leqslant m_n$ 有 $g^k(I_n)\cap W=\varnothing$, 因此对 $k\in\mathbb{N}$ 有 $g^k(I)\cap W=\varnothing$. 由引理 14.3.3, I 没有两两互不相交的像, 故由引理 16.2.5 存在 $i,k\in\mathbb{N}$ 和区间 J, 使得 $g^i(I)\subset J$, 而且每个 $x\in J$ 渐近于周期 $2k$ 点. 但这是不可能的, 因为对充分大的 k, $g^k(I_n)$ 从而 p_n 在 J 中. 这证明了 $l(I)\to 0$.

为了完成引理的证明, 令 I_c 是 $I\backslash\{p\}$ 的分支, 它在 g^n 作用下的像在 p 与 c 之间. 由于 I 选择是最大的, 存在 $i\leqslant n$ 和 $V\backslash W$ 的分支 J 使得 $J\subset g^i(I_c)$, 从而由 δ 的选择 $l(g^n(I_c))>\delta$. 当 $n\to\infty$ 时有 $l(I)\to 0$, 从而 $l(g^n(I_c))/l(I_c)\to\infty$. 另一方面, 由引理 16.2.4 得到 $\sum\limits_{i\leqslant n} l(g^i(I))\leqslant 3l(K)$. 这个事实连同命题 14.3.2, 得到如所期望的 $|(g^n)'(p)|\geqslant$ 常数 $\cdot\, l(g^n(I_c))/l(I_c)\to\infty$. □

由于定理 16.2.1(1) 已证明, 取临界点的邻域 $V\subset\overline{V}\subset U$, 并从现在起假设 $[0,1]\backslash V$ 中的所有周期点都是双曲的. 此外用 B 记吸引周期点的直接吸引盆的并, 其轨道在 $[0,1]\backslash V$ 中. 对 $X\subset[0,1]$, 令

$$\Lambda_n(X):=\{x\in[0,1]\,|\,f^i(x)\in[0,1]\backslash(X\cup B)\ 对\ i\leqslant n\}.$$

注意, 定理 16.2.1 断言涉及 $\Lambda_n(U)$. 令 d_n 是 $\Lambda_n(V)$ 的连通分支的最大长度.

下面我们得到 $\Lambda_n(V)$ 中点的某个双曲性.

引理 16.2.7. *存在 $\delta>0$ 和 $\lambda>1$, 使得对所有满足 $l(J)<\delta$ 的区间 $I\subset J\subset\Lambda_{n-1}(V)$, $J,f(J),\cdots,f^{n-1}(J)$ 两两互不相交, 而且 $J\subset f^n(J)$, 则有 $l(f^n(I))>\lambda l(I)$.*

证明. 由于 $J\subset f^n(J)$, J 中存在周期 n 点 (推论 15.1.4), 对它可利用引理 16.2.6. 由于 $J\subset\Lambda_{n-1}(V)$, $J,f(J),\cdots,f^{n-1}(J)$ 互不相交, 命题 14.3.2 给出 $C>0$, 使得 $l(f^n(I))\geqslant CM_n l(I)$. 因此, 存在 $N\in\mathbb{N}$ 使得对 $n\geqslant N$ 有 $l(f^n(I))\geqslant 2l(I)$, 故对 $n\geqslant N$ 我们证明了引理.

对 $n<N$ 仅存在有限多个周期 n 轨道, 因此存在 $\delta>0,\lambda>1$, 使得对任何排斥的周期 n 点 x 和 $|y-x|<\delta$, 我们有 $|(f^n)'(y)|>\lambda$. 因此如果 J 如前, 那么 $l(J)<\delta$ 蕴含着在 J 上有 $|(f^n)'(x)|>\lambda$. □

[523] **引理 16.2.8.** *对 $\varepsilon>0$, 存在 $n_\varepsilon\in\mathbb{N}$, 使得对所有 $n>n_\varepsilon$ 有 $d_n<\varepsilon$.*

证明. 否则, 存在 $\varepsilon > 0$ 和区间 $I_n \subset \Lambda_n(V)$ 满足 $l(I_n) \geqslant \varepsilon$, 不失一般性这些区间覆盖区间 $I \subset \bigcap_{n\in\mathbb{N}} \Lambda_n(V)$. 由构造, I 的像不凝聚在临界点, 因此, 由引理 14.3.3 它们不两两互不相交. 从而由引理 16.2.5 得到区间 J 和 $i, k \in \mathbb{N}$, 使得 $f^i(I) \subset J$, 且 $f^k|_J$ 是单调的. 因而由命题 1.1.6, J 的每一点渐近于周期轨道, 因此 $f^i(I) \cap B \neq \varnothing$, 所以对大的 n, $f^i(I_n) \cap B \neq \varnothing$, 但这是不可能的. □

下一个引理的目的, 证明对任何区间 $I \subset \Lambda_n(V)$, $f^i(I)$ 的长度直到 $i = n$ 之和有界, 上界常数与 n 无关 (这是通过利用命题 14.3.2 得到的). 为此我们利用某些技术概念:

定义 16.2.9. 称区间 I 是 n-Markov 的, 如果 $f^i(I) \cap f^j(I) \neq \varnothing$ 蕴含 $f^i(I) \subset f^j(I)$, 只要 $i \leqslant j \leqslant n$. 如果此外当 $i < j < k \leqslant n$ 时由 $f^i(I), f^j(I) \subset f^k(I)$ 得到 $l(f^j(I)) > \lambda l(f^i(I))$, 则称 I 是 (λ, n) 双曲的.

双曲性区间的长度之和有界:

引理 16.2.10. 如果 $\lambda > 1$, I 是 (λ, n) 双曲的, 那么 $\sum_{i=0}^{n} l(f^i(I)) < \lambda/(\lambda - 1)$.

证明. 假设 $\{i_1, \cdots, i_k\} \subset \{0, \cdots, n\}$ 使得 $f^{i_1}(I), \cdots, f^{i_k}(I)$ 两两互不相交, 而且如果 $i \leqslant n$, 则对某个 $t \leqslant k$ 有 $f^i(I) \subset f^{i_t}(I)$. 由 Markov 性质这是可能的. 对给定的 t 令 $\{j_1, \cdots, j_r\} = \{i \leqslant n | f^i(I) \subset f^{i_t}(I)\}$. 由双曲性假设得到对 $s < r$ 和 $j_r = i_t$ 有 $l(f^{j_{s+1}}(I)) > l(f^{j_s}(I))$, 所以 $\sum_{s=1}^{r} l(f^{j_s}(I)) \leqslant (\lambda/(\lambda - 1)) l(f^{i_t}(I))$. 因此

$$\sum_{i=0}^{n} l(f^i(I)) = \sum_{t=1}^{k} \sum_{f^i(I) \subset f^{i_t}(I)} l(f^i(I)) \leqslant \sum_{t=1}^{k} (\lambda/(\lambda - 1)) l(f^{i_t}(I)) \leqslant \lambda/(\lambda - 1).$$ □

这个引理与下面三个引理一起给出引理 16.2.13 至关重要的估计. 设 δ 如引理 16.2.7 中的, 令 $\varepsilon < \delta$ 为 $U \backslash V$ 的连通分支长度的下界. 取 n_ε 如引理 16.2.8 中的.

引理 16.2.11. 若 I 是 $\Lambda_n(V)$ 的连通分支, 而且 $I \cap \Lambda_n(U) \neq \varnothing$, 则 I 是 $(n - n_\varepsilon)$-Markov 的.

证明. 如若不然, 则存在 $i < j \leqslant n - n_\varepsilon$, 使得 $f^i(I) \cap f^j(I) \neq \varnothing$ 和 $f^i(I) \not\subset f^j(I)$, 即存在 I 的端点 a, 使得 $f^j(a) \subset \operatorname{Int} f^i(I)$. 我们证明这时 I 将包含 a 的邻域, 这是不可能的. 首先注意, 对 $t < j$ 有 $f^t(a) \notin \partial B$, 因为否则 $\partial B \ni f^{j-t}(f^t(A)) = f^j(a) \in \operatorname{Int} f^i(I)$, 矛盾. 此外, 对 $t \leqslant n - n_\varepsilon$ 有 $f^t(a) \notin \partial V$, 因为要不然, $f^t(I)$ 将包含 $U \backslash V$ 的分支 (因为它包含 U 的点), 因此其长度至少是 ε, 所以由引理 16.2.8

有 $f^t(I) \not\subset \Lambda_{n-t}(V)$. 这证明存在 a 的邻域 W, 使得对 $t \leqslant j$ 有 $f^j(W) \subset f^i(I)$ 和 $f^t(W) \cap (B \cap V) = \varnothing$. 因此 $W \subset \Lambda_n(V) \subset I$, 矛盾. □

[524] **引理 16.2.12.** *如果 I 如引理 16.2.11 的, 那么 I 是 (λ, n) 双曲的, 其中 λ 如引理 16.2.7 中的.*

证明. 由引理 16.2.11 已经得知有要求的 Markov 性质. 给定 $i < k \leqslant n - n_\varepsilon$, 假设 j 是使得存在满足 $f^i(I) \cup f^j(I) \subset f^k(I)$ 的 $i < j < k$ 的最小整数.

首先证明 $J := f^{k-j+i}(I) \subset f^{j-i}(J) = f^k(I)$, 而且 $J, \cdots, f^{j-i-1}(J)$ 两两互不相交. 注意到 f^n 在 I 上是微分同胚是有用的. 注意 $f^{j-i}(f^i(I)) = f^j(I) \subset f^k(I)$, $J \subset \Lambda_{j-i}(V)$ 是满足 $f^{j-i}(J) \subset f^k(I)$ 的最大区间. 因此 $f^i(I) \subset J$, 而且由假设 $f^i(I) \subset f^k(I) = f^{j-i}(J)$, 所以 $J \cap f^{j-i}(J) \neq \varnothing$. 由于 I 是 k-Markov 的, J 是 $(j-i)$-Markov 的, 因此 $J \subset f^{j-i}(J) = f^k(I)$. 为了看到 $J, \cdots, f^{j-i-1}(J)$ 两两互不相交, 先假设对某个 $t < j - i$ 有 $f^t(J) \cap f^{j-i}(J) \neq \varnothing$. 于是利用 Markov 性质有 $f^{i+t}(I) \subset f^t(J) \subset f^{j-i}(J) = f^k(I)$, 这与 j 的极小性矛盾. 因此是不可能的. 但是, 如果对任何 $n < m < j - i$ 有 $f^n(J) \cap f^m(J) \neq \varnothing$, 那么也有 $f^{n+(j-i-m)}(J) \cap f^{j-i}(J) \neq \varnothing$, 这我们刚才已排除.

上一段说明, 可以用引理 16.2.7 得到 $l(f^j(I)) > \lambda l(f^i(I))$.

对 $i < j < k \leqslant n - n_\varepsilon$ 和 $f^i(I) \cup f^t(I) \subset f^k(I)$ 的一般情形, 首先如前取最小的 $j \leqslant t$ 得到 $l(f^j(I)) > \lambda l(f^i(I))$. 然后用 j 代替 i, 并重复这个直到得到所要的 $l(f^t(I)) > \lambda^m l(f^i(I)) > \lambda l(f^i(I))$. □

引理 16.2.13. *存在 $C \in \mathbb{R}$ 使得, 如果 $I \subset \Lambda_n(V)$ 是一个区间, 那么 $\sum_{i=0}^{n} l(f^i(I)) \leqslant C$.*

证明. 如果 $n \leqslant n_\varepsilon$, 则 n_ε 显然是一个上界. 如果 $n > n_\varepsilon$, 引理 16.2.10 和 16.2.12 显示

$$\sum_{i=0}^{n} l(f^i(I)) = \sum_{i=0}^{n-n_\varepsilon} l(f^i(I)) + \sum_{i=n-n_\varepsilon+1}^{n} l(f^i(I)) \leqslant \lambda/(\lambda-1) + n_\varepsilon =: C. \qquad \square$$

现在我们利用引理 16.2.13 和命题 14.3.2 证明定理 16.2.1 的 (2). 用反证法, 假设存在序列 $n_i \to \infty$ 和 $x_i \in \Lambda_{n_i}(V)$ 使得 $|(f^{n_i})'(x_i)| \to 1$. 又假设 δ 小于 $U \backslash V$ 的任何连通分支的长度, 而且也小于任何 $x, y \in \partial B$ 之间的距离. 则可证明, 如果 I_i 是 $\Lambda_{n_i}(V)$ 中 x_i 的连通分支, 那么存在 $m_i < n_i$ 使得 $l(f^{m_i}(I_i)) > \delta$.

为了看到这一点, 注意存在两个可能性:

(1) 存在 $t < n_i$ 使得 $f^t(I_i) \cap \partial V \neq \varnothing$. 由于 $f^t(x_i) \notin U$, 这意味着 $f^t(I_i)$ 包含 $U \backslash V$ 的一个分支, 因此它的长度大于 δ.

(2) 存在 $m < t < n_i$, 使得 $f^m(a) \cup f^t(b) \subset \partial B$, 这里 a, b 是 I_i 的端点. 于是 $f^t(a) \in \partial B$, 因此 $l(f^t(I_i)) > \delta$.

还要注意, 由引理 16.2.8 得知 $l(I_i) \to 0$, 所以 $m_i \to \infty$, 且可通过取子序列 [525]
以后, 假设 $f^{m_i}(I_i)$ 收敛于一个区间 I. 显然 $l(I) \geqslant \delta$.

同时注意 $|(f^{n_i})'(x_i)| \to 1$ 和引理 16.2.13 一起, 以及命题 14.3.2 得到对大的 i 有 $l(f^{n_i}(I_i)) \leqslant 2l(I_i)$. 由于 $l(I_i) \to 0$ 得到 $l(f^{n_i}(I_i)) \to 0$, 因此 $n_i - m_i \to \infty$, 所以 $I \subset \bigcap_{n \in \mathbb{N}} \Lambda_n(V)$, 这是不可能的. 这就完成了定理 16.2.1 的证明. □

16.3. 熵的连续性

定理 16.3.1. *考虑在 C^2 拓扑下 $[0,1]$ 上具有非退化临界点 (即 $|f'| + |f''| > 0$) 的 C^2 映射空间 $C_0^2([0,1],[0,1])$. 则 $h_{\text{top}} : C_0^2([0,1],[0,1]) \to \mathbb{R}$ 连续.*

证明. 下半连续由定理 15.2.11 提供. 为了证明上半连续, 利用命题 15.2.13, 以及对 C^2 小扰动 $c(f)$ 可得到控制的事实. 固定 $f \in C_0^2([0,1],[0,1])$ 和 $\varepsilon > 0$. 注意 f 是逐段单调的. 假设 $g \in C_0^2([0,1],[0,1])$ 是 C^2 充分接近于 f, 所以它也单调. 由命题 15.2.13, 可以固定 $n \geqslant (2(c_1+3)\log 2)/\varepsilon$ 使得 $\dfrac{1}{n}\log c_n \leqslant h_{\text{top}}(f) + \dfrac{\varepsilon}{2}$. f^n 的转向点是 $0 = x_0 < x_1 < \cdots < x_{c_n} = 1$. 考虑互不相交的开区间 $\{I_i | 0 \leqslant i \leqslant c_n\}$, 其中 $x_i \in I_i$. 由于 f 所有的临界点是转向点, 这对 f^n 同样成立, 因此可以假设 g^n 在 $[0,1] \Big\backslash \bigcup_{i=0}^{c_n} I_i$ 内没有转向点.

现在固定 i. 令 $r := \operatorname{card}\{0 \leqslant k < n | f^k(x_i)$ 是 f 的转向点$\}$. 注意, 如果 g 充分接近于 f, 则 g^n 在 I_i 内至多有 $2^r + 1$ 个转向点 (考虑 I_i 中 g^n 单调的最大区间的个数. 对任何 k 使得在某个 $x \in g^k(I_i)$ 有 $g'(x) = 0$, 这个数至多成倍增加, 所以它至多是 2^r).

考虑简单 (和通有) 情形, 这时没有 $k < n$ 使得 $f^k(x_i)$ 是周期转向点. 于是 $r \leqslant c_1 + 1$, 以及 g^n 在 I_i 内至多有 $2^{c_1+1} + 1$ 个转向点.

现在我们关心出现周期临界点时引起的复杂性. 用 C 记这种点的集合, 并令 $X = \bigcup_{i \in \mathbb{N}} f^i(C)$. 对充分接近于 f 的 g, 存在 X 的开邻域 U 使得 $g(U) \subset U$, U 仅包含有限多个非游荡点 (周期临界点). 因此 $Y := [0,1] \Big\backslash \bigcup_{i \in \mathbb{N}} g^{-i}(U)$ 是闭且 g 不变的, 每个非原子不变测度支撑在 Y 上, 由变分原理 (定理 4.5.3) $h_{\text{top}}(g|_Y) = h_{\text{top}}(g)$. 如果对某个 $k < n$ 有 $f^k(x_i) \in X$, 则可取 I_i 足够小使得 g 充分接近于 f, 这时我们有 $I_i \cap Y = \varnothing$. 因此 $g^m|_Y$ 至多有 $(c_n + 1)(2^{c_1+1} + 1)$ 个转向点. 线

性地将它扩张至 $[0,1]\backslash Y$ 允许我们应用命题 15.2.12, 得到

$$\begin{aligned} h_{\text{top}}(g) &= \frac{1}{n} h_{\text{top}}(g^n) \leqslant \frac{1}{n}\log((c_n+1)(2^{c_1+1}+1)) \\ &\leqslant \frac{1}{n}\log(c_n 2^{c_1+3}) \leqslant h_{\text{top}}(f) + \frac{\varepsilon}{2} + \frac{(c_1+3)\log 2}{n} \leqslant \varepsilon. \end{aligned}$$ □

[526]

练　　习

16.3.1. 证明在二次映射族 $f_\lambda(x) = \lambda x(1-x), 0<\lambda<4$ 中, 存在参数 λ 的不可数集, 对这个集合通有排斥集不是双曲的.

16.3.2. 假设 $r \geqslant 2$, f 是 C^r 映射, 在 f 的所有临界点 r 次射式非零, 即对每个这样的点 x_0 存在 $k \leqslant r$, 使得 f 的 k 次导数非零. 证明在 C^r 拓扑下 f 的拓扑熵连续.

16.4. 单峰映射的完全族

现在我们给出光滑单峰映射族中出现所有可能的折叠序列的一个充分条件. 这是很有意义的, 因为在命题 15.5.7 中我们看到, 在某些情形两个有相同折叠序列的映射必须共轭. 我们利用 15.5 节中的记号, 特别与光滑单峰映射的折叠序列 $\nu(f)$ 有关的记号 (定义 15.5.1).

定义 16.4.1. 称单峰映射族 $f_\lambda : [0,1] \to [0,1] (\lambda \in [a,b])$ 为完全族或传递族, 如果对每个单峰映射 $g : [0,1] \to [0,1]$, 存在某个 $\lambda \in [a,b]$ 满足 $\nu(g) = \nu(f_\lambda)$.

定理 16.4.2. *如果 $\nu(f_a) = i^{f_a}(cf_a) = (1,0,0,0,\cdots)$ 和 $\nu(f_b) = i(c_{f_b}) = (1,2,0,0,\cdots)$, 就是说, f_a 的转向点的旅程是 $(1,0,0,0,\cdots)$, f_b 的转向点的旅程是 $(1,2,0,0,\cdots)$, 那么 C^1 单峰映射族 $f_\lambda : [0,1] \to [0,1] (\lambda \in [a,b])$ 是一个完全族.*

证明. 对某个单峰映射令 $\alpha = \sigma(\nu)$, 对所有 $t \in [a,b]$ 假设 $\alpha \neq \sigma(\nu(f_t))$. 于是 $a \in L := \{t \in [a,b] | \sigma(\nu(f_t)) \prec \alpha\}$, $b \in R := \{t \in [a,b] | \sigma(\nu(f_t)) \succ \alpha\}$ 和 $[a,b] = L \cup R$, 所以 L, R 不能都是开的. 为了证明这是不可能的, 我们证明 L 是开的. 代替 $f(x)$ 考虑 $1-f(1-x)$, 于是 R 也是开的, 这与 $[a,b]$ 的连通性矛盾.

为了方便起见, 记 $\nu^t := \nu(f_t)$. 如果 $t \in L$, 又 f_t 的转向点 c_t 不是 f_t 的周期点, 那么存在最小的 $n \in \mathbb{N}_0$ 使得 $\nu^t_{n+1} = i^{f_t}_n(f_t(c_t)) \neq \alpha_n$. 对 $j \leqslant n$ 我们有 $\nu^t_{j+1} \neq 1$, 而且 $s \mapsto f^{j+1}_s(c_s)$ 连续, 所以存在邻域 $U \subset [a,b]$, 使得对 $s \in U$, 当 $j \leqslant n$ 时有 $i^{f_s}_j(f_s(c_s)) = i^{f_t}_j(f_t(c_t))$, 即 $s \in L$. 这部分的论述没有用到可微性.

因此, 剩下的要考虑 c_t 是 f_t 周期的情形, 设最小周期为 n. 由于 $(f^n_t)'(c_t) = 0$, 存在 $\varepsilon > 0$ 使得在 $[c_t-\varepsilon, c_t+\varepsilon]$ 上 $|(f^n_t)'(x)| < \dfrac{1}{2}$, 因此 $f^n_t([c_t-\varepsilon, c_t+\varepsilon]) \subset$

$\left[c_t-\dfrac{\varepsilon}{2},c_t+\dfrac{\varepsilon}{2}\right]$. 此外, 对 $0<j<n$ 可假设 $f_t^j([c_t-\varepsilon,c_t+\varepsilon])\cap[c_t-\varepsilon,c_t+\varepsilon]=\varnothing$. 因此在 $[a,b]$ 中存在 t 的邻域 U, 使得对 $s\in U$ 有 [527]

(1) 在 $[c_t-\varepsilon,c_t+\varepsilon]$ 上 $|(f_t^n)'(x)|<\dfrac{1}{2}$;

(2) $f_t^n([c_t-\varepsilon,c_t+\varepsilon])\subset[c_t-\varepsilon,c_t+\varepsilon]$;

(3) $\nu_{j+1}^s=\nu_{j+1}^t$, 即 $i_j^{f_s}(f_s(c_s))=i_j^{f_t}(f_t(c_t))$, 当 $j<n$;

(4) $c_s\in[c_t-\varepsilon,c_t+\varepsilon]$;

(5) $f_s^j([c_t-\varepsilon,c_t+\varepsilon])\cap[c_t-\varepsilon,c_t+\varepsilon]=\varnothing$, 对 $0<j<n$.

由 (1) 和 (2), $[c_t-\varepsilon,c_t+\varepsilon]$ 是 f_s^n 唯一吸引不动点 $x_s\in[c_t-\varepsilon,c_t+\varepsilon]$ 的吸引盆.

如果 $x_s=c_s$, 则 $\sigma(\nu^s)=\sigma(i(x_s))=\sigma(i(c_t))\prec\alpha$ 和 $s\in L$. 因此剩下的要考虑情形 $x_s>c_s$ 和 $x_s<c_s$. 两者同样处理, 所以可假设 $x_s>c_s$.

此时, 对所有 $k\in\mathbb{N}$ 有 $f_s^{kn}(c_s)\in(c_s,x_s)$, 因为由 (4), $c_s\in[c_t-\varepsilon,c_t+\varepsilon]$ 在 x_s 的盆内. 因此, $\nu_{kn}^s=i_{kn}^{f_s}(c_s)=2$, 由 (5) 对 $j\in\mathbb{N}_0$, $\nu_{j+n}^s=i_{j+n+1}^{f_s}(c_s)=i_{j+1}^{f_s}(c_s)=\nu_j^s$. 这证明除了 $\nu^s\prec\nu^t$, 此时按要求 $s\in L$, 因此必须有 $\varepsilon_n(\sigma(\nu^s))\cdot 3>\varepsilon_n(\sigma(\nu^s))\cdot 2$, 其中 ε_n 如定义 15.5.3 中的, 因此 $\varepsilon_n(\sigma(\nu^s))=1$.

如果 $s\notin L$, 那么

$$\sigma(\nu^t)\prec\alpha\prec\sigma(\nu^s),$$

因为由假设 $\alpha\neq\sigma(\nu^s)$. 这意味着 (由定义 15.5.3) 存在 $k\geqslant 1$ 和 $l<n$, 使得对 $j<kn+l$ 有 $\alpha_j=\nu_{j+1}^s$ (因此 $\varepsilon_j(\alpha)=\varepsilon_j(\sigma(\nu^s))$) 和

$$\varepsilon_{kn+l}(\sigma(\nu^s))\alpha_{kn+l}<\varepsilon_{kn+l}(\sigma(\nu^s))\nu_{kn+l+1}^s.$$

由于 $\nu_n^s=2$ 我们有 $\varepsilon_{n+1}(\sigma(\nu^s))=-\varepsilon_n(\sigma(\nu^s))=-1$, 因此

$$\varepsilon_{kn+l}(\sigma(\nu^s))=(\varepsilon_{n+1}(\sigma(\nu^s)))^k\varepsilon_l(\sigma(\nu^s))=(-1)^k\varepsilon_l(\sigma(\nu^s)),$$

因为 ν^s 是 n 周期的. 代替 $\sigma\nu^s$ 对 α 同样成立. 因此

$$\begin{aligned}(-1)^k\varepsilon_l(\alpha)\alpha_{kn+l}=\varepsilon_{kn+l}(\alpha)\alpha_{kn+l}&<\varepsilon_{kn+l}(\sigma(\nu^s))\nu_{kn+l+1}^s\\&=(-1)^k\varepsilon_l(\sigma(\nu^s))\nu_{l+1}^s=(-1)^k\varepsilon_l(\alpha)\alpha_l.\end{aligned}$$

对奇数 k 得到 $\varepsilon_l(\sigma^{kn}(\alpha))\alpha_{kn+l}=\varepsilon_l(\alpha)\alpha_{kn+l}>\varepsilon_l(\alpha)\alpha_l$, 即 $\alpha\prec\sigma^{kn}(\alpha)$, 与 (15.5.1) 矛盾. 对偶数 k, 得到

$$\varepsilon_l(\sigma^{kn-n}(\alpha))(\sigma^{kn-n}(\alpha))_{l+n}=\varepsilon_l(\alpha)\alpha_{kn+l}<\varepsilon_l(\alpha)\alpha_l=\varepsilon_l(\alpha)\alpha_{l+n}.$$

两边乘 $-1=\varepsilon_n(\alpha)=\varepsilon_n(\sigma^{kn-n}(\alpha))$, 得到

$$\varepsilon_{l+n}(\alpha)\alpha_{l+n}<\varepsilon_{l+n}(\sigma^{kn-n}(\alpha))(\sigma^{kn-n}(\alpha))_{l+n},$$

所以 $\alpha\prec\sigma^{kn-n}(\alpha)$, 再次与 (15.5.1) 矛盾. 因此 L 是开的, 证明完毕. □

推论 16.4.3. 二次映射 $f_\lambda : [0,1] \to [0,1], x \mapsto \lambda x(1-x)$ 对 $\lambda \in [1,4]$ 构成一个完全族.

[528]

练　　习

16.4.1. 证明帐篷映射族 (15.2.5) 不是一个完全族.

16.4.2. 设 $\varphi : [0,1] \to [0,1]$ 是 C^1 单峰映射, 其中 $\max \varphi = 1$. 证明族 $\varphi_\lambda : \lambda\varphi, \lambda \in [0,1]$ 是一个完全族.

第 4 部分 [529]

双曲动力系统

第 17 章 例子纵览

[531]

本书的这部分将发展光滑动力系统 (见定义 6.4.1 和 6.4.18) 的局部极大 (基本) 双曲集的系统理论. 我们将研究限制在这样的集合或邻域上的动力系统的拓扑性质和度量性质, 以及在局部极大双曲集上支撑的各个重要不变测度的随机性质.

这个一般结构理论占据了接下来的三章. 在对它进行讨论之前, 本章我们将详细阐述我们所搜集的几类例子.

迄今为止, 我们的双曲集例子包括以下几个基本内容以及它们的 C^1 扰动, 不变闭子集, 并, 和 Descartes 积:

(1) 孤立的双曲周期轨道 (见定义 6.2.1).

(2) 区间映射的 Markov 型排斥极 (见 2.5b 和 16.1 节).

(3) Smale 马蹄 (2.5c 节), 以及它的修正和推广, 包括出现在双曲周期点附近的不变集 (6.5 节).

(4) 二维环面和一般 n 维环面上的双曲自同构 (1.8 节).

(5) 双曲平面紧因子上的测地流 (5.4f 节); 以及将在 17.4 节定义的流的双曲性概念.

这些例子的某些我们已经用相当广泛的方法研究过. 例如, 对由矩阵 $L = \begin{pmatrix} 2 & 1 \\ 1 & 1 \end{pmatrix}$ 确定的二维环面基本的双曲自同构 F_L, 证明了周期点的传递性和稠密性, 计算了它们的周期点个数 (命题 1.8.1), 在 2.5d 节中构造了 Markov 分割和与拓扑 Markov 链的半共轭性, 证明了拓扑稳定性与结构稳定性 (相应的定理 2.6.1

[532] 和 2.6.3), 计算了拓扑熵 (命题 3.2.6), 建立了遍历性和混合性 (命题 4.2.12), 以及计算了关于 Lebesgue 测度的测度论熵 (4.4.7), 并利用它证明用 Lebesgue 测度表示周期轨道的极限分布 (练习 4.4.8). 所有这些结果表明以下几章对更一般系统的研究方向.

在这一章我们将讨论以下几个方面的问题.

首先, 我们寻找也是吸引子的双曲集 (见定义 3.3.1). 迄今为止, 我们处理的这类仅有的例子从几何学观点看是相当平凡的, 即吸引的周期轨道, 环面的双曲自同构, 那里整个环面是吸引子, 以及这两个情形的积, 其中不变环面有一个吸引某个邻域中所有点的双曲自同构. 在前面两节我们将描述更加复杂的双曲吸引子的例子.

然后, 描述不同于环面自同构的基本上是唯一已知的 (拓扑共轭的) Anosov 微分同胚类 (17.3 节).

接下来, 我们将双曲集和 Anosov 系统的概念扩展到连续时间情形 (17.4 节), 并讨论一类非常重要的 Anosov 流, 即具有负截面曲率的紧 Riemann 流形上的测地流. 先在 17.5 节考虑 5.4f 节已经出现过的基本的二维例子, 再介绍一般方法 (17.6 节), 最后在 17.7 节描述代数例子的一般类.

最后, 我们讨论一类出现在 Riemann 球面上的有理映射的双曲排斥极 (17.8 节). 这些集合称为 Julia 集, 它们具有大部分映射的动力学复杂性. 这类似于区间映射的通有排斥极 (16.1 节). 但是, 这些集合的拓扑结构可能完全不同于区间情形的简单 Markov 结构. 特别是这方面提供的例子的拓扑不同于前面的例子, 它们都是模拟 Cantor 集或流形或者它们的积.

17.1. Smale 吸引子

下面的构造可形象地看作为相当于绕两圈的加层橡胶轮胎的类似. 但是要注意所得的变换不能在 $\mathbb{R}^3$ 中通过连续形变产生.

考虑一个环体 $M = S^1 \times D^2$, 其中 D^2 是 $\mathbb{R}^2$ 中的单位圆盘. 其上定义坐标 (φ, x, y) 使得 $\varphi \in S^1$ 和 $(x, y) \in D^2$, 即 $x^2 + y^2 \leqslant 1$. 利用这些坐标定义映射

$$f : M \to M, f(\varphi, x, y) = \left(2\varphi, \frac{1}{10}x + \frac{1}{2}\cos\varphi, \frac{1}{10}y + \frac{1}{2}\sin\varphi\right).$$

[533] 为了验证这个映射有定义, 即 $f(M) \subset M$, 计算

$$\begin{aligned}&\left(\frac{1}{10}x + \frac{1}{2}\cos\varphi\right)^2 + \left(\frac{1}{10}y + \frac{1}{2}\sin\varphi\right)^2\\ &= \frac{1}{100}(x^2 + y^2) + \frac{1}{10}(x\cos\varphi + y\sin\varphi) + \frac{1}{4}(\cos^2\varphi + \sin^2\varphi)\end{aligned}$$

$$\leqslant \frac{1}{100} + \frac{2}{10} + \frac{1}{4} < 1.$$

因此, 实际上, $f(M)$ 包含在 M 的内部.

接下来证明 f 是一个单射: 假设 $f(\varphi_1, x_1, y_1) = f(\varphi_2, x_2, y_2)$, 那么

$$\begin{aligned} 2\varphi_1 &= 2\varphi_2 \pmod{2\pi}, \\ \frac{1}{10}x_1 + \frac{1}{2}\cos\varphi_1 &= \frac{1}{10}x_2 + \frac{1}{2}\cos\varphi_2, \\ \frac{1}{10}y_1 + \frac{1}{2}\sin\varphi_1 &= \frac{1}{10}y_2 + \frac{1}{2}\sin\varphi_2. \end{aligned}$$

如果 $\varphi_1 = \varphi_2$, 则我们立刻看到 $x_1 = x_2$ 和 $y_1 = y_2$. 如果 $\varphi_1 = \varphi_2 + \pi$, 那么

$$\begin{aligned} \frac{1}{10}x_1 + \frac{1}{2}\cos\varphi_1 &= \frac{1}{10}x_2 - \frac{1}{2}\cos\varphi_1, \\ \frac{1}{10}y_1 + \frac{1}{2}\sin\varphi_1 &= \frac{1}{10}y_2 - \frac{1}{2}\sin\varphi_1, \end{aligned}$$

或者

$$\frac{1}{10}(x_2 - x_1) = \cos\varphi_1 \quad 和 \quad \frac{1}{10}(y_2 - y_1) = \sin\varphi_1,$$

由此得到

$$(x_2 - x_1)^2 + (y_2 - y_1)^2 = 100.$$

由于左边最多是 8, 这是不可能的.

因此, 如果我们考虑 M 的任何一个截面 $C = \{\theta\} \times D^2$, 像 $f(M)$ 与 C 交于两个互不相交的半径为 1/10 的圆盘, 如图 17.1.1 所示. 注意 $C \cap f(M)$ 可写为 $f(C_1) \cup f(C_2)$, 其中 C_1 和 C_2 是两个截面. [534]

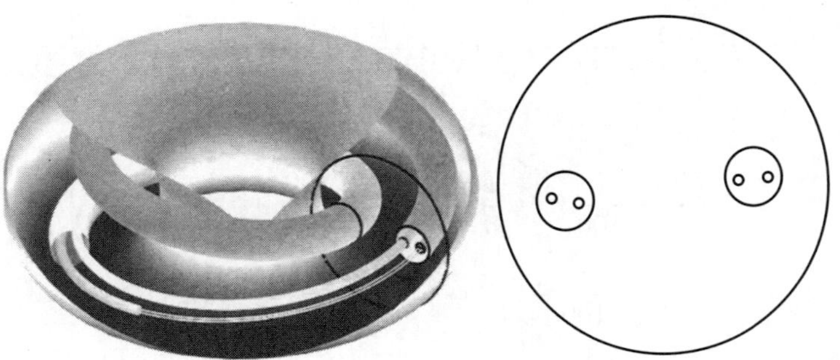

图 17.1.1 Smale 吸引子和截面

现在考虑 $f^2(M)$. 显然 $f^2(M) \subset f(M)$, 此外, $C \cap f^2(M) = f(C_1 \cap f(M)) \cup f(C_2 \cap f(M))$, 其中 C_1 和 C_2 如前. 因此 $C \cap f^2(M)$ 是由 4 个小圆盘组成, 每两个分别在 $f(C_1)$ 和 $f(C_2)$ 中, 如图 17.1.1 所示.

因此 $f^2(M)$ 围绕 M 四圈. 从图像上看我们把橡胶轮胎作了第二次加层.

继续下去考虑相继像 $f^l(M)$, 得到的 $f^{l+1}(M)$ 是由 2^{l+1} 个圆盘组成, 每两个在 $C \cap f^l(M)$ 的圆盘中.

由于 M 中 $f(M) \subset M$ 的最大不变集是 $\Lambda := M \cap f(M) \cap f^2(M) \cap \cdots = \bigcap_{l \in \mathbb{N}_0} f^l(M)$. 显然 Λ 是定义 3.3.1 意义下的一个吸引子.

为了了解 Λ 的拓扑, 先考虑 $C \cap \Lambda$. $C \cap \Lambda$ 通过一个 Cantor 过程得到. 事实上, $C \cap \Lambda$ 显然是闭 (它是闭集的交) 的完美集. 因此 Λ 局部同胚于一个区间与一个 Cantor 集的 Descartes 积. Λ 的大范围结构有点复杂, 不过, 由于由构造 Λ 是连通的 (练习 17.1.1), 因此 Λ 看起来像有包装的螺线管的复杂形式.

命题 17.1.1. Λ 是映射 f 的一个双曲集.

证明. 首先证明对适当的 γ, 形如

$$\{(u, v_1, v_2) | v_1^2 + v_2^2 \leqslant \gamma^2 u^2\}$$

的锥在 $Df_{(\varphi,x,y)} : T_{(\varphi,x,y)}M \to T_{(\varphi,x,y)}M$ 作用下是不变的. 在我们的坐标下

$$Df(u, v_2, v_2) = \left(2u, -\frac{1}{2}u\sin\varphi + \frac{1}{10}v_1, \frac{1}{2}u\cos\varphi + \frac{1}{10}v_2\right) =: (u', v_1', v_2').$$

现在假设 $v_1^2 + v_2^2 < \gamma^2 u^2$ 且 $\gamma \geqslant 3/10$. 那么

$$\begin{aligned}
(v_1')^2 + (v_2')^2 &= \left(-\frac{1}{2}u\sin\varphi + \frac{1}{10}v_1\right)^2 + \left(-\frac{1}{2}u\cos\varphi + \frac{1}{10}v_2\right)^2 \\
&= \frac{u^2}{4}\sin^2\varphi - \frac{uv_1}{10}\sin\varphi + \frac{v_1^2}{100} + \frac{u^2\cos^2\varphi}{4} + \frac{uv_2}{10}\cos\varphi + \frac{v_2^2}{100} \\
&= \frac{1}{4}u^2 + \frac{1}{100}(v_1^2 + v_2^2) + \frac{1}{10}u(v_2\cos\varphi - v_1\sin\varphi) \\
&\leqslant \frac{1}{4}u^2 + \frac{1}{100}\gamma^2 u^2 + \frac{1}{10}u(v_2\cos\varphi - v_1\sin\varphi) \\
&\leqslant \left(\frac{1}{4} + \frac{1}{100}\gamma^2 + \frac{1}{5}\gamma\right)u^2 \leqslant \left(\frac{100}{4\cdot 9} + \frac{1}{100} + \frac{1}{5}\frac{10}{3}\right)\gamma^2 u^2 \\
&< \left(\frac{27}{9} + \frac{1}{100} + \frac{2}{3}\right)\gamma^2 u^2 < 4\gamma^2 u^2 = \gamma^2 (u')^2.
\end{aligned}$$

[535] 因此水平锥是 Df 不变的, 其中 $\gamma \geqslant 3/10$. 同时, 这个计算也显示铅垂锥在 Df^{-1} (注意 f^{-1} 在 $f(M)$ 上有定义, 它的内部是 Λ 的开邻域) 作用下也不变, 其中 $\gamma \leqslant 10/3$.

为了通过锥条件 (推论 6.4.8) 得到双曲性, 需要证明 Df 在水平锥中扩张, 在铅垂锥中压缩.

假设 $v_1^2+v_2^2\leqslant\gamma^2u^2$. 那么, 只要 $\gamma^2<3$, 就有

$$\|Df(u,v_1,v_2)\|^2>4u^2\geqslant\frac{4}{1+\gamma^2}\|(u,v_1,v_2)\|^2>\|(u,v_1,v_2)\|^2.$$

因此, 对 $3/10\leqslant\gamma<\sqrt{3}$, Df 对水平 γ 锥保持并扩张.

另一方面, 如果 $v_1^2+v_2^2\geqslant u^2/\gamma^2$, 那么, 只要 $\gamma\geqslant 2/5$,

$$\begin{aligned}\|Df(u,v_1,v_2)\|^2&=4u^2+\left(-\frac{1}{2}u\sin\varphi+\frac{1}{10}v_1\right)^2+\left(\frac{1}{2}u\cos\varphi+\frac{1}{10}v_2\right)^2\\&\leqslant 4\gamma^2(v_1^2+v_2^2)+\frac{u^2}{4}+\frac{1}{100}(v_1^2+v_2^2)+\frac{u}{10}(v_2\cos\varphi-v_1\sin\varphi)\\&\leqslant\frac{1}{4}u^2+\left(\frac{1}{100}+\frac{1}{5}\gamma+4\gamma^2\right)(v_1^2+v_2^2)\\&\leqslant\frac{1}{4}u^2+\left(\frac{1}{100}+\frac{2}{25}+\frac{16}{25}\right)(v_1^2+v_2^2)<\frac{3}{4}\|(u,v_1,v_2)\|^2.\end{aligned}$$

从而对 $2/5\leqslant\gamma\leqslant 10/3$, Df^{-1} 对铅垂 γ 锥保持并扩张.

因此, 由推论 6.4.8, Λ 是一个双曲集. □

事实上, 很容易确定它是一个稳定流形: 对每一点 (φ_0,x_0,y_0) 截面 $C_{\varphi_0}=\{(\varphi,x,y)\in M|\varphi=\varphi_0\}$ 通过 f 压缩, 并映到另一个截面. 因此这些截面组成 M 的一个在 f 作用下压缩的不变子流形族, 从而是稳定流形.

不稳定流形不能明显给出. Λ 中任何点的不稳定流形包含在 Λ 中, 因为由构造 Λ 对 f^{-1} 是 M 的最大不变子集, 就是说, 包含 Λ 的 M 的子集没有一个真正是 f^{-1} 不变的. 但是对所有 $p\in\Lambda$ 不稳定流形的并是 f^{-1} 不变的, 且包含 Λ, 因此等于 Λ.

最后, 我们描述 Smale 吸引子与 2 移位 $\sigma_2:\Omega_2\to\Omega_2$ (见 (1.9.3)) 之间产生的自然编码.

较方便的是用由 mod 1 确定的正规化坐标 $w=\varphi/2\pi$ 代替由 mod 2π 确定的角坐标 φ.

设

$$\Lambda_0=\{(w,x,y)\in\Lambda|0\leqslant w\leqslant 1/2\},$$
$$\Lambda_1=\{(w,x,y)\in\Lambda|1/2\leqslant w\leqslant 1\}.$$

显然, $\Lambda_0\cup\Lambda_1=\Lambda$, 且 Λ_0 和 Λ_1 的内部在 Λ 的拓扑下互不相交. [536]

设 $\pi:\Lambda\to S^1$ 是一个自然投射, $\pi(w,x,y)=w$, $E_2:S^1\to S^1$ 是线性扩张映射, $E_2(w)=2w$ (mod 1). 于是显然有 $E_2\circ\pi=\pi\circ f$, 即线性扩张映射 E_2 是我们的映射 f 在 Λ 上的限制的一个因子.

类似于 (2.5.2), 现在通过对所有 $\omega \in \Omega_2$ 令

$$\{h(\omega)\} = \bigcap_{n\in\mathbb{Z}} \overline{\mathrm{Int}\,(\bigcap_{|i|\leqslant n} f^{-i}(\Lambda_{\omega_i}))}$$

描述编码 $h : \Omega_2 \to \Lambda$.

我们必须通过证明这个交确实由一点组成来证明它有定义. 不难看到 $\mathrm{Int}\,(\bigcap_{|i|\leqslant n} f^{-i}(\Lambda_{\omega_i})) \neq \varnothing$, 而且

$$\pi(\mathrm{Int}\,(\bigcap_{|i|\leqslant n} f^{-i}(\Lambda_{\omega_i}))) = \mathrm{Int}\,(\bigcap_{|i|\leqslant n} \pi(f^{-i}(\Lambda_{\omega_i}))) = \mathrm{Int}\,(\bigcap_{|i|\leqslant n} E_2^{-i}(\Delta_1^{\omega_i}))$$

有直径 2^{-n-1}, 因此, 如果 $p_1, p_2 \in \bigcap_{n\in\mathbb{Z}} \overline{\mathrm{Int}\,(\bigcap_{|i|\leqslant n} f^{-i}(\Lambda_{\omega_i}))}$, 则 $\pi(p_1) = \pi(p_2)$. 由于

$$f^k(p_j) \in \bigcap_{n\in\mathbb{Z}} \overline{\mathrm{Int}\,(\bigcap_{|i|\leqslant n} f^{-i}(\Lambda_{(\sigma_2^k\omega)_i}))}, \quad 对 \quad j = 1, 2 \quad 和 \quad k \in \mathbb{Z},$$

我们有 $\pi(f^k(p_1)) = \pi(f^k(p_2))$, 其中 $k \in \mathbb{Z}$. 记 $f^{-k}(p_j) = (w^{(k)}, x_j^{(k)}, y_j^{(k)})$, 得到对所有 $k \geqslant 0$,

$$100^k[(x_1^{(0)} - x_2^{(0)})^2 + (y_1^{(0)} - y_2^{(0)})^2] < (x_1^{(k)} - x_2^{(k)})^2 + (y_1^{(k)} - y_2^{(k)})^2 \leqslant 8,$$

因此 $p_1 = p_2$, 从而 h 有定义.

容易看出 h 是一个满射: 如果 $p \in \Lambda$, 则它是任何满足 $f^i(p) \in \Lambda_{\omega(p)_i}$, $i \in \mathbb{Z}$ 的序列 $\omega(p)$ 的像. 我们不能期望 h 是一个单射, 因为这应该从我们的编码与二进制展开有关的事实期望. 由于两个序列 $(\cdots, \omega_{-2}, \omega_{-1}, 0, 1, 1, 1, \cdots)$ 与 $(\cdots, \omega_{-2}, \omega_{-1}, 1, 0, 0, 0, \cdots)$ 有相同长度, h 在

$$A := \bigcup_{k\in\mathbb{Z}} \sigma_2^k(\{\omega \in \Omega_2 | \omega_i = \omega_j, \forall i, j \in \mathbb{N}\})$$

上是 2 对 1 的, 且仅在补集 $\Omega_2 \backslash A$ 上是个单射.

由于 Ω_2 中的点的不稳定流形关于 σ_2 是稠密的, 且编码映射 h 连续, 故我们得到

命题 17.1.2. *F 的每个不稳定流形在 Λ 中稠密.*

练习 17.1.2 说明, 在 Smale 吸引子与环面自同构和移位之间存在着有趣的类似.

练　习 [537]

17.1.1. 证明 Smale 吸引子是连通的.

17.1.2. 证明 Smale 吸引子的映射 $f:\Lambda\to\Lambda$ 拓扑共轭于紧 Abel 群 G 的一个自同构 (参看 4.2f 节中对 Ω_N 上的群结构的讨论).

17.1.3. 描述双曲吸引子 $f:\Lambda\to\Lambda$ 的一个构造, 使得 f 拓扑共轭于对偶群到 k 进有理数 $\{m\cdot k^n|m,n\in\mathbb{Z}\}$ 的离散群的自同构.

17.1.4. 描述环体到它自己的微分同胚的嵌入可通过 $\mathbb{R}^3$ 中的形变实现, 且有一个双曲吸引子.

17.2. DA (由 Anosov 导出的) 映射和 Plykin 吸引子

正如我们在前面指出的, Smale 吸引子例子中考虑的映射不能通过 $\mathbb{R}^3$ 中的环体的连续形变实现.

修改这个映射的一个方法是描述 $\mathbb{R}^3$ 中的一个环体变换, 它对应于紧密围绕圆柱两圈的加层橡胶内胎 (见练习 17.1.4). 但是, 更有趣的是我们看到一个双曲吸引子甚至可通过二维球面上的连续形变得到, 那里似乎存在复杂的拉伸和弯曲的非常小的空间. 我们将这样的吸引子作为二维环面上执行某个外科手术后的一个副产品得到. 这个外科手术类似于从 $\mathbb{T}^2$ 中由线性流构造的 Cherry 流.

a. DA 映射.[1] 设 $F=F_L$ 是由 $L=\begin{pmatrix}2&1\\1&1\end{pmatrix}$ 诱导的 $\mathbb{T}^2$ 上的 Anosov 微分同胚. 用 v^u 和 v^s 分别表示对应于特征值 $\lambda_1=(3+\sqrt{5})/2$ 和 $\lambda_2=\lambda_1^{-1}=(3-\sqrt{5})/2$ 的标准化特征向量, e^u 和 e^s 是 v^u 和 v^s 通过平行平移得到的不稳定和稳定向量场. 于是对所有 $p\in\mathbb{T}^2$, $E^u(p)=\operatorname{span}\{e^u(p)\}$ 和 $E^s(p)=\operatorname{span}\{e^s(p)\}$, 以及 $DF_pe^u(p)=\lambda_1e^u(F(p))$ 和 $DF_pe^s(p)=\lambda_2e^s(F(p))$.

在中心是 0 的圆盘 U 上引入坐标 (x_1,x_2) 对角化 A, 即使得坐标为 $(x_1,0)$ 的点在 0 的不稳定流形上, 坐标为 $(0,x_2)$ 的点在 0 的稳定流形上. 于是在 U 上 $F(x_1,x_2)=(\lambda_1x_1,\lambda_2x_2)$.

为了在 $\mathbb{T}^2$ 上定义一个新的非线性微分同胚 f, 令 $\phi:\mathbb{R}\to[0,1]$ 是 C^∞ 函数, 满足

$$\phi(-t)=\phi(t)\quad(t\in\mathbb{R}),$$
$$\phi(t)=\begin{cases}1, & \text{当 } |t|\leqslant 1/8,\\ 0, & \text{当 } |t|\geqslant 1/4,\end{cases}$$

$$\phi'(t) < 0, \quad 当\ 1/8 < t < 1/4.$$

[538] 现在取 $k \in \mathbb{R}$ 充分大 (后面指定), 并用

$$f|_{\mathbb{T}^2 \setminus U} = F|_{\mathbb{T}^2 \setminus U}$$

和在 U 上的

$$f(x_1, x_2) = F(x_1, x_2) + (0, (2 - \lambda_2)\phi(x_1)\phi(kx_2)x_2)$$

定义 $f : \mathbb{T}^2 \to \mathbb{T}^2$. 下面求 f 的不动点. 在 U 外没有不动点, 在 U 上方程

$$(x_1, x_2) = f(x_1, x_2)$$

等价于

$$\begin{aligned} x_1 &= \lambda_1 x_1, \\ x_2 &= \lambda_2 x_2 + (2 - \lambda_2)\phi(x_1)\phi(kx_2)x_2. \end{aligned}$$

由第一个方程得 $x_1 = 0$, 因此第二个方程化为

$$\left(1 - \frac{2 - \lambda_2}{1 - \lambda_2}\phi(kx_2)\right) x_2 = 0,$$

解为 $x_2 = 0, \overline{x}, -\overline{x}$, 其中 $\overline{x}$ 满足 $\phi(k\overline{x}) = \dfrac{1 - \lambda_2}{2 - \lambda_2}$.

为了确定这些不动点的类型, 注意

$$Df_{(x_1,x_2)} = \begin{pmatrix} \lambda_1 & 0 \\ (2 - \lambda_2)\phi'(x_1)\phi(kx_2)x_2 & h(x_1, kx_2) \end{pmatrix},$$

其中 $h(x_1, kx_2) := \lambda_2 + (2 - \lambda_2)\phi(x_1)(\phi'(kx_2)kx_2 + \phi(kx_2))$. 特别地, $Df_0 = \begin{pmatrix} \lambda_1 & 0 \\ 0 & 2 \end{pmatrix}$, 0 是排斥不动点. 另外,

$$Df_{(0,x_2)} = \begin{pmatrix} \lambda_1 & 0 \\ 0 & \lambda_2 + (2 - \lambda_2)(\phi'(kx_2)kx_2, \phi(kx_2)) \end{pmatrix} \quad .$$

由于 $\phi'(t)\cdot t<0$, 除非 $\phi(t)\in\{0,1\}$, 我们看到

$$\lambda_2+(2-\lambda_2)(\phi'(k\overline{x})k\overline{x}+\phi(k\overline{x}))=\lambda_2+(2-\lambda_2)\left(\phi'(k\overline{x})k\overline{x}+\frac{1-\lambda_2}{2-\lambda_2}\right)<\lambda_2+(1-\lambda_2),$$

因此, 点 $(0,\overline{x})$ 和 $(0,-\overline{x})$ 是双曲不动点.

我们也注意, f 保持 0 的稳定流形, Df 保持 F 的稳定分布 E^s, 虽然它可能在 E^s 的每个地方不压缩向量, 但事实上, 它如对 F 所做的同样方法置换 F 的稳定流形. 现在对 0 的充分小开邻域 U_0, 考虑集合 $W=W^u(0)=\{p\in\mathbb{T}^2|\alpha(p)=\{0\}\}=\bigcup\limits_{n\in\mathbb{N}}f^n(U_0)$. 它是开的, 后面证明它也是稠密的. 由定义 $\Lambda=\mathbb{T}^2\backslash W$ 是一个吸引子.

命题 17.2.1. 对充分大的 k, Λ 是一个双曲集.

引理 17.2.2. 存在 $\lambda'<1$, 使得在 Λ 上有 $h(x_1,kx_2)<\lambda'$. [539]

证明. 注意, 由于 Λ 是紧的, 只需证明在 $\mathbb{T}^2\backslash\Lambda$ 的紧子集的补上有 $h(x_1,kx_2)<1$.

设 $V:=\{(x_1,x_2)\in U|h(x_1,kx_2)\geqslant 1\}=\bigcup\limits_{(x_1,x_2)\in U}(\{x_1\}\times V_{x_1})$, 其中 $V_{x_1}=\{x_2|h(x_1,kx_2)\geqslant 1\}$. 注意 $h(x_1,t)=\lambda_2+(2-\lambda_2)\phi(x_1)\dfrac{d}{dt}t\phi(t)\geqslant 1$, 当且仅当 $\dfrac{d}{dt}t\phi(t)\geqslant\dfrac{1-\lambda_2}{2-\lambda_2}\cdot\dfrac{1}{\phi(x_1)}$. 由于 $\dfrac{d}{dt}t\phi(t)$ 是偶函数, 得知对所有 x_1, V_{x_1} 是一个对称区间, 此外, 如果 $x>y\geqslant 0$, 则 $\phi(x)\leqslant\phi(y)$ 和 $V_x\subset V_y$. 另一方面, 若记 $f(x_1,x_2)=(f_1(x_1,x_2),f_2(x_1,x_2))=(x_1',x_2')$, 则 $h(x_1,kx_2)=\dfrac{\partial f_2}{\partial x_2}(x_1,x_2)$ 和 $f^{-1}(\{x_1'\}\times V_{x_1'})=\{x_1\}\times V_{x_1}'$(由于 f 置换 F 的不稳定叶), 其中 V_{x_1}' 对称且长度不大于 V_{x_1} 的长度 (因为 $h(x_1',kx_2')\geqslant 1$). 因此 $V_{x_1}'\subset V_{x_1}$, 又因为 $f(x_1,0)=F(x_1,0)$, 得到 $f^{-1}(V)\subset V$. 此外, 由于 $\{0\}\times V_0\subset\mathbb{T}^2\backslash\Lambda$, 对所有充分接近于 0 的 x_1 求得 $\{x_1\}\times V_{x_1}\subset\mathbb{T}^2\backslash\Lambda$. 因此对某个 $n\in\mathbb{N}$ 有 $f^{-n}(v)\subset\mathbb{T}^2\backslash\Lambda$, 从而 $V\subset\mathbb{T}^2\backslash\Lambda$. □

命题 17.2.1 的证明. 这个引理证明在 Λ 上 Df 的对角线元素是 λ_1 和上界为 $\lambda'<1$ 的函数. 对大的 k 非对角线元素接近于零, 因为 $\phi'(x_1)$ 有界, 且仅对 $|x_2|\leqslant k/4$ 有 $\phi(kx_2)x_2\neq 0$ 和 $\phi\leqslant 1$, 所以 $\phi(kx_2)x_2\leqslant 1/4k$. 我们得到 Λ 的双曲性如下: 如果记 $Df_x=\begin{pmatrix}\lambda_1 & 0\\ G(x) & H(x)\end{pmatrix}$, 并取 $\varepsilon\in(0,\sqrt{\lambda_1^2-2})$ 使得 $\dfrac{1}{\lambda_1-\lambda'}<\sqrt{1+1/\varepsilon^2}-1$, 那么当 k 充分大时对所有 $x\in\Lambda$ 有 $|G(x)|<\varepsilon$. 现在考虑水平锥 $|v|<\gamma|u|$, 其中 $\dfrac{\varepsilon}{\lambda_1-\lambda'}<\gamma<\sqrt{\varepsilon^2+1}-\varepsilon<1$. 注意这些在 Df 作

用下都不变, 因为若令 $(u',v') := Df_x(u,v)$, 则由于 $\varepsilon < (\lambda_1 - \lambda')\gamma$,

$$|v'| = |G(x)u + H(x)v| < \varepsilon|u| + \lambda'|v| < (\lambda'\gamma + \varepsilon)|u| < \gamma\lambda_1|u| = \gamma|u'|.$$

为了看到在 γ 锥中的向量扩张, 注意

$$\begin{aligned}
|(u',v')|^2 = u'^2 + v'^2 &= \lambda_1^2 u^2 + (G(x)u + H(x)v)^2 \\
&\geqslant \lambda_1^2 u^2 + G^2(x)u^2 - 2|G(x)|H(x)|u||v| + H^2(x)v^2 \\
&\geqslant [\lambda_1^2 + G^2(x) - 2\gamma|G(x)|H(x)]u^2 - [1 - H^2(x)]v^2 + v^2 \\
&\geqslant [\lambda_1^2 + G^2(x) - 2\gamma|G(x)|H(x) - \gamma^2(1 - H^2(x))]u^2 + v^2 \\
&> [\lambda_1^2 - \varepsilon^2 - 2\gamma\varepsilon H(x) - \gamma^2 + \gamma^2 H^2(x)]u^2 + v^2 \\
&> (\lambda_1^2 - \varepsilon^2 - 2\gamma\varepsilon - \gamma^2)u^2 + v^2 = (\lambda_1^2 - (\gamma+\varepsilon)^2)u^2 + v^2 \\
&> (\lambda_1^2 - 1 - \varepsilon^2)u^2 + v^2 > u^2 + v^2.
\end{aligned}$$

[540] 最后两个不等式我们用了 $\gamma + \varepsilon < \sqrt{\varepsilon^2+1}$ 和 $\varepsilon^2 < \lambda_1^2 - 2$. 类似地可以证明在 Df_x^{-1} 作用下铅垂锥不变, Df_x^{-1} 扩张铅垂锥中的向量, 故由推论 6.4.8 得到双曲性. 但是, 如同在上一节, 由于这里的稳定流形已经给定, 故双曲性可由不需要对铅垂锥的任何讨论直接得到. □

现在我们证明 $W = \mathbb{T}^2 \setminus \Lambda$ 在 $\mathbb{T}^2$ 中稠密. 为此考虑 $p \in \Lambda$ 和 p 的任一开邻域 U_p. 于是 F 存在譬如周期 n 周期点 $q \in U_p$. 因此 q (在 F 作用下) 的稳定流形 L 是 f^n 不变且稠密的. 如果我们能求得 $N \in \mathbb{N}$ 使得 $f^{-Nn}(L^1) \cap W \neq \varnothing$, 其中 $L^1 = L \cap U_p$, 则得到 W 的稠密性. 但这是必然的, 因为否则, $L_f := \bigcup\limits_{n\in\mathbb{N}} f^{-Nn}(L^1) \subset \Lambda$, 而且由双曲性 f^{-n} 扩张 L_f, 所以 $L_f = L$. 但是 L 在 $\mathbb{T}^2$ 中稠密, 所以 $\Lambda = \mathbb{T}^2$, 矛盾. 因此 Λ 是一个开稠集的补.

因此, 我们在 $\mathbb{T}^2$ 上产生了一个双曲吸引子. 在某种程度上, 这个吸引子与双曲自同构 F 之间的关系类似于圆周非传递同胚的 Denjoy 极小集 (见 11.2 节) 与对应的无理旋转之间的关系.

b. Plykin 吸引子. 为了在 S^2 上得到双曲吸引子, 令 $J : \mathbb{T}^2 \to \mathbb{T}^2$, $J(x) = -x \pmod 1$, 并注意 DA 映射的构造是 J 不变的, 即 $f \circ J = J \circ f$. 此外, $(1/2, 1/2)$ 是 f 的周期点, 因为 $f(1/2,1/2) = F(1/2,1/2) = (1/2,0)$, $f(1/2,0) = (0,1/2)$ 和 $f(0,1/2) = (1/2,1/2)$. 现在用 F^3 代替 F, 并注意 F^3 令 J 的这 4 个不动点固定不动, 且执行子节中同时围绕 F^3 的 4 个不动点描述的构造. 我们得到与 J 可交换的映射 $f : \mathbb{T}^2 \to \mathbb{T}^2$ 有 4 个排斥不动点和一个双曲吸引子 Λ.

注意, 在 $\mathbb{T}^2$ 上我们有

$$-\left(\frac{1}{2},\frac{1}{2}\right)=\left(\frac{1}{2},\frac{1}{2}\right),-\left(\frac{1}{2},0\right)=\left(0,\frac{1}{2}\right),-\left(0,\frac{1}{2}\right)=\left(0,\frac{1}{2}\right).$$

因此, 如果 $v_i, i=1,\cdots,4$ 分别是 $\mathbb{T}^2\backslash A$ 内围绕 $(0,0),(1/2,1/2),(1/2,0),(0,1/2)$ 的圆盘, 那么 $M=\left(\mathbb{T}^2\Big\backslash\bigcup_{i=1}^4 V_i\right)_{/(x\sim -x)}$ 是一个光滑流形. 不难看出, M 是一个带有 4 个柄的二维球面 (练习 17.2.2). 由于 $f(-x)=-f(x)$, 我们得到一个诱导映射 $f':M\to M$, 它是光滑单射. 用 4 个排斥极 (一个不动点, 一个周期 3 环) 充入 $S^2\backslash M$ 给出具有双曲吸引子 (通过将 Λ 投射到 M 得到) 的微分同胚 $\widetilde{f}:S^2\to S^2$. 这是一个 Plykin 吸引子.[2]

注. 由 J 轨道的等同给出的映射 $\mathbb{T}^2\to S^2$ 是一个分支覆叠的例子, 即除了点的有限集它看上去如一个覆叠映射, 且在这些点如 $z\mapsto z^k$.

练　　习 [541]

17.2.1. 证明在线性映射的几个不动点处可同时执行子节中的 "外科手术". 推广这个构造到周期轨道.

17.2.2. 验证, 如果 $V_i, i=1,2,3,4$ 如前, 那么

$$M:\left(\mathbb{T}^2\Big\backslash\bigcup_{i=1}^4 V\right)_{/(x\sim -x)}$$

是带有 4 个柄的二维球面.

17.2.3. 从 F 代替 F^3 开始, 利用练习 17.2.1 寻求具有双曲吸引子的 S^2 映射.

17.2.4*. 利用每个高亏格的曲面是环面的一个分支覆盖的事实, 对任何这样的曲面描述微分同胚 f 的构造, 使得 $NW(f)$ 由双曲吸引子和有限多个不动点组成.

17.3. 诣零流形的扩张映射与 Anosov 自同构

迄今为止, 在我们已经处理的 n 维环面的自同构 (1.8 节) 和它们的扰动中只有 Anosov 微分同胚 (定义 6.4.2) 的例子, 通过定理 2.6.3 和练习 2.6.1 它们拓扑共轭于线性模型. 正如我们在 6.4a 节注意到的, Anosov 微分同胚是相当特殊的对象. 例如, 练习 8.6.2 和 8.6.4 在流形上建立的拓扑限制可携带一个 Anosov 微分同胚. 现在我们继续描述本质上是唯一已知的不拓扑共轭于环面自同构的

Anosov 微分同胚的构造. 这个属于 Smale 的构造思想是将环面自同构想象为单连通 Abel Lie 群 $\mathbb{R}^n$ 的一个自同构的因子, 并求可进行类似构造的其他 (非 Abel) Lie 群. 得到的容许双曲自同构的仅有的非 Abel Lie 群是诣零 Lie 群 (见 A.8 节). 在整个讨论中注意到环面自同构的一个熟悉情形是有用的.

假设 G 是一个单连通 Lie 群, Γ 是使得 $\Gamma\backslash G$ 紧的离散子群. 这样的子群称为一个 (一致) 格. 等价地, 可以对 G 上 Γ 的作用通过左平移求紧的基本域. 假设 $F: G \to G$ 是满足 $F(\Gamma) = \Gamma$ 的自同构 (因此 F 投射到 $\Gamma\backslash G$) 且 $DF|_{\mathrm{Id}}$ 是双曲的. 推论 1.2.6 证明存在 Lie 代数的一个分裂 $\mathfrak{L}(G) = T_{\mathrm{Id}}G = E^+ \oplus E^-$ 以及 $\mathfrak{L}(G)$ 上的范数, 使得 $DF^{-1}|_{E^+}$ 和 $DF^{-1}|_{E^-}$ 是压缩的. Lie 代数的这样一个双
[542] 曲自同构的存在性对 G 是诣零的是必要的. 对 $g \in G$ 通过应用左平移 $x \mapsto gx$ 的微分得到一个对应的分裂和范数. 因此得到的分裂是 F 的双曲分裂. 由构造, 这个分裂和这个范数在左平移下不变, 所以它们在紧商 $\Gamma\backslash G$ 上诱导一个分裂和一个范数. 从而 F 的因子 $f: \Gamma\backslash G \to \Gamma\backslash G$ 是一个 Anosov 微分同胚.

在更一般的情形下, 当 $F(\Gamma) \subset \Gamma$ 时我们仍有因子 $\Gamma\backslash G$ 上的映射, 但是它不是一对一的. 我们指出, 不像 Abel 情形, Γ 不是一个正规子群, 所以这个称为诣零流形的因子没有群结构.

考虑这个情形的两个例子. 由

$$H := \left\{ \begin{pmatrix} 1 & x & z \\ 0 & 1 & y \\ 0 & 0 & 1 \end{pmatrix} \middle| \, x, y, z \in \mathbb{R} \right\}$$

定义的 Heisenberg 群具有通常的矩阵乘法, 即在坐标 x, y, z 下由公式

$$(x_1, y_1, z_1) \times (x_2, y_2, z_2) = (x_1 + x_2, y_1 + y_2, z_1 + z_2)$$

给出的乘法. 单参数子群 $\begin{pmatrix} 1 & 0 & z \\ 0 & 1 & 0 \\ 0 & 0 & 1 \end{pmatrix}$ 是 H 的中心. 因此 H 是三维、单连通、非 Abel 和诣零的. 一个明显的格是 $x, y, z \in \mathbb{Z}$ 的矩阵整数格,

H 的 Lie 代数由

$$\mathfrak{L}(H) = \left\{ \begin{pmatrix} 0 & x & z \\ 0 & 0 & y \\ 0 & 0 & 0 \end{pmatrix} \middle| \, x, y, z \in \mathbb{R} \right\}$$

给出, 其中生成子是 $X = \begin{pmatrix} 0 & 1 & 0 \\ 0 & 0 & 0 \\ 0 & 0 & 0 \end{pmatrix}$, $Y = \begin{pmatrix} 0 & 0 & 0 \\ 0 & 0 & 1 \\ 0 & 0 & 0 \end{pmatrix}$ 和 $Z = \begin{pmatrix} 0 & 0 & 1 \\ 0 & 0 & 0 \\ 0 & 0 & 0 \end{pmatrix}$.

Lie 括号由 $[X,Y]=Z$ 给出, 其中生成子的其他所有括号是零.

为了在 H 上构造一个扩张映射, 考虑由

$$F\left(\begin{pmatrix}1 & x & z\\ 0 & 1 & y\\ 0 & 0 & 1\end{pmatrix}\right)=\begin{pmatrix}1 & 2x & 4z\\ 0 & 1 & 2y\\ 0 & 0 & 1\end{pmatrix}$$

定义的映射. 容易看到, F 是一个群自同构, 显然它映整数格 $H_{\mathbb{Z}}$ 到 $H_{\mathbb{Z}}$. 因此它在因子 $H_{\mathbb{Z}}\backslash H$ 上诱导一个映射 f. 但是这个映射不是可逆的, 它非常像扩张的圆周映射. 此外, H 在 $H_{\mathbb{Z}}$ 上没有一对一的自同构是双曲的, 因为这样的自 [543]
同构 A 必须保持 H 的中心 $Z(H)$, 因此交 $Z(H)\cap H_{\mathbb{Z}}$ 蕴含有 $A\begin{pmatrix}1 & 0 & 1\\ 0 & 1 & 0\\ 0 & 0 & 1\end{pmatrix}=\begin{pmatrix}1 & 0 & \pm 1\\ 0 & 1 & 0\\ 0 & 0 & 1\end{pmatrix}$, 从而 $DA(Z)=\pm Z$. 事实上我们可以证明 H 没有双曲自同构保任何一致格 (练习 17.3.4). 因此, 类似于 Abel 情形, 那里我们必须通过环面得到可逆的双曲映射, 现在我们需要通过高维诣零 Lie 群, 例如利用 Heisenberg 群的积在它们紧因子上构造可逆的双曲映射.

为了激发下面的构造, 我们对 $\mathbb{T}^2$ 的标准双曲自同构陈述一个解释, 从几何观点它显得有点不大寻常, 但从代数数论观点就很自然.

特征值 $\lambda_1=\dfrac{3+\sqrt{5}}{2}$ 和 $\lambda_2=\dfrac{3-\sqrt{5}}{2}=\lambda_1^{-1}$ 是代数数域 $\mathbb{K}:=\mathbb{Q}(\sqrt{5})=\{a+b\sqrt{5}|a,b\in\mathbb{Q}\}$ 中的单元, 这个代数数域是有理数域的二次扩张. 这个域有唯一非平凡的自同构 σ, 事实上它互换特征值, 即 $\sigma(a+b\sqrt{5})=a-b\sqrt{5}$, 对 $a,b\in\mathbb{Q}$. 作用于空间 $\mathbb{K}^2$ 上的矩阵 $L:=\begin{pmatrix}2 & 1\\ 1 & 1\end{pmatrix}$ 可在 $\mathbb{K}$ 上对角化. 这个映射关于这个特征值的坐标形式为

$$L(x_1,x_2)=(\lambda_1 x_1,\lambda_1 x_2),$$

向量形式为

$$(\mu,\sigma(\mu)),\tag{17.3.1}$$

其中 μ 是 $\mathbb{K}$ 中的代数整数, 它们形成的格在 L 作用下不变. 这是容易看出的, 因为存在两个对应于 $\mu=1$ 和 $\mu=\sqrt{5}$ 形如 (17.3.1) 的线性无关向量, 而且由于只存在有限多个形如 (17.3.1) 的向量, 它们的 Euclid 范数有界于给定常数. 这个格不同于标准的整数格, 它在 L 作用下也得到保持. 例如, 这个格可由对应于

$\mu_1 = 1$ 和 $\mu_2 = (1+\sqrt{5})/2$ 的向量 (17.3.1) 生成. 在这个基下 $\mathbb{K}^2$ 的自同构由相同矩阵 $\begin{pmatrix} 2 & 1 \\ 1 & 1 \end{pmatrix}$ 表示.

现在令 $G = H \times H$ 有生成子 $X_1, Y_1, Z_1, X_2, Y_2, Z_2$, 使得 $[X_i, Y_i] = Z_i$, 而且所有其他的生成子的括号为零. G 的 Lie 代数是

$$\mathfrak{L}(G) = \left\{ \begin{pmatrix} A & 0 \\ 0 & B \end{pmatrix} \middle| A, B \in \mathfrak{L}(H) \right\}.$$

[544] 设 Γ 是由 $\exp_{\mathrm{Id}} \gamma$ 给出的 G 的子群, 其中 $\exp_{\mathrm{Id}} : \mathfrak{L}(G) \to G$ 和 $\gamma \subset \mathfrak{L}(G)$ 由

$$\gamma = \left\{ \begin{pmatrix} A & 0 \\ 0 & \sigma(A) \end{pmatrix} \middle| A \in \mathfrak{L}(H), \text{ 元素是 } \mathbb{K} \text{ 中的代数整数} \right\}$$

给出, 满足 $\sigma(A)_{ij} = \sigma(A_{ij})$. 类似于 Abel 情形可以证明 Γ 是一个格. 现在通过

$$\begin{aligned}
&f_1'(X_1) = \lambda_1 X_1, && f_1'(Y_1) = \lambda_1^2 Y_1, && f_1'(Z_1) = \lambda_1^3 Z_1, \\
&f_1'(X_2) = \lambda_1^{-1} X_2, && f_1'(Y_2) = \lambda_1^{-2} Y_2, && f_1'(Z_2) = \lambda_1^{-3} Z_2, \\
&f_2'(X_1) = \lambda_1 X_1, && f_2'(Y_1) = \lambda_1^{-3} Y_1, && f_2'(Z_1) = \lambda_1^{-2} Z_1, \\
&f_2'(X_2) = \lambda_1^{-1} X_2, && f_2'(Y_2) = \lambda_1^3 Y_2, && f_2'(Z_2) = \lambda_1^2 Z_2
\end{aligned}$$

在 $\mathfrak{L}(G)$ 上定义两个 Lie 代数自同构 f_1', f_2'. 于是存在满足 $DF_i|_{\mathrm{Id}} = f_i'$ 的唯一自同构 $F_i : G \to G$. 由于 λ_1 和 λ_2 是 $\mathbb{K}$ 中的单元, 即它们是整数, 其逆也是整数, 而且 $\sigma(\lambda_1) = \lambda_2$, 故我们也有 $F_i(\Gamma) = \Gamma$, $i = 1, 2$. 因此 F_i 投射到 $\Gamma \backslash G$ 的 Anosov 微分同胚.

练　　习

17.3.1. 描述满足 $F(H_{\mathbb{Z}}) \subset H_{\mathbb{Z}}$ 的 Heisenberg 群 H 的所有双曲自同构.

17.3.2. 设 G 是一个 Lie 群, χ 是 Haar 测度, Γ 是一致格. 证明, 如果 $F : G \to G$ 是满足 $F(\Gamma) = \Gamma$ 的一个自同构, 那么 $F_* \chi = \pm \chi$.

17.3.3. 证明 Heisenberg 群上的任何 Haar 测度与体积元素 $dxdydz$ 成比例.

17.3.4. 假设 F 是 Heisenberg 群 H 的一个自同构, 使得对某个一致格 Γ 有 $F(\Gamma) = \Gamma$. 证明 $DF|_{\mathrm{Id}}$ 有特征值 1 或 -1.

17.4. 流的双曲集定义与基本性质

这一节我们将 6.2 节和 6.4 节发展的离散时间动力系统的基本双曲理论对流重叙. 这个理论看上去是相同的, 大多数基本结果是通过第 6 章结果的直接应

用得到. 另外, 在这一节的末尾我们将遇到流在时间改变 (参看 2.2 节) 下的一个特有现象. 那里我们证明时间改变不影响双曲性.

定义 17.4.1. 设 M 是一个光滑流形, $\varphi : \mathbb{R} \times M \to M$ 是光滑流, $\Lambda \subset M$ 是 [545]
紧 φ^t 不变集. 称集合 Λ 为流 ϕ^t 的双曲集, 如果在 Λ 的开邻域 U 上存在一个 Riemann 度量与 $\lambda < 1 < \mu$, 使得对所有 $x \in \Lambda$ 存在分解 $T_xM = E_x^0 \oplus E_x^+ \oplus E_x^-$, 满足 $\frac{d}{dt}|_{t=0}\varphi^t(x) \in E_x^0 \backslash \{0\}, \dim E_x^0 = 1$, 和 $D\varphi^t E_x^{\pm} = E_x^{\pm}$, 以及

$$\|D\varphi^t|_{E_x^-}\| \leqslant \lambda^t, \quad \|D\varphi^{-t}|_{E_x^+}\| \leqslant \mu^{-t}.$$

定义 17.4.2. 称紧流形 M 上的 C^1 流 $\varphi^t : M \to M$ 为 Anosov 流, 如果 M 是 φ^t 的一个双曲集.

下面定理是流的稳定和不稳定流形定理, 它类似于定理 6.4.9.

定理 17.4.3. 设 Λ 是 C^r 流 $\varphi^t : M \to M, r \in \mathbb{N}$ 的一个双曲集, λ, μ 如定义 17.4.1 中的, 以及 $t_0 > 0$. 那么对每个 $x \in \Lambda$, 存在一对嵌入 C^r 圆盘 $W^s(x), W^u(x)$, 分别称为 x 的局部强稳定流形和局部强不稳定流形, 使得

(1) $T_xW^s(x) = E_x^-, T_xW^u(x) = E_x^+$;

(2) 对 $t \geqslant t_0$ 有 $\varphi^t(W^s(x)) \subset W^s(\varphi^t(x))$ 和 $\varphi^{-t}(W^u(x)) \subset W^u(\varphi^{-t}(x))$;

(3) 对每个 $\delta > 0$ 存在 $C(\delta)$, 使得

$$\operatorname{dist}(\varphi^t(x), \varphi^t(y)) < C(\delta)(\lambda + \delta)^t \operatorname{dist}(x, y), \quad 对\ y \in W^s(x), t > 0,$$
$$\operatorname{dist}(\varphi^{-t}(x), \varphi^{-t}(y)) < C(\delta)(\mu - \delta)^{-t} \operatorname{dist}(x, y), \quad 对\ y \in W^u(x), t > 0;$$

(4) 存在 $x \in \Lambda$ 的邻域的连续族 U_x, 使得

$$W^s(x) = \{y | \varphi^t(y) \in U_{\varphi^t(x)}, \quad t > 0, \operatorname{dist}(\varphi^t(x), \varphi^t(y)) \xrightarrow[t\to\infty]{} 0\},$$
$$W^u(x) = \{y | \varphi^{-t}(y) \in U_{\varphi^{-t}(x)}, \quad t > 0, \operatorname{dist}(\varphi^{-t}(x), \varphi^{-t}(y)) \xrightarrow[t\to\infty]{} 0\}.$$

证明. 如定理 6.4.9 前面的说明所述, 我们可以通过局部坐标并利用 Hadamard–Perron 定理. 考虑时间 t_0 映射 φ^{t_0}. 注意, 虽然 φ^{t_0} 不是双曲的 ($D\varphi^{t_0}$ 有特征值 1, 特征空间为 E^0), 但我们可写 $T_xM = (E_x^0 \oplus E_x^+) \oplus E_x^-$, 并通过坐标的局部化应用定理 6.2.8, 使得 $\mu = 1$. 得到对 $t \in \mathbb{N}t_0$ 满足 (1)—(4) 的 $W^s(x)$. 由于 $T_xM = (E_x^0 \oplus E_x^-) \oplus E_x^+$, 应用 $\lambda = 1$ 的定理 6.2.8 得到对 $-t \in \mathbb{N}t_0$ 满足 (1)—(4) 的 $W^u(x)$.

现在注意 (4) 对 t_0 的正数倍成立, 当且仅当它对实数 t 成立. 当 (3) 对 $t \in \mathbb{N}t_0$ 成立时, 通过调整常数 $C(\delta)$ 使得它对 $t > 0$ 平凡地成立, 因为 $\{\varphi^t\}_{t\in[0,t_0]}$ 等度连续且 M 是紧的.

最后, 为了得到 C^r 流形, 注意, 正如那里的说明所说, 定理 6.2.8 对 C^r 光滑性的证明在现在情形也成立. 定理得证. □

[546] **注.** 在某种情况下, 我们可以用 $t>0$ 代替 (2) 中的条件 $t \geqslant t_0$.

集合

$$\widetilde{W}^s(x) := \bigcup_{t>0} \varphi^{-t}(W^s(\varphi^t(x))) \quad 和 \quad \widetilde{W}^u(x) := \bigcup_{t>0} \varphi^t(W^u(\varphi^{-t}(x))) \tag{17.4.1}$$

的定义与局部稳定流形和不稳定流形的特殊选择无关, 它们是光滑单射的浸入流形, 称为大范围强稳定流形和大范围强不稳定流形, 并可由

$$\widetilde{W}^s(x) = \{y \in M | \operatorname{dist}(\varphi^t(x), \varphi^t(y)) \xrightarrow[t\to\infty]{} 0\},$$
$$\widetilde{W}^u(x) = \{y \in M | \operatorname{dist}(\varphi^{-t}(x), \varphi^{-t}(y)) \xrightarrow[t\to\infty]{} 0\}$$

刻画. 称流形

$$\widetilde{W}^{0s}(x) := \bigcup_{t\in\mathbb{R}} \varphi^t(\widetilde{W}^s(x)) \quad 和 \quad \widetilde{W}^{0u}(x) := \bigcup_{t\in\mathbb{R}} \varphi^t(\widetilde{W}^u(x)) \tag{17.4.2}$$

为 x 的弱稳定流形和弱不稳定流形. 注意, $T_x\widetilde{W}^{0s} = E_x^0 \oplus E_x^-, T_x\widetilde{W}^{0u} = E_x^0 \oplus E_x^+$.

为了证明 17.1 节和 17.2 节的例子中的双曲性, 我们用推论 6.4.8 的锥准则. 对于流类似的准则由下面命题给出.

命题 17.4.4. 紧 φ^t 不变集 $\Lambda \subset M$ 是双曲的, 如果存在常数 $\lambda < 1 < \mu$, 使得对所有 $x \in \Lambda$ 存在分解 $T_xM = E_x^0 \oplus S_x \oplus T_x$ (一般不是 $D\varphi^t$ 不变的), 相应于分解 $S_x \oplus (E_x^0 \oplus T_x)$ 的水平锥族 $H_x \supset S_x$ 和相应于分解 $(S_x \oplus E_x^0) \oplus T_x$ 的铅垂锥族 $V_x \supset T_x$, 满足对 $t>0$ 有

$$D\varphi^t H_x \subset \operatorname{Int} H_{\varphi^t(x)}, \qquad D\varphi^{-t} V_x \subset \operatorname{Int} H_{\varphi^{-t}(x)},$$
$$\frac{d}{dt}\|D\varphi^t\xi\| \geqslant \|\xi\| \log \mu, \quad 对\ \xi \in H_x,$$
$$\frac{d}{dt}\|D\varphi^{-t}\xi\| \geqslant \|\xi\| \log \lambda, \quad 对\ \xi \in V_x.$$

注. 要求分布 S 和 T 的存在性是为了便于简单表达两个锥 “互补” 这一事实. 因此, 在应用中我们将简单地展示为不变锥.

证明. 对 $\lambda' = 1$ 和 $\mu' = 1$ 应用命题 6.2.12 于 $D\varphi^1$, 得到分布 E^+ 和 E^-. 于是命题的假设保证这些是 Λ 对 φ^t 的双曲性定义中所要求的. □

[547] 利用伪轨相继横截面之间的 Poincaré 映射, 可以证明 Anosov 封闭引理对于

流的对应 (见练习 17.4.2). 另一个由流的跟踪定理 18.1.7 得到.

我们利用关于时间改变的明显说明来结束本节. 时间改变的一般设置已在 2.2 节讨论过了.

命题 17.4.5. 设 Λ 是流 φ^t 的一个双曲集. 如果 ψ^t 是 φ^t 的一个时间改变, 那么 Λ 是 ψ^t 的双曲集.

证明. 如在 2.2 节记 $\psi^t(x) = \varphi^{\alpha(t,x)}(x)$, 并注意 $\alpha(0,\cdot) = 0$. 如我们在由 Hadamard–Perron 定理 6.2.8 的简化定理 6.4.9 时所做的, 对每个 $x \in \Lambda$ 得到中心在 x 的坐标 $x = (x^0, x^u, x^s)$ 和适应的分裂 $T_xM = E_x^0 \oplus E_x^+ \oplus E_x^-$, 使得关于这些坐标有

$$D\varphi^t(0) = \begin{pmatrix} 1 & 0 & 0 \\ 0 & A_t & 0 \\ 0 & 0 & B_t \end{pmatrix}.$$

假设 $\|B_t\| \leqslant \lambda^t < 1$ 和 $\|A_t^{-1}\| \leqslant \mu^{-t} < 1$. 注意到在这些坐标下

$$D\psi^t(0) = \begin{pmatrix} 1 & \alpha_{x^u}(t,x) & \alpha_{x^s}(t,x) \\ 0 & A_\alpha(t,x) & 0 \\ 0 & 0 & B_\alpha(t,x) \end{pmatrix},$$

这里 $\alpha_{x^u}(t,x)$ 和 $\alpha_{x^s}(t,x)$ 分别是 α 关于 x^u 和 x^s 的偏导数. 由 Λ 的紧性可取 $Kt > 0$ 作为它们当 $t > 0$ 时大小的上界. 为了证明 ψ^t 的双曲性, 现在利用命题 17.4.4. 我们从将 $T_x\Lambda = E_x^0 \oplus E_x^+ \oplus E_x^-$ 中的向量写为 (u, v, w) 开始, 其中 $u \in E_x^0, v \in E_x^+, w \in E_x^-$, 并令

$$\|u, v, w\|^2 := \varepsilon^2\|u\|^2 + \|v\|^2 + \|w\|^2,$$

这里充分小的 $\varepsilon > 0$ 将在后面指定. 对 $\gamma < \sqrt{\mu^2 - 1}$ 现在验证由

$$\varepsilon^2\|u\|^2 + \|w\|^2 \leqslant \gamma^2\|v\|^2$$

给出的 γ 锥对 $t \in [0,1]$ 是否 $D\psi^t$ 不变. 取 ε 足够小可假设

$$K^2t^2\varepsilon^2 + \lambda^{2\alpha(t,x)} \leqslant 1, \quad 对 \quad t \in [0,1].$$

若 $(u', v', w') = D\psi^t(u, v, w)$, 则对充分小 $\varepsilon > 0$ 和 $t \in (0,1]$, [548]

$$\begin{aligned} \varepsilon^2\|u'\|^2 + \|w'\|^2 &= \varepsilon^2\|u + \alpha_{x^u}v + \alpha_{x^s}w\|^2 + \|B_{\alpha(t,x)}w\|^2 \\ &\leqslant \varepsilon^2(\|u\| + Kt\|v\| + Kt\|w\|)^2 + \lambda^{2\alpha(t,x)}\|w\|^2 \\ &= \varepsilon^2\|u\|^2 + (K^2t^2\varepsilon^2 + \lambda^{2\alpha(t,x)})\|w\|^2 \end{aligned}$$

$$
\begin{aligned}
&+\varepsilon^2Kt(Kt\|v\|^2+2\|u\|\|v\|+2\|u\|\|w\|+2Kt\|v\|\|w\|)\\
&\leqslant \gamma^2\|v\|^2+\varepsilon^2Kt\left(Kt\|v\|^2+\frac{2\gamma}{\varepsilon}\|v\|^2+\frac{2\gamma^2}{\varepsilon}\|v\|^2+2\gamma Kt\|v\|^2\right)\\
&=\gamma^2\left(1+\frac{\varepsilon Kt}{\gamma^2}(\varepsilon Kt(1+2\gamma)+2\gamma(1+\gamma))\right)\|v\|^2\\
&<\gamma^2\mu^{2\alpha(t,x)}\|v\|^2\leqslant\gamma^2\|v'\|.
\end{aligned}
$$

因此, γ 锥是 ψ^t 不变的. 为了验证 γ 锥中的向量是扩张的, 注意, 对某个 $\delta>0$ 有 $\varepsilon^2\|u'\|^2+\|w'\|^2\geqslant\delta^{\alpha(t,x)}(\varepsilon^2\|u\|^2+\|w\|^2)$, 取 $\gamma>0$ 足够小使得对某个 $\eta>1$ 和所有 $\beta>0$ 有

$$
\frac{\mu^{2\beta}+\delta^\beta\gamma^2}{1+\gamma^2}\geqslant\eta^\beta. \tag{17.4.3}
$$

于是, 如果 $\varepsilon^2\|u\|^2+\|w\|^2\leqslant\gamma^2\|v\|^2$, 则有

$$
\begin{aligned}
\varepsilon^2\|u'\|^2+\|v'\|^2+\|w'\|^2&\geqslant\delta^{\alpha(t,x)}(\varepsilon^2\|u\|^2+\|w\|^2)+\|A_{\alpha(t,x)}v\|^2\\
&\geqslant\eta^{\alpha(t,x)}(\varepsilon^2\|u\|^2+\|w\|^2)\\
&\quad+(\delta^{\alpha(t,x)}-\eta^{\alpha(t,x)})(\varepsilon^2\|u\|^2+\|w\|^2)\\
&\quad+\mu^{2\alpha(t,x)}\|v\|^2\\
&\geqslant\eta^{\alpha(t,x)}(\varepsilon^2\|u\|^2+\|w\|^2)\\
&\quad+[(\delta^{\alpha(t,x)}-\eta^{\alpha(t,x)})\gamma^2+\mu^{2\alpha(t,x)}]\|v\|^2\\
&\geqslant\eta^{\alpha(t,x)}(\varepsilon^2\|u\|^2+\|v\|^2+\|w\|^2),
\end{aligned}
$$

其中最后一个不等式由 (17.4.3) 得到.

由于 ψ^{-t} 是 φ^{-t} 的时间改变, 对 ψ^{-t} 存在对应的锥族, 由命题 17.4.4 得命题结果. □

练 习

17.4.1. 直接从 Hadamard–Perron 定理 6.2.8, 通过考虑轨道的光滑横截面以及横截面之间的映射族, 推导定理 17.4.3 中的稳定和不稳定流形是 C^r 的.

17.4.2. 利用 Poincaré 映射叙述并证明对于流形式的 Anosov 封闭引理.

[549]

17.5. 负常数曲率曲面上的测地流

在 5.4 f 节我们在双曲平面紧因子上建立了测地流的某些性质, 它们刻画了系统的双曲性态, 即周期轨道的稠密性, 拓扑传递性, 以及关于光滑不变测度的

遍历性. 现在我们证明双曲平面紧因子上的测地流是一个 Anosov 流. 我们将采用 5.4 节中的记号. 考虑 $\mathbb{H}$ 的一个紧商 τ 上的测地流, 即通过无平衡点的等距作用的任何离散群 Γ, 使得因子 $\Gamma\backslash\mathbb{H}$ 是紧的来因子化 $\mathbb{H}$, 以得到曲面 τ 上的测地流: 由于 τ 局部等距于 $\mathbb{H}$, 我们可利用命题 5.4.13 和 τ 的紧性得到

定理 17.5.1. *τ 上的测地流是一个 Anosov 流.*

对单位切丛 $S\mathbb{H}$ 上的测地流有下面相当不同观点的代数解释: 如果 $PSL(2,\mathbb{R}) := GL_+(2,\mathbb{R})/_{\ker\psi}$, 其中 $\psi\begin{pmatrix} a & b \\ c & d \end{pmatrix}$ 是 Möbius 变换 $z \mapsto \dfrac{az+b}{cz+d}$, 那么 $PSL(2,\mathbb{R})$ 通过由 ψ 诱导的自然映射 $PSL(2,\mathbb{R}) \to \mathcal{M}$ 同构于 $\mathcal{M}$.

由于对任何 $v, w \in S\mathbb{H}$, 存在唯一 $T \in \mathcal{M}$, 使得 $(DT)(v) = w$, 我们可通过取 $v_0 = i \in S_i\mathbb{H}$, 并由 $D(\psi(\phi(v)))(v_0) = v$ 定义

$$\phi : S\mathbb{H} \to PSL(2,\mathbb{R}), \tag{17.5.1}$$

使得 $S\mathbb{H}$ 与 $PSL(2,\mathbb{R})$ 等同. 为清楚起见, 视 $PSL(2,\mathbb{R})$ 为 $SL(2,\mathbb{R})/_{\pm\mathrm{Id}}$, 其中 $SL(2,\mathbb{R})$ 是行列式为 1 的 2×2 矩阵群. 于是可将 $\mathcal{M}$ 中的变换写为 $SL(2,\mathbb{R})$ 中的矩阵. Möbius 变换到 $S\mathbb{H}$ 的提升对应于 $PSL(2,\mathbb{R})$ 的左乘. 5.4c 节提到的将 Möbius 变换分为椭圆的、抛物的、双曲的分类, 对应于双曲变换的矩阵按其秩的绝对值 T 分类为: $T < 2$ 为椭圆型, $T = 2$ 为抛物型, $T > 2$ 为双曲型.

为了在这个代数形式下刻画 $\mathbb{H}$ 自身, 注意, 给定点 p 是 i 在许多等距作用下的像, 但其中任何两个是通过固定 i 的等距来区别的. 因此, $\mathbb{H}$ 作为商 $PSL(2,\mathbb{R})/K$ 是自然等同, 其中 K 是 $I = i$ 的迷向子群, 即使得 $\psi(A)$ 固定 i 的 $A \in PSL(2,\mathbb{R})$ 的紧群. 因此 $\mathbb{H}$ 上的 Riemann 度量对应于 $PSL(2,\mathbb{R})$ 上的左不变度量, 它在 K 作用下是右不变的.

指出 K 是一个极大紧子群对今后是有帮助的, 即若 L 是包含 K 的一个子群, 以及某个 $\gamma \notin K$, 则或者 γ 是非椭圆的, 因此它的迭代不包含在任何紧子群内, 或者 γ 是椭圆的, 其不动点不是 i. 再考虑 $\mathbb{H}$ 边界上的点 0. 由于 K 横截作用于这个边界, 存在 $g \in K$ 使得 $g\gamma(0) = 0$. 由于 $g\gamma \neq \mathrm{Id}$, $g\gamma$ 不是椭圆的, 它的迭代不包含在任何紧子群内.

现在考虑两个有趣的右作用单参数子群.

例子. (1) 若 $v_t = ie^t \in S_{ie^t}\mathbb{H}$, 则 $\phi(v_t) = G_t = \begin{pmatrix} e^{t/2} & 0 \\ 0 & e^{-t/2} \end{pmatrix}$. [550]

(2) 若 $v_t = i \in S_{t+i}\mathbb{H}$, 则 $\phi(v_t) = H_t = \begin{pmatrix} 1 & t \\ 0 & 1 \end{pmatrix}$.

考虑例 (1), 注意 $v_t = g^t v_0$, 所以 $\phi(g^t v_0) = \phi(v_t) = G_t$. 事实上, 如果记 $\overline{\phi}(v) := D(\psi(\phi(v)))$, 并回忆 g^t 与等距的微分可交换, 则得

$$\begin{aligned}\phi(g^t v) &= \phi(g^t \overline{\phi}(v) v_0) = \phi(\overline{\phi}(v) g^t v_0) = \phi(\overline{\phi}(v)\overline{\phi}(g^t v_0) v_0) \\ &= \phi(D(\psi(\phi(v)\phi(g^t v_0)))(v_0)) = \phi(v)\phi(g^t v_0) = \phi(v) G_t.\end{aligned}$$

这证明通过在 $PSL(2,\mathbb{R})$ 上的右乘, $\{G_t\}_{t\in\mathbb{R}}$ 的作用代表 $\mathbb{H}$ 在等同 (17.5.1) 下的测地流.

对例 (2), 注意 $H_t = \phi(v_t)$ 参数化了 Id 的稳定流形. 除了 v_t 的几何, 注意到

$$\begin{pmatrix} 1 & t \\ 0 & 1 \end{pmatrix}\begin{pmatrix} e^{t/2} & 0 \\ 0 & e^{-t/2} \end{pmatrix} = \begin{pmatrix} e^{t/2} & te^{-t/2} \\ 0 & e^{-t/2} \end{pmatrix}$$

和

$$\mathrm{Id}\begin{pmatrix} e^{t/2} & 0 \\ 0 & e^{-t/2} \end{pmatrix} = \begin{pmatrix} e^{t/2} & 0 \\ 0 & e^{-t/2} \end{pmatrix},$$

可看到这些都是正向渐近的.

$\{H_t\}_{t\in\mathbb{R}}$ 的右作用称为*极限圆流*. 几何上测地线 γ 的切向量 v 沿着由 $\gamma(-\infty)$ 通过长度参数化确定的极限圆以单位速度保持垂直于极限圆运动.

我们将在第 7 节看到, 如何将负常数曲率曲面上的测地流的几何解释和代数解释推广到高维流形以产生 Anosov 测地流的有趣例子.

练 习

17.5.1. 借助单位切丛给出在 $PSL(2,\mathbb{R})$ 上通过下面单参数群的右乘作用的几何解释:

$$(1)\quad \begin{pmatrix} 1 & 0 \\ -t & 1 \end{pmatrix},\quad (2)\quad \begin{pmatrix} \cos t & \sin t \\ -\sin t & \cos t \end{pmatrix},\quad (3)\quad \begin{pmatrix} \cosh t & \sinh t \\ \sinh t & \cosh t \end{pmatrix}.$$

17.5.2. 考虑在 $\Gamma\backslash PSL(2,\mathbb{R})$ 上通过单参数子群的右乘作用. 证明直到相差一个常数重参数化, 它光滑共轭于测地流、极限圆流或者上一个练习 (2) 对某个其他格 Γ' 在 $\Gamma'\backslash PSL(2,\mathbb{R})$ 上的作用.

[551] 17.6. 具有负截面曲率的紧 Riemann 流形上的测地流

现在我们从双曲平面和它的紧因子上的测地流的几何和动力学的详细和非常明显的描述转到对具有负截面曲率的 Riemann 流形上的测地流的一般讨论. 这一节的主要目的是说明这些提供了一类 Anosov 流的例子.

回忆 5.3 节 (定义 5.3.4) 和 9.5 节对测地流讨论的一般设置.

我们从为我们目的而叙述曲率的适当形式开始. 设 M 是一个紧 Riemann 流形. 用 TM 记它的切丛, $SM := \{v \in TM | \|v\| = 1\}$ 为单位切丛, R 为曲率张量 (见 A.4 节). 那么对 $u, v, w, x \in T_pM$ 我们有

$$R(u,u) = 0 \quad 和 \quad \langle R(u,v)w, x\rangle = \langle R(w,x)u, v\rangle.$$

如果 u, v 是独立的, 则表达式

$$\frac{\langle R(u,v)u, v\rangle}{\langle u,u\rangle\langle v,v\rangle - \langle u,v\rangle^2} \tag{17.6.1}$$

仅依赖于向量 u 和 v 的线性生成空间 S, 称之为二维平面 $S \subset T_pM$ 的截面曲率. 它等于二维流形 $\exp_p S$ 在 p 关于由 M 诱导的 Riemann 度量的 Gauss 曲率. 从现在起我们假设这个量永远是负的, 由紧性它有上界 $-k < 0$.

沿着测地线 $\gamma : \mathbb{R} \to M$, Jacobi 场 $Y : t \mapsto Y(t) \in T_{\gamma(t)}M$ 是 Jacobi 方程

$$\ddot{Y}(t) + K(t)Y(t) = 0$$

的解, 其中的点号表示关于 t 的导数, 以及 $K(t) := R(\dot{\gamma}(t), \cdot)\dot{\gamma}(t)$.

切线 Jacobi 场是形式 $Y(t) = f(t)\dot{\gamma}(t)$, 其中 $\ddot{f}(t) = 0$ (因为 $\ddot{\gamma}(t) = 0$ 且 $K(t)\dot{\gamma}(t) = 0$), 因此它关于时间线性. 另一方面, 任何 Jacobi 场 Y 到 $\dot{\gamma}$ 的投影 Y_T 与 $f(t) = \langle Y(t), \dot{\gamma}(t)\rangle$ 有同样形式. 但是 $\ddot{f} = \langle \ddot{Y}, \dot{\gamma}\rangle = -\langle K\dot{\gamma}, Y\rangle = 0$, 因此 Y 的切线投影 Y^T 是 Jacobi 场. 由 Jacobi 方程的线性性这对 $Y^{\perp} := Y - Y^T$ 同样成立, 它与 $\dot{\gamma}$ 垂直.

对 Jacobi 场的兴趣源自它们从测地线的变化引起它们的性态反映了测地流 g^t 的动力学, 在某种程度上这可精确描述如下.

对 $p \in M, v \in T_pM$, 用 γ_v 记满足 $\gamma_v(0) = p, \dot{\gamma}_v(0) = v$ 的测地线. 那么存在同构

$$\psi_v : T_vTM \to T_pM \oplus T_pM, \quad \xi \mapsto (x, x')$$

使得 [552]

$$\psi_{g^tv}(Dg^t\xi) = \left(Y(t), \dot{Y}(t)\right),$$

其中 Y 是沿着 γ_v 满足 $Y(0) = x$ 和 $\dot{Y}(0) = x'$ 的 Jacobi 场.

这让我们可借助 Jacobi 场的发展描述测地流动力学, 并讨论 Jacobi 场上的作用 g^t (或者更确切的是 Dg^t).

两个线性无关的具有线性增长的切线 Jacobi 场对应于测地线的仿射重参数化, 即初始点的移位和一致的速度改变. 第一变分对应于单位切丛 SM 上测地

流的流方向, 第二变分与 SM 横截. 因此为了得到 SM 上的这个测地流是一个 Anosov 流, 只需证明正交 Jacobi 场的空间可分裂为指数压缩和指数扩张不变子空间.

研究正交 Jacobi 场只需了解它们是 Jacobi 方程

$$\ddot{Y} + KY = 0$$

的解就够了, 其中 K 是负定对称算子, 由我们关于曲率的假设和紧性, 得知存在 $k, \kappa > 0$ 使得

$$\langle KY, Y\rangle \leqslant -k\langle Y, Y\rangle,$$

只要 $Y \perp \dot{\gamma}$, 且对所有 $Y \in SM$ 满足

$$\langle KY, KY\rangle < \frac{1}{\kappa^2}.$$

截面曲率的任何上界可用 $-k^2$.

为了证明这个测地流的双曲性, 在 $T_pM \oplus T_pM$ 上, 对 $u, v \in T_pM$ 和某个 $\varepsilon < 1/\kappa$ 引入范数

$$\|u, v\| := \sqrt{\langle u, u\rangle + \varepsilon\langle v, v\rangle},$$

注意 $\langle Y, \dot{Y}\rangle/\|Y, \dot{Y}\|^2 \geqslant \delta$ 在定义 6.2.9 意义下定义一个锥.

引理 17.6.1. 对 $\delta < \dfrac{k}{1+\kappa^{-3/2}}$, 由

$$\frac{\langle Y, \dot{Y}\rangle}{\|Y, \dot{Y}\|^2} \geqslant \delta$$

给出的 C_δ 锥族是严格不变的.

这对 $\delta = 0$ 容易证明, 但后面需要某个正数 δ 以得到在这些锥内的扩张.

[553] **证明.** 只需证明当 $\dfrac{\langle Y, \dot{Y}\rangle}{\|Y, \dot{Y}\|^2} = \delta$ 时 $\dfrac{d}{dt}\dfrac{\langle Y, \dot{Y}\rangle}{\|Y, \dot{Y}\|^2}$ 是正的. 为此, 注意对 $a, b \in \mathbb{R}$ 有 $\dfrac{\sqrt{ab}}{a+\varepsilon b} \leqslant \dfrac{1}{2\sqrt{\varepsilon}}$, 因为 $a^2 + 2\varepsilon ab + \varepsilon^2 b^2 \geqslant 4\varepsilon ab$, 因此 $a + \varepsilon b \geqslant 2\sqrt{\varepsilon}\sqrt{ab}$. 我们也有 $\dfrac{b+ka}{a+\varepsilon b} = k\left(1 + \dfrac{\dfrac{1}{k} - \varepsilon}{\dfrac{a}{b} + \varepsilon}\right) \geqslant \min\left(k, \dfrac{1}{\varepsilon}\right) = k$. 因此

$$\frac{\sqrt{\langle Y, Y\rangle\langle \dot{Y}, \dot{Y}\rangle}}{\|Y, Y\|^2} \leqslant \frac{1}{2\sqrt{\varepsilon}} \quad 和 \quad \frac{\langle \dot{Y}, \dot{Y}\rangle + k\langle Y, Y\rangle}{\|Y, Y\|^2} \geqslant k.$$

现在利用 Cauchy–Schwarz 不等式, 并取 $\dfrac{\langle Y,\dot Y\rangle}{\|Y,\dot Y\|^2}=\delta<\dfrac{1}{2}$, 得到

$$\begin{aligned}
\frac{d}{dt}\frac{\langle Y,\dot Y\rangle}{\|Y,\dot Y\|^2}&=\frac{(\langle\dot Y,\dot Y\rangle+\langle\ddot Y,Y\rangle)\|Y,\dot Y\|^2-2\langle Y,\dot Y\rangle(\langle Y,\dot Y\rangle+\varepsilon\langle\ddot Y,\dot Y\rangle)}{\|Y,\dot Y\|^4}\\
&=\frac{\langle\dot Y,\dot Y\rangle-\langle KY,Y\rangle}{\|Y,\dot Y\|^2}-2\frac{\langle Y,\dot Y\rangle}{\|Y,\dot Y\|^2}\frac{\langle Y-\varepsilon KY,\dot Y\rangle}{\|Y,\dot Y\|^2}\\
&\geqslant\frac{\langle\dot Y,\dot Y\rangle+K\langle Y,Y\rangle}{\|Y,\dot Y\|^2}-2\delta\left(\frac{\langle Y,\dot Y\rangle}{\|Y,\dot Y\|^2}-\varepsilon\frac{\langle KY,\dot Y\rangle}{\|Y,\dot Y\|^2}\right)\\
&\geqslant k-2\delta\left(\delta+\varepsilon\frac{\sqrt{\langle KY,KY\rangle\langle\dot Y,\dot Y\rangle}}{\|Y,\dot Y\|^2}\right)\\
&\geqslant k-2\delta\left(\delta+\frac{\varepsilon}{\kappa}\frac{\sqrt{\langle Y,Y\rangle\langle\dot Y,\dot Y\rangle}}{\|Y,\dot Y\|^2}\right)\\
&\geqslant k-2\delta\left(\delta+\frac{\sqrt{\varepsilon}}{2\kappa}\right)\geqslant k-\delta\left(1+\frac{1}{\kappa^{3/2}}\right)>0.
\end{aligned}$$

□

在引理 17.6.1 中我们取与 $\varepsilon<1/\kappa$ 无关的 δ, 下面取 $\varepsilon<4\kappa^2\delta^2$ 和 $(Y,\dot Y)\in C_\delta$. 于是

$$\begin{aligned}
\frac{\frac{d}{dt}\|Y,\dot Y\|}{\|Y,\dot Y\|}&=\frac{\langle Y,\dot Y\rangle+\varepsilon\langle\ddot Y,\dot Y\rangle}{\|Y,\dot Y\|^2}=\frac{\langle Y,\dot Y\rangle}{\|Y,\dot Y\|^2}-\varepsilon\frac{\langle KY,\dot Y\rangle}{\|Y,\dot Y\|^2}\\
&\geqslant\delta-\varepsilon\frac{\sqrt{\langle KY,KY\rangle\langle\dot Y,\dot Y\rangle}}{\|Y,\dot Y\|^2}\geqslant\delta-\frac{\varepsilon}{\kappa}\frac{\sqrt{\langle Y,Y\rangle\langle\dot Y,\dot Y\rangle}}{\|Y,\dot Y\|^2}\geqslant\delta-\frac{\sqrt{\varepsilon}}{2\kappa}>0.
\end{aligned}$$

这证明 Jacobi 场按 C_δ 指数扩张.

现在一个容易的练习是构造一个锥, 使得它严格不变, 且在负时间方向扩张, 但更容易注意到它们的存在性由定义

$$g^{-t}v=-g^t(-v)$$

得知. 因此我们可调用命题 17.4.4 得到结论:

定理 17.6.2. *具有负截面曲率的紧 Riemann 流形上的测地流是一个 Anosov 流.* [554]

由 Hadamard–Perron 定理 17.4.3, 通过每一点 $v\in SM$ 存在稳定和不稳定流形. 我们用几何术语描述这些以结束本节. 当我们做这件事时, 比较 5.4d 节末尾的负常数曲率曲面的讨论和这一节的讨论也许很有意义. 我们通过微分同胚

于 $\mathbb{R}^n$ 的 M 的通有覆盖 $\widetilde{M}$ (练习 17.6.3), 从不稳定流形开始. 固定 $v \in S\widetilde{M}$ 并令

$$B_T := \{\gamma(0)|\gamma \text{ 是测地线}, \ \gamma(-T) = \gamma_v(-T)\}$$

和 B_T 的外单位法向量

$$W_T := \{\dot\gamma(0)|\gamma \text{ 是测地线}, \ \gamma(-T) = \gamma_v(-T)\}.$$

W_T 是 $S\widetilde{M}$ 的维数为 $n-1$ 的光滑子流形, 其中 $n = \dim M$.

考虑 W_T 中的任何曲线. 与对应的测地线变分相应的是满足 $Y(-T) = 0$ 的 Jacobi 场 Y. 除非 $Y = 0$, 对 $t > -T$ 我们有 $\langle Y(t), \dot Y(t)\rangle > 0$, 因为 $\dot Y(-T) \neq 0$ 和 $Y(t-T) = t\dot Y(-T) + o(t)$, 只要对小的正 t 值 $\langle Y(t-T), \dot Y(t-T)\rangle > 0$. 但是我们已经证明这必须对所有 $t > 0$ 成立.

这证明 W_T 的每个切向量包含在不变族的一个锥中. 就像我们在 Hadamard–Perron 定理的证明中证明的这意味着 $T \to \infty$ 时 W_T 收敛于 $S\widetilde{M}$ 的 $n-1$ 维光滑子流形 $W^u(v)$. 由于投射 $\pi : S\widetilde{M} \to \widetilde{M}$ 是光滑的, 球面 B_T 收敛于称为极限球面的光滑子流形 B_∞.

事实上 $W^u(v)$ 由 B_∞ 的外单位法线组成, 它本身可用 $\{\gamma(0)|\gamma$ 是测地线, $d(\gamma(t), \gamma_v(t)) \xrightarrow[t\to-\infty]{} 0\}$ 刻画.

练 习

17.6.1. 设 M 是一个 m 维有负截面曲率的 Riemann 流形, 曲率的下界为 $-K^2$, 上界为 $-k^2$, 证明对由定义 9.6.5 定义的体积增长 $v(M)$ 有 $k \leqslant v(M)/(m-1) \leqslant K$.

17.6.2. 证明紧流形上的基本群 $\pi_1(M)$ 允许负截面曲率度量指数增长, 就是说, 对任给 $\pi_1(M)$ 的生成子系统 Γ, 元素 $\gamma \in \pi_1(M)$ 的个数可以用长度至多为 n 的字关于 n 的指数增长表达.

[555] **17.6.3.** 证明负截面曲率流形的通有覆盖微分同胚于 Euclid 空间.

17.6.4. 证明负截面曲率流形上的所有测地线是极小的 (见定义 9.6.1).

17.7. 秩 1 对称空间上的测地流

一类重要的负曲率流形可通过代数构造得到, 它推广了第 5 节对负常数曲率曲面的代数描述. 用以描述球面、环面和双曲平面上的测地流的几何性质是出现单位切向量上是传递的等距群 (引理 5.4.1). 一般称这类空间为 (大范围)

对称空间. 我们从传统的定义开始, 然后证明这个等距群在非零曲率情形的横截性.

定义 17.7.1. *局部对称的 Riemann 空间是一个连通的 Riemann 流形 M, 满足对所有 $p \in M$ 存在邻域 U, 使得 $\exp_p \circ (-\mathrm{Id}) \circ \exp_p^{-1} : U \to M$ 是一个等距. 称 M 为一个大范围对称空间, 如果这个局部等距可扩展到 M 上的一个等距, 即对每一点 $p \in M$ 存在 M 的等距 σ_p 满足 $\sigma_p(p) = p$ 和 $D\sigma_p|_p = -\mathrm{Id}$. σ_p 称为在 p 是 (大范围) 对称的. 这个空间称为有秩 1, 如果不存在全测地线的等距嵌入 Euclid 平面.*

注. (1) 另一个定义是曲率张量是平行的, 即 $\nabla R = 0$.

(2) 由于任何一个测地线段的端点通过在中点对称交换, 而且任何两点由碎测地线连接, 大范围对称空间的等距群, 或者紧局部对称空间显然是点传递的.

(3) 有秩 1 意味着所有截面曲率都非零.

(4) $S^n, \mathbb{R}^n$ 和 $\mathbb{H} = \mathbb{RH}^2$ 都是大范围对称空间; $\mathbb{T}^n$ 是局部对称的.

(5) 完全的单连通局部对称空间是大范围对称的.

(6) 因此, 完全的局部等距空间的通有覆盖是大范围对称空间.

命题 17.7.2. *若 M 是秩 1 对称空间, 则 SM 上的等距群是传递的.*

证明. 由于在点的传递性是知道的, 所以只需证明这个等距群在任何特殊的单位球面 S_pM 上是传递的. 为此只需证明对每个二维平面 $\Pi \subset T_pM$ 这个等距群在 $\Pi \cap S_pM$ 上是传递的, 由此得知, 存在 $\varepsilon > 0$ 使得对 $v \in \Pi \cap S_pM$, 存在等距 [556]
族, 使得 v 在它们的微分作用下的像覆盖 $\Pi \cap S_pM$ 中长度为 ε 的弧.

为此, 考虑圆盘 $D = \exp_p B(0, \delta)$ 和 D 中以 p 为一个顶点、内角为 α, β, γ 的三角形. 考虑关于三边 (按循环次序) 中点的三个对称构成的等距 I. 由于等距保持角度, 从图像容易看到 v 与 $DI(v)$ 之间的角度是 $\alpha + \beta + \gamma$. 因为 Π 有非零曲率, 当三角形的直径趋于 0 时, 和 $\alpha + \beta + \gamma$ 收敛于 π 但永远不会等于 π. 因此我们得到的像的弧其大小与 v 无关. □

从代数构造产生的所有对称空间推广了 17.5 节中的构造. 为了说明这是如何来的, 我们从双曲空间的几何构造的一个直接推广开始.

具有 Möbius 变换群的 Poincaré 圆盘可得到如下. 考虑 $\mathbb{R}^3$ 中由 $Q(x) := x_1^2 + x_2^2 - x_3^2 = -1, x_3 > 0$ 给出的双曲面的上叶 $\mathcal{H}$. 3×3 实矩阵群 $SO(2,1)$ 保持作用在双曲面上的一个不定二次型 Q, 指标为 2 的子群保持 $x_3 > 0$, 因此作用在 $\mathcal{H}$ 上. 由于这个作用在 $\mathbb{R}^3$ 中是线性的, 它将通过 0 的平面 (即由 $ax_1 + bx_2 - cx_3 = 0$ 给出的平面) 变换到通过 0 的平面, 因此由这种曲面与 $\mathcal{H}$ 的交给出的曲线族 $\mathcal{C}$ 得到保持.

变量变换 $\eta_1 = x_1/x_3, \eta_2 = x_2/x_3, \eta_3 = 1/x_3$, 将双曲面变为半球面 $\eta_1^2 + \eta_2^2 + \eta_3^2 = 1, \eta_3 > 0$, 平面 $ax_1 + bx_2 - cx_3 = 0$ 映为垂直于 $\eta_1\eta_2$ 平面的平面 $a\eta_1 + b\eta_2 = c$. 因此 $\mathcal{C}$ 中的曲线映为垂直于赤道 $\eta_3 = 0$ 的圆周. 最后利用从中心在 $(0, 0, -1)$ 的上半球面映到圆盘 $\eta_1^2 + \eta_2^2 < 1$ 的球极平面投影. 我们知道它是共形的, 所以 $\mathcal{C}$ 中的曲线现在是垂直于边界的 (直线和) 圆周, 即 Poincaré 圆盘的测地线. 可以证明, 在这个过程中从 $SO(2, 1)$ 产生的变换正是 Möbius 变换. 事实上, 这个双曲面是 Poincaré 圆盘到 Minkowski 空间的等距嵌入, 这个空间具有由形式 Q 诱导的伪距离 q.

将这个几何构造推广到 n 维实双曲空间 $\mathbb{RH}^n$. 考虑 $\mathbb{R}^{n+1}$ 中由 $Q(x) := x_1^2 + \cdots + x_n^2 - x_{n+1}^2 = 1, x_{n+1} > 0$ 给出的双曲面的上叶 $\mathcal{H}$. 再次令 $\mathcal{C}$ 是位于通过 0 的平面上的曲线族, 即由 n 个形如 $a_1x_1 + \cdots + a_nx_n - a_{n+1}x_{n+1} = 0$ 的联立方程给出的平面上的曲线族. 矩阵群 $SO(n, 1)$ 保持 Q 作用在 $\mathcal{H}$ 上. 应用中心在 $(0, \cdots, 0, -1)$ 的球极平面投影, 变量变换 $\eta_1 = x_1/x_{n+1}, \cdots, \eta_n = x_n/x_{n+1}, \eta_{n+1} = 1/x_{n+1}$ 将所得的半球面映为 $\mathbb{R}^n$ 中的单位开球面. 如前, $\mathcal{C}$ 中的曲线映为 (直线和) 垂直于单位球 $\mathbb{RH}^n$ 边界的圆周.

[557] 这些空间 $\mathbb{RH}^n$ 有 (截面) 曲率 -1. 对在 $(0, \cdots, 0, 1)$ 的所有切平面 Π 这是显然的, 因为在 $\mathbb{R}^{n+1}$ 中包含 Π 的三维子空间中的整个图像看上去像对 $\mathbb{RH}^2$ 的描述.

为了将它推广, 更方便的是将 $\mathbb{RH}^n$ 看作为 n 维实射影空间 $\mathbb{RP}^n$ 的子集, 这个空间是由 $\mathbb{R}^{n+1}$ 中经过 0 的直线通过上半双曲面上的点 p 与经过 0 包含 p 的直线等同得到. 当然 Riemann 度量并不诱导度量, 但是 $\mathbb{RH}^n$ 的切向量是 $\mathbb{RP}^n$ 的切向量. 双曲距离由下述方式给出, 这个空间中的两点对应于 $\mathbb{R}^{n+1}$ 中的两条直线. 由这些直线确定的平面与锥 $Q = 0$ 相交于两条直线. 双曲距离由射影空间中这 4 条直线确定的 4 个点的交比的对数给出.

后一描述同样也可在复域 $\mathbb{C}$ 中工作. 就是说, 作为复射影空间 $\mathbb{CP}^n$ 的子空间, 得到 n 维复双曲空间 $\mathbb{CH}^n$, 即通过 $\mathbb{C}^{n+1}$ 的原点的复直线空间, 距离由交比类似定义. 但是存在一个重要的新现象. 即任何切空间可同时看作为一个 n 维复线性空间, 或者一个 $2n$ 维实线性空间. 因此, 切空间中一个实向量 v 可通过乘以 $i = \sqrt{-1}$ 给出关于这个实结构是垂直于 v 的唯一方向, 但是关于复结构它与 v 共线. 可以验证这个实二维子空间有 (截面) 曲率 -4, 而且通过乘以 i 它是单位切丛的一个等距. 因此在由这些方向给出的单位切丛 $S\mathbb{CH}^n$ 上有自然的实一维分布. 自然存在由复正交于 v 和 iv 的向量定义的补分布. 在这个分布内所有截面曲率都是 -1. 这个分布是不可积的.

对测地流, 这些分布分别对应于扩张率为 e^{2t} 与 e^t 和对应于压缩率的向量分布.

对四元数 $\mathbb{Q}$ 我们得到有类似结构的双曲空间 $\mathbb{QH}^n$, 但是现在得到曲率为 -4 对应于平面的 (实) 三维分布. 即使对八元数 $\mathbb{O}$ (Cayley 数) 我们得到双曲平面 $\mathbb{OH}^2$, 这里对应的是七维分布. 但是最后这个构造由于 Cayley 数的非结合性不能推广到高维. 事实上这些例子用尽了负曲率大范围 Riemann 对称空间中的名单 [1]. 所有这些空间容许在等距群中通过一致格的左作用得到紧 Riemann 因子, 所以在这些因子上的测地流提供了 Anosov 测地流的例子.

现在我们给出一个大范围对称空间的一般代数描述的结果, 但不给证明.

命题 17.7.3. *如果 M 是一个大范围对称空间, 那么 M 的等距群的恒同分支 G* [558]
传递作用在 M 上, 而且任何点的迷向群 K 是紧的.

定义 17.7.4. 称大范围对称空间 M 是非紧型的, 如果 G 是没有紧因子的半单群, K 是 G 的极大紧子群.

注. 不像 $\mathbb{RH}^2$ 的情形, 其他秩为 1 的大范围对称空间的群 G 本质上大于我们考虑的流形的单位切丛.

反之, 对每个没有紧因子的连通的半单 Lie 群和极大紧子群 K (通过 G 的内自同构直到相差一个共轭是唯一的), 在 $M := G/K$ 上存在一个自然的大范围对称结构, 即 G 上每个左不变 Riemann 度量在 K 作用下是右不变的, 因此使得 M 是一个 Riemann 流形, 而且在 G 中格 Γ 的左作用下 M 的商是 M 的一个紧 Riemann 因子. 这是 5.4 节中介绍的环面和双曲平面 $\mathbb{RH}^2$ 的紧因子的类似.

在这个模型中通过 Id 的测地线由 G/K 的单参数子群给出.

非紧型秩 1 的 Riemann 对称空间上的测地流的一般代数描述如下. 设 G 是实秩 1 的单的非紧 Lie 群. 这样的群有 $SO(n,1), SU(n,1), Sp(n,1)$ 和 F_4. 设 K 是 G 的极大紧子群. 那么 G/K 是一个大范围对称空间, 它的单位切丛是 G/T 型的, 其中 T 是 K 的紧子群 (即, 切向量的迷向子群). 对应地, 对称空间是 n 维实、复四元双曲空间, 和二维双曲 Cayley 平面. 测地流对应于与 T 交换的单参数子群的右作用 (注意, 在二维情形 $T = \{\mathrm{Id}\}$).

我们指出, 不像 Anosov 微分同胚, 从拓扑共轭观点它似乎是一个相当刚性的对象, Anosov 流更常见. 一方面除了对称空间的扰动, 还存在负曲率 Riemann 流形的另外结构. 特别地, 存在维数大于 3 的负曲率 Riemann 流形, 它的基本群不同于任何局部对称空间的基本群. 因此测地流的相空间也拓扑地不同于任何局部对称空间的单位切丛, 从而测地流不是轨道等价的. 此外, 在三维已经存在允许有 Anosov 流的紧流形不同胚于一个曲面的单位切丛. 在这些例子中甚至还存在具有无处稠密的非游荡点集的 Anosov 流, 因此其动力学与任何保体积流的非常不同.[2]

[559]

练　　习

17.7.1*. 证明对负常数截面曲率 $-k^2$ $(k>0)$ 的紧 n 维流形, 即对实双曲空间 $\mathbb{RH}^m$ 的紧因子, 测地流的拓扑熵是 $(m-1)k$.

17.8. 复平面中的双曲 Julia 集

a. Riemann 球面上的有理映射. 我们在 8.3 节中第一次提及过这些映射, 那里我们得到一个拓扑熵的下界估计. 对最简单的多项式映射 $z\mapsto z^n$, $n\geqslant 2$, 非游荡集由两个吸引不动点和赤道组成. 此时临界点是*超吸引的* (即有零导数), 它们的吸引盆是赤道补的分支. 吸引周期点 p 的吸引盆是指正向渐近于 p 的点集 (显然是开的). 我们称包含 p 的轨道的点的连通分支的并为 p 的*直接吸引盆* (比较 16.1 节对区间映射的讨论). 赤道是一个双曲集, 映射在赤道上的限制是扩张的圆周映射 E_n. 这是一般现象的一个特殊情形. 为了避免最一般情形带来的复杂性, 我们在简化假设下证明一个有关结果.

定理 17.8.1. *设* $f:\hat{\mathbb{C}}\to\hat{\mathbb{C}}, z\mapsto\dfrac{P(z)}{Q(z)}$ *是 Riemann 球面* $\hat{\mathbb{C}}$ *上的一个有理映射, 其中* P *和* Q *是互素多项式. 假设*

(1) 每个临界点吸引到一个周期点 (或它自己), 以及

(2) 对每个周期 n *点* p, f^n *在* p *的导数的绝对值不为 1 (就是说, 每个周期点是双曲的, 或超吸引的).*

那么 f *的周期轨道的闭包是双曲的.*

注. 对代数次数为 n 的多项式 $z\to z^n$ 的小扰动, 吸引点 0 和 ∞ 得到保持, 它们的吸引盆仍是拓扑圆盘. 它们的并的补仍是拓扑圆周, 但可能不光滑.

证明. 证明的第一步是下面经典的 Julia 结果.

命题 17.8.2. (Julia) *如果* p *是有理映射* f *的吸引周期点. 那么* p *的直接吸引盆包含临界点.*

证明. 假设 p 的直接吸引盆不包含 f 的临界点, 记 p 的周期为 n. 令 B_p 为 p 的包含 p 的吸引盆的连通分支. 于是 p 的直接吸引盆是 $\bigcup\limits_{i=0}^{n-1} f^i(B_p)$. 因此 B_p 不包含 f^n 的临界点. 由于 B_p 是 p 在 f^n 作用下的直接吸引盆, 这意味着不失一般性可假设 $n=1$, 就是说, p 是一个不动点. 注意, 对某个小圆盘 U, $B_p=\bigcup\limits_{i\in\mathbb{N}} f_0^{-i}(U)$,

[560] 其中 f_0^{-1} 表示这个逆的适当分支. 由于 B_p 不包含 f 的临界点, 这证明 B_p 是单

连通的, 即一个拓扑圆盘. 由 Riemann 映射定理, B_p 双全纯等价于 $\mathbb{C}$ 中的单位圆盘 D, 因此具有由 Poincaré 圆盘的双曲度量诱导的双曲度量. 由于单位圆盘的双全纯双射是 Möbius 变换, 因此是等距的, B_p 上的这个双曲度量是唯一的. 因此以下结果适用:

引理 17.8.3. *设 $f: D_1 \to D_2$ 是单连通区域之间具有双曲度量的全纯映射. 那么或者 f 是双曲度量的全纯等距, 或者 f 严格收缩双曲距离.*

证明. 由 Riemann 映射定理给出双全纯映射 $D_i \to D$, 所以只需考虑情形 $f: D \to D$. 对任何 $z \in D$ 取 Möbius 变换 φ, ψ, 使得 $\varphi(z) = 0$ 和 $\psi(f(z)) = 0$. 于是 $h := \psi \circ f \circ \varphi^{-1}$ 是固定 0 的 D 的双全纯映射, 因此, 由 Schwarz 引理, 或者 h 是 Möbius 变换, 或者 $|Dh(0)| < 1$. 但是, $Dh = D\psi D f D\varphi^{-1}$ 和 $|D\psi| = |D\varphi^{-1}| = 1$. □

特别地, 我们看到, 当 f 是满射时它是一个等距. 此时由构造, 显然 $f: B_p \to B_p$ 是一个满射, 因此是一个等距. 特别地, f 在 B_p 中任何不动点的导数的绝对值是 1. 但这与在 B_p 中出现吸引不动点 p 矛盾. □

推论 17.8.4. *$f = P/Q$ 的吸引周期点数囿于它的临界点数, 后者又囿于 $\deg P + \deg Q$.*

现在我们回到定理 17.8.1 的证明. 考虑临界点的轨道的闭包 C 在 $\hat{\mathbb{C}}$ 中的补 S. 由于临界点被吸引到有限多个吸引周期点, 故 S 是连通的. 因此排斥周期点的闭包 J 是紧不变集. 我们证明 J 是双曲的. 因此 f 的周期点的闭包是 J 与有限多个吸引周期点的并, 从而是双曲的. 首先假设 $f^{-1}(C) \neq C$. 如果 $\mathrm{card}\,(C) < 3$, 则要么 $C = \varnothing$, 且 f 是 Möbius 变换, 因此由于任何 Möbius 变换至多有两个周期点, 定理 17.8.1 在这情形是平凡的, 要么存在具有无限负半轨的临界点 c_0, 即存在点 p 使得 $f^2(p) \neq c_0$ 和 $f^3(p) = c_0$, 因此我们可以用 $S \backslash \{f(p), f^2(p)\} \supset J$ 代替 S, 下面假设 $\mathrm{card}\,(\hat{\mathbb{C}} \backslash S) \geqslant 3$. 于是 S 可考虑为一个 Riemann 曲面, 它的 (全纯) 通有覆盖是单位圆盘 (Koebe 一致化定理). 因此 S 有唯一双曲度量, 它的范数表示为 $\|\cdot\|^S$. 给定 $x \in S$ 使得 $f(x) \in S$, 令 R 是 $f^{-1}(S)$ 包含 x 的连通分支. 包含 $R \to S$ 不是满射, 因此与从 $\|\cdot\|^R$ 到 $\|\cdot\|^S$, 从而 $\|\cdot\|^S < \|\cdot\|^R$ 矛盾. 由于 $f|_R : (R, \|\cdot\|^R) \to (S, \|\cdot\|^S)$ 是没有临界点的满的全纯映射, 它是一个局部等距, 因此关于 $\|\cdot\|^S$ 扩张. 因为 $J \subset S$ 是紧的, 故是双曲的.

现在考虑例外情形, 其中 $f^{-1}(C) = C$. 如果 $\mathrm{card}\, C = 1$, 那么直到相差 [561]
一个坐标变换有 $C = \{\infty\}$ 和 $f(\infty) = f^{-1}(\infty) = \infty$, 所以 f 是没有临界点在 $\mathbb{C}$ 中的多项式, 因此是线性的, 从而 ∞ 不是临界点, 矛盾. 如果 $\mathrm{card}\, C = 2$, 则存在两个情形. 或者 f 有两个固定的临界点 (没有其他的), 不失一般性, 设

$0 = f(0) = f^{-1}(0)$ 和 $\infty = f(\infty) = f^{-1}(\infty)$, 则 f 通过 Möbius 变换共轭于 $z \to z^k$, 此时定理 17.8.1 的结论没有新意, 或者直到相差一个 Möbius 变换有 $f(\infty) = f^{-1}(\infty) = 0$, f 通过 Möbius 变换共轭于 $z \mapsto z^{-k}$, 再次得到定理 17.8.1.

如果 $\operatorname{card} C \geqslant 3$, 如前 $S\hat{\mathbb{C}}\backslash C$ 允许有双曲度量, f 关于这个度量是一个等距 (因为它是满射), 因此 $\{f^n\}_{n\in\mathbb{N}}$ 在 S 上等度连续. 由于它在 C 上平凡等度连续, 它在 $\hat{\mathbb{C}}$ 上等度连续, 从而由定理 A.1.24, f 凝聚到 $\hat{\mathbb{C}}$ 的一个亚纯映射. 但是那样我们可考虑拓扑度, 求得 $\deg g = \lim \deg f^{n_k}$, 所以 $\deg f = 1$, f 是一个 Möbius 变换, 与假设 $\operatorname{card} C \geqslant 3$ 矛盾. □

定理 17.8.1 的假设 (2) 主要是为了方便. 在一般情形下, 研究复映射的动力学是从轨道性态的经典二分法开始. 具有简单性态的轨道形成映射的 Fatou 集. 在全纯映射情形, 简单性的自然概念由函数的*正规族*即等度连续族概念提供. Fatou 集中的点有邻域, 其中映射 f 的迭代形成正规族. 因此它是开的. 这个概念非常自然, 因为正规族不仅在 C^0 拓扑下是紧的 (Arzelá–Ascoli 定理 A.1.24), 而且事实上在全纯拓扑下也是紧的. Julia 集定义为这个集的补, 因此是闭的. 在一些有趣情形我们证明它是非空的:

命题 17.8.5. *如果 $f:\hat{\mathbb{C}} \to \hat{\mathbb{C}}$ 是次数大于 1 的有理映射, 那么 Julia 集是非空的.*

证明. 如若不然, 族 $\{f^n\}_{n\in\mathbb{N}}$ 在 $\hat{\mathbb{C}}$ 上正规, 因此存在一致覆盖某个全纯函数 $g:\hat{\mathbb{C}} \to \hat{\mathbb{C}}$ 的子序列. 考虑拓扑度, 求得 $\deg g = \lim \deg f^{n_k}$, 所以 $\deg f = 1$. □

事实上, 在 Julia 集情形可以证明它是排斥周期点的闭包. 因此, 定理 17.8.1 证明中考虑的集合 J 是 Julia 集. 不过我们不需要这个事实. 在定理 17.8.1 的假设下 Fatou 集刚好是吸引周期点的吸引盆的并. 但是一般可存在其他现象. 例如, 在出现周期 n 点 p 处 f^n 的导数有特征值 $e^{2\pi i\alpha}$, 其中 α 为实 Diophantus 数 (定义 2.8.1), 这时为了得到 f^n 在其中解析共轭于圆盘的旋转的邻域, 可对 f^n 应用定理 2.8.2. 这样的邻域称为 Siegel *圆盘*. 显然 Siegel 圆盘中的每一点属于 Fatou 集.

下面讨论二次多项式的 Julia 集的结构. 首先证明二次族 $z \mapsto z^2 + c$ 具有二次多项式的所有可能. 即考虑二次多项式 $P(z) = az^2 + 2bz + d$, 并令 $h(z) =$
[562] $az + b, c = ad + b - b^2$. 然后验证 $h \circ P \circ h^{-1}(z) = z^2 + c$, 即 P 解析共轭于 $z \mapsto z^2 + c$. 因此考虑从 $z \mapsto z^2 + c$ 的不同 c 值引起的双曲 Julia 集例子.

首先注意, 对二次映射存在两个临界点, 一个在零一个在无穷, 后一个是超吸引不动点. 因此存在三种可能性:

(1) 零属于无穷远点的吸引盆. 此时由命题 17.8.2 仅存在一个吸引盆, 而且 Julia 集是全连通的. 类似于一维情形 (推论 16.1.2), 二次映射在这个集合上的限

制拓扑共轭于一个拓扑 Markov 链 (见练习 17.8.1). 这种情况发生在例如 $|c| > 2$.

(2) 存在一个不是无穷远点的吸引周期点, 由命题 17.8.2 它吸引零. 此时 Julia 集是这两点的吸引盆的边界. 无穷远点的吸引盆总是连通的. 另一个可以或不可以是连通的.

(a) 两个吸引盆都是连通的. 因此两个吸引点都是不动点. 这种情况发生在例如 c 的值在 0 附近.

(b) 有限吸引点的周期大于 1. 因此它的吸引盆有无穷多个连通分支, 而且这个 Julia 集有自然的 Markov 结构. 但是这个 Julia 集的拓扑结构不同于前面我们所有的例子: 它不是流形与 Cantor 集的局部积, 而是拓扑维数为 1 的完美连通集, 它的补有无穷多个连通分支. 这出现在 $c = -1$, 即当 $z \mapsto z^2 - 1$ 时.

(3) 零属于这个 Julia 集. 此时 Julia 集不是双曲的.

这三个情形分别确定复平面中对应的三个参数集合 I_1, I_2 和 I_3. 集合 I_1 和 I_2 显然是开的. 在这三个情形之一的每个连通分支内, 这个 Julia 集以及这个映射在 Julia 集上的限制保持拓扑相同. I_3 划分复平面. 猜测 I_3 是无处稠密的. I_2 和 I_3 的并通常称为 Mandelbrot 集, 或者有时就称为 Brooks–Matelski 集. 它是人们一直有着十分强烈兴趣的数值模拟的研究主题, 用它还可产生许多其他错综复杂色彩斑斓的图像并显示漂亮的分形和类似的概念.

b. 全纯动力学. 上一子节证明和概述的结果提供了*全纯动力学*这词的一瞥. 动力系统理论的这一分支的底结构是复流形 (不必是紧的; $\mathbb{C}^n$ 中的开集就是一个例子) 和定义在紧不变集邻域内 (在半局部设置下) 的全纯映射. 对应的大范围设置是紧复流形 (例如, 复射影空间 $\mathbb{C}P(n)$) 到它自己的全纯映射. 单复变量和 [563]
多复变量的全纯映射具有某个局部刚性 (开集内 Taylor 系数在一点定义的映射) 和大范围刚性 (Liouville 定理, 最大模原理等). 这使全纯动力学不同于一般的微分动力学 (其中局部定义的不同映射可容易黏合在一起) 且较少有 Hamilton 动力学 (这里根本没有局部限制, 但有某些大范围限制). 在这方面全纯动力学比较接近于齐次空间 (5.7 节) 中的平移和仿射映射的代数动力学. 虽然这两个领域的动力学范例往往是完全不同的, 例如, 在全纯情形通常没有漂亮的不变集出现, 而耗散性态却很常见. 全纯动力学的一个特征之一是全纯映射的奇点在起重要作用. 由于奇点集有正的复余维, 因此实余维至少是 2 的奇点比实情形甚至实解析情形更容易处理.

单个变量的全纯动力学已经得到了很好的发展. 事实上, 出现 Fatou, Julia 和 Montel 的经典工作时, 实微分动力学还谈不上有遍历理论, 仅在起步阶段. 它依靠两大支柱: 共形性和单值化. 前者是一个*无穷小*性质, 它作为低维微分动力学的特征性质已在 10b 节中讨论过. 从这个观点我们可以确定共形动力学的范围, 本质上它包含实一维的微分动力学 (见第 12 章和 16 章) 和复一维的全纯动力学. 根据以下事实这个简短的列表是详尽的, 即在实二维中任何共形映射是全纯映射, 而在高维很少有共形映射 (只有 Möbius 变换的高维对应) 具有任何有趣的动力学. 对增长映射迭代次数的分析至关重要的共形性, 其主要技术结果是各类有界畸变估计 (见 5.1, 12.1, 12.7, 14.3 节). 因此对共形性的强调促使将一维实动力学与一维复全纯动力学结合在一起.

另一方面, 单值化的最基本显示是 Riemann 映射定理, 更高级的一个是 Koebe 单值化定理 (这两个定理是用在定理 17.8.1 证明中的一个重要方法), 这本质上是一个一维复现象.

高维复动力学是一个尚欠发展的非常新的领域. 在既没有共形性也没有单值化作为一个有用工具时, 在很大程度上, 复分析中的其他有效工具可使得有比实微分动力学了解更多的某些全纯映射类 (例如, 多项式) 的结构. 这些工具的
[564] 根本是全纯映射的某些极值性质, 例如, 用这些性质证明拓扑熵的一个适当公式. 一个有用的观察是, 在复二维中, 两个可逆映射的双曲性态促使稳定和不稳定流形是一维复子流形. 因此, 这些流形族上的动力学是共形的, 一维复分析中的某些工具可适用于这个情形.

练　　习

17.8.1. 证明如果有理映射 f 的 Julia 集是双曲的且全不连通, 那么 $f|_J$ 拓扑共轭于一个拓扑 Markov 链.

17.8.2. 描述 2 移位 σ_2^R 和它的 Julia 集上的映射 $z \mapsto z^2 - 1$ 之间的一个几乎双射的半共轭.

第 18 章 双曲集的拓扑性质

[565]

我们从 6.4 节结束时提及的问题开始, 回到对光滑动力系统的双曲集的一般结构理论的研究. 首先集中讨论这种系统的大范围轨道结构的鲁棒性. 然后证明如何用真实轨道逼近 "殆轨道", 使得我们能够对回复性, 周期轨道增长率的精细渐近, 以及对有拓扑 Markov 链的几乎可逆的半共轭给出一个良好的描述.

18.1. 伪轨的跟踪

双曲性的一个显著特点是轨道关于它的初始点有非常敏感的依赖性. 这就引出一个从轨道段的近似知识提取有意义信息的问题. 我们已经看到近似周期轨道总是被真实轨道所 "跟踪"(Anosov 封闭引理, 定理 6.4.15). 现在考虑非周期情形.

定义 18.1.1. 设 (X,d) 是一个度量空间, $U\subset M$ 是开集, 以及 $f:U\to X$. 对 $a\in\mathbb{Z}\cup\{-\infty\}$ 和 $b\in\mathbb{Z}\cup\{\infty\}$, 序列 $\{x_n\}_{a<n<b}\subset U$ 称为 f 的 ε 轨道, 或 ε 伪轨, 如果对所有 $a<n<b$ 有 $d(x_{n+1},f(x_n))<\varepsilon$. 称它被 $x\in U$ 的轨道 $\mathcal{O}(x)$ δ 跟踪, 如果对所有 $a<n<b$, 有 $d(x_n,f^n(x))<\delta$.

定理 18.1.2 (跟踪引理). *设 M 是一个 Riemann 流形, $U\subset M$ 是开集, $f:U\to M$ 是微分同胚, 以及 $\Lambda\subset U$ 是 f 的紧双曲集. 那么存在邻域 $U(\Lambda)\supset\Lambda$, 使得当 $\delta>0$ 时存在 $\varepsilon>0$, 使 $U(\Lambda)$ 中的每个 ε 轨道被 f 的轨道 δ 跟踪.*

这个跟踪引理可以通过考虑局部坐标和 $\mathbb{R}^n$ 中接近双曲线性映射的映射序列, 用类似于 Anosov 封闭引理 (练习 18.1.1) 的证明方法证明. 我们推导的这个

结果是作为更一般定理 18.1.3 的一个特殊情形. 这样的跟踪并不保证跟踪轨道在
[566] 任何意义下是典型的. 如果我们考虑, 例如映射 $f:\mathbb{R}/\mathbb{Z}\to\mathbb{R}/\mathbb{Z}, x\mapsto 2x \pmod 1$, 那么任何计算机生成的轨道最终将变为零, 因为初始条件本质上是用二进制小数表示的, 而且在每一步, 点以后的非零二进制数字将减少. 因此计算机永远计算真实轨道, 但 1 永远吸引到 0. 然而, 这对系统不是一个典型性态 (见 1.7 节). 同样地, 对环面自同构所有点只有有理数坐标, 因此, 所有数字表示的点都是周期点 (见命题 1.8.1).

跟踪与结构稳定性之间存在一个紧密联系: 动力系统扰动的轨道是原系统的 ε 轨道. 由于它们被未被扰动轨道跟踪, 相应地将扰动轨道映到跟踪它们的未被扰动轨道, 这可给出轨道等价性的一个候选者. 反之, 结构稳定性 (具有共轭同胚对扰动的连续依赖性) 当然意味着扰动轨道被未被扰动轨道跟踪. 更一般的跟踪与动力系统的轨道结构的丰富性和鲁棒性有关, 而不是个别轨道的不稳定性. 这促使要求对 ε 轨道的整个连续族一致跟踪.

定理 18.1.3 (跟踪定理). 设 M 是一个 Riemann 流形, d 是自然的距离函数, $U\subset M$ 是开集, $f:U\to M$ 是微分同胚, 以及 $\Lambda\subset U$ 是 f 的一个紧双曲集. 则存在邻域 $U(\Lambda)\supset\Lambda$ 和 $\varepsilon_0,\delta_0>0$, 使得对所有 $\delta>0$ 存在 $\varepsilon>0$, 具有如下性质:

如果 $f':U(\Lambda)\to M$ 是在 C^1 拓扑下 ε_0 接近于 f 的 C^2 微分同胚, Y 是一个拓扑空间, $g:Y\to Y$ 是同胚, $\alpha\in C^0(Y,U(\Lambda))$, 和 $d_{C^0}(\alpha g, f'\alpha):=\sup_{y\in Y} d(\alpha g(y), f'\alpha(y))<\varepsilon$, 那么存在 $\beta\in C^0(Y,U(\Lambda))$, 使得 $\beta g=f'\beta$, 而且 $d_{C^0}(\alpha,\beta)<\delta$.

此外, β 局部唯一, 即如果 $\overline{\beta}g=f'\overline{\beta}$, 且 $d_{C^0}(\alpha,\overline{\beta})<\delta_0$, 则 $\overline{\beta}=\beta$.

注. (1) 注意, 我们没有要求 Λ 的局部极大性.

(2) 为了得到跟踪引理, 取 $Y=(\mathbb{Z}$, 离散拓扑$)$, $f'=f, \varepsilon_0=0$ 和 $g(n)=n+1$, 以及用 $\{x_n\}_{n\in\mathbb{Z}}\subset U(\Lambda)$ 代替 $\alpha\in C^0(Y,U(\Lambda))$, 和用 $\{f^n(x)\}_{n\in\mathbb{Z}}\subset U(\Lambda)$ 代替 "$\beta\in C^0(Y,U(\Lambda))$ 使得 $\beta g=f'\beta$". 于是对所有 $n\in\mathbb{Z}$ 有 $d(x_n,f^n(x))<\delta$. 在阅读证明时记住这些简化可能有帮助.

(3) 这也可有助于再次阅读 Anosov 封闭引理的证明 (定理 6.4.15), 因为那里的证明方法类似于这里所用的. 事实上, 封闭引理是跟踪定理对应于 $f'=f, Y=\mathbb{Z}/n\mathbb{Z}, g(k)=k+1 \pmod n$ 的另一个特殊情形.

(4) 甚至存在线性环面自同构的拓扑稳定性证明 (定理 2.6.1) 的一个更接近的类似.

[567] **证明.** 类似于定理 2.6.1 的证明, 证明的本质是设置一个 (在目前情况下是精心制作的) 适当的符号系统允许直接应用压缩映射原理 (命题 1.1.2). 与以前情况的区别是现在适当的泛函空间没有自然的线性结构, 这种结构是需要强加的. 事

实上这个证明是 2.7a 节讨论求共轭的压缩映射方法的一个变易.

另一个区别是 Anosov 封闭引理 (定理 6.4.15) 的证明是压缩映射原理在无穷维空间中的应用.

所要的映射 β 是算子

$$F: C^0(Y, U(\Lambda)) \to C^0(Y, M), \beta \mapsto f' \circ \beta \circ g^{-1}$$

的一个不动点. 为了求它, 将 F 分解为线性部分和非线性部分. 要求引入的线性结构类似于附录第 3 节描述的空间 $\mathrm{Diff}^r(M)$ 的结构. 即我们通过考虑向量场空间

$$C^0_\alpha(Y, TM) := \{v \in C^0(Y, TM) | v(y) \in T_{\alpha(y)}M (y \in Y)\}$$

给定的映射 $\alpha \in C^0(Y, U(\Lambda))$ 与 $\beta \in C^0(Y, U(\Lambda))$ 之间的 "差异", 其中向量场空间沿着 α 有一致收敛性的范数 $\|\cdot\|$, 那里对与 Y, g 和 α 无关的充分小 $\theta > 0$, $C^0(Y, U(\Lambda))$ 中围绕 α 的 θ 球 $B_\theta(\alpha)$ 的映射 $\mathcal{A}$ 对 $\beta \in B_\theta(\alpha)$ 和 $y \in Y$ 有定义:

$$\mathcal{A}: B_\theta(\alpha) \to C^0_\alpha(Y, TM), \quad \mathcal{A}\beta(y) = \exp^{-1}_{\alpha(y)} \beta(y).$$

此外, $\mathcal{A}$ 是映上到 $B^\alpha_\theta(0) \subset C^0_\alpha(Y, TM)$ 的同胚.

如果 v 是

$$F^\alpha := \mathcal{A}F\mathcal{A}^{-1}: B^\alpha_\theta(0) \to C^o_\alpha(Y, TM),$$
$$F^\alpha(u)(y) = \exp^{-1}_{\alpha(y)}(f'(\exp_{\alpha(g^{-1}(y))} v(g^{-1}(y))))$$

的不动点, 则 $\mathcal{A}^{-1}v$ 是 F 的不动点. 注意 F^α 关于 v 光滑, 因此由链规则

$$((DF^\alpha)_v\xi)(y) = (D\exp^{-1}_{\alpha(y)})|_{f' \exp_{\alpha(g^{-1}(y))} v(g^{-1}(y))}$$
$$\times Df'|_{\exp_{\alpha(g^{-1}(y))} v(g^{-1}(y))}(D\exp_{\alpha(g^{-1}(y))})|_{v(g^{-1}(y))}\xi(g^{-1}(y))$$

关于 v 是 Lipschitz 的.

注. 当 $M = \mathbb{R}^m$ 时这变得更清楚, 其中 $\exp_{\alpha(y)} v(y) = v(y) + \alpha(y)$, 因此, $(F^\alpha(v))(y) = f'(v(g^{-1}(y)) + \alpha(g^{-1}(y))) - \alpha(y)$. (另一方面, $\mathbb{R}^m$ 已经有线性结构, 所以不需要这个步骤, 比较定理 2.6.1 的证明.)

引理 18.1.4. *存在邻域 $U(\Lambda) \supset \Lambda, \varepsilon_0, \varepsilon > 0$, 以及与 Y, g 和 α 无关的 $R > 0$, 使* [568]
得只要 $d_{C^1}(f, f') < \varepsilon_0, d_{C^0}(\alpha g, f'\alpha) < \varepsilon$, 就有 $\|((DF^\alpha)_0 - \mathrm{Id})^{-1}\| < R$.

首先我们说明如何完成定理的证明. 如所叙的, 记 $F^\alpha(v) = (DF^\alpha)_0 v + H(v)$. 因此, F^α 的不动点 v 满足

$$((DF^\alpha)_0 - \mathrm{Id})v = -H(v)$$

或者

$$v = -((DF^\alpha)_0 - \mathrm{Id})^{-1} H(v) =: T(v).$$

由于 DF^α 关于 v 是 Lipschitz 的, 因此 DH 关于 v 也是 Lipschitz 的, Lipschitz 常数为 K (与 Y, g 和 α 无关), 注意到

$$\|T(v_1) - T(v_2)\| < RK \max(\|v_1\|\|v_2\|)\|v_1 - v_2\|,$$

故 T 在 0 附近压缩. 由于

$$H(0)(y) = F^\alpha(0)(y) = \exp_{\alpha(y)}^{-1} f'\alpha(g^{-1}(y))$$

我们有 $\|H(0)\| = d_{C^0}(\alpha, f'\alpha g^{-1}) = d_{C^0}(\alpha g, f'\alpha)$ 和

$$\|T(0)\| < R\|H(0)\| = Rd_{C^0}(\alpha g, f'\alpha).$$

现在如在引理中取 $\delta_0 = 1/2RK, \theta = \min(\delta, \delta_0)$ 和 $\varepsilon < \theta/2R$. 于是对 $v_1, v_2 \in B_{\delta_0}^\alpha(0) \subset C_\alpha^0(Y, TM)$ 和 $\|T(0)\| < \theta/2$, 有

$$\|T(v_1) - T(v_2)\| < \frac{1}{2}\|v_1 - v_2\|,$$

只要 α 满足 $d_{C^0}(\alpha g, f'\alpha) < \varepsilon$.

因此, $T(B_{\delta_0}^\alpha(0)) \subset B_{\delta_0}^\alpha(0)$. 由压缩映射原理 (命题 1.1.2), T 有唯一不动点 $v \in B_{\delta_0}^\alpha(0)$, F 有唯一不动点 $\beta = \mathcal{A}^{-1}v \in B_{\delta_0}(\alpha)$, 事实上它在 $B_\delta(\alpha)$ 中, 因为 $T(B_\theta^\alpha(0)) \subset B_\theta^\alpha(0) \subset B_\delta^\alpha(0)$. 因此 β 是所要求的, 而且它在 $B_{\delta_0}(\alpha)$ 中唯一. □

引理 18.1.4 的证明. 对 $\delta > 0$ 存在 $\varepsilon_0 > 0$ 和 $\mu < 1$ 以及邻域 $U(\Lambda) \supset \Lambda$, 使得双曲分裂 $T_\Lambda M = E^u \oplus E^s$ 扩展为 (可能不是不变的) $U(\Lambda)$ 上的分裂, 仍记它为 $E^u \oplus E^s$, 且对满足 $d_{C^1}(f, f') < \varepsilon_0$ 的所有 $f' \in C^1(U(\Lambda), M)$, 关于 $E^u \oplus E^s$ 我们有

$$Df' = \begin{pmatrix} a_{uu} & a_{su} \\ a_{us} & a_{ss} \end{pmatrix},$$

其中 $\|a_{uu}\|^{-1} < \mu, \|a_{su}\| < \delta^2\mu, \|a_{us}\| < \delta^2\mu, |a_{ss}\| < \mu$. 为了看到 $(DF^\alpha)_0$ 是双曲的, 注意

$$((DF^\alpha)_0\xi)(y) = D(\exp_{\alpha(y)}^{-1})|_{f'\alpha(g^{-1}(y))} Df'|_{\alpha(g^{-1}(y))}\xi(g^{-1}(y))$$

[569] 和 $D(\exp_p^{-1})|_0 = \mathrm{Id}$. 这意味着对任何 $\varepsilon_2 > 0$, 存在 $\delta_2 > 0$ 使得当 $d(p_1, p_2) < \delta_2$ 时 $\|(D\exp_{p_1}^{-1})|_{p_2} - \mathrm{Id}\| < \varepsilon_2$, 而且关于分解 $C_\alpha^0(Y, TM) = \mathcal{F}^u \oplus \mathcal{F}^s$, 我们有

$$(DF^\alpha)_0 = \begin{pmatrix} A_{uu} & A_{su} \\ A_{us} & A_{ss} \end{pmatrix},$$

其中

$$\mathcal{F}^u = \{v \in C^0_\alpha(Y, TM) | v(y) \in E^u_{\alpha(y)} \quad (y \in Y)\},$$
$$\mathcal{F}^s = \{v \in C^0_\alpha(Y, TM) | v(y) \in E^s_{\alpha(y)} \quad (y \in Y)\},$$

这里, 若 $d_{C^0}(\alpha, f'\alpha g^{-1}) < \varepsilon$ 和 $d_{C^1}(f, f') < \varepsilon_0$, 则

$$\|A_{uu}\|^{-1} < \frac{1+\mu}{2}, \|A_{su}\| < \delta\mu, \|A_{us}\| < \delta\mu, \|A_{ss}\| < \frac{1+\mu}{2},$$

这证明了引理. □

现在我们叙述对流的跟踪引理和跟踪定理. 先定义流的 ε 轨道和跟踪如下:

定义 18.1.5. 设 M 是一个 Riemann 流形, $\varphi : \mathbb{R} \times M \to M$ 是光滑流. 可微曲线 $c : \mathbb{R} \to M$ 称为 φ^t 的 ε 轨道, 如果对所有 $t \in \mathbb{R}$ 有 $\|\dot{c}(t) - \dot{\varphi}(c(t))\| < \varepsilon$. 如果 c 是周期的, 则称它为闭 ε 轨道. 可微曲线 $c : \mathbb{R} \to M$ 称为被 $x \in M$ 的轨道 δ 跟踪, 如果存在满足 $\left|\frac{d}{dt}s - 1\right| < \delta$ 的函数 $s : \mathbb{R} \to \mathbb{R}$, 使得对所有 $t \in \mathbb{R}$ 有 $d(c(s(t)), \varphi^t(x)) < \delta$.

注意, 不像在离散时间情形, 那里由扩张性追踪轨道对小的 δ 是唯一的, 这里函数 s 的选择不唯一, 虽然轨道仍唯一.

现在我们可以叙述下面的跟踪结果:

定理 18.1.6 (流的跟踪引理). 设 M 是一个 Riemann 流形, φ^t 是光滑流, Λ 是 φ^t 的双曲集. 则存在 Λ 的邻域 $U(\Lambda) \supset \Lambda$, 使得对所有 $\delta > 0$ 存在 $\varepsilon > 0$, 致每个 ε 轨道被 φ^t 的轨道 δ 追踪.

定理 18.1.7 (流的跟踪定理). 设 M 是一个 Riemann 流形, d 是自然的距离函数, φ^t 是光滑流, Λ 是 φ^t 的紧双曲集. 那么存在 Λ 的邻域 $U(\Lambda) \supset \Lambda$ 以及 $\varepsilon_0, \delta_0 > 0$, 使得对所有 $\delta > 0$ 存在 $\varepsilon > 0$, 具有如下性质:

如果 $\psi^t : U(\Lambda) \to M$ 在 C^1 拓扑下是 ε 接近于 φ^t 的流, Y 是拓扑空间, $\gamma^t : Y \to Y$ 是连续流, 对每个 $y \in Y$, $\alpha \in C^0(Y, U(\Lambda))$ 使得 $\alpha(\gamma^t(y))$ 为一条 C^1 曲线, 它在 $\alpha(y)$ 的切向量 $(\alpha\gamma^t)^{\cdot}|_0(y)$ 连续依赖于 y, 而且

$$\sup_{y \in Y}((\alpha\gamma^t)^{\cdot}|_0(y), (\psi\alpha)^{\cdot}|_0(y)) < \varepsilon.$$

那么存在满足 $\left|\frac{d}{dt}s_y - 1\right| < \delta$ 的映射 $s : Y \times \mathbb{R} \to \mathbb{R}$ 和 $\beta \in C^0(Y, U(\Lambda))$, 使得 [570]

$$\beta\gamma^{s(t)} = \psi^t\beta \tag{18.1.1}$$

和 $\sup_{y\in Y} d(\alpha,\beta)<\delta$.

此外, β 直到相差一个时间改变是唯一的, 即若对某个 $\sigma_y:\mathbb{R}\to\mathbb{R}$, $\left|\frac{d}{dt}\sigma_y-1\right|<\delta$ 和 $\sup_{y\in Y} d(\alpha,\overline{\beta})<\delta_0$ 有 $\overline{\beta}\gamma^{\sigma_y(t)}=\psi^t\overline{\beta}$, 则对某个小 $\tau_y:\mathbb{R}\to\mathbb{R}$ 有 $\overline{\beta}(y)=\beta\gamma^{s_y(t+\tau_y)-\sigma_y(t)}(y)$.

证明. 定理 18.1.7 的证明与定理 18.1.3 的唯一区别是, 前者简化为一个 "横截" 问题. 其思想是限于考虑映射 $\alpha:Y\to U(\Lambda)$ 扰动的一个子集, 其上方程 (18.1.1) 的解 β 是唯一的. 为此令 $E\subset TM$ 是垂直于产生流 φ^t 的向量场 $v=\dot{\varphi}=(d/dt)\varphi^t|_{t=0}$ 的余维 1 子空间的分布, D_x 为 E_x 中的小球, $S_x=\exp_x D_x$. 在 $x\in M$ 的小邻域 U_x 内, 沿着 φ^t 的轨道存在典型定义的投射 $\pi_x:U_x\to S_x$. 考虑映射 $\beta:Y\to U(\Lambda)$ 的空间 $\mathcal{S}$, 使得 $S(y)\in S_{\alpha(y)}$. 对充分接近于 φ 的流 ψ, 我们用

$$(F\beta)(y):=\pi_{\alpha(y)}\psi^1(\beta(\gamma^{-1}(y)))$$

定义 $\mathcal{S}$ 上的一个算子 F. 如前, $\mathcal{S}$ 可以通过 $\exp_{\alpha(y)}^{-1}$ 与向量场 $u:Y\to TM$ 空间 Γ 内的球等同, 使得 $u(y)\in E_{\alpha(y)}$. 因此算子 F 可以变换成 Γ 上的算子 F^α, 不动点方程 $F^\alpha(u)=u$ 的解通过 $\exp_{\alpha(x)}$ 产生一个将 γ 轨道变为 ψ 轨道的映射 β. 与定理 18.1.3 证明中的估计完全平行, 对算子 F 的这个 "横截" 形式的双曲性估计允许我们可应用压缩映射原理. 最后, 由于不动点 β 是 $\mathcal{S}$ 中一个的映射, 即 $\beta(y)\in D_{\alpha(y)}$, 又因为 D_x 可微依赖于 x, 我们看到, β 沿着 γ 的轨道可微, 时间改变的导数 ds_y/dt 接近于 1. □

显然我们得到一个对于流的 Anosov 封闭引理:

推论 18.1.8. 设 M 是一个 Riemann 流形, φ^t 是光滑流, Λ 是 φ^t 的紧双曲集. 那么存在 Λ 的邻域 $U(\Lambda)\supset\Lambda$ 和 $\varepsilon_0,\delta_0>0$, 使得对所有 $\delta>0$ 存在 $\varepsilon>0$, 致每个闭 ε 轨道被周期轨道 δ 追踪.

[571]
练 习

18.1.1. 利用 Anosov 封闭引理和定理 6.4.15 的证明方法证明跟踪引理, 定理 18.1.2.

18.1.2. 证明圆球上的负高度函数的梯度流 (参看 (1.6.1)) 的时间 1 映射的跟踪引理. 证明此时的跟踪轨道并不总是唯一的.

18.1.3. 证明铅垂环面和倾斜环面上的负高度函数的梯度流 (参看 1.6 节) 的时间 1 映射的跟踪引理.

18.1.4. 证明铅垂环面上的负高度函数的梯度流的时间 1 映射的跟踪定理并不成立.

18.1.5. 证明如果 Λ 是流 φ^t 的紧的局部极大双曲集, 那么周期轨道在 $NW(\varphi|_\Lambda)$ 中稠密.

18.2. 双曲集的稳定性与 Markov 逼近

用跟踪定理直接建立的许多性质, 说明双曲集上的轨道结构是稳定、结构化的, 而且一般很丰富. 这类结果的一个范例是 Anosov 封闭引理 (定理 6.4.15) 的推论 6.4.19. 这一节我们证明这类结果的两个更基本结果.

我们已经在前面好几次间接提到双曲集的结构稳定性 (定义 2.3.3). 并证明圆周上的线性扩张映射, 二维环面的双曲线性映射 (见定理 2.4.6, 2.6.3), 以及一般马蹄的结构稳定性 (命题 6.5.3).

然后在第 6 章得到一般特性的部分结果, 特别是命题 6.4.6, 它断言对具有双曲集 Λ 的微分同胚 f 的扰动 f', 存在 Λ 的邻域 U 使得 U 的任何 f' 不变子集是 f' 的双曲集. 但是, 是否存在任何非平凡的不变集这一点并不清楚. 上一节的跟踪定理提供了确定同胚于 Λ 的这种 f' 不变集的存在性. 同时它也产生拓扑共轭性. 因此得到结构稳定性, 事实上我们甚至还得到强结构稳定性 (定义 2.3.4):

定理 18.2.1 (双曲集的强结构稳定性). *设 $\Lambda \subset M$ 是微分同胚 $f: U \to M$ 的一个双曲集. 那么对 Λ 的任何邻域 $V \subset U$ 和每个 $\delta > 0$, 存在 $\varepsilon > 0$ 使得如果 $f': U \to M$ 和 $d_{C^1}(f|_V, f') < \varepsilon$, 则有 f' 的双曲集 $\Lambda' = f'(\Lambda') \subset V$ 和满足 $d_{C^0}(\mathrm{Id}, h) + d_{C^0}(\mathrm{Id}, h^{-1}) < \delta$ 的同胚 $h: \Lambda' \to \Lambda$, 使得 $h \circ f'|_{\Lambda'} = f|_\Lambda \circ h$. 此外,* [572] *当 δ 充分小时 h 是唯一的.*

证明. 证明中我们三次用到跟踪定理 18.1.3. 首先如在跟踪定理, 取 $\delta_0 < \delta$ 并应用跟踪定理, 其中列入的 $\varepsilon < \delta_0/2, y = \Lambda, \alpha = \mathrm{Id}|_\Lambda$, 和 $g = f$, 得到唯一 $\beta: \Lambda \to U(\Lambda)$, 使得 $\beta \circ f = f' \circ \beta$. 由命题 6.4.6, $\Lambda' := \beta(\Lambda)$ 是双曲的.

为了证明 β 是一个单射, 反过来应用跟踪定理: 取 ε 如前, 置 $y = \Lambda', \alpha' = \mathrm{Id}|_{\Lambda'}$, 和 $g = f$, 得到映射 h 满足 $h \circ f' = f \circ h$. 重要的是要记住, 如果这里的 ε 选择充分小, 则在跟踪定理中允许我们用 f' 代替 f. 我们要求 $h \circ \beta = \mathrm{Id}$, 因此 $h = \beta^{-1}$ 是一个同胚.

现在在 "$f = f'$" 的情形下应用跟踪定理的唯一性部分, 这时平凡地有 $\alpha \circ f = f \circ \alpha$, 同时由上面的讨论, 我们有 $\overline{\beta} \circ f = f \circ \overline{\beta}$, 其中 $\overline{\beta} := h \circ \beta$.

由于 $d_{C^0}(\alpha, \overline{\beta}) = d_{C^0}(\mathrm{Id}, h \circ \beta) \leqslant d_{C^0}(\mathrm{Id}, \mathrm{Id} \circ \beta) + d_{C^0}(\mathrm{Id} \circ \beta, h \circ \beta) = d_{C^0}(\mathrm{Id}, \beta) + d(\mathrm{Id}, h) < \delta_0$, 由跟踪定理的唯一性得知所要求的 $\overline{\beta} = \alpha = \mathrm{Id}|_\Lambda$. □

注. 跟踪定理的唯一性部分代替定理 2.6.3 证明中扩张性的应用.

推论 18.2.2. Anosov 微分同胚是结构稳定的. 当共轭选择接近于恒同时它是唯一的.

利用流的跟踪定理 18.1.7 的非常类似的论述，得到双曲集对于流的强结构稳定性:

定理 18.2.3. 设 $\Lambda \subset M$ 是 M 上光滑流 φ^t 的一个双曲集. 那么对 Λ 的任何开邻域 V 和每个 $\delta > 0$, 存在 $\varepsilon > 0$, 使得若 ψ^t 是另一个光滑流且 $d_{C^1}(\varphi, \psi) < \varepsilon$, 则存在 ψ 的一个不变双曲集 Λ', 和满足 $d_{C^0}(\mathrm{Id}, h) + d_{C^0}(\mathrm{Id}, h^{-1}) < \delta$ 的同胚 $h : \Lambda \to \Lambda'$, 它沿着 φ 的轨道光滑, 并建立 φ 与 ψ 的轨道等价性. 此外, 向量场 $h_*\dot{\varphi}$ 是 C^0 接近于 $\dot{\psi}$, 又若 h_1, h_2 是两个这样的同胚, 则 $h_2^{-1} \circ h_1$ 是 φ 的一个时间改变 (接近于恒同).

推论 18.2.4. 在定义 2.3.6 意义下 Anosov 流是 C^1 强稳定的.

跟踪定理的另一个直接应用是, 按照 Markov 逼近的构造, 紧局部极大双曲集是拓扑 Markov 链的一个因子.

定理 18.2.5. 微分同胚 f 的任何紧局部极大双曲集 Λ 是拓扑 Markov 链 σ_A 的一个因子. 此外, 对任何 $\varepsilon > 0$ 可选择 A, 使得基本柱体 $\Omega_A^i := \Omega_A \cap C_i^0$ 在半共
[573] 轭 $h : \Omega_A \to M$ 作用下的像的直径小于 ε, 而且 $h_{\mathrm{top}}(\sigma_A) < h_{\mathrm{top}}(f|_\Lambda) + \varepsilon$.

证明. 如跟踪定理, 对 $\delta > \varepsilon > 0$, 令 $\mathcal{A} = \{X_0, \cdots, X_{N-1}\}$ 是 Λ 的一个开覆盖, 其中对所有 i, $\operatorname{diam}(X_i) < \varepsilon/2$ 和 $\operatorname{diam}(f(X_i)) < \varepsilon/2$. 对 $i, j \in \{0, \cdots, N-1\}$, 通过若 $f(X_i) \cap X_j \neq \varnothing$ 则 $A_{ij} = 1$, 其他则 $A_{ij} = 0$ 定义 A_{ij}. 取点 $p_i \in X_i$ 并由 $\alpha(\omega) = p_{\omega_0}$ 定义 $\alpha : \Omega_A \to \Lambda$.

注意 α 连续，即若 $\omega, \omega' \in \Omega_A$ 接近则 $\omega_0 = \omega_0'$, 因此 $\alpha(\omega) = \alpha(\omega')$. 由 p_i 和 X_i 的选择, 存在 $x \in f(X_{\omega_0}) \cap X_{\omega_1}$, 因此 $d(\alpha(\sigma_A(\omega)), f(\alpha(\omega))) = d(p_{\omega_1}, f(p_{\omega_0})) \leqslant d(p_{\omega_1}, x) + d(x, f(p_{\omega_0})) < \varepsilon/2 + \varepsilon/2$, 因为 $d_{C^0}(\alpha\sigma_A, f\alpha) < \varepsilon$. 由跟踪定理, ε 轨道 $\alpha(\sigma_A^i(\omega)) = p_{\omega_i}$ 由 $\beta(\omega)$ δ 跟踪, 其中 $\beta \in C^0(\Omega_A, \Lambda)$ 和 $\beta\sigma_A = f\beta$. 事实上 β 是一个满射，因为如果 $x \in \Lambda$, 则取 $\omega \in \Omega_A$ 使得 $f^i(x) \in X_{\omega_i}$, 于是 x 和 $\beta(\omega)$ 均 δ 跟踪 $(\alpha(\sigma_A^i(\omega)))_{i \in \mathbb{Z}}$, 由唯一性它们重合. 由于 $d(\beta, \alpha) < \delta$, 基本柱体 $\Omega_A^i = \alpha^{-1}(p_i)$ 在半共轭作用下的像的直径小于 2δ.

为了得到拓扑熵之间的不等式，我们对这个构造进行加细, 并利用由练习 3.1.7—3.1.9 给出的通过覆盖对拓扑熵的描述.

如前, 设 $\mathcal{A}$ 是 X 的开集 X_i 覆盖. 固定 $n \in \mathbb{N}$ 考虑由形如

$$\bigcap_{k=0}^{n-1} f^{-k}(X_{i_k}) \tag{18.2.1}$$

的集合覆盖 $\mathcal{A} \vee f^{-1}(\mathcal{A}) \vee \cdots \vee f^{1-n}(\mathcal{A}) =: \mathcal{A}_n$. 取 $\mathcal{A}_n$ 的元素个数可能最少的子覆盖 $\mathcal{B}$. 这个数按练习 3.1.7 记为 $N(\mathcal{A}_n)$.

我们的拓扑 Markov 链的状态将由交 (18.2.1) 属于 $\mathcal{B}$ 的多重指标 $I = (i_0, \cdots, i_{n-1})$ 编码 (见 n 步拓扑 Markov 链的定义 1.9.10). 对两个这样的多重指标 $I = (i_0, \cdots, i_{n-1}), I' = (i'_0, \cdots, i'_{n-1})$ 定义转移矩阵的元素 $A_{I,I'}$ 如下. $A_{I,I'} = 1$, 如果 $i'_k = i_{k+1}$, 对 $0 \leqslant k \leqslant n-2$, 而且

$$\left(\bigcap_{k=0}^{n-1} f^k(X_{i_k})\right) \cap \left(\bigcap_{k=0}^{n-1} f^{k+1}(X_{i'_k})\right) \neq \varnothing.$$

从 Ω_A 到 Λ 的连续满射的构造与前面一样, 即在覆盖 $\mathcal{B}$ 的每个元素 $\bigcap\limits_{k=0}^{n-1} f^k(X_{i_k})$ 中取点 p_I, 送柱体 Ω_A^I 到 p_I, 并利用跟踪定理. 由命题 3.1.7(3),

$$h_{\text{top}}(\sigma_A) = \frac{1}{n} h_{\text{top}}(\sigma_A^n).$$

显然 $h_{\text{top}}(\sigma_A^n) \leqslant \log N(\mathcal{A}_n)$, 因为 $(\sigma_A)^n$ 是具有 $N(\mathcal{A}_n)$ 个符号的全移位的子系统. 因此对任何 $\varepsilon > 0$ 可取 n, 使得 $h_{\text{top}}(\sigma_A) \leqslant \dfrac{1}{n}\log(N(\mathcal{A}_n)) \leqslant h_{\text{top}}(f|_\Lambda, \mathcal{A}) + \varepsilon \leqslant h_{\text{top}}(f|_\Lambda) + \varepsilon$. □

前面考虑的某些编码映射, 例如 2.5c 节和 16.1 节中的都是同胚. 其他包括 [574]
Markov 链与 2.5d 节中构造的二维环面的双曲自同构, 以及 17.1 节 Smale 吸引子的编码都是不可逆的半共轭. 但是, 在所有这些情形中每一点只有有限多个原像, 而且半共轭不是单射的集合从动力学观点不是很有意义. 特别是, 拓扑 Markov 链的拓扑熵和编码系统的拓扑熵完全一致, 不像上面的直到相差 ε. 我们将在 18.7 节证明这些性质可以对任何局部极大双曲集通过构造 Markov 分割得到.

练　　习

18.2.1. 叙述并证明定理 18.2.1 和定理 18.2.5 对双曲排斥极 (见定义 6.4.3) 的对应.

18.2.2*. 设 $F: \mathbb{T}^2 \to \mathbb{T}^2$ 是不可逆非扩张的双曲环面自同构, 即由一个整数矩阵给出的映射，它的矩阵行列式的绝对值大于 1, 一个特征值的绝对值小于 1. 证明 F 不是结构稳定的.

18.3. 谱分解和碎轨

a. 映射的谱分解. 现在我们研究局部极大双曲集中的轨道回复性. 主要的 (谱分解) 构造证明, 微分同胚 f 的紧局部极大双曲集的非游荡集分解为有限多个由 f 置换的分支, 使得在每个分支上, f 适当的迭代是拓扑混合的.

定理 18.3.1 (谱分解). 设 M 是一个 Riemann 流形, $U \subset M$ 是开集, $f: U \to M$ 是微分同胚, $\Lambda \subset U$ 是 f 的一个紧局部极大双曲集. 那么存在互不相交的闭集 $\Lambda_1, \cdots, \Lambda_m$ 和 $\{1, \cdots, m\}$ 的排列 σ, 使得 $NW(f|_\Lambda) = \bigcup_{i=1}^{m} \Lambda_i, f(\Lambda_i) = \Lambda_{\sigma(i)}$, 而且当 $\sigma^k(i) = i$ 时, $f^k|_{\Lambda_i}$ 是拓扑混合的.

证明. 我们在 $\mathrm{Per}\,(f|_\Lambda)$(由推论 6.4.19 它在 $NW(f|_\Lambda)$ 中稠密) 上用 $x \sim y$ 定义一个关系, 当且仅当 $W^u(x) \cap W^s(y) \neq \varnothing$ 和 $W^s(x) \cap W^u(y) \neq \varnothing$, 且这两个交至少在一点均是横截的. 我们证明这是一个等价关系, 每个 Λ_i 作为等价类的闭包得到.

注意 $\sim$ 是平凡的反射和对称. 为验证横截性, 假设 $x, y, z \in \mathrm{Fix}\,(f^k|_\Lambda)$, 且 $p \in W^u(x) \cap W^s(y)$, $q \in W^u(y) \cap W^s(z)$ 都是横截交点. 由倾角引理 (命题 6.2.23), $W^u(p) = W^u(x) = f^k(W^u(x))$ 中围绕 p 的球的像凝聚在 $W^u(y)$ 上, 所以 $W^u(x)$
[575] 和 $W^s(z)$ 横截相交.

由命题 6.4.21, 任何两个充分接近的点是等价的, 因此由紧性我们有有限多个等价类, 记它们 (互不相交) 的闭包为 $\Lambda_1, \cdots, \Lambda_m$. 它们通过 f 与排列 σ 置换, 就是说, $f(\Lambda_i) = \Lambda_{\sigma(i)}$. 令 k 为 σ 的阶. 由推论 6.4.19, $NW(f|_\Lambda) \subset \overline{\mathrm{Per}\,(f|_\Lambda)}$, 因为 Λ 是局部极大, 因此 $\bigcup_{i=1}^{m} \Lambda_i = NW(f|_\Lambda)$.

剩下的要证明 $f^k|_{\Lambda_i}$ 是拓扑混合的. 为此首先注意, 如果 $p \in \Lambda_i$ 是周期点, 且 $p \sim q$, q 是周期点, 则由定义存在异宿点 $z \in W^u(p) \cap W^s(q)$. 如果 N 是它们的公共周期, 则由倾角引理的一个应用证明 $W^u(p)$ 凝聚在 q, 所以 $W^u(p)$ 在 $\Lambda_i \cap \mathrm{Per}\,(f|_\Lambda)$ 中稠密, 因此在 Λ_i 中. 为了简化记号, 假设 $k = 1, \Lambda = \Lambda_i$.

现在回忆 (定义 1.8.2), 我们需要证明对 Λ 中任意两个开集 U 和 V, 存在 $M \in \mathbb{N}$, 使得对所有 $m \geqslant M$ 有 $f^m(U) \cap V \neq \varnothing$. 对开集 $U, V \subset \Lambda$, 周期点的稠密性意味着存在点 $p \in U$ 使得 $f^n(p) = p$. 由于 U 是开的, 它事实上包含 p 的不稳定流形中的 p 的邻域 $W^u_\delta(p)$. 由于 $W^u(p) = \bigcup_{i=0}^{\infty} f^{in}(W^u_\delta(p))$ 稠密, 存在 $m_0 \in \mathbb{N}$ 使得 $V \cap \bigcup_{i=0}^{m_0} f^{in}(W^u_\delta(p)) \neq \varnothing$. 因为 $f^k(W^u_\delta(p))$ 是 $f^k(p)$ 在 $W^u(f^k(p))$ 中的邻域,

得到 $m_1, \cdots, m_{n-1} \in \mathbb{N}$, 使得 $V \cap \bigcup_{i=0}^{m_k} f^{k+in}(W_\delta^u(p)) \neq \varnothing$. 取 $M = \max_k (n+1)m_k$. 于是, 对 $m \geqslant M$ 有 $V \cap \bigcup_{i=0}^{m} f^i(W_\delta^u(p)) \neq \varnothing$, 从而 $V \cap f^m(U) \neq \varnothing$. □

推论 18.3.2. 如果一个紧的局部极大双曲集 Λ 是拓扑混合的, 那么周期点集在 Λ 中稠密, 而且每个周期点的不稳定流形在 Λ 中稠密.

证明. 这个谱分解必须是平凡的. □

推论 18.3.3. 微分同胚 f 在紧局部极大双曲集上的限制是拓扑传递的, 当且仅当定理 18.3.1 中的排列 σ 是循环的.

推论 18.3.4. 设 Λ 是微分同胚 f 的紧连通的局部极大双曲集, 使得 $\Lambda = NW(f|_\Lambda)$ (或者等价地, 周期点在 Λ 中稠密). 那么 $f|_\Lambda$ 是拓扑混合的.

证明. 这个谱分解必须是平凡的. □

推论 18.3.5. 设 $f: M \to M$ 是紧连通流形上的一个 Anosov 微分同胚, 使得 $NW(f) = M$. 那么 f 是拓扑混合的.

注. (1) 由于 Anosov 微分同胚的扭扩是一个 Anosov 流, 但扭扩不是拓扑混合的, 故推论 18.3.5 对于流并不成立.

(2) 对每个 Anosov 微分同胚 $f: M \to M$, 是否成立 $NW(f) = M$ 并不知道, 虽然这有很大可能. 当 $M = \mathbb{T}^n$ 时, 由命题 18.6.5 它成立. 但是, 正如我们在 17.7 节末尾看到的, 对 Anosov 流, 非游荡集并非永远是整个流形.

b. 流的谱分解. 通过利用弱稳定流形和弱不稳定流形可容易得到将流分解为拓 [576]
扑传递分支 (练习 18.3.7). 但是要注意, 推论 18.3.5 对于流并不成立, 因为扭扩不是拓扑混合的. 因此, 为了得到拓扑混合必须通过额外假设排除扭扩可能性.

现在我们证明切触 Anosov 流是拓扑混合的. 特别地, 这类流包括负弯曲 Riemann 流形上的测地流 (见 5.6b 节和定理 17.6.2). 下一个结果在推导负截面曲率流形上的闭测地线个数的乘性渐近增长时起着重要作用 (定理 20.6.10).

定理 18.3.6. 连通流形上的切触 Anosov 流是拓扑混合的.

证明. 用 $\varphi^t: M \to M$ 记切触 Anosov 流. 我们证明, 对 φ^t 的每个周期点 p, 强不稳定流形 $W^u(p)$ 在 M 中稠密. 这意味着拓扑混合在很大程度上与微分同胚的作用大致相同. 设 $\dim M = 2m-1$. 切触形式 θ 通过体积元素 $\theta \wedge (d\theta)^{m-1}$ 提供光滑不变测度, 因此, 由 Poincaré 回归定理 $NW(\varphi^t) = M$. 从而由连通性和谱分解得到拓扑传递性. 故只需证明 $W^u(p)$ 在 p 的邻域 U 内稠密, 因为这证明由流形的交定义的等价类是开的, 因此只存在一个等价类且 $W^u(p)$ 稠密.

为此我们首先指出, 如果 q 是周期点, 使得存在 $z \in W^s_{\text{loc}}(q) \cap W^u_{\text{loc}}(p)$, 则可取整数 $a_n, b_n \to \infty$, 使得若 τ, σ 分别是 p, q 的周期, 则 $a_n/b_n \to \sigma/\tau$. 但是如此 $\varphi^{a_n\tau}(z) \to q$ 且 $q \in \overline{W^u(p)}$. 此外, 如果 U 充分小, 则对每个周期点 $q \in U$, q 的局部弱稳定流形与 p 的局部强不稳定流形相交, 因此存在 0 附近的数 t 使得 $W^s_{\text{loc}}(\varphi^t(q)) \cap W^u_{\text{loc}}(p) \neq \varnothing$. 从而我们证明了 $W^u(p)$ 在 U 中 "横截稠密", 即如果 T 是 U 中与流横截的圆盘, 则沿着流 $W^u(p) \cap U$ 到 T 的投影在 T 中稠密.

我们也要注意, 对这样的 q, $W^u(q)$ 的闭包也包含在 $\overline{W^u(p)}$ 中, 因为由强不稳定叶层的连续性 $W^u(p)$ 凝聚在 $W^u_{\text{loc}}(q)$ 上.

现在要解决排除扭扩的问题. 这里使用切触性是必不可少的.

引理 18.3.7. $\ker\theta = E^+ \oplus E^-$.

证明. 我们从证明切触形式 θ 在 (强) 稳定向量上为零开始. 为此首先注意 M 的单位切丛是紧的, 故由连续性 θ 有界, 即如果 v 是任何向量, 则 $|\theta(v)| \leqslant$ 常数 $\cdot \|v\|$. 如果 $v \in E^-(x)$ 是一个强稳定向量, 则由 θ 的 φ^t 不变性得到 $|\theta(v)| = |\varphi^t_*\theta(v)| = |\theta(\varphi^t(v))| \leqslant$ 常数 $\cdot \|\varphi^t(v)\|$. 但是后一项趋于零, 所以 $\theta(v) = 0$. 同样
[577] 我们当然看到 θ 在不稳定向量上也为零. □

由此得知, 如果 $\dot\varphi$ 表示由 φ 生成的向量场, 则对所有向量 v 有 $d\theta(\dot\varphi, v) = 0$. 因此如果我们将向量 v, w 分解为流方向的分量 v^t, w^t 和 $E^+ \oplus E^-$ 方向的 $v^\perp, w^\perp$, 那么 $d\theta(v, w) = d\theta(v^\perp, w^\perp)$.

现在利用这个对 0 附近的 t 的稠密集证明 $\varphi^t(p) \in \overline{W^u(p)}$. 为此取两个向量 $v \in E^+(p), w \in E^-(p)$, 使得 $d\theta(v, w) \neq 0$, 这是可能的, 因为 θ 是非退化的. 现在考虑短弧 $c_v : [0, \varepsilon] \to W^u_{\text{loc}}(p), c_w : [0, \varepsilon] \to W^s_{\text{loc}}(p)$, 它们是这些子流形内的测地线段. 对充分小的 ε, 存在点 $z \in W^u_{\text{loc}}(c_w(\varepsilon)) \cap W^s_{\text{loc}}(c_v(\varepsilon))$. 再取 t_ε 使得 $z' = \varphi^{-t_\varepsilon}(z) \in W^u_{\text{loc}}(c_w(\varepsilon))$. 存在分别连接 z 和 z' 的光滑弧 $\gamma_w \subset W^s_{\text{loc}}(c_v(\varepsilon))$ 和 $\gamma_v \subset W^u_{\text{loc}}(c_w(\varepsilon))$. 由于强叶层在 C^1 拓扑下连续, 这些弧分别可取为 "几乎平行于" c_w 和 c_v. 例如, 可沿着测地线平行平移 c_w 的切向量到 γ_w 的对应点, 并保证只要 ε 充分小这个向量场沿着 γ_w 按要求接近于切线向量场. 还要注意, 直到相差一个任意小的光滑扰动可取 z 是周期点. 通过 φ^{t_ε} 平移弧 c_w 和 γ_w, 沿着强稳定和不稳定叶层给出由弧连接 p 与 $\varphi^{t_\varepsilon}(p)$ 的一个四边形. 因此与 p 的小轨道段一起得到逐段光滑的闭曲线 c. 这条曲线投射到横截线 T 中的简单曲线, 所以它是曲面 A 的边界, 它单射投射到 T 中的曲面 $\pi(A)$ 上. 现在注意用一个常数因子直到相差 θ 的一个重尺度化, 通过 Stokes 定理我们有

$$t_\varepsilon = \int_c \theta = \int_A d\theta = \int_{\pi(A)} d\theta.$$

后一个积分是 $\varepsilon^2 d\theta(v,w)(1+o(\varepsilon))$, 因此可考虑假设它是 0 邻域内值的一个稠密集.

正如在这个讨论之前我们指出的, 这里我们遇到的任何这样的点 z 在 $\overline{W^u(p)}$ 内, 此外, 我们刚才得到的是点 $\varphi^t(p)$. 因此 $\overline{W^u(p)}$ 包含 p 的轨道段且沿着流方向投射到局部横截线. 这蕴含着 $W^u(p)$ 在 p 的充分小邻域 U 内稠密. 如我们在开始指出的这意味着拓扑混合性. □

练习 18.3.4 鼓励读者尝试用这段论述的变更给出判别拓扑混合性的另一个准则.

c. 碎轨. 下面我们再给出双曲集中有关周期轨道丰富性的最强结果. 该结果说明在一定程度上可以给周期轨道的发展指定一个任意长的轨道段的有限集和任何固定的精度: 只要在指定段之间有足够时间, 就可求得逼近这个旅程的周期轨道. 我们强调轨道段之间的时间仅依赖于这个逼近的质量, 与指定段的长度无 [578]
关. 正如我们在 18.5 节和第 20 章将看到的, Bowen 的碎轨定理在双曲集的拓扑结构和在这类集合内轨道的随机性质的研究中是最有用的重要工具.

我们将证明两个略有不同的碎轨定理. 碎轨性质较强的形式是在考虑的双曲集是拓扑混合的假设下得到的. 作为推论我们仅假设在拓扑传递下得到一个较弱结果. 它们之间的联系来自谱分解为混合分支 (对迭代) 的定理 18.3.1.

定义 18.3.8. 设 $f: X\to X$ 是集合 X 的一个双射. 一个*碎轨* $S=(\tau,P)$ 由有限区间 $I_i=[a_i,b_i]\subset\mathbb{Z}$ 的有限族 $\tau=\{I_1,\cdots,I_m\}$ 和映射 $P: T(\tau): \bigcup_{i=1}^{m} I_i\to X$ 组成, 使得对 $t_1,t_2\in I\in\tau$, 映射 P 满足 $f^{t_2-t_1}(P(t_1))=P(t_2)$. 称 S 为 n 间隔的, 如果对所有 $i\in\{1,\cdots,m\}$ 有 $a_{i+1}>b_i+n$, 这种 n 的最小值称为 S 的间隔. 我们说 S 是 f 参数化了的轨道段族 $\{P_I|I\in\tau\}$.

令 $T(S):=T(\tau)$ 和 $L(S):=L(\tau):=b_m-a_1$. 若 (X,d) 是一个度量空间, 就说 S 被 $x\in X$ ε 跟踪, 如果对所有 $n\in T(S)$ 有 $d(f^n(x),P(n))<\varepsilon$.

因此, 一个碎轨是 f 参数化了的轨道段 $P|_{I_i}$ 的并①.

如果 (X,d) 是一个度量空间, $f: X\to X$ 是同胚, 称 f 有*碎轨性质*, 如果对任何 $\varepsilon>0$, 存在 $M=M_\varepsilon\in\mathbb{N}$ 使得任何 M 间隔的碎轨 S 被某个 $x\in X$ ε 跟踪, 并使得对任何 $q\geqslant M+L(S)$, 存在 ε 跟踪 S 的周期 q 轨道.

定理 18.3.9 (碎轨定理). *设 Λ 是微分同胚 f 的拓扑混合的紧局部极大双曲集. 那么 $f|_\Lambda$ 有碎轨性质.*

---

① 在对 specification 这个词还没有被大家一致认可的中文数学译名之前, 按照它这里的这个论述, 参照胡虎翼教授对它的译名, 将它翻译成 "碎轨" 可能较为贴切. —— 译者注

注. 容易证明碎轨性质意味着 $f|_\Lambda$ 是拓扑混合的 (练习 18.3.8).

首先我们证明在拓扑混合双曲集内所有不稳定流形都是一致稠密的 (比较早先在 1.8 节对环面双曲自同构的特殊情形的讨论):

命题 18.3.10. 如果 Λ 是 f 的一个紧局部极大双曲集, $f:\Lambda\to\Lambda$ 是拓扑混合的, 那么, 如果 $\alpha>0$ 则存在 $N\in\mathbb{N}$, 使得对 $x,y\in\Lambda$ 和 $n\geqslant N$ 有 $f^n(W_\alpha^u(x))\cap W_\alpha^s(y)\neq\varnothing$.

证明. 回忆度量空间 X 中的集合 Y 称为是 ε 稠密的, 如果 X 是 Y 的一个 ε 邻域. 由命题 6.4.21 我们有局部积结构, 即存在 $\delta^*>0$ 使得, 当 $0<\delta\leqslant\delta^*$ 时 $W_\delta^s(x)\cap W_\delta^u(y)$ 至多由一点组成, 而且有函数 $\varepsilon(\delta)$ 使得 $d(x,y)<\varepsilon(\delta)\Rightarrow W_\delta^s(x)\cap W_\delta^u(y)\neq\varnothing$. 令 $\delta:=\min\{\delta^*,\alpha/2,\varepsilon(\alpha/2)/4\}$. 为了选择 N 取周期点 (周期 t_k) 的 $\varepsilon(\alpha/2)/2$ 稠密集 $\{p_k|k=1,\cdots,r\}$. 由推论 18.3.2, Λ 中每个周
[579] 期点的不稳定流形在 Λ 中稠密, 因此存在 m_k 使得对所有 $m\geqslant m_k$ 和所有 k, $f^{mt_k}(W_\delta^u(p_k))$ 是 $\varepsilon(\delta)$ 稠密的. 令 $N=\prod\limits_{k=1}^{r}m_kt_k$, 注意对所有 k, $f^N(W_\delta^u(p_k))$ 是 $\varepsilon(\delta)$ 稠密的.

现在我们证明这个 N 就是所求的: 对 $x,y\in\Lambda$ 取 j 使得 $d(x,p_j)<\varepsilon(\alpha/2)/2$, $z\in f^N(W_\delta^u(p_j))$ 满足 $d(y,z)\leqslant\varepsilon(\delta)$, 以及 $w\in W_\delta^u(z)\cap W_\delta^s(y)$. 于是 $f^{-N}(w)\in W_\delta^u(f^{-N}(z))\subset W_{2\delta}^u(p_j)\subset W_{\varepsilon(\alpha/2)/2}^u(p_j)$, 从而由三角不等式 $d(f^{-N}(w),x)\leqslant\varepsilon(\alpha/2)$. 因此存在 $v\in W_{\alpha/2}^s(f^{-N}(w))\cap W_{\alpha/2}^u(x)$ 和 $f^N(v)\in f^N(W_{\alpha/2}^u(x))\cap W_{\alpha/2}^s(w)\subset f^N(W_\alpha^u(x))\cap W_\alpha^s(y)\neq\varnothing$, 因为 $\delta<\alpha/2$. 对 $x,y\in\Lambda,n\geqslant N$, 注意 $f^n(W_\alpha^u(x))\cap W_\alpha^s(y)\supset f^N(W_\alpha^u(f^{n-N}(x)))\cap W_\alpha^s(y)\neq\varnothing$. □

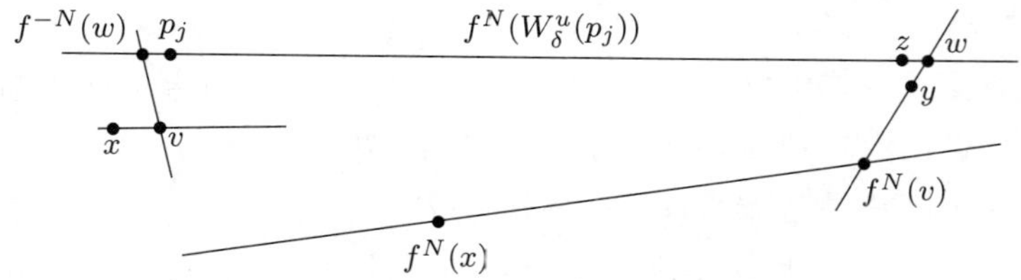

图 18.3.1. 稳定和不稳定流形的密度

定理 18.3.9 的证明. 对 $\beta\leqslant\min\{\varepsilon,\delta^*\}$ 和 $\alpha=\beta/3$ 取命题 18.3.10 中得到的对应 N, 并令 $M\geqslant N$ 使得 $\lambda^M<1/2$, 其中 λ 是双曲性定义 6.4.1 中的压缩率. 令 $x_1=f^{-a_1}(P(a_1))$, 定义 $x_2,x_3,\cdots,x_m$ 如下: 给定 x_k, 由上一命题存在 x_{k+1} 使得

$$f^{a_{k+1}}(x_{k+1})\in f^{a_{k+1}-b_k}(W_\alpha^u(f^{b_k}(x_k)))\cap W_\alpha^s(P(a_{k+1})),$$

因为由假设 $a_{k+1} - b_k > N$.

为了证明 $x := x_m$ 是要求的轨道, 注意由于由构造 $f^{a_k}(x_k) \in W^s_\alpha(P(a_k))$, 故 $d(f^n(x_k), P(n)) = d(f^n(x_k), f^{n-a_k}(P(a_k))) \leqslant \alpha = \beta/3$, 因此通过使用一次三角不等式我们证明

引理 18.3.11. 对所有 $n \in I_k, k \in [1, m]$, 我们有 $d(f^n(x), f^n(x_k)) \leqslant 2\beta/3$.

证明. 我们证明 $f^{b_k}(x) \in W^u_{2\beta/3}(f^{b_k}(x_k))$. 由于 $\sum \lambda^{Mj} < 2$, $\alpha = \beta/3$, 我们有 $f^{b_k}(x_{k+r}) \in W_{\alpha+\alpha\lambda^M+\cdots+\alpha\lambda^{M(r-1)}}(f^{b_k}(x_k))$. 对 $r = 1$ 由构造这成立, 现在 $f^{b_k}(x_{k+r+1}) \in W^u_{\alpha\lambda^{Mr}}(f^{b_k}(x_{k+r}))$, 因为 $f^{b_{k+r}}(x_{k+r+1}) \in W^u_\alpha(f^{b_{k+r}}(x_{k+r}))$ 和 $b_{k+r} - b_k \geqslant rM$, 由归纳法引理得证. □

为了证明跟踪轨道可取周期轨道, 假设 $\beta \leqslant \min\{\varepsilon/2C, \varepsilon, 2\delta^*\}/2$, 其中 C 如 [580]
Anosov 封闭引理 (定理 6.4.15) 中的, 如前, 对应地取 M. 如果 $q \geqslant M + L(S)$ 是所要求的周期, 通过扩充 S "封闭" 它得到一个碎轨 $S' = (\tau', P')$, 其中 $\tau' = \tau \cup \{\{a_1 + q\}\}$ 和 $P'|_{T(\tau)} = P, P'(a_1 + d) = P(a_1)$, 显然它是 M 间隔的. 因此得到点 $x' := f^{a_1}(x) \in \Lambda$, 使得 $d(x', f^q(x')) \leqslant d(x', P(a_1)) + d(f^q(x'), P(a_1)) \leqslant \varepsilon/2C$, 由 Anosov 封闭引理, 周期 q 点 $z \in \Lambda$ 对所有 $n \in [0, q]$, 满足 $d(f^{n+a_1}(z), f^n(x')) \leqslant \varepsilon/2$. 再由三角不等式定理得证. □

通过谱分解为混合分支, 特别地, 由推论 18.3.3, 我们立刻有

定理 18.3.12. 设 Λ 是微分同胚 f 的拓扑传递的紧局部极大双曲集. 那么存在 $N \in \mathbb{N}$, 使得对任何 $\varepsilon > 0$ 和 f 的每个轨道段的有限族 C, 存在 M 间隔的参数化 C 的碎轨 S, 它的间隔仅依赖 ε, 且由 Λ 的点 ε 跟踪, 此外对所有 $q \geqslant (M + L(S))/N$, 它被周期 qN 轨道 ε 跟踪.

这个结果的结论与碎轨性质之间的区别是, 这里对碎轨选择没有完全的自由, 因为混合分支置换的周期性只能容许在某些时间传递.

下面描述碎轨性质对于流的类似.

定义 18.3.13. 假设 φ 是集合 X 上的流. 一个碎轨 $S = (\tau, P)$ 是由有界区间 $I_i = [a_i, b_i] \subset \mathbb{R}$ 的有限族 $\tau = \{I_1, \cdots, I_m\}$ 和映射 $P : T(\tau) := \bigcup_{I \in \tau} I \to X$ 组成, 使得对 $t_1, t_2 \in I \in \tau$ 有 $f^{t_2 - t_1}(P(t_1)) = P(t_2)$. 称 S 是 θ 间隔的, 如果对所有 $i \in \{1, \cdots, m\}$ 有 $a_{i+1} > b_i + \theta$, 这种 θ 的最小值称为 S 的间隔. 我们说 S 参数化了 φ 的轨道段族 $\{P_I | I \in \tau\}$.

令 $T(S) := T(\tau)$ 和 $L(S) := L(\tau) := \max T(\tau) - \min T(\tau)$. 如果 (X, d) 是一个度量空间, 又如果对所有 $t \in T(S)$ 有 $d(\varphi^t(x), P(t)) < \varepsilon$, 则我们就说 S 被

$x \in X$ ε 跟踪.

因此, 流的一个碎轨是 φ 的参数化了的轨道段 $P|_{I_i}$ 的并.

如果 (X, d) 是一个度量空间, φ 是流, 称 φ 有碎轨性质, 如果对任何 $\varepsilon > 0$, 存在 $M = M_\varepsilon \in \mathbb{R}$ 使得任何 M 间隔的碎轨 S 被 Λ 的点 ε 跟踪, 此外, 使得对任何 $s \geqslant M + L(S)$, 存在周期 s' 的轨道 ε 跟踪 S, 其中 $|s - s'| < \varepsilon$.

利用碎轨的这个概念我们得到对于流的碎轨定理:

定理 18.3.14. *设 Λ 是光滑流 φ 的拓扑混合的紧局部极大双曲集. 那么 $\varphi|_\Lambda$ 有碎轨性质.*

这个定理可通过对于流的 Anosov 封闭引理 (推论 18.1.8) 与周期点的不稳定流形的稠密性的结合, 用类似于定理 18.3.9 的证明得到.

[581] **练　　习**

18.3.1. 利用练习 1.9.9 的结果证明, 任何拓扑 Markov 链的非游荡点集 $NW(\sigma_A)$ 有类似于定理 18.3.1 的分解.

18.3.2. 构造一个紧流形 M 的微分同胚 $f : M \to M$ 的局部极大双曲集 Λ, 使得 $NW(f) \cap \Lambda \neq NW(f|_\Lambda)$.

18.3.3. 推广 2.5c 节中的映射 $f : \Delta \to \mathbb{R}^2$ 到 Riemann 球面 $S^2 = \mathbb{R}^2 \cup \{\infty\}$ 上的一个微分同胚, 使得 $NW(f) = \{p\} \cup \{q\} \cup \Lambda$, 其中 p 是吸引不动点, q 是排斥不动点, Λ 是 2.5c 节中的双曲不变集.

18.3.4. 证明传递的 Anosov 流是拓扑混合的, 如果它有两个周期不可公度的周期轨道.

18.3.5. 证明任何一个传递的 Markov 链有碎轨性质.

18.3.6. 证明定理 18.3.1 和 18.3.9 对双曲排斥极的对应.

18.3.7. 考虑对流 φ^t 的紧的局部极大双曲集 Λ. 证明存在 $\Lambda' := NW(\varphi^t|_\Lambda)$ 分解为有限多个不相交的拓扑传递集 Λ_i.

18.3.8. 证明紧度量空间的任何有碎轨性质的同胚是拓扑混合的.

18.3.9. 证明具有碎轨性质的系统的任何因子也有碎轨性质.

18.4. 局部积结构

命题 6.4.21 中的局部积结构是作为局部极大性的结论出现. 现在我们证明事实上它等价于局部极大性.

定理 18.4.1. 具有局部积结构的紧双曲集 Λ 是局部极大的.

证明. 我们证明每个停留在充分靠近 Λ 的轨道, 事实上对所有时间都在 Λ 中. 我们从下面的一个特殊情形开始:

引理 18.4.2. 设 Λ 是具有局部积结构的紧双曲集. 则存在 $\delta_1, \delta_2 > 0$, 使得如果 $x \in \Lambda, y \in W^u_{\delta_1}(x)$, 且对所有 $n \in \mathbb{N}$ 有 $d(f^n(y), \Lambda) < \delta_2$, 那么 $y \in \Lambda$.

证明. 设 $K := \sup \|Df\|$, 其中上确界在 Λ 的邻域上取, $\varepsilon > 0$ 为局部积结构定义中局部稳定和不稳定流形的可容许大小. 用 d^u 记不稳定叶 W^u 中的距离. 则存在 $M > 0$ 使得当 $d(p,q)$ 充分小且 $W^s_\varepsilon(q) \cap W^u_\varepsilon(p) \neq \varnothing$ 时 $d^u(p, W^s_\varepsilon(q) \cap$ [582]
$W^u_\varepsilon(p)) < Md(p,q)$. 对任何 $\delta_1 \leqslant \min\{1/MK, 1/2, \varepsilon/2\}$, 取 $\delta_2 \leqslant \delta_1/MK$ 使得 $d(x,y) < \delta_2 \Rightarrow W^s_{\delta_1}(x) \cap W^u_{\delta_1}(y) \neq \varnothing$. 为了完成引理的证明我们证明下面事实: 如果 $x \in \Lambda, y \in W^u_{\delta_1}(x)$, 且对所有 $n \in \mathbb{N}$ 有 $d(f^n(y), \Lambda) < \delta_2$, 则对某个 $n \in \mathbb{N}$ 有 $a_n := \min\limits_{z \in \Lambda \cap W^u(f^n(x))} d^u(f^n(y), z) = 0$.

为此, 首先归纳地证明对所有 $n \in \mathbb{N}_0$ 有 $a_n < \delta_1$. 由假设这对 a_0 成立. 如果 $a_n < \delta_1$ 则取 $z_n \in \Lambda$ 使得 $d(f^n(y), z_n) < \delta_2$, 并注意由局部积结构 $\{p_n\} := \{[z_n, f^n(y)]\} = W^s_{\delta_1}(z_n) \cap W^u_{\delta_1}(f^n(y)) = W^s_{\delta_1}(z_n) \cap W^u_{2\delta_1}(f^n(x)) = \{[z_n, f^n(x)]\} \subset \Lambda$, 因此 $a_n \leqslant d^u(f^n(y), p_n) < M\delta_2 \leqslant \delta_1/K$. 由 K 的选择也有 $a_{n+1} \leqslant Ka_n < \delta_1$.

另一方面, 由定理 6.4.9(3), 对充分小 $\delta_1 > 0$ 存在 $\mu > 1$, 对此有 $a_n < \delta_1 \Rightarrow a_{n+1} \geqslant \mu a_n$. 因此, 对所有 $n \in \mathbb{N}_0$ 有 $a_n = 0$. □

为了将定理证明转到这个引理, 我们利用异宿点. 设 $\varepsilon > 0$ 使得 $d(p,q) < \varepsilon$, 这意味着 $W^s_{\delta_2/2}(p) \cap W^u_{\delta_2/2}(q) \neq \varnothing$, 取 $\delta_3 < \min\{\delta_2/2, \varepsilon\}$. 如果对所有 $n \in \mathbb{Z}$, y 满足 $d(f^n(y), \Lambda) < \delta_3$, 则存在 $x \in \Lambda$ 使得 $\varnothing \neq W^s_{\delta_2/2}(y) \cap W^u_{\delta_2/2}(x) =: \{p\}$. 但是对 $n > 0$, 有 $d(f^n(p), \Lambda) \leqslant d(f^n(y), \Lambda) + d(f^n(p), f^n(y)) < \delta_2/2 + \delta_2/2 = \delta_2$, 以及对 $n \leqslant 0$ 有 $d(f^n(p), \Lambda) \leqslant d(f^n(p), f^n(y)) \leqslant d(p,y) < \delta_2$, 由引理 18.4.2, $p \in \Lambda$. 同样可以证明 $\{q\} := W^u_{\delta_2/2}(y) \cap W^s_{\delta_2/2}(x) \subset \Lambda$, 因此, 由局部积结构 $\{y\} = W^s_{\delta_2/2}(p) \cap W^u_{\delta_2/2}(q) \subset \Lambda$. □

练　　习

18.4.1. 证明对 $f: U \to M$, 双曲集 Λ 的下面性质等价于局部极大性:

存在 Λ 的一个开邻域 V, 使得对所有 $n \in \mathbb{N}$ 满足 $f^n(y) \in V$ 的任何给定点 y, 存在点 $x \in \Lambda$ 使得 $y \in W^s(x)$.

18.4.2. 证明, 任何 n 步拓扑 Markov 链 (定义 1.9.10) 在全移位 σ_2 与 2.5c 节马蹄映射中的集合 Λ 之间的共轭下的像是马蹄映射的一个局部极大双曲集.

18.4.3. 对如上一个练习中的 Λ, 证明局部极大的 Λ 的任何闭子集是某个 n 步拓扑 Markov 链在全移位 σ_2 下的像 (比较定理 16.1.1).

18.4.4. 构造一个没有局部积结构的完美拓扑传递的双曲集例子.

[583] ## 18.5. 周期轨道的密度与增长

在前面几节中, 我们已经看到丰富的闭轨与双曲性之间的关系的几个方面, 例如由 Anosov 封闭引理 (推论 6.4.19) 双曲集的非游荡集中的周期点密度. 在早先的几个例子中, 我们计算了周期轨道的指数增长率 $p(f) := \overline{\lim\limits_{n\to\infty}}\,(1/n)\log^+ P_n(f)$, 得知它等于映射 f 的拓扑熵 (命题 3.2.3, 推论 3.2.4, 命题 3.2.6, 和命题 3.2.5). 推论 15.2.2 和以后的推论 S.5.11 证明在各类低维系统的一般情形中有不等式 $h_{\text{top}}(f) \leqslant p(f)$. 在这一点上, 我们必须看到, 如在 3.2e 节末尾宣布的, 双曲性意味着拓扑熵与周期轨道的增长率重合.

定理 18.5.1. *设 M 是一个紧 Riemann 流形, $U \subset M$ 是开集, $f: U \to M$ 是微分同胚, $\Lambda \subset U$ 是 f 的紧的局部极大双曲集. 那么 $p(f|_\Lambda) = h_{\text{top}}(f|_\Lambda)$.*

证明. 由于 $f_1 := f|_\Lambda$ 是扩张的, 由命题 3.2.14 有 $p(f_1) \leqslant h_{\text{top}}(f_1)$. 为了证明反向不等式, 我们化此情形为 f_1 是拓扑混合的情形: 首先可考虑 $f_2 := f_1|_{NW(f_1)}$, 因为由 (3.3.1) 得到 $h_{\text{top}}(f_1) = h_{\text{top}}(f_2)$, 这是变分原理 (定理 4.5.3) 相应的一个结论. 谱分解定理 18.3.1 告诉我们, 存在某个 $n \in \mathbb{N}$ 使得 $NW(f_1)$ 分解为有限多个分支, 在这些分支上 f_2^n 是拓扑混合的. 由命题 3.1.7(2), 可将 $f_3 = f_2^n$ 限制在有最高拓扑熵的拓扑混合分支 X 上, 即 $p(f_3) = np(f_2) = np(f_1)$ 和 $h_{\text{top}}(f_3) = nh_{\text{top}}(f_2) = nh_{\text{top}}(f_1)$.

化为拓扑混合的这个情形可使我们利用碎轨定理 18.3.9. (n,ε) 分离集 E_n 的任何元素可被周期 $m + M_{\varepsilon/2}$ 的周期点 $\varepsilon/2$ 跟踪. 这些点在 d_n^f 度量下由三角不等式区分. 因此至少存在 $\operatorname{card}(E_n)$ 个周期 $n + M_{\varepsilon/2}$ 的不同周期点, 从而, 由 $p(f_3) \geqslant h_{\text{top}}(f_3)$ 得 $P_{n+M_{\varepsilon/2}}(f_3) \geqslant N(f_3,\varepsilon,n)$. □

注意, 在化到拓扑混合情形以后我们只要应用碎轨就够了. 因此我们证明了, 对具有碎轨性质 (定义 18.3.8) 的扩张映射, 拓扑熵等于周期轨道的增长率. 值得指出这一点, 因为虽然微分同胚的局部极大双曲集提供具有碎轨性质的扩张映射的主要例子, 但其他重要的变换类也包括在内. 特别是, 传递的拓扑 Markov 链以及符号系统的更一般类, 例如 sofic 系统 (见练习 20.1.2) 是具有碎轨的扩张系统.

这一节的余下部分致力于改进我们对这些映射的分离集和周期轨道增长率

的了解, 最终将得到定理 18.5.1 的一个精炼形式. 如前, 我们只用到扩张性和碎轨性质.

引理 18.5.2. 设 $f: X \to X$ 是紧度量空间的一个扩张同胚, 扩张常数为 δ_0 (见定义 3.2.11). 那么, 对 $0 < \varepsilon < \delta_0/2$ 和 $\delta > 0$, 存在 $C_{\delta,\varepsilon}$ 使得对所有 $n \in \mathbb{N}$ 有 $N(f,\delta,n) \leqslant C_{\delta,\varepsilon} N(f,\varepsilon,n)$. [584]

证明. 对 $\varepsilon < \delta_0/2$ 设 $N \in \mathbb{N}$ 和 $\alpha > 0$, 使得

$$d^f_{2N+1}(f^{-N}(x), f^{-N}(y)) \leqslant 2\varepsilon \Rightarrow d(x,y) < \delta$$

和

$$d(x,y) \leqslant \alpha \Rightarrow d^f_{2N+1}(f^{-N}(x), f^{-N}(y)) < \delta.$$

如果 E 是极大 (n,δ) 分离集, F 是极大 (n,ε) 分离集, 则对 $x \in E$ 可选择点 $z(x) \in F$, 使得 $d^f_n(x, z(x)) \leqslant \varepsilon$. 因此 $\operatorname{card}(E) = \sum_{z \in F} \operatorname{card}(E_z)$, 其中 $E_z := \{x \in E | z(x) = z\}$, 引理论断由与 n 无关的界 $\operatorname{card}(E_z)$ 得到.

但是如果 $x, y \in E_z$, 则由 E_z 定义 $d^f_n(x,y) \leqslant 2\varepsilon$, 因此由 N 的选择 $d(f^i(x), f^i(y)) \leqslant \delta (i \in [N, n-N])$, 从而由 α 的选择, 以及由于点 x 和 y 是 (n,δ) 分离的, 故 $d(x,y) > \alpha$ 或者 $d(f^n(x), f^n(y)) > \alpha$.

因此, $\operatorname{card}(E_z) = \operatorname{card}\{(x, f^n(x)) | x \in E_z\} \leqslant \max\{\operatorname{card} A | A \subset X \times X, d(a,b) > \alpha,\ \forall (a,b) \in A\}$, 因为 $(x, f^n(x))$ 正好形成这样一个 α 分离集. □

注. 显然对 $\delta > \varepsilon$ 可取 $C_{\delta,\varepsilon} = 1$.

引理 18.5.3. 设 $f: X \to X$ 是具有碎轨性质的紧度量空间的一个扩张同胚. 那么, 对 $0 < \varepsilon < \delta_0/3$ 存在 $k_\varepsilon, K_\varepsilon > 0$, 使得对 $n_1, \cdots, n_m \in \mathbb{N}$,

$$\prod_{j=1}^{m} k_\varepsilon N(f,\varepsilon,n_j) \leqslant N\left(f, \varepsilon, \sum_{j=1}^{m} n_j\right) \leqslant \prod_{j=1}^{m} K_\varepsilon N(f,\varepsilon,n_j).$$

证明. (i) 这个上界不需要用此假设. 如果 E 是 $\left(\sum_{j=1}^{m} n_j, \varepsilon\right)$ 分离的, F_j 是极大 $(n_j, \varepsilon/2)$ 分离集, 则对 $x \in E$ 存在 $z(x) := (z_1(x), \cdots, z_m(x)) \in F_1 \times \cdots \times F_m$, 使得 $d^f_{n_j}(f^{n_1+\cdots+n_{j-1}}(x), z_j(x)) \leqslant \varepsilon/2$, $z(\cdot)$ 是一个单射. 因此 $\operatorname{card}(E) \leqslant \prod_{j=1}^{m} \operatorname{card}(F_j) = \prod_{j=1}^{m} N(f, \varepsilon/2, n_j)$, 而且可取 $K_\varepsilon = C_{\varepsilon/2,\varepsilon}$.

(ii) 如果 E_j 是 $(n_j, 3\varepsilon)$ 分离集, $a_j = n_1 + \cdots + n_{j-1} + (j-1)M_\varepsilon$, 其中 M_ε 如由碎轨性质给出的, 以及 $I_j = [a_j, a_j + n_j - 1]$, 那么, 由碎轨性这意味着对

$x := (x_1, \cdots, x_m) \in E_1 \times \cdots \times E_m$, 存在 $z = z(x)$, 使得 $d_{n_j}^f(f^{a_j}(z), x_j) < \varepsilon$. 由于由构造 $E := \{z(x) | x \in E_1 \times \cdots \times E_m\}$ 是 $(a_m + n_m, \varepsilon)$ 分离集, 因此我们证明了

$$N(f, \varepsilon, a_m + n_m) \geqslant \prod_{j=1}^{m} N(f, 3\varepsilon, n_j).$$

[585] 由于 $a_m + n_m = (m-1)M_\varepsilon + \sum_{j=1}^{m} n_j$, 由 (i) 得到

$$N(f, \varepsilon, a_m + n_m) \leqslant K_\varepsilon^m N\left(f, \varepsilon, \sum_{j=1}^{m} n_j\right) N(f, \varepsilon, M_\varepsilon)^{m-1}$$

和

$$\begin{aligned} N\left(f, \varepsilon, \sum_{j=1}^{m} n_j\right) &\geqslant K_\varepsilon^{-m} N(f, \varepsilon, M_\varepsilon)^{1-m} \prod_{j=1}^{m} N(f, 3\varepsilon, n_j) \\ &\geqslant \prod_{j=1}^{m} (C_{\varepsilon, 3\varepsilon} K_\varepsilon N(f, \varepsilon, M_\varepsilon))^{-1} N(f, \varepsilon, n_j). \end{aligned}$$ □

命题 18.5.4. 设 X 是一个紧度量空间, $f : X \to X$ 是具有碎轨性质的扩张同胚, 扩张常数为 δ_0. 如果 $0 < \varepsilon < \delta_0/3, n \in \mathbb{N}$, 以及 k_ε 和 K_ε 如引理 18.5.3 中的, 那么

$$\frac{1}{K_\varepsilon} e^{n h_{\text{top}}(f)} \leqslant N(f, \varepsilon, n) \leqslant \frac{1}{k_\varepsilon} e^{n h_{\text{top}}(f)}.$$

证明. 由推论 3.2.13, 对 $\varepsilon < \delta_0$ 有 $h(f) = \lim_{n\to\infty} \frac{1}{n} \log N(f, \varepsilon, n)$. 则由引理 18.5.3 得到

$$\frac{1}{n} \log k_\varepsilon N(f, \varepsilon, n) \leqslant \lim_{n\to\infty} \frac{1}{kn} \log N(f, \varepsilon, kn) = h_{\text{top}}(f) \leqslant \frac{1}{n} \log K_\varepsilon N(f, \varepsilon, n).$$ □

有了这些先决条件, 现在可非常容易地加细定理 18.5.1 中的渐近关系. 在命题 3.2.14 和定理 18.5.1 的证明中, 由扩张性和碎轨性质我们证明了

$$N(f, 2\varepsilon, n - M_\varepsilon) \leqslant P_n(f) \leqslant N(f, \varepsilon, n).$$

由此与命题 18.5.4 一起立刻得到

定理 18.5.5. 设 X 是一个紧度量空间, $f : X \to X$ 是具有碎轨性质的扩张同胚. 那么存在 $c_1, c_2 > 0$, 使得对 $n \in \mathbb{N}$,

$$c_1 e^{n h_{\text{top}}(f)} \leqslant P_n(f) \leqslant c_2 e^{n h_{\text{top}}(f)}. \tag{18.5.1}$$

由谱分解定理 18.3.1, 碎轨定理 18.3.9, 推论 6.4.10 和命题 3.1.7(2), 允许我们可应用定理 18.5.5 并由此对 $f = F|_\Lambda$ 得到 (18.5.1) (对所有 $n \in \mathbb{N}$), 这里 Λ 是微分同胚 F 的局部极大拓扑混合双曲集, 或者更一般地, 所有拓扑传递部分的局部极大双曲集都是拓扑混合的. 对任意局部极大集可求得数 N, 使得迭代 F^N 有后面的性质 (定理 18.3.1). 于是, 考虑到命题 3.1.7(3), 我们看到 (18.5.1) 对这种集合 Λ 和所有是 N 倍数的 $n \in \mathbb{N}$ 都成立. 从而我们证明了

定理 18.5.6. 设 Λ 是微分同胚 f 的一个紧局部极大双曲集, 它的所有拓扑传递部分都是拓扑混合的. 那么存在 $c_1, c_2 > 0$, 使得 (18.5.1) 对 $n \in \mathbb{N}$ 成立. 如果 Λ 是微分同胚 f 的紧局部极大双曲集, 则存在 $N \in \mathbb{N}$, 使得 (18.5.1) 对所有 $n = kN \in \mathbb{N}$ 成立. [586]

前面两个定理有对于流的类似. 但要作某些修改. 首先, 更方便的是考虑周期在 $(T-\varepsilon, T+\varepsilon]$ 中的周期轨道个数 $P_{T,\varepsilon}(\varphi^t) = P_{T+\varepsilon}(\varphi^t) - P_{T-\varepsilon}(\varphi^t)$, 而不是考虑直到相差某个周期的所有轨道个数. 其次, 离散时间情形的论述要依赖于下面事实, 即直到相差某个周期的周期点集是一个适当的分离集. 然而, 在流的情形代替计算周期轨道上点的分离集大小必须计算近似的 t. 而这将引起在渐近中出现 t 的因子. 由此我们得到下面的结果:

定理 18.5.7. 设 X 是一个紧度量空间, φ 是具有碎轨性质的扩张流. 则存在 $c_1, c_2 > 0$, 使得对 $t > 0$ 有

$$c_1 e^{t h_{\text{top}}(\varphi^t)} \leqslant t P_{t,\varepsilon}(\varphi^t) \leqslant c_2 e^{t h_{\text{top}}(\varphi^t)}. \tag{18.5.2}$$

由此立刻得到

定理 18.5.8. 设 Λ 是流 φ 的紧局部极大拓扑混合双曲集. 则存在 $c_1, c_2 > 0$ 使得 (18.5.2) 对 $t > 0$ 成立.

练　　习

18.5.1. 证明对传递的拓扑 Markov 链 σ_A, 极限

$$\lim_{n\to\infty} \frac{P_n(\sigma_A)}{e^{n h_{\text{top}}(\sigma_A)}}$$

存在并计算它. 这是一个比 (18.5.2) 更强的结果.

18.5.2. 设 L 是一个 $m \times m$ 矩阵, 它的行列式为 1, 没有单位根作为其特征值, 但有一对绝对值为 1 的特征值. 设 $F_L : \mathbb{T}^m \to \mathbb{T}^m$ 是环面诱导的自同构. 证明 $\lim\limits_{n\to\infty} \log P_n(F_L) = h_{\text{top}}(F_L)$, 但是 $P_n(F_L) e^{-n h_{\text{top}}(F_L)}$ 不有界异于零.

18.5.3. 证明对环面双曲自同构 F_L 有 $h_{\text{top}}(F_L) = \sum\limits_{|\lambda_i|>1} \log \lambda_i$, 其中 λ_i 是 L 的特征值.

[587] 18.6. 环面上 Anosov 微分同胚的大范围分类

现在我们证明, 对环面的 Anosov 微分同胚情形, 结构稳定性可扩展到大范围分类. 在 2.6 节中我们已经看到, 双曲自同构的同伦类中任何映射 (因此任何 Anosov 映射) 有线性模型作为一个因子. 首先我们证明, 任何一个 Anosov 微分同胚同伦于双曲线性映射. 这里定理 18.5.6 和 Lefschetz 不动点公式 (8.6.1) 将起关键作用. 接下来证明半共轭于线性模型的这个半共轭实际上是一个单射, 因此是一个同胚. 作为独立有趣的中间一步包括证明非游荡集是整个环面.

定理 18.6.1. *n 维环面的每个 Anosov 微分同胚拓扑共轭于双曲线性自同构.*

证明. 设 $f : \mathbb{T}^n \to \mathbb{T}^n$ 是 Anosov 微分同胚. 它的同伦类正好包含一个线性映射 $F_L : \mathbb{T}^n \to \mathbb{T}^n$.

引理 18.6.2. *映射 F_L 是双曲的.*

证明. 这等价于由 f 在 $\mathbb{T}^n$ 的基本群 $\mathbb{Z}^n$ 上诱导的线性映射 f_* 的双曲性, 因为相应的矩阵在 $\mathbb{T}^n$ 上定义 F_L. 由谱分解定理 18.3.1, 游荡集 $NW(f)$ 是在其上某个幂 f^N 是拓扑混合的分支的并, 所以由定理 18.5.6, $P_n(f^N)$ 有乘性指数渐近. 通过取 $\mathbb{T}^n$ 的二重覆盖 (它仍是环面), 可假设 f 的不稳定丛 E^+ 在练习 8.6.4 解释的意义下是可定向的. 因此在每个混合分支上 f^N 一致地或者保持 E^+ 的定向, 或者逆向, 所以通过 f^{2N} 可以假设 f 保持 E^+ 的定向 (而且 $P_n(f)$ 有乘性指数渐近). 于是所有给定周期的周期点都有相同指标 1 或 -1 (推论 8.4.7). 从而由 Lefschetz 不动点公式的推论 8.6.16 和给出环面映射的 Lefschetz 数的 (8.7.1), 我们有

$$P_n(f) = |L(f^n)| = |L(f_*^n)| = |\det(\mathrm{Id} - f_*^n)|.$$

如果 $\lambda_1, \cdots, \lambda_k$ 是 f_* 的特征值 (包括重次), 那么这给出

$$P_n(f) = \left|\prod_{i=1}^{k} (\lambda_i^n - 1)\right| = \left|\prod_{|\lambda_i|>1} (\lambda_i^n - 1)\right| \cdot \left|\prod_{|\lambda_i|<1} (\lambda_i^n - 1)\right| \cdot \left|\prod_{|\lambda_i|=1} (\lambda_i^n - 1)\right|,$$

其中 $\prod\limits_{|\lambda_i|>1} (\lambda_i^n - 1) = \prod\limits_{|\lambda_i|>1} \lambda_i^n (1 + o(n))$ 和 $\left|\prod\limits_{|\lambda_i|<1} (\lambda_i^n - 1)\right| \to 1$. 为了看到 f_* 是双曲的, 注意, 要不然 $\varliminf\limits_{n\to\infty} \left|\prod\limits_{|\lambda_i|=1} (\lambda_i^n - 1)\right| = 0$. 如果 λ_i 是 q 次单位根, 这是显

然的, 因为这时对所有 $k \in \mathbb{N}$ 有 $|\lambda_i^{kq}-1|=0$. 如果 $\lambda_i = e^{2\pi i\alpha}$, α 为无理数, 则由命题 1.3.3, $n\alpha$ 的小数部分可任意小, 所以当 $|\lambda_j^n - 1| \leqslant 2$ 时 λ_i^n 可任意接近于 1. 同样 $\overline{\lim\limits_{n\to\infty}}\left|\prod\limits_{|\lambda_i|=1}(\lambda_i^n-1)\right|$ 永远有界异于零 (分开考虑单位根和无理数论述). 这与 $P_n(f)$ 的指数乘性渐近的存在性矛盾. □

鉴于引理 18.6.2, 定理 2.6.1 的证明显示, 通过唯一的半共轭 h 同伦于恒同 (因此是满射) 的 F_L 是 f 的一个因子. 为了在高维设置中应用这个证明, 我们只需通过应用向量值函数以及 Df 在扩张子空间和压缩子空间上的限制的逆代替 λ_1^{-1} 和 λ_2^{-1} 以适应 (2.6.4) 和 (2.6.5). 利用一致连续性也可看到 h (同样它到 $\mathbb{R}^n$ 的提升 H) 将稳定流形映到稳定流形, 同样地, 不稳定流形映到不稳定流形. [588]

f 的任何一个提升 F 的不动点不多于 L 的, 由双曲性得知它正好有一个. 这从定理 8.7.1 的证明的论述看到. f 的 $|\det(\mathrm{Id}-f_*)|$ 个不同不动点提升到由不同整数向量移位的点. 事实上它们属于本质不同的等价类 (如 8.7 节中的定义). 如果这个提升的不动点多于一个, 则 f 有多个不动点, 与指标结论矛盾. 因此我们有

引理 18.6.3. *如果 $F:\mathbb{R}^n\to\mathbb{R}^n$ 是 Anosov 微分同胚的一个提升, F_L 是双曲自同构的提升, 使得 $d(F(x),F_L(x))$ 有界, 那么 F 至多有一个不动点.*

引理 18.6.4. *存在 f 的拓扑传递的紧局部极大双曲集 Λ, 使得 $h(\Lambda)=\mathbb{T}^n$.*

证明. 首先我们证明 $h(NW(f))=\mathbb{T}^n$. 如果这不成立, 则 $h(NW(f))$ 是 $\mathbb{T}^n$ 的真闭 F_L 不变子集, 因此在 $\mathbb{T}^n\backslash h(NW(f))$ 中存在 F_L 的周期轨道, 它在 h 作用下的原像是 $\mathbb{T}^n\backslash NW(f)$ 的非空紧 f 不变子集, 与推论 3.3.5 矛盾.

现在如果 x 是有稠密 F_L 轨道的点, 以及 $y\in NW(f)\cap h^{-1}(\{x\})$, 令 Λ 是谱分解定理 18.3.1 中包含 y 的拓扑传递分支. 则 $\mathbb{T}^n=\overline{\mathcal{O}(x)}\subset h(\Lambda)$. □

命题 18.6.5. *如果 $f:\mathbb{T}^n\to\mathbb{T}^n$ 是 $\mathbb{T}^n$ 的 Anosov 微分同胚, 那么 $NW(f)=\mathbb{T}^n$ (因此由推论 18.3.5, f 是拓扑混合的).*

证明. 如若不然, 则由谱分解 f 有一个不同于引理 18.6.4 中得到的 Λ 的拓扑传递分支. 因此对某个 t 存在 $q\in\mathrm{Fix}\,(F_L^l)\backslash h(\mathrm{Fix}\,(f^l|_\Lambda)$, 其中 l 是最小正周期. F_L 如前. $\Lambda' := \Lambda\cap h^{-1}(\{q\})$ 是局部极大双曲集, 因为在充分小邻域内的任何轨道在 h 作用下映到 q 的轨道的小邻域内, 因此由扩张性映为 q 的轨道. 由于由推论 3.3.5, $f|_{\Lambda'}$ 的非游荡集非空且周期点在其中稠密, 而由推论 6.4.19 存在周期点 $p\in\Lambda'$. 由假设 l 不是 p 的周期, 所以当 $h(p')=q$ 时 $p':=f^l(p)\neq p$. 取 $k\in\mathbb{N}$ 使得 $f^k(p)=p$. 记投射 $\pi:\mathbb{R}^n\to\mathbb{T}^n$. 如果 $\pi(a)=p$, $\pi(b)=p'$ 和 $\pi(c)=q$, 那么

$\mathbb{R}^n$ 的映射

$$\Phi(x) := F^k(x+a) - a, \Psi(x) := F_L^k(x+c) - c, N(x) := H(x+a) - c$$

[589] 固定 0 且下降为 $\mathbb{T}^n$ 的映射 ϕ, ψ, η. 由于 η 同伦于 Id, 对 $v \in \mathbb{Z}^n$ 我们有 $N(x+v) = N(x) + v$. 现在 $\eta(\pi(b-a)) = \pi(N(b-a)) = h(\pi(b)) - \pi(c) = 0$, 因此, 存在 $m \in \pi^{-1}(b-a)$ 满足 $N(m) = 0$. 由于 $\phi(\pi(b-a)) = \pi(F^k(b) - a) = f^k(p') - p = \pi(b-a)$, 对某个 $v \in \mathbb{Z}^n$ 有 $\Phi(m) = m + v$. 但是 $0 = \Psi(0) = \Psi(N(m)) = N(\Phi(m)) = N(m+v) = N(m) + v = v$, 所以 $\Phi(m) = m$. 如果 $\Theta : \mathbb{R}^n \to \mathbb{R}^n$ 是由线性扩张 $\Phi|_{\mathbb{Z}^n}$ 得到的双曲线性映射, 那么对 $x \in \mathbb{R}^n, v \in \mathbb{Z}^n$ 有 $d(\Phi(x+v), \Theta(x+v)) = d(\Phi(x) + \Phi(v), \Theta(x) + \Phi(v)) = d(\Phi(x), \Theta(x))$, 因此由周期性这个距离有界, 且与 x 无关. 引理 18.6.3 显示 Φ 不可能以 m 和 0 作为它的两个不动点. □

我们需要看到 H 是合适的:

引理 18.6.6. *如果 $Y \subset \mathbb{R}^n$ 有界, 则 $H^{-1}(Y)$ 也有界.*

证明. 如果 $I = [0,1]^n \subset \mathbb{R}^n$ 是 $\mathbb{T}^n = \mathbb{R}^n/\mathbb{Z}^n$ 的正规基本域, 则 $K := H(I)$ 是紧基本域, 且 $A := \{l \in \mathbb{Z}^n | I \cap (K+l) \neq \varnothing\}$ 有限. 由于 $K + l = H(I + h_*^{-1}(l))$, 我们有 $H^{-1}(I) \subset \bigcup_{l \in A} (I + h_*^{-1}(l))$, 后者是紧的, 因为 A 有限. 由于有界集由 I 的有限多个平移覆盖, 这证明了我们的论断. □

下面我们在 $\mathbb{R}^n$ 上建立一个大范围积结构.

引理 18.6.7. *如果 $x \neq y$, 则 x 的稳定流形和 y 的不稳定流形 (都对 F) 正好相交于一点.*

证明. 首先证明 F 的稳定流形与不稳定流形的交至多由一点组成. 为此我们用反证法. 假设 $y \in W^s(x) \cap W^u(x)$, 且 $y \neq x$. 取 x 的一个不包含 y 的局部积邻域 P. 由于 $W^s(P) = \{z | W^s(z) \cap P \neq \varnothing\}$ 和 $W^u(P) = \{z | W^u(z) \cap P \neq \varnothing\}$ 是开的, $W^s(P) \cap W^u(P)$ 是 y 的邻域. 因为由推论 6.4.19 周期点在 $NW(f) = \mathbb{T}^n$ 中稠密, 在 $W^s(P) \cap W^u(P) \backslash \overline{P}$ 中存在 f 周期点的提升 y'. 但是, $W^u(y') \cap P \neq \varnothing$ 和 $W^s(y') \cap P \neq \varnothing$, 故由 P 上的积结构存在点 $x' \in W^s(y') \cap W^u(y') \cap P$. 因此, 不失一般性, 可假设 $y \in W^s(x) \cap W^u(x), y \neq x$, x 是 f 的不动点的提升 (可能经过一次迭代以后). 改变 f 的提升 F 可假设 x 是 F 的不动点. 由推论 6.5.6, F 的同宿点 y 是 F 的非游荡点, 所以由周期点在 $NW(F)$ 中的稠密性, 在 y 附近存在 F 的周期点 z. 但是如果 n 是 z 的周期, 那么这证明 F^n 有两个不动点, 与引理 18.6.3 矛盾.

为了证明对所有 x, y 有 $W^u(x) \cap W^s(y) \neq \varnothing$, 注意到, 对给定的 y 和 $W_0^s := W^s(y)$, 集合 $G := \{x | W^u(x) \cap W_0^s \neq \varnothing\}$ 是开的, 因为存在 W_0^s 的邻域 U 使得 $G = \{x | W^u(x) \cap U \neq \varnothing\}$. 为了证明 $G = \mathbb{R}^n$, 我们证明 G 是闭的. 为此在 w 附近取 $w \in \overline{G}$, $x \in G$, 和 $\{y\} = W^u(x) \cap W_0^s$. 为了简化到二维, 令 $\gamma : [0, 1] \to W^u(x)$ 和 $\eta : [0, 1] \to W^s(x)$ 是两个弧, 使得 $\gamma(0) = \eta(0) = x$ 和 $\gamma(1) = y, \eta(1) = w$. 我 [590]
们证明, 存在映射 $\theta : [0, 1] \times [0, 1] \to \mathbb{R}^n$, 使得

$$\theta(s, 0) = \gamma(s), \theta(0, t) = \eta(t), \{\theta(s, t)\} = W^s(\gamma(s)) \cap W^u(\eta(t)). \tag{18.6.1}$$

这意味着 $w \in G$, 因为 $\theta(1, 1)$ 是所求的交点.

方程 (18.6.1) 在 $[0, 1] \times \{0\}$ 和 $\{0\} \times [0, 1]$ 上定义 θ. 由于存在局部积结构, θ 在 $[0, 1]^2$ 中的定义域 $\mathcal{D}$ 是开的. 令

$$t_0 := \sup\{t | [0, 1] \times [0, t] \subset \mathcal{D}\}, s_0 := \sup\{s | [0, s] \times \{t_0\} \subset \mathcal{D}\}, J := [0, 1] \times [0, t_0).$$

为了看到 $\theta(J)$ 有界, 首先注意, $h(\theta(J))$ 沿着 F_L 的稳定叶 V^s 到 F_L 在 0 的不稳定流形 $V^u(0)$ 的投影是 $H(\gamma([0, 1]))$ 的投影, 因此是紧的, 沿着 V^u 到 $V^s(0)$ 的投影包含在 $H(\eta([0, 1]))$ 的投影内, 所以 $H(\theta(J))$ 有界, 因此, 由引理 18.6.6 得知 $\theta(J)$ 有界. 从而存在序列 $(s_n, t_n) \to (s_0, t_0)$, 其中 $s_n \leqslant s_{n+1}$, 使得对某个 $p \in \mathbb{R}^n$ 有 $\theta(s_n, t_n) \to p$. 不失一般性, 假设这个序列包含在 p 的一个局部积邻域 O 内. 则 $\theta(s_1, t_n) \to W^u(p) \cap W^s(\theta(s_1, t_1)) = \theta(s_1, t_0)$ 以及 $\theta(s_n, t_1) \to W^s(p) \cap W^u(\theta(s_1, t_1)) = \theta(s_0, t_1)$, 所以对任何 $(S_n, T_n) \to (s_0, t_0)$, 我们有

$$\begin{aligned}
\lim_{n\to\infty} \theta(S_n, T_n) &= \lim_{n\to\infty} W^u(\theta(s_1, T_n)) \cap W^s(\theta(S_n, t_1)) \\
&= W^u(\lim_{n\to\infty} \theta(s_1, T_n)) \cap W^s(\lim_{n\to\infty} \theta(S_n, t_1)) \\
&= W^u(\theta(s_1, t_0)) \cap W^s(\theta(s_0, t_1)) = p,
\end{aligned}$$

从而设置 $\theta(s_0, t_0) = p$ 给出 θ 的连续扩张, 由此得知 $(s_0, t_0) = (1, 1)$, 证毕. □

由于这些叶 (即局部积结构) 是连续的, 存在同胚 $\Phi : \mathbb{R}^n \to \mathbb{R}^k \times \mathbb{R}^{n-k}$, 通过 $\Phi(x) := (W^s(x) \cap W^u(0), W^u(x) \cap W^s(0))$ 将每个 $W^u(x)$ 映到叶 $\mathbb{R}^k \times \{c\}$, 以及将每个叶 $W^s(x)$ 映到 $\{c\} \times \mathbb{R}^{n-k}$.

为了完成大范围分类证明, 我们还需证明

引理 18.6.8. 这个半共轭是一个单射.

证明. 首先证明 H 在 f 的不稳定叶上是一个单射. 如果我们用 $B^u(0, r)$ 和 $B^s(0, r)$ 分别记 0 的不稳定流形和稳定流形中的 r 球 (利用内蕴度量 d^u 和 d^s), 则由引理 18.6.6 存在 $r > 0$, 使得 $H^{-1}(I) \subset D(r) := \{x | W^u(x) \cap B^s(0, r) \neq$

$\varnothing$ 和 $W^s(x) \cap B^u(0,r) \neq \varnothing\}$. 由于 $D(r)$ 有紧的闭包, 利用大范围积结构中的同胚 Φ, 得到 $\mu := \sup\{d^u(x,y)|x,y \in D(r), y \in W^u(x)\} < \infty$. 现在如果 $y \in W^s(x)$ 和 $H(x) = H(y)$, 并令 $x_m := F^m(x), y_m := F^m(y)$, 那么 $H(y_m) = H(F^m(y)) = F_L^m(H(y)) = F_L^m(H(x)) = H(F^m(x)) = H(x_m)$. 但是存在 $l_m \in \mathbb{Z}^n$ 使得 $H(x_m + l_m) = H(y_m + l_m) \in I$, 所以 $x_m + l_m, y_m + l_m \in D(r)$, 因此对所有 $m \in \mathbb{N}$ 有 $d^u(F^m(x), F^m(y)) = d^u(x_m + l_m, y_m + l_m) \leqslant \mu$. 由双曲性这意味着 $x = y$, 这证明 H 在不稳定流形上是一个单射.

[591] 由相同论述得知 H 在稳定流形上也是一个单射. 现在假设对某个 $x, y \in \mathbb{R}^n$ 有 $H(x) = H(y)$. 如果对 x 和 y 存在异宿点 z, 则 $H(z)$ 是 $H(x)$ 和 $H(y)$(在 F_L 作用下) 的异宿点, 由此得知 $H(x) = H(z) = H(y)$, 因为 F_L 没有非平凡的异宿点. 但是由 H 在稳定和不稳定叶 $x = z = y$ 上的单射性, 这个半共轭的提升 H 是一个单射. 因此它本身也必须是一个单射, 这是因为 H 是作为恒同加一个周期映射给出: 如果 $h(\pi(x)) = h(\pi(y))$, 则对某个 $k \in \mathbb{Z}^n$, $H(x) = H(y) + k$, 因此 $H(x - k) = H(y)$, 所以 $\pi(x) = \pi(y)$. □

从而, 我们在 Anosov 微分同胚 f 与它的线性模型 F_L 之间得到了一个满的半共轭, 而且证明了它是一个单射, 因此是一个共轭, 这就完成了定理 18.6.1 的证明. □

18.7. Markov 分割

我们已经在前面几个场合遇见过 Markov 分割概念: 扩张映射的编码 (2.4b 节), 二次映射的马蹄型集 (2.5b 节), Smale 马蹄 (2.5c 节), $\mathbb{T}^2$ 的双曲自同构 (2.5d 节), 一维一般系统的双曲排斥极 (定理 16.1.1), 以及 Smale 吸引子 (17.1 节). 在所有这些例子中, Markov 分割或者产生与拓扑 Markov 链的一个共轭, 或者半共轭, 其中的等同用相当初等的术语描述. 即事实上, 低维现象应归于每个这种集合的边界是稳定和不稳定块的有限并. 对 $\mathbb{T}^3$ 的双曲自同构我们已经必须按照边界包含不可数多片稳定或不稳定叶的方式来构造元素. 因此在高维情形 Markov 分割的几何结构更加复杂. 尽管如此, 仍然有可能产生这样的 Markov 分割, 从它们可得到 Markov 模型与紧局部极大双曲集 Λ 之间的充分类似.

我们用 Int_Λ 和 ∂_Λ 分别表示 Λ 关于 Λ 的拓扑的内部和边界.

定义 18.7.1. 设 Λ 是一个紧局部极大双曲集, 取 ε, δ 和 $[x,y]$ 如命题 6.4.13 中的, 令 $\eta = \varepsilon$. 称 $R \subset \Lambda$ 为一个*矩形*, 如果 R 的直径小于 $\eta/10$, 且当 $x, y \in R$ 时 $[x,y] \in R$. 如果 $R = \overline{\mathrm{Int}_\Lambda R}$, 则称 R 为真矩形. 对 $x \in R, i = u, s$ 记 $W_R^i(x) := W_\eta^i(x) \cap R$, 以及集合 $\partial^s R := \{x \in R | x \notin \mathrm{Int}_{\Lambda \cap W_\eta^u(x)} W_R^u(x)\}$ 和 $\partial^u R :=$

$\{x\in R|x\notin \mathrm{Int}_{\Lambda\cap W^s_\eta(x)}W^s_R(x)\}$.

Λ 的 Markov 分割是 Λ 的真矩形的有限覆盖 $\mathcal{R}=\{R_0,\cdots,R_{m-1}\}$, 使得

(1) $\mathrm{Int}\,R_i\cap\mathrm{Int}\,R_j=\varnothing$, 对 $i\neq j$;

(2) 如果 $x\in\mathrm{Int}\,R_j$ 和 $f(x)\in\mathrm{Int}\,R_j$, 则 $W^u_{R_j}(f(x))\subset f(W^u_{R_i}(x))$, 而且 $f(W^s_{R_i}(x))\subset W^s_{R_j}(f(x))$.

注意, 下面的引理很有用: [592]

引理 18.7.2. 如果 R 是一个矩形, 则 $\partial_\Lambda R=\partial^s R\cup\partial^u R$.

证明. $x\in\mathrm{Int}_\Lambda R\Rightarrow x\in\mathrm{Int}_{\Lambda\cap W^u_\eta(x)}(R\cap W^u_\eta(x)\cap\Lambda)=\mathrm{Int}_{\Lambda\cap W^u_\eta(x)}W^u_R(x)$, 因为 R 是 x 在 Λ 中的邻域. 因此 $\partial^s R\subset\partial_\Lambda R$. 同样 $\partial^u R\subset\partial_\Lambda R$. 如果 $x\in(\mathrm{Int}_{\Lambda\cap W^s_\eta(x)}W^s_R(x))\cap(\mathrm{Int}_{\Lambda\cap W^u_\eta(x)}W^u_R(x))$, 则由 $[\cdot,\cdot]$ 的连续性 (见命题 6.4.13), 存在 x 在 Λ 中的邻域 U, 使得对所有 $y\in U$, 有 $[x,y],[y,x]\in R$, 因此 $y':=[[y,x],[x,y]]\in R\cap W^s_\eta(x)\cap W^u_\eta(y)\subset W^s_\eta(x)\cap W^u_\eta(y)\subset\{y\}$, 从而 $x\in\mathrm{Int}_\Lambda R$. □

定理 18.7.3. 一个紧局部极大双曲集容许有任意小直径的 Markov 分割.

证明. 首先取小 $\delta>0$, ε 如定理 18.1.3 中的, 取 $\gamma<\varepsilon/2$ 使得当 $d(x,y)<\gamma$ 时 $d(f(x),f(y))<\varepsilon/2$, 以及双曲集 Λ 中的 γ 稠密集 $P:=\{p_0,\cdots,p_{N-1}\}$. 注意 $\Omega(P):=\{\omega\in\Omega_N|d(f(p_{\omega_i}),p_{\omega_i+1})<\varepsilon\}$ 是一个拓扑 Markov 链. 对 $\Omega(P)$ 中的每个 ε 轨道存在唯一 $\beta(\omega)\in\Lambda$ δ 跟踪 $\alpha(\omega):=\{p_{\omega_i}\}_{i\in\mathbb{Z}}$. 如定理 18.2.5 的证明可以证明 β 是满射且连续. 通过下面方法将 $[\cdot,\cdot]$ 扩充到 ε 轨道, 即对任何满足 $\omega_0=\omega'_0$ 的 $\omega,\omega'\in\Omega(P)$, 令

$$[\omega,\omega']_i=\begin{cases}\omega_i, & 对\ i\geqslant 0,\\ \omega'_i, & 对\ i\leqslant 0.\end{cases}$$

于是 $[\cdot,\cdot]$ 与 β 可交换, 即 $\beta([\omega,\omega'])\in W^s_{2\delta}(\beta(\omega))\cap W^u_{2\delta}(\beta(\omega'))=\{[\beta(\omega),\beta(\omega')]\}$.

令 $R'_i:=\{\beta(\omega)|\omega_0=i\}$, 则 R'_i 是一个矩形, 因为对 $x=\beta(\omega),y=\beta(\omega')\in R'_i$ 有 $[\omega,\omega']_0=i$, 从而 $[x,y]=[\beta(\omega),\beta(\omega')]=\beta([\omega,\omega'])\in R'_i$. 下面注意 $\mathcal{R}':=\{R'_i|1\leqslant i\leqslant N\}$ 满足类似于定义 18.7.1 中 (2) 的条件. 就是说, 假设 $x=\beta(\omega)$, 其中 $(\omega_0,\omega_1)=(i,j)$, $y=\beta(\omega')\in W^s_{R'_i}(x)$, 其中 $\omega'_0=i$. 因此 $y\in W^s_\eta(f(x))$, 但是也有 $y=[x,y]=\beta([\omega,\omega'])$, 因此 $f(y)\in\beta(\sigma([\omega,\omega']))\in R'_j$, 所以 $f(y)\in W^s_{R'_j}(f(x))$. 这证明了 (2) 的类似的一半, 另一半类似得到, 即

$$f(W^s_{R'_i}(x))\subset W^s_{R'_j}(f(x))\quad 和\quad W^u_{R'_j}(f(x))\subset f(W^u_{R'_i}(x)).\tag{18.7.1}$$

还要注意, 由 β 的连续性 R'_i 是闭的. 但是要得到 Markov 分割, 还需要有内部互不相交的真矩形. 为此要对这些矩形进行修改.

对 $x \in \Lambda$, 令 $\mathcal{R}(x)$ 表示 $\mathcal{R}'$ 中包含 x 的矩形集, $\mathcal{R}^*(x)$ 表示 $\mathcal{R}'$ 中与 $\mathcal{R}'(x)$ 的矩形相交的矩形集. 于是 $A := \{x \in \Lambda | W^s_\eta(x) \cap \partial^s R'_i = \varnothing, W^u_\eta(x) \cap \partial^u R'_i = \varnothing$, 对所有 $i\}$ 是开稠集. 如果 $R'_i \cap R'_j \neq \varnothing$, 则将 R'_j 切割成如下 4 个矩形:

$$
\begin{aligned}
&R(i,j,su) := R'_i \cap R'_j,\\
&R(i,j,0u) := \{x \in R'_j | W^s_{R'_i}(x) \cap R'_j = \varnothing, W^u_{R'_i}(x) \cap R'_j \neq \varnothing\},\\
&R(i,j,s0) := \{x \in R'_j | W^s_{R'_i}(x) \cap R'_j \neq \varnothing, W^u_{R'_i}(x) \cap R'_j = \varnothing\},\\
&R(i,j,00) := \{x \in R'_j | W^s_{R'_i}(x) \cap R'_j = \varnothing, W^u_{R'_i}(x) \cap R'_j = \varnothing\},
\end{aligned}
\tag{18.7.2}
$$

对 $x \in A$ 令 $R(x) := \bigcap\{\mathrm{Int}_\Lambda R(i,j,q) | x \in R'_i, R'_i \cap R'_j \neq \varnothing, x \in R(i,j,q), q \in$
[593] $\{su, 0u, s0, 00\}\}$. 于是 $\overline{R(x)}$ 是覆盖 $R'_i \cap A$ 的矩形, $R(x)$ 是有限多个互不相交的开矩形, 所以

$$
\mathcal{R} := \{\overline{R(x)} | x \in A\} =: \{R_0, \cdots, R_{m-1}\}
$$

是 Λ 的内部互不相交的真矩形的有限覆盖. 下面通过证明定义 18.7.1 中的 Markov 条件 (2) 成立来证明这就是所求的 Markov 分割. 我们只需证明对 $x \in R_i \cap f^{-1}(R_j)$ 有 $f(W^s_{R_i}(x)) \subset W^s_{R_j}(f(x))$, 因为第二部分可考虑从 f^{-1} 得到.

首先证明, 对 $x, y \in A \cap f^{-1}(A), y \in W^s_{R(x)}(x)$, 我们有 $R(f(x)) = R(f(y))$. 先注意, 如果 $x = \beta(\omega)$, 其中 $(\omega_0, \omega_1) = (i, j)$, 则由 (18.7.2) 有 $f(y) \in f(W^s_{R(x)}(x)) \subset f(W^s_{R'_i}(x)) \subset W^s_{R'_j}(f(x)) \subset R'_j$. 因此 $f(x), f(y) \in R'_j$. 接下来假设 $R'_j \cap R'_k \neq \varnothing$. 为了证明对某个 $q \in \{su, 0u, s0, 00\}$ 有 $f(x), f(y) \in R(j,k,q)$, 注意 $W^s_{R'_j}(f(x)) = W^s_{R'_j}(f(y))$, 所以 (由对称性) 只需验证, 如果 $f(z) \in W^u_{R'_j}(f(x)) \cap R'_k$, 那么 $\varnothing \neq W^u_{R'_j}(f(y)) \cap R'_k$. 现在证明 $[f(z), f(y)] \in W^u_{R'_j}(f(y)) \cap W^s_{R'_k}(f(z))$. 记 $x = \beta(\omega)$, $(\omega_0, \omega_1) = (i, j)$, $z = \beta(\omega')$, $(\omega'_0, \omega'_1) = (l, k)$. 于是 $f(z) \in W^u_{R'_j}(f(x)) \subset f(W^u_{R'_i}(x))$, 因此 $z \in W^u_{R'_i}(x) \cap R'_l$. $R(x) = R(y)$ 意味着对某个 q 有 $x, y \in R(i,j,q)$, 所以存在 $z' \in W^u_{R'_i}(y) \cap R'_l$ 和 $z'' := [x, y] = [z, z'] \in W^s_{R'_l}(z) \cap W^u_{R'_i}(y)$. 现在 $z = \beta(\omega')$, 所以 $f(W^s_{R'_l}(z)) \subset W^s_{R'_k}(f(z))$. 由于 $f(y), f(z) \in R'_j$ 是一个矩形, 得知 $[f(z), f(y)] \in W^s_{R'_k}(f(z)) \cap W^u_{R'_j}(f(y))$. 因此得到如所求的 $R(f(x)) = R(f(y))$.

为了得到 Markov 条件 (2), 令 $C^s := \bigcup\left\{W^s_\zeta(x) \middle| x \in \bigcup_i \partial^s R'_i\right\}$, $C^u := \bigcup\left\{W^u_\zeta(x) \middle| x \in \bigcup_i \partial^u R'_i\right\}$ 以及 $B := \Lambda \backslash ((C^s \cup C^u) \cap f^{-1}(C^s \cup C^u))$. 选择 ζ 使得 $B \subset A' := A \cap f^{-1}(A)$. 如果 $x \in B$, 则 $W^s_{R(x)}(x) \cap A'$ 在 $W^s_{\overline{R(x)}}(x)$ 中是开稠的, 因此由上面结果得 $R(f(y)) = R(f(x))$, 故 $f(W^s_{\overline{R(x)}}(x)) \subset \overline{R(f(x))}$, 所以 $f(W^s_{\overline{R(x)}}(x)) \subset W^s_{\overline{R(f(x))}}(f(x))$, 剩下的只需验证这个条件对任意 x 成立. 但是,

如果 $x \in \mathrm{Int}\, R_i \cap f^{-1}(\mathrm{Int}\, R_j)$, 则存在 $x' \in B \cap \mathrm{Int}\, R_i \cap f^{-1}(\mathrm{Int}\, R_j)$, 而且

$$\begin{aligned} f(W^s_{R_i}(x)) &= f(\{[x,y] | y \in W^s_{R_i}(x')\}) = \{[f(x), f(y)] | y \in W^s_{R_i}(x')\} \\ &\subset \{[f(x), z] | z \in W^s_{R_j}(f(x'))\} \subset W^s_{R_j}(f(x)). \end{aligned}$$ □

最直接的结论是紧局部极大双曲集与拓扑 Markov 链之间的半共轭的存在性:

定理 18.7.4. 假设 Λ 是紧局部极大双曲集, $\mathcal{R} = \{R_1, \cdots, R_m\}$ 是直径充分小的 Markov 链, $A_{ij} := \begin{cases} 1, \text{ 如果 } R_i \cap f^{-1}(R_j) \neq \varnothing, \\ 0, \text{ 其他}. \end{cases}$ 那么 $f|_\Lambda$ 是拓扑 Markov 链 (Ω_A, σ_A) 的一个拓扑因子. 半共轭 $h : \Omega_A \to \Lambda$ 是 $h^{-1}(\Lambda')$ 上的一个单射, 其中 [594]
$\Lambda' := \Lambda \Big\backslash \bigcup_{i \in \mathbb{Z}} f^i(\partial^s \mathcal{R} \cup \partial^u \mathcal{R})$, 和 $\partial^s \mathcal{R} := \bigcup_{R \in \mathcal{R}} \partial^s R$, $\partial^u \mathcal{R} := \bigcup_{R \in \mathcal{R}} \partial^u R$.

证明. 我们从研究 Markov 分割的交开始, 称矩形 R 的真子矩形 $S \neq \varnothing$ 为不稳定子矩形, 如果对所有 $x \in S$, 有 $W^u_S(x) = W^u_R(x)$. 于是有

引理 18.7.5. 如果 S 是 R_i 的不稳定矩形, 且 $A_{ij} = 1$, 则 $f(S) \cap R_j$ 是 R_j 的一个不稳定子矩形.

证明. 设 $x \in R_i \cap f^{-1}(R_j)$ 和 $D := W^s_{R_i}(x) \cap S \neq \varnothing$. 则 $S = \bigcup_{y \in D} W^u_{R_i}(y)$ 且 $f(S) \cap R_j = \bigcup_{y \in D} f(W^u_{R_i}(y)) \cap R_j$. 但是 $f(y) \in R_j$ (如定理 18.7.3 证明中所示) 和 $f(W^u_{R_i}(y)) \cap R_j = W^u_{R_j}(f(y))$, 所以 $f(S) \cap R_j = \bigcup_{z \in f(D)} W^u_{R_j}(z) = [W^u_{R_j}(f(x)), f(D)]$, 这是一个真矩形, 因为 D 从而 $f(D)$ 是真矩形, 又 $R_j = [W^u_{R_j}(f(x)), W^s_{R_j}(f(x))]$, 因此 $W^u_{R_j}(f(x))$ 也是真矩形. 它是非空的, 因为 $f(D) \neq \varnothing$. 最后, 如果 $w \in f(S) \cap R_j$, 则对某个 $z \in f(D)$ 有 $w \in W^u_{R_j}(z)$, 所以 $W^u_{R_j}(w) = W^u_{R_j}(z) \subset f(S) \cap R_j$. □

对 $\omega \in \Omega_A$ 定义 $h(\omega) = \bigcap_{i \in \mathbb{Z}} f^{-i}(R_{\omega_i})$. 这个交非空, 因为由引理 18.7.5, 归纳地我们有有限交性质, 且由扩张性它不可能包含多于一点. 由定理 18.2.5 的证明 h 连续且是一个满射, 因为 $h(\Omega_A)$ 是包含 Λ' 的紧集. 显然 $h \circ \sigma_A = f \circ h$, 而且每个 $x \in \Lambda'$ 只有一个原像. □

注意下面这个引理也有用.

引理 18.7.6. 利用上面记号, 我们有 $f(\partial^s \mathcal{R}) \subset \partial^s \mathcal{R}$ 和 $\partial^u \mathcal{R} \subset f(\partial^u \mathcal{R})$.

证明. 对 $x \in R_i$, 存在 $j, x_n \in \operatorname{Int}(R_i \cap f^{-1}(R_j))$ 使得 $x_n \to x$. 于是 $A_{ij} = 1$ 和 $x \in R_i \cap f^{-1}(R_j)$, 因此 $W^u_{R_j}(f(x)) \subset f(W^u_{R_i}(x))$. 因而对 $x \notin \partial^s \mathcal{R}$, 即使得 $W^u_{R_j}(f(x))$ 是 $f(x)$ 在 $W^s_\eta(f(x)) \cap \Lambda$ 中的邻域, $W^u_{R_i}(X)$ 是 x 在 $W^s_\eta(x) \cap \Lambda$ 中的邻域, 所以 $x \notin \partial^s \mathcal{R}$. 其余的包含关系通过考虑 f^{-1} 得到. □

另一个直观且有用的结论是, 拓扑传递性和拓扑混合性对双曲集和它的 Markov 模型是等价的:

命题 18.7.7. 如果 Λ 是 f 的紧局部极大双曲集, 又如果 $f|_\Lambda$ 是拓扑传递的 (对应地, 是拓扑混合的), 那么由定理 18.7.4 中的编码得到的拓扑 Markov 链 σ_A 是拓扑传递的 (对应地, 是拓扑混合的).

证明. 如果 $\varnothing \neq U, V \in \Omega_A$ 是开的, 则存在 $\omega, \omega' \in \sigma_A$ 和 $m \in \mathbb{N}$, 使得 $U' := C^{-m,\cdots,m}_{\omega_{-m},\cdots,\omega_m} \subset U, V' := C^{-m,\cdots,m}_{\omega'_{-m},\cdots,\omega'_m} \subset V$ (利用 (1.9.1) 定义的柱体集), 因此 $\varnothing \neq U_A := \operatorname{Int} \bigcap\limits_{-m \leqslant i \leqslant m} f^{-i}(\operatorname{Int} R_{\omega_i})$ 和 $\varnothing \neq V_A := \operatorname{Int} \bigcap\limits_{-m \leqslant i \leqslant m} f^{-i}(\operatorname{Int} R_{\omega'_i})$, 而且当然有 $h^{-1}(U_\Lambda) \subset U' \subset U$ 和 $h^{-1}(V_\Lambda) \subset V' \subset V$. 从而由 f 的拓扑传递性或混合性得到 σ_A 的对应性质. □

[595] 我们可以问什么时候定理 18.7.4 中得到的这个半共轭是一个共轭. 显然 Λ 必须是全连通的, 因为 Ω_A 全连通. 现在我们有足够机制证明这个条件事实上是充分的 (参看一维情形的定理 16.1.1).

命题 18.7.8. 设 Λ 是微分同胚 $f: U \to M$ 的一个全连通紧局部极大双曲集. 那么 $f|_\Lambda$ 拓扑共轭于拓扑 Markov 链.

证明. 我们仅勾勒出证明, 跳过的一些细节读者容易补上.

用闭和开的矩形构造一个覆盖. 这是通过在一点的稳定和不稳定流形上取闭的开集来完成, 并用 $[\cdot,\cdot]$ 表示产生的矩形. 对每对这样的矩形应用切割构造 (18.7.2). 如果原来的矩形的直径足够小, 则得到的矩形也是开和闭的. 因此我们将 Λ 分割为不相交的闭矩形, 从而存在 $\gamma > 0$, 使得如果两点比 γ 更接近, 则它们在相同的矩形内, 而且它们的括号在同一个矩形内. 现在按照这个分割进行编码. 这个编码映射是一个连续的单射. 其像是全移位的闭不变子集, 由上面的说明它有局部积结构. 因此由定理 18.4.1 这个像是全移位的局部极大子集 (即使这个定理是对双曲集证明的也可应用到移位, 因为它们可以看作为光滑系统的马蹄型不变集). 最后利用将练习 18.4.3 的结论推广到移位 σ_N 的情形. 因此, 在编码映射下 Λ 的像是 N 步拓扑 Markov 链 (定义 1.9.10). 如该定义后面的解释, 任何 n 步拓扑 Markov 链拓扑共轭于拓扑 Markov 链. □

练　　习

18.7.1. 从定理 18.7.4 推导碎轨定理 18.3.9.

18.7.2. 证明如果在定理 18.7.4 的假设下, M 的维数是 2, 那么这个半共轭离开至多可数多个稳定和不稳定流形的并是一个单射.

18.7.3. 证明如果在定理 18.7.4 的假设下, M 的维数是 2, 那么 $h_{\text{top}}(f|_\Lambda) = h_{\text{top}}(\Sigma_A)$, 其中 A 来自定理 18.7.4.

第 19 章　双曲集的度量结构 [597]

上一章我们集中讨论与双曲集相应的纯拓扑不变量之性态. 双曲集的拓扑动力学与拓扑 Markov 链的拓扑动力学密切相关, 因为作为光滑动力系统的不变集出现的双曲集与这个拓扑动力学是如何嵌入一个光滑流形的研究有关. 这方面的主要结论是与动力学相应的所有重要结构都是 Hölder 连续的, 有时还具有适当的可微性 (例如, C^1). 但很少有更高的可微性. 因此, 在处理 2.9 节讨论的双曲动力系统上的这类上同调方程时自然也有 Hölder 正则性. 我们的主要结果 Livschitz 定理 19.2.1 断言, 直到相差 Hölder 上边缘, 周期阻碍提供 Hölder 余环不变量的完全系. 这个结果以及它的 C^1 形式具有许多有用的应用.

19.1.　Hölder 结构

a. Hölder 连续函数的不变类. 前面 (1.9a 节和练习 1.9.1—1.9.3) 我们在动力系统的相空间中曾经遇到过 Hölder 连续函数类. 那里引发这类函数很自然, 因为那个空间是一个序列空间, 而且有一个自然定义度量的单参数族. 注意这些度量不仅诱导相同拓扑, 而且有着相同的 Hölder 连续函数类.

在这一节中我们将看到 Hölder 连续函数类也很自然出现在双曲集中. 这种函数研究的一个要点是, 它们能让我们更详细地研究光滑双曲系统的遍历理论. 我们借助定义*压力*, 熵的一个推广, 并通过研究压力对光滑不变测度的性态给予我们一个新的见解, 例如, 证明它们的遍历性.

另一方面, Hölder 连续函数类也是函数研究的一个自然类, 因为我们将看到, [598]
与双曲性相应的主要结构是关于这个光滑结构的 Hölder 连续, 虽然它们通常并不具有任何更高的正则性 (如 Lipschitz 连续性, 或者 C^1). 特别地, 我们将求得双曲集之间的拓扑共轭永远是 Hölder 连续的, 因此, Hölder 连续函数类在拓扑共轭下得到保持, 就是说, 它是拓扑动力学的一个不变量.

此外, 我们也将注意稳定和不稳定叶层是 Hölder 连续的. 利用这个事实我们将构造一个重要的 Hölder 连续函数, 即扩张率. 我们研究它的压力 (见定义 20.2.1) 是为了研究光滑不变测度.

在讨论一般理论之前, 我们指出, Hölder 连续函数类的不变性的简单例子在前面已经出现过. Smale 马蹄中的双曲集 (2.5c 节) 拓扑共轭于全 2 移位. 选择适当的压缩率和扩张率, 容易看到它事实上等距于我们在 1.9a 节中考虑的 2 移位上的度量 d_λ. 因此, 对这个符号系统, Hölder 连续函数类正好是马蹄上关于这个 Euclid 度量的一类 Hölder 连续函数.

b. 共轭的 Hölder 连续性. 结构稳定性 (定理 18.2.1) 断言, 如果 $\Lambda \subset U \subset M$ 是嵌入 $f: U \to M$ 的一个双曲集, f' 在 C^1 拓扑下充分接近于 f, 那么存在 f' 的一个双曲集 $\Lambda' \subset U$ 和同胚 $h: \Lambda \to \Lambda'$, 使得 $hf = f'h$.

这一节我们要证明这是一个共轭. 事实上, 光滑动力系统的双曲集之间的任何拓扑共轭都由 Hölder 连续同胚实现. 由此得知, Hölder 连续函数类是一个拓扑共轭不变量.

得到共轭的 Hölder 连续性的一个方便方法是证明共轭的同胚分别沿着稳定和不稳定叶 Hölder 连续. 首先我们证明这事实上是充分的. 因为这由稳定和不稳定流形是一致横截连续变化的 Lipschitz 子流形的这一单独事实得到. 我们给出的这个结果是作为度量空间的一个抽象引理, 那里将稳定和不稳定叶层想象为定义两个 (“水平的” 和 “铅垂的”) 等价关系.

命题 19.1.1. 设 Λ 是具有两个等价关系 $\sim_h$ 和 $\sim_v$ 的度量空间, 使得存在 $\varepsilon > 0, K_1 \in \mathbb{R}$ 满足对 $x \sim_h y \sim_v z$ 和 $d(x,z) < \varepsilon$, 有

$$d(x,y)^2 + d(y,z)^2 \leqslant K_1 d(x,z)^2,$$

且对充分接近的 $x, y \in \Lambda$, 存在 w 使得 $x \sim_h w \sim_v y$. 令 $\varphi: \Lambda \to X$ 是到度量空间 X 的映射, 使得存在 $K_2, \alpha > 0$, 满足对 $d(x,y) < \varepsilon$ 和 $x \sim_h y$ 或者 $x \sim_v y$, 有

$$d(\varphi(x), \varphi(y)) \leqslant K_2 d(x,y)^\alpha.$$

[599] 那么存在 $K_3 > 0$, 使得对所有充分接近的 $x, y \in \Lambda$ 有

$$d(\varphi(x), \varphi(y)) \leqslant K_1 K_2 K_3 d(x,y)^\alpha.$$

证明. 下面事实的证明是线性代数的一个标准练习, 即证明存在 $K_3 > 0$ 使得对 $(x, y) \in \mathbb{R}^2$, 有

$$(|x|^\alpha + |y|^\alpha)^{1/\alpha} \leqslant K_3^{1/\alpha}(x^2 + y^2)^{1/2}.$$

(通过画出 $\{(x, y) \in \mathbb{R}^2 \| x|^\alpha + |y|^\alpha = 1\}$ 可看到此不等式.) 再对 $x, y \in \Lambda$ 取 w 使得 $x \sim_h w \sim_v y$, 并注意

$$\begin{aligned} d(\varphi(x), \varphi(y)) &\leqslant d(\varphi(x), \varphi(w)) + d(\varphi(w), \varphi(y)) \leqslant K_2(d(x, w)^\alpha + d(w, y)^\alpha) \\ &\leqslant K_2 K_3 (d(x, w)^2 + d(w, y)^2)^{\alpha/2} \leqslant K_1 K_2 K_3 d(x, y)^\alpha, \end{aligned}$$

即得证明. □

定理 19.1.2. 设 Λ 和 Λ' 分别是微分同胚 f 和 f' 的两个紧双曲集, $h = f' h f^{-1} : \Lambda \to \Lambda'$ 是拓扑共轭. 则 h 和 h^{-1} 是 Hölder 连续的.

证明. 由于 f 和 f' 在叙述中对称地出现, 故只需验证 h 本身 Hölder 连续. 此外, 我们刚才已经证明, 事实上只要证明 h 沿着稳定和不稳定流形的 Hölder 连续性就够了. 因为 h 也共轭 f^{-1} 与 f'^{-1} (对此稳定和不稳定流形转换角色), 所以事实上只要证明对每个 $x \in \Lambda$, $h|_{W^u(x)\cap\Lambda}$ Hölder 连续 (具有一致的常数和指数).

为此, 取 $c < 1 < C$, 使得 C 是 f 的 Lipschitz 常数, c 是 $f'^{-1}|_{W^u}$ 的 Lipschitz 常数, 以及令 $\alpha > 0$ 使得 $cC^\alpha < 1$. 固定 $\varepsilon_0 > 0$. 由于 Λ 是紧的, h 连续, 因此一致连续, 故存在 $\delta_0 > 0$, 使得由 $d(x, y) < \delta_0$ 得到 $d(h(x), h(y)) < \varepsilon_0$.

现在如果 $x, y \in \Lambda$, $y \in W^u(x)$, 以及 $\delta := d(x, y)$ 充分小, 则存在 $n \in \mathbb{N}$ 使得 $d(f^n(x), f^n(y)) \leqslant C^n \delta < \delta_0 \leqslant C^{n+1}\delta$. 因此 $d(h(f^n(x)), h(f^n(y))) < \varepsilon_0$, 所以由 δ_0 的选择, 利用 $cC^\alpha < 1$, 我们有

$$\begin{aligned} d(h(x), h(y)) &= d(f'^{-n} h f^n(x), f'^{-n} h f^n(y)) < c^n \varepsilon_0 \\ &= c^n \delta_0^\alpha \cdot \varepsilon_0 / \delta_0^\alpha \leqslant (cC^\alpha)^n C^\alpha (\varepsilon_0/\delta_0^\alpha)\delta^\alpha < C^\alpha(\varepsilon_0/\delta_0^\alpha)(d(x, y))^\alpha. \end{aligned}$$ □

这个结果显示, 与紧双曲集相应的任何 Hölder 连续结构在任何拓扑共轭的紧双曲集中有对应的 Hölder 连续结构. 特别有趣的是定义局部积结构的局部卡. 等价地, 如果 $x, y \in \Lambda$ 充分接近, 则可考虑完整映射 $\Lambda \cap W^s(x) \to \Lambda \cap W^s(y)$, $z \mapsto W^u(z) \cap W^s(y)$, 其中所有流形取为局部流形, 或者可考虑由命题 6.4.13 定义的括号 $[x, y]$. 取完整映射的 Hölder 连续性如下: 如果我们取所有 $W^s(x)$, $W^s(x)$ 的大小为 δ_0, 则存在 $\varepsilon, \alpha, K > 0$, 使得如果 $z, z' \in \Lambda$, $x, y \in W^s(z), d(x, y) <$ [600]
$\varepsilon, d(z, z') < \varepsilon$, 那么

$$d(W^u(x) \cap W^s(z'), W^u(y) \cap W^s(z')) < K d(x, y)^\alpha,$$

如果 $z, z' \in \Lambda$, $x, y \in W^u(z), d(x,y) < \varepsilon, d(z,z') < \varepsilon$, 那么

$$d(W^s(x) \cap W^u(z'), W^s(y) \cap W^u(z')) < Kd(x,y)^\alpha.$$

我们将此性质作为不稳定流形依赖于点的 Hölder 连续性, 或者作为不稳定叶层的 Hölder 连续性. 于是由定理 19.1.2 立刻有

推论 19.1.3. 设 M_1, M_2 是 Riemann 流形, $U_i \subset M_i$ 是开集, $f_i : U \to M$ $(i = 1, 2)$ 是具有紧双曲集 $\Lambda_i \subset U_i$ 的嵌入. 如果 f_1 的稳定和不稳定流形 Hölder 连续依赖于基点, 而且 f_1 和 f_2 拓扑共轭, 则 f_2 的稳定和不稳定流形 Hölder 连续依赖于基点.

由定理 18.6.1, 环面的 Anosov 微分同胚共轭于一个线性模型, 其中完整映射光滑, 因此得到

推论 19.1.4. 环面上的 Anosov 微分同胚有 Hölder 连续的完整映射.

这后一个事实与 Anosov 条件或这个流形无关. 任何紧双曲集有 Hölder 连续的叶层, 具有如定理 19.1.6 对分布得到的相同 Hölder 指数. 由于我们不需要这个结果, 而且详细证明太长, 我们就不提供了.[1]

c. 流的 Hölder 连续的轨道等价性. 用完全类似的理由得到上一个结果对于流的类似. 但是也有新的方面值得注意, 即幸运的是在流方向有唯一性. 因此, 我们得到下面的结果:

定理 19.1.5. 设 $\Lambda \subset M, \Lambda' \subset M'$ 分别是流 φ 和 ψ 的紧双曲集, 又假设 φ 和 ψ 通过 $h : \Lambda \to \Lambda'$ 轨道等价. 那么存在 C^0 任意接近于 h 的 Hölder 连续的轨道等价性.

证明. 我们从 Hölder 轨道等价性的局部构造开始. 取在 $p \in \Lambda$ 的小光滑横截线 $\mathcal{T}$ 和在 $q = h(p) \in \Lambda'$ 的横截线 $\mathcal{T}'$. 则沿着 ψ 的轨道 $h(\mathcal{T})$ 典范投射到 $\mathcal{T}'$, 利用 $\mathcal{T}$ 与如命题 19.1.1 中的等价类的弱不稳定叶层和弱稳定叶层的交, 通过与定理 19.1.2 的证明相同的论述, h 和这个投射的复合是 Hölder 连续的.

现在固定某个 $\delta > 0$ 并用流箱覆盖 Λ, 流箱的底是小光滑横截线, 并固定 Λ' 中对应的光滑横截线. 从这些横截线之间的 Hölder 连续映射在流箱上通过取它
[601] 们保持时间构造局部共轭. 这给出从这些流箱到 Λ' 的局部同胚. 为了将这些同胚聚集成一个大范围映射, 在 Λ 上取从属于这些流箱的覆盖的一个光滑单位分割. 现在点 $x \in \Lambda$ 的所有像位于一个轨道段上, 因此可通过在 x 的单位分割成员的值取对应时间参数的加权平均. 这给出有定义的 C^0 接近于 h 的 Hölder 连续映射 $\widetilde{h}$, 再取 φ 的轨道为 ψ 的轨道. $\widetilde{h}$ 沿着 φ 的轨道也可微. 剩下的问题是 $\widetilde{h}$ 可能沿着轨道不单调.

为了寻找满足要求性质的同胚, 利用 $\widetilde{h}$ 是 C^0 接近于同胚 h 的事实, 只要 δ 充分小. 由此得知存在 $\eta > 0$, 使得对任何 $x \in \Lambda$ 和 $t > \eta$ 有 $\widetilde{h}(\varphi^t(x)) = \psi^s(\widetilde{h}(x))$, 其中 $s > 0$. 这导致确定的 $h'(x) := (1/\eta)\displaystyle\int_0^\eta \widetilde{h}(\varphi^t(x))dt$ (这个积分为沿着 x 的轨道包含实参数的积分) 给出具有所有要求性质的同胚 h'. □

d. 不稳定分布的 Hölder 连续性和可微性. 现在我们证明嵌入 $f : U \to M$ 的双曲集 $\Lambda \subset U$ 的不稳定分布也 Hölder 连续. 我们的方法是利用在 Hadamard–Perron 定理 6.2.8 证明中所用的方法. 那里它是作为压缩的不动点出现, 所以它是附近任何 "合理" 分布在微分同胚的微分的迭代作用下的极限. 我们将证明这个微分的作用对适当的 Hölder 指数和常数保持 Hölder 性质. 从 Hölder 连续的候选者开始, 由这种分布集合的紧性 (由 Arzela–Ascoli 定理 A.1.24) 得到 Hölder 连续的不稳定分布.

定理 19.1.6. 设 M 是一个 Riemann 流形, $U \subset M$ 是开集, $f : U \to M$ 是具有紧不变双曲集 $\Lambda \subset U$ 的一个 $C^{1+\beta}$ 嵌入. 那么稳定和不稳定分布是 Hölder 连续的.

证明. 在每一点附近选择局部坐标使得估计较容易些. $p \in \Lambda$ 的每个切平面 $T_pM = E^+ \oplus E^-$ 可线性坐标化, 使得 E^+ 是 x "平面" $\mathbb{R}^k \times \{0\}$, E^- 是 y "平面" $\{0\} \times \mathbb{R}^{n-k}$. 可选择这些坐标连续依赖于点 p. 对每一点 $p \in \Lambda$, 存在 $\varepsilon > 0$ 使得指数映射 $\exp_p$ (见 (9.5.1)) 是闭 ε 球 $\overline{B(0,\varepsilon)} \subset T_pM$ 到 M 的一个嵌入. 这给出 $p \in \Lambda$ 的闭邻域 $V_p = \overline{B(p,\varepsilon)}$, 在其中我们有坐标使得 $p \sim 0$, 且在 p, 空间 E_p^+ 切于 x "平面" $\mathbb{R}^k \times \{0\}$, 空间 E^- 切于 y "平面" $\{0\} \times \mathbb{R}^{n-k}$. 这些坐标在 C^∞ 拓扑下连续依赖于 p, 即所有导数连续依赖于 p, 因为这对 $\exp_p$ 成立.

作为不稳定分布的 "候选者", 在水平 δ 锥内考虑 k 维分布的空间 $C(\delta)$. f 在 $E \in C(\delta)$ 上的作用由 [602]

$$f_*E(p) = Df(E(f^{-1}(p)))$$

给出. 于是 $f_*C(\delta) \subset C(\delta)$.

假设 $E \in C(\delta)$. 如果 $d(p,q) < \delta$, 则可通过 V_p 上的坐标, 使得 q 对应于满足 $\|z\| = d(p,q) < \delta$ 的点 z (因为 $\exp_p$ 是一个 "径向" 等距). $T_z\mathbb{R}^n$ 中由 E 定义的子空间可看作为从 x "平面" $\mathbb{R}^k \times \{0\}$ 到 y "平面" $\{0\} \times \mathbb{R}^{n-k}$ 的线性映射 $E(z)$ 的像. $E(z)$ 的算子范数给出 $E^+(p)$ 与 $E(q)$ 之间的距离的界. 特别我们要证明, 如果 $E = E^+$, 则存在常数 $K > 0$ 和 $\alpha \in (0,1)$, 使得对坐标卡内的所有 z 和所有坐标卡, 有 $\|E(z)\| \leqslant K\|z\|^\alpha$. 为了考虑候选的分布具有某次 Hölder 连续性, 令

$$C(\delta, \varepsilon_0, K) := \{E \in C(\delta) | \|E(z)\| \leqslant K\|z\|^\alpha, \varepsilon_0 \leqslant \|z\| \leqslant \varepsilon\}.$$

同时由定义 $C(\delta,\varepsilon_0,K)\subset C(\delta)$. 事实上对充分大的 K, 额外的条件是没有意义的:

引理 19.1.7. *对 $\delta,\varepsilon_0>0$, 存在 $K=K(\delta,\varepsilon_0)>0$, 使得 $C(\delta)\subset C(\delta,\varepsilon_0,K)$.*

证明. 由于 E^+ 连续, 因此一致连续, 存在常数 $C>0$, 使得对所有 $E\in C(\delta)$ 和 $\|z\|<\varepsilon$ 有 $\|E_z\|\leqslant C$. 于是若 $\varepsilon_0>0$ 固定, 则 $K=C\varepsilon_0^{-\alpha}$ 是所要求的. □

因此, 特别地, 我们知道, 对 K 的这个选择我们有 $f_*^n(C(\delta))\subset C(\delta)\subset C(\delta,\varepsilon_0,K)$. 下一步我们证明 f_* 改善分布在 $C(\delta)$ 中的这个估计. 为此利用局部坐标并用与 Hadamard–Perron 定理 6.2.8 证明的第 5 步的相同方法, 其估计自然也非常类似.

利用坐标邻域分解为 x "平面" $\mathbb{R}^k\times\{0\}$ 和 y "平面" $\{0\}\times\mathbb{R}^{n-k}$, 利用明显的分块形$Df=\begin{pmatrix}A_z & B_z\\ C_z & D_z\end{pmatrix}$, 其中对某个依赖于点 $x\in M$ 的 $\lambda_x=\lambda<1<\mu=\mu_x$ 有

$$\|A_z^{-1}\|<\frac{\mu^{-1}}{1+2\varepsilon},\|D_z\|<\lambda-\varepsilon,\|B_z\|\leqslant L\|z\|^\beta<\varepsilon,\|C_z\|\leqslant L\|z\|^\beta<\varepsilon.$$

如果 $E\in C(\delta)$, 则用坐标可将它写为线性算子 $E_z:\mathbb{R}^k\to\mathbb{R}^{n-k}$ 的图像. 更方便的是等价地将它写为线性映射 $\begin{pmatrix}I\\ E_z\end{pmatrix}:\mathbb{R}^k\to\mathbb{R}^n$ 的像, 于是 $f_*E\circ f=(Df)E$ 简单地是由复合

$$Df\circ\begin{pmatrix}I\\ E_z\end{pmatrix}=\begin{pmatrix}A_z & B_z\\ C_z & D_z\end{pmatrix}\begin{pmatrix}I\\ E_z\end{pmatrix}$$

[603] 表示的映射, 所以 $f_*E\circ f$ 表示为

$$(Df)E_z=(C_z+D_zE_z)(A_z+B_zE_z)^{-1}.$$

注意, 我们这是从一个局部坐标移动到另一个坐标. 现在由于 $\|E_z\|\leqslant\delta\leqslant 1$ 有 $\|B_zE_zA_z^{-1}\|\leqslant\|B_z\|\|E_z\|\|A_z^{-1}\|<\varepsilon$. 因此对充分小的 ε 有

$$\|(A_z+B_zE_z)^{-1}\|=\|A_z^{-1}(I+B_zE_zA_z^{-1})^{-1}\|\leqslant\frac{\mu^{-1}}{1+2\varepsilon}(1+2\varepsilon)=\mu^{-1}.$$

特别地, $A_z+B_zE_z$ 事实上可逆. 因此由于

$$\|C_z+D_zE_z\|\leqslant\|C_z\|+\|D_zE_z\|\leqslant(\lambda-\varepsilon)\|E_z\|+L\|z\|^\beta,$$

我们有

$$\|(Df)E_z\|\leqslant\mu^{-1}((\lambda-\varepsilon)\|E_z\|+L\|z\|^\beta).$$

$(Df)E_z$ 表示 f_*E 在坐标为 z 的点的像 z', 即 $(Df)E_z = f_*E_{z'}$. 注意, 如果 ν_x^{-1} 是 f^{-1} 在 $f(x)$ 的 Lipschitz 常数, 则 $\|z'\| \geqslant \nu\|z\|$. 因此, 如果 $\alpha < \beta$ 使得在每一点满足

$$\lambda_x\mu_x^{-1}\nu_x^{-\alpha} < 1 \tag{19.1.1}$$

以及 $K \geqslant L/\varepsilon$, 则 $\mu^{-1}((\lambda-\varepsilon)K + L) \leqslant \mu^{-1}\lambda K$, 因此

$$\|E(z)\| \leqslant K\|z\|^\alpha \quad \text{蕴含} \quad \|f_*E(z')\| \leqslant \mu^{-1}\lambda K\nu^{-\alpha}\|z'\|^\alpha < K\|z'\|^\alpha, \tag{19.1.2}$$

其中 z' 对应于坐标为 z 的点的像. 因此对所有 $n \in \mathbb{N}$ 有 $f_*^n(C(\delta)) \subset C(\delta, \lambda^n, K)$, 其中 $K := K(\delta, \sup\limits_x \lambda_x)$. 我们称 (19.1.1) 为束条件. 现在令

$$R_n := \{(f^n(p), f^n(q)) \in M \times M | d_n^f(p,q) \leqslant \varepsilon, \varepsilon_0 \leqslant d(p,q) \leqslant \varepsilon\}$$

和 $S_n := \bigcup\limits_{i=0}^{n} R_n$. 归纳地应用 (19.1.2), 我们看到, 对任何 $E \in C(\delta)$ 和 $(x, \exp_x z) \in S_n$ 有 $\|(f_*^n)(z)\| \leqslant K\|z\|^\alpha$. 由 Hadamard–Perron 定理 6.2.8,

$$\{(x,y) \in M \times M | y \notin W^u(x), d(x,y) \leqslant \varepsilon\} \subset S := \bigcup_{n=0}^{\infty} S_n.$$

因此, 如果 $(x, \exp_x z) \in \overline{S}$, 则 f_* 的不动点 F 简单地是 E^+ 的满足 $\|F(z)\| \leqslant K\|z\|^\alpha$ (在 x 的坐标) 的坐标表示. 由于 $\overline{S}$ 在 $M \times M$ 中包含一个对角线邻域, 这证明了定理. □

注. 事实上, 有可能证明利用类似的论述得到 E 在它自己的方向的导数有相同的 Hölder 指数.

下面我们证明, 如果 (19.1.1) 对某个 α 关于 x 一致成立, 则这个不稳定分布 [604]
是 C^1 的. 特别地, 由此得知, 如果不稳定分布有余维 1, 则它是 C^1 的.

为了使得这个论述有意义, 必须指出, C^1 的这个性质可以在流形的子集上定义, 即使这些不是子流形. 就是说, 可微性条件仅仅要求在每一点存在线性近似, 而 C^1 要求取这些线性近似连续依赖于它们的基点. 这些概念都仅用在出现光滑外围结构时.

定理 19.1.8. 设 M 是一个 Riemann 流形, $U \subset M$ 是开集, $f: U \to M$ 是具有紧不变双曲集 $\Lambda \subset U$ 的一个嵌入. 此外, 假设对某个 $\alpha > 1$ 束条件 (19.1.1) 对 Λ 的所有点成立. 那么稳定和不稳定分布是 C^1 的.

证明. 为了利用与以前类似的策略, 首先注意可微性可通过估计证明: 映射 $T: \mathbb{R}^n \to \mathbb{R}^m$ 在 x 可微, 如果对满足 $v_1 + v_2 + v_3 = 0$ 的 $(v_1, v_2, v_3) \in (\mathbb{R}^n)^3$, 当

$(h_1, h_2, h_3) \to 0$ 时

$$\left|\frac{T(x+v_1h_1)}{h_1}+\frac{T(x+v_2h_2)}{h_2}+\frac{T(x+v_3h_3)}{h_3}-\left(\frac{1}{h_1}+\frac{1}{h_2}+\frac{1}{h_3}\right)T(x)\right| \to 0 \tag{19.1.3}$$

一致成立. 我们看到, 通过令 $v_3 = 0$ 这证明方向导数存在. 于是 (19.1.3) 证明这些导数线性地依赖于这个方向. 一致性保证这是充分的, 而且事实上还得到导数的连续性 (如前, 类似的估计证明这些导数事实上是 Hölder 连续的). 对流形上的函数用 $\exp_x(v_ih_i)$ 代替 $(x + v_ih_i)$.

为了证明 (19.1.3) 对 E^+ 的坐标表示成立, 考虑

$$\mathcal{B} := \left\{\begin{array}{c} M \text{ 上满足 } v_1+v_2+v_3=0 \text{ 和 } \|v_1\|+\|v_2\|+\|v_3\|=1 \\ \text{的三元 } (v_1,v_2,v_3) \text{ 集} \end{array}\right\}.$$

集合 $v_i'(p) = Dfv_i(f^{-1}(p))/\xi(v_1(f^{-1}(p)), v_2(f^{-1}(p)), v_3(f^{-1}(p)))$, 其中 $\xi \in \mathbb{R}$, 使得 $(v_1', v_2', v_3') \in \mathcal{B}$. 于是 f 通过 $\mathcal{P}(v_1, v_2, v_3) := (v_1', v_2', v_3')$ (可逆) 作用于 $\mathcal{B}$, 而且 $\mathcal{P}(\mathcal{B}) = \mathcal{B}$. 为了避免过多的下标, 用 $E(z)$ 记 E_z. 可微性的证明可从下面引理开始:

引理 19.1.9. *存在 $\varepsilon, \eta > 0$, 使得对所有 $p \in M, (v_1, v_2, v_3) \in \mathcal{B}, 0 < h_1, h_2, h_3 < \varepsilon$, 由*

$$\left|\frac{E(\exp(v_1(p)h_1))}{h_1}+\frac{E(\exp(v_2(p)h_2))}{h_2}+\frac{E(\exp(v_3(p)h_3))}{h_3}\right| < K$$

得到对 $(v_1', v_2', v_3') = \mathcal{P}(v_1, v_2, v_3)$ 和 $h_i' := \xi \cdot h_i$ 有

$$\left|\frac{E(\exp(v_1'(p)h_1'))}{h_1'}+\frac{E(\exp(v_2'(p)h_2'))}{h_2'}+\frac{E(\exp(v_3'(p)h_3'))}{h_3'}\right| < (1-\eta)K.$$

[605] **证明.** 为了避免记号混乱, 记 $C_i := C_{\exp(v_i(p)h_i)}, D_i := D_{\exp(v_i(p)h_i)}$ 令

$$A_i : +(A_{\exp(v_i(p)h_i)} + B_{\exp(v_i(p)h_i)}E(\exp(v_i(p)h_i)))^{-1},$$

并由 $h_iE_i = h_1h_2h_3E(\exp(v_i(p)h_i))$ 定义 E_i. 因此需要估计

$$\begin{aligned}
&(h_2'h_3'E(\exp(v_1'(p)h_1')) + h_1'h_3'E(\exp(v_2'(p)h_2')) + h_1'h_2'E(\exp(v_3'(p)h_3'))) \\
&= h_2'h_3'\left(C_1 + \frac{D_1E_1}{h_2h_3}\right)A_1 + h_1'h_3'\left(C_2 + \frac{D_2E_2}{h_1h_3}\right)A_2 + h_1'h_2'\left(C_3 + \frac{D_3E_3}{h_1h_2}\right)A_3 \\
&= \xi^2D_1(E_1+E_2+E_3)A_1 \\
&\quad +(D_2-D_1)E_2A_2 + D_1E_2(A_2-A_1) + (D_3-D_1)E_3A_3 + D_1E_3(A_3-A_1) \\
&\quad +h_2'h_3'C_1A_1 + h_1'h_3'C_2A_2 + h_1'h_2'C_3A_3.
\end{aligned}$$

为了估计第一项, 注意

$$\|\xi^2 D_1(E_1+E_2+E_3)A_1\| < \xi^2(\lambda-\varepsilon)\mu^{-1}Kh_1h_2h_3 = (\lambda-\varepsilon)\mu^{-1}\xi^{-1}Kh_1'h_2'h_3'.$$

再次, 若 ν^{-1} 是 f^{-1} 的 Lipschitz 常数, 则 $\xi>\nu$, 若 (19.1.1) 对某个 $\alpha>1$ 成立, 则 $(\lambda-\varepsilon)\mu^{-1}/\xi<1-2\eta$ 对某个 $\eta>0$ 一致成立. 因此第一项有界于 $(1-2\eta)Kh_1'h_2'h_3'$. 剩下的要证明余下的项充分小于第一项. 但中间几项收敛于零的速度快于 $h_1'h_2'h_3'$, 因为 A 和 D 是 Lipschitz 连续, E 连续且在 0 为零, 所以这几项的作用至多为 $\eta Kh_1'h_2'h_3'/2$, 只要诸 h_i 足够小. 同样最后几项趋于零的速度快于 $h_1'h_2'h_3'$, 因为 C 是 Lipschitz 连续的, 且在 0 为零. 从而得到所要的界. □

为了应用这个引理, 只要考虑稳定分布中的三元 (v_1,v_2,v_3) 组, 并记它们组成的空间为 $\mathcal{B}^s$. 于是对某个仅依赖于 f 的常数 $\rho>0$ 有 $\xi<1-\rho$. 现在注意, 由于不稳定分布 Lipschitz 连续 (利用 (19.1.1), 其中定理 19.1.6 中的 $\alpha=1$), 存在 K 使得引理 19.1.9 中的第一个方程对任何 $(v_1,v_2,v_3)\in\mathcal{B}$ 和 h_1,h_2,h_3 成立. 取 ε 如引理 19.1.9 中的并对任何给定的 $\delta\leqslant\varepsilon$, 取最小的 $n\in\mathbb{N}$ 使得对此存在 $(v_1,v_2,v_3)\in\mathcal{B}^s$ 满足 $\prod_{i=0}^{n-1}\xi(\mathcal{P}^i(v_1,v_2,v_3))<\delta/\varepsilon$. 于是当 $\delta\to 0$ 时 $n\to\infty$ (因为 $\xi<1-\rho$), 且对 $h_1,h_2,h_3<\delta$ 应用引理 19.1.9 $(n-1)$ 次, 得到对所有 $(v_1,v_2,v_3)\in\mathcal{B}^s$ 有

$$\left|\frac{E(\exp(v_1(p)h_1))}{h_1}+\frac{E(\exp(v_2(p)h_2))}{h_2}+\frac{E(\exp(v_3(p)h_3))}{h_3}\right|<(1-\eta)^{n-1}K.$$

这证明沿着 E^s 有 (19.1.3).

下面我们指出:

引理 19.1.10. 假设沿着 $\mathbb{R}^n$ 中两个连续横截叶层 W^u 和 W^s 的叶, $\varphi:\mathbb{R}^n\to\mathbb{R}$ 是 C^1 的. 那么 φ 是 C^1 的.

证明. 重复应用证明偏导数连续性的论述, 得知这个函数是 C^1 的. 给定两个接近的点 x,y, 我们需要证明直到相差 $|y-x|$ 的一个高阶项有 $\varphi(y)-\varphi(x)=$
$L(y-x)$, 其中 L 为某个线性映射. 由于 φ 沿着 W^u 和 W^s 的叶是 C^1 的, 对 [606]
$z\in W^u(x)\cap W^s(y)$ 在 x,y 附近直到相差一个高阶项有 $\varphi(y)-\varphi(x)=\varphi(y)-\varphi(z)+\varphi(z)-\varphi(x)=L_z^s(y-z)+L_x^u(z-x)$, 其中两个线性映射 L^u 和 L^s 连续依赖于基点. 于是当 $z\to x$ 时 $L_z^s\to L_x^s$, 因此 $y\to x$ 时直到相差一个高阶项有 $L_z^s(y-z)=L_x^s(y-z)$, 从而, 可取 L 为线性映射, 它到 $TW^u(x)$ 和 $TW^s(x)$ 上的限制分别是 L^u 和 L^s. □

注意, 由定理 6.2.8 我们知道 E^u 沿着 W^u 是 C^1 的. 因此在局部坐标下将引理 19.1.10 应用于各个分支得到定理 19.1.8 的证明. □

现在证明对某些有趣情形, 上一个定理的假设, 即 (19.1.1) 满足, 其中 $\alpha > 1$.

推论 19.1.11. 设 M 是一个 Riemann 流形, $U \subset M$ 是开集, $f: U \to M$ 是具有紧不变双曲集 $\Lambda \subset U$ 的一个嵌入. 若不稳定分布有余维 1, 则它是 C^1 的.

证明. 如果不稳定分布有余维 1, 则可取 $\lambda = \nu$, 由此立刻得到 (19.1.1), 其中 $\alpha > 1$. □

注. 显然, 若代替 f 考虑 f^{-1}, 则上一个结果可应用于稳定分布. 特别地, 我们因此看到二维流形中双曲集的稳定分布和不稳定分布永远是 C^1 的.

推论 19.1.12. 设 M 是一个 Riemann 流形, $U \subset M$ 是开集, $f: U \to M$ 是具有紧不变双曲集 $\Lambda \subset U$ 的保体积嵌入. 假设稳定分布有余维 1, 那么稳定分布和不稳定分布是 C^1 的.

证明. 由上一个结果稳定分布是 C^1 的. 为了看到不稳定分布也是 C^1 的, 考虑两个情形. 如果稳定分布也有维数 1, 则由上面结果得证. 否则取 λ 为 $Df|_{E^+}$, 并注意由保体积 (即在适当坐标下 Jacobi 恒等于 1) 总可以假设 $\lambda\mu\nu \geqslant 1$, 由此得到 $\lambda\mu^{-1}\nu^{-\alpha} \leqslant \lambda^2\nu^{1-\alpha}$. 后者在 $\alpha > 1$ 时小于 1 且充分接近于 1. □

有时从前面论述中提取最佳的 Hölder 指数是有用的. 这包括求的最佳 α 可满足 (19.1.1), 即考虑不稳定束常数 $B^u(f) := \inf\limits_x \dfrac{\log \mu_x - \log \lambda_x}{\log \nu_x}$. 稳定束常数是 $B^s(f) := B^u(f^{-1})$, 束常数是 $B(f) := \min(B^u(f), B^s(f))$. 注意, 这些束常数依赖于所用的度量, 而 Hölder 指数显然不依赖它, 因此在所有的束常数中可取任何度量, 或者在所有度量上取上确界.[2]

[607] 当这个束常数超过 $k \in \mathbb{N}$ 时, 我们可类似地证明这个分布是 C^k 的, 即对任何 $\alpha < B^u(f) - [B^u(f)]$ 有 k 阶 α-Hölder 导数. 但对两个叶层不能同时得到高阶光滑性, 因为我们永远有 $B(f) \leqslant 2$ (练习 19.1.3).

e. Jacobi 的 Hölder 连续性. 在 20.4 节我们研究光滑不变测度时, 对不稳定流形在微分同胚下的体积畸变发生兴趣. 而这是通过映射的 (不稳定) Jacobi 测量的. 它是 5.1 节讨论的 Jacobi 的一个变形.

设 M 是一个 Riemann 流形, $U \subset M$ 是开集, $g: U \to M$ 是 C^2 嵌入. 若 $x \in U$, $E \subset T_xM$ 是一个线性子空间, 则 M 上的 Riemann 度量诱导 E 和 DgE 上的体积形式 ω_E 和 ω_{DgE}. 注意, 这些都依赖于 E. 另一方面, 我们可以定义 ω 在 g 作用下的拉回, 即由

$$g^*\omega_{DgE} = \omega_{DgE}(Dg(\cdot), \cdots, Dg(\cdot))$$

在 E 上定义的体积形式 $g^*\omega_{DgE}$. 这个体积形式也光滑依赖于 E. 现在 E 上任

何两个体积形式都线性相关, 所以存在一个数 $J'g(x)$ 使得

$$g^*\omega_{DgE} = J'g(x)\omega_E.$$

$J'g(x)$ 光滑依赖于 E, 因为 ω_E 和 $g^*\omega_{DgE}$ 光滑依赖于 E, 特别地, 如果 $N \subset U$ 是一个光滑子流形而且 $O \subset N$, 则 $g(O)$ 的体积可用两个方法计算:

$$\int_{g(O)} \omega_{DgTN} = \int_O J'g\omega_{TN}.$$

现在我们对下面情形感兴趣, 即当 $f : U \to M$ 有一个不变双曲集 $\Lambda \subset U$, 而 $N \subset M$ 是不稳定流形的一片时. 这时对 $x \in \Lambda$, 得到在 Λ 上由

$$J^u f^{-1}(f(x)) := J' f^{-1}(f(x))$$

定义的一个实值函数, 称为不稳定 Jacobi. 正如我们已经指出的, 这个函数光滑依赖于 $E_{f(x)}$. 因此由定理 19.1.6 有下面的结论:

推论 19.1.13. *设 M 是一个 Riemann 流形, $U \subset M$ 是开集, $f : U \to M$ 是光滑嵌入, $\Lambda \subset U$ 是 f 的紧双曲集. 那么不稳定 Jacobi $J^u f^{-1}(f(\cdot))$ 在 Λ 上 Hölder 连续.*

在 20.4 节我们将通过调用 $\varphi^u := \log J^u f^{-1}(f(\cdot))$ 在 Λ 上的 Hölder 连续性来用这个推论.

练　　习 [608]

19.1.1. 证明对于流的紧双曲集, 弱稳定与强稳定分布和不稳定分布都是 Hölder 连续的.

19.1.2. 证明推论 19.1.11 对于流的双曲集上的弱不稳定分布的类似.

19.1.3. 证明束常数 $B(f)$ 至多是 2.

19.1.4. 证明具有负 Gauss 曲率的紧曲面的测地流关于 Liouville 测度是遍历的.

19.1.5. 在 $\mathbb{T}^2$ 上构造一个 Anosov 微分同胚例子, 使得它有解析的不稳定叶层, 但不 C^1 共轭于线性 Anosov 微分同胚.

19.1.6. 在 $\mathbb{T}^3$ 上构造一个保面积的 Anosov 微分同胚例子, 使得它的稳定叶层是二维且是 C^∞ 的, 但不 C^1 共轭于线性映射.

19.1.7*. 假设 f 是 $\mathbb{T}^2$ 上的一个线性 Anosov 微分同胚 T 的充分小的解析扰动, 它具有解析的稳定和不稳定叶层. 证明 f 解析共轭于 T.[3]

19.2. 双曲动力系统中的上同调方程

非扭转上同调方程 (见 2.9 节) 已在几个问题中出现过: 绝对连续测度的存在性 (5.1 节), 流的时间改变和轨道等价性与流等价性之间的更一般关系 (2.2 节), 以及动力系统的 S^1 扩张的分类 (4.2b 节). 这一节我们对双曲集证明一个一般结果, 它描述 Hölder 不变的完全集和 C^1 余环. 然后证明在双曲集情形如何得到上面考虑的这些问题的结果. 其他应用将出现在 20.3 和 20.4 节.

a. Livschitz 定理. 我们已经在几个地方看到双曲集中有着丰富的周期轨道. Anosov 封闭引理 (定理 6.4.15) 和碎轨定理 18.3.9 给出了强密度断言, 定理 18.5.1 和 18.5.6 则证明周期轨道的增长率反映了双曲集丰富的动力学复杂性. 在这一子节我们证明双曲集上具有 Hölder 数据的上同调方程的解由周期轨道上的数据完全确定. 这增加了求上同调方程解的一个新方法, 并且建立了在 2.9 节 (和 12.6 节的非驯上边缘的病态构造) 中讨论的求解非扭转上同调方程的两个方法
[609] 的正则性. 这个方法简单地由下面事实组成, 即沿着稠密轨道定义 $\Phi(f^n(x)) = \sum_{i=0}^{n-1}\varphi(f^i(x))$, 并证明如果周期阻碍为零, 则这个解可通过 Anosov 封闭引理 (事实上是推论 6.4.17) 扩展到稠密轨道以外.

定理 19.2.1 (Livschitz 定理). 设 M 是一个 Riemann 流形, $U \subset M$ 是开集, $f: U \to M$ 是一个光滑嵌入, $\Lambda \subset U$ 是紧拓扑传递双曲集, $\varphi: \Lambda \to \mathbb{R}$ Hölder 连续. 假设对每个满足 $f^n(x) = x$ 的 $x \in \Lambda$ 有 $\sum_{i=0}^{n-1}\varphi(f^i(x)) = 0$. 那么存在连续的 $\Phi: \Lambda \to \mathbb{R}$ 使得 $\varphi = \Phi \circ f - \Phi$. 此外, Φ 直到相差一个可加常数是唯一且 Hölder 连续的, Hölder 指数与 φ 的相同.

证明. 由于 $f|_\Lambda$ 是拓扑传递的, 存在一点 $x_0 \in \Lambda$ 使得轨道 $\mathcal{O}(x_0) = \{f^n(x_0)\}_{n\in\mathbb{Z}}$ 在 Λ 中稠密. 当我们选择值 $\Phi(x_0) \in \mathbb{R}$ 时必须有 $\Phi(f^n(x_0)) = \Phi(x_0) + \varphi(n, x_0)$, 其中 $\varphi(n, x)$ 如 (2.9.4) 中的.

引理 19.2.2. 定义在 $\mathcal{O}(x_0)$ 上的函数 Φ 是 Hölder 连续的, Hölder 指数与 φ 的相同.

证明. 假设 $n, m \in \mathbb{N}$ 使得 $\varepsilon := d(f^n(x_0), f^m(x_0))$ 足够小, 应用 Anosov 封闭引理 (定理 6.4.15) 和简化命题 6.4.16. 我们得到 $C > 0, \mu \in (0,1)$ 和 $y = f^{m-n}(y)$, 使得 $d(f^{n+i}(x_0), f^i(y)) \leqslant C\varepsilon\mu^{\min(i,m-n-i)}$. 由于 φ 是 Hölder 连续的, 指数 $\alpha \in (0,1]$, 存在 $M > 0$, 使得只要 $d(x_1, x_2)$ 足够小, 就有 $|\varphi(x_1) - \varphi(x_2)| \leqslant Md(x_1, x_2)^\alpha$. 因

此

$$
\begin{aligned}
&|\Phi(f^n(x_0)) - \Phi(f^m(x_0))| = \left|\sum_{i=0}^{m-n-1} \varphi(f^{n+i}(x_0))\right| \\
&= \left|\sum_{i=0}^{m-n-1} (\varphi(f^{n+i}(x_0)) - \varphi(f^i(y))) + \sum_{i=0}^{m-n-1} (\varphi(f^i(y))\right| \\
&= \left|\sum_{i=0}^{m-n-1} (\varphi(f^{n+i}(x_0)) - \varphi(f^i(y)))\right| \\
&\leqslant \sum_{i=0}^{m-n-1} |\varphi(f^{n+i}(x_0)) - \varphi(f^i(y))| \\
&\leqslant \sum_{i=0}^{m-n-1} MC^\alpha \varepsilon^\alpha \mu^{\alpha \min(i, m-n-i)} \\
&\leqslant 2MC^\alpha \varepsilon^\alpha \sum_{i=0}^{m-n-1} \mu^{\alpha i} < 2MC^\alpha \varepsilon^\alpha \frac{1}{1-\mu^\alpha} \\
&= \frac{2MC^\alpha}{1-\mu^\alpha} d(f^n(x_0), f^m(x_0))^\alpha.
\end{aligned}
$$

□

因此, 特别是 Φ 在 $\mathcal{O}(x_0)$ 上一致连续, 故唯一扩展到 Λ 上的连续函数, 仍 [610]
记它为 Φ. 唯一性是由于 $\Phi(x_0)$ 的选择唯一确定 Φ (另外注意, 如果 $\Phi \circ f - \Phi = \Psi \circ f - \Psi$, 则 $\Phi - \Psi$ 是连续的 f 不变函数, 因此由拓扑传递性它是常数). 显然这个扩展具有相同的 Hölder 指数. 最后, 注意 φ 和 $\Phi \circ f - \Phi$ 是 Λ 上的连续函数, 它们在稠密集上重合. 因此它们重合, 而 Φ 是这个上同调方程的解. □

注. 值得注意, 如果 φ 在具有类似于绝对值的平移不变的 Abel 群上取值, 例如在具有标准距离函数的环面, 或者对此有关的任何紧 Abel 群上取值, 则同样论述可逐词逐句进行. 事实上, 在 φ 是环面映射时就可应用 Livschitz 定理.

利用谱分解定理 18.3.1, 我们得到不用横截性的 Livschitz 定理的形式:

推论 19.2.3. 设 Λ 是 $f: U \to M$ 的一个紧局部极大双曲集, $\Lambda' := NW(f|_\Lambda)$. 假设 $\varphi: \Lambda' \to \mathbb{R}$ 是 Hölder 连续的, 且对满足 $f^n(x) = x$ 的每个 $x \in \Lambda'$, 有 $\sum_{i=0}^{n-1} \varphi(f^i(x)) = 0$. 则存在连续函数 $\Phi: \Lambda \to \mathbb{R}$, 使得 $\varphi = \Phi \circ f - \Phi$ 且 Φ Hölder 连续, Hölder 指数与 φ 的相同. 此外, Φ 直到相差一个可加函数是唯一的, 在 Λ' 的每个拓扑传递分支上是常数.

对于流的情形作明显的修改, 相同证明得到连续时间的类似结果:

定理 19.2.4. 设 M 是一个 Riemann 流形, φ^t 是光滑流, $\Lambda \subset M$ 是紧拓扑传

递双曲集, $g:\Lambda\to\mathbb{R}$ 是 Hölder 连续的, 使得对每个周期函数 $x=\varphi^T(x)$ 有 $\int_0^T g(\varphi^t(x))dt=0$. 那么存在连续函数 $G:\Lambda\to\mathbb{R}$ 使得 $g=\dot{\varphi}G$, 即 G 沿着流方向的导数存在且等于 g. 此外, G 直到相差一个可加常数是唯一且 Hölder 连续的, Hölder 指数与 g 的相同.

也存在 Livschitz 定理 19.2.1 的 C^1 形式:[1]

定理 19.2.5. 设 M 是一个 Riemann 流形, $f:U\to M$ 是具有紧拓扑传递的双曲集的光滑嵌入, $\varphi:\Lambda\to\mathbb{R}$ 是 C^1 函数. 假设对满足 $f^n(x)=x$ 的每个 $x\in M$ 有 $\sum_{i=0}^{n-1}\varphi(f^i(x))=0$. 那么存在一个 C^1 函数 $\Phi:\Lambda\to\mathbb{R}$, 使得 $\varphi=\Phi\circ f-\Phi$, 而且 Φ 直到相差一个可加常数是唯一的.

证明. 由定理 19.2.1 我们有 Lipschitz 连续解 Φ, 剩下要证明它是 C^1 的. 为此我们证明 Φ 沿着稳定和不稳定叶的导数存在且连续. 如果 x 和 y 是稳定叶上的两个接近点, 则 $\Phi(y)-\Phi(x)=\lim\limits_{n\to\infty}\Big(-\sum_{i=0}^{n}(\varphi(f^i(y))-\varphi(f^i(x)))+\Phi(f^n(x))-\Phi(f^n(y))\Big)=-\sum_{i=0}^{\infty}(\varphi(f^i(y))-\varphi(f^i(x)))$. 保持 x 固定并关于 $y=x+tv$ 在 $t=0$ 微分, 由链规则得到 $D_v\Phi(x)=-\sum_{i=0}^{\infty}D_{v_i}\varphi(f^i(x))D_v(f^i)(x)$, 其中 $v_i=Df^iv$. 注
[611] 意 $D_v(f^i)$ 指数地小, 因为 v 是一个稳定向量. 第一个因子也是指数地小, 因为 φ 是 C^1 的, 诸 v_i 指数地小. 因此上式右端的级数一致收敛, 从而它有定义且是连续函数, 因此左端也是连续函数. 同样我们得到 Φ 在不稳定方向的可微性. 从而证明了 Φ 有连续偏导数. 由此和引理 19.1.10 得知 Φ 是 C^1 的. □

推论 19.2.6. 设 M 是一个 Riemann 流形, $f:U\to M$ 是具有紧的拓扑传递双曲集的光滑嵌入, $\varphi:\Lambda\to\mathbb{R}$ 是 Hölder 连续 (对应地, C^1) 函数, 对有界 (处处有定义的) 函数 Φ, $\varphi=\Phi\circ f-\Phi$. 那么 $\varphi=\Phi'\circ f-\Phi'$, 其中 Φ' 是某个 Hölder 连续 (对应地, C^1) 函数.

注. 利用定理 2.9.3 我们可通过要求由 φ 确定的这个余环有界来重叙最后这个推论.

Gottschalk–Hedlund 定理 2.9.4 在极小动力系统的连续范畴内有非常类似的结论. 当然其方法完全不同, 因为双曲系统远离极小.

b. Anosov 微分同胚的光滑不变测度. 现在我们证明, 命题 5.1.6 中找到的光滑

不变测度存在的必要条件, 事实上对拓扑传递的 Anosov 微分同胚来说它也是一个充分条件. 回忆 $Jf(\cdot)$ 表示可微映射关于外围体积形式的 Jacobi.

定理 19.2.7. 设 M 是体积为 Ω 的 Riemann 流形, $f: M \to M$ 是 C^2 拓扑传递的 Anosov 微分同胚. 那么下面三个条件等价:

(1) 存在具有有界异于零的有界密度的 f 不变测度.

(2) 对每个 $x \in \mathrm{Fix}\,(f^n)$, $Jf^n(x) = 1$.

(3) 存在具有正的 C^1 密度的 f 不变测度.

证明. 由假设 Jf 是 C^1 的. 如果 $\varphi(x) := -\log Jf(x)$, 则 $e^{\Phi}\Omega$ 是 f 不变的, 当且仅当

$$\begin{aligned}0 &= (f^*e^{\Phi}\Omega)_x - (e^{\Phi}\Omega)_x = e^{\Phi(f^{-1}(x))}\Omega_{f^{-1}(x)}(Df^{-1}(\cdot), \cdots, Df^{-1}(\cdot)) - e^{\Phi(x)}\Omega_x \\ &= e^{\Phi(f^{-1}(x))}(Jf(x))^{-1}\Omega_x - e^{\Phi(x)}\Omega_x = (e^{\Phi(f^{-1}(x))}e^{\varphi(x)} - e^{\Phi(x)})\Omega,\end{aligned}$$

即当且仅当 Φ 是上同调方程

$$\Phi(f^{-1}(x)) - \Phi(x) = -\varphi(x)$$

的解. 于是显然 (1) 蕴含 (2). 但是由假设 (2), 定理 19.2.5 证明存在 C^1 解, 因此得到 (3). 显然 (3) 蕴含 (1). □

注. 注意由推论 18.3.5, 对 Anosov 微分同胚 $f: M \to M$, 拓扑传递性等价于 [612]
$NW(f) = M$.

c. 双曲流的时间改变与轨道等价性. 早先我们指出周期轨道的周期是流等价性模, 因此是平凡的时间改变 (2.2.5) 阻碍, 也是流等价性的轨道等价性阻碍. 现在我们看到对双曲集这些都是模的完全集.

命题 19.2.8. 设 φ^t 是流形 M 上具有紧拓扑传递的双曲集 Λ 的流, ψ^t 是 φ^t 的时间改变. 如果 φ^t 和 ψ^t 的所有周期轨道的周期相同, 那么 φ^t 和 ψ^t 通过同胚是轨道等价的, 当时间改变是 Hölder 连续时这个同胚 Hölder 连续, 时间改变是 C^1 时它是 C^1 的.

证明. 回忆 2.2 节从流等价性产生的时间改变 $\psi^t(x) = \varphi^{\alpha(t,x)}(x)$ 是平凡的, 如果存在沿着轨道的可微函数 $\beta: \Lambda \to \mathbb{R}$, 使得 $\alpha(t,x) - t = \beta(x) - \beta(\varphi^t(x))$. 但是要注意, 由假设左端的余环在周期轨道上的值为零, 所以由对于流的 Livschitz 定理 19.2.4, 存在解 β 是 Hölder 的, 如果 α 是 Hölder 的, 当 α 是 C^1 时, 它是 C^1 的 (由定理 19.2.5 对于流的对应, 见练习 19.2.4). □

定理 19.2.9. 假设 $\varphi^t: M \to M$ 和 $\psi^t: M' \to M'$ 分别是双曲集 Λ, Λ' 上轨道等价的流, 而且在 Λ, Λ' 中对应周期轨道的周期相同. 那么 φ^t 和 ψ^t 是轨道等价的.

证明. 由定理 19.1.5, 轨道等价性中的 h 可取为 Hölder 连续. 因此 $h\circ\varphi^t\circ h^{-1}$ 是 ψ^t 的 Hölder 连续的时间改变, 它的周期与 ψ^t 的相同, 因此由命题 19.2.8 它 Hölder 流等价于 ψ^t, 从而 φ^t 也是如此. □

d. 环面扩张的等价性. 现在我们利用 Livschitz 定理到在 4.2b 节中介绍的圆周扩张情形. 这给出双曲集上扩张的 C^1 共轭的一个充分性准则.

命题 19.2.10. 假设 M 是一个紧流形, $f:U\to M$ 是具有紧拓扑传递的双曲集 Λ 的微分同胚. 对 $\varphi\in C^1(\Lambda,\mathbb{T}^k)$ 在 $\Lambda\times\mathbb{T}^k$ 上定义 $F_\varphi(x,t):=(f(x),t+\varphi(x))$. 如果 $\psi\in C^1(\Lambda,\mathbb{T}^k)$, 且对每个 $x\in\operatorname{Fix}(f^l)\cap\Lambda$ 有 $\sum\limits_{i=0}^{l}\varphi(f^i(x))=\sum\limits_{i=0}^{l}\psi(f^i(x))$, 那么 F_φ 和 F_ψ 是 C^1 共轭的.

证明. 由 C^1 Livschitz 定理 19.2.5 (对 $\mathbb{T}^k$ 中的值) 存在 C^1 函数 $\Phi:\Lambda\to\mathbb{T}^k$ 使得 $\varphi-\psi=\Phi\circ f-\Phi$. 于是可容易验证 $h(x,t):=(x,t-\Phi(x))$ 是所要求的共轭.□

注. 上一个结果不依赖于这个空间的积结构. 事实上相同的论述可得到 Λ 上的环面丛的扩张的类似结果.

[613]

练 习

19.2.1. 设 φ^u 如 19.1 节末尾的, $\varphi^s:=\log Jf|_{E^s}$. 证明 φ^u 和 φ^s 是上同调的, 当且仅当存在 f 的光滑不变测度.

19.2.2*. 假设 A 是 $\mathbb{T}^2$ 的一个双曲自同构, φ 是如定理 19.2.1 中的 C^∞ 余环. 证明对某个 $\Phi\in C^\infty$ 有 $\varphi=\Phi\circ f-\Phi$.

19.2.3*. 证明上一个练习的结论对具有 C^∞ 稳定和不稳定叶层的 $\mathbb{T}^2$ 的双曲自同构也成立.

19.2.4. 叙述并证明定理 19.2.5 对于流的对应.

第 20 章 平衡态与光滑不变测度 [615]

这一章我们描述双曲动力系统的遍历理论中的某些主要结果. 对光滑动力系统存在两类不同的不变测度: 极大熵测度和光滑测度. 我们将看到, 对双曲系统这些测度是平衡态的特殊情形, 它们是统计力学中 Gibbs 测度的对应. 前 4 节致力于研究平衡态, 特别强调那些著名的测度, 并完成第 18 章和第 19 章发展的这一条线. 两个主要工具是碎轨定理和 Livschitz 定理.

最后两节具有不同特征. 我们这里的目的是得到拓扑混合的 Anosov 流的闭轨增长的乘性渐近, 以及按照 Margulis 的原来方法求负截面曲率的紧 Riemann 流形上的闭测地线个数的类似渐近. 它以我们在第 5 节中的极大熵测度的另一个描述为基础. 在第 6 节我们按照 Toll 的博士论文推导乘性渐近. 它既不是 Margulis 原来的证明, 也不是 Toll 发表过的证明.

20.1. Bowen 测度

变分原理 (定理 4.5.3) 断言: 拓扑熵是度量熵的上确界. 我们也注意到对扩张映射这个上确界事实上可以达到 (定理 4.5.4). 因此自然试图研究那些熵是极大的首选测度. 对圆周线性扩张映射 E_m 和全 N 移位, 这个极大熵测度是显然的, 对环面双曲自同构我们找到 Lebesgue 测度具有极大熵 (4.4.7). 在命题 4.4.2 中我们还看到, 对任一拓扑 Markov 链, 一个特殊的 Markov 测度 μ_Π, Parry 测度, [616]
有极大熵. 此外, 练习 4.4.2 断言, 这个测度作为周期轨道的极限分布出现. 在线性扩张映射情形对 Lebesgue 测度这同样是显然的. 现在我们将看到, 在出现碎轨性质 (定义 18.3.8) 时除了扩张性正好还存在一个极大熵测度. 我们将它作为周期轨道的极限分布展示并证明其唯一性. 鉴于推论 6.4.10 和碎轨定理 18.3.9, 这一分析本身属于拓扑动力系统领域, 但也适用于光滑动力系统在拓扑混合的局部极大双曲集上的限制. 这一节我们给出的构造是 20.3 节平衡态构造的一个特殊情形. 之所以考虑这个特殊情形, 是因为事实上我们已经有几个技巧可用, 而且因为这个概念相当简单, 所以它的这个思想较容易看清楚.

更具体地说, 我们的策略如下: 若 δ_x 表示具有支集 $\{x\}$ 的概率测度, 考虑 f 不变测度 $\mu_n := \sum_{x\in\mathrm{Fix}\,(f^n)} \delta_x/P_n(f)$. 由 $\mathfrak{M}(f)$ 的弱 * 紧性, 这个序列至少有一个弱 * 聚点 μ. 我们证明, 如果 $\nu\in\mathfrak{M}(f)$ 满足 $h_\nu(f)=h_{\mathrm{top}}(f)$, 则 $\nu=\mu$, 特别地, $h_\mu(f)=h_{\mathrm{top}}(f)$, 而且事实上只存在一个聚点, 即 $\mu_n\to\mu$.

为了记号固定起见, 取子序列 n_k 使得

$$\mu=\lim_{k\to\infty}\mu_{n_k}. \tag{20.1.1}$$

我们从研究 μ 的动力学的两个引理开始.

引理 20.1.1. 设 (X,d) 是一个紧度量空间, $f:X\to X$ 是具有碎轨性质的扩张同胚, μ 如 (20.1.1) 中的, $\varepsilon>0$, M_ε 如定义 18.3.8 中的, $K_{3\varepsilon}$ 如命题 18.5.4 中的, c_2 如定理 18.5.5 中的, 以及 $A_\varepsilon:=(1/c_2K_{3\varepsilon})e^{-2M_\varepsilon h_{\mathrm{top}}(f)}>0$. 对 $y\in X$ 和 $n\in\mathbb{N}$, 令 $B:=B_f(y,\varepsilon,n)$ 为在 d_n^f 度量下中心在 y 的 ε 球. 那么我们有

$$\mu(\overline{B})\geqslant A_\varepsilon e^{-nh_{\mathrm{top}}(f)}.$$

注. 事实上, 我们可在平衡态的更一般情形证明存在一个类似的上界估计. 但是为了这一节的目的这个单边估计已经足够.

证明. 取 $r\geqslant n+2M_\varepsilon$, 并由 $r=n+m+2M_\varepsilon$ 定义 m. 假设 E_m 是一个极大 $(m,3\varepsilon)$ 分离集, $x\in E_m$. 由碎轨性质, 存在满足 $d_m^f(f^{n+M_\varepsilon}(z(x)),x)<\varepsilon$ 的 $z(x)\in\mathrm{Fix}\,(f^r)\cap B$. 对 E_m 的选择以及 E_m 是极大的, $z(\cdot)$ 是 E_m 上的一个单射, 故由命题 18.5.4 和定理 18.5.5, 得到

$$\begin{aligned}\mu_r(B)&=\frac{\mathrm{card}\,(\mathrm{Fix}\,(f^r)\cap B)}{P_r(f)}\geqslant\frac{\mathrm{card}\,(E_m)}{P_r(f)}\geqslant\frac{\mathrm{card}\,(E_m)}{c_2e^{rh_{\mathrm{top}}(f)}}\\&\geqslant\frac{N_d(f,3\varepsilon,m)}{c_2e^{rh_{\mathrm{top}}(f)}}\geqslant\frac{e^{mh_{\mathrm{top}}(f)}}{c_2K_{3\varepsilon}e^{rh_{\mathrm{top}}(f)}}=\frac{e^{-nh_{\mathrm{top}}(f)}}{c_2K_{3\varepsilon}e^{2M_\varepsilon h_{\mathrm{top}}(f)}}.\end{aligned}$$

[617] 由于 $\overline{B}$ 是闭的,

$$\mu(\overline{B})=\inf\left\{\int\varphi d\mu\middle|0\leqslant\varphi\in C^0(X),\overline{B}\subset\varphi^{-1}(\{1\})\right\}.$$

但是, 对任何这样的 φ, 我们有

$$\int \varphi d\mu = \lim_{k\to\infty} \int \varphi d\mu_{n_k} \geqslant \overline{\lim_{k\to\infty}} \mu_{n_k}(\overline{B}) \geqslant A_\varepsilon e^{-nh_{\text{top}}(f)},$$

因为 $\mu_r(B) \geqslant A_\varepsilon e^{-nh_{\text{top}}(f)}$. □

引理 20.1.2. μ(如 (20.1.1) 中定义的) 是遍历的.

证明. 对所有可测集 $P, Q \subset X$, 我们证明存在 $c > 0$, 使得

$$\underline{\lim_{n\to\infty}} \mu(P \cap f^{-n}(Q)) \geqslant c\mu(P)\mu(Q). \tag{20.1.2}$$

由此得知遍历性, 因为若 $f(P) = P = X\backslash Q$ 和 $\mu(P)\mu(Q) > 0$, 这个不等式就不成立. 事实上, 给定 $\delta > 0, A, B \subset X$ 是边界测度为零的紧集, U, V 分别是 A, B 的 δ 邻域, 我们证明

$$\underline{\lim_{n\to\infty}} \mu(\overline{U} \cap f^{-n}(\overline{V})) \geqslant c\mu(A)\mu(B).$$

由此得知, 对边界测度为零的紧集, 有

$$\underline{\lim_{r\to\infty}} \mu(A \cap f^{-r}(B)) \geqslant c\mu(A)\mu(B).$$

但是由引理 4.5.1, 边界测度为零的紧集在定义 4.2.9 的意义下形成一个充分族, 类似于命题 4.2.10(1) 的证明, 得知, 如果 (20.1.2) 对任何充分族成立, 则一般 (20.1.2) 成立.

固定 $\varepsilon \in (0, \delta_0/2)$, 其中 δ_0 是扩张性常数 (定义 3.2.11), 令 $N(\delta) \in \mathbb{N}$ 使得 $d(x, y) \leqslant \delta$, 只要对所有 $|i| < N(\delta)$ 有 $d(f^i(x), f^i(y)) \leqslant \varepsilon$ (N 的存在性由扩张性得到). 设 $n \geqslant 2N(\delta)$, 对 $s, t \in \mathbb{N}$ 取极大 $(s, 3\varepsilon)$ 分离集 E_s 和极大 $(t, 3\varepsilon)$ 分离集 E_t. 对应于 A, E_s, B, E_t, 对 $i = 1, 2, 3, 4$ 定义区间 $I_i = [a_i, b_i] \subset \mathbb{Z}$ 如下:

$$\begin{aligned} &a_1 = -\left[\frac{n}{2}\right], \quad a_2 = b_1 + M_\varepsilon, \quad a_3 = b_2 + M_\varepsilon, \quad a_4 = b_3 + M_\varepsilon, \\ &b_1 = a_1 + n, \quad b_2 = a_2 + s, \qquad b_3 = a_3 + n, \qquad b_4 = a_4 + t, \end{aligned}$$

令 $W = f^{-[n/2]}(\text{Fix}\,(f^n) \cap A) \times E_s \times f^{-[n/2]}(\text{Fix}\,(f^n) \cap B) \times E_t$. 因此对每个 $x = (x_1, x_2, x_3, x_4) \in W$, 由碎轨性存在周期点 $z = z(x) \in \text{Fix}\,(f^{b_4 - a_1 + M_\varepsilon})$, 满足对 $i = 1, 2, 3, 4$ 有 $d^f_{b_i - a_i}(f^{a_i}(z), x_i) < \varepsilon$. $z(\cdot)$ 是一个单射 (任何 $\{x_i, x_i'\}$ 是 $(b_i - a_i, 3\varepsilon)$ 分离集), 而且由 $N(\delta)$ 的选择, $z(\cdot) \subset U \cap f^{-s-2M_\varepsilon}V$. 所以若 $m :=$ [618]
$b_4 - a_1 + M_\varepsilon = t + s + 2n + 4M_\varepsilon$, 则

$$\begin{aligned} &\text{card}\,(\text{Fix}\,(f^m) \cap U \cap f^{-s-M_\varepsilon}(V)) \geqslant \text{card}\,(W) \\ &= \text{card}\,(\text{Fix}\,(f^n) \cap A)\text{card}\,(\text{Fix}\,(f^n) \cap B) N_d(f, 3\varepsilon, s) N_d(f, 3\varepsilon, t) \\ &= \mu_n(A) P_n(f) \mu_n(B) P_n(f) N_d(f, 3\varepsilon, s) N_d(f, 3\varepsilon, t), \end{aligned}$$

以及, 由命题 18.5.4 与定理 18.5.5,

$$\begin{aligned}\mu_m(U\cap f^{-s-2M_\varepsilon}(V)) &\geqslant \frac{1}{P_m(f)}\operatorname{card}(W)\\ &\geqslant \frac{\mu_n(A)\mu_n(B)}{P_m(f)}P_n(f)P_n(f)N_d(f,3\varepsilon,s)N_d(f,3\varepsilon,t)\\ &\geqslant \mu_n(A)\mu_n(B)\frac{c_1^2}{c_2K_{3\varepsilon}^2}e^{-4M_\varepsilon h_{\rm top}(f)}=:c\mu_n(A)\mu_n(B).\end{aligned}$$

保持 n 和 s 固定, 令 $t\to\infty$, 使得 $m=n_k$. 于是

$$\mu(\overline{U}\cap f^{-s-2M_\varepsilon}(\overline{V}))\geqslant \varlimsup_{k\to\infty}\mu_{n_k}(U\cap f^{-s-2M_\varepsilon}(V))\geqslant c\mu_n(A)\mu_n(B),$$

令 $s\to\infty$ 得到

$$\varliminf_{r\to\infty}\mu(\overline{U}\cap f^{-r}(\overline{V}))\geqslant c\mu_n(A)\mu_n(B).$$

最后, 当 $n\to\infty$ 时得到

$$\varliminf_{r\to\infty}\mu(\overline{U}\cap f^{-r}(\overline{V}))\geqslant c\varlimsup_{k\to\infty}\mu_{n_k}(A)\mu_{n_k}(B).$$

由于 $\mu(\partial A)=\mu(\partial B)=0$, 得到我们宣示的

$$\varliminf_{r\to\infty}\mu(\overline{U}\cap f^{-r}(\overline{V}))\geqslant c\mu(A)\mu(B).$$ □

定理 20.1.3. (Bowen) 设 (X,d) 是一个紧度量空间, $f:X\to X$ 是具有碎轨性质的扩张同胚. 那么恰好存在一个满足 $h_\mu(f)=h_{\rm top}(f)$ 的 $\mu\in\mathfrak{M}(f)$. 称之为 f 的 Bowen 测度, 而且

$$\mu=\lim_{n\to\infty}\frac{1}{P_n(f)}\sum_{x\in{\rm Fix}\,(f^n)}\delta_x,$$

其中 δ_x 表示具有支集 $\{x\}$ 的概率测度.

注. 因此, Bowen 测度是周期点为等分布的唯一测度. 也称它为 Bowen–Margulis 测度, 因为 Margulis 以不同的形式同时发现了它 (参看定理 20.5.15).

[619] **证明.** 我们证明, 如果 $\nu\in\mathfrak{M}(f)$ 满足 $h_\nu(f)=h_{\rm top}(f)$, 则 $\nu=\mu$, 其中 μ 如 (20.1.1) 中的, 所以 $h_\mu(f)=h_{\rm top}(f)$, 而且 μ_n 只有一个聚点.

如果 $\nu\in\mathfrak{M}(f)$, 则对某个 $\alpha\in[0,1]$ 和 $\nu',\mu'\in\mathfrak{M}(f)$ 有 $\nu=\alpha\nu'+(1-\alpha)\mu'$, 使得 $\mu'\ll\mu\perp\nu'$. 由于 μ 是遍历的, μ' 的 (f 不变) 密度关于 μ 是 μ-a.e. 常数, 因此 $\mu'=\mu$. 由于 $\mu\perp\nu'$, 由推论 4.3.17 我们有 $h_\nu(f)=\alpha h_{\nu'}(f)+(1-\alpha)h_\mu(f)$. 现在假设 $h_\nu(f)=h_{\rm top}(f)$. 由于 $h_{\nu'}(f)\leqslant h_{\rm top}(f)$ 和 $h_\mu(f)\leqslant h_{\rm top}(f)$, 只有两个可能

性: 或者 $\alpha=0,\nu=\mu$ 和 $h_\mu(f)=h_{\text{top}}(f)$, 这我们证明了, 或者 $h_{\nu'}(f)=h_{\text{top}}(f)$. 对后一情形, 我们证明如果 $\nu\perp\mu$, 则 $h_\nu(f)<h_{\text{top}}(f)$.

对 $n\in\mathbb{N}$ 和极大 $(n,2\varepsilon)$ 分离集 $E_n=\{x_1,\cdots,x_k\}$, 可找 Borel 集 β_x 的分割 $\mathfrak{B}_n:=\{\beta_x|x\in E_n\}$, 使得 $B_f(x,\varepsilon,n)\subset\beta_x\subset B_f(x,2\varepsilon,n)$. 就是说, 由于 $X\subset\bigcup\limits_{x\in E_n}B_f(x,2\varepsilon,n)$, 我们取

$$\beta_{x_1}=B_f(x_1,2\varepsilon,n)\backslash\bigcup_{i=2}^{k}B_f(x_i,\varepsilon,n),$$

$$\beta_{x_{j+1}}=B_f(x_{j+1},2\varepsilon,n)\backslash\bigcup_{i=j+2}^{k}B_f(x_i,\varepsilon,n)\backslash\bigcup_{i=1}^{j}\beta_{x_j}.$$

注意, 可取 $\varepsilon>0$ 任意小, 使得 $(\mu+\nu)(\partial\mathfrak{B}_n)=0$ (引理 4.5.1).

由于 f 是扩张的, $\operatorname{diam}f^{-[n/2]}(\mathfrak{B}_n)\xrightarrow[n\to\infty]{}0$. 这使得分离 μ 和 ν 的支集的分割 $\mathfrak{B}_n$ 充分细, 即如果 $f(B)=B\subset X$ 使得 $\mu(B)=0$ 和 $\nu(B)=1$, 则存在 $\mathfrak{B}_n$ 的元素的有限并 C_n, 使得

$$(\mu+\nu)(C_n\Delta B)=(\mu+\nu)(f^{-[n/2]}(C_n)\Delta B)\xrightarrow[n\to\infty]{}0.$$

此外, 如果 $\varepsilon<\delta_0/2$, 其中 δ_0 是扩张常数, 则 $\mathfrak{B}_n$ 是 f^n 的一个生成子, 因此由命题 4.3.16(4) 和推论 4.3.14 得到 $nh_\nu(f)=h_\nu(f^n)=h_\nu(f^n,\mathfrak{B}_n)\leqslant H_\nu(\mathfrak{B}_n)$. 为了利用它, 注意由 $\varphi(x):=x\log x$ 的凸性, 我们有 $-\dfrac{1}{m}\sum\limits_{i=1}^{m}\varphi(a_i)\leqslant-\varphi\left(\dfrac{1}{m}\sum\limits_{i=1}^{m}a_i\right)$, 或者

$$\begin{aligned}-\sum_{i=1}^{m}\varphi(a_i)\leqslant-m\varphi\left(\frac{1}{m}\sum_{i=1}^{m}a_i\right)&=-\sum_{i=1}^{m}a_i\log\left(\frac{1}{m}\sum_{i=1}^{m}a_i\right)\\&=\sum_{i=1}^{m}a_i\log m-\varphi\left(\sum_{i=1}^{m}a_i\right)\\&\leqslant\sum_{i=1}^{m}a_i\log m+\frac{1}{e},\end{aligned}$$

因为 $-\varphi(x)\leqslant 1/e$. 由此得知 [620]

$$\begin{aligned}nh_\nu(f)&\leqslant-\sum_{\beta_x\in\mathfrak{B}_n}\varphi(\nu(\beta_x))\\&\leqslant-\sum_{\beta_x\subset C_n}\varphi(\nu(\beta_x))-\sum_{\beta_x\cap C_n=\varnothing}\varphi(\nu(\beta_x))\\&\leqslant\nu(C_n)\log\operatorname{card}\{x\in E_m|\beta_x\subset C_n\}\\&\quad+\nu(X\backslash C_n)\log\operatorname{card}\{x\in E_m|\beta_x\cap C_n=\varnothing\}+\frac{2}{e}.\end{aligned}$$

显然, $\mathrm{card}\{x \in E_n | \beta_x \subset C_n\} \leqslant \mu(C_n)/\min\limits_{x\in E_n}\mu(\beta_x)$, 又因为在 d_n^f 度量下每个元素 β_x 包含一个 ε 球, 故由引理 20.1.1 得到 $\mathrm{card}\{x \in E_n | \beta_x \subset C_n\} \leqslant \mu(C_n)e^{nh_{\mathrm{top}}(f)}A_\varepsilon^{-1}$, 因此

$$\begin{aligned}
n(h_\nu(f) - h_{\mathrm{top}}(f)) - \frac{2}{e} &\leqslant \nu(C_n)\log(e^{-nh_{\mathrm{top}}(f)}\mathrm{card}\{x \in E_n | \beta_x \subset C_n\}) \\
&\quad + \nu(X\backslash C_n) \\
&\quad \times \log(e^{-nh_{\mathrm{top}}(f)}\mathrm{card}\{x \in E_m | \beta_x \cap C_n = \varnothing\}) \\
&\leqslant \nu(C_n)\log(A_\varepsilon^{-1}\mu(C_n)) \\
&\quad + \nu(X\backslash C_n)\log(A_\varepsilon^{-1}\mu(X\backslash C_n)).
\end{aligned}$$

但是, 由于 $\nu(C_n) \to 1$ 和 $\mu(C_n) \to 0$, 上式右端 $n \to \infty$ 时趋于 $-\infty$, 因此 $h_\nu(f) < h_{\mathrm{top}}(f)$. □

推论 20.1.4. 如果 Λ 是 $f: U \to M$ 的局部极大双曲集, $f|_\Lambda$ 是拓扑传递的, 那么 $f|_\Lambda$ 有唯一极大熵测度.

证明. 由推论 18.3.3, Λ 是闭子集的不相交并 $\Lambda_1 \cup \cdots \cup \Lambda_m$, 这些子集通过 f 循环交换, 而且 f^m 在 Λ_i 上是拓扑混合的. 利用碎轨定理 18.3.9 和推论 6.4.10, 对每个 i 允许对 $f^m|_{\Lambda_i}$ 应用定理 20.1.3. 显然 f^m 的唯一极大熵测度通过 f 互换, 它们的平均是 f 不变的. 反之, 如果 μ 是 f 不变的且有极大熵, 则 f^m 的任何拓扑混合分支上的条件测度是具有极大熵的唯一测度. □

利用与练习 1.9.9 结论的相同论述得到下面推论的第一个结论.

推论 20.1.5. 拓扑传递的拓扑 Markov 链有唯一极大熵测度. 对传递的 (即拓扑混合) 拓扑 Markov 链, Parry 测度 μ_Π (见 (4.2.13), (4.4.5) 和 (4.4.6)) 是唯一极大熵测度. 特别地, 此时的极大熵测度是 Markov 测度.

[621] 结合极大熵测度的特征和 Markov 分割发展中所得的结果, 并以推论 1.9.12 和命题 3.2.5 为基础, 得到紧局部极大双曲集的周期轨道增长率的渐近指数估计 (见 (3.1.1)), 这个估计比定理 18.5.6 给出的估计要精细得多.

定理 20.1.6. 设 Λ 是 f 的一个紧的局部极大拓扑混合双曲集. 那么对某个 $\lambda < e^{h_{\mathrm{top}}(f|_\Lambda)}, K > 0$, 有 $|P_n(f|_\Lambda) - e^{nh_{\mathrm{top}}(f|_\Lambda)}| < K\lambda^n$.

证明. 由推论 1.9.12 和命题 3.2.5, 这个结果对代替 $f|_\Lambda$ 的传递的拓扑 Markov 链成立. 为了对 $f|_\Lambda$ 得到它, 注意因为 $f|_\Lambda$ 是拓扑混合的, 由 Markov 分割得到的这个拓扑 Markov 链是传递的. 因此要证明我们可以不考虑闭 f 不变集 $C := \bigcap\limits_{i\in\mathbb{Z}} f^i(\partial^s\mathcal{R} \cup \partial^u\mathcal{R})$(利用定理 18.7.4 的记号). 为此首先注意, 由引理 18.7.6

得到 $\Lambda\backslash\Lambda'$ 中所有 f 周期点都在 C 中. 此外, σ_A 在 $h^{-1}(C)$ 上是扩张的, 所以由定理 4.5.4, $\sigma_A|_{h^{-1}(C)}$ 有极大熵测度 μ. 这个测度对 σ_A 是不变的, 但是因为它在开集上不是正的 (因为 $h^{-1}(C)$ 是闭的且不等于 Ω_A), 引理 20.1.1 证明这不是 σ_A 的极大熵测度, 所以 $h_{\mathrm{top}}(\sigma_A|_{h^{-1}(C)}) < h_{\mathrm{top}}(\sigma_A)$. 而由命题 3.2.14 我们有 $p(\sigma_A|_{h^{-1}(C)}) \leqslant h_{\mathrm{top}}(\sigma_A|_{h^{-1}(C)}) < h_{\mathrm{top}}(\sigma_A)$, 因此对某个 $\lambda < h_{\mathrm{top}}(\sigma_A)$ 有 $|P_n(\sigma_A|_{h^{-1}(\Lambda\backslash C)}) - P_n(\sigma_A)| < K\lambda^n$.

当然, 由相同的论述得到 $f|_C$ 的拓扑熵小于 f 的拓扑熵, 所以由命题 3.2.14, $p(f|_C) < p(f)$. 由于这个半共轭在 $h^{-1}(\Lambda\backslash C)$ 中的周期点集上是个双射, 定理证毕. □

利用 Markov 分割和极大熵测度的唯一性, 我们也可加强引理 20.1.2 为:

命题 20.1.7. 如果 Λ 是 $f: U \to M$ 的一个紧局部极大双曲集, $f|_\Lambda$ 是拓扑混合的, 那么 $f|_\Lambda$ 的 Bowen 测度是混合的.

注. 在我们对平衡态的研究中我们将通过不同手段得到相同结论, 即利用引理 20.1.1 的更一般且是双边形式的引理 20.3.5 以及遍历理论中的混合性准则 (命题 20.3.6).

证明. 上面的证明显示, 由 Markov 分割得到的半共轭保持等于拓扑熵的周期点的指数增长率. 因此移位的极大熵测度通过半共轭诱导 Λ 上的极大熵测度, 所以是 Bowen 测度. 但是这个移位的极大熵测度是 Parry 测度, 因此, 由命题 4.2.15 和命题 4.4.2 它是混合的. □ [622]

下面我们很快勾勒出 Bowen 测度对于流的描述. 详细情节留给读者, 因为它们与定理 20.1.3 的证明类似.

对某个 $s \in (t-\varepsilon, t+\varepsilon)\}$ 令 $\mathrm{Per}\,(t,\varepsilon) := \{\mathcal{O}(x) | \varphi^s(x) = x, l(\mathcal{O})$ 是 $\mathcal{O} \in \mathrm{Per}\,(t,\varepsilon)$ 的最小周期, $L_{t,\varepsilon}(\varphi) = \sum\limits_{\mathcal{O}\in \mathrm{Per}\,(t,\varepsilon)} l(\mathcal{O})$. 用 $\delta_{\mathcal{O}}$ 记对应于 $\mathcal{O} \in \mathrm{Per}\,(t,\varepsilon)$ 上的弧长的 φ^t 不变的 Borel 测度. 如在定理 20.1.3 的证明中, 测度

$$\mu_{t,\varepsilon} := \frac{1}{L_{t,\varepsilon}} \sum_{\mathcal{O}\in \mathrm{Per}\,(t,\varepsilon)} \delta_{\mathcal{O}}$$

(按弱 * 拓扑) 收敛于 φ^t 不变的 Borel 概率测度 μ_B, 称之为 Bowen 测度. 如果这个流是拓扑混合的, 则我们得到如引理 20.1.1 中的类似 (双边) 估计, 对平衡态的混合性 (命题 20.3.6) 证明几乎可一字不差地进行. 因此拓扑混合流的 Bowen 测度是混合的.

练 习

20.1.1. 证明具有碎轨性质的扩张同胚的拓扑熵是正的.

20.1.2. 符号动力系统 (定义 1.9.2) 称为 sofic 的, 如果它是拓扑 Markov 链的一个因子. 证明每个拓扑传递的 sofic 系统有唯一极大熵测度.

20.1.3. 设 $B_k \subset \Omega_2$ 是练习 1.9.10 中定义的集合, $S_k = \sigma_2|_{B_k}$. 证明 S_k 有唯一极大熵测度.

20.1.4. 叙述并证明定理 20.1.3 和推论 20.1.5 对于流的对应.

20.1.5. 求定理 20.1.6 对仅假设 $f|_\Lambda$ 是拓扑传递的对应.

20.1.6. 证明如果 $L \in SL(n,\mathbb{Z})$ 是一个双曲矩阵, 那么环面自同构 F_L 的周期点集 $\mathrm{Fix}\,(F_L)$ 提升为 $\mathbb{R}^n$ 中的一个格.

20.1.7. 证明对环面双曲自同构 F_L, Lebesgue 测度 λ 是唯一极大熵测度.

20.1.8. 证明对环面双曲自同构有 $h_\lambda(F_L) = \sum\limits_{|\lambda_i|>1} \log \lambda_i$, 其中 λ_i 是 L 的特征值.

[623] 20.2. 压力与变分原理

后面我们将看到, 用以下方式推广熵的概念到相应动力系统的不同不变量是富有成效的. 一个可探索的应用是对光滑动力系统的光滑不变测度的描述.

推广熵概念的一个方法是, 回忆我们曾经通过计算极大 (n,ε) 分离集的元素来计算熵. 如果我们想象集合元素之和为 1 来计算集合, 更一般地自然允许在分离集或生成集上求加权和. 这导致压力概念, 它又是一个受统计力学启发的术语.[1]

定义 20.2.1. 设 X 是一个紧度量空间, $f: X \to X$ 是同胚. 对 $\varphi \in C^0(X), x \in X$ 和 $n \in \mathbb{N}_0$, 定义 $S_n\varphi(x) := \sum\limits_{i=0}^{n-1} \varphi(f^i(x))$. 对 $\varepsilon > 0, n \in \mathbb{N}$, 令

$$N_d(f,\varphi,\varepsilon,n) := \sup\left\{\sum_{x\in E} e^{S_n\varphi(x)} \middle| E \subset X \text{ 是 } (n,\varepsilon) \text{ 分离集}\right\},$$

$$S_d(f,\varphi,\varepsilon,n) := \inf\left\{\sum_{x\in E} e^{S_n\varphi(x)} \middle| X = \bigcup_{x\in E} B_f(x,\varepsilon,n)\right\}.$$

有时称这两个表达式为统计和. 因此称

$$P(\varphi) := P(f,\varphi) := \lim_{\varepsilon\to 0}\overline{\lim_{n\to\infty}}\frac{1}{n}\log S_d(f,\varphi,\varepsilon,n)$$

为 f 关于 φ 的拓扑压力. 如果 $\mu\in\mathfrak{M}(f)$, 则称 $P_\mu(\varphi) := P_\mu(f,\varphi) := h_\mu(f) + \int\varphi d\mu$ 为 μ 的压力.

可以用这个定义以及下面的论述对于流进行讨论 (练习 20.2.2). 如果我们定义 $S_t\varphi(x) := \int_0^t \varphi(\psi^t(x))dt$, 则用 t 代替 n 以后 $N_d(\psi^t,\varphi,\varepsilon,t), S_d(\psi^t,\varphi,\varepsilon,t), P(\varphi)$ 和 $P_\mu(\varphi)$ 的定义可跟上面一样逐字逐句地进行. 于是, 所得 ψ^t 的压力与时间 1 映射 ψ^1 的压力相同. 我们可将命题 3.1.2 的证明立刻扩展到证明这个压力与用来定义它的度量 (诱导给定的拓扑) 无关, 因此我们的定义是合理的. 由此立刻得到, 这个压力在拓扑共轭下不变, 即如果 $f = h^{-1}\circ g\circ h$ 和 $\psi = \varphi\circ h$, 则 $P(f,\varphi) = P(g,\psi)$.

当在定义 20.2.1 中取 $\varphi = 0$ 时, 得到拓扑熵和度量熵. 注意, 我们总有

$$S_d(f,\varphi,\varepsilon,n) \leqslant \|e^{S_n\varphi}\|_{C^0}\cdot S_d(f,\varepsilon,n),$$

因此

$$\overline{\lim_{n\to\infty}}\frac{1}{n}\log S_d(f,\varphi,\varepsilon,n) \leqslant \|\varphi\|_{C^0} + \overline{\lim_{n\to\infty}}\frac{1}{n}\log S_d(f,\varepsilon,n) < \infty.$$

类似于 (3.1.13) 和 (3.1.14), 我们有 [624]

$$N_d(f,\varphi,2\varepsilon,n) \leqslant S_d(f,\varphi,\varepsilon,n) \leqslant N_d(f,\varphi,\varepsilon,n), \tag{20.2.1}$$

这证明在压力的这个定义中可用 N_d 代替 S_d. 通过类似于 (3.1.11) 和 (3.1.12) 的不等式, 量

$$D_d(f,\varphi,\varepsilon,n) := \inf\left\{\sum_{C\in E}\inf_{x\in C} e^{\ S_n\varphi(x)}\,\middle|\, X\subset\bigcup_{C\in E} C \text{ 和 } \operatorname{diam}_{d_n^f}(C)\leqslant\varepsilon \text{ 对 } C\in E\right\}$$

与 S_d 有关. 类似于引理 3.1.5, D_d 是次可加的, 因此通过紧跟引理 3.1.5 后面的类似论述, 得到

$$P(\varphi) = \lim_{\varepsilon\to 0}\underline{\lim_{n\to\infty}}\frac{1}{n}\log S_d(f,\varphi,\varepsilon,n).$$

我们的目的是将定理 4.5.3 推广到对压力的变分原理. 我们的证明接近于定理 4.5.3 的证明. 先从函数 $\phi(x) := x\log x$ 凸性的另一个结论开始.

引理 20.2.2. 如果 $\sum_{i=1}^n p_i = 1, p_i \geqslant 0, a_i\in\mathbb{R}$, 和 $A = \sum_{i=1}^k e^{a_i}$, 则 $\sum_{i=1}^n p_i(a_i - \log p_i) \leqslant \log A$, 如果 $p_i = e^{a_i}/A$ 则等号成立.

证明. 令 $\alpha_i = e^{a_i}/A, x_i = p_i/\alpha_i$. 则 $0 = 1 \cdot \log(1) \leqslant \sum_{i=1}^{k} \alpha_i x_i \log(x_i) = \sum_{i=1}^{n} p_i(\log(p_i) + \log A - a_i)$, 等号成立当且仅当 $p_i = \alpha_i$. □

下面证明引理 4.5.2 的一个对应.

引理 20.2.3. 设 (X,d) 是一个紧度量空间, $f : X \to X$ 是同胚, $\varphi \in C^0(X)$. 对 $n \in \mathbb{N}$ 选择 (n,ε) 分离集 $E_n \subset X$. 令 $\nu_n := \left(\sum_{x \in E_n} e^{S_n\varphi(x)}\right)^{-1} \sum_{x \in E_n} e^{S_n\varphi(x)}\delta_x$ 和 $\mu_n := \frac{1}{n}\sum_{i=0}^{n-1} f_*^i \nu_n$. 那么存在 $\{\mu_n\}_{n\in\mathbb{N}}$ (在弱 * 拓扑下) 的一个 f 不变的聚点 μ, 满足

$$\overline{\lim_{n\to\infty}} \frac{1}{n} \log \sum_{x \in E_n} e^{S_n\varphi(x)} \leqslant P_\mu(f,\varphi).$$

证明. 考虑子序列 n_k 使得 $\lim_{k\to\infty} \log \sum_{x \in E_{n_k}} e^{S_{n_k}\varphi(x)} = \overline{\lim_{n\to\infty}} \log \sum_{x \in E_n} e^{S_n\varphi(x)}$. 取序列 μ_{n_k} 的任一聚点 μ. 聚点的存在性由 $\mathfrak{M}$ 的弱 * 紧性得知, μ 的 f 不变性是显然的. 因此考虑直径小于 ε 的元素与 $\mu(\partial\xi) = 0$ 的分割 ξ. 若记 $E_n = \{x_1, \cdots, x_m\}$ 和 $a_i := S_n\varphi(x_i)$, 则由引理 20.2.2 得到

$$\begin{aligned} & H_{\nu_n}(\xi_{-n}^f) + n\int \varphi d\mu_n = H_{\nu_n}(\xi_{-n}^f) + \int S_n\varphi d\nu_n \\ = & \sum_{x \in E_n} [-\nu_n(\{x\}) \log(\nu_n(\{x\})) + \nu_n(\{x\}) S_n\varphi(x)] \\ = & \log \sum_{x \in E_n} e^{S_n\varphi(x)}. \end{aligned} \tag{20.2.2}$$

[625] 现在我们如引理 4.5.2 的证明步骤进行. 假设 $0 < q < n$, 并令 $a(k) := [(n-k)/q]$ 是 $(n-k)/q$ 的整数部分, 其中 $0 \leqslant k < q$. 对 $H_{\nu_n}(\xi_{-n}^f)$ 利用 (20.2.2) 和不等式

(4.5.1), 得到

$$\begin{aligned}
\frac{q}{n}\log\sum_{x\in E_n} e^{S_n\varphi(X)} &= \frac{q}{n}H_{\nu_n}(\xi_{-n}^f) + q\int\varphi d\mu_n \\
&= \frac{1}{n}\sum_{k=0}^{q-1} H_{\nu_n}(\xi_{-n}^f) + q\int\varphi d\mu_n \\
&\leqslant \sum_{k=0}^{q-1}\left[\sum_{r=0}^{a(k)-1}\frac{1}{n}H_{f_*^{rq+k}\nu_n}(\xi_{-q}^f) + \frac{2q}{n}\log\operatorname{card}(\xi)\right] + q\int\varphi d\mu_n \\
&\leqslant H_{\mu_n}(\xi_{-q}^f) + \frac{2q^2}{n}\log\operatorname{card}(\xi) + q\int\varphi d\mu_n,
\end{aligned}$$

最后这个不等式由命题 4.3.3(6) 得知. 因此

$$\lim_{k\to\infty}\frac{1}{n_k}\log\sum_{x\in E_{n_k}} e^{S_{n_k}\varphi(X)} \leqslant \frac{1}{q}\lim_{k\to\infty}H_{\mu_{n_k}}(\xi_{-q}^f) + \int\varphi d\mu_{n_k} = \frac{1}{q}H_\mu(\xi_{-q}^f) + \int\varphi d\mu,$$

以及 $\overline{\lim_{n\to\infty}}\frac{1}{n}\log\sum_{x\in E_n} e^{S_n\varphi(X)} \leqslant h_\mu(f,\xi) + \int\varphi d\mu \leqslant P_\mu(f,\varphi).$ □

定理 20.2.4 (压力的变分原理). 设 $f: X\to X$ 是紧度量空间 X 的一个同胚, $\varphi\in C^0(X)$. 那么 $P(\varphi) = \sup\{P_\mu(\varphi)|\mu\in\mathfrak{M}(f)\}$.

证明. 首先注意, 如果 $\{E_n\}_{n\in\mathbb{N}}$ 是 X 中的 (n,ε) 分离集, 使得

$$\sum_{x\in E_n} e^{S_n\varphi(X)} \geqslant N_d(f,\varphi,\varepsilon,n) - \delta,$$

则由引理中的测度 μ_n 对应的聚点 $\mu\in\mathfrak{M}(f)$, 应用引理 20.2.3, 得到

$$\overline{\lim_{n\to\infty}}\frac{1}{n}\log N_d(f,\varphi,\varepsilon,n) \leqslant P_\mu(f,\varphi).$$

对 μ 取上确界, 并令 $\varepsilon\to 0$ 和 $\delta\to 0$, 证得 $P(\varphi)\leqslant\sup\{P_\mu(\varphi)|\mu\in\mathfrak{M}(f)\}$.

为了证明反向不等式, 假设 $\xi = \{C_1,\cdots,C_k\}$ 是 X 的一个可测分割. 则 $\mu(C_i) = \sup\{\mu(B)|B\subset C_i$ 为闭$\}$. 因此可选取紧集 $B_i\subset C_i$, 使得对 $\beta = \{B_0,B_1,\cdots,B_k\}$ 有 $H(\xi|\beta) < 1$, 其中 $B_0 = X\setminus\bigcup_{i=1}^k B_i$. 于是由命题 4.3.10(3), 我们有

$$h_\mu(f,\xi)\leqslant h_\mu(f,\beta) + H_\mu(\xi|\beta)\leqslant h_\mu(f,\beta)+1.$$

现在取 $d := \min\{d(B_i,B_j)|i,j\in\{1,\cdots,k\}, i\neq j\} > 0$ 和 $\delta\in(0,d/2)$, 使得当 [626]
$d(x,y)<\delta$ 时 $|\varphi(x)-\varphi(y)|\leqslant 1$. 对 $C\in\beta_{-n}^f$ 存在 $x_C\in\overline{C}$ 使得 $(S_n\varphi)(x_C) =$

$\sup\{(S_n\varphi)(x)|x\in C\}$. 接下来假设 $E\subset X$ 是一个 (n,δ) 生成集. 则可取 $y_C\in E$ 使得 $d_n^f(x_C,y_C)\leqslant\delta$, 因此 $S_n\varphi(x_C)\leqslant S_n\varphi(y_C)+n$. 再注意由 $\delta<d/2$ 得到对所有 $y\in E$ 有 $\operatorname{card}\{C\in\beta_{-n}^f|y_C=y\}\leqslant 2^n$. 利用引理 20.2.2 得

$$H_\mu(\beta_{-n}^f)+\int S_n\varphi d\mu\leqslant\sum_{C\in\beta_{-n}^f}\mu(C)(-\log\mu(C)+S_n\varphi(x_C))$$
$$\leqslant\log\sum_{C\in\beta_{-n}^f}e^{S_n\varphi(y_C)+n}\leqslant n+\log\left(2^n\sum_{C\in E}e^{S_n\varphi(x)}\right)$$

和

$$\frac{1}{n}H_\mu(\beta_{-n}^f)+\int\varphi d\mu=\frac{1}{n}H_\mu(\beta_{-n}^f)+\frac{1}{n}\int S_n\varphi d\mu\leqslant 1+\log 2+\frac{1}{n}\log\sum_{x\in E}e^{S_n\varphi(x)}.$$

因此

$$h_\mu(f,\xi)+\int\varphi d\mu\leqslant h_\mu(f,\beta)+1+\int\varphi d\mu\leqslant 2+\log 2+P(f,\varphi),$$

从而, 对任何 f,φ 有 $P_\mu(f,\varphi)\leqslant 2+\log 2+P(f,\varphi)$. 应用它到 f^n 和 $S_n\varphi$, 得到 $P_\mu(f,\varphi)\leqslant(2+\log 2)/n+P(f,\varphi)$, 令 $n\to\infty$ 得到所求的不等式. □

定义 20.2.5. 用 $C^f=C^f(X)$ 记集合

$$\{\varphi\in C^0(X)|\exists K,\varepsilon>0,\text{ 使得 }d_n^f(x,y)\leqslant\varepsilon\Rightarrow|S_n\varphi(x)-S_n\varphi(y)|\leqslant K\}.$$

现在我们将 C^f 的这个选择解释为容许函数类. C^f 中的函数正好是对所有 $n\in\mathbb{N}$, $S_n\varphi$ 一致有好控制的那些函数. 这正是证明极大压力测度的存在性和唯一性时所需的性质. 为了证明这类函数足够大, 我们证明在双曲集情形, 所有 Hölder 连续函数都在 C^f 内:

命题 20.2.6. 设 M 是一个 Riemann 流形, $U\subset M$ 为开集, $f:U\to M$ 是光滑嵌入, $\Lambda\subset U$ 是双曲集. 那么 Λ 上的每个 Hölder 连续函数都在 $C^f(\Lambda)$ 中.

证明. 令 $\operatorname{Var}_m(\varphi,f,\varepsilon):=\sup\{|\varphi(x)-\varphi(y)|\,|\,d(f^j(x),f^j(y))\leqslant\varepsilon,\text{ 对 }|j|\leqslant m\}$. 由双曲性存在 $\varepsilon>0$ 和 $\mu<1$, 使得如果对 $x,y\in\Lambda$, $|i|\leqslant n$ 有 $d(f^i(x),f^i(y))<\varepsilon$, 则 $d(x,y)<\mu^n$. 因此如果 $|\varphi(x)-\varphi(y)|\leqslant cd(x,y)^\alpha$, 则 $\operatorname{Var}_m(\varphi,f,\varepsilon)\leqslant c\mu^{\alpha m}$ 以及 $K:=\sum_{n\in\mathbb{N}}\operatorname{Var}_n(\varphi,f,\varepsilon)<\infty$.

[627] 现在若 $d_n^f(x,y)<\varepsilon$ 和 $0\leqslant k\leqslant n$, 则对 $|j|\leqslant m_k:=\min(k,n-k)$ 有 $d(f^j(f^k(x)),f^j(f^k(y)))<\varepsilon$, 而且 $|\varphi(f^k(x))-\varphi(f^k(y))|\leqslant\operatorname{Var}_{m_k}(\varphi,f,\varepsilon)$. 因此

$$|S_n\varphi(x)-S_n\varphi(y)|\leqslant 2\sum_{m=0}^{[n/2]+1}\operatorname{Var}_m(\varphi,f,\varepsilon)\leqslant\sum_{M\in\mathbb{N}}\operatorname{Var}_m(\varphi,f,\varepsilon)=K,$$

因为对至多两个 k 值 $m_k = m$. 因此 $\varphi \in C^f$. □

由于我们已经在 19.1 节中看到, Hölder 连续函数类在双曲集之间的拓扑共轭下不变, 因此是考虑的一类非常自然的函数. 此外, 我们已经看到一个特殊例子, 不稳定 Jacobi 在这一章中将很重要, 它在我们光滑不变测度的研究中起着中心作用.

但是对这个理论, 当我们的动机和主要应用涉及双曲集和 Hölder 连续函数时, 阐明用公理法可确切地指出在我们对这个理论发展时要用到什么.

类似于推论 3.2.13 我们有

命题 20.2.7. 如果 f 是一个具有扩张常数 δ_0 的扩张映射, $\varepsilon < \delta_0/2$ 和 $\varphi \in C^f(X)$, 那么

$$P(\varphi) = \lim_{n\to\infty} \frac{1}{n} \log S_d(f, \varphi, \varepsilon, n).$$

由 (20.2.1) 这是引理 3.2.12 的下面类似的一个直接推论:

引理 20.2.8. 设 $f : X \to X$ 是紧度量空间的扩张常数为 δ_0 的扩张同胚 (参看定义 3.2.11). 那么对 $\varphi \in C^f(X), \varepsilon \in (0, \delta_0/2)$ 和 $\delta > 0$, 存在 $C_{\delta,\varepsilon}$ 使得

$$N_d(f, \varphi, \delta, n) \leqslant C_{\delta,\varepsilon} N_d(f, \varphi, \varepsilon, n).$$

注. 显然对 $\delta > \varepsilon$ 可取 $C_{\delta,\varepsilon} = 1$.

证明. 首先我们如引理 3.2.12 的证明进行. 利用那里的记号, 取 ε, K 如定义 20.2.5 中的, 使得对 $x \in E_z$, 有 $|S_n\varphi(x) - S_n\varphi(z)| \leqslant K$ 和

$$\sum_{x\in E} e^{S_n\varphi(x)} \leqslant \sum_{z\in F} (\operatorname{card} E_z) e^K e^{S_n\varphi(z)} \leqslant M e^K N_d(f, \varphi, \varepsilon, n).$$

因此我们可取 $C_{\delta,\varepsilon} = Me^K$. □

定义 20.2.9. 设 X 是一个紧度量空间, $f : X \to X$ 是同胚, $\varphi \in C^0(X)$. 如果 $P_\mu(f, \varphi) = P(f, \varphi)$, 则称测度 $\mu \in \mathfrak{M}(f)$ 为 φ 的平衡态.

类似于定理 4.5.4, 引理 20.2.3 和命题 20.2.7 的直接推论是下面的结果:

定理 20.2.10. 设 X 是一个紧度量空间, $f : X \to X$ 是扩张同胚, $\varphi \in C^f(X)$. 则存在 φ 的一个平衡态.

练　　习 [628]

20.2.1. 对函数 $\varphi(\omega) = \omega_0$ 计算全 N 移位 σ_N 的压力.

20.2.2. 证明流的压力是流的时间 1 映射的压力.

20.2.3. 证明如果 $h \circ f = g \circ h$, h 是满射, 以及 $\psi = \varphi \circ h$, 则 $P(f,\varphi) \geqslant P(g,\psi)$.

20.3. 平衡态的唯一性与分类

a. 平衡态的唯一性. 在 20.1 节中我们已经看到具有碎轨的扩张映射有唯一极大熵测度. 这可推广到具有碎轨的扩张映射的平衡态的唯一性.

在定理 20.1.3 关于极大熵测度的唯一性的证明中我们用了 18.5 节的几个事实, 但是这首先需要适应压力环境. 因此现在我们要推广分离集和周期轨道增长率的有关引理到分离集或周期轨道上的统计和 $\sum e^{S_n\varphi(x)}$.

这一节的余下部分我们都假设 $f: X \to X$ 是具有扩张常数 δ_0 和有碎轨性质的扩张同胚, 以及 $\varphi \in C^f(X)$, ε, K 如 $C^f(X)$ 定义中的 (定义 20.2.5). 于是类似于引理 18.5.3, 我们有

引理 20.3.1. *对 $\varepsilon \in (0,\delta_0/3)$ 存在 $k_\varepsilon, K_\varepsilon > 0$, 使得对 $n_1,\cdots,n_m \in \mathbb{N}$ 有*

$$\prod_{j=1}^m k_\varepsilon N_d(f,\varphi,\varepsilon,n_j) \leqslant N_d\left(f,\varphi,\varepsilon,\sum_{j=1}^m n_j\right) \leqslant \prod_{j=1}^m K_\varepsilon N_d(f,\varphi,\varepsilon,n_j).$$

证明. (i) 如果 E 是 $\left(\sum_{j=1}^m n_j,\varepsilon\right)$ 分离集, F_j 是极大 $(n_j,\varepsilon/2)$ 分离集, 则对 $x \in E$ 存在 $z(x) := (z_1(x),\cdots,z_m(x)) \in F_1\times\cdots\times F_m$, 使得 $d^f_{n_j}(f^{n_1+\cdots+n_{j-1}}(x), z_j(x)) \leqslant \varepsilon/2$, 而且 $z(\cdot)$ 是一个单射. 由于此外

$$\left|S_{\sum_{j=1}^m n_j}\varphi(x) - \sum_{j=1}^m S_{n_j}\varphi(z_j(x))\right| \leqslant \sum_{j=1}^m |S_{n_j}\varphi(f^{\sum_{i=1}^{j-1} n_i}(x)) - S_{n_j}\varphi(z_j(x))| \leqslant mK,$$

我们有

$$\sum_{x\in E}\exp(S_{\sum_{j=1}^m n_j}\varphi(x)) \leqslant \prod_{j=1}^m N_d\left(f,\varphi,\frac{\varepsilon}{2},n_j\right),$$

所以可取 $K_\varepsilon = C_{\varepsilon/2,\varepsilon}e^K$.

[629] (ii) 如果 E_j 是 $(n_j,3\varepsilon)$ 分离集, $a_j = n_1+\cdots+n_{j-1}+(j-1)M_\varepsilon$, 其中 M_ε 由碎轨性质给出, $I_j = [a_j, a_j+n_j-1]$, 而碎轨性质意味着对 $x := (x_1,\cdots,x_m) \in E_1\times\cdots\times E_m$, 存在 $z = z(x)$ 使得 $d^f_{n_j}(f^{a_j}(z),x_j) < \varepsilon$. 注意由构造 $E := \{z(x) | x \in E_1\times\cdots\times E_n\}$ 是 (a_m+n_m,ε) 分离集. 因为此外

$$S_{a_m+n_m}\varphi(z(x)) \geqslant -mM_\varepsilon\|\varphi\|_{C^0} - mK + \sum_{j=1}^m S_{n_j}\varphi(x_j),$$

这证明

$$N_d(f,\varphi,\varepsilon,a_m+n_m) \geqslant e^{-m(M_\varepsilon\|\varphi\|_{C^0}+K)}\prod_{j=1}^m N_d(f,\varphi,3\varepsilon,n_j).$$

由于 $a_m+n_m=(m-1)M_\varepsilon+\sum_{j=1}^m n_j$, 故 (i) 意味着

$$N_d(f,\varphi,\varepsilon,a_m+n_m) \geqslant K_\varepsilon^m N_d(f,\varphi,\varepsilon,\sum_{j=1}^m n_j)N_d(f,\varphi,\varepsilon,M_\varepsilon)^{m-1},$$

所以, 由引理 20.2.8 得

$$\begin{aligned} N_d\left(f,\varphi,\varepsilon,\sum_{j=1}^m n_j\right) &\geqslant K_\varepsilon^{-m}N_d(f,\varphi,\varepsilon,M_\varepsilon)^{1-m}e^{-m(M_\varepsilon\|\varphi\|_{C^0}+K)}\prod_{j=1}^m N_d(f,\varphi,3\varepsilon,n_j) \\ &\geqslant \prod_{j=1}^m \frac{e^{-m(M_\varepsilon\|\varphi\|_{C^0}+K)}}{C_{\varepsilon,3\varepsilon}K_\varepsilon N_d(f,\varphi,\varepsilon,M_\varepsilon)}N_d(f,\varphi,\varepsilon,n_j). \end{aligned}$$ □

命题 20.3.2. 设 X 是一个紧度量空间, $f:X\to X$ 是具扩张常数 δ_0 和碎轨性质的扩张同胚. 如果 $0<\varepsilon<\delta_0/3, n\in\mathbb{N}$, 以及 k_ε 和 K_ε 如引理 20.3.1 中的, 那么

$$\frac{1}{K_\varepsilon}e^{nP(\varphi)} \leqslant N_d(f,\varphi,\varepsilon,n) \leqslant \frac{1}{k_\varepsilon}e^{nP(\varphi)}.$$

证明. 由命题 20.2.7, 对 $\varepsilon<\delta_0/2$ 有

$$P(\varphi)=\lim_{n\to\infty}\frac{1}{n}\log S_d(f,\varphi,\varepsilon,n).$$

因此, 由引理 20.3.1 得

$$\frac{\log k_\varepsilon N_d(f,\varphi,\varepsilon,n)}{n} \leqslant \lim_{k\to\infty}\frac{\log N_d(f,\varphi,\varepsilon,kn)}{kn}=P(\varphi)\leqslant\frac{\log K_\varepsilon N_d(f,\varphi,\varepsilon,n)}{n}.$$ □

最后, 类似于定理 18.5.5 考虑周期点上的统计和. 为了简化记号, 对 $Y\subset X$ 令 [630]

$$P_Y(f,\varphi,n):=\sum_{x\in\mathrm{Fix}\,(f^n)\cap Y}e^{S_n\varphi(x)}.$$

命题 20.3.3. 设 X 是一个紧度量空间, $f:X\to X$ 是具有扩张常数 δ_0 和碎轨性质的扩张同胚. 那么存在 $c_1,c_2>0$, 使得对充分大的 $n\in\mathbb{N}$ 有

$$c_1e^{nP(\varphi)} \leqslant P_X(f,\varphi,n) \leqslant c_2e^{nP(\varphi)}. \tag{20.3.1}$$

证明. 为了证明命题 3.2.14, 我们证明 $\mathrm{Fix}(f^n)$ 是 (n, δ_0) 分离集. 它与命题 20.3.2 一起给出右端的不等式.

另一方面, 对 $n \geqslant M_\varepsilon$, E 是 $(n - M_\varepsilon, 3\varepsilon)$ 分离集, $x \in E$, 存在 $z = z(x) \subset \mathrm{Fix}(f^n)$ 满足 $d^f_{n-M_\varepsilon}(x, z) \leqslant \varepsilon$. 由于 $z(\cdot)$ 是一个单射, 且 $S_n\varphi(z) \geqslant S_{n-M_\varepsilon}\varphi(x) - K - M_\varepsilon\|\varphi\|_{C^0}$, 所以

$$\begin{aligned} P_X(f, \varphi, n) &= \sum_{x \in \mathrm{Fix}(f^n)} e^{S_n\varphi(z)} \geqslant e^{-K - M_\varepsilon\|\varphi\|_{C^0}} N_d(f, \varphi, 3\varepsilon, n - M_\varepsilon) \\ &\geqslant \frac{e^{-K - M_\varepsilon\|\varphi\|_{C^0}}}{K_{3\varepsilon} e^{M_\varepsilon P(\varphi)}} e^{nP(\varphi)}. \end{aligned}$$ □

类似 Bowen 测度定义测度 μ 如下: 由 $\mathfrak{M}(f)$ 的紧性, 存在序列 $\mu_n := \dfrac{1}{P_X(f, \varphi, n)} \sum\limits_{x \in \mathrm{Fix}(f^n)} e^{S_n\varphi(x)} \delta_x$ 的一个聚点

$$\mu = \lim_{k \to \infty} \mu_{n_k} \in \mathfrak{M}(f). \tag{20.3.2}$$

换句话说, $\mu_n(Y) = P_Y(f, \varphi, n)/P_X(f, \varphi, n)$. 从现在起我们固定 $\{n_k\}_{k \in \mathbb{N}}$ 和 μ.

现在将关键引理 20.1.1 推广到当前的情况. 为了得到混合性我们还需估计下界.

引理 20.3.4. 设 X 是一个紧度量空间, $f: X \to X$ 是具有碎轨性质的扩张同胚, μ 如 (20.3.2) 中的, $\varepsilon > 0$ 如 $C^f(X)$ 的定义 20.2.5 中的. 那么存在 $A_\varepsilon, B_\varepsilon > 0$, 使得对 $y \in X$ 和 $n \in \mathbb{N}$ 有 $A_\varepsilon e^{S_n\varphi(y) - nP(\varphi)} \leqslant \mu(\overline{B_f(y, \varepsilon, n)}) \leqslant B_\varepsilon e^{S_n\varphi(y) - nP(\varphi)}$.

证明. 取 $r \geqslant n + 2M_\varepsilon$ 和 $m = r - n - 2M_\varepsilon$. 假设 E_m 是极大 $(m, 3\varepsilon)$ 分离集, $x \in E_m$. 由碎轨性质存在 $z(x) \in \mathrm{Fix}(f^r) \cap B_f(y, \varepsilon, n)$, 满足 $d^f_m(f^{n+M_\varepsilon}(z(x)), x) < \varepsilon$.
[631] 由 E_m 的选择 $z(\cdot)$ 是 E_m 上的一个单射, 而且 E_m 是极大的. 注意, 如果 K 如 $C^f(X)$ 的定义中的, 则

$$|S_r\varphi(z(x)) - S_n\varphi(y) - S_m\varphi(x)| \leqslant 2M_\varepsilon\|\varphi\|_{C^0} + 2K,$$

所以

$$\begin{aligned} \mu_r(B_f(y, \varepsilon, n)) &= \frac{P_{B_f(y,\varepsilon,n)}(f, \varphi, r)}{P_X(f, \varphi, r)} = \frac{1}{P_X(f, \varphi, r)} \sum_{z \in \mathrm{Fix}(f^r) \cap B_f(y, \varepsilon, n)} e^{S_r\varphi(z)} \\ &\geqslant \frac{1}{P_X(f, \varphi, r)} e^{S_n\varphi(y) - 2M_\varepsilon\|\varphi\|_{C^0} - 2K} \sum_{x \in E_m} e^{S_m\varphi(x)}. \end{aligned}$$

由于 $N_d(f, \varphi, 3\varepsilon, m) = \sup\left\{ \sum\limits_{x \in E_m} e^{S_m\varphi(x)} \,\middle|\, E_m \text{ 是 } (m, 3\varepsilon) \text{ 分离集} \right\}$, 由命题 20.3.3

和命题 20.3.2, 得到

$$\begin{aligned}\mu_r(B_f(y,\varepsilon,n)) &\geqslant \frac{e^{-2(M_\varepsilon\|\varphi\|_{C^0}+K)}}{P_X(f,\varphi,r)}N_d(f,\varphi,3\varepsilon,m)e^{S_n\varphi(y)}\\ &> \frac{1}{c_2}e^{-rP(\varphi)}e^{-2(M_\varepsilon\|\varphi\|_{C^0}+K)}\frac{1}{K_{3\varepsilon}}e^{mP(\varphi)}e^{S_n\varphi(y)}\\ &\geqslant A_\varepsilon e^{S_n\varphi(y)-nP(\varphi)},\end{aligned}$$

其中 $A_\varepsilon = e^{-2(M_\varepsilon\|\varphi\|_{C^0}+K+M_\varepsilon P(\varphi))}/c_2K_{3\varepsilon}$. 令 $n_k = r \geqslant n+2M_\varepsilon$, $k\to\infty$ 给出下界.

为了得到上界, 注意对 $x\in \mathrm{Fix}\,(f^r)\cap B_f(y,\varepsilon,n)$, 我们有 $|S_r\varphi(x)-S_n\varphi(y)-S_{r-n}\varphi(f^n(x))|\leqslant K$, 如果 $\varepsilon<\delta_0$ 则 $f^n(\mathrm{Fix}\,(f^r)\cap B_f(y,\varepsilon,n))$ 是 $(r-n,\delta_0)$ 分离集. 因此, 利用命题 20.3.3 和命题 20.3.2 得到

$$\begin{aligned}\mu_r(B_f(y,\varepsilon,n)) &= \frac{P_{B_f(y,\varepsilon,n)}(f,\varphi,r)}{P_X(f,\varphi,r)} = \frac{1}{P_X(f,\varphi,r)}\sum_{x\in \mathrm{Fix}\,(f^r)\cap B_f(y,\varepsilon,n)} e^{S_r\varphi(x)}\\ &\leqslant \frac{1}{P_X(f,\varphi,r)}\sum_{x\in \mathrm{Fix}\,(f^r)\cap B_f(y,\varepsilon,n)} e^{S_n\varphi(y)+S_{r-n}\varphi(f^n(x))+K}\\ &\leqslant \frac{e^K}{c_1}e^{-rP(\varphi)}e^{S_n\varphi(y)}N_d(f,\varphi,\delta_0,r-n)\leqslant \frac{e^K}{c_1k_{\delta_0}}e^{S_n\varphi(y)-nP(\varphi)}.\end{aligned}$$

□

引理 20.3.5. 对 (20.3.2) 中的测度 μ, 存在常数 $c, C>0$, 使得对所有可测集 $P, Q\subset X$ 有

$$c\mu(P)\mu(Q)\leqslant \varliminf_{n\to\infty}\mu(P\cap f^{-n}(Q))\leqslant \varlimsup_{n\to\infty}\mu(P\cap f^{-n}(Q))\leqslant C\mu(P)\mu(Q). \quad (20.3.3)$$

证明. 现在开始估计下界. 如在引理 20.1.2 的证明中, 只需考虑 $\delta>0, A, B\subset X$ 紧, U, V 分别是 A, B 的 δ 邻域, 要证明 $\varliminf_{n\to\infty}\mu(\overline{U}\cap f^{-n}(\overline{V}))\geqslant c\mu(A)\mu(B)$. 设 $\varepsilon>$ [632]
0 和 $N(\delta)\in\mathbb{N}$ 使得只要对所有 $|i|<N(\delta)$ 有 $d(f^i(x),f^i(y))\leqslant\varepsilon$, 就有 $d(x,y)\leqslant\delta$. 设 $n\geqslant 2N(\delta)$ 且对 $s,t\in\mathbb{N},\eta>0$, 取 $(s,3\varepsilon)$ 分离集 E_s 和 $(t,3\varepsilon)$ 分离集 E_t, 使得 $\sum_{x\in E_s}e^{S_s\varphi(x)}\geqslant(1-\eta)N_d(f,\varphi,3\varepsilon,s)$ 和 $\sum_{x\in E_t}e^{S_t\varphi(x)}\geqslant(1-\eta)N_d(f,\varphi,3\varepsilon,t)$. 假设 ε 满足 $N_d(f,\varphi,3\varepsilon,s)>0$ 和 $N_d(f,\varphi,3\varepsilon,t)>0$. 对应于 A, E_s, B, E_t 定义区间 $I_i=[a_i,b_i]\subset\mathbb{Z}$ $(i=1,2,3,4)$, 其中

$$\begin{aligned}&a_1=-[n/2],\quad a_2=b_1+M_\varepsilon,\quad a_3=b_2+M_\varepsilon,\quad a_4=b_3+M_\varepsilon,\\ &b_1=a_1+n,\quad b_2=a_2+s,\quad b_3=a_3+n,\quad b_4=a_4+t,\end{aligned}$$

并令 $W=f^{-[n/2]}(\mathrm{Fix}\,(f^n)\cap A)\times E_s\times f^{-[n/2]}(\mathrm{Fix}\,(f^n)\cap B)\times E_t$ 以及 $m:=b_4-a_1+M_\varepsilon=t+s+2n+4M_\varepsilon$. 于是由碎轨性质, 对每个 $x=(x_1,x_2,x_3,x_4)\subset W$,

周期点 $z=z(x)\in\mathrm{Fix}\,(f^m)$ 满足 $d^f_{b_i-a_i}(f^{a_i}(z),x_i)<\varepsilon,\ i=1,2,3,4$. 由于 $z(\cdot)$ 是一个单射 (任何 $\{x_i,x_i'\}$ 是 $(b_i-a_i,3\varepsilon)$ 分离集), 以及由 $N(\delta)$ 的选择对所有 x 有 $z(x)\in U\cap f^{-s-2M_\varepsilon}(V)$. 所以

$$S_m\varphi(z(x))\geqslant S_n\varphi(x_1)+S_s\varphi(x_2)+S_n\varphi(x_3)+S_t\varphi(x_4)-4K-4M_\varepsilon\|\varphi\|_{C^0}.$$

现在由周期性, 对 $i=1,3$ 有 $S_n\varphi(x_i)=S_n\varphi(f^{[n/2]}(x_i))$, 所以对 $c_0:=e^{-4K-4M_\varepsilon\|\varphi\|_{C^0}}$, 我们有

$$\begin{aligned}\sum_{x\in W}e^{S_m\varphi(z(x))}&\geqslant c_0\sum_{x_1\in f^{-[n/2]}(\mathrm{Fix}\,(f^n)\cap A)}e^{S_n\varphi(x_1)}\times\sum_{x_2\in E_s}e^{S_s\varphi(x_2)}\\&\quad\times\sum_{x_3\in f^{-[n/2]}(\mathrm{Fix}\,(f^n)\cap B)}e^{S_n\varphi(x_3)}\times\sum_{x_4\in E_t}e^{S_t\varphi(x_4)}\\&\geqslant c_0(1-\eta)^2\sum_{x\in\mathrm{Fix}\,(f^n)\cap A}e^{S_n\varphi(x)}\sum_{x\in\mathrm{Fix}\,(f^n)\cap B}e^{S_n\varphi(x)}\\&\quad\times N_d(f,\varphi,3\varepsilon,s)N_d(f,\varphi,3\varepsilon,t)\\&=c_0(1-\eta)^2P_A(f,\varphi,n)P_B(f,\varphi,n)N_d(f,\varphi,3\varepsilon,s)N_d(f,\varphi,3\varepsilon,t)\\&=c_0(1-\eta)^2P_X(f,\varphi,n)\mu_n(A)P_X(f,\varphi,n)\mu_n(B)\\&\quad\times N_d(f,\varphi,3\varepsilon,s)N_d(f,\varphi,3\varepsilon,t)\\&\geqslant P_X(f,\varphi,m)\frac{c_0(1-\eta)^2}{c_2e^{mP(\varphi)}}c_1e^{nP(\varphi)}c_1e^{nP(\varphi)}\\&\quad\times\frac{1}{K_{3\varepsilon}}e^{sP(\varphi)}\frac{1}{K_{3\varepsilon}}e^{tP(\varphi)}\mu_n(A)\mu_n(B)\\&=P_X(f,\varphi,m)\frac{c_0(1-\eta)^2c_1^2}{c_2K_{3\varepsilon}^2e^{4M_\varepsilon P(\varphi)}}\mu_n(A)\mu_n(B),\end{aligned}$$

其中最后一个不等式由命题 20.3.3 和命题 20.3.2 得到. 由于

$$\sum_{x\in\mathrm{Fix}\,(f^m)\cap U\cap f^{-s-M_\varepsilon}(V)}e^{S_m\varphi(x)}\geqslant\sum_{x\in W}e^{S_m\varphi(z(x))},$$

我们得到

$$\mu_m(U\cap f^{-s-2M_\varepsilon}(V))\geqslant\frac{1}{P_X(f,\varphi,m)}\sum_{x\in W}e^{S_m\varphi(z(x))}\geqslant c\mu_n(A)\mu_n(B).$$

[633] 保持 n 和 s 固定, 令 $t\to\infty$ 于是 $m=n_k$. 因此 $s\to\infty$ 时,

$$\mu(\overline{U}\cap f^{-s-2M_\varepsilon}(\overline{V}))\geqslant\varlimsup_{k\to\infty}\mu_{n_k}(U\cap f^{-s-2M_\varepsilon}(V))\geqslant c\mu_n(A)\mu_n(B)$$

和

$$\varliminf_{r\to\infty}\mu(\overline{U}\cap f^{-r}(\overline{V}))\geqslant c\mu_n(A)\mu_n(B).$$

最后, 当 $n\to\infty$ 时, 我们得到

$$\lim_{\underline{r\to\infty}}\mu(\overline{U}\cap f^{-r}(\overline{V}))\geqslant c\overline{\lim_{k\to\infty}}\mu_{n_k}(A)\mu_{n_k}(B).$$

由于 $\mu(\partial A)=\mu(\partial B)=0$, 这证明了这个下界.

其他不等式的证明理由完全类似. 对 $m=s+t+2n$ 和 $x\in f^{-[n/2]}(\mathrm{Fix}\,(f^m)\cap A\cap f^{-r}(B))$, 存在唯一的 $z(x)=(z_1,z_2,z_3,z_4)$, 使得对 $i=1,2,3,4$, 有 $z_1\in\mathrm{Fix}\,(f^{n+M_\varepsilon})$, $z_2\in\mathrm{Fix}\,(f^{s+M_\varepsilon})$, $z_3\in\mathrm{Fix}\,(f^{n+M_\varepsilon})$, $z_4\in\mathrm{Fix}\,(f^{t+M_\varepsilon})$ 和 $d^f_{b_i-a_i}(f^{a_i}(x),z_i)<\varepsilon$, 其中

$$\begin{aligned}&a_1=-[n/2],\quad a_2=b_1,\qquad a_3=b_2,\qquad a_4=b_3,\\&b_1=a_1+n,\quad b_2=a_2+s,\quad b_3=a_3+n,\quad b_4=a_4+t.\end{aligned}$$

于是 $z_1\in U$ 和 $z_3\in V$, 而且

$$S_m(x)\leqslant S_{n+M_\varepsilon}(z_1)+S_{s+M_\varepsilon}(z_2)+S_{n+M_\varepsilon}(z_3)+S_{t+M_\varepsilon}(z_4)+4K+4M_\varepsilon\|\varphi\|_{C^0},$$

所以

$$\begin{aligned}&\sum_{x\in\mathrm{Fix}\,(f^m)\cap A\cap f^{-r}(B)}e^{S_m(X)}\leqslant\frac{1}{c_0}\sum_{z_1\in\mathrm{Fix}\,(f^{n+M_\varepsilon})\cap U}e^{S_{n+M_\varepsilon}(z_1)}\\&\quad\times\sum_{z_2\in\mathrm{Fix}\,(f^{s+M_\varepsilon})}e^{S_{s+M_\varepsilon}(z_2)}\sum_{z_3\in\mathrm{Fix}\,(f^{n+M_\varepsilon})\cap V}e^{S_{n+M_\varepsilon}(z_3)}\sum_{z_4\in\mathrm{Fix}\,(f^{t+M_\varepsilon})}e^{S_{t+M_\varepsilon}(z_1)}\\&\leqslant\frac{1}{c_0}P_U(f,\varphi,n+M_\varepsilon)P_V(f,\varphi,n+M_\varepsilon)N_d(f,\varphi,\varepsilon,s)N_d(f,\varphi,\varepsilon,t)\\&=\frac{1}{c_0}P_X(f,\varphi,n+M_\varepsilon)\mu_{n+M_\varepsilon}(U)P_X(f,\varphi,n+M_\varepsilon)\mu_{n+M_\varepsilon}(V)\\&\quad\times N_d(f,\varphi,\varepsilon,s)N_d(f,\varphi,\varepsilon,t)\\&\leqslant CP_X(f,\varphi,m)\mu_{n+M_\varepsilon}(U)\mu_{n+M_\varepsilon}(V).\end{aligned}$$

继续如前进行, 得到这个上界. □

命题 20.3.6. 设 f 是紧度量空间 X 的一个同胚, μ 是 f 不变的 Borel 概率测度, 使得对任何 Borel 集 P,Q 不等式 (20.3.3) 成立. 那么 f 是混合的.

注. (1) 特别地, 我们有命题 20.1.7 的一个新证明.

(2) 事实上这个论述对测度空间的保测变换也成立. 证明中必须用某些纯测度论考虑以代替弱 * 拓扑.

证明. 首先我们证明 (20.3.3) 中的左边不等式蕴含 Descartes 正方形 $f\times f$ 关于 [634]

积测度 $\mu\times\mu$ 是遍历的. 设 $A,B,C,D\subset X$ 是 Borel 集. 则

$$\begin{aligned}\varliminf_{n\to\infty}(\mu\times\mu)((f\times f)^n(A\times C)\cap(B\times D))&=\varliminf_{n\to\infty}[\mu(f^n(A)\cap B)\cdot\mu(f^n(C)\cap D)]\\&\geqslant c^2\mu(A)\cdot\mu(B)\cdot\mu(C)\cdot\mu(D)\\&=c^2(\mu\times\mu)(A\times B)\cdot(\mu\times\mu)(C\times D).\end{aligned}$$

若用积集的有限不相交并代替 $A\times C$ 和 $B\times D$, 同样的不等式也成立, 因此, 由于这样的集合近似于每个可测集 $P,Q\subset X\times X$, 所以有

$$\varliminf_{n\to\infty}(\mu\times\mu)((f\times f)^n(P)\cap Q)\geqslant c^2(\mu\times\mu)(P)\cdot(\mu\times\mu)(Q),$$

而且 $f\times f$ 关于 $\mu\times\mu$ 是遍历的.

现在令 ν 是 $X\times X$ 中由 $\nu(E)=\mu(\pi_1(E\cap\Delta))$ 给出的对角线测度, 其中 $\Delta=\{(x,x)|x\in X\}$, $\pi_1:X\times X\to X$ 是到第一个坐标的投射. 测度 ν 以及它的提升 ν_n 在映射 $f^n\times\mathrm{Id}$ 作用下是 $(f\times f)$ 不变的. 显然, $\nu_n(A\times B)=\mu(f^n(A)\cap B)$. 由 (20.3.3) 右边的不等式, 我们有

$$\varlimsup_{n\to\infty}\nu_n(A\times B)=\varlimsup_{n\to\infty}\mu(f^n(A)\cap B)<C\mu(A)\cdot\mu(B)=C(\mu\times\mu)(A\times B).\quad(20.3.4)$$

设 η 是序列 ν_n 的任一弱极限点. 如果 $A,B\subset X$ 是闭集, 则由 (20.3.4) 得到 $\eta(A\times B)\leqslant C(\mu\times\mu)(A\times B)$. 取闭集积的不相交并且利用逼近得到, 对任何 Borel 集 $P\subset X\times X$ 有 $\eta(P)<C(\mu\times\mu)(P)$, 因此 η 关于 $\mu\times\mu$ 绝对连续. 又由于 η 是 $(f\times f)$ 不变的, $\mu\times\mu$ 是遍历的, 由命题 5.1.2 有 $\eta=\mu\times\mu$, 因此对任何满足 $\mu(\partial A)=\mu(\partial B)=0$ 的闭集 A,B, 我们有

$$\lim_{n\to\infty}\mu(f^n(A)\cap B)=\lim_{n\to\infty}\nu_n(A\times B)=(\mu\times\mu)(A\times B)=\mu(A)\cdot\mu(B).$$

由于所有这些集合的族是充分的, 由命题 4.2.10, f 关于 μ 是混合的. □

在证明平衡态的唯一性之前, 注意 $g(x):=x\log x$ (和 $g(0)=0$) 凸性的一个有用结论. 即若 $a_i,x_i\geqslant 0,i=1,\cdots,n$ 和 $A=\sum\limits_{i=1}^m a_i$, 则

$$\begin{aligned}\frac{1}{A}\sum_{i=1}^m x_i\log\left(\frac{x_i}{a_i}\right)&=\sum_{i=1}^m\frac{a_i}{A}g\left(\frac{x_i}{a_i}\right)\\&\geqslant g\left(\sum_{i=1}^m\frac{a_i}{A}\frac{x_i}{a_i}\right)=g\left(\frac{\sum\limits_{i=1}^m x_i}{A}\right)=\frac{\sum\limits_{i=1}^m x_i}{A}\log\left(\frac{\sum\limits_{i=1}^m x_i}{\sum\limits_{i=1}^m a_i}\right),\end{aligned}$$

因此, 特别地, 对 $b_i := \log a_i$, 利用 $g(x) \geqslant -1/e$, 得到 [635]

$$\sum_{i=1}^{m} x_i(b_i - \log x_i) \leqslant \sum_{i=1}^{m} x_i \log\left(\sum_{j=1}^{m} e^{b_j}\right) + \frac{1}{e}. \tag{20.3.5}$$

定理 20.3.7. (Bowen) 设 (X,d) 是一个紧度量空间, $f: X \to X$ 是具有碎轨性质的扩张同胚, $\varphi \in C^f(X)$. 那么恰好存在一个满足 $P_\mu(f,\varphi) = P(f,\varphi)$ 的 $\mu_\varphi = \mu \in \mathfrak{M}(f)$. 它是混合的, 而且

$$\mu_\varphi = \lim_{n\to\infty} \frac{1}{P_X(f,\varphi,n)} \sum_{x\in \mathrm{Fix}\,(f^n)} e^{S_n\varphi(x)}\delta_x.$$

证明. 固定序列 $\mu_n := \dfrac{1}{P_n(f)} \displaystyle\sum_{x\in \mathrm{Fix}\,(f^n)} \delta_x \subset \mathfrak{M}(f)$ 的一个弱 * 聚点

$$\mu = \lim_{k\to\infty} \mu_{n_k}.$$

由命题 20.3.6, 得知 f 关于 μ 是混合的.

我们证明, 如果 $P_\nu(f,\varphi) = P(f,\varphi)$, 则 $\nu = \mu$, 因此 $P_\mu(f,\varphi) = P(f,\varphi)$, 而且只存在一个聚点.

如同定理 20.1.3 的证明, 只需证明若 $\nu\perp\mu$, 则 $P_\nu(f,\varphi) < P(f,\varphi)$.

对 $n\in\mathbb{N}$ 和极大 $(n,2\varepsilon)$ 分离集 E_n, 取 Borel 集 β_x 使得 $B_f(x,\varepsilon,n) \subset \beta_x \subset B_f(x,2\varepsilon,n)$, $\mathfrak{B}_n := \{\beta_x | x\in E_n\}$ 是一个分割, 而且 $(\mu+\nu)(\partial\mathfrak{B}_n) = 0$. 由于 f 是扩张的, $\operatorname{diam} f^{-[n/2]}(\mathfrak{B}_n) \underset{n\to\infty}{\longrightarrow} 0$, 因此, 如果 $f(B) = B \subset X$ 满足 $\mu(B) = 0$ 和 $\nu(B) = 1$, 则存在 $\mathfrak{B}_n$ 的元素的有限并 C_n, 使得

$$(\mu+\nu)(C_n\Delta B) = (\mu+\nu)(f^{-[n/2]}(C_n)\Delta B) \underset{n\to\infty}{\longrightarrow} 0.$$

此外, 如果 $\varepsilon < \delta_0/2$, 则 $\mathfrak{B}_n$ 是 f^n 的生成子, 即 $nh_\nu(f) = h_\nu(f^n) = h_\nu(f^n,\mathfrak{B}_n) \leqslant H_\nu(\mathfrak{B}_n)$. 注意在 $\mathfrak{B}_n$ 上有 $S_n\varphi \leqslant K + S_n\varphi(x)$, 得到

$$\begin{aligned}
nP_\nu(f,\varphi) &\leqslant - \sum_{x\in E_m;\beta_x\in\mathfrak{B}_n} \left(\varphi(\nu(\beta_x)) + \int_{\beta_x} S_n\varphi d\nu\right) \\
&\leqslant K + \sum_{x\in E_m;\beta_x\subset C_n} \nu(\beta_x)(S_n\varphi(x) - \log\nu(\beta_x)) \\
&\quad + \sum_{x\in E_m;\beta_x\cap C_n=\varnothing} \nu(\beta_x)(S_n\varphi(x) - \log\nu(\beta_x)) \\
&\leqslant K + \nu(C_n)\log \sum_{x\in E_m;\beta_x\subset C_n} e^{S_n\varphi(x)} \\
&\quad + \nu(X\backslash C_n)\log \sum_{x\in E_m;\beta_x\cap C_n=\varnothing} e^{S_n\varphi(x)} + \frac{2}{e},
\end{aligned}$$

[636] 其中最后一个不等式的得到用了 (20.3.5). 现在利用引理 20.3.4 得到

$$
\begin{aligned}
& n(P_\nu(f,\varphi)-P(f,\varphi))-\frac{2}{e}-K \\
\leqslant\ & \nu(C_n)\log\left(\sum_{x\in E_m;\beta_x\subset C_n} e^{S_n\varphi(x)-nP(f,\varphi)}\right) \\
& +\nu(X\backslash C_n)\log\left(\sum_{x\in E_m;\beta_x\cap C_n=\varnothing} e^{S_n\varphi(x)-nP(f,\varphi)}\right) \\
\leqslant\ & \nu(C_n)\log(A_\varepsilon^{-1}\mu(C_n))+\nu(X\backslash C_n)\log(A_\varepsilon^{-1}\mu(X\backslash C_n)).
\end{aligned}
$$

但是由于 $\nu(C_n)\to 1$ 和 $\mu(C_n)\to 0$, 上式右端当 $n\to\infty$ 时趋于 $-\infty$. 因此 $P_\nu(f,\varphi)<P(f,\varphi)$. □

推论 20.3.8. 设 Λ 是嵌入 $f:U\to M$ 的拓扑传递的紧局部极大双曲集, $\varphi:\Lambda\to\mathbb{R}$ 是 Hölder 连续函数. 那么 φ 存在唯一平衡态, 记为 μ_φ.

证明. 这可如定理 20.1.3 的推论 20.1.4 一样证明. □

类似于推论 20.1.5, 存在对拓扑 Markov 链的平行论述.

b. 平衡态的分类. 定理 20.3.7 建立了所给函数 $\varphi\in C^f$ 的平衡态 μ_φ 的唯一性. 但是, 另外显然几个函数可以有相同平衡态. 例如, 对任何 μ 给 $P(\varphi)$ 和 $P_\mu(\varphi)$ 中的 φ 加上同一个常数, 得到相同的平衡态. 如果 φ 的变化使得统计和 $P_Y(f,\varphi,n)$ 不变, 则显然平衡态也不受影响, 例如, 改变 φ 使得在任何周期轨道上它的和保持相同. 譬如当 φ 和 ψ 是在同一个上同调类中就是这个情形. 换句话说, 我们有

命题 20.3.9. 设 (X,d) 是一个紧度量空间, $f:X\to X$ 是具有碎轨性质的扩张同胚, 以及 $\varphi,\psi\in C^f(X)$ 满足 $S_n\varphi(x)=S_n\psi(x)+nc$, 其中 c 是与 $x\in \mathrm{Fix}\,(f^n)$ 无关的某个常数, 以及 $n\in\mathbb{N}$. 那么 φ 和 ψ 的平衡态 μ_φ 和 μ_ψ 重合.

注. 特别地, 当 $\varphi-\psi$ 上同调于 c 时上面假设成立.

现在我们有工具证明对双曲集其逆也成立.

命题 20.3.10. 设 Λ 是嵌入 $f:U\to M$ 的拓扑传递的紧局部极大双曲集, $\varphi,\psi:$
[637] $\Lambda\to\mathbb{R}$ 是 Hölder 连续函数, 使得 φ 和 ψ 的平衡态 μ_φ 和 μ_ψ 重合. 那么对某个 Hölder 连续函数 h 有 $\psi(x)=\varphi(x)+c+h(f(x))-h(x)$.

证明. 首先, 我们可以通过加性常数调整 ψ 使得 $P(\varphi)=P(\psi)$. 于是由 Livschitz 定理 19.2.1 只需证明所有和式 $S_n\varphi(y)$ 与 $S_n\psi(y)$ 在周期 n 轨道上重合. 为此取 $y\in\mathrm{Fix}\,(f^n)$ 并注意由引理 20.3.4 得到 $A_\varepsilon^\varphi e^{S_n\varphi(y)}\leqslant B_\varepsilon^\psi e^{S_n\psi(y)}$, 因此. $S_n\varphi(y)+$

$\log A_\varepsilon^\varphi \leqslant S_n\psi(y)+\log B_\varepsilon^\psi$. 因为对所有 $k\in\mathbb{N}$ 有 $y\in\mathrm{Fix}\,(f^{kn})$, 由此得到 $S_n\varphi(y)=\lim\limits_{k\to\infty} S_{kn}\varphi(y)/k \leqslant \lim\limits_{k\to\infty} S_{kn}\psi(y)/k = S_n\psi(y)$. 由对称性得到反向不等式, 命题得证. □

练　　习

20.3.1. 设 $p=(p_0,\cdots,p_{m-1})$, $p_i>0, i=1,\cdots,m$, $\sum\limits_{i=0}^{m-1} p_i = 1$. 证明 Bernoulli 测度 μ_p 是全移位 σ_m 和某个 Hölder 连续函数的平衡态.

20.3.2. 设 $f:X\to X$ 是紧度量空间具有碎轨性质的扩张同胚, $\varphi\in C^f(X)$. 证明 $\operatorname{supp}\mu_\varphi = X$.

20.3.3. 进一步, 证明 $h_{\mu_\varphi}(f)>0$.

20.3.4. 设 Λ 是映射 $f:U\to M$ 的一个双曲排斥极 (定义 6.4.3). 令 $\hat\Lambda := \{(x_0,x_1,\cdots)|x_i\in\Lambda, f(x_i)=x_{i-1}\}$, 赋予距离 $d(x,y)=\sum\limits_{n=0}^{\infty}2^{-n}d(x_n,y_n)$. 定义 $\hat F:\hat\Lambda\to\hat\Lambda$ 为移位: $\hat f(x_0,x_1,\cdots)=(x_1,x_2,\cdots)$. 证明 $\hat f$ 是具有碎轨性质的扩张同胚. 称映射 $\hat f$ 为 f 的自然扩张.

20.3.5. 概述极大熵测度的理论和双曲排斥极的平衡态.

20.4. 光滑不变测度

上一节我们在某种程度上, 研究了具有碎轨性质的扩张同胚的不变测度. 现在我们考虑这种映射的一个特殊类, 即传递的 Anosov 微分同胚. 一个目的是发展这个平衡态理论到我们已经讨论过的程度, 使得在这个设置下给出一些有趣结果. 在光滑流形的微分同胚情形, 一个有趣的问题自然是如第 5 章讨论的光滑不变测度.

a. 光滑不变测度的性质. 现在我们通过利用平衡态理论, 来刻画 Anosov 微分同 [638]
胚的光滑不变测度的遍历理论.

定理 20.4.1. 设 M 是一个紧连通的光滑 Riemann 流形, $f:M\to M$ 是 Anosov 微分同胚. 那么 f 至多有一个不变测度. 如果 f 有光滑不变测度 λ, 则 f 是拓扑混合的, λ 等于 $\varphi:=\log J^uf^{-1}(f(\cdot))$ 的平衡态 μ_φ, 其中 $J^uf^{-1}(f(\cdot))$ 是 19.1e 节中的不稳定 Jacobi, 因此是混合的. 此外, $h_\lambda(f)=-\int\varphi d\lambda$.[1]

注. 将这个定理的最后论述与命题 5.1.26 对扩张映射进行比较.

证明. 如果 f 有光滑不变测度 λ, 则由 Poincaré 回归定理 4.1.19 得到 λ-a.e. 点是非游荡点. 由于 $NW(f)$ 是闭的, 且在开集上是正的, 这意味着 $NW(f)=M$. 由推论 18.3.5 这意味着 f 是拓扑混合的.

这个定理的余下论述由上一节结果和下面按 d_n^f 度量在球体积上给出乘性界的引理得到.

引理 20.4.2. 设 $f: M\to M$ 是一个 Anosov 微分同胚, λ 是 M 上的光滑正测度, 不必是不变的. 那么对每个 $\varepsilon>0$, 存在 $C_\varepsilon, D_\varepsilon>0$, 使得对所有 $n\in\mathbb{N}$,

$$D_\varepsilon J^u f^{-n}(f^n(x))\leqslant\lambda(B_f(x,\varepsilon,n))\leqslant C_\varepsilon J^u f^{-n}(f^n(x)).$$

为了推得这个定理, 假设 λ 是 f 不变的. 由引理 20.4.2 得到对所有 $x\in M,\varepsilon>0,n\in\mathbb{N}$ 有

$$\frac{1}{C_\varepsilon}\lambda(B_f(x,\varepsilon,n))\leqslant e^{S_n\varphi(x)}\leqslant\frac{1}{D_{\varepsilon/2}}\lambda\left(B_f\left(x,\frac{\varepsilon}{2},n\right)\right).$$

如果 E 是 (n,ε) 分离集, 则 $\{B_f(x,\varepsilon,n)\}_{x\in E}$ 覆盖 M, $\{B_f(x,\varepsilon/2,n)\}_{x\in E}$ 互不相交. 因此

$$\begin{aligned}P(\varphi)&=\lim_{\varepsilon\to0}\lim_{n\to\infty}\frac{1}{n}\log\sup\left\{\sum_{x\in E}e^{S_n\varphi(x)}\middle|E\text{ 是 }(n,\varepsilon)\text{ 分离集}\right\}\\&\leqslant\lim_{\varepsilon\to0}\lim_{n\to\infty}\frac{1}{n}\log\sup\left\{\sum_{x\in E}\frac{1}{D_{\varepsilon/2}}\lambda\left(B_f\left(x,\frac{\varepsilon}{2},n\right)\right)|E\text{ 是 }(n,\varepsilon)\text{ 分离集}\right\}\\&\leqslant\lim_{\varepsilon\to0}\lim_{n\to\infty}\frac{1}{n}\log\frac{1}{D_{\varepsilon/2}}\lambda(M)=0,\end{aligned}$$

同样证明 $P(\varphi)\geqslant0$. 但是由 (20.3.5) 和引理 20.3.4 立刻得到 $\lambda\ll\mu_\varphi$, 因此, 由 μ_φ 的遍历性得到 $\lambda=\mu_\varphi$. 由定理 20.3.7, λ 是混合的. 最后, 注意, 由于 φ 的拓扑压力为零, 从而 λ 的压力为零. 故由 P_λ 的定义得到熵的这个表达式. □

[639] **引理 20.4.2 的证明.** 设 $m=\dim M$. 我们先用集合代替球, 这样容易处理. 对每个 $x\in M$ 在 x 的邻域 V_x 内如 19.1d 节描述的引入适应坐标. 类似于周期点情形 (定理 6.2.3), 可取这些坐标使得局部不稳定流形 $W^u(x)$ 由坐标 “平面”$\mathbb{R}^k\times\{0\}$ 中的圆盘参数化, 局部稳定流形 $W^s(x)$ 由 $\{0\}\times\mathbb{R}^{m-k}$ 中的圆盘参数化. 如果 $y\in V_x$ 由 $(y_1,y_2)\in\mathbb{R}^k\times\mathbb{R}^{m-k}$ 参数化, 则存在与 x 和 y 无关的常数 $c_1,c_2>0$, 使得

$$c_1\max(\|y_1\|,\|y_2\|)\leqslant\operatorname{dist}(x,y)\leqslant c_2\max(\|y_1\|,\|y_2\|).$$

令 $B_\varepsilon(x) := \{y \in V_x | V_{f^i(x)} \ni f^i(y) = (y_1^{(i)}, y_2^{(i)}), \max(\|y_1^{(i)}\|, \|y_2^{(i)}\|) \leqslant \varepsilon$, 对 $0 \leqslant i \leqslant n\}$. 从而, $B_{\varepsilon/c_2}(x) \subset B_f(x, \varepsilon, n) \subset B_{\varepsilon/c_1}(x)$, 为了证明这个引理, 只需对 $\lambda(B_\varepsilon(x))$ 得到类似的估计. 此外 V_x 中的测度 λ 由密度给出, 它有界异于零. 因此代替估计 $\lambda(B_\varepsilon(x))$, 可以用适应坐标估计 $B_\varepsilon(x)$ 的体积. 类似地, 关于固定 Riemann 度量的 Jacobi, 这也可用 f^{-n} 从 $f^n(x)$ 附近的局部适应坐标到 x 附近的局部适应坐标的 Jacobi 代替. 假设 ε 足够小使得它满足后面指定的几个条件.

为了刻画 $B_\varepsilon(x)$, 首先注意它包含在适应坐标下大小为 ε 的稳定流形 $W_\varepsilon^s(x)$ 的块 S 内. 因此 S 的 $m-k$ 维体积是 ε^{m-k} 阶的. 现在固定 $y \in S$. 在局部坐标下 $y = (0, y_2)$. 令 $U_{y_2} = \{z \in B_\varepsilon(x) | z = (y_1, y_2)\}$, 即 $B_\varepsilon(x)$ 的水平 "切片" 通过 y. 显然

$$\operatorname{vol}^m(B_\varepsilon(x)) = \int_S \operatorname{vol}^k(U_{y_2}) dy_2. \tag{20.4.1}$$

因此, 我们需要估计集合 U_{y_2} 的 k 维体积. 为此注意对足够小 ε, 切空间 $T_z U_{y_2}$ 接近于不稳定子空间 E_z^+, 特别地, 它在围绕 E^+ 的不变锥族内. 由此得知, 如果在围绕 $f^i(x)$ 的局部坐标下, 记 $f^i(z) = (z_1^{(i)}, z_2^{(i)})$, 则对某个 $\mu > 1$ 和 $1 \leqslant i \leqslant n$ 有 $\|z_1^{(i)}\| \geqslant \mu \|z_1^{(i-1)}\|$. 因此 $\|z_1^{(i)}\|$ 对 $i = n$ 是极大, 像 $f^n(U_{y_2})$ 是适应坐标下围绕定义在原点的整个 ε 球上的 $f^n(x)$ 的 Lipschitz 函数的图像. 因此 $\operatorname{vol}^k(f^n(U_{y_2}))$ 是 ε^k 阶的. 现在如果 ω 是 $f^n(U_{y_2})$ 上的 k 维体积元, 则

$$\operatorname{vol}^k(U_{y_2}) = \int_{f^n(U_{y_2})} J(f^{-n})|_{Tf^n(U_{y_2})} d\omega. \tag{20.4.2}$$

与 (20.4.1) 一起, 这意味着当我们对 $w = f^n(z) \in f^n(U_{y_2})$ 证明了比

$$\frac{J(f^{-n})|_{Tf^n(U_{y_2})}}{J^u f^{-n}(f^n(x))}$$

的上下界为正常数时, 就得到引理 20.4.2. 为此比较轨道 [640]

$$z, f(z), \cdots, f^n(z) = w \text{ 和 } x, f(x), \cdots, f^n(x)$$

以及空间

$$TU_{y_2}, (Df)(TU_{y_2}) = Tf(U_{y_2}), \cdots, Df^n(TU_{y_2}) \text{ 和 } E_x^+, E_{f(x)}^+, \cdots, E_{f^n(x)}^+.$$

命题 6.4.16 对某个 $\alpha < 1$ 给出 $f^i(z)$ 和 $f^i(x)$ 之间的距离的上界为 $C\varepsilon\alpha^{\min(i,n-i)}$. 因此, 由不稳定分布 E^+ 的 Hölder 连续性 (定理 19.1.6),

$$\left| \frac{Jf^{-1}|_{E^+_{f^i(x)}}}{Jf^{-1}|_{E^+_{f^i(z)}}} - 1 \right| < C_1 \alpha_1^{\min(i,n-i)}. \tag{20.4.3}$$

此外, $E^+_{f^i(z)}$ 与 $Df^i(TU_{y_2})$ 之间的距离指数式收敛, 因此

$$\left|\frac{Jf^{-1}|_{E^+_{f^i(z)}}}{Jf^{-1}|_{Df^i(TU_{y_2})}} - 1\right| < C_2\alpha_2^i. \tag{20.4.4}$$

结合 (20.4.3) 和 (20.4.4) 并将所得的不等式对 $i = 0, \cdots, n-1$ 相乘, 得到比

$$\frac{Jf^{-n}|_{Df^n(TU_{y_2})}}{Jf^{-n}|_{E^+_{f^n(x)}}}$$

的一致界, 这是我们需要的通过 ε^k 的常数倍得到 $\operatorname{vol}^k(U_{y_2})$ 的双边估计. 在 S 上积分结束证明. □

b. 环面上的 Anosov 微分同胚的光滑分类. 作为平衡态的光滑不变测度的表征有几个自然应用. 其中之一是通过自然模对某类 Anosov 映射直到相差光滑共轭进行分类. 我们在这里叙述这个分类的一个基本结果, 即 C^1 分类.

定理 20.4.3. 假设 $f, g : \mathbb{T}^2 \to \mathbb{T}^2$ 是 C^2 保面积 Anosov 微分同胚, 对同伦于恒同的同胚 h, $f \circ h = h \circ g$. 那么 f 和 g 是 C^1 共轭的, 当且仅当它们在对应的周期点 p 和 $h(p)$ 的特征值重合.

证明. "充分性" 部分已在 2.1a 节看到. 为证其逆, 考虑函数 $\psi_f := \log(J^u f) \circ h$. 由于 $\log(J^u f)$ 和 h 都 Hölder 连续 (推论 19.1.13 和定理 19.1.2), 所以 ψ_f 也 Hölder 连续. 由特征值假设得知 ψ_f 和 $\varphi_g := \log J^u g$ 在周期轨道上有相同的和,
[641] 因此, 由命题 20.3.9 它们有相同的平衡态. 由定理 20.4.1, φ_g 的平衡态即面积是光滑测度. 下面注意, 由构造, 这些平衡态在 Hölder 同胚下都等价, 就是说, ψ_h 的平衡态 (它正好等同于面积) 通过 h 等于 $\varphi_f = \log J^u f$ 的平衡态的拉回. 这意味着 h 保面积.

由推论 19.1.11, f 和 g 的稳定和不稳定叶层是 C^1 的. 这意味着这个局部积结构是 C^1 的, 即存在 f 和 g 的局部 C^1 坐标, 在这些坐标下这两个叶层是线性的. 在这些坐标下面积的像是有连续密度的测度, 因此在每个叶上诱导连续密度. 这些条件密度的每一个直到相差一个乘性常数有定义. 因此在 f 和 g 的叶层的叶上得到连续密度. 由于 h 保面积, 它保持这些密度. 这证明在叶上 h 由连续密度的积分局部得到, 因此它本身是 C^1 的. 从而由引理 19.1.10, h 是一个 C^1 微分同胚. □

推论 20.4.4. 设 $f : \mathbb{T}^2 \to \mathbb{T}^2$ 是 C^2 保面积 Anosov 微分同胚, 假设存在 $\lambda \in \mathbb{R}$ 使得对每个 $x \in \operatorname{Fix}(f^n)$, $Df^n(x)$ 的扩张特征值是 λ^n. 那么 f C^1 共轭于线性自同构 A.

证明. 首先由定理 18.6.1 存在线性模型 F_L 的一个拓扑共轭, 即存在 Hölder 同胚 $h:\mathbb{T}^2\to\mathbb{T}^2$ 使得 $f\circ h=h\circ F_L$. 因此 h 映面积 ($\varphi_{F_L}=$ 常数的平衡态) 到 $\psi_f=\varphi_f\circ h$ 的平衡态. 但是由定理 20.4.1, φ_f 的平衡态是面积, 由假设 $\varphi_f=$ 常数, 故 $\varphi_f=\varphi_f\circ h=\psi_f$. 从而 h 保面积, 而且上面证明显示 h 是 C^1 的. □

推论 20.4.5. 假设 $f:\mathbb{T}^2\to\mathbb{T}^2$ 是 C^2 保面积的 Anosov 微分同胚, 使得 $h_\lambda(f)=h_{\text{top}}(f)$. 则 f C^1 共轭于一个线性同构.

证明. 这个假设意味着 φ_f 的平衡态等于零函数的平衡态. 因此由命题 20.3.10 并应用上面结果, 得知 φ_f 上同调于零. □

这一子节的结果可加强为: 如果 f 是 C^∞ 的, 则上面得到的光滑共轭事实上是 C^∞ 的. 这由下面两个事实得知. 首先, 虽然稳定和不稳定叶层只是 C^1 的, 但它们的叶是 C^∞ 流形 (见 Hadamard–Perron 定理 6.2.8), 而且事实上条件密度也是 C^∞ 的. 这样的密度直到相差一个乘性常数是确定的, 且如果 $y\in W^u(x)$, 则可证明

$$\frac{\rho(y)}{\rho(x)}=\lim_{n\to\infty}\frac{J^uf^{-n}(x)}{J^uf^{-n}(y)},\tag{20.4.5}$$

后一表达式实际上沿着叶是 C^∞ 的, 而且所有的导数连续. 类似的论述对稳定叶 [642]
也成立. 这些事实的证明与定理 6.6.5 的证明类似.

其次, 可以证明, 任何连续的向量函数以及它所有阶导数沿着稳定和不稳定叶层都是 C^∞ 的. [2].

c. 三维流形上的切触 Anosov 流的光滑分类. 现在我们研究的流是 Anosov 流, 并保持切触结构 (见 5.6 节和 18.3b 节). 考虑低维情形 (三维流形上的流), 这时线性模型通过双曲平面上的因子的测地流起作用.

定理 20.4.6. 假设 φ^t 和 ψ^t 是三维流形上轨道等价的切触 Anosov 流, 它们对应的周期轨道的周期相同. 那么 φ^t 和 ψ^t 是 C^1 等价的.

证明. 首先注意, 由定理 19.2.9 这些流是 Hölder 流等价的. 而流等价性保持强稳定和不稳定叶层以及轨道. 接下来由推论 19.1.11 的流类似, 弱稳定和不稳定叶层是 C^1 的. 由引理 18.3.7, 强稳定和强不稳定分布是具有切触形式的核的弱稳定和弱不稳定分布的交. 由于这个切触形式是 C^1 的, 这意味着强叶层是 C^1 的.

由定理 20.4.1 对流的对应 (练习 20.4.1), 不稳定 Jacobi 的平衡态是切触形式诱导的不变体积. 这再次导致流等价性保持体积, 又因为它保持 3 个一维叶层 (轨道和强叶层), 它们是 C^1 的, 它也保持在这些叶层上的条件测度, 因此它是 C^1 的. □

练 习

20.4.1. 证明定理 20.4.1 对 Anosov 流的对应.

20.4.2*. 证明对任何 Anosov 微分同胚 f, 平衡态 μ_φ 的不稳定叶上的条件测度绝对连续, 且由 (20.4.5) 给出, 其中 $\varphi = \log J^u f^{-1}(f(\cdot))$.

20.4.3. 推广定理 20.4.3 到 $\mathbb{T}^2$ 上的任意 (不仅仅是保面积) Anosov 微分同胚.

20.4.4. 在 $\mathbb{T}^3$ 上给出一个保体积的 C^∞ Anosov 微分同胚的例子, 使得它通过保体积的共轭共轭于线性自同构, 但不 C^1 共轭于一个线性模型.

[643]
20.5. Margulis 测度

这一节我们对拓扑混合的 Anosov 流叙述属于 Margulis 的唯一极大熵测度的另一个构造. 不像 20.1 节的 Bowen 构造, 那里产生的测度是作为周期轨道的极限分布, Margulis 构造则考虑在不稳定叶的非常长的片段上的正规化 Lebesgue 测度的极限. 自然这个构造也在离散时间情形工作, 但这并没有导致什么特别兴趣的新结果. 不过在流情形, 我们将在下一节得到周期轨道个数的一个至今我们所知道的最精确的渐近增长率. 因此整个这一节假设 $\varphi^t : M \to M$ 是拓扑混合的 Anosov 流. 首先我们建立某个概念.

对某个 $p \in M$, 如果 $A \subset W^{0u}(p)$ 就记 $A \subset W^{0u}$. 同样, 我们利用集合和定义在不稳定叶上的函数的开性、紧性、连续性和可测性等概念, 有时记 W^{0u} 开, 等等. 因此, 点 $p \in M$ 的 W^{0u} 邻域是包含 p 的 W^{0u} 开集. 令 $C(W^{0u}) := \{f : M \to \mathbb{R} | \operatorname{supp}(f) \subset W^{0u}$ 紧, $f|_{\operatorname{supp}(f)}$ 连续$\}$. 叶 $W^{0u}(p)$ 上的距离函数由这个叶的 Riemann 结构所诱导, 记为 d^{0u}, λ^{0u} 是 Riemann 体积在每个不稳定叶 $W^{0u}(p)$ 上诱导的 (Lebesgue) 测度. $B^{0u}(p,r) := \{q \in W^{0u}(p) | d^{0u}(p,q) < r\}$ 是 $W^{0u}(p)$ 中围绕 p 的 r 球. 这个定义也适用于其他叶层 (W^u, W^{0s}, W^s). 类似于 19.2b 节微分同胚情形的完整映射, 我们有, 如果 $x, y \in \Lambda$ 充分接近, 则存在定义的完整映射 $\mathcal{H} : B^{0u}(x,\varepsilon) \to W^{0u}(y), z \mapsto W^s(z) \cap B^{0u}(y,\delta)$, 其中 ε 和 δ 依赖于 x 和 y. 我们称 $A, B \subset W^{0u}$ 为 ε 等价, 如果存在从 A 到 B 定义的完整映射 $\mathcal{H}$, 对所有 $x \in A$ 有 $d^s(x, \mathcal{H}(x)) < \varepsilon$. 称 $f, g \in C(W^{0u})$ ε 等价, 如果通过 $\mathcal{H}$, $\operatorname{supp}(f)$ 和 $\operatorname{supp}(g)$ 是 ε 等价的, 而且 $f = g \circ \mathcal{H}$.

应用推论 18.3.5 和命题 18.3.10 对于流 φ^t 的类似, 证明对 $p_1, p_2 \in M$ 和 $r > 0$ 有 $W^s(p_1) \cap B^{0u}(p_2, r) \neq \varnothing$. 因此, 由简单的紧性论述证明对任何开集 $A \subset W^{ou}$, 存在 $\varepsilon(A), r(A) > 0$, 使得对所有 $p \in M$, 球 $B^{0u}(p,r)$ $\varepsilon(A)$ 等价于 A 的子集. 由此得到

引理 20.5.1. 如果 $A \subset W^{0u}$ 是开的, 那么存在 $C(A)$, 使得对 $p \in M$ 和 $t \geqslant 0$,

$$\lambda^{0u}(\varphi^t B^{0u}(p, r(A))) < C(A)\lambda^{0u}(\varphi^t(A)).$$

证明. 假设 $T > 0$. 则引理断言对所有 $p \in M$ 和 $t \in [0, T]$ 成立, 因为建立 $\varphi^t(B^{0u}(p, r(A)))$ 到 $\varphi^t(A)$ 的子集 C 的 ε 等价性的完整映射是一个局部同胚的一致等度连续族, 它们对 $t \in [0, T]$, $s \in [0, \varepsilon(A)]$ 具有一致等度连续的逆.

如果 T 是一个 (依赖于 A 的) 充分大的数, 且 $t \geqslant T$, 则集合 $\varphi^t(B^{0u}(p, r(A)))$ [644]
是 ε 等价于 $\varphi^t(A)$ 的子集 C, 其中 ε 足够小, 使得 $\lambda^{0u}(\varphi^t(B^{0u}(p, r(A)))) <$ 常数 $\cdot$ $\lambda^{0u}(C)$, 这里的有界常数依赖于 A (这是可能的, 因为 $\varphi^t(B^{0u}(p, r(A)))$ 的边界的曲率有界且与 t 无关). □

引理 20.5.2. 如果 $0 \leqslant f \in C(W^{0u})$ 和 $K \in W^{0u}$ 是紧的, 则存在 $C(K, f) > 0$, 使得对任何在 K 中具有支集的有界 W^{0u} 可测的 g 和 $t \geqslant 0$,

$$\int g \circ \varphi^{-t} d\lambda^{0u} < C(K, f)\|g\|_\infty \int f \circ \varphi^{-t} d\lambda^{0u},$$

其中 $\|\cdot\|_\infty$ 是本质上确界范数.

证明. 设 $A = \{x \in M | f(x) > \varepsilon\}$, 以及球 $B^{0u}(x_i, r(A)), i = 1, \cdots, N$ 覆盖 K. 利用引理 20.5.1 我们有

$$\begin{aligned}\int g \circ \varphi^{-t} d\lambda^{0u} &\leqslant \lambda^{0u}(\varphi^t(K))\|g\|_\infty < \sum_{i=1}^{N} \lambda^{0u}(B^{0u}(x_i, r(A)))\|g\|_\infty \\ &< NC(A)\lambda^{0u}(\varphi^t(A))\|g\|_\infty < C(K, f)\|g\|_\infty \int f \circ \varphi^{-t} d\lambda^{0u},\end{aligned}$$

其中 $C(K, f) = NC(A)/\varepsilon$. □

对 $p \in M$ 定义函数 $f_p : M \to \mathbb{R}$ 如下:

$$f_p(x) := \begin{cases} (1 + \lambda^{0u}(B^{0u}(p, d^{0u}(p, x))))^{-2}, & \text{若 } x \in W^{0u}(p), \\ 0, & \text{其他}. \end{cases}$$

设 $r_p(s)$ 满足 $\lambda^{0u}(B^{0u}(p, r_p(s))) = s$, 并对 $i \in \mathbb{N}_0$ 令

$$\begin{aligned} U_p^i &:= \{x \in W^{0u}(p) | i \leqslant \lambda^{0u}(B^{0u}(p, d^{0u}(p, x))) < i + 1\} \\ &= B^{0u}(p, r_p(i + 1)) \backslash B^{0u}(p, r_p(i)). \end{aligned}$$

则 $\lambda^{0u}(U_p^i) \leqslant 1$, 因此

$$\int f_p(x) d\lambda^{0u} < \sum_i \int_{U_p^i} f_p(x) d\lambda^{0u} \leqslant \sum_i 1/(i + 1)^2 < 2. \tag{20.5.1}$$

对开集 $A \subset W^{0u}$ 和 $p \in M$, 令 $\chi_{p,A} = \chi_{\overline{B^{0u}(p,r(A))}}$ (闭 $r(A)$ 球的特征函数) 和

$$g_{p,A}(x) := \int \chi_{x,A}(y) f_p(y) d\lambda^{0u}(y).$$

则 $g_{p,A}$ 在 $W^{0u}(p)$ 上 W^{0u} 连续且为正.

[645] **引理 20.5.3.** 对开集 $A \subset W^{0u}$ 和 $q \in M, t \geqslant 0$, 以及 $C(A)$ 如引理 20.5.1 中的, 我们有

$$\int g_{p,A}(\varphi^{-t}(x)) d\lambda^{0u}(x) < 2C(A)\lambda^{0u}(\varphi^t(A)).$$

证明. 利用 $\chi_{p,A}(x) = \chi_{x,A}(p)$, 由 Fubini 定理, 引理 20.5.1 和 (20.5.1), 得到

$$\begin{aligned}\int g_{p,A}(\varphi^{-t}(x)) d\lambda^{0u}(x) &= \int\int \chi_{\varphi^{-t}(x),A}(y) f_p(y) d\lambda^{0u}(y) d\lambda^{0u}(x)\\ &= \int\int \chi_{y,A}(\varphi^{-t}(x)) d\lambda^{0u}(x) f_p(y) d\lambda^{0u}(y)\\ &= \int \lambda^{0u}(\varphi^t(B^{0u}(\varphi^{-t}(y), r(A)))) f_p(y) d\lambda^{0u}(y)\\ &< 2C(A)\lambda^{0u}(\varphi^t(A)).\end{aligned}$$

□

引理 20.5.4. 若 $f_1 \in C(W^{0u})$ 和 $\varepsilon > 0$, 则存在 $\delta > 0$ (在 C^0 拓扑下连续依赖于 f_1), 使得如果 f_2 是 δ 等价于 f_1, 那么

$$\left| \int f_1 d\lambda^{0u} - \int f_2 d\lambda^{0u} \right| < \varepsilon \int |f_1| d\lambda^{0u}.$$

证明. 存在表示 $\int f_1 d\lambda^{0u}$ 的上下 Riemann 和的在 $\frac{\varepsilon}{2}\int |f_1| d\lambda^{0u}$ 的精度内的阶梯函数 $\overline{\xi}$ 和 $\underline{\xi}$. 于是只需对 $\underline{\xi}$ 和 $\overline{\xi}$ 证明引理结果, 因为若 f_2 是 δ 等价于 f_1, 则对应的 δ 等价的阶梯函数给出 f_2 的上下界. 在每个情形只需证明对给定的开集 $O \subset W^{0u}$ 和 $\alpha > 0$, 存在 η 使得任何 η 等价集 O' 有直到相差 α 的相同体积, 即 $|\operatorname{vol} O - \operatorname{vol} O'| < \alpha$. 但这由 $\eta \to 0$ 时完整映射收敛于等距的事实得知. □

现在考虑对所有具有 W^{0u} 紧闭包的 W^{0u} 开集 $\mathcal{K}$ 和 $C(W^{0u})$ 中的函数

$$f_{\mathcal{K}} > \chi_{\mathcal{K}}, \tag{20.5.2}$$

其中 $\chi_{\mathcal{K}}$ 是 $\mathcal{K}$ 的特征函数.

定义 20.5.5. 称 $f_1, f_2 \in C(W^{0u})$ 是 ε 接近的, 如果存在 $\widetilde{f}_1, \widetilde{f}_2 \in C(W^{0u})$ 和 $x_1, x_2 \in M$, 使得

(1) $\widetilde{f}_1, \widetilde{f}_2$ 是 ε 等价的,

(2) 对所有 $x \in M$ 有 $|f_i(x) - \widetilde{f}_i(x)| < \varepsilon g_{x_i,\mathcal{K}}(x)$.

引理 20.5.6. 如果 $0 \leqslant f_1 \in C(W^{0u})$ 和 $\varepsilon > 0$, 那么存在 $\delta(\varepsilon, f_1)$, 使得对 δ 接近于 f_1 的 $f_2 \in C(W^{0u})$, 我们有 [646]

$$\left|\int f_1 \circ \varphi^{-t} d\lambda^{0u} - \int f_2 \circ \varphi^{-t} d\lambda^{0u}\right| < \varepsilon \int f_{\mathcal{K}} \circ \varphi^{-t} d\lambda^{0u}.$$

证明. 由定义

$$\begin{aligned}
\left|\int f_1 \circ \varphi^{-t} d\lambda^{0u} - \int f_2 \circ \varphi^{-t} d\lambda^{0u}\right| &\leqslant \left|\int f_1 \circ \varphi^{-t} d\lambda^{0u} - \int \widetilde{f}_1 \circ \varphi^{-t} d\lambda^{0u}\right| \\
&\quad + \left|\int (\widetilde{f}_1 \circ \varphi^{-t} - \widetilde{f}_2 \circ \varphi^{-t}) d\lambda^{0u}\right| \\
&\quad + \left|\int \widetilde{f}_2 \circ \varphi^{-t} d\lambda^{0u} - \int f_2 \circ \varphi^{-t} d\lambda^{0u}\right| \\
&\leqslant \delta \int g_{x_1, \mathcal{K}} \circ \varphi^{-t} d\lambda^{0u} \\
&\quad + \frac{\varepsilon}{2\|\widetilde{f}\|_\infty C(\mathcal{K}, f_1)} \int |\widetilde{f}_1| \circ \varphi^{-t} d\lambda^{0u} \\
&\quad + \delta \int g_{x_2, \mathcal{K}} \circ \varphi^{-t}(x) d\lambda^{0u},
\end{aligned}$$

其中的中间项对充分小 δ 的估计利用了引理 20.5.4 (利用 $\widetilde{f}_1 \circ \varphi^{-t}$ 和 $\widetilde{f}_2 \circ \varphi^{-t}$ 是 $\delta\lambda^t$ 等价的事实, λ 如定义 17.4.1 中的). 其他两项由引理 20.5.3 估计, 每一项有上界 $2C(A)\delta\lambda^{0u}(\varphi^t \mathcal{K})$. 因此, 若取 $\delta < \varepsilon/8C(A)$, 引理 20.5.2 证明, $\varepsilon \int f_{\mathcal{K}} \circ \varphi^{-t} d\lambda^{0u}$ 事实上是一个上界. □

虽然 $C(W^{0u})$ 不是一个线性空间 (它在加法下不是闭的), 但用它可定义一个线性概念: 函数 $F: C(W^{0u}) \to \mathbb{R}$ 称为是线性的, 或者是一个线性泛函, 如果对 $f, g, f+g \in C(W^{0u}), \alpha \in \mathbb{R}$ 有 $F(\alpha f) = \alpha F(f)$ 和 $F(f+g) = F(f) + F(g)$. $C(W^{0u})$ 上的泛函空间 C^* 有由自然嵌入于 $\prod\limits_{f \in C(W^{0u})} \mathbb{R}_f$ 的诱导拓扑, 其中 $\mathbb{R}_f$ 是 $\mathbb{R}$ 的一个拷贝. 这个积拓扑是逐点收敛拓扑 (它在线性空间上是弱 * 拓扑).

现在我们通过 $F_t(f) := \int f \circ \varphi^{-t} d\lambda^{0u}$ 定义 $\{F_t\}_{t \in \mathbb{R}} \subset C^*$. 令

$$C_0^* := \left\{F \in C^* \middle| F = \sum_{i=1}^m c_i F_{t_i}, \text{ 对某个 } c_i, t_i \geqslant 0 \text{ 和 } F(f_{\mathcal{K}}) = 1\right\}.$$

引理 20.5.7. (1) 如果 $f \in C(W^{0u})$, 则存在 $C_1(f)$, 使得对所有 $F \in \overline{C_0^*}$ 有 $|F(f)| \leqslant C_1(f)$.

(2) 如果 $0 \leqslant f \in C(W^{0u}) \backslash \{0\}$, 则存在 $C_2(f)$, 使得对所有 $F \in \overline{C_0^*}$ 有 $|F(f)| \geqslant C_2(f)$.

(3) 如果 $f \in C(W^{0u})$ 和 $\varepsilon > 0$, 则存在 $\delta > 0$, 使得若 $g \in C(W^{0u})$ 是 δ 接近于 f, 则对所有 $F \in \overline{C_0^*}$ 有 $|F(f) - F(g)| < \varepsilon$.

[647] **证明.** 设 $A := \{\hat{F}_t := F_t/F_t(f_{\mathcal{K}}) | t \in \mathbb{R}\}$. 引理 20.5.2 和引理 20.5.6 蕴含着 (1)—(3) 成立, 其中 A 用 $\overline{C_0^*}$ 代替. 因此, 它们对 A 的凸壳 $C_0^* = \mathrm{co}(A)$, 从而对 C_0^* 的闭包 $\overline{\mathrm{co}}(A) = \overline{C_0^*}$ 成立. □

令 $\varphi^{t^*}(F)(f) := F(f \circ \varphi^{-t})$. 则 φ^t 在 $\overline{C_0^*}$ 上的作用由 $\widehat{\varphi^t}^*(F)(f) := F(f \circ \varphi^{-t})/F(f_{\mathcal{K}} \circ \varphi^{-t})$ 给出.

引理 20.5.8. 存在 $\mathfrak{m} \in \overline{C_0^*}$ 和 $h^u > 0$, 使得

$$\varphi^{t^*}\mathfrak{m} = e^{h^u t}\mathfrak{m}. \tag{20.5.3}$$

注. 这给出区别 Margulis 测度的一致扩张性质.

证明. 引理 20.5.7(1) 蕴含着在逐点收敛拓扑下 $\overline{C_0^*}$ 是紧的 (利用 Tychonoff 定理证明紧集的这个积是紧的). 从而由 Tychonoff 不动点定理 A.2.11 证明存在 $\mathfrak{m} \in \overline{C_0^*}$, 使得对所有 $t \geqslant 0$ 有 $\widehat{\varphi^t}^*\mathfrak{m} = \mathfrak{m}$. 因此对 $t \geqslant 0$, 从而对所有 $t \in \mathbb{R}$ 得到 (20.5.3).

为了看到 $h^u > 0$, 令 $0 \leqslant f \in C(W^{0u}) \backslash \{0\}$ 和 $t_1, t_2 \geqslant 0$. 因此

$$\begin{aligned}\varphi^{t_1^*}F_{t_2}(f) = F_{t_2}(f \circ \varphi^{-t_1}) &= \int (f \circ \varphi^{-t_1}) \circ \varphi^{-t_2} d\lambda^{0u} \geqslant \lambda^{-t_1} \int f \circ \varphi^{-t_2} d\lambda^{0u} \\ &= \lambda^{-t_1} F_{t_2}(f),\end{aligned}$$

其中 $\lambda < 1$ 如定义 17.4.1 中的. 因此对所有 $F \in A$, 有 $\varphi^{t^*}F = \lambda^{-t}F$, 从而对所有 $F \in \overline{\mathrm{co}}(A) = \overline{C_0^*}$ 有 $h^u > 0$. □

引理 20.5.9. 如果 f, g 是 ε 等价的, 那么 $\mathfrak{m}(f) = \mathfrak{m}(g)$.

注. 这给出完整 (映射) 不变性, 另一个性质刻画 Margulis 测度.

证明. 通过考虑正部分并利用线性性, 可假设 f 和 g 非负. 由于 $f \circ \varphi^{-t}$ 和 $g \circ \varphi^{-t}$ 是 $\lambda^t \varepsilon$ 等价的, 引理 20.5.4 证明 $\lim\limits_{t \to \infty} F_t f / F_t g = 1$, 所以对 $\eta > 0$ 存在 $T_\eta > 0$, 使得对 $t \geqslant T_\eta$,

$$|F_t(f) - F_t(g)| \leqslant \eta F_t(g).$$

因此, 如果 $F = \sum c_i F_{t_i}$, 其中 $c_i, t_i \geqslant 0$, 那么

$$\begin{aligned}|\varphi^{t^*}F(f) - \varphi^{t^*}F(g)| &\leqslant \sum c_i |\varphi^{t^*}F_{t_i}(f) - \varphi^{t^*}F_{t_i}(g)| \\ &= \sum c_i |F_{t_i+t}(f) - F_{t_i+t}(g)| \\ &\leqslant \eta \sum c_i F_{t_i+t}(g) = \eta \varphi^{t^*}F(g).\end{aligned}$$

对 $F \in A$, 从而对所有 $F \in \overline{\mathrm{co}}(A) = C_0^*$, 因此对 $\mathfrak{m}$, 同样估计成立. 因此, 由引理 20.5.8, 实际上我们有

$$\frac{\mathfrak{m}(f)}{\mathfrak{m}(g)} = \lim_{t\to\infty} \frac{C_{0u}^t \mathfrak{m}(f)}{C_{0u}^t \mathfrak{m}(g)} = \lim_{t\to\infty} \frac{\varphi^{t^*}\mathfrak{m}(f)}{\varphi^{t^*}\mathfrak{m}(g)} = 1. \qquad \square$$

现在我们证明这个 $\mathfrak{m}$ 对应于 W^{0u} 叶上的测度族. 为此令 $OC(W^{0u}(p))$ 为 [648]
$W^{0u}(p)$ 中具有紧闭包的开集族, 以及 $OC(W^{0u}) := \bigcup_{p\in M} OC(W^{0u}(p))$. 如果 $U \in OC(W^{0u})$, 则令 $C_U(W^{0u}) := \{f \in C(W^{0u}) | \mathrm{supp}\,(f) \subset \overline{U}\}$, 赋予上确界范数 $\|\cdot\|_\infty$. 由引理 20.5.7(3), $\mathfrak{m}$ 是 $C_U(W^{0u})$ 上的一个连续线性泛函. 由 Hahn–Banach 定理 A.2.4, $\mathfrak{m}$ 可扩展到 $\overline{U}$ 上的连续函数空间 $C(\overline{U})$. 由 Riesz 表示定理 A.2.7, $\overline{U}$ 上存在测度 μ_U 使得对 $f \in C_U(W^{0u})$ 有

$$\mathfrak{m}(f) = \int f d\mu_U. \tag{20.5.4}$$

如果在 $OC(W^{0u})$ 中 $U_1 \subset U_2$, 则存在 $\{f_j\}_{j\in\mathbb{N}} \subset C_U(W^{0u})$, 使得 $f_i \nearrow \chi_{U_1}$, 因此 $\mu_{U_2}(U_1) = \mathfrak{m}(\chi_{U_1}) = \lim_{j\to\infty} \mathfrak{m}(f_j)$, 所以我们有

定理 20.5.10. *存在映射 $\mu^{0u} : OC(W^{0u}) \to \mathbb{R}$, 使得*

(1) $\mu^{0u}|_{OC(W^{0u}(p))}$ *扩展到 $W^{0u}(p)$ 上的测度;*

(2) $\mu^{0u}(\varphi^t(U)) = e^{h^u t}\mu^{0u}(U)$, *其中 $U \in OC(W^{0u}), t \in \mathbb{R}$;*

(3) *若 $\varnothing \neq U \in OC(W^{0u})$, 则 $0 < \mu^{0u}(U) < \infty$;*

(4) *若 $U_1, U_2 \in OC(W^{0u})$ 是 ε 等价的, 则 $\mu^{0u}(U_1) = \mu^{0u}(U_2)$.*

我们将在引理 20.5.16 中看到 $h^u = h_{\mathrm{top}}(\varphi^t)$.

用 φ^{-t} 代替 φ^t 得到测度 μ^{0s}, 对此相同结果成立, 除了在 (2) 中我们得到常数 $h^s < 0$ (事实上, $h^s = -h^u$, 见 (20.5.9)).

将此记号与 W^u, W^{0s} 和 W^s 相配合求得 $\bigcup_{t_1<t<t_2} \varphi^t(U) \in OC(W^{0u})$, 其中 $t_1 < t_2$ 和 $U \in OC(W^u)$. 此外, 存在 $r_0, t_0 > 0$, 使得

$$\varphi^{t_1}(U)\cap\varphi^{t_2}(U) = \varnothing, \text{ 若 } 0 \leqslant t_1 < t_2 \leqslant t_0, U \subset B^i(p, r_0) \text{ 为开集}, \ i = u, s. \tag{20.5.5}$$

因此, 对 $U \subset B^i(p, r_0) (i = u, s)$, 令 $\mu^i(U) := \mu^{0i}\left(\bigcup_{0<t<t_0} \varphi^t(U)\right), i = u, s$. 这在 $B^i(p, r_0)$ 上诱导一个测度, 事实上它是 $OC(W^i)$ 上的测度 $(i = u, s)$, 对此

$$\mu^i(\varphi^t(U)) = e^{h^i t}\mu^i(U) \text{ 和 } 0 < \mu^i(U) < \infty, \text{ 对 } \varnothing \neq U \in OC(W^i), \tag{20.5.6}$$

其中 $i = u, s$. 于是由定理 20.5.10(2), 得到

$$\mu^{0i}\left(\bigcup_{t_1<t<t_2}\varphi^t(U)\right)=\frac{\displaystyle\int_{t_1}^{t_2}e^{h^i t}dt}{\displaystyle\int_0^{t_0}e^{h^i t}dt}\mu^i(U),$$

$$\text{若 } 0\leqslant t_1<t_2\leqslant t_0, U\subset B^i(p,r_0) \text{ 为开集,} \tag{20.5.7}$$

这里 $i = u, s, t_0, r_0$ 如 (20.5.5) 中的.

利用 ε 等价性记号配合强叶层 W^i $(i = u, s)$ 中的集合, 得到

[649] **引理 20.5.11.** 对所有 $\varepsilon > 0$ 存在 $\zeta > 0$, 使得对所有可测集 $A_1, A_2 \subset W^i$ $(i = u, s)$ 以及 A_1, A_2 ζ 等价, 我们有

$$\left|\frac{\mu^i(A_1)}{\mu^i(A_2)}-1\right|<\varepsilon.$$

证明. 首先注意, 如果 A_1, A_2 是 ζ 等价的, 则存在分割 $A_l = \bigcup\limits_k A_l^k$, 其中 $A_l^k \subset B^i(p_l^k, r_0)$ $(l = 1, 2)$ 以及 A_1^k, A_2^k ζ 等价. 因此, 不失一般性, 假设 $A_l \subset B^i(p_l, r_0)$. 但是对任何 $\alpha > 0$ 存在 $\zeta > 0$, 使得如果 $A_1, A_2 \subset W^i$ 是 ζ 等价的, 而且 $A_l \subset B^i(p_l, r_0)$, 则 $\bigcup\limits_{\alpha<t<t_0-\alpha}\varphi^t(A_2)$ ζ 等价于 $\bigcup\limits_{0<t<t_0}\varphi^t(A_1)$ 的子集, 反之, $\bigcup\limits_{\alpha<t<t_0-\alpha}\varphi^t(A_1)$ ζ 等价于 $\bigcup\limits_{0<t<t_0}\varphi^t(A_2)$ 的子集.

对这些集合, 由 (20.5.7) 和定理 20.5.10(4), 得到

$$\begin{aligned}\mu^i(A_1)&=\frac{\displaystyle\int_0^{t_0}e^{h^u t}dt}{\displaystyle\int_0^{t_0-\alpha}e^{h^u t}dt}\mu^{0i}\left(\bigcup_{\alpha<t<t_0-\alpha}\varphi^t(A_1)\right)\\&\leqslant\frac{\displaystyle\int_0^{t_0}e^{h^u t}dt}{\displaystyle\int_0^{t_0-\alpha}e^{h^u t}dt}\mu^{0i}\left(\bigcup_{0<t<t_0}\varphi^t(A_2)\right)=\frac{\displaystyle\int_0^{t_0}e^{h^u t}dt}{\displaystyle\int_0^{t_0-\alpha}e^{h^u t}dt}\mu^i(A_2),\end{aligned}$$

反之亦然, 由此依次得到引理结论. □

推论 20.5.12. 对所有 $r > 0$, 存在 $C > 1$ 使得如果 A_1, A_2 是 r 等价的, 那么

$$\frac{1}{C}<\frac{\mu^i(A_1)}{\mu^i(A_2)}<C.$$

现在由叶上的这些测度在 M 上构造一个有限 φ^t 不变测度. 我们通过以下局部定义的加权积测度来构造. 对每一点 $p \in M$ 有邻域 $U(p)$, 它是一个局部积立方体, 即利用局部积结构可记 $U(p)$ 为 $U^{0u}(p) \times U^s(p)$, 其中 $U^{0u}(p) \subset W^{0u}(p)$ 和 $U^s(p) \subset W^s(p)$. 若 $O \subset U(p)$, 则令

$$f_O(q) := \mu^s((\{q\} \times U^s(p)) \cap O) \quad (q \in U^{0u}(p)).$$

引理 20.5.13. f_O 是上半连续 (因此局部可积) 的.

证明. 对 $x \in U^{0u}$ 和 $\varepsilon > 0$ 存在 $\delta > 0$, 使得当 $d^{0u}(x,y) < \delta$ 时

$$\frac{\mu^s((\pi^s(O \cap (\{x\} \times U^s)) \times U^{0u}) \cap (\{y\} \times U^s))}{\mu^s((\{y\} \times U^s) \cap O)} > 1 - \varepsilon,$$

其中 π^s 是到 W^s 的投射. 现在应用引理 20.5.11, 引理得证. □

对 $q \in U^s(p), A \subset U^{0u}(p)$, 设 $\mu_q(A) := \mu^{0u}(A \times \{q\})$ 处处有定义. 由定理 [650]
20.5.10(4) 它与 $q \in U^s(p)$ 无关. 与引理 20.5.13 一起, 这证明

$$\mu(O) := \int f_O(x) d\mu_q(x) \tag{20.5.8}$$

有定义.

命题 20.5.14. 由 (20.5.8) 得到的 M 上的测度通过扩展到 Borel 集是有限 φ^t 不变的.

证明. 有限性是显然的, 因为 M 是紧的, 而且局部积立方体有有限测度. 由定理 20.5.10(2), (20.5.6) 和 (20.5.8), 得到对所有可测集 $A \in M$ 有

$$\mu(\varphi^t(A)) = e^{(h^u + h^i)t} \mu(A).$$

令 $A = M$, 得到

$$h^u = -h^s =: h. \tag{20.5.9}$$

□

特别地, 命题 20.5.14 证明, 由 $\mathcal{K}$ 的适当选择, 例如, 我们可正规化由 (20.5.8) 得到的测度, 它是 φ^t 不变的 Borel 概率测度 μ, 称之为 φ^t 的 Margulis 测度.

定理 20.5.15. Bowen 测度和 Margulis 测度重合.

证明. 由 d_t^f 的 ε 球的体积估计得知它们相等. □

引理 20.5.16. 对某个常数 $E_\varepsilon, F_\varepsilon$ 有 $E_\varepsilon e^{-th^u} \leqslant \mu(B_f(x,\varepsilon,t)) \leqslant F_\varepsilon e^{-th^u}$.

证明. 我们将利用 Lyapunov 度量 (如定理 20.4.1 中的). 注意, 只需证明这个不等式对 "箱子" $B_f^1(x,\varepsilon,t) := B_f^{0s}(x,\varepsilon,t) \times B_f^u(x,\varepsilon,t)$ 成立, 因为对 $\varepsilon > 0$ 存在 $\varepsilon_1, \varepsilon_2 > 0$, 使得 $B_f^1(x,\varepsilon_1,t) \subset B_f(x,\varepsilon,t) \subset B_f^1(x,\varepsilon_2,t)$. 但是由于我们利用 Lyapunov 度量, 故有 $B_f^1(x,\varepsilon,t) = B^{0\mathrm{s}}(x,\varepsilon) \times \varphi^{-t}(B^u(\varphi^t(x),\varepsilon))$, 因此由 μ^u 的一致扩张性立刻得到引理结论. □

引理 20.5.17. $h^u = h_{\mathrm{top}}(\varphi)$.

证明. 如果 E 是极大 d_t^f-ε 分离集, 则 $M = \bigcup\limits_{x\in E} B_f(x,\varepsilon,t)$, 因此由上一个引理和命题 18.5.4 (对于流的类似), 得到 $1 \leqslant \sum\limits_{x\in E} \mu(B_f(x,\varepsilon,t)) \leqslant$ 常数 $\cdot\, e^{t(h_{\mathrm{top}}(\varphi)-h^u)}$. 从而 $h^u \leqslant h_{\mathrm{top}}(\varphi)$. 反之, $B_f(x,\varepsilon/2,t)$ 两两互不相交, 所以 $1 \geqslant \sum\limits_{x\in E} \mu(B_f(x,\varepsilon/2,t)) \geqslant$ 常数 $\cdot\, e^{t(h_{\mathrm{top}}(\varphi)-h^u)}$ 和 $h^u \geqslant h_{\mathrm{top}}(\varphi)$. □

由上面两个引理得知, 由引理 20.1.1 (对于流的类似), 这个 Margulis 测度关于 Bowen 测度绝对连续. 因为 Bowen 测度是遍历的, 故得引理结论. □

注. 下面我们将简单记 $h_{\mathrm{top}}(\varphi)$ 为 h.

[651] 20.6. 周期点增长的乘性渐近

这一节的目的是建立流的周期轨道增长的乘性渐近. 这个渐近强于指数渐近. 注意, 对离散时间情形, 定理 20.1.6 建立的这个事实是与误差项的一个额外的指数估计在一起的. 我们首先从对 "局部积流箱" 的描述以及类似于第 15 章交的全分支开始. 在由这些提供的设置中, Bowen 测度和 Margulis 测度与早先给出的周期点增长的乘性渐近估计相等.

在整个这一节中我们有与上一节相同的假设, 即 $\varphi = \{\varphi^t\}_{t\in\mathbb{R}}$ 是紧 Riemann 流形 M 上的拓扑混合的 Anosov 流.

a. 局部积流箱. 现在讨论局部积流箱. 对它们可简单地描述并涉及两个参数 ε 和 δ. 首先我们得到几个技术上有用的性质, 它们依赖关于 ε 充分小的 δ.

先取正数 $\varepsilon < 1/2\min\{1,\delta_0\}$, 其中 δ_0 是 φ^t 的一个扩张常数 (见定义 3.2.11), 即如果对所有 $t \in \mathbb{R}$ 有 $d(\varphi^t(x),\varphi^t(y)) < \delta_0$, 则 $y \in \mathcal{O}(x)$. 此外, 我们假设 ε 小于 φ^t 的轨道的最小周期. 进一步可以选择递减的 ε, 但是随后的那些选择将不依赖于 δ. 给定 $p \in M$ 令 $C := B^{0u}(p) := \bigcup\limits_{0\leqslant t\leqslant\varepsilon} \varphi^t(\overline{B^u(p,\delta)})$. 如果 ε 充分小, 则 $B := \bigcup\limits_{z\in C} B^s(z)$ 是局部积立方体, 其中 $B^s(z) \subset \overline{B^s(z,\delta)}$. 对 $x \in B$

用 $B^u(x)$ 记 $W^u(x) \cap B$ 包含 x 的连通分支, 类似地定义 $B^{0u}(x)$ 和 $B^s(x)$. 用 $C \cap B^s(x) = \{\pi_C(x)\}$ 定义 π_C. 如果 $z \in C$, 则显然 B 包含长度 (参数) ε 的一个轨道段. 对所有 $x \in B$ 成立以下的:

引理 20.6.1. 如果 $x \in B$, 则存在 $t_0 \in [0, \varepsilon]$, 使得 $\{\varphi^t(x) | t \in [t_0 - \varepsilon, t_0]\} \subset B$.

证明. 设 $z = \pi_C(x)$. 如果 $\varphi^t(z) \in C$, 则 $\varphi^t(B^s(x)) = B^s(\varphi^t(x))$, 因此 $\{\varphi^t(x)\} = B^s(\varphi^t(z)) \cap B^{0u}(x) \subset B$. □

类似于命题 6.4.13, 我们有

定理 20.6.2. 存在 $\eta, \gamma > 0$ 使得如果 $d(x,y) < \eta$, 那么存在唯一的 $\theta = \theta(x,y) \in (-\gamma, \gamma)$, 使得 $\varnothing \neq B^s(x,\gamma) \cap B^u(\varphi^\theta(y)) =: \{[x,y]\}$. θ 和 $[\cdot,\cdot]$ 在 $\{(x,y) \in M \times M | d(x,y) < \eta\}$ 上连续.

由 $z \in \varphi^{\tau(z)}(B^u(w))$ 定义 $\tau : B \to [0, \varepsilon]$, 当 $z \in C$ 时, 对 $x \in B$ 令 $\tau(x) := \tau(\pi_C(x))$, 对充分小的 δ 由不稳定叶层的一致连续性, 得知

$$\tau(B^u(x)) \subset [t - \varepsilon^2, t + \varepsilon^2], \text{ 当 } \tau(x) = t \text{ 和 } x \in B \text{ 时}. \tag{20.6.1}$$

此外, 假设 δ 也足够小, 使得如果 $y \in B^u(x)$, 则 $B^s(x)$ 和 $B^s(y)$ 是 ζ 等价的, 其 [652]
中 ζ 如引理 20.5.11 中用于我们对 ε 所选择的. 因此

$$\left| \frac{\mu^s(B^s(x))}{\mu^s(B^s(y))} - 1 \right| < \varepsilon.$$

引理 20.6.3. 存在 $K > 0$ (与 ε 和 δ 无关), 使得如果 $x, y \in B$, 那么

$$\left| \frac{\mu^s(B^s(x))}{\mu^s(B^s(y))} - 1 \right| < K\varepsilon.$$

证明. 假设 $\tau(x) = t, \tau(y) = t', \tau(w) = 0$. 则

$$\begin{aligned} \frac{\mu^s(B^s(x))}{\mu^s(B^s(y))} &= \frac{\mu^s(B^s(x))}{\mu^s(B^s(\varphi^t(w)))} \frac{\mu^s(B^s(\varphi^t(w)))}{\mu^s(B^s(\varphi^{t'}(w)))} \frac{\mu^s(B^s(\varphi^{t'}(w)))}{\mu^s(B^s(y))} \\ &= \frac{\mu^s(B^s(x))}{\mu^s(B^s(\varphi^t(w)))} e^{h(t-t')} \frac{\mu^s(B^s(\varphi^{t'}(w)))}{\mu^s(B^s(y))}. \end{aligned}$$

两个分式与 1 之差至多为 ε, 因此得到引理结论. □

如果 $x, y \in B$ 位于包含在 B 内的公共轨道段上, 则记 $x \sim y$, 并令 $[x] := \{y \in B | y \sim x\}$. 关系式 (20.6.1) 显示, 如果 $y \in B^{0u}(x)$ 和 $\tau(x), \tau(y) \in (\varepsilon^2, \varepsilon - \varepsilon^2)$, 则 $\bigcup_{z \in B^u(x)} [z] = \bigcup_{z \in B^u(y)} [z]$. 对 $x \in B$ 我们令 $\Delta(x) := \sup\{r > 0 | B^u(x,r) \subset B\}$. 对 $T > 0$ 存在 $r(T)(T \to \infty$ 时指数式递减) 使得如果 $x, \varphi^T(x) \in B, \Delta(x) > r(T)$, 则 $B^u(\varphi^T(x)) \subset \varphi^T(B)$.

定义 20.6.4. 设 $B^\circ(T) := \{x \in B | \varepsilon^2 < \tau(x) < \varepsilon - \varepsilon^2, \Delta(x) > r(T)\}$. 若 Δ_0 是 $B^\circ(T) \cap \varphi^T(B^\circ(T))$ 的连通分支, 则称 $\Delta := \bigcup\limits_{x \in \Delta_0} [x] \cap \varphi^T(B)$ 为交的全分支.

一个重要的观察是这个交的全分支本质上双射对应于周期轨道. 这就是下面两个引理的内容.

引理 20.6.5. *若 Δ 是 $B \cap \varphi^T(B)$ 的交的全分支, 则 Δ 与周期在 $[T - \varepsilon, T + \varepsilon]$ 内的唯一周期轨道相交.*

证明. 这是一个标准论述: 考虑 φ^T 的迭代在 Δ 到 $B/\sim$ 的投射的作用, 得到对应于所求轨道的唯一不动点. □

[653] 反之, 容易验证

引理 20.6.6. *$B^\circ(T)$ 中属于周期在 $[T - (\varepsilon - 2\varepsilon^2), T + (\varepsilon - 2\varepsilon^2)]$ 的周期轨道的每个长度为 $\varepsilon - 2\varepsilon^2$ 的轨道段与交 $B \cap \varphi^T(B)$ 的唯一全分支相交.*

下面我们估计交的全分支个数:

命题 20.6.7. *设 $\Delta(T)$ 是 $B \cap \varphi^t(B)$ 中交的全分支个数. 那么 $\Delta(T) = 2e^{hT}\mu(B) \cdot (1 + O(\varepsilon))(1 + o(T^0))$, 其中 $O(\varepsilon)$ 与 B 无关.*

证明. 我们计算 (20.6.3) 中的 $\mu(\varphi^T(B))$ 和 (20.6.6) 中的 $\mu(B \cap \varphi^T(B))$. 由于 μ 是混合的 (见 20.1 节末尾的讨论), 由此得到所求的结论.

如果 $x, y \in C$, 则 $B^s(x)$ 与 $B^s(y)$ 是 ζ 等价的, 因此 $\mu^s(B^s(x)) = (1 + O(\varepsilon))\mu^s(B^s(y))$, 由 (20.5.6), $\mu^s(B^s(x)) = (1 + O(\varepsilon))\mu^s(B^s(y))$, 从而

$$\mu^s(B^s(x)) = C(T)(1 + O(\varepsilon)), \tag{20.6.2}$$

其中 $C(T)$ 与 $x \in B$ 无关. 由于 $\mu^{0u}(\varphi^T(C)) = e^{hT}\mu^{0u}(C)$, 我们得到

$$\mu(\varphi^T(B)) = e^{hT}\mu^{0u}(C)C(T)(1 + O(\varepsilon)), \tag{20.6.3}$$

其中 $O(\varepsilon)$ 与 B 无关.

为了计算 $\mu(B \cap \varphi^T(B))$, 我们先说明只需考虑交的全分支. $B \cap \varphi^T(B)$ 的任何不包含在交的全分支内的点在集合

$$A_T := \left(\varphi^T\left(\bigcup_{0 \leqslant t \leqslant \varepsilon^2} B_t\right) \cap \bigcup_{\varepsilon - \varepsilon^2 \leqslant t \leqslant \varepsilon} B_t\right) \cup \left(\varphi^T\left(\bigcup_{\varepsilon - \varepsilon^2 \leqslant t \leqslant \varepsilon} B_t\right) \cap \bigcup_{0 \leqslant t \leqslant \varepsilon^2} B_t\right)$$
$$\cup (\{x \in B | \Delta(x) \leqslant r(x)\} \cap \varphi^T(B_t))$$

内, 就是说, 这样的点或者按时间方向或者在一个不稳定叶内都非常接近于 B 的边界. 由混合性前面两个集合的每一个都有测度 $\varepsilon^2\mu(B)^2(1+o(T^0))$, 第三个集合的测度以指数 T 递减, 因此通过将它吸收到误差项, 得到

$$\mu(A_T) \leqslant 2\varepsilon^2\mu(B)^2(1+o(T^0)). \tag{20.6.4}$$

为了证明这个命题, 显然通过 $\Delta(T)$ 计算交的全分支的测度和它们的平均测度是有用的. 为了计算平均测度, 注意交 Δ 的全分支有形式 $\Delta = B\cap\varphi^T(\Delta')$, 其中 $\Delta' = \bigcup\{[x]|x\in B, \varphi^T(x)\in\Delta\}$, 或者 $\varphi^T(\Delta'\cap B_\varepsilon)\subset\Delta$ (“前交分支”), 或者 $\varphi^T(\Delta'\cap B_0)\subset\Delta$ (“后交分支”). 对第一个情形我们用

$$\theta(\Delta) := \inf\{\tau(x)|x\in\varphi^T(\Delta'\cap B_\varepsilon)\}$$

定义 Δ 的厚度, 对第二个情形用 [654]

$$\theta(\Delta) := \varepsilon - \sup\{\tau(x)|x\in\varphi^T(\Delta'\cap B_0)\}$$

定义. 由 (20.6.1), Δ 中的每个轨道段有 (参数) 长度 $\varepsilon(1+O(\varepsilon))$, 因此由 (20.6.2) 有

$$\mu(\Delta) = \frac{1}{\varepsilon}\theta(\Delta)\mu^{0u}(C)C(T)(1+O(\varepsilon)). \tag{20.6.5}$$

自然我们有

引理 20.6.8. *交 $B\cap\varphi^T(B)$ 的全分支的平均厚度是 $(\varepsilon/2)(1+O(\varepsilon))(1+o(T^0))$.*

证明. 将 B 分割成 $n := [1/\varepsilon]$ 个集合 $S_i := \bigcup\{B_t|\varepsilon j\leqslant tn\leqslant\varepsilon(j+1)\}(0\leqslant j<n)$, 注意, 由混合性对充分大的 T, $\varphi^T(S_{n-1})\cap S_i$ 的分支数与 j 无关, 因此这个平均厚度就是所求的 $(\varepsilon/2)(1+O(1/n))(1+o(T^0))$. □

注意, 在 (20.6.4) 中的误差项可被吸收到 $O(\varepsilon)(1+o(T^0))$, 因此, 由 (20.6.5) 和引理 20.6.8, 得到

$$\mu(B\cap\varphi^T(B)) = \frac{1}{2}\Delta(T)C(T)\mu^{0u}(C)(1+O(\varepsilon))(1+o(T^0)). \tag{20.6.6}$$

由于 μ 是混合的, 由 (20.6.3) 得到

$$\mu(B\cap\varphi^T(B)) = \mu(B)\mu^{0u}(C)e^{hT}C(T)(1+O(\varepsilon)(1+o(T^0)),$$

由它与 (20.6.6) 得到引理结论. □

b. 轨道增长的乘性渐近. 在这一节我们给出 φ^t 的周期至多为 T 的周期轨道数 $P_T(\varphi)$ 的增长的乘性渐近.

定理 20.6.9. 假设 $\varphi = \{\varphi^t\}_{t\in\mathbb{R}}$ 是紧 Riemann 流形 M 上的一个拓扑混合的 Anosov 流. 那么

$$\lim_{t\to\infty} th_{\text{top}}(\varphi)P_t(\varphi)e^{-th_{\text{top}}(\varphi)} = 1, \text{ 即 } P_t(\varphi) \sim \frac{e^{th_{\text{top}}(\varphi)}}{th_{\text{top}}(\varphi)}.$$

证明. 首先注意, 如果 μ_B 表示 Bowen 测度, 则对充分大的 T, $\mu_B(B) = \mu_B(B^\circ(T))(1+O(\varepsilon))$, 由引理 20.6.5 和 20.6.6,

$$\begin{aligned}\frac{\varepsilon\Delta(T)}{P_{T,\varepsilon}} &= \frac{1}{P_{T,\varepsilon}} \sum_{\mathcal{O}\in\text{Per}(T,\varepsilon)} \delta_{\mathcal{O}}(B) \leqslant \mu_B(B)(1+o(T^0))\\ &= \mu_B(B^\circ(T))(1+O(\varepsilon))(1+o(T^0))\\ &= \frac{1}{P_{T,\varepsilon-2\varepsilon^2}} \sum_{\mathcal{O}\in\text{Per}(T,\varepsilon-2\varepsilon^2)} \delta_{\mathcal{O}}(B^\circ(T))(1+O(\varepsilon)) \leqslant \frac{\varepsilon\Delta(T)}{P_{T,\varepsilon-2\varepsilon^2}}(1+O(\varepsilon)).\end{aligned}$$

[655] 于是由命题 20.6.7, 得知

$$P_{t,\varepsilon-2\varepsilon^2} \leqslant \frac{2\varepsilon e^{hT}\mu(B)}{\mu_B(B)}(1+O(\varepsilon))(1+o(T^0)) \leqslant P_{t,\varepsilon}.$$

用 ε' 代替 ε, 其中 $\varepsilon' - 2\varepsilon'^2 = \varepsilon$, 引入 $1+O(\varepsilon)$ 的另一个因子, 并由定理 20.5.15 得到

$$P_{T,\varepsilon} = 2\varepsilon e^{hT}(1+O(\varepsilon))(1+o(T^0)). \tag{20.6.7}$$

由于 $P_{T,\varepsilon}$ 是周期在 $(T-\varepsilon, T+\varepsilon]$ 中的周期轨道个数, 我们有

$$P_{T,\varepsilon} = T_1(P_{T+\varepsilon}(\varphi) - P_{T-\varepsilon}(\varphi)) + T_2(P_{(T+\varepsilon)/2}(\varphi) - P_{(T-\varepsilon)/2}(\varphi)) + \cdots,$$

其中 $iT_i \in [T-\varepsilon, T+\varepsilon]$. 由 (20.6.7), 这简化为 $P_{T,\varepsilon} = T_1(P_{T+\varepsilon}(\varphi) - P_{T-\varepsilon}(\varphi))(1+o(T^0))$. 利用 $T_1 = T(1+o(T^0))$ 和 (20.6.7) 得到

$$P_{T+\varepsilon}(\varphi) - P_{T-\varepsilon}(\varphi) = \frac{2\varepsilon}{T}e^{hT}(1+O(\varepsilon))(1+o(T^0)). \tag{20.6.8}$$

现在固定 $T_0 > 1/h$, 使得上式右端对所有 $T \geqslant T_0$ 有 $|o(T^0)| < \varepsilon$. 对 $T-(2j+1)\varepsilon \leqslant T_0 < t - 2j\varepsilon$, 记

$$\begin{aligned}P_{T+\varepsilon}(\varphi) = &(P_{T+\varepsilon}(\varphi) - P_{T-\varepsilon}(\varphi)) + (P_{T-\varepsilon}(\varphi) - P_{T-3\varepsilon}(\varphi))\\ &+ \cdots + (P_{T-2j\varepsilon+\varepsilon}(\varphi) - P_{T-2j\varepsilon-\varepsilon}(\varphi)) + P_{T-2j\varepsilon-\varepsilon}(\varphi),\end{aligned}$$

通过 (20.6.8) 估计这些差, 给出

$$P_{T+\varepsilon}(\varphi) = \frac{e^{hT}}{T}S(T)(1+O(\varepsilon))(1+o(T^0)),$$

其中 $S(T) := 2\varepsilon\left(1+\frac{T}{T-2\varepsilon}e^{-2\varepsilon h}+\cdots+\frac{T}{T-2j\varepsilon}e^{-2j\varepsilon h}\right)$, 这已经把 $P_{T-2j\varepsilon-\varepsilon}(\varphi)$ 吸收到 $(1+o(T^0))$ 中了. 现在注意到 $S(T)$ 是

$$
\begin{aligned}
\int_0^{T-T_0}\frac{T}{T-x}e^{-hx}dx &= Te^{-hT}\int_{T_0}^{T}\frac{e^{hu}}{u}du \\
&= Te^{-hT}\left(\frac{e^{hT}}{hT}-\frac{e^{hT_0}}{hT_0}-T\int_{T_0}^{T}\frac{e^{hu}}{hu^2}du\right)=\frac{1}{h}(1+o(T^0))
\end{aligned}
$$

的 Riemann 和. 这个积分在 $[0,T-T_0]$ 递减, 所以 $S(T)=\frac{1}{h}(1+O(\varepsilon))(1+o(T^0))$, 因此

$$
\begin{aligned}
P_T(\varphi)=P_{T+\varepsilon}(\varphi)(1+O(\varepsilon)) &= \frac{e^{hT}}{T}S(T)(1+O(\varepsilon))(1+o(T^0)) \\
&= \frac{e^{hT}}{hT}(1+O(\varepsilon))(1+o(T^0)),
\end{aligned}
$$

即对任何 ε, $\lim\limits_{T\to\infty}\frac{P_T(\varphi)}{e^{ht}/hT}=(1+O(\varepsilon))$, 断言得证. □

定理 20.6.10 (Margulis 定理). *设 M 是有负截面曲率的一个紧 Riemann 流形, $G(t)$ 是长度至多是 t 的不同闭测地线个数, h 是这个测地流的拓扑熵. 则 $\lim\limits_{t\to\infty}G(t)2the^{-th}=1$.* [656]

证明. 长度为 t 的每个闭测地线正好定义测地流的两个周期 t 轨道. 由命题 5.6.3, 这个测地流是一个切触流, 由定理 17.6.2, 它是 Anosov 流, 因此, 由定理 18.3.6, 它是拓扑混合的. 从而可用定理 20.6.9. □

补　　遗

[657]

S 具有非一致双曲性态的动力系统 [659]

Anatole Katok 和 Leonardo Mendoza

S.1. 引言

这个补遗的目的是介绍具有非一致双曲性态的光滑动力系统理论的某些关键概念、方法和应用, 鉴于 Ya. B. Pesin 在 20 世纪 70 年代中期的开创性工作 [Pes1], [Pes2], [Pes3], 通常称它为 Pesin 理论. 这个理论的中心思想是线性化系统的渐近性态的组合, 它可以通过 Lyapunov 度量 (见 S.2d 节) 和正则邻域 (定义 S.3.3) 的关键技术设置来加深扩大, 以出现本质上是非线性现象的非平凡回复性. 这个组合还产生丰富复杂的轨道结构, 表现在由熵确定的周期轨道个数以指数增长率增长, 出现马蹄型的大双曲不变集, 以及由周期数据确定的 Hölder 余环的上同调类, 等等. 由 Luzin 的经典定理这个双曲估计 (显然它由 Borel 函数给出) 在大测度集上是一致的. 在这种集合上控制回复性可产生上述现象. 值得注意的是, 该理论有相当一部分可在不构造稳定 (压缩) 和不稳定 (扩张) 流形族下发展, 而这通常又表示为这个主题的奠基石. 代替它的只需利用它们的近似, 即用简单易懂的直接方式构造可容许流形 (见定义 S.3.4). [660]

非一致双曲理论这部分正是我们现在要处理的工作. 为了使这个叙述轻松些, 我们讨论的大部分被限制在对二维流形上的可逆映射情形进行阐述. 这个理论的一些主要应用 (见 [K5], [K9] 和 S.5 节) 也是处理这个情形.

这项工作可被视为迈向以 ε 约化 (S.2d 节)、正则邻域和可容许流形的技术设置为基础, 从统一观点以最新形式阐述非一致双曲动力系统理论的这个宏伟目标的适当一步. 这个计划的核心体现在我们未发表和未完成的并允许在有限范围内流通的笔记"光滑遍历理论"中① . 这些笔记包括在一般情形出现的工作的所有材料, 其中包括一个乘性遍历定理的完整证明. 除此以外, 还广泛处理了几类例子, 更详细地讨论了包含体积元素的正则邻域, 局部遍历性的证明, 以及有关稳定和不稳定流形族的某些材料. 当前这个计划的未来还难以预料. 然而, 我们希望也许回过头来在某个范围内甚至会给光滑遍历理论以一个更广泛的阐述.

这项工作不是在一个词的狭义意义下的一篇论文的解释, 而是出现在其他地方已证明和未证明的结果的陈述. 这接近于"Успех"论文, 即发表在俄罗斯杂志"Успех Математических Наук"上的综合性论文的这类文章, 翻译成英语为"Russian Mathematical Surveys"("俄罗斯数学概述"). 事实上, 词"Успех"照字面意义应翻译为"advances"("进展"或"achievements"("研究成果"). "Успех"中的文章通常表明作者对他那个主题的观点, 并包含一些以前未曾发表的结果. 我们的观点已经在上面作为了简短的解释. 没有发表的结果 (虽然我们已经知道了一些时候) 是跟踪引理 (定理 S.4.14), Livschitz 型定理 S.4.17, 谱分解定理 S.5.8, 以及最重要的定理 S.5.9 和它的推论, 这些被本书第一作者在 1983 年的华沙国际数学家大会 (ICM) 上演讲过 [K9].

S.2. Lyapunov 指数

a. 动力系统上的余环. 我们从概述保测变换上的线性环的 Lyapunov 指数理论开始. 设 $f: X \to X$ 是 Lebesgue 空间 $(X, \mathcal{B}, \mu)$ 的一个可逆保测变换. 我们始终假设 μ 是概率测度, 即 $\mu(X) = 1$.

[661] 设 $GL(n, \mathbb{R})$ 表示 $\mathbb{R}^n$ 的可逆线性变换群. 则对任何可测函数 $A: X \to GL(n, \mathbb{R})$ 和 $x \in X$, 如果令

$$\begin{aligned} \mathcal{A}(x,m) &= A(f^{m-1}(x)) \cdots A(x), && \text{对 } m > 0, \\ \mathcal{A}(x,m) &= A(f^{m}(x))^{-1} \cdots A(f^{-1}(x))^{-1}, && \text{对 } m < 0 \end{aligned} \tag{S.2.1}$$

和

$$\mathcal{A}(x,0) = \mathrm{Id},$$

则可得到

$$\mathcal{A}(x, m+k) = \mathcal{A}(f^k(x), m)\mathcal{A}(x,k). \tag{S.2.2}$$

① 关于这部分内容, 读者可参看 Proceeding of Symposia in Pure Mathematics, Vol. 69, Smooth Ergodic Theory and Its Applications, 2001. —— 译者注

定义 S.2.1. 称任何满足 (S.2.2) 的可测函数 $\mathcal{A}: X \times \mathbb{Z} \to GL(n, \mathbb{R})$ 为 f 上的可测线性余环, 或简单地称之为余环.

任何余环 $\mathcal{A}$ 有满足 $A(x) = \mathcal{A}(x, 1)$ 的形式 (S.2.1). 称映射 A 为余环 $\mathcal{A}$ 的生成子. 有时如果不致混淆, 将对余环和它的生成子之间不加区分, 后者也说是余环.

我们用

$$F(x, v) = (f(x), A(x)v)$$

定义 f 上的余环 $\mathcal{A}$ 诱导 f 到 $X \times \mathbb{R}^n$ 的线性扩张 F. 所以对 $m \in \mathbb{Z}$, F 的 m 次迭代等于

$$F^m(x, v) = (f^m(x), \mathcal{A}(x, m)v).$$

定义 S.2.2. 称可测函数 $C: X \to GL(n, \mathbb{R})$ 关于 f 是缓增的, 或者简单地说是缓增的, 如果对几乎每个 $x \in X$,

$$\lim_{m \to \infty} \frac{1}{m} \log \|C^{\pm 1}(f^m(x))\| = 0.$$

定义 S.2.3. 如果 $A, B: X \to GL(n, \mathbb{R})$ 是在 f 上定义余环 $\mathcal{A}, \mathcal{B}$ 的可测映射, 称 $\mathcal{A}$ 和 $\mathcal{B}$ 是等价的, 若存在缓增的可测函数 $C: X \to GL(n, \mathbb{R})$, 使得对几乎每一点 $x \in X$,

$$A(x) = C^{-1}(f(x))B(x)C(x).$$

如果两个余环 $\mathcal{A}, \mathcal{B}$ 等价, 则显然它是一个等价关系, 记为 $\mathcal{A} \sim \mathcal{B}$. 我们也称 f 上的余环 $\mathcal{A}$ 是缓增的, 如果它的生成子 A 是缓增的.

称余环 $\mathcal{A}$ 是刚性的, 如果它等价于一个与 x 无关的余环, 即由单个矩阵的幂给出的余环.

引理 S.2.4. 如果 $f: X \to X$ 是一个保测变换, $C: X \to GL(n, \mathbb{R})$ 是可测的, 以 [662]
及

$$\max\{\log \|C(x)\|, \log \|C^{-1}(x)\|\} \in L^1(X, \mu),$$

那么 C 关于 f 是缓增的.

证明. 将 Birkhoff 定理 4.1.2 应用于 $\log \|C(x)\|$, 则对几乎每个 $x \in X$,

$$\begin{aligned}
\lim_{n \to \infty} \frac{1}{n} \sum_{k=0}^{n-1} \log \|C(f^k(x))\| &= \lim_{n \to \infty} \frac{1}{n} \sum_{k=0}^{n} \log \|C(f^k(x))\| \\
&= \lim_{n \to \infty} \frac{1}{n} \left(\log \|C(f^n(x))\| + \sum_{k=0}^{n-1} \log \|C(f^k(x))\| \right),
\end{aligned}$$

因此 $\lim_{n\to\infty}\frac{1}{n}\log\|C(f^n(x))\|=0$. 对 $n\to-\infty$ 类似. □

定义 S.2.5. 对变换 $f:X\to X$ 上的余环 $A:X\to GL(n,\mathbb{R})$ 和对 $(x,v)\in X\times\mathbb{R}^n$, 称数 (可能无穷)

$$\overline{\chi}^+(x,v,\mathcal{A}):=\overline{\chi}^+(x,v):=\overline{\lim_{m\to\infty}}\frac{1}{m}\log\|\mathcal{A}(x,m)v\|$$

为 (x,v) 关于余环 $\mathcal{A}$ 的上 Lyapunov 指数. 若 $\lim_{m\to\infty}\frac{1}{m}\log\|\mathcal{A}(x,m)v\|$ 存在, 则用 $\chi^+(x,v)$ 记它, 并称它为 (x,v) 关于余环 $\mathcal{A}$ 的 Lyapunov 指数.

引理 S.2.6. 设在 f 上给定一个线性余环 $\mathcal{A}$, 那么

(1) 对 $(x,v)\in X\times\mathbb{R}$ 和 $\lambda\in\mathbb{R}\backslash\{0\}$, 我们有 $\overline{\chi}^+(x,v)=\overline{\chi}^+(x,\lambda v)$.

(2) 若 $v,w\in\mathbb{R}^n$, 则 $\overline{\chi}^+(x,v+w)\leqslant\max\{\overline{\chi}^+(x,v),\overline{\chi}^+(x,w)\}$.

(3) 若 $\overline{\chi}^+(x,v)\neq\overline{\chi}^+(x,w)$, 则 $\overline{\chi}^+(x,v+w)=\max\{\overline{\chi}^+(x,v),\overline{\chi}^+(x,w)\}$.

证明. (1) 是显然的. (2) 由

$$\|\mathcal{A}(x,m)(v+w)\|\leqslant 2\max\{\|\mathcal{A}(x,m)v\|,\|\mathcal{A}(x,m)w\|\}$$

得到. 对 (3), 假设 $\overline{\chi}^+(x,v)<\overline{\chi}^+(x,w)$, 则 $\overline{\chi}^+(x,v+w)\leqslant\overline{\chi}^+(x,w)=\overline{\chi}^+(x,w-v+v)\leqslant\max\{\overline{\chi}^+(x,w+v),\overline{\chi}^+(x,-v)\}=\overline{\chi}^+(x,v+w)$. □

由引理 S.2.6 得知, 给定余环 $\mathcal{A}$, 对每个实数 χ 和每个 $x\in X$, 集合 $E_\chi(x)=\{v\in\mathbb{R}^n|\overline{\chi}^+(x,v)\leqslant\chi\}$ 是 $\mathbb{R}^n$ 的一个线性子空间, 而且如果 $\chi_1\geqslant\chi_2$, 则有 $E_{\chi_2}(x)\subset E_{\chi_1}(x)$. 此外对每个 $x\in X$, 存在整数 $k(x)\leqslant n$ 与数集, 以及线性子空间

$$\chi_1(x)<\chi_2(x)<\cdots<\chi_{k(x)}(x),$$
$$\{0\}\subset E_{\chi_1}(x)\subset E_{\chi_2}(x)\subset\cdots\subset E_{\chi_{k(x)}}(x)=\mathbb{R}^n$$

[663] 使得如果 $v\in E_{\chi_{i+1}}(x)\backslash E_{\chi_i}(x)$, 则 $\overline{\chi}^+(x,v)=\chi_{i+1}(x)$. 称这些数为在 x 关于余环 $\mathcal{A}$ 的上 Lyapunov 指数. 这个线性子空间族称为在 x 相应于余环 $\mathcal{A}$ 的滤过. 称数

$$l_i(x)=\dim E_{\chi_i}(x)-\dim E_{\chi_{i-1}}(x)$$

为指数 $\chi_i(x)$ 的重次, 定义 $\mathcal{A}$ 在 x 的谱为偶族

$$\mathrm{Sp}_x\mathcal{A}=\{(\chi_i(x),l_i(x))|i=1,\cdots,k(x)\}.$$

命题 S.2.7. 如果 $\mathcal{A}$ 和 $\mathcal{B}$ 是保测变换 $f:X\to X$ 上的两个等价余环, 那么对几乎每个 $x\in X$ 有

$$\mathrm{Sp}_x\mathcal{A}=\mathrm{Sp}_x\mathcal{B}.$$

证明. 由于 $\mathcal{A} \sim \mathcal{B}$, 存在缓增的可测函数 $C : X \to GL(n, \mathbb{R})$, 使得对几乎每个 $x \in X$ 有 $\mathcal{A}(x, m) = C^{-1}(f^m(x))\mathcal{B}(x, m)C(x)$. 因此对 $v \in \mathbb{R}^n$ 有

$$\varlimsup_{m\to\infty} \frac{\log \|\mathcal{B}(x, m)v\|}{m} \leqslant \varlimsup_{m\to\infty} \frac{\log \|C(f^m(x))\|}{m} + \varlimsup_{m\to\infty} \frac{\log \|\mathcal{A}(x, m)C^{-1}(x)v\|}{m},$$

由此得知命题成立. □

b. 余环例子.

i. 设 $X = \{x\}$ 由单个元素组成, 于是如果 $A \in GL(n, \mathbb{R})$, 则 $\mathcal{A}(x, m) = A^m$, 而且上 Lyapunov 指数由 A 的特征值的绝对值的对数给出. 此外, 此时这个极限永远存在.

ii. 假设 $f : M \to M$ 是 n 维紧 Riemann 流形 M 上的一个保 Borel 概率测度 μ 的微分同胚. f 的导数 Df 作用在切丛上, 且对 $x \in M$,

$$D_x f : T_x M \to T_{f(x)} M$$

为同构于 $\mathbb{R}^n$ 的向量空间的一个线性映射.

现在将 M 表示为 n 维单形的微分同胚的拷贝的有限并, 即 $M = \bigcup \Delta_i$, 使得在每个 Δ_i 内可引入满足 $T\Delta_i = \Delta_i \times \mathbb{R}^n$ 的局部坐标, 且所有非空交 $\Delta_i \cap \Delta_j$ 是 $n - 1$ 维流形. 如果有必要通过轻微扰动 Δ_i 的边界 $\partial\Delta_i$ 总可得到分解 $\{\Delta_i\}_{i=1}^r$, [664]
使得对所有 $i = 1, \cdots, r$ 有 $\mu(\partial\Delta_i) = 0$. 因此, 我们有

$$M = \bigcup_i \operatorname{Int} \Delta_i \pmod 0,$$

而且在每个 Δ_i 上这个切丛是平凡的. 因此, 导数 Df 可解释为一个线性余环

$$Df : M = \bigcup_i \operatorname{Int} \Delta_i \to \mathbb{R}^n,$$

其中 $Df(x)$ 是局部坐标下在 x 的导数的矩阵表示, 所以余环 Df 依赖于 M 的分解和局部坐标的选择. 然而, 若选择另一个局部坐标, 则坐标变换将一个表示变换到另一个与其逆一致有界的表示, 所以这个引理的条件成立, 从而这个坐标变换几乎处处是缓增的. 特别地, 由命题 S.2.7 得知, 这个导数余环的谱不依赖于坐标表示.

iii. 设 $f : X \to X$ 是 Lebesgue 空间 (X, μ) 的一个保测变换. 如果 $\mathcal{A}$ 是 f 上可测的线性余环, 则对 $n \geqslant 1$, 可考虑变换 $f^n : X \to X$ 与具有生成子

$$A^n(x) = A(f^{n-1}(x)) \cdots A(x)$$

的线性余环 $\mathcal{A}^n$. 显然对每个 $v \neq 0$, $\overline{\chi}_1^+(x)(x,v,\mathcal{A}^n) = n\overline{\chi}_1^+(x)(x,v,\mathcal{A})$.

iv. 设 $f: X \to X$ 是 Lebesgue 空间 (X,μ) 的一个保测变换. 则对任何可测子集 $Y \subset X$, 其中 $\mu(Y) > 0$, 由 Poincaré 回归定理 4.1.19 产生的变换 $f_Y: Y \to Y \bmod 0$ 可定义如下: 对 $x \in Y$, 令

$$r_Y(x) := \min\{k \geqslant 1 | f^k(x) \in Y\} \quad \text{和} \quad f_Y(x) := f^{r_Y}(x).$$

称 f_Y 为 Y 上的诱导变换. 如果 $\mathcal{A}$ 是 f 上的可测线性余环, 则由

$$A_Y(x) = A^{r_Y(x)}(x)$$

定义 f_Y 上的诱导余环 $\mathcal{A}_Y$. 我们可几乎处处定义回复时间 r_Y 的遍历平均

$$\tau(x) = \lim_{k\to\infty} \frac{1}{k} \sum_{i=0}^{k-1} r_Y(f_Y^i(x)).$$

[665] **引理 S.2.8.** 设 $Y \subset X$, 其中 $\mu(Y) > 0$, 那么对 $v \neq 0$ 有

$$\overline{\chi}^+(x,v,\mathcal{A}_Y) = \tau(x) \cdot \overline{\chi}^+(x,v,\mathcal{A}).$$

证明. 设 $\tau_k(x) = \sum_{i=0}^{k-1} r_Y(f^i(x))$, 则

$$\begin{aligned}\overline{\chi}^+(x,v,\mathcal{A}_Y) &= \lim_{k\to\infty} \frac{1}{k} \log \|(A_Y)^k v\| \\ &= \lim_{k\to\infty} \frac{1}{k} \log \|A^{\tau_k(x)} v\| = \overline{\chi}^+(x,v,\mathcal{A}) \lim_{k\to\infty} \frac{\tau_k(x)}{k}.\end{aligned}$$

□

c. 乘性遍历定理. 这一节我们回忆 Lebesgue 空间的保测变换上可测余环的 Osedelec 乘性遍历定理 [Os]. 这个定理已被重新证明和推广过好多次, 例如见 [Rue6], [Ma]. 在曲面微分同胚情形, Kingman 的次可加性遍历定理对我们的目的已经足够. 但是, 宽范围的 Osedelec 结果还是建议列入这些说明中.

定理 S.2.9 (Osedelec 乘性遍历定理). 假设 $f: X \to X$ 是 Lebesgue 空间 (X,μ) 的一个保测变换, $A: X \to \mathbb{R}^n$ 是 X 上的一个可测余环. 如果

$$\log^+ \|A^{\pm 1}(x)\| \in L^1(X,\mu),$$

那么存在集合 $Y \subset X$, 使得 $\mu(X \backslash Y) = 0$, 而且对每个 $x \in Y$ 有:

(1) 存在 $\mathbb{R}^n$ 的分解

$$\mathbb{R}^n = \bigoplus_{i=1}^{k(x)} H_i(x)$$

在由 A 确定的 f 的线性扩张下不变. Lyapunov 指数

$$\chi_1(x) < \cdots < \chi_{k(x)}(x)$$

存在且 f 不变, 而且

$$\lim_{m\to\pm\infty} \frac{1}{|m|} \log \frac{\|\mathcal{A}(x,m)v\|}{\|v\|} = \pm\chi_i(x) \tag{S.2.3}$$

对 $v \in H_i(x)\backslash\{0\}$ 一致成立.

(2) 对 $S \subset N := \{1, \cdots, k(x)\}$, 令 $H_S(x) := \bigoplus_{i\in S} H_i(x)$. 则

$$\lim_{m\to\infty} \frac{1}{m} \log\sin|\measuredangle(H_S(f^m(x)), N_{N\backslash S}(f^m(x)))| = 0.$$

d. Osedelec–Pesin ε 约化定理. 设 $f : X \to X$ 是 Lebesgue 空间 (X, μ) 的一个保测变换, 考虑满足可积性条件 $\log^+ \|A^{\pm1}(x)\| \in L^1(X, \mu)$ 的可测余环 $A : X \to GL(n, \mathbb{R})$. 处理得最好的余环是刚性余环. 我们可在几个情形下证明某些类中的所有余环都是刚性的: 经典的 Floquet 理论 (其中在基下的动力系统是周期流), 具有满足 Diophantus 条件的旋转向量的环面平移上的光滑余环, 对 "大" 群上作用的可测余环 [Z], 以及高秩 Abel 群的双曲作用的某类光滑余环 [KS1], [KS2]. 但是, 在我们的情形这通常不成立. 代替的是有较弱的性质, 它让我们可将每个余环化为一个常数, 直到相差一个任意小误差. 就是说, 可以证明对给定的 $\varepsilon > 0$, 存在一个等价的具有块状形式的余环 A_ε, 使得对每一块 $A_\varepsilon^i(x)$ 和 $v \in H_i(x)$, 以及由 Osedelec 定理提供的集合 Y 内的所有 x 有 [666]

$$e^{\chi_i(x)-\varepsilon} \leqslant \|A_\varepsilon^i(x)v\| \leqslant e^{\chi_i(x)+\varepsilon}.$$

我们说这个 A_ε 是 ε 约化形式.

定理 S.2.10 (Osedelec–Pesin ε 约化定理). 假设 $A : X \to GL(n, \mathbb{R})$ 是 Lebesgue 空间 (X, μ) 的保测变换 $f : X \to X$ 上的一个可测余环. 如果 $\log^+ \|A^{\pm1}(x)\| \in L^1(X, \mu)$, 那么存在可测的 f 不变函数 $k : X \to \mathbb{N}$, 以及可测的依赖于 x 的数 $\chi_1(x), \cdots, \chi_{k(x)}(x) \in \mathbb{R}$ 和

$$l_1(x), \cdots, l_{k(x)}(x) \in \mathbb{N},$$

其中 $\sum l_i(x) = n$, 使得对每个 $\varepsilon > 0$ 存在缓增映射

$$C_\varepsilon : X \to GL(n, \mathbb{R})$$

满足对几乎每个 $x \in X$, 余环

$$A_\varepsilon(x) = C_\varepsilon^{-1}(f(x))A(x)C_\varepsilon(x)$$

有下面的 Lyapunov 分块形式

$$A_\varepsilon(x) = \begin{pmatrix} A_\varepsilon^1(x) & & & \\ & A_\varepsilon^2(x) & & \\ & & \ddots & \\ & & & A_\varepsilon^{k(x)}(x) \end{pmatrix},$$

其中每个 $A_\varepsilon^i(x)$ 是 $l_i(x) \times l_i(x)$ 矩阵, 而且

$$e^{\chi_i(x)-\varepsilon} \leqslant \|A_\varepsilon^i(x)^{-1}\|^{-1}, \quad \|A_\varepsilon^i(x)\| \leqslant e^{\chi_i(x)+\varepsilon}.$$

[667] 此外, $k(x)$ 和 $\chi_i(x)$ 是如定理 S.2.9 中的, 而且对几乎每个 $x \in X$ 可如 $\bigoplus_{i=1}^{k(x)} H_i(x)$ 将 $\mathbb{R}^n$ 分解, 使得 $l_i(x) = \dim H_i(x)$ 和 $C_\varepsilon(x)$ 将标准分解 $\bigoplus_{i=1}^{k(x)} \mathbb{R}^{l_i(x)}$ 变到 $\bigoplus_{i=1}^{k(x)} H_i(x)$.

证明. 设 $Y \subset X$ 是定理 S.2.9 提供的集合. 因此, 如果 $x \in Y$, 则 $\mathbb{R}^n = \bigoplus H_i(x)$. 在每个 $H_i(x)$ 上定义一个新数量积以及 $\varepsilon > 0$ 如下: 若 $u, v \in H_i(x)$, 则

$$\langle u, v\rangle'_{x,i} := \sum_{m\in\mathbb{Z}} \langle \mathcal{A}(x,m)u,\ \mathcal{A}(x,m)v\rangle e^{-2m\chi_i(x)} e^{-2\varepsilon|m|},$$

其中 $\langle\cdot,\cdot\rangle$ 表示 $\mathbb{R}^n$ 中的标准数量积. 我们称序列 $\{e^{-2m\chi_i(x)}e^{-2\varepsilon|m|}\}_{m\in\mathbb{Z}}$ 为 Pesin 缓增核. 现在注意, 由 (S.2.3) 对每个 $x \in Y$ 和 $\varepsilon > 0$, 存在常数 $C_i(x,\varepsilon)$ 使得

$$\|\mathcal{A}(x,m)v\| \leqslant C_i(x,\varepsilon) e^{m\chi_i(x)} e^{\varepsilon|m|/2}\|v\|,$$

因此

$$\langle u, v\rangle'_{x,i} \leqslant C_i^2(x,\varepsilon) \sum_{m\in\mathbb{Z}} e^{-|m|\varepsilon},$$

由此得知 $\langle u, v\rangle'_{x,i}$ 有定义.

回忆 $\mathcal{A}(x, m+1) = \mathcal{A}(f(x), m)\mathcal{A}(x)$, 因为

$$\begin{aligned}\langle A(x)v, A(x)v\rangle'_{f(x),i} &= \sum_{m\in\mathbb{Z}} \|\mathcal{A}(f(x),m)A(x)v\|^2 e^{-2\chi_i(f(x))m} e^{-2\varepsilon|m|} \\ &= \sum_{m\in\mathbb{Z}} \|\mathcal{A}(x,m+1)v\|^2 e^{-2\chi_i(x)m} e^{-2\varepsilon|m|} \\ &= \sum_{k\in\mathbb{Z}} \|\mathcal{A}(x,k)v\|^2 e^{-2\chi_i(x)k} e^{-2\varepsilon|k|} e^{\psi},\end{aligned}$$

其中 $2\chi_i(x)-2\varepsilon \leqslant \psi := 2\chi_i(x)-2\varepsilon(|k-1|-|k|) \leqslant 2\chi_i(x)+2\varepsilon$, 所以有

$$e^{2(\chi_i(x)-\varepsilon)} \leqslant \frac{\langle A(x)v, A(x)v\rangle'_{f(x),i}}{\langle v,v\rangle'_{x,i}} \leqslant e^{2(\chi_i(x)+\varepsilon)}. \tag{S.2.4}$$

为了将这个数量积扩展到 $\mathbb{R}^n$, 考虑

$$\langle u,v\rangle'_x = \sum_{i=1}^{k(x)} \langle v_i, u_i\rangle'_{x,i},$$

其中 v_i 是 v 到 $H_i(x)$ 关于 $\bigoplus_{j=1}^{k(x)} H_j(x)$ 的投影.

现在令 $C_\varepsilon(x)$ 是正对称矩阵, 使得若 $u,v\in\mathbb{R}^n$, 则

$$\langle u,v\rangle'_x = \langle C_\varepsilon(x)u, C_\varepsilon(x)v\rangle,$$

定义

$$A_\varepsilon(x) = C_\varepsilon^{-1}(f(x))A(x)C_\varepsilon(x).$$

因此, 如果 $u,v\in H_i(x)$, 则 [668]

$$\begin{aligned}\langle A(x)u, A(x)v\rangle &= \langle C_\varepsilon^{-1}(f(x))A(x)u, C_\varepsilon^{-1}(f(x))A(x)v\rangle'_{f(x),i}\\ &= \langle A_\varepsilon(x)C_\varepsilon^{-1}(x)u, A_\varepsilon(x)C_\varepsilon^{-1}(x)v\rangle'_{f(x),i},\end{aligned}$$

所以, 应用 (S.2.4) 到 $v=C_\varepsilon^{-1}(x)u$, 得到

$$e^{2(\chi_i(x)-\varepsilon)} \leqslant \frac{\|A_\varepsilon(x)v\|^2}{\|v\|^2} \leqslant e^{2(\chi_i(x)+\varepsilon)}.$$

剩下要证明 $C_\varepsilon(x)$ 是缓增的. 由定理 S.2.9(2), 不同子空间之间的角度满足次指数下界估计, 故只需考虑分块矩阵. 注意函数 $\log\|A_\varepsilon^{\pm 1}\|$ 有界, 因此定理 S.2.9 可应用于 A_ε. 令 $X_N=\{x\in X \mid \|C_\varepsilon^{\pm 1}(x)\|<N\}$. 对某足够大的 $N>0$, 由 Poincaré 回归定理 4.1.19, 存在集合 $Y\subset X_N$, 使得 $\mu(X_N\backslash Y)=0$ 以及 $y\in Y$ 的轨道回到 Y 无限多次. 因此, 若令 m_k 是对所有 k 满足 $f^{m_k}(y)\in Y$ 的序列, 那么

$$\|\mathcal{A}_\varepsilon(y,m_k)\| \leqslant \|C_\varepsilon^{-1}(f^{m_k}(y))\|\|\mathcal{A}(y,m_k)\|\|C_\varepsilon^{-1}(y)\|,$$

因此, 对几乎每点 $y\in Y$, A_ε 和 A 的谱相同. 因为 N 是任意选取的, 这对几乎每个 $x\in X$ 成立. 注意到

$$C_\varepsilon(f^n(x)) = \mathcal{A}(x,n)C_\varepsilon(x)\mathcal{A}_\varepsilon^{-1}(x,n) \quad 和 \quad \mathcal{A}(x,n) = C_\varepsilon(f^n(x))\mathcal{A}_\varepsilon(x,n)C_\varepsilon^{-1}(x),$$

对这两个方程取增长率, 求得对 $\mathcal{A}_\varepsilon$ 和 $\mathcal{A}$ 有相同谱的所有 x 有

$$\overline{\lim_{n\to\infty}}\frac{1}{n}\log\|C_\varepsilon(f^n(x))\|=0.$$ □

定义 S.2.11. 称新数量积 $\langle\cdot,\cdot\rangle'_x$ 为 Lyapunov 数量积, 由它诱导的范数 $\|\cdot\|'_x$ 相应地称为 Lyapunov 范数或 Lyapunov 度量. 我们将 $C_\varepsilon(x)$ 视作为 Lyapunov 坐标变换.

引理 S.2.12 (缓增核引理). 设 $f:X\to X$ 是 Lebesgue 空间 (X,μ) 的一个保测变换. 如果 $K:X\to\mathbb{R}$ 是满足下述条件的可测函数:

(1) $K(x)>0$ 和

(2) $\lim\limits_{m\to\infty}\dfrac{1}{m}\log K(f^m(x))=0$,

那么对任何 $\varepsilon>0$, 存在可测的 $K_\varepsilon:X\to\mathbb{R}$, 使得

$$K_\varepsilon(x)>K(x)\quad 和\quad e^{-\varepsilon}\leqslant\frac{K_\varepsilon(x)}{K_\varepsilon(f(x))}\leqslant e^{\varepsilon}.$$

[669] **证明.** 由 (2) 对给定的 $\varepsilon>0$, 存在可测函数 $C(x,\varepsilon)$, 使得

$$K(f^m(x))\leqslant C(x,\varepsilon)e^{|m|\varepsilon/2}.$$

于是

$$K_\varepsilon(x):=\sum_{m\in\mathbb{Z}}K(f^m(x))e^{-|m|\varepsilon}\leqslant C(x,\varepsilon)\sum_{m\in\mathbb{Z}}e^{-|m|\varepsilon/2}$$

有定义, 而且

$$\begin{aligned}K_\varepsilon(f(x))&=\sum_{m\in\mathbb{Z}}K(f^{m+1}(x))e^{-|m|\varepsilon}\\&=\sum_{k\in\mathbb{Z}}K(f^k(x))e^{-|k-1|\varepsilon}e^{(-|k|+|k|)\varepsilon}\\&=\sum_{k\in\mathbb{Z}}K(f^k(x))e^{-|k|\varepsilon}e^{(-|k|-|k-1|)\varepsilon},\end{aligned}$$

由此得引理. □

应用缓增核引理 S.2.12 于几乎处处是非零的函数 $\|C_\varepsilon(x)\|$, 得到 Euclid 范数和 Lyapunov 范数之间的不等式 $\|\cdot\|\leqslant\|\cdot\|'_x\leqslant K_\varepsilon(x)\|\cdot\|$, 以及 $e^{-\varepsilon}\leqslant K_\varepsilon(f(x))/K_\varepsilon(x)\leqslant e^{\varepsilon}$.

e. Ruelle 不等式. 这一节我们证明微分同胚遍历理论中的一个基本结果. 称它为 Ruelle 不等式, 但也应该提到, Margulis 在更早对保体积情形也证明过它. 这

个结果与具有正 Lyapunov 指数之和的度量熵有关, 并将证明一个对证明具有某个非零指数的测度的存在性非常有用的工具. 这个不等式的重要性是以下面的推论为基础, 这个推论说, 如果微分同胚的拓扑熵不为零, 那么存在具有某个正指数的测度. 在曲面情形得知有非零指数. 我们指出, 如在第 8 章各个情况所注意的, 拓扑熵的正性有时可由不同方法确定. 这些方法的某些仅要求拓扑信息 (定理 8.1.1, 推论 8.1.3, 定理 8.3.1).

定理 S.2.13 (Ruelle 不等式). [Rue4] 设 $f \in \mathrm{Diff}^{\,1}(M)$, M 是一个紧 Riemann 流形, 假设 μ 是一个 f 不变的 Borel 概率测度. 那么

$$h_\mu(f) \leqslant \int \chi^+(x)d\mu,$$

其中 $\chi^+(x) = \sum\limits_{i:\chi_i(x)>0} \chi_i(x)$.

推论 S.2.14. 设 $f \in \mathrm{Diff}^{\,1}(M)$, 满足 $h(f) > 0$, 则至少存在具有一个正的和一个负的 Lyapunov 指数的遍历的 f 不变测度 μ.

证明. 由熵的变分原理 (定理 4.5.3), 存在满足 $h_\mu(f) > 0$ 的 f 不变的 Borel 概率测度 μ. 设 $\{\mu_\alpha\}_{\alpha\in A}$ 是 μ 的遍历分解 (定理 4.1.12), 因此 [670]

$$h_\mu(f) = \int_A h_{\mu_\alpha}(f)d\alpha \tag{S.2.5}$$

(参看推论 4.3.17 以及接下来的讨论). 从而, 对某个 $\alpha \in A$ 有 $h_{\mu_\alpha}(f) > 0$. 应用 Ruelle 不等式得到 $\chi^+_{\mu_\alpha} > 0$, 因此, μ_α 至少有一个正 Lyapunov 指数. 应用 Ruelle 不等式到 f^{-1} 并应用事实 $h_{\mu_\alpha}(f^{-1}) = h_{\mu_\alpha}(f) > 0$, 证明 f^{-1} 必须也有对 μ_α 的正指数, 它是 f 负指数的负数. □

定理 S.2.13 的证明. 由 (S.2.5) 可假设 μ 是遍历的, 因为 $\chi_i(x) = \chi_i$ 几乎处处是常数. 固定 $m > 0$ 并利用紧性选择 d_m, 使得对 $0 < d \leqslant d_m$ 和 $x \in B(y, d)$ (围绕 y、半径为 d 的球)

$$\frac{1}{2}D_x f^m(\exp_x^{-1}(B(y,d))) \subset \exp_{f^m(x)}^{-1}(f^m(B(y,d))) \subset 2D_x f^m(\exp_x^{-1}(B(y,d))), \tag{S.2.6}$$

其中对 $\alpha \in \mathbb{R}$, $\alpha B = \{\alpha x | x \in B\}$.

现在固定 $\varepsilon > 0$ 并选择满足下列条件的分割 ξ:

(1) $\mathrm{diam}\,\xi \leqslant d_m/10$ 和 $h_\mu(f^m, \xi) \geqslant h_\mu(f^m) - \varepsilon$.

(2) 对每个 $C \in \xi$ 存在半径分别是 r, r' 的球 B, B', 使得 $r < 2r' \leqslant d_m/20$ 和 $B' \subset C \subset B$.

(3) 如果 $C \in \xi$, 则存在 $0 < r < d_m/20$, 使得对某个 $y \in M$ 有 $C \subset B(y,r)$, 而且如果 $x \in C$, 则有

$$\frac{1}{2}D_x f^m(\exp_x^{-1} B(y,r)) \subset \exp_{f^m(x)}^{-1}(f^m(C)) \subset 2D_x f^m(\exp_x^{-1} B(y,r)).$$

这里我们的思想是在 d_m 阶尺度下 f 的 m 次迭代与它的导数相差不是很大.

为了证明这种分割的存在性, 首先对任何 $\alpha > 0$ 和一个极大的 α 分离集 Γ, 考虑 Dirichlet 区域

$$\mathcal{D}_\Gamma(x) = \{y \in M | d(y,x) \leqslant d(y,z), \quad \text{对所有 } z \in \Gamma, z \neq x\}.$$

显然 $B(x,\alpha/2) \subset \mathcal{D}_\Gamma(x) \subset B(x,\alpha)$. 由于 $\mathcal{D}_\Gamma(x)$ 仅与边界相交, 即它是余维 1 子流形, 如有必要可稍微移动一点边界, 使得它们有测度 0, 因此我们有一个分割.

对每个 $\alpha < d_m/20$ 可找这样的分割, 所以存在分割 ξ, 满足

$$h_\mu(f^m, \xi) > h_\mu(f^m) - \varepsilon$$

和 $\operatorname{diam}\xi < d_m/10$. 从而 (1) 和 (2) 满足. (3) 由 (S.2.6) 得到.

[671] 如果 $H(\xi|D)$ 是 ξ 关于在 D 上的条件测度的熵, 则

$$\begin{aligned} h_\mu(f^m, \xi) &= \lim_{k\to\infty} H(\xi | f^m(\xi) \vee \cdots \vee f^{km}(\xi)) \leqslant H(\xi | f^m(\xi)) \\ &= \sum_{D \in f^m(\xi)} H(\xi|D)\mu(D) \leqslant \sum_{D \in f^m(\xi)} \log(\operatorname{card}\{C \in \xi | C \cap D \neq \varnothing\})\mu(D). \end{aligned}$$

首先, 我们对 $\operatorname{card}\{C \in \xi | C \cap D \neq \varnothing\}$ 给出一个一致指数估计, 然后对这些包含正则点的 D 给出更细致的指数界. 令 $n = \dim M$.

引理 S.2.15. *存在常数 $K_2 > 0$, 使得*

$$\operatorname{card}\{C \in \xi | D \cap C \neq \varnothing\} \leqslant e^{K_2} \|Df\|_{C^0}^{mn}.$$

证明. 由中值定理

$$\operatorname{diam}(f^m(C)) \leqslant (\sup_{x \in M} \|D_x f\|)^m \operatorname{diam} C.$$

因此, 如果 $C \cap D \neq \varnothing$, 则 C 包含在 D 的 $4r'$ 邻域内, 它的直径至多是 $((\sup_{x\in M} \|D_x f\|)^m + 2)4r'$, 从而它的体积有界于常数 $\cdot\, r'^n(\sup_{x\in M}\|D_x f\|)^{mn}$. 另一方面, 由 (2) 得 C 包含一个半径为 r' 的球 B', 因此 C 的体积至少是常数 $\cdot\,(r')^n$. 比较这些结果给出引理结论. □

称点 x 为 (m,ε) 正则的, 如果对 $k>m, 1\leqslant i\leqslant k(x), v\in H_i(x)$ 和 $\|v\|=1$ 有

$$\left|\frac{1}{k}\log\|D_xf^k(v)\|-\chi^+(x,v)\right|<\varepsilon.$$

用 $R_{m,\varepsilon}$ 记 μ 的 (m,ε) 正则点集.

引理 S.2.16. 如果 $D\in f^m(\xi)$ 包含一个 (n,ε) 正则点, 则存在常数 K_3, 使得

$$\operatorname{card}\{C\in\xi|D\cap C\neq\varnothing\}\leqslant e^{K_3+\varepsilon M}\prod_{\chi_i>0}e^{m(\chi_i+\varepsilon)}.$$

证明. 设 $C'\in\xi$ 使得 $C'\cap R_{m,\varepsilon}\neq\varnothing$ 和 $f^m(C')=D$. 取某个 $x\in C'\cap R_{m,\varepsilon}$, 并令 $B=B(x,2\operatorname{diam}C')$. 则 $D\subset B_0:=D_xf^m(\exp_x^{-1}(B))$. 如果 $C\in\xi, B_0\cap C\neq\varnothing$, 则 $C\subset B_1:=\{y|d(y,B_0)<\operatorname{diam}\xi\}$, 因此

$$\operatorname{card}\{C\in\xi|D\cap C\neq\varnothing\}\leqslant\frac{\operatorname{vol}(B_1)}{(\operatorname{diam}\xi)^n}.$$

B_1 的体积直到相差一个有界因子有界于椭球 B_0 轴的长度的乘积. 对应的非正指数很小或者至多是次指数大. 余下的其大小至多是 e^{χ_i+i} 阶, 直到相差一个有界因子. 因此 $\operatorname{vol}(B_1)$ 有界于

$$\begin{aligned}e^{K_3+\varepsilon m}\prod_{i=1}^{n}\operatorname{diam}Be^{m(\chi_i+\varepsilon)}&\leqslant e^{K_3+\varepsilon m}(\operatorname{diam}B)^n\prod_{\chi_i>0}e^{m(\chi_i+\varepsilon)}\\&\leqslant e^{K_3+\varepsilon m}(2\operatorname{diam}C')^n\prod_{\chi_i>0}e^{m(\chi_i+\varepsilon)}\\&<e^{K_3+\varepsilon m}(\operatorname{diam}\xi)^n\prod_{\chi_i>0}e^{m(\chi_i+\varepsilon)}.\end{aligned}$$ □

现在 [672]

$$\begin{aligned}h_\mu(f^m,\xi)&\leqslant\sum_{D\in f^m(\xi)}\mu(D)\log\operatorname{card}\{C\in\xi|C\cap D\neq\varnothing\}\\&=\sum_{D\cap R_{m,\varepsilon}\neq\varnothing}\mu(D)\log\operatorname{card}\{C\in\xi|C\cap D\neq\varnothing\}\\&\quad+\sum_{D\cap R_{m,\varepsilon}=\varnothing}\mu(D)\log\operatorname{card}\{C\in\xi|C\cap D\neq\varnothing\}.\end{aligned}$$

应用引理 S.2.15 和 S.2.16, 得到

$$
\begin{aligned}
mh_\mu(f)-\varepsilon = h_\mu(f^m)-\varepsilon &< h_\mu(f^m,\xi) \\
&\leqslant \sum_{D\cap R_{m,\varepsilon}\neq\varnothing}\mu(D)\left(K_3+\varepsilon m+m\sum_{\chi_i>0}(\chi_i+\varepsilon)\right) \\
&\quad + \sum_{D\cap R_{m,\varepsilon}=\varnothing}\mu(D)(K_2+nm\log\|Df\|_{C^0}) \\
&\leqslant K_3+\varepsilon m+m\sum_{\chi_i>0}(\chi_i+\varepsilon)+(K_2+nm\log\|Df\|_{C^0})\mu(M\backslash R_{m,\varepsilon}).
\end{aligned}
$$

现在由 Oseledec 定理 S.2.9, 当 $m\to\infty$ 时 $\mu(M\backslash R_{m,\varepsilon})\to 0$, 所以

$$
h_\mu(f)\leqslant 2\varepsilon+\sum_{\chi_i>0}(\chi_i+\varepsilon).
$$

令 $\varepsilon\to 0$ 得到 Ruelle 不等式. □

推论 S.2.17. 设 $f:M\to M$ 是紧流形 M 的一个 C^1 微分同胚. 那么

$$
h_{\text{top}}(f)\leqslant(\dim M)\log\sup_{x\in M}\|D_xf\|.
$$

此外

$$
h_{\text{top}}(f)\leqslant\dim M\lim_{m\to\infty}\frac{1}{m}\sup_{x\in M}\|D_xf^m\|.
$$

S.3. 正则邻域

现在我们以 S.2 节介绍的线性余环理论, 特别是 Osedelec–Pesin ε 约化定理 S.2.10 为基础, 系统地开始研究紧光滑流形的微分同胚的动力学. 回忆对保 Borel 概率测度 μ 的紧光滑 n 维 Riemann 流形 M 的微分同胚 $f:M\to M$, 作为 f 上的线性余环可考虑 (通过引入局部坐标) 导数 Df, 因此 ε 约化定理说, 对给定的 $\varepsilon>0$ 和几乎每个 $x\in M$, 存在线性变换 $C_\varepsilon(x):T_xM\to\mathbb{R}^n$, 使得

$$
D_\varepsilon(x)=C_\varepsilon(f(x))D_xfC_\varepsilon^{-1}(x) \tag{S.3.1}
$$

有如定理 S.2.10 中的 Lyapunov 分块形式, 其中 C_ε 是一个缓增函数.

[673] **a. 正则邻域的存在性.** 我们第一个目的是对几乎每个 $x\in M$ 构造一个邻域 $N(x)$, 使得 f 在 $N(x)$ 上的作用很像原点邻域内的线性映射 $D_\varepsilon(x)$.

用 Diff $^{1+\alpha}(M),\alpha>0$ 表示紧光滑 Riemann 流形 M 的 $C^{1+\alpha}$ 微分同胚集, 即 M 的微分同胚集, 其导数 Df 是 α-Hölder 连续的. 从现在起我们假设对某个 $\alpha>0$ 有 $f\in$ Diff $^{1+\alpha}(M)$. 这个假设在非一致双曲理论中看来至关重要. 与前面类似, 设 $B(0,r)$ 是 $\mathbb{R}^n$ 中中心在原点的标准 Euclid r 球.

定理 S.3.1. [Pes1] 设 $f \in \mathrm{Diff}^{1+\alpha}(M), \alpha > 0, \dim M = n$, 又假设 f 保 Borel 概率测度 μ. 那么存在一个全测度集 $\Lambda \subset M$, 使得对 $\varepsilon > 0$ 有

(1) 存在缓增函数 $q : \Lambda \to (0, 1]$ 和嵌入集合 $\Psi_x : B(0, q(x)) \to M$, 使得 $\Psi_x(0) = x$ 和 $e^{-\varepsilon} < q(x)/q(f(x)) < e^{\varepsilon}$.

(2) 如果 $f_x = \Psi_{f(x)}^{-1} \circ f \circ \Psi_x : B(0, q(x)) \to \mathbb{R}^n$, 则 $D_0 f_x$ 有 Lyapunov 分块形式.

(3) 在 $B(0, q(x))$ 中 C^1 距离 $d_{C^1}(f_x, D_0 f_x) < \varepsilon$.

(4) 存在常数 $K > 0$ 和可测函数 $A : \Lambda \to \mathbb{R}$, 使得对 $y, z \in B(0, q(x))$,

$$K^{-1} d(\Psi_x(y), \Psi_x(z)) \leqslant \|y - z\| \leqslant A(x) d(\Psi_x(y), \Psi_x(z)),$$

其中 $e^{-\varepsilon} < A(f(x))/A(x) < e^{\varepsilon}$.

定义 S.3.2. 称点 $x \in \Lambda$ 为完全正则点.

定理的证明. 固定 $\varepsilon > 0$, 令 $\Lambda \subset M$ 是 Osedelec–Pesin ε 约化定理 S.2.10 中的集合. 对每个 $x \in \Lambda$ 考虑从 $T_x M$ 到 $\mathbb{R}^n$ 的线性映射 $C_\varepsilon(x)$, 这里 $C_\varepsilon(x)$ 是 Lyapunov 坐标变换. 因此对 $x \in \Lambda$,

$$D_\varepsilon(x) = C_\varepsilon(f(x)) \circ D_x f \circ C_\varepsilon^{-1}(x) \tag{S.3.2}$$

有 Lyapunov 分块形式.

对 $x \in M, r > 0$, 令 $T_x M(r) := \{w \in T_x M | \|w\| \leqslant r\}$, 选择 $r_0 > 0$, 使得对每个 $x \in M$, 指数映射 $\exp_x : T_x M(r_0) \to M$ 是一个嵌入, $\|D_w \exp_x\| \leqslant 2$, $\exp_{f(x)}$ 在 $\exp_{f(x)}^{-1} \circ f \circ \exp_x(T_x M(r_0))$ 上是一个单射. 定义

$$f_x := C_\varepsilon(f(x)) \circ \exp_{f(x)}^{-1} \circ f \circ \exp_x \circ C_\varepsilon^{-1}(x),$$

因此 f_x 在椭球 $P(x) = C_\varepsilon(x) T_x M(r_0) \subset \mathbb{R}^n$ 内有定义. 令 $p(x) = r_0 \min\{\|C_\varepsilon(x)\|, \|C_\varepsilon(x)^{-1}\|\}$, 从而如果 $w \in T_x M$ 和 $\|w\| \leqslant p(x)$, 则 $w \in P(x)$, 即 Euclid 球 $B(0, p(x))$ 包含在 $P(x)$ 内. 现在记 $f_x(w) = D_\varepsilon(x) w + h_x(w)$, 见 (S.3.2), 并注意由链规则 $D_0 f_x = D_\varepsilon(x)$, 所以 $D_0 h_x = 0$. 记 $\exp_{f(x)}^{-1} \circ f \circ \exp_x = D_x f + g_x$. 由于 [674]
f 是 $C^{1+\alpha}$ 的, 存在 $L > 0$ 使得 $\|D_u g_x\| \leqslant L \|u\|^\alpha$, 因此

$$\|D_w h_x\| = \|D_w (C_\varepsilon(f(x)) \circ g_x \circ C_\varepsilon^{-1}(x))\| \leqslant L \|C_\varepsilon(f(x))\| \|C_\varepsilon^{-1}(x)\|^{1+\alpha} \|w\|^\alpha.$$

因此, 如果 $\|w\|$ 充分小, f_x 的非线性部分的作用可忽略. 特别地,

$$\|D_w h_x\| < \varepsilon, \quad 对 \quad \|w\| < \delta(x) := (L \|C_\varepsilon(f(x))\| \|C_\varepsilon^{-1}(x)\|^{1+\alpha} / \varepsilon)^{-1/\alpha}. \tag{S.3.3}$$

由中值定理, 还有

$$\|h_x w\| < \varepsilon, \quad 对\ \|w\| \leqslant \delta(x). \tag{S.3.4}$$

由 $\delta(x)$ 的定义, 我们有

$$\lim_{m\to\infty}\frac{1}{m}\log\delta(f^m(x)) = \lim_{m\to\infty} -\frac{1}{\alpha m}\log\|C_\varepsilon(f^{m+1}(x))\| = 0.$$

应用 Tempering–Kernel 引理 S.2.12 于 $\|C_\varepsilon(x)\|$, 求得可测函数 $K_\varepsilon : \Lambda \to \mathbb{R}$, 使得 $K_\varepsilon(x) \geqslant \|C_\varepsilon(x)\|$ 和 $e^{-\alpha\varepsilon} \leqslant K_\varepsilon(x)/K_\varepsilon(f(x)) \leqslant e^{\alpha\varepsilon}$. 定义 $q(x) := \varepsilon L^{-1/\alpha} \cdot K_\varepsilon(f(x))^{-1/\alpha} \leqslant \delta(x)$. 于是

$$e^{-\varepsilon} < q(x)/q(f(x)) < e^{\varepsilon}.$$

显然 $\Psi_x : B(0, q(x)) \to M, x \mapsto \exp_x \circ C_\varepsilon^{-1}(x)$ 是一个嵌入. 条件 (2) 由此定义得知, (3) 由 (S.3.3) 和 (S.3.4) 得知. 剩下证明 (4). 由 $C_\varepsilon(x)$ 的定义得到, 对某个仅依赖于 M 的常数 K 有 $d(\Psi_x(y), \Psi_x(z)) \geqslant \|y - z\|/K$. 另一方面

$$\|y - z\| = \|\Psi_x^{-1}\Psi_x(y) - \Psi_x^{-1}\Psi_x(z)\| \leqslant 2\|C_\varepsilon(x)\| d(\Psi_x(y), \Psi_x(z)),$$

即 (4) 成立, 其中 $A(x) = 2K_\varepsilon(f(x))^{-\alpha}$. □

定义 S.3.3. 称集合 $N(x) = \Psi_x(B(0, q(x)))$ 为 $x \in \Lambda$ 的正则邻域.

注. (1) 我们指出, 这是出现 $C^{1+\alpha}$ 条件的两个地方的第一次. 第二次出现在为建立平面场不变族的 Hölder 条件时.

(2) 对任何 $x \in \Lambda$ 和某个 $\eta < 1$, 可通过扩张引理 6.2.7 将 f_x 扩张到 $\mathbb{R}^n$ 中所有更小球 $B(0, \eta q(x))$ 上的限制. 因此对每一点 $x \in \Lambda$, 在 $\mathbb{R}^n$ 中可对应一个微分同胚序列 $\{f_{x,m}\}_{m\in\mathbb{Z}}$, 使得 $f_{x,m}|_{B(0,\eta q(x))} = f_x, f_{x,m}(0) = 0$, 而且 $\mathbb{R}^n$ 中所有 C^1 距离 $d_{C^1}(f_{x,m}, D_0 f_x) < \varepsilon$.

(3) 对我们大多数的技术性讨论, 都将用 $\mathbb{R}^n$ 中的微分同胚序列工作. 通过 Ψ_x 可将对这些序列得到的结论转移到流形上, 只要它们仅应用到正则邻域中的点.

[675] **b. 双曲点、容许流形与图变换.** 设 $f \in \mathrm{Diff}^{\,1+\alpha}(M), \alpha > 0$, M 是一个紧 Riemann 流形. 假设 f 保定义在 M 上的 Borel 概率测度 μ. 如果我们将导数 Df 考虑为 f 上的一个余环, 则由定理 S.2.9 存在 Borel 集 $\Lambda \subset M$, 使得

(1) $\mu(\Lambda) = 1$,

(2) $T_x M = H_1(x) \oplus \cdots \oplus H_{k(x)}(x)$, 其中 $H_i(x)$ 是线性子空间, 对此 $v \in H_i(x)$, 当且仅当 $\lim\limits_{n\to\infty}\dfrac{1}{n}\log\|D_x f^n(v)\| = \chi_i(x)$. 其中 $\chi_1(x) < \chi_2(x) < \cdots < \chi_{k(x)}(x)$ 表

示在 x 的 Lyapunov 指数.

在 S.2a—S.2d 节的线性理论的上下文中没有特殊的指数值有任何特别的重要意义. 事实上, 由常数余环乘上任何给定的余环会改变 Lyapunov 指数, 但不改变 Osedelec 分解和其他与余环相应的结构. 但是, 当利用线性理论开始研究非线性系统时, 作为 Lyapunov 指数, 0 是起着特殊作用的一个值. 因此我们特别注意指数的这个符号. 在 Ruelle 不等式 (定理 S.2.13) 的证明中已明显看到了这一点.

现在令 $s(x)$ 是对 $1 \leqslant i \leqslant s$ 使得 $\chi(x) < 0$ 的最大整数 s, $u(x)$ 是对 $u \leqslant i \leqslant k(x)$ 使得 $\chi(x) > 0$ 的最小整数 u. 设

$$
\begin{aligned}
E^s(x) &= H_1(x) \oplus \cdots \oplus H_{s(x)}(x), \\
E^0(x) &= H_{s(x)+1}(x) \oplus \cdots \oplus H_{u(x)-1}(x), \\
E^u(x) &= H_{u(x)}(x) \oplus \cdots \oplus H_{k(x)}(x),
\end{aligned}
$$

则 $T_xM = E^s(x) \oplus E^0(x) \oplus E^u(x)$. 我们分别称这些子空间为稳定、中性和不稳定子空间. 如果 $E^0(x) = \{0\}$, 则称 x 是 f 的双曲点, 即 x 的所有 Lyapunov 指数都异于零. 推论 S.2.14 证明显示, 对保持不变的有正熵的遍历测度的曲面微分同胚始终有双曲点. 从现在起我们只考虑双曲点. 但是, 为了简化我们的阐述, 大部分时间我们假设 $\dim M = 2$. 因此稳定和不稳定子空间是一维的. 由 Osedelec–Pesin 定理 S.2.10 和引理 6.2.7 的形式, 可只考虑 $\mathbb{R}^2$ 中的映射族, 且将稳定子空间与 x 轴等同, 不稳定子空间与 y 轴等同. 在此情况下我们令 $R_\delta = [-\delta, \delta] \times [-\delta, \delta]$.

定义 S.3.4. 一维子流形 $V \subset R_\delta$ 称为 0 附近的 (s, γ, δ) 容许邻域, 如果 $V = \operatorname{graph} \varphi = \{(\varphi(v), v) | v \in [-\delta, \delta]\}$, 其中 $\varphi : [-\delta, \delta] \to [-\delta, \delta]$ 是 C^1 映射, 使得 $\varphi(0) \leqslant \delta/4$ 和 $|D\varphi| \leqslant \gamma$.

类似地, 一维子流形 $V \subset R_\delta$ 称为 0 附近的 (u, γ, δ) 容许邻域, 如果 $V = \operatorname{graph} \varphi = \{(v, \varphi(v)) | v \in [-\delta, \delta]\}$, 其中 $\varphi : [-\delta, \delta] \to [-\delta, \delta]$ 是 C^1 映射, 满足 $\varphi(0) \leqslant \delta/4$ 和 $|D\varphi| \leqslant \gamma$. 现在假设 x 是双曲点, 令 $R(x, \delta) = \Psi_x(R_\delta)$. 我们说 $W \subset R(x, \delta)$ 是 x 附近的一个 (s, γ, δ) 容许流形, 如果 $W = \Psi_x(V)$, 其中 V 是在 0 附近的 (s, γ, δ) 容许流形. 类似地, 定义 x 附近的 (u, γ, δ) 容许邻域.

命题 S.3.5. 设 $f : \mathbb{R}^2 \to \mathbb{R}^2$ 是满足下列条件的 C^1 微分同胚: [676]

(1) $f(0) = 0$.

(2) 存在 $\chi > 0$ 和 $\varepsilon \in (0, 1)$, 使得 $1/(1 - 2\varepsilon) \leqslant 1 + 4\varepsilon < e^\chi < 1/\varepsilon$, 以及对 $(u, v) \in \mathbb{R}^2$

$$
f(u, v) = (Au + h_1(u, v), Bv + h_2(u, v)),
$$

其中对 $z \in \mathbb{R}^2$ $(i=1,2)$ 有 $|D_z h_i| < \varepsilon$, $|A| < e^{-\chi}$ 和 $|B^{-1}| < e^{-\chi}$.

如果对 $\gamma \in (0, \varepsilon e^{-\chi}]$, V 是 0 附近的一个 (u,γ,δ) 容许邻域, 则 $f(V)$ 是 0 附近的一个 (u,γ,δ) 容许邻域. 此外, 存在 $\lambda > 1$, 使得如果 $y, z \in V$, 则

$$\|f(y) - f(z)\| > \lambda \|y - z\|.$$

证明. (比较 6.2 节) 设 V 是 0 附近的一个 (u,γ,δ) 容许流形, 其中 $V = \operatorname{graph}\varphi$ 以及 $0 < \gamma < \varepsilon e^{-\chi}$. 我们证明 $V' = f(V)$ 可表示为一个 C^1 函数的图像, 它有满足定理断言的限制 $\psi : [-\delta, \delta] \to [-\delta, \delta]$. 对 $w \in [-\delta, \delta]$ 考虑

$$f(\varphi(w), w) = (A\varphi(w) + h_1(\varphi(w), w), Bw + h_2(\varphi(w), w)).$$

定义 $\tau : [-\delta, \delta] \to \mathbb{R}$ 为

$$\tau(w) := Bw + h_2(\varphi(w), w).$$

τ 是一个扩张映射, 即对 $y, z \in [-\delta, \delta]$ 有

$$\begin{aligned}|\tau(y) - \tau(z)| &= |B(y-z) + h_2(\varphi(y), y) - h_2(\varphi(z), z)| \\ &\geqslant |B||y-z| - |h_2(\varphi(y), y) - h_2(\varphi(z), z)| \\ &\geqslant e^{\chi}|y-z| - \varepsilon(1+\gamma)|y-z| = (e^{\chi} - \varepsilon(1+\gamma))|y-z|,\end{aligned} \tag{S.3.5}$$

其中 $e^{\chi} - \varepsilon(1+\gamma) > e^{\chi} - \varepsilon - e^{-\chi} > 1 + 3\varepsilon - \varepsilon > 1$. 因此

$$\psi(w) := A(\varphi(\tau^{-1}(w))) - h_1(\varphi(\tau^{-1}(w)), \tau^{-1}(w))$$

是有定义的映射. 注意对 $v = \tau(w)$ 我们有 $f(\varphi(w), w) = (\varphi(v), v)$. 现在设 w_0 满足 $f(\varphi(w_0), w_0) = (\psi(0), 0)$. 于是由 (S.3.5) 有 $|w_0| \leqslant |\tau(0) - \tau(w_0)|/(1+2\varepsilon) = |r(0)|/(1+2\varepsilon) = h_2(\varphi(0), 0)/(1+2\varepsilon) \leqslant (\varepsilon/(1+2\varepsilon)) \cdot (\delta/4)$, 因此

$$\begin{aligned}|\psi(0)| &= \|A(\varphi(w_0)) + h_1(\varphi(w_0), w_0)\| \\ &\leqslant e^{-\chi}(1+\gamma)\|w_0\| + \varepsilon(1+\gamma)\|w_0\| \\ &\leqslant (e^{-\chi} + \varepsilon)(1+\gamma)(\varepsilon/(1+2\varepsilon)) \cdot (\delta/4) \\ &\leqslant (1-\varepsilon)(1+\gamma)\delta < (\varepsilon/(1+2\varepsilon)) \cdot (\delta/4).\end{aligned}$$

现在考虑 $D\psi$. 假设 (u, v) 是 V 在 $(\varphi(w_0), w_0)$ 上的一个切向量, 则由定义 $|u| \leqslant \gamma|v|$. 考虑

$$Df(u, v) = (Au + Dh_1(u, v), Bv + Dh_2(u, v)) =: (u_1, v_1).$$

于是 $|u_1| \leqslant e^{-\chi}|u| + \varepsilon|(u,v)|$ 和 $|v_1| \geqslant e^{-\chi}|v| - \varepsilon|(u,v)|$. 由于 $|(u,v)| \leqslant (1+\gamma)|v|$, [677]
在缩小 ε 后, 我们可有

$$|u_1| \leqslant e^{-\chi}|u| + \varepsilon(1+\gamma)|v| \leqslant \frac{\gamma e^{-\chi} + \varepsilon(1+\gamma)}{e^{\chi} - \varepsilon(1+\gamma)}|v| \leqslant e^{-2\chi}|v_1|.$$

因此 ψ 可微, 而且它的导数小于 $e^{-2\chi}$.

现在只剩下证明在容许流形上 f 扩张距离. 设 $y, z \in V$, $y = (\varphi(s), s)$ 和 $z = (\varphi(t), t)$. 那么

$$\begin{aligned}|f(\varphi(s),s) - f(\varphi(t),t)| &\geqslant |B(s-t)| - |A(\varphi(s) - \varphi(t))| - |h(\varphi(s),s) - h(\varphi(t),t)| \\ &\geqslant e^{\chi}|s-t| - e^{-\chi}|\varphi(s) - \varphi(t)| - \varepsilon(1+\gamma)|s-t| \\ &\geqslant (e^{\chi} - \gamma e^{-\chi} - \varepsilon(1+\gamma))|s-t|,\end{aligned}$$

因此

$$\|f(y) - f(z)\| \geqslant \frac{e^{\chi} - \gamma e^{-\chi} - \varepsilon(1+\gamma)}{1+\gamma}|y-z|,$$

其中 $\dfrac{e^{\chi} - \gamma e^{-\chi} - \varepsilon(1+\gamma)}{1+\gamma} \geqslant \dfrac{e^{\chi} - 3\varepsilon}{1+\varepsilon} =: \lambda > 1$, 因为 $\gamma < \varepsilon e^{-\chi}$. □

现在考虑双曲点 $x \in M$. 设 $\chi(x) := \min\{-\chi_{s(x)}(x), \chi_{u(x)}(x)\}$ 和 $\varepsilon(x) := \sup\{\varepsilon > 0 \,|\, 2\varepsilon < e^{-\chi(x)+\varepsilon} < (e^{\varepsilon} + 3\varepsilon)^{-1}\}$.

对 $\varepsilon > 0$ 令 $\lambda(x,\varepsilon) = e^{\chi(x)-\varepsilon}$. 于是, 由命题 S.3.5 和在它的证明过程中的说明, 考虑的 (u,γ,δ) 容许流形仅定义在原点邻域内, 因此得到下面的推论.

推论 S.3.6. 设 $x \in M$ 是一个双曲周期点, 以及 $0 \leqslant \varepsilon \leqslant \varepsilon(x)$. 若对某个 $\gamma \in (0, \varepsilon/\lambda(x,\varepsilon)]$, V 是 x 附近的一个 (u,γ) 容许流形, 则 $f(V) \cap R(f(x))$ 是 $f(x)$ 附近的一个 $(u, \varepsilon e^{-\chi}/\lambda(x,\varepsilon))$ 容许流形, 此外, 存在 $\kappa(x) > 1$ 使得, 如果 $y, z \in \Psi_x^{-1}(V)$, 那么

$$\|f_x(y) - f_x(z)\| \geqslant \kappa(x)\|y - z\|.$$

下面论述说明, 利用容许流形这个概念将使我们可利用正则邻域内的某类局部积结构.

命题 S.3.7. 设 $f: \mathbb{R}^2 \to \mathbb{R}^2$ 是满足下列条件的一个 C^1 微分同胚:

(1) $f(0) = 0$.

(2) 存在 $\mathbb{R}^2$ 的分解 $\mathbb{R}^2 = \mathbb{R}^s \oplus \mathbb{R}^u$, $\chi > 0$ 和 $\varepsilon > 0$, 使得 $1 + 4\varepsilon < e^{\chi} < 1/\varepsilon$, 以及对 $(u,v) \in \mathbb{R}^s \oplus \mathbb{R}^u$ 有

$$f(u,v) = (Au + h_1(u,v), Bv + h_1(u,v)),$$

其中对 $z \in \mathbb{R}^2$ $(i = 1,2)$, 有 $\|D_z h_i\| < \varepsilon$, $\|A\| < e^{-\chi}$, 和 $\|B^{-1}\| < e^{-\chi}$.

[678] 那么 0 附近的任何 (s,γ,δ) 容许流形与 0 附近的任何 (u,γ,δ) 容许流形恰好相交于一点, 而且这个交是横截的.

证明. 设 $\varphi^s,\varphi^u:\mathbb{R}\to\mathbb{R}$ 是 C^1 映射, 使得 $\operatorname{graph}\varphi^s$ 和 $\operatorname{graph}\varphi^u$ 分别是 (s,γ,δ) 容许流形和 (u,γ,δ) 容许流形. $\varphi^u\circ\varphi^s:\mathbb{R}\to\mathbb{R}$ 是一个压缩, 因为

$$|\varphi^u\circ\varphi^s(v)-\varphi^u\circ\varphi^s(w)|\leqslant\gamma^2|v-w|,$$

因此, 由命题 1.1.2 它有唯一不动点 v. 现在

$$(v,\varphi^s(v))=(\varphi^u\circ\varphi^s(v),\varphi^s(v))$$

显然是 $\operatorname{graph}\varphi^u\cap\operatorname{graph}\varphi^s$ 中的唯一点.

对横截性, 注意由 $(\eta,\xi)\in T_{(v,\varphi^s(v))}\operatorname{graph}\varphi^s$ 得到 $\|\xi\|\leqslant\gamma\|\eta\|$, 以及由 $(\eta,\xi)\in T_{(v,\varphi^s(v))}\operatorname{graph}\varphi^u$ 得到 $|\eta|\leqslant\gamma|\xi|$. 因此如果 $(\eta,\xi)\in T_{(v,\varphi^s(v))}\operatorname{graph}\varphi^s\cap T_{(v,\varphi^s(v))}\operatorname{graph}\varphi^u$, 则 $\xi=\eta=0$, 这意味着这个交是横截的. □

推论 S.3.8. 设 $x\in M$ 是 $f\in\operatorname{Diff}^{1+\alpha}(M)$ 的一个双曲点. 那么 x 附近的任何 (s,γ) 容许流形与 x 附近的任何 (u,γ) 容许流形恰好横截交于一点.

推论 S.3.9. 设 $x\in M$ 是一个双曲点, 以及 $0\leqslant\varepsilon\leqslant\varepsilon(x)$. 若对某个 $\gamma\in(0,\varepsilon/\lambda(x,\varepsilon)]$, V 是 x 附近的一个 (s,γ) 容许流形, 那么 $f^{-1}(V)\cap R(f^{-1}(x))$ 是 $f^{-1}(x)$ 附近的一个 $(s,\varepsilon e^{-\chi}/\lambda(x,\varepsilon))$ 容许流形. 此外, 存在 $\kappa(x)<1$ 使得, 如果 $y,z\in\Psi_x^{-1}(V)$, 则

$$\|f_x(y)-f_x(z)\|\leqslant\kappa(x)\|y-z\|.$$

S.4. 双曲测度

现在我们将某些广泛应用于局部极大双曲集理论的技巧推广到具有非零指数的测度. 这些工具不仅对应用很重要, 而且它们还给出有非零指数的测度的某些几何结构. 我们解释如何才能接近回复轨道, 跟踪伪轨, 构造几乎的 Markov 覆盖, 以及通过周期数据确定 Hölder 余环的上同调类.

[679] **a. 预备知识.**

定义 S.4.1. 我们说对 $f\in\operatorname{Diff}^{1+\alpha}(M),\alpha>0$, f 不变的 Borel 概率测度 μ 是一个 f 双曲测度, 如果对几乎每个 $x\in M$, 它所有的 Lyapunov 指数都异于零, 即 a.e. $E^0(x)=\{0\}$.

特别地, 任何具有正熵的遍历测度对曲面微分同胚而言都是双曲的.

这一节我们对双曲测度研究正则邻域和容许流形的某些性质. 为此需要定义使得我们的估计是一致的某些集合.

定义 S.4.2. 对完全正则点 $x \in M$ (见定义 S.3.2), 令 $r(x)$ 是包含在正则邻域 $N(x)$ 内的最大球的半径, 称 $r(x)$ 是 $N(x)$ 的大小 (见定义 S.3.3).

定理 S.4.3. 设 μ 是 $f \in \mathrm{Diff}^{1+\alpha}(M), \alpha > 0$ 的一个 f 双曲测度, M 是紧的. 那么, 对任何 δ 存在紧集 Λ_δ 和 $\varepsilon = \varepsilon(\delta) > 0$, 使得 $\mu(\Lambda_\delta) > 1 - \delta$, 以及下列条件成立:

(1) 函数

$$x \mapsto A_\varepsilon(x), \quad x \mapsto C_\varepsilon(x), \quad x \mapsto q(x), \quad x \mapsto r(x), \quad x \mapsto \chi(x)$$

在 Λ_δ 上连续. 这里函数 $A_\varepsilon, q, r, \chi$ 由对 $\varepsilon = \varepsilon(\delta)$ 的 ε 约化定理 S.2.10 提供.

(2) 分解 $T_xM = E^s(x) \oplus E^u(x)$ 在 Λ_δ 上连续变化.

证明. 考虑可测函数 $x \mapsto \chi(x)$, 选择紧 Λ_δ^1, 使得对 $x \in \Lambda_\delta^1$ 有 $\mu(\Lambda_\delta^1) > 1 - \delta/4$, 对某个 $c > 0$ 有 $\chi(x) > c > 0$, 以及由 Luzin 定理 $z \mapsto \chi(x)$ 在 Λ_δ^1 上连续. 令 $\chi_\delta = \min\{\chi(x) | x \in \Lambda_\delta^1\}$, 选择 $\varepsilon > 0$, 使得 $0 < \varepsilon < \chi_\delta/100$ 和 $2\varepsilon < e^{-\chi_\delta + \varepsilon} < (e^\varepsilon + 3\varepsilon)^{-1}$.

现在对这个 $\varepsilon > 0$, 考虑 (S.3.2) 中的 Oseledec–Pesin ε 约化余环 $D_\varepsilon(x)$, 构造正则邻域 $R(x)$, 并对这个余环定义 $q(x)$. 再次应用 Luzin 的定理, 得到

$$x \mapsto q(x), x \mapsto r(x), x \mapsto A_\varepsilon(x), x \mapsto E^s(x), x \mapsto E^u(x)$$

在 Λ_δ^2 上连续, 且 $\mu(\Lambda_\delta^2) > 1 - \delta/2$.

于是 $\Lambda_\delta = \Lambda_\delta^1 \cap \Lambda_\delta^2$, 定理得证. □

注. 读者可能已经注意到, 我们这里对记号有点滥用, 因为我们提到的 $q(x)$ 依赖于对 ε 的选择, 而之前很长时间它是明显地选取.

令 [680]

$$\begin{aligned} A_\delta &= \max\{A(x) | x \in \Lambda_\delta\}, \\ q_\delta &= \min\{q(x) | x \in \Lambda_\delta\}, \\ r_\delta &= \min\{r(x) | x \in \Lambda_\delta\}, \end{aligned}$$

以及

$$\chi_\delta = \min\{|\chi_i(x)| | x \in \Lambda_\delta, 1 \leqslant i \leqslant k(x)\}.$$

则上一节的结果对所有 $x \in \Lambda_\delta$ 成立, 其中 $0 < \gamma = \gamma(\delta) < \varepsilon\lambda$,

$$\lambda = \lambda(\delta) = e^{(-\chi_\delta + \varepsilon)},$$

以及 $\varepsilon=\varepsilon(\delta)$, 使得 $2\varepsilon<\lambda<(e^{\varepsilon}+3\varepsilon)^{-1}$. 令

$$\Lambda_{\delta}^{k}=\{x\in\Lambda_{\delta}|\dim E^{s}(x)=k\}.$$

定义 S.4.4. 对 $\delta>0$, 称任何集合 Λ_{δ} 为 δ Pesin 集, 或简单地称为 Pesin 集.

命题 S.4.5. 设 $f\in\mathrm{Diff}^{\,1+\alpha}(M),\alpha>0$, M 是一个紧曲面. 假设 μ 是一个 f 双曲测度, 那么对 $\tau\in(0,1)$ 存在 $\beta>0$, 使得如果 $x,y\in\Lambda_{\delta}$ 和 $d(x,y)<\beta$, 则在 $\Psi_{y}^{-1}(R(x)\cap R(y))$ 上有

$$d_{C^{1}}(\Psi_{x}^{-1}\Psi_{y},\mathrm{Id})<1-\tau.$$

证明. 因为 $\Psi_{y}=\exp_{y}\circ C_{\varepsilon}^{-1}(y)$, 所以 $\Psi_{x}^{-1}\circ\Psi_{y}=C_{\varepsilon}(x)\circ\exp_{x}^{-1}\circ\exp_{y}\circ C_{\varepsilon}^{-1}(y)$. 设 $T_{yx}:=T_{y}M\to T_{x}M$ 是 $T_{y}M$ 到 $T_{x}M$ 的保双曲分裂的线性映射, 它在这些子空间的每一个上是一个等距. 显然, 如果 $x,y\in\Lambda_{\delta}$ 充分接近, 则 $T_{yx}^{-1}\circ\exp_{x}^{-1}\circ\exp_{y}$ 在 C^{1} 拓扑下接近于 $\mathrm{Id}_{T_{y}M}$. 同样由于 $x,y\in\Lambda_{\delta}$, 由 Λ_{δ} 上的分裂和 $x\mapsto C_{\varepsilon}(x)$ 的连续性, 得知 $C_{\varepsilon}(x)\circ T_{yx}\circ C_{\varepsilon}^{-1}(y)$ 接近于 $\mathrm{Id}_{\mathbb{R}^{2}}$, 由此 x 和 y 充分接近. □

推论 S.4.6. 存在 $\rho=\rho(\delta)$ 使得, 如果 $x,y\in\Lambda_{\delta},d(x,y)<\rho$ 和 $W\in U_{\gamma/4}(y)$, 那么 $\Psi_{x}(\Psi_{y}^{-1}(W)\cap Q(y,q_{\delta}/2))$ 是 x 附近的一个 (u,γ) 容许流形的一部分.

对许多应用来说, 我们还需要缩小正则邻域 $R(x)$ 的大小, 为此对 $0<h\leqslant1$ 和 $x\in\Lambda_{\delta}$ 定义

$$\widetilde{R}(x,h)=\Psi_{x}(Q(x,hq_{\delta})).$$

定义 S.4.7. 称 $W\cap\widetilde{R}(x,h/2)$ 为 $x\in\Lambda_{\delta}$ 附近的一个 (u,γ,δ,h) 容许流形, 如果
[681] W 是 x 附近的一个 (u,γ) 容许流形, 且使得如果 $W=\Psi_{x}(\mathrm{graph}\,\varphi)$, 则 $\|\varphi(0)\|\leqslant hq_{\delta}/4$. 设 $U_{\gamma,h}(x)$ 是 x 附近的所有 (u,γ,δ,h) 容许流形的集合. 类似地, 定义 x 附近的 (s,γ,δ,h) 容许流形, 并用 $S_{\gamma,h}(x)$ 记 x 附近的所有 (s,γ,δ,h) 容许流形的集合.

(u,γ,δ,h) 容许流形与 (u,γ,δ) 容许流形之间的主要区别是, (u,γ,δ,h) 容许流形是所给流形的子集, 而 (u,γ,δ) 容许流形则是 Euclid 空间内的一个子集.

下面的命题在一致双曲理论中起着与倾角引理 (命题 6.2.23) 类似的作用. 在这一节的余下部分, 我们假设 M 是紧的, $f\in\mathrm{Diff}^{\,1+\alpha}(M),\alpha>0$, μ 是 M 上的一个 f 双曲测度. 一般地, 对 $0<h\leqslant1$, 令

$$R(x,h)=\Psi_{x}(Q(x,hq(x))).$$

命题 S.4.8. 对给定的 δ,h, 存在 $\beta=\beta(\delta,h)>0$, 使得如果 $x,y\in\Lambda_{\delta}$ 满足对某个 $m\geqslant0$ 有 $d(y,f^{m}(x))<\beta$ 和 $f^{m}(x)\in\Lambda_{\delta}$, 以及 W_{0} 是 x 附近的一个的

(u,γ,δ,h) 容许流形, 其中 $\gamma=\gamma(\delta)$, 那么由

$$\begin{aligned}&W_0^1=f(W_0),\\&W_0^i=f(W_0^{i-1}\cap R(f^{i-1}(x),h)),i=2,\cdots,m-1,\\&W_1=f(W_0^{m-1})\cap \widetilde{R}(y,h/2)\end{aligned}\tag{S.4.1}$$

定义的 W_1 是 y 附近的 (u,γ,δ,h) 容许流形.

证明. 设 W_0 是 x 附近的一个 (u,γ,δ,h) 容许流形. 由命题 S.3.5 得知 W_1 是流形 $\widetilde{W_i}\in U_{\lambda^n\gamma,h}(f^m(x))$ 的一部分, 使得 $W_1=\Psi_{f^m(x)}(\operatorname{graph}\tau)$, 其中 $\tau: Q^u(x,h/2)\to Q^s(x,h/2)$ 是 C^1 类的. 由推论 S.4.6, W_1 是 y 附近的 (u,γ,δ,h) 容许流形的一部分. 设 $W_0=\Psi_x(\operatorname{graph}\varphi)$, 其中 $\varphi\in C^1(Q^u(x,h/2),Q^s(x,h/2))$. 现在将 W_0 扩展到 x 附近的一个 (u,γ,δ,h) 容许流形 $\widetilde{W_0}$, 使得

$$\widetilde{W_0}=\Psi_x(\operatorname{graph}\widetilde{\varphi}),$$

其中 $\widetilde{\varphi}\in C^1(Q^u(x,h),Q^s(x,h)),\|\varphi(0)\|\leqslant hq/4$ 和 $\varphi=\widetilde{\varphi}|_{Q^u(x,h/2)}$. 如 (S.4.1) 定义 W_0^i, 并令

$$W_1=f((W_0^{m-1})\cap R(f^{m-1}(x),h))\cap R(f^m(x),h).$$

由命题 S.3.5 对 $i=1,\cdots,m-1$, 我们有

$$f(W_0^{i-1}\cap R(f^{i-1}(x),h))=\Psi_{f^i(x)}(\operatorname{graph}\widetilde{\varphi}_i),$$

其中 $\widetilde{\varphi}_i\in C^1(Q^u(f^i(x),h),Q^s(f^i(x),h)),\|\widetilde{\varphi}_i(0)\|\leqslant hq/4\lambda^i,\|D\widetilde{\varphi}_i\|\leqslant\gamma\lambda^i$, 和 $\lambda=$
$\lambda_\delta=e^{\chi}\delta^{+\varepsilon}$. 类似地, $\widetilde{W_i}=\Psi_{f^m(x)}(\operatorname{graph}\widetilde{\varphi}_m)$ 满足如 $\widetilde{\varphi}_i,i=1,\cdots,m-1$ 的相 [682]
同条件. 显然, 如果 $d(f^m(x),y)$ 足够小则 $W_1\subset\widetilde{W_1}$. 令 $z_m=\Psi_{f^m(x)}(\widetilde{\varphi}(0),0)$ 和 $z_i:=f^{i-m}(z_m),\quad i=0,1,\cdots,m-1$. 由于 $z_i\in\widetilde{W_0^i}$, 因此, 对某个 $v_i\in Q^u(f^i(x),h)$ 有 $z_i=\Psi_{f^i(x)}(\widetilde{\varphi}_i(v_i),v_i)$, 显然,

$$\|\widetilde{\varphi}_i(v_i)\|\leqslant\|\widetilde{\varphi}_i(0)\|+\gamma\|v_i\|\leqslant hg/4\lambda^i+\gamma\|v_i\|.$$

现在考虑流形 $S=\Psi_{f^m(x)}(Q^s(f^m(x),hq_\delta))\times\{0\}$. 显然 S 是一个 (s,γ,δ,h) 容许流形. 注意 S 包含 $f^m(x)$ 和 z_m, 因此 $z_i\in S_i$, 从而 $\|v_i\|\leqslant\gamma\|\widetilde{\varphi}_i(v_i)\|$. 由此得知

$$\|\widetilde{\varphi}_i(v_i)\|\leqslant hq/4\lambda^i+\gamma^2\|\widetilde{\varphi}_i(v_i)\|$$

以及

$$\|v_i\|\leqslant hq/4\lambda^i+\gamma\|v_i\|.$$

因此, 对所有 i 有 $z_i \in W_0^i \cap R(f^i(x), h)$.

将 $W_0^i \cap R(f^i(x), h)$ 表示为 $\Psi_{f^i(x)}(\operatorname{graph} \widetilde{\varphi}_i|_{D_i})$, 其中 $D_i \subset Q^u(f^i(x), h)$. 于是如果

$$\pi\widetilde{\varphi}_i(v_i) = B_{f^i(v)}v - (h_2)_{f^i(x)}(\varphi_i(v), v),$$

这里 B 和 h 如命题 S.3.5 中的, 则命题 S.3.5 的证明显示

$$D_{i+1} = \pi\widetilde{\varphi}_i D_i \cap Q^u(f^i(x), h),$$

其中 $D_0 = Q^u(x, hq/2)$.

由于每个映射 $\pi\widetilde{\varphi}_i$ 是扩张的, 扩张系数大于 $e^\varepsilon/(1+\varepsilon\lambda)$. 因此, 如果每个 D_i 包含围绕 v_i、半径为 r 的球, 则存在 r' 使得围绕 v_{i+1}、半径为 r' 的球包含在 D_{i+1} 内. 为此取

$$r' = \min\left\{\frac{e^\varepsilon}{1+\varepsilon\lambda}r, hq(f^{i+1}(x)) - \frac{\gamma hq_\delta}{4(1+\gamma^2)}\left(\frac{1+\lambda}{2}\right)^{i+1}\right\}.$$

由于 $q(f(x))/q(x) > e^\varepsilon$, 我们有

$$q(f^{i+1}(x)) > e^{\varepsilon(i+1)}q(x) \geqslant e^{\varepsilon(i+1)}q_\delta$$

和 $r' \geqslant \min\left\{\frac{e^\varepsilon}{1+\varepsilon\lambda}r, h(1-\gamma)e^{-\varepsilon(i+1)}q_\delta\right\}$.

因此, 由于 D_0 包含围绕 v_0、半径为 $(1-\gamma)hq_\delta/2$ 的球, 我们有 D_n 包含围绕原点、半径为

$$\min\left\{(1-\gamma)\left(\frac{e^\varepsilon}{1+\varepsilon\lambda}\right)^n \frac{hq}{2}, h(1-\gamma)q(f^n(x))\right\}$$

的球, 显然此半径大于 $hq/2\left(\frac{e^\varepsilon}{1+\varepsilon\lambda}\right)^{1/2}$. 因此, 如果 τ 充分接近于 1, 那么

$$\Psi_y^{-1}\Psi_{f^m(x)}(\operatorname{graph}\widetilde{\varphi}_m|_{D_m}) = \operatorname{graph}\varphi_m$$

有覆盖 $Q^u(f^n(x), qh/2)$ 的区域 φ_m, 所以

$$W_1 = \Psi_{f^m(x)}(\operatorname{graph}\widetilde{\varphi}_m|_{D_m}) \cap \widetilde{R}(y, h/2)$$

是 y 附近的一个 (u, γ, δ, h) 容许流形.

[683] **命题 S.4.9.** 对给定的 δ, h, 存在 $\beta = \beta(\delta, h) > 0$, 使得如果 $x, y \in \Lambda_\delta$ 满足对

某个 $m \geqslant 0$ 有 $d(y, f^{-m}(x)) < \beta$ 和 $f^{-m}(x) \in \Lambda_\delta$, 以及 W_0 是 y 附近的一个 $\gamma = \gamma(\delta)$ 的 (s, γ, δ, h) 容许流形, 那么由

$$
\begin{aligned}
W_0^0 &= W_0 \cap R(f^m(x), h),\\
W_0^1 &= f^{-1}(W_0^0) \cap R(f^{m-1}(x), h),\\
W_0^i &= f^{-i}(W_0^{i-1}) \cap R(f^{m-i}(x), h), i = 2, \cdots, m-1,\\
W_1 &= f^{-1}(W_0^{m-1}) \cap \widetilde{R}(y, h/2)
\end{aligned}
$$

定义的 W_1 是 x 附近的 (s, γ, δ, h) 容许流形.

这个命题的证明类似于对 (u, γ, δ, h) 流形的对应证明.

b. 封闭引理. 这一子节我们讨论动力学中的一个基本问题: 给定一个回复点 x, 是否有可能求得附近的周期点 y, 使得跟随 x 的轨道在一个时间周期内该点需回到非常接近于它的原来位置? 这类问题称为封闭问题.

我们证明对保双曲测度的微分同胚有可能有接近于某些轨道的点, 此外由此得到的周期点是双曲的. 这个结果是下一节的基础. 类似于封闭问题存在跟踪问题或跟踪性质. 即给定流形上的一个点列使得 x_i 的像非常接近于 x_{i+1}, 有可能找到一点 x 使得 $f^i(x)$ 接近于 x_i. 换句话说, 如果我们有点列类似于一个轨道 (伪轨), 则可找真实轨道跟踪 (或紧跟) 这个伪轨.

这些结果是封闭引理和跟踪引理 (定理 6.4.15 和定理 18.1.2) 在一致双曲情形的对应.

引理 S.4.10. 设 $f \in \mathrm{Diff}^{\,1+\alpha}(M), \alpha > 0$, M 是一个紧 Riemann 流形. 假设 μ 是一个 f 不变的双曲测度. 对每个 $h, \delta > 0$ 存在数 $\beta = \beta(\delta, h)$, 使得如果 $x \in \Lambda_\delta$ 满足对某个 $m \geqslant 0$ 有 $f^m(x) \in \Lambda_\delta$ 和 $d(x, f^m(x)) < \beta$, 那么存在点 $z = z(x)$ 满足

(1) $f^m(z) = z$ 以及

(2) $d(f^i(x), f^i(z)) \leqslant 3hA_\delta \max\left\{\left(\dfrac{e^\varepsilon}{1+\varepsilon\lambda}\right)^{i-m}, \left(\dfrac{e^\varepsilon}{1+\varepsilon\lambda}\right)^{-i}\right\}, 1 \leqslant i \leqslant m.$

其中 λ 和 ε 如上一节中的.

证明. 首先我们证明周期点 $z = z(x)$ 的存在性. 设 $\beta = \beta(\delta, h) > 0$ 满足命题 S.4.8 和 S.4.9. 考虑 $x \in \Lambda_\delta$ 的约化正则邻域 $Q(x, hq_\delta)$. 则 $d_{C^1}(\Psi_x \Psi_{f^m(x)}^{-1}, \mathrm{Id})$ 是小的, 因为 $f^m(x) \in \Lambda_\delta$ 和 $d(x, f^m(x)) < \beta$, 所以矩形 $\widetilde{R}(x, h)$ 和 $\widetilde{R}(f^m(x), h)$ 看上去像几乎同样大小的重叠矩形.

因此, 若 B_0 是 x 附近对 $\gamma = \gamma(\delta) > 0$ 的一个 (u, γ, δ, h) 容许流形, 则定义 [684]

B_1 如下:

$$
\begin{aligned}
B_0^1 &= f(B_0), \\
B_0^i &= f(B_0^{i-1} \cap R(f^{i-1}(x), h)), i = 2, \cdots, m-1, \\
B_1 &= f(B_0^{m-1}) \cap \widetilde{R}(x, h/2),
\end{aligned}
$$

其中 $y_0 \in \Psi_x(Q^s(x,h) \times \{0\}) \cap B_0$ 是 x 附近的一个 (u, γ, δ, h) 容许流形. 例如我们取 $B_0^1 = \Psi_x(\{0\} \times Q^u(x,h))$.

类似地, 如果 $A_0 = \Psi_{f^m(x)}(Q^s(x,h) \times \{0\}) \cap \widetilde{R}(x, h/2)$, 则定义

$$
\begin{aligned}
A_0^0 &= A_0 \cap \widetilde{R}(f^m(x), h), \\
A_0^1 &= f^{-1}(A_0^0 \cap R(f^{m-1}(x), h)), \\
A_0^i &= f^{-1}(A_0^{i-1} \cap R(f^{m-i}(x), h)), i = 2, \cdots, m-1, \\
A_1 &= f^{-1}(A_0^{m-1} \cap \widetilde{R}(x, h/2)),
\end{aligned}
$$

其中 $y_0 \in \Psi_x(\{0\} \times Q^u(x,h)) \cap A_0$. 于是由命题 S.4.9, A_1 是 x 附近的一个 (s, γ, δ, h) 容许流形. 由命题 S.3.7, A_1 交 B_1 于一点, 设为 $z_{1,1}$. 现在对 $k = 1, 2, \cdots$ 递归定义 $A_k, A_k^1, \cdots, A_k^{m-1}$ 如下:

$$
\begin{aligned}
A_k^1 &= f^{-1}(A_k) \cap R(f^{m-1}(x), h), \\
A_k^i &= f^{-1}(A_k^{i-1}) \cap R(f^{m-i}(x), h), \quad i = 2, \cdots, m-1, \\
A_{k+1} &= f^{-1}(A_k^{m-1}) \cap \widetilde{R}(x, h/2).
\end{aligned}
$$

类似地,

$$
\begin{aligned}
B_k^1 &= f(B_k), \\
B_k^i &= f(B_k^{i-1} \cap R(f^{i-1}(x), h)), \quad i = 2, \cdots, m-1, \\
B_{k+1} &= f(B_k^{m-1}) \cap \widetilde{R}(x, h/2).
\end{aligned}
$$

这里为了使得记号简单起见省略了取连通分支.

由命题 S.4.8 和 S.4.9, 对每个 $k = 1, 2, \cdots$, A_k 是 x 附近的一个 (s, γ, δ, h) 容许流形. 因此每个 A_k 交每个 B_j 于点 $z_{k,j}$, 其中 $x = z_{1,0}$ 和 $f^m(x) = z_{0,1}$.

我们期望, 如果 $k \geqslant 1, j \geqslant 0$, 则有

$$
f^m(z_{k,j}) = z_{k-1,j+1}.
$$

为了证明这个, 注意

$$f^m(z_{k,j}) \in f^m(A_k) \subset f^{m-1}(A_{k-1}^{m-1}) \subset \cdots \subset A_{k-1},$$

因此余下的要证明, 对 $i=1,\cdots,m-1$ 有 [685]

$$f^i(z_{k,j}) \in B_j^i,$$

因为由 $f^m(z_{k,j}) = f(f^{m-1}(z_{k,j})) \in f(B_j^{m-1})$ 和 $f^m(z_{k,j}) \in A_{k-1} \subset \widetilde{R}(x,h/2)$, 得到 $f^m(z_{k,j}) \in B_{j+1}$.

现在我们对 i 用归纳法, 因此假设 $f^{i-1}(z_{k,j}) \in B_j^{i-1}$. 由于 $f^i(z_{k,j}) \in f(A_{k-1}^{m-i+1}) = A_{k-1}^{m-i} \cap f(R(f^{i-1}(x),h))$, 我们有

$$f^i(z_{k,j}) \in f(B_j^{i-1}) \cap f(R(f^{i-1}(x),h)) = B_j^i,$$

因为由归纳法假设 $f^{i-1}(z_{k,j}) \in B_j^{i-1}$.

因此 $f^m(z_{k,k-1}) = z_{k-1,k}$, 又如果 $z_{k-1,k}$ 收敛于一点 z, 那么

$$f^m(z) = \lim_{k\to\infty} f^m(z_{k-1,k}) = \lim_{k\to\infty} z_{k,k+1} = \lim_{k\to\infty} z_{k-1,k} = z.$$

显然由于 f^i 连续, 以及对所有 $k \geqslant 1$, $f^i(z_{k,k-1}) \in R(f^i(x),h)$, 故对 $i=0,\cdots,m-1$ 有 $f^i(z) = \lim_{k\to\infty} f^i(z_{k,k-1}) \in R(f^i(x),h)$.

为了完成 (1) 的证明, 我们证明 $z_{k-1,k}$ 是一个收敛序列. 为此首先注意, 对

$$\tau > \left(\frac{e^{\varepsilon}}{1+\varepsilon}\right)^{-m}$$

存在 $0<\lambda'<1$, 使得对所有 $k_1,k_2 \geqslant 0, j \geqslant 0$ 有

$$\|\Psi_x^{-1}(z_{k_1,j}) - \Psi_x^{-1}(z_{k_2,j})\| < \lambda' \|\Psi_x^{-1}(z_{k_1-1,j+1}) - \Psi_x^{-1}(z_{k_2-1,j+1})\|.$$

由于 $f^i(z_{k,j}) = f^{-1}(f^{i+1}(z_{k,j})) \in f^{-1}(B_j^{i+1}) = B_j^i \cap R(f^i(x),h)$, 以及对所有 $i=1,\cdots,m$, 每个流形 $B^i \cap R(f^i(x),h)$ 是 $f^i(x)$ 附近的一个容许流形的一部分, 而且有

$$\begin{aligned}\|\Psi_x^{-1}(z_{k_1-1,j+1}) - \Psi_x^{-1}(z_{k_2-1,j+1})\| &\geqslant \tau \|\Psi_{f^{m-1}(x)}(z_{k_1-1,j+1})\| \\ &\geqslant \tau \left(\frac{e^{\varepsilon}}{1+\varepsilon\lambda}\right)^m \|\Psi_x^{-1}(z_{k_1,j}) - \Psi_x^{-1}(z_{k_2,j})\|,\end{aligned}$$

因此可设 $\lambda' = \left(\dfrac{e^{\varepsilon}}{1+\varepsilon\lambda}\right)^{-m} \tau^{-1} < 1$.

类似地, 对 $k \geqslant 0, j_1, j_2 \geqslant 1$ 有

$$\lambda' \|\Psi_x^{-1}(z_{k+1,j_1-1}) - \Psi_x^{-1}(z_{k+1,j_2-1})\| \geqslant \|\Psi_x^{-1}(z_{k_1,j_1}) - \Psi_x^{-1}(z_{k_2,j_2})\|,$$

利用这些估计我们证明

$$\|\Psi_x^{-1}(z_{k+1,k}) - \Psi_x^{-1}(z_{k,k-1})\| \leqslant 4qh(\lambda')^k,$$

[686] 由此, 我们不仅得到 $z_{k,k-1}$ 是一个收敛序列, 而且

$$\sum_{k=1}^{\infty} \|\Psi_x^{-1}(z_{k+1,k}) - \Psi_x^{-1}(z_{k,k+1})\| < \infty,$$

因此 $z \in \widetilde{R}(x, h/2)$.

由定义 $z_{k,k-1}$ 和 $z_{k-1,k-1}$ 属于同一个流形 B_{k-1}, 因此

$$f^{m(k-1)} z_{k-1,k-1} = z_{0,2k-2} \in B_{2k-2}$$

和

$$f^{m(k-1)} z_{k,k-1} = z_{1,2k-2} \in B_{2k-2}.$$

对每个 $i = 0, \cdots, k-2$,

$$\|\Psi_x^{-1}(z_{k-1+i,k-1+i}) - \Psi_x^{-1}(z_{k-1,k-1+i})\| \leqslant \lambda' \|\Psi_x^{-1}(z_{k-2-i,k+i}) - \Psi_x^{-1}(z_{k-1-i,k+i})\|,$$

因此

$$\begin{aligned} \|\Psi_x^{-1}(z_{k,k-1}) - \Psi_x^{-1}(z_{k-1,k-1})\| &\leqslant (\lambda')^{k-1} \|\Psi_x^{-1}(z_{2k-2,1}) - \Psi_x^{-1}(z_{2k-2,0})\| \\ &\leqslant (\lambda')^{k-1} 2qh, \end{aligned}$$

从而得到 (1) 的证明.

为了对 $i = 0, \cdots, m-1$ 估计 $d(f^i(x), f^i(z))$, 考虑下面流形: B_0 定义如前, A_0^s 是通过 z 平行于 $Q^s(f^m(x), hq_\delta)$ 的 $\widetilde{s}$ 维平面的像, 且 $A_i^s = f^{-1}(A_{i-1}^s) \cap R(f^{m-1}(x), h), i = 1, \cdots, m$. 因此 B_0 与 A_m^s 相交于唯一点 y, 由命题 S.3.5 和它对 f^{-1} 的对应, 以及用 $\Xi_m^i := \max\left\{\left(\dfrac{e^\varepsilon}{1+\varepsilon\lambda}\right)^{i-m}, \left(\dfrac{e^\varepsilon}{1+\varepsilon\lambda}\right)^{-i}\right\}$, 我们有

$$\begin{aligned} & d(f^i(x), f^i(z)) \\ \leqslant\ & d(f^i(x), f^i(y)) + d(f^i(y), f^i(z)) \\ \leqslant\ & d(f^m(x), f^m(y)) \left(\frac{e^\varepsilon}{1+\varepsilon}\right)^{i-m} + d(y, z) \left(\frac{e^\varepsilon}{1+\varepsilon\lambda}\right)^{-i} \\ \leqslant\ & \Xi_m^i [d(f^m(x), f^m(y)) + d(y, z)] \\ \leqslant\ & \Xi_m^i [d(f^m(x), f^m(z)) + d(f^m(z), f^m(y)) + d(y, z)] \leqslant 3hA_\delta \Xi_m^i. \end{aligned}$$

□

命题 S.4.11. 设 $x \in \Lambda_\delta$, 使得对某个 $m > 0$ 有 $f^m(x) \in \Lambda_\delta$ 和 $d(x, f^m(x)) < \beta$. [687]
如果 $z \in R(x, 1)$ 是一个周期 m 周期点, 其中 $f^i(z) \in R(f^i(x), 1), i = 0, \cdots, m-1$, 那么 z 是一个双曲周期点.

证明. 回忆对 $y \in \mathbb{R}^2$ 和 $\gamma > 0$, 定义锥

$$C^u_\gamma(y) = \{(v, u) \in T_y\mathbb{R}^2 \approx \mathbb{R} \oplus \mathbb{R} | \|v\| \leqslant \gamma \|u\|\}$$

和锥 $C^s_\gamma(y) = \{(v, u) \in T_y\mathbb{R}^2 | \|u\| \leqslant \gamma \|v\|\}$.

若 $x \in \Lambda_\delta, y \in Q(x, 1)$, 则由与命题 S.3.5 证明中或在一个不变锥族的构造中的相同论述, 对如命题 S.3.5 中选择的 λ 和 γ,

$$Df_x|_y C^u_\gamma(y) \subset C^u_{\lambda\gamma}(f_x(y)).$$

此外, 如果 $w \in C^u_\gamma$ 则有 $\|Df_x|_y w\| \geqslant K\|w\|$, 其中 $K = K(\lambda) > 1$.

类似地, $Df_x^{-1}|_y C^s_\gamma(y) \subset C^s_{\lambda\gamma}(f_x^{-1}(y))$, 又若 $w \in C^s_\gamma(y)$, 则有

$$\|Df_x^{-1}|_y w\| \geqslant K\|w\|.$$

现在令 z 是满足命题条件的周期点. 设

$$F^m_{x,z} := Df_{f^{m-1}(x)}|_{\widetilde{z}_{m-1}} \cdots Df_x|_{\widetilde{z}_0},$$

其中 $\widetilde{z}_0 = \Psi_x^{-1}(z)$ 和 $\widetilde{z}_i = f_{f^{i-1}(x)}(\widetilde{z}_{i-1}), i = 1, \cdots, m-1$. 因此 $F^m_{x,z}(C^u_\gamma(\widetilde{z}_0)) \subset C^u_{\lambda^m\gamma}(\widetilde{z}_0)$. 又若 $w \in C^u_\gamma(\widetilde{z}_0)$, 则 $\|F^m_{x,z} w\| \geqslant K^m\|w\|$. 类似地, $(F^m_{x,z})^{-1}(C^s_\gamma(\widetilde{z}_0)) \subset C^s_{\lambda^m\gamma}(\widetilde{z}_0)$, 以及对 $w \in C^s_\gamma(\widetilde{z}_0)$ 有 $\|(F^m_{x,z})^{-1} w\| \geqslant K^m\|w\|$. 现在我们考虑 T_zM 中的锥. 对 $0 < \beta < 1$, 令

$$\widetilde{C}^u_\beta(z) = D\Psi_x|_{\widetilde{z}_0} C^u_\beta(\widetilde{z}_0) \text{ 和 } \widetilde{C}^s_\beta(z) = D\Psi_x|_{\widetilde{z}_0} C^s_\beta(\widetilde{z}_0).$$

注意

$$D_z f^m = D\Psi_{f^m(x)}|_{\widetilde{z}_m} \circ F^m_{x,z} \circ D\Psi_x^{-1}|_z = D\Psi_{f^m(x)}|_{\widetilde{z}_m} \circ D\Psi_x^{-1}|_z \circ D\Psi_x|_{\widetilde{z}_0} \circ F^m_{x,z} \circ D\Psi_x^{-1}|_z$$

和

$$D\Psi_x|_{\widetilde{z}_0} \circ F^m_{x,z} \circ D\Psi_x^{-1}|_z : T_zM \to T_zM.$$

切空间 T_zM 可以写为 $E^s(z) \oplus E^u(z)$, 其中 $E^{s|}(z) = D\Psi_x|_{\widetilde{z}_0}(\mathbb{R} \times \{0\})$ 和 $E^u(z) = D\Psi_x|_{\widetilde{z}_0}(\{0\} \times \mathbb{R})$. 由于 $d(x, f^m(x)) < \beta$, 得到

$$D\Psi_{f^m(x)}|_{\widetilde{z}_m} C^u_{\lambda\gamma}(\widetilde{z}_m) \subset \widetilde{C}^u_{\lambda^{1/2}\gamma}(z) \text{ 和 } D\Psi_{f^m(x)}|_{\widetilde{z}_m} C^s_{\lambda\gamma}(\widetilde{z}_m) \subset \widetilde{C}^s_{\lambda^{1/2}\gamma}(z).$$

[688] 因此

$$\begin{aligned} D_z f^m(\widetilde{C}^u_\gamma(z)) &= D\Psi_{f^m(x)}|_{\widetilde{z}_m} \circ D\Psi_x^{-1}|_z \circ D\Psi_x|_{\widetilde{z}_0} \circ F^m_{x,z} \circ D\Psi_x^{-1}|_z(\widetilde{C}^u_\gamma(z)) \\ &= D\Psi_{f^m(x)}|_{\widetilde{z}_m} \circ D\Psi_x^{-1}|_z \circ D\Psi_x|_{\widetilde{z}_0} \circ F^m_{x,z}(C^u_\gamma(\widetilde{z}_0)) \\ &\subset D\Psi_{f^m(x)}|_{\widetilde{z}_m} \circ D\Psi_x^{-1}|_z \circ D\Psi_x|_{\widetilde{z}_0}(C^u_{\lambda^m\gamma}(\widetilde{z}_0)) \\ &= D\Psi_{f^m(x)}|_{\widetilde{z}_m} \circ D\Psi_x^{-1}|_z(\widetilde{C}^u_{\lambda^m\gamma}(\widetilde{z}_0)) \subset \widetilde{C}^u_{\lambda^{m/2}\gamma}(z). \end{aligned}$$

类似地, $D_z f^{-m}(\widetilde{C}^s_\gamma(z)) \subset \widetilde{C}^s_{\lambda^{m/2}\gamma}$, 因此, 如果我们取 $\lambda' = \lambda^{m/2}$, 则有

$$D_z f^m(\widetilde{C}^u_\gamma(z)) \subset C^u_{\lambda'\gamma}(z) \text{ 和 } D_z f^{-m}(\widetilde{C}^s_\gamma(z)) \subset C^s_{\lambda'\gamma}(z).$$

现在取 $w \in \widetilde{C}^u_\gamma(z)$, 则有

$$\begin{aligned} \|D_z f^m(w)\| &= \|D\Psi_{f^m(x)}|_{\widetilde{z}_m} \circ F^m_{x,z} \circ D\Psi_x^{-1}(w)|_z\| \\ &\geqslant \|F^m_{x,z} \circ D_z\Psi_x^{-1}(w)\|/K_\varepsilon(\delta) \geqslant K^m\|D_z\Psi_x^{-1}(w)\|/K_\varepsilon(\delta) \geqslant CK^m\|w\|, \end{aligned}$$

其中 $C = C(\Lambda_\delta, \beta)$. 由这些条件和推论 6.4.8, 得到双曲性. □

注. 这个证明显示, 一般如果我们有闭集 Λ 使得 $\Lambda \subset R(x,1)$ 和 $f^i(\Lambda) \subset R(f^i(x), 1), i = 0, \cdots, m-1$, 以及 $f^m(\Lambda) = \Lambda$, 则 $f^i(\Lambda)$ 是一个双曲集.

现在我们证明关于停留在具有非零指数的某点的正则邻域内的双曲周期点的论述.

命题 S.4.12. 如果 x 和 $z(x)$ 如引理 S.4.10 中的, 那么 $z(x)$ 的稳定 (不稳定) 流形是 x 附近的一个 $(s,\gamma,1)[(u,\gamma,1)]$ 容许流形.

证明. 考虑 x 附近的所有 $(s,\gamma,1)$ 容许流形的集合 S_x. 如果我们用

$$d_{C^0}(W_1, W_2) = \max_{v \in Q^s(x,1)} \|\varphi_1(v) - \varphi_2(v)\|$$

定义 W_1 和 W_2 之间的 C^0 距离, 其中 $W_1, W_2 \in S_x$, $W_i = \Psi_x(\operatorname{graph}\varphi_i), i = 1, 2$, 则由定义 $\overline{S}_x$ 是在这个度量下的紧集. 因此, 引理 S.4.10 证明中定义的序列 $\{A_k\}_{k\in\mathbb{N}}$ 包含子序列 $\{A_{k_l}\}_{l\in\mathbb{N}}$, 使得在这个度量下 A_{k_l} 收敛于某个流形 $A \subset \overline{S}_x$.

对 $w \in A$ 我们证明

(1) $f^{km}(w) \in \widetilde{R}(x,1)$, 对 $k \in \mathbb{N}$,

(2) $d(f^{km}(w), z) < C\widetilde{\lambda}^{km} d(w,z)$, 对某常数 $C > 0$ 和 $\widetilde{\lambda} < 1$.

[689] 固定 k 求点列 $w_l \in A_{k_l}$, 使得 $w = \lim\limits_{l\to\infty} w_l$. 因此对 $k_l \geqslant k$, 由引理 S.4.10 的证明, 得到

$$f^{km}(w) \subset A_{k_l - k} \subset \widetilde{R}(x,1),$$

从而我们验证了 (1).

为了估计 $d(f^{km}(w),z)$, 注意

$$\begin{aligned} d(f^{km}(w),z) &= d(\Psi_x^{-1}\Psi_x f^{km}(w), \Psi_x^{-1}\Psi_x(z)) \leqslant K^{-1}\|\Psi_x f^{km}(w) - \Psi_x(z)\| \\ &\leqslant K^{-1}\alpha^{-km}\|\Psi_x(w) - \Psi_x(z)\| \leqslant K^{-1}\alpha^{-km}A_\delta d(w,z), \end{aligned}$$

因此, 如果我们取 $C = K^{-1}A_\delta$ 和 $\widetilde{\lambda} = \alpha^{-1}$, 则 (2) 得到验证.

论断 (1) 和 (2) 显示对 f^m, A 包含在点 z 的局部稳定流形 $W^s(z)$ 内: 由于 $T_zW^s(z) = E^s(z)$ 和 $D\Psi_x^{-1}|_z E^s(x) \subset C_\gamma(\widetilde{z}_0)$, 可以得到 z 附近流形 $W^s(z)$ 的局部形式

$$W^s(z) = \Psi_x(\operatorname{graph}\varphi),$$

其中 $\varphi : \mathbb{R}^{\widetilde{s}} \to \mathbb{R}^{n-\widetilde{s}}$ 是定义在 0 的邻域内的 C^1 函数, 而且 $\|D_0\varphi\| < \gamma$.

由于 A 有相同的形式, 得知局部地 A 与 $W^s(z)$ 重合, 又因为 f 是一个微分同胚, 它们的扩张必须相同, 因此 A 是一个局部稳定流形. □

现在我们将这一章的前面所有的论断集中在下面的定理, 通常称之为非一致双曲系统的封闭引理, 它的原始证明在 [K5] 中.

定理 S.4.13 (非一致双曲系统的封闭引理). 设 $f \in \operatorname{Diff}^{1+\alpha}(M), \alpha > 0, M$ 是一个紧 Riemann 曲面. 假设 μ 是一个 f 不变的双曲测度. 对每个 $h, \delta > 0$ 和 $0 < k \leqslant \dim M$ 存在 $\beta = \beta(h,\delta) > 0$, 使得如果 $x \in \Lambda_\delta$, 以及对某个 $m > 0$, 有 $f^m(x) \in \Lambda_\delta$ 和 $d(x, f^m(x)) < \beta$, 那么存在点 $z = z(x)$ 满足下列条件:

(1) $f^m(z) = z$.

(2) $d(f^i(z), f^i(x)) \leqslant 3hA_\delta \max\left\{\left(\dfrac{e^\varepsilon}{1+\varepsilon\lambda}\right)^{i-m}, \left(\dfrac{e^\varepsilon}{1+\varepsilon\lambda}\right)^{i}\right\}$, 对 $0 \leqslant i \leqslant m$.

(3) z 是双曲周期点, 它的稳定和不稳定流形分别是 $(s,\gamma,1)$ 和 $(u,\gamma,1)$ 容许流形.

c. 跟踪引理. 现在对非一致双曲系统给出跟踪引理 (定理 18.1.2) 的类似. 我们利用定义 18.1.1 中的伪轨和跟踪概念.

定理 S.4.14 (非一致双曲系统的跟踪引理). 设 μ 是 $f \in \operatorname{Diff}^{1+\alpha}(M), \alpha > 0$ 的 [690]
f 不变双曲测度, M 是一个紧 Riemann 曲面. 对 $\delta > 0$ 设 $\widetilde{\Lambda}_\delta = \bigcup_{x\in\Lambda_\delta} \widetilde{R}(x,1)$. 那么对充分小 $\alpha > 0$ 存在 $\beta = \beta(\alpha, \Lambda_\delta)$, 使得对每个 β 伪轨 $\{x_m\} \subset \widetilde{\Lambda}_\delta$, 存在 $y \in M$, 它的轨道 $\mathcal{O}(y)$ α 跟踪 $\{x_m\}$.

由于我们后面并不利用这个定理, 而且它是封闭引理的一个类似, 因此我们仅概述它的证明.

证明概述. 对某个小 $\beta > 0$, 考虑 β 伪轨 $\{x_m\} \subset \widetilde{\Lambda}_\delta$. 对 $m \in \mathbb{Z}$ 考虑点 $x_{m-1}, x_m, x_{m+1}, x_{m+2}$ 和 x_{m+3}, 并选择 $z_{m-1}, z_m, z_{m+1}, z_{m+2}, z_{m+3} \in \Lambda_\delta$, 使得 $x_{m+i} \in \widetilde{R}(z_{m+i}, 1), i = -1, 0, \cdots, 3$. 我们将产生一个满足 $d(f(x'_m), x'_{m+1}) < \zeta(f(x_m), x_{m+1})$ 的伪轨 $\{x'_m\}$, 其中 $0 < \zeta < 1$.

现在我们工作在 Lyapunov 卡上. 正如前面我们说过的, 这个思想本质上与封闭引理的相同, 但这里我们工作在不同卡上, 而且向前和向后移动两步.

对小的 γ 选择 z_{m-1} 附近的一个 (u,γ) 容许流形 V^u_{m-1}, 其中 $x_{m-1} \in V^u_{m-1}$. 类似地, 选择 z_{m+1} 附近的一个 (s,γ) 容许流形 V^s_m, 其中 $f(x_m) \in V^s_m$, 并考虑 $f(V^u_{m-1})$ 和 $f^{-1}(V^s_m)$. 如果 β 充分小, 则 $f(V^u_{m-1})$ 是 z_m 附近的一个容许流形, $f^{-1}(V^s_m)$ 也是. 所以令 $y_m \in f(V^u_{m-1}) \cap f^{-1}(V^s_m)$. 现在选择 z_m 附近的容许流形 V^u_m, 其中 $x_m \in V^u_m$, 类似地, 令 V^s_{m+1} 是 z_{m+2} 附近包含 $f(x_{m+1})$ 的 s 容许流形, 取 $x'_m \in f^{-2}(V^s_{m+1}) \cap f(V^u_{m+1})$. 为了产生 x'_{m+1}, 定义 V^s_{m+2}, 令 $x'_{m+1} \in f^{-2}(V^s_{m+2}) \cap f(V^u_m)$. 如封闭引理中的相同论述, 证明存在 $\xi < 1$, 使得 $d(f(x'_m), x'_{m+1}) < \zeta d(f(x_m), x_{m+1})$.

利用上述方法和归纳法可证明, 对所有 $k > 0$ 存在 ζ^k β 伪轨 $\{x^k_m\} \subset \widetilde{A}_\delta$. 因此令

$$y = \lim_{k\to\infty} x^k_0.$$

注意到

$$d(f^i(y), x_i) = \lim_{k\to\infty} d(f^i(y), x^k_i) \leqslant \frac{3K_s\beta}{1-\alpha},$$

因此, 如果 $\beta = \dfrac{(1-\zeta)\alpha}{3K_\delta}$, 定理得证. □

d. 伪 Markov 覆盖. 固定 $0 < \gamma < 1$. 给定 C^1 映射 $\varphi_1, \varphi_2 : [-1,1] \to [-1,1]$, 使得对 $|v| \leqslant 1$ 有 $\|\varphi_1(v)\| > \|\varphi_2(v)\|$ 和 $|D\varphi_i| \leqslant \gamma$ $(i = 1,2)$, 此时我们说集合 $H = \{(v,u) \in [-1,1]^2 | u = \theta\varphi_1(v) + (1-\theta)\varphi_2(v), 0 \leqslant \theta \leqslant 1\}$ 是 $Q(1)$ 中的一个 (s,γ) 容许矩形.

类似地, 定义 $Q(1)$ 中的一个 (u,γ) 容许矩形为

$$V = \{(v,u) \in [-1,1]^2 | v = \theta\widetilde{\varphi}_1(u) + (1-\theta)\widetilde{\varphi}_2(u), 0 \leqslant \theta \leqslant 1\},$$

[691] 其中 $\widetilde{\varphi}_1, \widetilde{\varphi}_2 : [-1,1] \to [-1,1], |D\widetilde{\varphi}_i| \leqslant \gamma$, 和 $|\widetilde{\varphi}_1| > |\widetilde{\varphi}_2|$. 如对正则邻域, 如果 $\Psi_x : [-1,1]^2 \to M$ 是一个 C^1 嵌入, 满足 $\Psi_x(0) = x$, 我们就说 $R(x) = \Psi_x([-1,1]^2)$ 是 M 内中心在 x 的矩形. 集合 $\widetilde{H}$ 是 $R(x)$ 中的一个 (s,γ) 容许矩形, 如果对 $[-1,1]^2$ 中的某个 (s,γ) 容许矩形有 $\widetilde{H} = \Psi_x(H)$. 类似地定义 $R(x)$ 中的 (u,γ) 容许矩形.

定义 S.4.15. 给定紧曲面 M 的一个微分同胚 $f: M \to M$, 且 $\Lambda \subset M$ 是紧的, 我们说对 $\rho > 0, 1 > \lambda > 0$, 矩形的有限族 $\{R(x_1), R(x_2), \cdots, R(x_t)\}$ 是一个 (ρ, β, λ) 矩形覆盖, 如果存在 $\gamma = \gamma(\rho, \beta, \lambda) \in (0,1)$, 满足

(1) $\Lambda \subset \bigcup\limits_{i=1}^{t} \beta(x_i, \beta)$, 其中 $\beta(x_i, \beta) \subset \operatorname{int} R(x_i)$ 和 $x_i \in \Lambda$.

(2) $\operatorname{diam} R(x_i) \leqslant \rho/3$, 对 $i = 1, \cdots, t$.

(3) 如果对某个 $m > 0$, $x \in \Lambda$, $f^m(x) \in \Lambda$, $x \in \beta(x_i, \beta)$ 和 $f^m(x) \in \beta(x_j, \beta)$, 则 $R(x_i) \cap f^{-m}(R(x_j))$ 包含 x 的连通分支 $\mathbb{CC}(R(x_i) \cap f^{-m}(R(x_j)), x)$ 是 $R(x_i)$ 中的一个 (s, γ) 容许矩形, 以及 $f^m(\mathbb{CC}(R(x_i) \cap f^{-m}(R(x_j)), x))$ 是 $R(x_j)$ 中的一个 (u, γ) 容许矩形.

(4) $\operatorname{diam} f^k(\mathbb{CC}(R(x_i) \cap f^{-m}(R(x_j)), x)) \leqslant 3\operatorname{diam} R(x_i) \max\{\lambda^k, \lambda^{m+k}\}, 0 \leqslant k \leqslant m$.

注. 为了简化 (ρ, β, λ) 矩形覆盖的定义, 我们选择矩形 $R(x) = \Psi_x([-1,1]^2)$. 但是, 正如我们立刻将看到的, 在主要应用中我们给出的 Ψ_x 是 Lyapunov 卡, 所以为了缩小正则邻域的大小仅考虑 $[-h, h]^2, 0 < h \leqslant 1$, 此时 $\Psi_x(Q(h)) =: R(x, h)$. 如果上述定义满足, 就说 Λ 容许一个 (ρ, β, λ) 矩形覆盖.

如果 μ 是 $f \in \operatorname{Diff}(M)$ 的一个遍历双曲测度, 令

$$\chi(\mu) = \min\{|\chi_i| \,|\, i = 1, 2\}. \tag{S.4.2}$$

定理 S.4.16. 设 $f \in \operatorname{Diff}^{1+\alpha}(M), \alpha > 0$, M 是一个紧 Riemann 曲面. 如果 μ 是一个双曲测度, 则对每个 $\delta > 0$, $\rho > 0$, 存在满足 $\mu(\Lambda_\delta) > 1 - \delta$ 的紧集 Λ_δ, 常数 $\beta = \beta(\rho, \delta) > 0$ 和 $0 < \lambda < 1$, 使得 Λ_δ 容许一个 (ρ, β, λ) 矩形覆盖 $R = \{R(x_1), \cdots, R(x_t)\}$, 其中 $x_i \in \Lambda_\delta, i = 1, \cdots, t$ 而且 $e^{(-\chi_\mu - \delta)} \leqslant \lambda \leqslant e^{(-\chi_\mu + \delta)}$.

证明. 固定 $\delta > 0$, 选择如定理 S.4.3 中的 Pesin 集 Λ_δ, 使得 $\mu(\Lambda_\delta) > 1 - \delta$. 对 $\rho > 0$ 选择 $0 < h < 1$, 使得正则邻域 $R(x, h/2)$ 的直径小于 ρ. 现在如在封闭引理中选择 $\beta = \beta(\delta, \rho) = \beta(\delta, h)$, 并且对每个 $x \in \Lambda_\delta$ 假设 $\beta(x, \rho) \subset \operatorname{Int} R(x, h/2)$. 由于 Λ_δ 是紧的, 考虑 $\bigcup\limits_{x \in \Lambda_\delta} B(x, \rho) \supset \Lambda_\delta$, 取有限子覆盖, 求得矩形 $R(x_1, h/2), \cdots, R(x_t, h/2)$, 满足 (ρ, β, λ) 矩形覆盖定义中的 (1) 和 (2). 选取 $\gamma = \gamma(\rho, \delta)$.

为了验证 (3), 注意对每个 x_i, $R(x_i, h/2)$ 的边界是 (γ, h) 容许流形 (u 或 s 对 [692]
应于不同的边). 由命题 S.3.5 和封闭引理的构造, 我们有, 如果 $x \in B(x_i, \rho)$, $f^m(x) \in B(x_j, \rho)$ 以及 $x, f^m(x) \in \Lambda_\delta$, 那么若 $m > 0$, 则 $R(x_i, h/2)$ 的 μ 边界被 f^m 映

为 x_g 附近的 (u,γ,δ,h) 容许流形. 因此, 连通分支 $\mathcal{CC}(R(x_g,h)\cap f^m(R(x_i,h)),x)$ 是 x_j 附近的一个 (u,γ) 容许矩形. 类似地, 对 s 矩形证明 (3).

对 (4) 我们参看封闭引理中的类似性质. 最后通过在 ε 约化过程中对 ε 的适当选择, 可选择 λ 任意接近 $\chi(\mu)$. □

e. Livschitz 定理.

定理 S.4.17 (非一致双曲系统的 Livschitz 定理). 设 $f\in \mathrm{Diff}^{\,1+\alpha}(M),\alpha>0$, M 是一个紧 Riemann 流形. 假设 μ 是 f 的一个双曲测度, $\varphi: M\to\mathbb{R}$ 是 Hölder 连续函数, 使得对每个满足 $f^m(p)=p$ 的周期点 p 有 $\displaystyle\sum_{i=0}^{m-1}\varphi(f^i(p))=0$. 那么存在一个 Borel 可测函数 h, 使得对 μ-几乎每个 x,

$$\varphi(x)=h(f(x))-h(x).$$

证明. 假设 μ 是遍历和连续的 (这个修改对一般情形并不重要). 则存在 $x\in \operatorname{supp}\mu$, 使得 $\operatorname{supp}\mu\subset\overline{\mathcal{O}}(x)$. 对 $\delta>0$ 令 Λ_δ 是对 μ 的 δ Pesin 集, 并假设存在 $x\in\Lambda_\delta$ 使得 $\operatorname{supp}\mu\subset\overline{\mathcal{O}}(x)$. 此外假设对每个 $\delta>0$, 交 $\mathcal{O}(x)\cap\Lambda_\delta$ 在 Λ_δ 中稠密. 定义 $h(x)=0, h(f(x))=\varphi(x)$,

$$h(f^2(x))=\varphi(x)+\varphi(f(x)),$$

等等. 为了将 h 连续地扩展到 Λ_δ, 我们需要证明 h 在 $\mathcal{O}(x)\cap\Lambda_\delta$ 上一致连续. 对某个 $h>0$ 设 $\beta=\beta(h,\delta)$ 如封闭引理中的. 如果 $n_2>n_1$ 使得 $d(f^{n_2}(x),f^{n_1}(x))<\beta$, 则由封闭引理存在双曲周期点 z, 满足对 $i=0,\cdots,n_2-n_1-1$ 有

$$d(f^i(f^{n_1}(x)),f^i(z))\leqslant 3hA_\delta\max\left\{\left(\frac{e^\varepsilon}{1+\varepsilon\lambda}\right)^{-i},\left(\frac{e^\varepsilon}{i+\varepsilon\lambda}\right)^{-(n_2-n_1-i)}\right\}.$$

现在由于 φ 是 Hölder 连续的, 即对某个 $C>0$ 和 $0<r\leqslant 1$,

$$|\varphi(x)-\varphi(y)|\leqslant Cd(x,y)^r,$$

因此有

$$\begin{aligned}&|\varphi(f^{n_1+i}(x))-\varphi(f^i(z))|\\ \leqslant\ & C(3hA_\delta)^r\max\left\{\left(\frac{e^\varepsilon}{1+\varepsilon\lambda}\right)^{-ir},\left(\frac{e^\varepsilon}{1+\varepsilon\lambda}\right)^{-r(n_2-n_1-i)}\right\},\end{aligned}$$

[693] 因此, 对某个与 n_2,n_1 无关的 $N>0$, 我们有

$$|h(f^{n_2}(x))-h(f^{n_1}(x))|=\left|\sum_{i=0}^{n_2-n_1-1}(\varphi(f^{n_1}(f^i(x)))-\varphi(f^i(x)))+\sum_{i=0}^{n_2-n_1-1}\varphi(f^i(z))\right|$$
$$\leqslant C(3hA_\delta)^r\sum_{i=0}^{n_2-n_1-1}\max\left\{\left(\frac{e^\varepsilon}{1+\varepsilon\lambda}\right)^{-ir},\left(\frac{e^\varepsilon}{1+\varepsilon\lambda}\right)^{-r(n_2-n_1-1)}\right\}$$
$$+\left|\sum_{i=0}^{n_2-n_1-1}\varphi(f^i(z))\right|$$
$$\leqslant C(3hA_\delta)^r N.$$

从而 φ 在 Λ_δ 上有定义且连续. 现在我们将 φ 扩展到 $\bigcup_{i=0}^{\infty} f^i(\Lambda_\delta)$ 如下: 如果 $y\in f(\Lambda_\delta)\backslash\Lambda_\delta$, 则 $h(y)=\varphi(f^{-1}(y))+h(f^{-1}(y))$ 等. 由于 $\mu\left(\bigcup_{i=0}^{\infty} f^i(\Lambda_\delta)\right)=1$, h 几乎处处有定义, 而且它显然满足定理的条件. □

注. (1) 在这个证明中我们事实上并没有用到 Hölder 连续性. 如果 φ 是 Borel 函数, 它在 Λ_δ 上的限制关于 Lyapunov 度量 Hölder 连续, 而且对所有 $\delta>0$ 有一致 Hölder 指数和常数, 则论证仍可进行. 注意定理中得到的函数 h 有相同性质.

(2) 如在一致双曲情形, 事实上类似于上一个注, 可以证明不稳定分布关于 Λ_δ 上的 Lyapunov 度量 Hölder 连续. 因此 Jacobi 在不稳定分布上的限制关于 Lyapunov 度量也 Hölder 连续 (比较 19.1.e 节的论述). 事实上, Livschitz 定理的大多数重要应用考虑的是不稳定 Jacobi 的对数.

S.5. 双曲测度的熵与动力学

这一节我们描述紧曲面上的 $C^{1+\alpha}$ 微分同胚的双曲测度的存在性的某些结果. 主要目的是描述非零指数的存在性与出现的双曲周期轨道, 横截同宿点, 以及双曲马蹄之间的联系. 读者也许已经猜测到, 我们的主要工具将是封闭引理和由不变测度提供的回复性.

a. 双曲测度与双曲周期点. 设 $f\in \mathrm{Diff}^{\,1+\alpha}(M), \alpha>0$, M 是一个紧 Riemann 流形. 此外假设 f 保双曲测度 μ.

测度 μ 的支集 $\operatorname{supp}\mu$ 定义为点 $x\in M$ 的集合, 使得对任何 $\varepsilon>0$ 有 $\mu(B(x,\varepsilon))>0$. 显然 $\operatorname{supp}\mu$ 是一个闭集, 而且任何测度为 1 的其他闭集包含 $\operatorname{supp}\mu$. 现在令 $\mathrm{Per}\,(f)$ 表示 f 所有周期点的集合, $\mathrm{Per}_{\,n}(f)$ 表示 f 的双曲周期点的集合.

[694] **定理 S.5.1.** 如果 μ 是 $f \in \mathrm{Diff}^{1+\alpha}(M), \alpha > 0$ 的一个双曲测度, M 是紧的, 那么 $\mathrm{supp}\,\mu \subset \overline{\mathrm{Per}(f)}$.

证明. 设 $x_0 \in \mathrm{supp}\,\mu$, 并固定 $\alpha > 0$. 由于 $\mu(B(x_0, \alpha/4)) > 0$, 可求 $\delta > 0$ 使得 $\mu(B(x_0, \alpha/4)) \cap \Lambda_\delta > 0$, 如在封闭引理中选择 $\beta = \beta(\alpha/(12A_\delta), \delta)$.

现在取直径小于 β 且有正测度的集合 $B \subset B(x_0, \alpha/4) \cap \Lambda_\delta$. 由 Poincaré 回归定理 4.1.19, 对几乎每个 $x \in B$, 存在正整数 $n(x)$ 使得 $f^{n(x)}(x) \in \beta$, 因此 $d(x, f^{n(x)}(x)) < \beta$. 于是由封闭引理, 存在周期 $n(x)$ 的双曲周期点 z, 使得 $d(x, z) < 3\alpha A_\delta/(12A_\delta) = \alpha/4$, 显然 $d(x_0, z) < d(x_0, x) + d(x, z) < \alpha/2$. □

现在我们来看一个更平凡情形, 那里所有的 Lyapunov 指数为负. 回忆周期点 p 称为汇, 如果它所有的 Lyapunov 指数为负数.

推论 S.5.2. 设 $f \in \mathrm{Diff}^{1+\alpha}(M), \alpha > 0$, M 是一个紧 Riemann 曲面. 如果 μ 是其所有指数为负的遍历双曲测度, 那么它集中在周期汇点 p 的轨道上, 即存在 $m > 0$ 使得 $\mathrm{supp}\,\mu = \{p, f(p), \cdots, f^{m-1}(p)\}$.

证明. 这由正则邻域的定义和遍历性得到. □

b. 连续测度与横截同宿点. 由定理 6.5.5 存在横截同宿点 (定义 6.5.4) 意味着在同宿点的任何邻域内存在 f 的双曲马蹄 Λ. 这当然暗示这个微分同胚的复杂动力学在小扰动下得到保持. 我们将看到, 如果 μ 是一个 (连续的) 非原子测度, 则存在同宿现象.

定理 S.5.3. 设 $f \in \mathrm{Diff}^{1+\alpha}(M), \alpha > 0$, M 是紧的. 如果 μ 是一个遍历的连续测度, 那么 $\mathrm{supp}\,\mu$ 包含在双曲周期点 p 的横截同宿点的闭包内.

证明. 我们已经证明, 如果 μ 是遍历的, 而且它所有的 Lyapunov 指数都为负, 则它集中在周期汇的轨道上. 类似地, 如果所有指数是正的, 则 μ 集中在源 (f^{-1} 的汇) 的轨道上. 因为 μ 连续, 这证明它的 Lyapunov 指数有不同符号.

现在如在定理 S.5.1 的证明中, 设 $x_0 \in \mathrm{supp}\,\mu$, $\alpha > 0$ 是小数. 选取 $\delta > 0$ 使得 $\mu(B(x_0, \alpha/4) \cap \Lambda_\delta) > 0$. 取 $x_1, x_2 \in B(x_0, \alpha/4)$ 使得对每个 $r > 0$ 和 $i = 1, 2$ 有 $\mu(B(x_i, r) \cap \Lambda_\delta) > 0$, 以及

$$d(x_1, x_2) < 1/2 \min\{\alpha/4, \rho(\delta)\}.$$

[695] 这种点的存在性由 μ 的连续性保证. 此外可取两个子集

$$B_i \subset \Lambda_\delta \cap B(x_i, d(x_1, x_2)/10), \quad 对\ i = 1, 2$$

使得 $\mu(B_i) > 0$ 和

$$\mathrm{diam}\, B_i < \beta = \beta(3d(x_1, x_2)/100A_\delta, k, \delta), \quad 对\ i = 1, 2.$$

再次应用 Poincaré 回归定理 4.1.19, 可求得点 $y_1 \in B_1, y_2 \in B_2$ 和正整数 $m(y_1), m(y_2)$, 使得 $f^{m(y_1)}(y_1) \in B_1, f^{m(y_2)}(y_2) \in B_2$. 因此, 可应用封闭引理求周期点 z_1, z_2, 满足

$$d(z_i, y_i) < d(x_1, x_2)/100, i = 1, 2.$$

显然

$$\begin{aligned} &d(x_1, x_2) - d(y_1, x_1) - d(z_1, y_1) - d(y_2, x_2) - d(z_2, y_2) \\ \leqslant\ &d(z_1, z_2) \leqslant d(x_1, x_2) + d(y_1, x_1) + d(z_1, y_1) + d(y_2, x_2) + d(z_2, y_2), \end{aligned}$$

因此

$$\frac{1}{2}d(x_1, x_2) < d(z_1, z_2) < \frac{3}{2}d(x_1, x_2).$$

左边不等式显示 $z_1 \neq z_2$. 封闭引理也保证 $W^s(z_i)$ 局部地是 y_1 附近的一个 $(s, 1)$ 容许流形, 类似地, $W^u(z_i)$ 是 $y_i, i = 1, 2$ 附近的一个 $(u, 1)$ 容许流形. 现在 $d(z_1, z_2) < \rho = \rho(\delta)$, 所以 $W^s(z_i)$ 局部地也是 z_2 的容许流形, 由命题 S.3.7 它们横截相交. 剩下的由遍历性得到. □

推论 S.5.4. 在定理 S.5.3 的假设下,

(1) f 有一个紧不变集 Λ, 使得 $f|_\Lambda$ 是一个马蹄.

(2) $\overline{\lim\limits_{n\to\infty}} \dfrac{1}{m} \log \operatorname{card} \operatorname{Fix}(f^m) > 0$.

(3) 如果 μ 仅仅是连续, 则 $\operatorname{supp}\mu$ 包含在有横截同宿点的双曲周期点的闭包内.

设 $\chi(x) : \min\{|\chi_i(x)\|\chi_i(x) \neq 0\}$, 这是一个 f 不变函数, 因此, 如果 μ 是一个遍历测度, 它几乎处处是常数, 因此等于 $\chi(\mu)$(见 (S.4.2)), 而且它刻画了系统典型指数性态的最小变化率.

定理 S.5.5. 设 $f \in \operatorname{Diff}^{1+\alpha}(M), \alpha > 0$, M 是紧的. 如果 μ 是一个遍历的双曲测度, 且 $x \in \operatorname{supp}\mu$, 那么对任何 $\rho > 0$, x 和 $\operatorname{supp}\mu$ 的任何邻域 V 和 W, 以及任何连续函数集 $\phi_1, \cdots, \phi_k$, 存在双曲周期点 $z \in V$, 使得 z 的轨道包含在 W 中, 而且

$$\chi(z) \geqslant \chi(\mu) - \rho,$$

以及对 $i = 1, \cdots, k$ 有 $\left|\dfrac{1}{m(z)} \displaystyle\sum_{k=0}^{m(z)-1} \phi_i(f^k(x)) - \int \phi_i d\mu\right| < \rho$, 其中 $m(z)$ 表示 z [696]
的周期.

证明. 证明思想与定理 S.5.1 证明的思想一样, 只是必须更小心地选择有关常数. 因此, 令 $x \in \operatorname{supp}\mu$ 和 δ, V, W 与 $\phi_1, \cdots, \phi_k$ 如定理假设中的. 首先注意, 如

果 $z_m = z_m(x)$ 是通过封闭引理得到的周期点序列, 使得 $z_m \to x \in \operatorname{supp}\mu \cap \Lambda$, 则 $\chi(z_m) \to \chi(x)$. 其次假设对小 $\alpha > 0$, $B(x,\alpha) \subset V$, 以及令 $B \subset B(x,\alpha)$ 如定理 S.5.1 证明中的. 选择点 x_0 使得存在 $m_k > 0$, 满足 $m_k \to \infty$ 时 $f^{m_k}(x_0) \to x_0$, 而且

$$\frac{1}{m_k}\sum_{i=0}^{m_k-1}\delta(f^i(x_0)) \to \mu.$$

固定 Λ_δ 如定理 S.4.3 中的, 进一步, 类似于命题 S.4.11, 可假设对所有 $k \geqslant 0$ 有 $f^{m_k}(x_0) \in \Lambda_0$, 且 $x_0 \in \operatorname{supp}\mu$. 给定 $\phi_1, \cdots, \phi_k$ 并取 $m_k > 0$, 使得

$$\left|\frac{1}{m_k}\sum_{k=0}^{m_k-1}\phi_i(f^k(x_0)) - \int \phi_i d\mu\right| < \frac{\rho}{2}.$$

现在选取 $r > 0$ 使得 $B(f^i(x_0), r) \subset W, 0 \leqslant i \leqslant m_k$. 由于我们仅处理有限个连续函数, 故可取 $h' > 0$, 使得如果 $d(w_1, w_2) \leqslant 3h'A_\delta$, 则

$$|\phi_i(w_1) - \phi(w_2)| < \frac{\rho}{2}.$$

现在对 $h = \min(h', r/3h'A_\delta)$ 利用封闭引理得到周期点 $z(x_0)$, 使得 $f^{m_k}(z(x_0)) = z(x_0)$,

$$d(f^i(x_0), f^i(z(x_0))) \leqslant 3h'A_\delta,$$

以及

$$\left|\frac{1}{m_k}\left(\sum_{j=0}^{m_k-1}\phi_i(f^j(z(x_0))) - \sum_{j=0}^{m_k-1}\phi_i(f^j(x_0))\right)\right| < \frac{\rho}{2}. \qquad \square$$

推论 S.5.6. *f 和 μ 如定理 S.5.5 中的, 如果序列 f_n 在 C^1 拓扑下收敛于 f, 那么 f_n 有不变的双曲概率测度 μ_n, 使得 μ_n 弱收敛于 μ. 此外可假设 μ_n 在双曲周期点上支撑.*

这个推论暗示双曲测度的 “弱稳定性”. 它也表示支撑在双曲周期点集上的测度在双曲测度集中稠密.

[697] **c. 谱分解定理.** 由定理 S.5.3 我们知道, 如果 μ 是一个遍历的双曲测度, 则它的支集或者是周期汇, 或者包含在双曲周期轨道的横截同宿点的闭包内. 正如我们现在将看到的, 这意味着存在 $x \in M$ 使得 $\operatorname{supp}\mu \subset \overline{\mathcal{O}(x)}$. 这一节我们给出这个定理对不是遍历的双曲测度的部分的推广.

命题 S.5.7. *设 $f: M \to M$ 是紧流形 M 的一个 C^1 微分同胚. 假设 $x \in M$ 是 f 具有横截同宿点的双曲周期点. 则由 x 的横截同宿点的闭包组成的集合 Λ 有稠密轨道. 此外, 如果 m 是 x 的周期, 则存在 $\Lambda_0, \cdots, \Lambda_{m-1}$ 使得对 $i = 0, \cdots, m-1$, $f(\Lambda_i) = \Lambda_{i+1} \bmod m$, $f^m(\Lambda_i) = \Lambda_i$, 而且 $f^m|_{\Lambda_i}$ 是拓扑混合的 (定义 1.8.2).*

证明. 为了得到稠密轨道, 我们证明如果 U,V 是 Λ 中的开集, 则存在 $N=N(U,V)$ 使得 $f^N(U)\cap V\neq\varnothing$ (见引理 1.4.2). 令 U,V 是 Λ 中的开集. 由于横截同宿点集在 Λ 中稠密, 存在 x 的轨道的横截同宿点 $q_1\in U, q_2\in V$. 通过取 f 的幂 k, 可假设 $f^k(q_2)$ 如 q_1 在相同的稳定流形和不稳定流形上, 设 $q_1, f(q_2)\in W^s(x)\cap W^u(x)$. 现在我们仅考虑 f^m 的幂, 所以固定 x, 以及 $W^s(x), W^u(x)$ 是 f^m 不变的. 在 $W^u(x), W^s(x)$ 上分别取两个包含 $q_1, f^k(q_2)$ 的小圆盘 $D^u(q_1)$ 和 $D^s(f^k(q_2))$. 由倾角引理 $f^{im}(D^u(q_1))$ 的大迭代在 C^1 拓扑下局部收敛于 $W^u(x)$, 类似地 $f^{-im}(D^s(f^k(q_2)))$ 局部收敛于 $W^s(x)$. 取围绕 x 的小直径 "矩形". 对大的 i 连通分支

$$\mathbb{CC}(f^{-im}(D^s(f^k(q_2))), f^{k-im}(q_2)) \quad 和 \quad \mathbb{CC}(f^{im}(D^u(q_1)), f^{im}(q_1))$$

是 C^1 接近于局部稳定和局部不稳定流形的 C^1 子流形. 由于后者是横截的,

$$f^{-im}(D^s(f^k(q_2)))\cap f^{im}(D^u(q_1))\neq\varnothing.$$

由此, 其余部分证明是显然的. □

定理 S.5.8 (谱分解定理). 设 $f\in \mathrm{Diff}^{\,1+\alpha}(f), \alpha>0$, M 是一个紧 Riemann 曲面. 假设 μ 是 f 的双曲测度. 那么对 $\delta>0$, Pesin 集 $\Lambda_\delta=\Lambda_{1,\delta}\cup\cdots\cup\Lambda_{t,\delta}$, 其中 $\Lambda_{i,\delta}$ 是闭 f 不变集, 使得对每个 i 存在 $x\in M$ 满足 $\Lambda_{i,\delta}\subset\overline{\mathcal{O}(x)}$.

证明. 对某个固定的 $\delta>0$ 考虑 Λ_δ, 令 $\rho=\rho(\delta)$ 如推论 S.4.6 中的. 因此若 $x_1, x_2\in\Lambda_\delta$ 使得对 $i=1,2$, $\varepsilon>0$ 有 $\mu(B(x_i,\varepsilon)\cap\Lambda_\delta)>0$, 和 $d(x_1,x_2)\leqslant\rho/2$, 则由定理 S.5.3 的证明, 存在双曲周期点 $z(x_1), z(x_2)$, 使得 $W^s(z(x_1))$ 与 $W^u(z(x_2))$ 横截相交, 以及 $W^u(z(x_1))$ 与 $W^s(z(x_2))$ 横截相交. 这是双曲周期点的一个等价
关系. 类似地, 我们在 Λ_δ 上定义一个等价关系如下: $x_1\sim x_2$, 如果 $x_1, x_2\in\Lambda_\delta$, [698]
它们属于同一个周期点 x 的横截同宿点的闭包. 因此余下的要证明在 Λ_δ 上这样的类只有有限多个. 注意到如果 $x_1\in\Lambda_\delta$, 则所有 $y\in B(x,\rho;2)\cap\Lambda_\delta$ 在同一类, 由紧性只有有限个等价类. 因此由命题 S.5.7, 定理得证. □

d. 双曲测度的熵、马蹄与周期点. 回忆紧 f 不变集 Λ 是 $f\in\mathrm{Diff}^{\,1}(M)$ 的一个马蹄, 如果存在 s,k 和集合 $\Lambda_0,\cdots,\Lambda_{k-1}$ 使得 $\Lambda=\Lambda_0\cup\cdots\cup\Lambda_{k-1}$, $f^k(\Lambda_i)=\Lambda_i$, $f(\Lambda_i)=\Lambda_{i+1} \bmod k$, 而且 $f^k|_{\Lambda_0}$ 共轭于 s 个符号的全移位. 对双曲马蹄 Λ 我们可定义 $\chi(\Lambda)=\inf\{\chi(\mu)\mid 在周期轨道上支撑的\ \mu\}$.

这一子节的主要结果是:

定理 S.5.9. 设 $f\in\mathrm{Diff}^{\,1+\alpha}(M), \alpha>0$, M 是紧 Riemann 曲面. 假设 μ 是 f 的一个遍历双曲测度, 满足 $h_\mu(f)>0$. 那么对任何 $\rho>0$ 和函数 $\varphi_1,\cdots,\varphi_k\in C(M)$ 的任何有限族, 存在满足下列条件的双曲马蹄:

(1) $h_\mu(f)-\rho<h_{\text{top}}(f|_\Lambda)$.
(2) Λ 包含在 $\operatorname{supp}\mu$ 的一个 ρ 邻域内.
(3) $\chi(\mu)-\rho<\chi(\Lambda)$.
(4) 存在在 Λ 上支撑的测度 $\nu=\nu(\Lambda)$, 使得对 $i=1,\cdots,k$,

$$\left|\int\varphi_i d\nu-\int\varphi_i d\mu\right|<\rho.$$

在证明定理 S.5.9 之前先讨论它的几个推论.

推论 S.5.10. 对如定理 S.5.9 中的 f 和 μ, 存在在马蹄 Λ_n 上支撑的 f 不变测度序列 μ_n, 使得 (1) 在弱 * 拓扑下 $\mu_n\to\mu$, (2) $h_{\mu_n}(f)\to h_\mu(f)$.

推论 S.5.11. 对如定理 S.5.9 中的 f 和 μ, 以及 $\varepsilon>0$,

$$h_\mu(f)\leqslant\overline{\lim_{m\to\infty}}\frac{1}{m}\log\operatorname{card}\{x\in M|f^m(x)=x,\chi(x)\geqslant\chi(\mu)-\varepsilon\}.$$

特别地, $h_{\text{top}}(f)\leqslant p(f)$, 其中 $p(f)$ 如 (3.1.1) 中的.

证明. 由定理 18.5.1, 如果 Λ 是 f 的双曲马蹄, 则

$$h_{\text{top}}(f|_\Lambda)=\overline{\lim_{m\to\infty}}\frac{1}{m}\log\operatorname{card}\{x\in\Lambda|f^m(x)=x\}.$$

于是由定理 S.5.9 的 (1) 和 (2) 得到推论. □

[699] 下面的推论显示双曲测度在 C^1 扰动下是"稳定的", 或者得到保持. 当然这是双曲马蹄结构稳定性的一个结论.

推论 S.5.12. 如定理 S.5.9 中给定的 f 和 μ, 以及 $f_n\in\operatorname{Diff}^{1+\alpha}(M)$, 使得在 C^1 拓扑下 $f_n\to f$, 那么存在 f_n 不变的遍历测度 μ_n 族, 满足

(1) 在弱拓扑下 $\mu_n\to\mu$,
(2) $h_{\mu_n}(f_n)\to h_\mu(f)$,
(3) $\chi(\mu_n)\to\chi(\mu)$.

推论 S.5.13. 熵函数 $h:\operatorname{Diff}^{1+\alpha}(M^2)\to\mathbb{R}$ 是下半连续的.

证明. 由定理 S.5.9, $h(f)=\sup\{h(f|_\Lambda)|\Lambda$ 是一个双曲马蹄$\}$. 由马蹄的结构稳定性得到下半连续性. □

定理 S.5.9 的证明. 记 M 上定义的实值连续函数空间为 $C(M)$, $G_\mu(f,m,\varepsilon,\delta)=\max\operatorname{card}\{$测度为 $1-\delta$ 的集合上的 (m,ε) 分离点$\}$ [K5], 以及 $\varphi_1,\cdots,\varphi_k\in C(M)$. 对 $\varphi>0$ 选择 $\delta>0,\varepsilon>0$, 使得

(1) $\overline{\lim\limits_{m\to\infty}}\dfrac{1}{m}\log G_\mu(f,m,\varepsilon,2\delta)>h_\mu(f)-r$,

(2) 如果 $d(x,y)<\varepsilon$, 则 $|\varphi_i(x)-\varphi_i(y)|<r/2$.

由定理 S.4.16 可选 Pesin 集, 使得对 $\beta=\beta(\delta,\varepsilon)$ 和 $\lambda=\lambda(x_\mu)$, $\mu(\Lambda_\delta)>1-\delta$ 有一个 $(\varepsilon/3,\beta,\lambda)$ 矩形覆盖. 现在令 ζ 是 M 的一个有限可测分割, 其中 $\operatorname{diam}\zeta<\beta/2$ 和 $\zeta>\{\Lambda_\delta,M\backslash\Lambda_\delta\}$. 令

$$\Lambda_{\delta,m}=\left\{x\in\Lambda_\delta\,\middle|\, f^q(x)\in\zeta(x),\ \text{对某个 } q\in[m,(1+r)m]\right.$$
$$\left.\text{且}\ \left|\frac{1}{s}\sum_{j=0}^{s-1}\varphi_i(f^i(x))-\int\varphi_i d\mu\right|<r/2,\ \text{对 } s\geqslant m, i=1,\cdots,k\right\}.$$

我们期望 $m\to\infty$ 时 $\mu(\Lambda_{\delta,m})\to\mu(\Lambda_\delta)$. 取元素 $C\in\zeta$ 使得 $C\subset\Lambda_\delta$, 并考虑由

$$\left\{x\in C\,\middle|\,\sum_{i=0}^{m-1}\frac{\chi_C(f^i(x))}{m}<\mu(C)\left(1+\frac{r}{3}\right),\mu(C)\left(1+\frac{2r}{3}\right)<\sum_{i=0}^{[m(1+r)]}\frac{\chi_C(f^i(x))}{m}\right\}$$

给出的集合 C_m, 其中 χ_C 表示 C 的特征函数. 由 Birkhoff 遍历定理 4.1.2, $\mu(C\backslash C_m)\to 0$. 因此, 利用对包含在 Λ_δ 内的每个元素 $C\in\zeta$ 的相同论述, 得到 $\mu(\Lambda_{\delta,m})\to\mu(\Lambda_\delta)$. 从而断言得证.

现在选择 m 充分大, 使得 $\mu(\Lambda_{\delta,m})>1-2\delta$. 设 $E_m\subset\Lambda_{\delta,m}$ 是最大势的 (m,ε) 分离集. 显然 $\Lambda_{\delta,m}\subset\bigcup\limits_{x\in E_m}B_n^f(x,g)$, 因此存在无穷多个 m, 使得

$$\operatorname{card}E_m\geqslant e^{m(h_\mu(f)-2r)}.$$

对每个 $q\in[m,(1+r)m]$, 令 $V_q=\{x\in E_m|f^q(x)\in\zeta(x)\}$, n 是最大化 $\operatorname{card}V_q$ 的 q 值. 由于 $e^{mr}>mr$, 我们有 $\operatorname{card}V_n\geqslant e^{m(h_\mu(f)-3r)}$. 设 $R=\{R(x_1),R(x_2),\cdots,R(x_t)\}$ 是一个 $(\varepsilon/e,\beta,l)$ 矩形覆盖, 其中 $x_j\in\Lambda_{\delta,m}$, 对 $i\leqslant j\leqslant t$ 考虑 $V_m\cap R(x_j)$, 并选择 j 的 i 值使得最大化 $\operatorname{card}V_m\cap R(x_j)$. 因此, 如果用 D_m 记 $V_m\cap R(x_j)$, 那么 [700]

$$\operatorname{card}D_n\geqslant\frac{1}{t}\operatorname{card}V_n\geqslant\frac{1}{t}e^{m(h_\mu(f)-3r)}.$$

所以考虑 $R(x_i)$ 和 D_m. 每个 $x\in D_n$ 在 m 次迭代后回到 $R(x_i)$, 因此 $\mathbb{C}(R(x_i)\cap f^m(R(x_i)),f^m(x))$ 是 $R(x_i)$ 中的一个 u 容许矩形, $f^{-n}(\mathbb{C}(R(x_i)\cap f^m(R(x_i)),f^m(x)))$ 是 $R(x_i)$ 中的一个 s 容许矩形. 这由事实 $d(x_i,x)<\beta$ 和 $d(f^n(x),x_i)<\beta$, 以及 $(\varepsilon/\beta,\beta,\lambda)$ 矩形覆盖的定义 (2) 得知.

如果 $y\in\mathbb{C}(R(x_i)\cap f^{-n}(R(x_i)),x)$, 则由 $(\varepsilon/3,\beta,\lambda)$ 矩形覆盖定义中的 (4), 对 $l\in[0,n]$ 有 $d(f^i(x),f^i(y))\leqslant 3\operatorname{diam}R(x_i)$, 这意味着如果 $y\in\mathbb{C}(R(x_i)\cap$

$f^{-n}(R(x_i)), x)$ 和 $y \neq x$, 则 $y \notin V_n$, 因为否则它与 V_n 的分离性矛盾. 因此存在 $\operatorname{card} V_n$ 个互不相交的 s 容许矩形通过 f^n 映为 $\operatorname{card} V_n$ 个 u 容许矩形.

因此若令

$$\Lambda^* = \Lambda(m) = \sum_{n \in \mathbb{Z}} f^{nl} \left(\bigcup_{\zeta \in D_n} \mathrm{CC}(R(x_i) \cap f^{-n}(R(x_i)), x) \right),$$

则 $f^n|_{\Lambda^*}$ 共轭于 $\operatorname{card} V_n$ 个符号的全移位. 现在注意对每个 $y \in \Lambda^*$, 它的轨道停留在正则邻域 $R(x_i), \cdots, R(f^n(x_i))$ 的并内, 因此 $f^n|_{\Lambda^*}$ 是一个双曲马蹄.

$f^n|_{\Lambda^*}$ 的熵等于 $\log \operatorname{card} D_n$, 因此

$$h_{\text{top}}(f|_{\Lambda^*}) = \frac{1}{n} \log \operatorname{card} D_n \geqslant \frac{1}{n} \log \frac{1}{t} e^{m(H_\mu(f) - 3r)} \geqslant \frac{1}{n} \log \frac{1}{t} + \frac{m}{n}(h_\mu(f) - 3r).$$

由于 $m/n > 1/(1+r)$,

$$h_{\text{top}}(f|_{\Lambda^*}) \geqslant \frac{1}{m} \log 1/t + (h_\mu(f) - \varepsilon r)(1+r)^{-1} \left(-\frac{1}{m} \log t + h_\mu(f) - 3r \right),$$

这证明满足 (1) 和明显的 (2) 的马蹄存在. 对 (3) 如有必要, 可缩小 Osedelec–Pesin ε 约化过程中 ε 的大小和正则邻域的大小.

最后, 由 $\Lambda_{\delta,m}$ 的选择和这些矩形的大小我们有 (4). □

附　　录 [701]

A 基础知识

[703]

A.1. 基本拓扑

a. 拓扑空间.

定义 A.1.1. 拓扑空间 $(X,\mathcal{T})$ 是一个集合 X, 并赋予称为 X 的拓扑的满足下面条件的 X 的子集族 $\mathcal{T}\subset\mathcal{P}(X)$:

(1) $\varnothing, X\in\mathcal{T}$,

(2) 如果 $\{O_\alpha\}_{\alpha\in A}\subset\mathcal{T}$, 则对任何集合 A 有 $\bigcup\limits_{\alpha\in A} O_\alpha\in\mathcal{T}$,

(3) 如果 $\{O_i\}_{i=1}^k\subset\mathcal{T}$, 则 $\bigcap\limits_{i=1}^k O_i\in\mathcal{T}$,

就是说, $\mathcal{T}$ 包含 X 和 $\varnothing$, 以及在并和有限交下是闭的.

集合 $O\in\mathcal{T}$ 称为开集, 它们的补称为闭集. 如果 $x\in X$, 则称包含 x 的开集为 x 的邻域. 集合 $A\subset X$ 的闭包 $\overline{A}$ 是包含 A 的最小闭集, 即 $\overline{A}:=\bigcap\{C|A\subset C, C\text{ 是闭集}\}$. x 称为 $A\subset X$ 的一个聚点, 如果 x 的每个邻域包含 A 的无穷多个点.

拓扑 $\mathcal{T}$ 的一个基是一个子族 $\beta\subset\mathcal{T}$, 使得对每个 $O\in\mathcal{T}$ 和 $x\in O$, 存在 $B\in\beta$ 满足 $x\in B\subset O$. 拓扑 $\mathcal{S}$ 称为比拓扑 $\mathcal{T}$ 更细, 如果 $\mathcal{T}\subset\mathcal{S}$, 称比它粗, 如果 $\mathcal{S}\subset\mathcal{T}$. 如果 $Y\subset X$, 则 Y 可按自然方式通过取诱导拓扑 $\mathcal{T}_Y:=\{O\cap Y|O\in\mathcal{T}\}$ 使得它成为一个拓扑空间.

称序列 $\{x_i\}_{i\in\mathbb{N}} \subset X$ 收敛于 $x \in X$, 如果对每个包含 x 的开集 O, 存在 $N \in \mathbb{N}$ 使得 $\{x_i\}_{i>N} \subset O$.

称 $(X, \mathcal{T})$ 为一个 Hausdorff 空间, 如果对任何两点 $x_1, x_2 \in X$, 存在 $O_1, O_2 \in \mathcal{T}$ 使得 $x_i \in O_i$ 且 $O_1 \cap O_2 = \varnothing$. 称它是正规的, 如果它是 Hausdorff 空间, 而且对任何两个闭集 $X_1, X_2 \subset X$ 存在 $O_1, O_2 \in \mathcal{T}$, 使得 $X_i \subset O_i$ 且 $O_1 \cap O_2 = \varnothing$.

$\{O_\alpha\}_{\alpha\in A} \subset \mathcal{T}$ 称为 X 的开覆盖, 如果 $X = \bigcup\limits_{\alpha\in A} O_\alpha$, 称为有限开覆盖, 如果
[704] A 是有限的. $(X, \mathcal{T})$ 称为紧的, 如果每个开覆盖有有限子覆盖, 是局部紧的, 如果每点有具紧闭包的邻域, 是序列紧的, 如果每个序列有收敛子序列. 称 X 为 σ 紧的, 如果它是紧集合的可数并.

如果 $(X_\alpha, \mathcal{T}_\alpha)$ 是拓扑空间, $\alpha \in A$, A 是任一集合, 则 $\prod\limits_{\alpha\in A} X$ 上的积拓扑是由基 $\left\{\prod\limits_{\alpha} O_\alpha \,\middle|\, O_\alpha \in \mathcal{T}_\alpha, O_\alpha \neq X_\alpha, \text{仅对有限多个 } \alpha\right\}$ 生成的拓扑.

设 $(X, \mathcal{T})$ 是一个拓扑空间. 集合 $D \subset X$ 称为在 X 中稠密, 如果 $\overline{D} = X$. 称 X 是可分的, 如果它有一个可数稠密子集.

具有通常开集和闭集的 $\mathbb{R}^n$ 是一个熟悉例子. 开球 (半径为有理数的开球, 中心和半径为有理数的开球) 组成一个基. Hausdorff 空间中的点集是闭集.

命题 A.1.2. 紧集的闭子集是紧的.

证明. 若 K 是紧的, $C \subset K$ 是闭的, 以及 Γ 是 C 的一个开覆盖, 则 $\Gamma \cup \{K\backslash C\}$ 是 K 的一个开覆盖, 因此有有限子覆盖 $\Gamma' \cup \{K\backslash C\}$, 从而 Γ' 是 C 的一个有限 (Γ 的) 子覆盖. □

命题 A.1.3. Hausdorff 空间的紧子集是闭的.

证明. 若 X 是 Hausdorff 空间, $C \subset X$ 是紧集, 固定 $x \in X\backslash C$, 并对每个 $y \in C$ 取 y 的邻域 U_y 和 x 的邻域 V_y, 使得 $U_y \cap V_y = \varnothing$. 覆盖 $\bigcup\limits_{y\in C} U_y \supset C$ 有有限子覆盖 $\{U_{x_i} | 0 \leqslant i \leqslant n\}$, 因此 $N_x := \bigcap\limits_{i=0}^{n} V_{y_i}$ 是与 C 不相交的 x 的邻域. 从而 $X\backslash C = \bigcup\limits_{x\in X\backslash C} N_x$ 是开的, C 是闭的. □

命题 A.1.4. 紧 Hausdorff 空间是正规的.

证明. 首先证明闭集 K 与点 $p \notin K$ 可被开集分开. 对 $x \in K$ 存在开集 O_x, U_x 使得 $x \in O_x, p \in U_x$ 且 $O_x \cap U_x = \varnothing$. 由于 K 是紧的, 存在有限子覆盖

$O := \bigcup_{i=1}^{n} O_{x_i} \supset K$, $U := \bigcap_{i=1}^{n} U_{x_i}$ 是包含 p 且与 O 不相交的开集. 现在假设 K, L 是闭集, 对 $p \in L$ 考虑不相交的开集 $O_p \supset K, U_p \ni p$. 由 L 的紧性存在有限子覆盖 $U := \bigcup_{j=1}^{m} U_{p_j} \supset L$ 和一个与 U 不相交的开集 $O := \bigcap_{j=1}^{m} O_{p_j} \supset K$. □

正规性的一个有用结论是下面的扩张结果.

定理 A.1.5. 如果 X 是一个正规空间, $Y \subset X$ 闭, $f : Y \to \mathbb{R}$ 连续, 则存在 f 到 X 的连续扩张.

一个集族称为具有有限交性质, 如果每个有限子族有非空交.

命题 A.1.6. 具有有限交性质的紧集族有非空交.

证明. 只需证明紧空间中每个具有有限交性质的闭集族有非空交. 为此考虑具有空交的闭集族. 它们的补形成一个开覆盖. 由于它有有限子覆盖, 故有限交性质不成立. □

定义 A.1.7. 非紧 Hausdorff 空间 $(X, \mathcal{T})$ 的单点紧化是 $\hat{X} := (X \cup \{\infty\}, \mathcal{S})$, 其中 $\mathcal{S} := \mathcal{T} \cup \{(X \cup \{\infty\}) \backslash K | K \subset X \text{ 紧}\}$. [705]

容易看到 $\widehat{X}$ 是一个紧 Hausdorff 空间.

定理 A.1.8 (Tychonoff 定理). 紧空间的积是紧的.

这个结果在许多情况下很有用, 因为通常有用的拓扑可看作为积拓扑, 或者是由积拓扑诱导的拓扑. 一个明显的例子是逐点收敛拓扑.

定义 A.1.9. 设 $(X, \mathcal{T})$ 和 $(Y, \mathcal{S})$ 是两个拓扑空间. 称映射 $f : X \to Y$ 连续, 如果 $O \in \mathcal{S}$ 蕴含着 $f^{-1}(O) \in \mathcal{T}$; 是开的, 如果 $O \in \mathcal{T}$ 蕴含着 $f(O) \in \mathcal{S}$; 是一个同胚, 如果它是连续且有连续逆的双射. 如果存在同胚 $X \to Y$, 则 X 和 Y 称为是同胚的. 我们用 $C^0(X, Y)$ 记从 X 到 Y 的连续映射空间, $C^0(X, \mathbb{R})$ 记为 $C^0(X)$. 从拓扑空间到 $\mathbb{R}$ 的映射 f 称为上半连续, 如果对所有 $c \in \mathbb{R}$ 有 $f^{-1}(-\infty, c) \in \mathcal{T}$, 称为下半连续, 如果对 $c \in \mathbb{R}$ 有 $f^{-1}(c, \infty) \in \mathcal{T}$.

如果拓扑空间的一个性质对任何两个同胚空间是相同的, 则称此性质为一个拓扑不变量.

命题 A.1.10. 紧集在连续映射下的像是紧的.

证明. 如果 C 是紧的, $f : C \to Y$ 连续且是满射, 则 Y 的任何开覆盖 Γ 诱导 C 的一个开覆盖 $f_*\Gamma := \{f^{-1}(O) | O \in \Gamma\}$, 由紧性它有有限子覆盖 $\{f^{-1}(O_i) | i =$

$1, \cdots, n\}$. 由满射性 $\{O_i\}_{i=1}^n$ 是 Y 的一个覆盖. □

连续性、紧性以及是 Hausdorff 的这几个概念的一个有用的应用是下面结果, 有时称它为区域不变性:

命题 A.1.11. 从紧空间到 Hausdorff 空间的连续双射是一个同胚.

证明. 假设 X 是紧的, Y 是 Hausdorff 空间, $f: X \to Y$ 是连续的双射, 以及 $O \subset X$ 是开集. 则 $C := X \backslash O$ 是闭的, 因此是紧的, 而且 $f(C)$ 是紧的, 因此是闭的, 所以 $f(O) = Y \backslash f(C)$(由双射性) 是开的. □

定义 A.1.12. 拓扑空间 $(X, \mathcal{T})$ 称为是连通的, 如果没有两个不相交的开集覆盖 X. 称 $(X, \mathcal{T})$ 是道路连通的, 如果对任何两点 $x_0, x_1 \in X$ 存在连续曲线 $c: [0,1] \to X$ 满足 $c(i) = x_i$. X 的连通分支是 X 的最大连通子集. $(X, \mathcal{T})$ 称为是全不连通的, 如果每一点是一个连通分支.

Cantor 集和 $\mathbb{Q} \subset \mathbb{R}$ 是全不连通的. 不难看到, 连通分支是闭的. 如果仅存
[706] 在有限多个连通分支, 更一般地, 如果每一点有连通的邻域 (即这个空间是局部
连通的), 则它们是开的. 这对 $\mathbb{Q}$ 并不成立.

定理 A.1.13. 连通空间的连续像是连通的.

注. 这意味着道路连通空间是连通的. 其逆不真, 作为例子考虑 $\mathbb{R}^2$ 中 $\sin 1/x$ 的图像与 $\{0\} \times [-1, 1]$ 的并.

定理 A.1.14. 两个连通的拓扑空间的积是连通的.

定义 A.1.15. 拓扑流形是对给定拓扑具有可数基的一个 Hausdorff 空间 X, 使得每一点包含在同胚于 $\mathbb{R}^n$ 中的开球的开集内. 称这种邻域 U 和同胚 $h: U \to B \subset \mathbb{R}^n$ 的偶 (U, h) 为卡, 或局部坐标系. 带边界的拓扑流形是对给定拓扑具有可数基的一个 Hausdorff 空间 X, 使得每一点包含在同胚于 $\mathbb{R}^{n-1} \times [0, \infty)$ 中的开集的一个开集内.

注. 容易看到, 如果 X 连通, 则 n 是常数. 称此时的 n 为这个拓扑流形的维数. 对拓扑流形, 道路连通与连通等价.

定义 A.1.16. 考虑一个拓扑空间 $(X, \mathcal{T})$, 假设存在定义在 X 上的一个等价关系 $\sim$. 则存在到这个等价类集合 $\widehat{X}$ 的一个自然投射 π. 通过称集合 $O \subset \widehat{X}$ 为开的得到的拓扑空间为等化空间或因子空间 $X/\sim := (\widehat{X}, \mathcal{S})$, 如果 $\pi^{-1}(O)$ 是开的. 就是说, 在 $\widehat{X}$ 取最细的拓扑, 在此拓扑下 π 是连续的.

当存在作用在 X 上的同胚群 G 使得轨道是闭时, 出现一类重要的因子空间. 于是我们可通过等同同一轨道上的点得到一个等化空间, 此时记这个空间为

X/G, 称它为 X 关于 G 的商空间. 当 $X = S^1$ 和 G 是有理旋转迭代的循环群时, 得到 $X/G \simeq X$. 如果 $X = \mathbb{R}^2$, G 是平行于 x 轴的平移群, 则 $X/G \simeq \mathbb{R}$. 环面由 $\mathbb{R}^n$ 通过等同点模 $\mathbb{Z}^n$ 得到, 即两点是等价的, 如果它们的差在 $\mathbb{Z}^n$ 中. 等价地, 我们也可通过单位正方形 (或者任何矩形) 具有相同定向的一对对边的点等同来得到环面. 空间 X 上的一个锥是将 ($X \times [0,1]$, 积拓扑) 中所有形如 $(x,1)$ 的点等同得到的空间. 球面由闭球的所有边界点等同得到.

先验地, 等化空间的拓扑可以不是很漂亮. 除非等价类全是闭的, 例如, 等化空间甚至可以不是一个 Hausdorff 空间. 特别地, 从拓扑观点具有某些回复性态的动力系统的轨道空间不是一个很好的对象. 一个例子是 X/G, 其中 $X = S^1$, G 是无理旋转的迭代群.

b. 同伦论. [707]

定义 A.1.17. 拓扑空间之间的两个连续映射 $h_0, h_1 : X \to Y$ 称为是同伦的, 如果存在连续映射 $h : [0,1] \times X \to Y$ (同伦) 使得 $h(i,\cdot) = h_i, i = 1, 2$. 如果对某个 $x \in X$ 有 $h_0(x) = h_1(x) = p$, 又若可选 h 使得 $h(\cdot, x) = p$, 则称 $h_0, h_1 : X \to Y$ 为相关 p 同伦 (rel p 同伦). 若 $X = [0,1]$, $h_0(0) = h_1(0)$, 且 $h_0(1) = h_1(1)$, 又若 $h(\cdot,0)$ 和 $h(\cdot,1)$ 可取为常数, 则说 h_0, h_1 为相关端点同伦. 称 h 为零伦, 如果它同伦于一个常数映射. 如果 h_1, h_2 是同胚, 又若可取 h 使得每个 $h(t,\cdot)$ 是一个同胚, 则称它们同痕. X 和 Y 称为是同伦等价, 如果存在映射 $g : X \to Y$ 和 $h : Y \to X$ 使得 $g \circ h$ 和 $h \circ g$ 同伦于恒同. X 称为可缩的, 如果它同伦于一点. 如果拓扑空间的一个性质对任何同伦等价空间是相同的, 则称此性质是一个同伦不变量.

显然同胚空间是同伦等价的. 圆周和柱面同伦等价但不同胚. 球和锥是可缩的. 可缩空间是连通的.

定义 A.1.18. 设 M 是一个拓扑流形, $p \in M$, 考虑满足 $c(0) = c(1) = p$ 的曲线 $c : [0,1] \to M$ 族. 如果 c_1 和 c_2 是这样的曲线, 则 $c_1 \cdot c_2$ 是由

$$c_1 \cdot c_2(t) := \begin{cases} c_1(2t), & t \leqslant \dfrac{1}{2}, \\ c_2(2t-1), & t \geqslant \dfrac{1}{2} \end{cases}$$

给出的曲线. 在等同曲线相关端点同伦下得到的群称为 M 在 p 的基本群 $\pi_1(M,p)$. 具有平凡基本群的空间称为单连通的; 是 1– 连通的, 如果它也是连通的.

在连通流形中, 我们最感兴趣的是其中道路连通性保证在不同 p 得到的群是同构的. 因此我们简单地将它写为 $\pi_1(M)$. 由于这个基本群按模同伦定义, 它

对同伦等价空间是相同的, 就是说, 它是一个同伦不变量. 曲线的自由同伦类 (即它没有固定基点) 正好对应于按模改变基点的曲线的共轭类, 所以在自由同伦闭曲线类与基本群中的共轭类之间存在一个自然双射.

定义 A.1.19. 如果 M, M' 是两个拓扑流形, $\pi : M' \to M$ 是连续映射, 使得 $\operatorname{card}\pi^{-1}(y)$ 与 $y \in M$ 无关, 而且每个 $x \in \pi^{-1}(y)$ 有邻域, 在此邻域内 π 是到 $y \in M$ 的邻域的一个同胚, 则称 M' (或者 (M', π)) 是*覆叠* (空间) 或 M 的*覆叠*. 如果 $n = \operatorname{card}\pi^{-1}(y)$ 有限, 则称 (M', π) 为一个 n 重覆叠. 如果 $f : N \to M$ 连续且 $F : N \to M'$ 使得 $f = \pi \circ F$, 则 F 是 f 的一个*提升*. 如果 $f : M \to M$ 和
[708] $F : M' \to M'$ 连续, 使得 $f \circ \pi = \pi \circ F$, 则也称 F 是 f 的一个*提升*. 单连通覆叠称为*通有覆叠*. M 的覆叠 M' 的同胚称为*叠变换*, 如果它是 M 上恒同的提升.

例子. $(\mathbb{R}, \exp(2\pi i(\cdot)))$ 是单位圆周的一个覆叠. 几何上可将它看作为在投射作用下覆叠单位圆的螺旋线 $(e^{2\pi ix}, x)$. 通过取小数部分定义的映射同样由 $\mathbb{R}$ 定义圆周 $\mathbb{R}/\mathbb{Z}$ 的覆叠. 环面通过柱面覆叠, 柱面又通过 $\mathbb{R}^2$ 覆叠. 注意这个柱面的基本群 $\mathbb{Z}$ 是环面 $(\mathbb{Z}^2)$ 基本群的一个子群, $\mathbb{R}^2$ 是它们两个的单连通覆叠. 圆周上的扩张映射 (1.7.1) 通过它自己定义圆周的覆叠. Poincaré 上半平面的因子被上半平面覆叠 (5.4c, e 节).

在 $\pi_1(M)$ 的子群共轭类和与叠变换交换的覆叠空间模同胚类之间存在一个自然双射. 特别地, 通有覆叠是唯一的. 这个双射可描述如下. 假设 (M', π) 是 M 的一个覆叠, $x_0, x_1 \in \pi^{-1}(y)$. 由于 M' 是道路连通的, 存在满足 $c(i) = x_i, i = 1, 2$ 的曲线 $c : [0, 1] \to M'$. 在 π 作用下这些投射到 M 的闭路. 任何连续映射诱导基本群之间的同胚. 任何连续映射具有一个提升, 因此相关 y 的闭路 $\pi \circ c$ 的同伦可提升到曲线 c 的同伦, 又因为由假设 $\pi^{-1}(y)$ 是离散的, 这个同伦是一个相关端点同伦. 特别地, 同伦的曲线投射到同伦的曲线, 而且通过考虑情形 $x_1 = x_2$, M' 的基本群单射到作为一个子群的 M 的基本群. 这是一个对应于覆叠的子群. 此外当 π 不是同胚时这个子群是一个真子群, 即这个覆叠是一个不平凡覆叠. 因此, 单连通空间没有真覆叠. 我们也可看到, M 的任何两个覆叠 M_1' 和 M_2' 有公共的覆叠 M'', 所以这个通有覆叠是唯一的. 任何拓扑流形有一个通有覆叠.

c. 度量空间. 对几个非常自然的概念, 用拓扑结构是不大合适的, 宁可用一致结构, 即在这个拓扑下可以比较不同点的邻域. 这可抽象地定义且可对拓扑向量空间 (见定义 A.2.1) 实现, 然而, 更方便的是对度量空间引入这些概念.

定义 A.1.20. 设 X 是一个集合, $d : X \times X \to \mathbb{R}$ 称为一个*度量*, 如果

(1) $d(x, y) = d(y, x)$,

(2) $d(x, y) = 0 \Leftrightarrow x = y$,

(3) $d(x,y)+d(y,z) \geqslant d(x,z)$ (三角不等式).
如果 d 是一个度量, 则 (X,d) 称为度量空间. 集合 $B(x,r) := \{y \in X | d(x,y) < r\}$ 称为围绕 x 的 (开) r 球.

$O \subset X$ 称为是开的, 如果对每个 $x \in O$ 存在 $r>0$, 使得 $B(x,r) \subset O$.

对 $A \subset X$, 称集合 $\overline{A} := \{x \in X | \forall r > 0, B(x,r) \cap A \neq \varnothing\}$ 为 A 的闭包. 称 A 是闭的, 如果 $\overline{A} = A$.

设 $(X,d),(Y,\mathrm{dist})$ 是两个度量空间. 映射 $f: X \to Y$ 称为是一致连续 [709]
的, 如果对所有 $\varepsilon > 0$ 存在 $\delta > 0$, 使得对所有满足 $d(x,y) < \delta$ 的 $x, y \in X$ 有 $\mathrm{dist}(f(x), f(y)) < \varepsilon$. 具有一致连续逆的一致连续双射称为一致同胚. 映射 $X \to Y$ 族 $\mathcal{F}$ 称为等度连续, 如果对每个 $x \in X$ 和 $\varepsilon > 0$, 存在 $\delta > 0$ 使得由 $d(x,y) < \delta$, 得到对所有 $y \in X$ 和 $f \in \mathcal{F}$ 有 $\mathrm{dist}(f(x), f(y)) < \varepsilon$. 称映射 $f: X \to Y$ 为 Hölder 连续的, 指数为 α, 或者 α-Hölder 连续, 如果存在 $C, \varepsilon > 0$, 使得由 $d(x,y) < \varepsilon$ 得到 $d(f(x), f(y)) \leqslant C(d(x,y))^{\alpha}$; 称之为 Lipschitz 连续的, 如果它是 1-Hölder 连续; 称之为双 Lipschitz 连续的, 如果它 Lipschitz 连续且有 Lipschitz 逆. 称它是等距的, 如果对所有 $x, y \in X$ 有 $d(f(x), f(y)) = d(x,y)$.

称序列 $\{x_i\}_{i \in \mathbb{N}}$ 为一个 Cauchy 序列, 如果对所有 $\varepsilon > 0$ 存在 $N \in \mathbb{N}$, 使得当 $i, j \geqslant N$ 时有 $d(x_i, x_j) < \varepsilon$. 称 X 为完全的, 如果每个 Cauchy 序列收敛.

注. 开集族诱导以开球为基的拓扑. 闭集有开的补. 这两个定义与对拓扑空间作的定义是一致的. 对度量空间, 紧性概念与序列紧性概念等价.

对紧度量空间的一个开覆盖, 存在数 δ 使得每个 δ 球包含在这个覆盖的一个元素内. 这个数的最大者称为这个覆盖的 Lebesgue 数.

不难证明, 度量空间子集的一致连续映射唯一地扩张到它的闭包.

紧性是一个非常重要的性质, 因为它允许我们进行极限运算, 它在我们的构造中经常出现. 注意, 在任意拓扑空间中不可能定义 Cauchy 序列概念, 因为在不同点我们缺乏比较邻域的可能性. 一个有用的观察是紧集通过序列紧性是完全的. 度量空间可用下面方法完全化:

定义 A.1.21. 如果 X 是一个度量空间, 而且存在从 X 到完全度量空间 $\widehat{X}$ 的稠密子集的一个等距, 则称 $\widehat{X}$ 为 X 的完全化.

X 的完全化直到相差一个等距是唯一的: 如果存在 X 的两个完全化 X_1 和 X_2, 则由构造, 在稠密子集之间存在一个双射等距, 因此这个等距 (通过一致连续性) 可扩展到整个空间. 另一方面, 由有理数得到实数的构造, 完全化总是存在的. 这个完全化可由 X 上的 Cauchy 序列空间通过等同两个序列得到, 如果这两个序列对应元素的距离收敛于零. 两个 (等价类的) 序列之间的距离定义为对应元素之间的距离的极限. 这个等距将点映为常数序列.

[710] **定理 A.1.22 (Baire 范畴定理).** 完全度量空间中的开稠集的可数交是稠密的. 这对局部紧 Hausdorff 空间同样成立.

证明. 如果 $\{O_i\}_{i\in\mathbb{N}}$ 在 X 中是开稠的, 且 $\varnothing \neq B_0 \subset X$ 是开的, 归纳地选择半径至多是 ε/i 的球 B_{i+1} 使得 $\overline{B}_{i+1} \subset O_{i+1} \cap B_i$. 由完全性球心序列收敛, 所以 $\varnothing \neq \bigcap_i \overline{B}_i \subset B_0 \cap \bigcap_i O_i$. 对局部紧 Hausdorff 空间则取有紧闭包的开球 B_i 并利用有限交性质. □

一个拓扑空间称为可度量化, 如果其上存在诱导给定拓扑的一个度量. 任何度量空间是正规的, 因此是 Hausdorff 的. 度量空间有可数基当且仅当它是可分的. 反之 (利用命题 A.1.4) 我们有

命题 A.1.23. 正规空间具有对给定拓扑的可数基, 因此任何具有可数基的紧 Hausdorff 空间可度量化.

如果 X 是一个紧可度量化拓扑空间 (例如, 紧流形), 则 X 到它自己的连续映射空间 $C(X,X)$ 具有 C^0 拓扑或一致拓扑. 它是由 X 中固定的度量 ρ 产生, 并用

$$d(f,g) := \max_{x\in X} \rho(f(x),g(x))$$

定义 $f,g \in C(X,X)$ 之间的距离 d. X 的同胚的 $C(X,X)$ 子集 $\mathrm{Hom}(X)$ 在 C^0 拓扑下既非开又不闭. 但是作为由度量

$$d_H(f,g) := \max(d(f,g), d(f^{-1},g^{-1}))$$

诱导的完全度量空间它有自然拓扑. 如果 X 是 σ 紧的, 则可对映射和同胚引入紧开拓扑, 即紧集上的一致收敛拓扑.

有时我们利用等度连续性给出连续函数族在一致拓扑下的某些紧性事实.

定理 A.1.24 (Arzelá–Ascoli 定理). 设 X,Y 是度量空间, X 是可分的, $\mathcal{F}$ 是等度连续映射族. 如果 $\{f_i\}_{i\in\mathbb{N}} \subset \mathcal{F}$, 使得对每个 $x \in X$, $\{f_i(x)\}_{i\in\mathbb{N}}$ 有紧的闭包, 那么在紧集上存在一致收敛于函数 f 的子序列.

因此, 特别地, 紧空间上的闭有界等度连续的映射族在 (由最大范数诱导的) 一致拓扑下是紧的.

我们概要地说明这个定理的证明. 首先利用对 X 的可数稠密子集 S 的每一点 x, $\{f_i(x)\}_{i\in\mathbb{N}}$ 有紧闭包的事实. 由对角线法则存在在 S 的每一点收敛的子序
[711] 列 f_{i_k}. 现在可利用等度连续性证明对每一点 $x \in X$ 序列 $f_{i_k}(x)$ 是 Cauchy 序列,

因此收敛 (因为 $\{f_i(x)\}_{i\in\mathbb{N}}$ 有紧的, 从而完全的闭包). 再次利用等度连续性得到逐点极限的连续性. 最后, 逐点收敛的等度连续序列在紧集上一致收敛.

A.2. 泛函分析

我们遇到的许多有趣空间或者是直接的, 或者是作为我们研究的有线性结构的对象 (函数或者映射) 的空间. 这些与适当的拓扑结构结合在一起给出新的有用见识. 我们主要在实数域 $\mathbb{R}$ 上工作, 但允许对复域 $\mathbb{C}$ 工作有时也有用, 例如, 当我们尝试对角化线性映射时. 如果允许这两者, 就用 $\mathbb{F}$ 记这个域.

定义 A.2.1. 拓扑向量空间是赋予一个 Hausdorff 拓扑的线性空间, 即它在平移和数量乘法下不变 (即平移和非零数量乘法是同胚). 拓扑向量空间的同构是线性同胚.

通常这个线性空间的拓扑由更方便的度量结构所诱导.

定义 A.2.2. 线性空间 V 的范数是满足下列条件的函数 $\|\cdot\|: V\to\mathbb{R}$, 对每个 $v,w\in V$ 和每个 $\alpha\in\mathbb{F}$,

(1) $\|v\|=0\Rightarrow v=0$,

(2) $\|\alpha v\|=|\alpha|\|v\|$,

(3) $\|v+w\|\leqslant\|v\|+\|w\|$.

称 v 是单位向量, 如果 $\|v\|=1$. 赋范线性空间是具有范数 $\|\cdot\|$ 的线性空间 V. Banach 空间是关于由这个范数诱导的度量 $d(v,w):=\|v-w\|$ 的完全赋范线性空间. 两个范数 $\|\cdot\|$ 和 $\|\cdot\|'$ 称为是等价的, 如果存在 $C>0$ 使得 $\frac{1}{C}\|\cdot\|'\leqslant\|\cdot\|\leqslant C\|\cdot\|'$, 就是说, 如果恒同映射关于 $\|\cdot\|$ 和 $\|\cdot\|'$ 是一个一致同胚.

线性空间 V 中的内积是一个正定对称双线性型, 即满足以下条件的映射 $V\times V\to\mathbb{R}, (u,v)\mapsto\langle u,v\rangle$:

(1) $\langle v,v\rangle\geqslant 0$, 等号仅对 $v=0$ 成立,

(2) $\langle u,v\rangle=\overline{\langle v,u\rangle}$,

(3) $\langle \alpha u+bv,w\rangle=a\langle u,w\rangle+b\langle v,w\rangle$.

因此, 内积诱导范数 $\|v\|:=\sqrt{\langle v,v\rangle}$. 具有内积的线性空间 V 称为准 Hilbert 空间. 完全的准 Hilbert 空间称为 Hilbert 空间. 如果 $\langle u,v\rangle=0$, 则称 $u,v\in V$ 正交. 准 Hilbert 空间中的一个正交系是逐对正交向量的集合, 单位向量的正交系称为规范正交系. 称一个规范正交系是完全的, 如果它的生成空间稠密.

有限维赋范线性空间中的所有范数等价. 因此, 所有有限维赋范线性空间通 [712]
过双 Lipschitz 同构同构于 Euclid 空间.

赋范线性空间的一个重要例子是, 具有诱导 C^0 拓扑的范数 $\|f\| := \sup\{|f(x)|, x \in X\}$ 的拓扑空间 X 上的连续实值函数的线性空间 $C(X)$. 一个标准结果是, 这是一个完全范数.

Hilbert 空间的一个主要无穷维例子由测度空间 (X, μ) 中的平方可积函数空间 L^2 给出, 其内积由 $\langle f, g\rangle = \int f\overline{g}d\mu$ 定义 (由 Hölder 不等式它有定义). 如果 (X, μ) 是具有 Lebesgue 测度的单位区间 $[0,1]$, 则函数族 $1, \sin 2\pi nx$ $(n \in \mathbb{N})$ 和 $\cos 2\pi nx$ $(n \in \mathbb{N})$ 组成一个完全正交系. 这也给出单位圆周上具有 Lebesgue 测度的 L^2 函数的一个完全正交系. 单位圆周上的平方可积函数空间中有更方便的完全正交系 $\{e^{2\pi inx}\}_{n\in\mathbb{Z}}$.

有时注意到下面事实是有用的, 即如果 $\|v\| = \sqrt{\langle v, v\rangle}$, 那么, 实向量空间中的内积 $\|\cdot\|$ 可通过极化

$$\langle u, v\rangle = \frac{1}{4}(\|u+v\|^2 - \|u-v\|^2) \tag{A.2.1}$$

恢复.

一个重要信息是, 通常, 通过考虑数量域的线性映射如投射得到所给的坐标, 或者得到在可积函数空间中的积分.

定义 A.2.3. 从线性空间 V 到线性空间 Y 的线性映射或者线性算子是一个映射 $A : V \to Y$, 使得对所有 $v, w \in V$ 和所有 $\alpha, \beta \in \mathbb{F}$ 有 $A(\alpha v + \beta w) = \alpha A(v) + \beta A(w)$. 赋范线性空间之间的线性映射 $A : V \to Y$ 称为是有界的, 如果 $\|A\| := \sup_{\|v\|=1} \|A(v)\| < \infty$, 此时称 $\|A\|$ 为 A 的算子范数 (显然有界线性算子连续). 如果对所有 $v \in V$ 有 $\|Av\| = \|v\|$, 则称 A 为等距的或等距算子, 称它为酉算子, 如果它是一个可逆等距.

线性空间 V 上的线性泛函是一个从 V 到 $\mathbb{F}$ 的线性映射. 赋范线性空间 V 上的有界线性泛函空间称为 V 的对偶 (空间), 记为 V^*. 赋范线性空间 V 上的弱拓扑是最弱拓扑, 在这个拓扑下所有有界线性泛函都连续. 在可分情形它可等价地由 $v_i \to 0$ 定义, 当且仅当对每个 $f \in V^*$ 有 $f(v_i) \to 0$. 由于 V^* 自己是一个赋范线性空间 (如上, 利用 $\|f\|$ 定义), 它也有弱拓扑. 更有用的是由 $f_i \to 0$ 定义弱 * 拓扑 $\Leftrightarrow$ 对所有 $v \in V$ 有 $f_i(v) \to 0$, 即在 V^* 上的逐点收敛拓扑.

为了看到与赋范线性空间的对偶相关的概念不致空洞, 我们需要下面关于线性泛函的存在性定理.

[713] **定理 A.2.4 (Hahn–Banach 定理).** *设 V 是一个赋范线性空间, $W \subset V$ 是线性子空间, $f : W \to \mathbb{F}$ 是有界线性泛函. 那么存在 f 到 V 上的线性泛函的一个扩张 $F : V \to \mathbb{F}$, 使得 $\|F\| = \|f\|$.*

由这个结果立刻得知, 赋范线性空间的对偶是非空的, 而且弱拓扑是一个 Hausdorff 拓扑.

如果 $v \in V$, 则 $\varphi_v : V^* \to \mathbb{F}, f \mapsto f(v)$ 是 V^* 上的有界线性泛函 (其中 $\|\varphi_v\| = \|v\|$), 而且映射 $\Phi : V \to V^{**}, v \mapsto \varphi_v$ 是一个等距同胚 (由 Hahn–Banach 定理). 如果它是一个同构, 则称 V 是自反的. (这强于要求 V 和 V^{**} 等距同构.)

弱 * 拓扑的基本重要性与下面有用的紧性结果有关:

定理 A.2.5 (Alaoglu 定理). 赋范线性空间的对偶中的 (赋范) 单位球是弱 * 紧的.

这个结果可从 Tychonoff 定理 A.1.8 得到, 因为任何逐点收敛拓扑由 $\prod_{x \in X} Y = \{f : C \to Y\}$ 的积拓扑诱导. 就是说, 设 X 是赋范线性空间中的单位球, $Y = [-1, 1]$. 对偶中的单位球自然对应于 "线性" 映射 $X \to Y$ 族 (线性性是一个闭条件). 由 Alaoglu 定理得到范数有界的弱 * 闭子集是紧的.

本书中的一个重要泛函类是通过积分对应于 (Borel 概率) 测度的泛函类. 特别地, 概率测度的集合是对偶于 $C(X)$ 的弱闭范数的有界子集, 因此由定理 A2.5 它是紧的.

有限维空间的对偶同构于这个空间自己. 在 Hilbert 空间情形, 存在一个自然同构: 每个连续线性泛函由 $\langle v, \cdot \rangle$ 给出, v 为某个向量. 有时这对其他线性空间也存在, 但这不很常见. 作为例子考虑可测函数空间 L^p, 它的 p 范数 $\|\varphi\|_p := \left(\int |\varphi|^p\right)^{1/p} d\mu$ 有限:

定理 A.2.6 (Riesz 表示定理). 设 (X, μ) 是一个测度空间, $1 \leqslant p < \infty$, 且 $\frac{1}{p} + \frac{1}{q} = 1$. 那么 $(L^p)^*$ 自然等距同构于 L^q, 就是说, 如果 $f \in (L^p)^*$, 则存在 $\psi \in L^q$ 使得对 $\varphi \in L^p$ 和 $\|\psi\|_q = \|f\|$ 有 $f(\varphi) = \int \varphi\psi d\mu$.

因此, 对 $1 < p < \infty$, L^p 是自反的, 但是, 只有 L^2 等距同构于它的对偶. 如果我们视表示泛函 f 的 $\psi d\mu$ 为 X 上的一个测度, 那么下面的结果就很自然.

定理 A.2.7 (Riesz 表示定理). 设 X 是一个紧 Hausdorff 空间. 则对 $C^0(X)$ 上的每个有界线性泛函 f, 存在有限 Borel 测度的唯一相互奇异对 μ, ν, 使得对所 [714]
有 $\varphi \in C^0(X)$ 有 $f(\varphi) = \int \varphi d\mu - \int \varphi d\nu$.

特别地, 当 f 正时 (即在正函数上非负), 存在唯一有限 Borel 测度 μ, 使得 $f(\varphi) = \int \varphi d\mu$.

定义 A.2.8. 线性空间的一个子集 C 称为是凸的, 如果当 $v, w \in C$ 和 $t \in [0,1]$ 时有 $tv + (1-t)w \in C$. 如果 $A \subset V$, 则凸壳 $\mathrm{co}(A)$ 是包含 A 的最小凸集, 即 $\mathrm{co}(A) := \bigcap\{C | A \subset C, C \text{ 凸}\}$. 在拓扑向量空间中 A 的闭凸壳是 $\mathrm{co}(A)$ 的闭包 $\overline{\mathrm{co}}(A)$. 凸集 C 的极值点是点 v, 使得对 $a, b \in C, t \in [0,1]$, $v = ta + (1-t)b$ 蕴含着 $t \in \{0,1\}$ 或者 $a = b = v$, 即 v 不是其他点的真凸组合. C 的极值点集表示为 $\mathrm{ex}(C)$.

称一个拓扑向量空间为局部凸的, 如果每个开集包含一个开凸集.

拓扑向量空间的子集 A 称为平衡的, 如果对每个 $\alpha \in \mathbb{F}, |\alpha| \leqslant 1$ 有 $\alpha A \subset A$.

显然, 作为概率测度的集合, 空间中的测度集是凸的. 赋范线性空间是局部凸的, 因为球是凸的. 下面的结果在有限维情形是显然的, 它有助于对凸集的形象化理解.

定理 A.2.9 (Krein–Milman 定理). 局部凸的拓扑向量空间中的紧凸集是它的极值点的闭凸壳. 即 $C = \overline{\mathrm{co}}\ \mathrm{ex}(C)$.

更明显的联系由下面定理给出.

定理 A.2.10 (Choquet 定理). 假设 x 是局部凸的拓扑向量空间中的紧可度量化集合 C 的点. 则存在支撑在 $\mathrm{ex}\, C$ 上的概率测度 μ, 使得 $x = \int_{\mathrm{ex}\ C} z d\mu(z)$.

凸集的另一个重要性质由下面定理给出:

定理 A.2.11 (Tychonoff 不动点定理). 设 E 是一个局部凸的拓扑向量空间, $K \subset E$ 是紧且凸的. 则每个连续映射 $f: K \to K$ 有一个不动点.

我们利用下面引理概要证明这个定理:

引理 A.2.12. Hausdorff 空间的连续映射 $f: X \to X$ 有不动点, 当且仅当对每个开覆盖 $\{U_\alpha\}_{\alpha \in A}$ 存在 $x \in X$ 和 $\alpha \in A$, 使得 $x \in U_\alpha$ 和 $f(x) \in U_\alpha$.

注意, 只需对子覆盖或者任何给定覆盖的加细验证这个性质. 现在考虑 K 的一个开覆盖 $\{U_\alpha\}_{\alpha \in A}$. 由于在局部凸的拓扑向量空间中每个开覆盖有凸的加
[715] 细, 可假设 U_α 是凸的, 又由紧性 A 也有限. 存在有限星加细 $\{V_i\}_{i=1}^k$, 即对每个 $i \in \{1, \cdots, k\}$ 存在 $\alpha \in A$, 使得 $\mathrm{star} V_i := \bigcup\{V_j | V_i \cap V_j \neq \varnothing\} \subset U_\alpha$. 对 $i \in \{1, \cdots, k\}$ 取 $x_i \in K \cap V_i$, 并令 $S := \mathrm{co}(\{x_1, \cdots, x_k\})$ 是 $\{x_1, \cdots, x_k\}$ 的凸壳, 即是一个 $d \leqslant k-1$ 维复形. 三角剖分 S 使得它们的每个 d 维单形的闭包在某个 $f^{-1}(V_i)$ 中. 对三角剖分的顶点 y, 通过 $F(y) = x_i$ 定义 $F: S \to S$, 其中选择 i 使得 $f(y) \in V_i$, 并将它线性扩张到 S.

如果 $x \in S$, 则对某个单形 σ 和 $i \in \{1, \cdots, k\}$ 有 $x \in \overline{\sigma} \subset f^{-1}(V_i)$, 即 $f(x) \in f(\overline{\sigma}) \subset V_i$, 特别地, 存在 $\alpha \in A$ 使得对 σ 的每个顶点 $y \in \mathrm{ex}(\sigma)$ 有 $f(y) \in \bigcup\{V_j | V_i \cap V_j \neq \varnothing\} = \mathrm{star} V_i \subset U_\alpha$. 因此, 由 U_α 的凸性有 $F(x) \in \mathrm{co}(\mathrm{ex}(\sigma)) \subset U_\alpha$. 由于 $f(x) \in V_i \subset \mathrm{star} V_i \subset U_\alpha$, 对每个 $x \in S$ 我们证明了存在 α, 使得 $f(x)$ 和 $F(x)$ 都在 U_α 中.

但是, 由 Brouwer 不动点定理 8.6.5, F 有不动点 $x_0 \in S$, 所以对某个 α 有 $f(x_0) \in U_\alpha$ 和 $x_0 = F(x_0) \in U_\alpha$, 因此, 由引理 f 有不动点.

练 习

A.2.1. 作为 X 的一个稠密子集, 证明 Hausdorff 空间 X 的单点紧化是一个紧 Hausdorff 空间.

A.2.2. 证明定理 A.1.13.

A.2.3. 证明道路连通空间是连通的.

A.2.4. 证明定理 A.1.14.

A.2.5. 验证定义 A.1.18 后面论述所做的断言.

A.2.6. 对复向量空间证明极化公式 (类似于 (A.2.1)).

A.2.7. 证明, 如果 V 是一个 Hilbert 空间, $f \in V^*$, 则存在唯一 $v \in V$, 使得对所有 $w \in V$ 有 $f(w) = \langle w, v \rangle$ 和 $\|v\| = \|f\|$. 因此 V^* 等距同构于 V, 且 V 是自反的.

A.3. 微分流形

这一节我们给出有微分结构的流形的某些定义和结果.

a. 微分流形. [716]

定义 A.3.1. n 维拓扑流形 M 称为一个*微分流形*, 如果它被卡族 $\mathfrak{A} = \{(U_i, h_i)\}_i$ 所覆盖, 使得对 $\mathfrak{A}$ 中任何两个卡 (U_1, h_1) 和 (U_2, h_2), 其中 $h_i : U_i \to B_i \subset \mathbb{R}^n$, 坐标变换 $h_2 \circ h_1^{-1}$ 在 $h_1(U_1 \cap U_2) \subset B_1$ 上可微. 这里可微意指对任何 $r \in \mathbb{N} \cup \infty$ 的 C^r 可微, 或者解析. 覆盖 M 的这类卡族称为 M 的*图册*. 任何图册通过取与当前的卡相容的所有卡定义唯一*最大图册*. 称最大图册为一个*微分结构*. M 的 (k 维) *子流形* V 是一个微分流形, 它是 M 的一个子集, 使得 M 的最大图册包含卡 $\{(U, h)\}$, 对此 $U \cap V$ 上的诱导映射 $h|_{U \cap V}$ 映到 $\mathbb{R}^k \times \{0\} \subset \mathbb{R}^n$, 并对 V 定义与 V 的微分结构相容的卡. 一个重要的例子是 M 具有诱导图册的开子集 (此时

$k=n$). 函数 $f: M \to \mathbb{R}$ 称为可微的, 如果对任何卡 (U,h), $f \circ h^{-1}$ 在 $B \subset \mathbb{R}^n$ 上可微. 我们用 $C^r(M)$ 记在上述意义下的 C^r 函数集.

应该注意, 得到微分结构的方法与拓扑结构的完全不同: 后者是先验给定的, 而微分结构是从 $\mathbb{R}^n$ 通过在卡上的相容性条件得到的.

$\mathbb{R}^n$ 是以恒同作为卡的一个光滑流形, 因为它们是它的开子集. 一个有趣的例子是将 $n \times n$ 矩阵的线性空间视为 $\mathbb{R}^{n^2}$ 得到. 于是条件 $\det A \neq 0$ 定义一个开集, 因此是一个流形, 如我们熟悉的 $n \times n$ 可逆矩阵的一般线性群 $GL(n,\mathbb{R})$. $\mathbb{R}^n$ 中的简单光滑曲线和曲面是流形: 参数化的任何局部片给出一个卡 (它的逆). 特别地, 标准球面是一个流形 (作为卡可取半球到坐标平面的 6 个平行投射或者球面减去一个极的球极平面投影). 嵌入环面 (油炸圈饼) 通过参数化的任何片是一个流形. (注意, 非光滑曲线也可看作为光滑流形, 例如, 具有角的简单曲线 (如 "⌟") 同胚于 $\mathbb{R}$, 所以这一单个大范围卡定义了一个微分结构. 当然, 这个结构与环绕流形不相容, 所以这个例子不是 $\mathbb{R}^n$ 的光滑子流形.) 由方程定义的流形, 即到 $\mathbb{R}$ 或 $\mathbb{R}^m$ 的光滑函数对应于正则值的等位集是流形的一个有趣一般类. 卡由隐函数定理提供. 例子是 $\mathbb{R}^n$ 中的球面以及具有单位行列式的 $n \times n$ 矩阵的特殊线性群 $SL(n,\mathbb{R})$. 将 $n \times n$ 矩阵的空间看作为 $\mathbb{R}^{n^2}$, 我们得到作为由方程 $\det A = 1$ 定义的流形 $SL(n,\mathbb{R})$. 可以验证 1 是这个行列式的一个正则值. 因此, 这是一个由一个方程定义的流形. 由几个方程定义流形的例子有满足 $AJA^t = J$
[717] 的矩阵 A 的辛群, 其中 $J = \begin{pmatrix} 0 & \mathrm{Id} \\ -\mathrm{Id} & 0 \end{pmatrix}$, 以及满足 $AA^t = \mathrm{Id}$ 的 A 的正交群. 上述所有例子都是构造子流形的例子. 反之, 每个光滑流形可按定义 A.3.3 后面描述的方法看作为 $\mathbb{R}^n$ 的子流形.

等化空间也可以是光滑流形, 例如, 单位圆视为 $\mathbb{R}/\mathbb{Z}$, 环面视为 $\mathbb{R}^n/\mathbb{Z}^n$, 或者双曲平面的紧因子. 显然在每个情形给出这些空间的卡, 其拓扑流形的结构是光滑相容的. 反之, 流形上的光滑结构总是提升到任何覆盖上的一个光滑结构. 在流形上分析的一个重要结果是 (利用我们的第二可数性假设, 即存在拓扑可数基), 每个光滑流形允许有如下定义的单位分解, 后面将用它定义流形的体积元素.

定义 A.3.2. 单位分解是一个集族 $\{(U_i, \psi_i)\}_{i \in I}$, 其中 $\{U_i\}$ 是一个局部有限开覆盖, $\psi_i \in C^\infty(M)$ 非负且在 U_i 中有紧支集, 使得 $\sum_i \psi_i = 1$. 说它从属于一个覆盖 $\{O_j\}_{j \in J}$, 如果每个 U_i 包含在某个 O_j 内.

当然, 函数的导数可以按坐标计算. 但是也存在利用局部线性结构定义它的一个不变方法, 即用切向量. 这由微分确切地得到:

定义 A.3.3. 设 M 是一个 C^∞ 流形, 以及 $p \in M$. 考虑曲线 $c:(a,b)\to M$, 其中 $a<0<b$, 具有性质: 对一个 (从而任何) 卡 (U,h) 和 $p\in U$, $h\circ c$ 在 0 可微. 每条这种曲线通过导子 (即满足积规则的算子) $f\mapsto \left.\dfrac{d}{dt}\right|_0 f\circ c$ 作用在 $C^\infty(M)$ 上. 许多不同曲线诱导相同的导子, 我们将这样的两条曲线等同. 按照这个方法得到 (在 p) 的这些等价类空间也是在 p 的导子空间, 它有线性结构 (因为每个导子是一个实值函数), 从而有维数 n. 称它为 M 在 p 的**切空间**, 记为 T_pM. 注意, 导子是一个由 $c:(a,b)\to M$ 通过 $\dot c(0)$ 或 $\left.\dfrac{d}{dt}\right|_0 c$ 诱导的切向量. 给定一个特殊卡 (U,h), 通过取 $\mathbb{R}^n$ 的标准基 $\{e_1,\cdots,e_n\}$ 并令 $\dfrac{\partial}{\partial x^i}:=\dot c_i(0)$ 定义 T_pM 的标准基, 其中 $c_i(t)=h^{-1}(h(p)+te_i)$. 定义 M 的**切丛**为满足 $\pi(T_pM)=\{P\}$ 的典范投射 $\pi:TM\to M$ 的切空间的不相交并 $TM:=\bigcup\limits_{p\in m}T_pM$. 于是 M 的任何卡 (U,h) 通过取 $H(p,v):=(h(p),(v^1,\cdots,v^n))\in\mathbb{R}^n\times\mathbb{R}^n$ 诱导一个卡 $\left(U\times\bigcup\limits_{p\in U}T_pU,H\right)$, 其中 v^i 是 $v\in T_pM$ 关于 T_pM 的基 $\left\{\dfrac{\partial}{\partial x^1},\cdots,\dfrac{\partial}{\partial x^n}\right\}$ 的系数. 因此, TM 本身是一个微分流形. 向量场是满足 $\pi\circ X=\mathrm{Id}_M$ 的映射 $X:M\to TM$, 就是说, 对每个 p, 在 p 指定 X 的一个切向量. 我们用 $\Gamma(M)$ 记 M 上的光滑向量场空间. 因此, 作为导子, 向量场作用在函数上. 我们将它记为 vf 或 $v(f)$. 后面我们将看到 $\pounds_v w:=[v,w]:=vw-wv$ 是一个导子, 即向量场, 我们称 $[v,w]$ 为 v 和 w [718]
的 **Lie 括号**, $\pounds_v$ 为 **Lie 导数**.

现在我们可定义微分结构的态射:

定义 A.3.4. 设 M 和 N 是两个微分流形. 映射 $f:M\to N$ 称为是**可微的**, 如果对 M 和 N 的任何卡 (U,h) 和 (V,g), 映射 $g\circ f\circ h^{-1}$ 在 $h(U\cap f^{-1}(V))$ 上可微. 作用在导子上的可微映射 f 将曲线 $c:(a,b)\to M$ 映到 $f\circ c:(a,b)\to N$. 可微性意味着诱导相同导子的曲线有诱导相同导子的像. 因此我们定义 f 的微分为映射 $Df:TM\to TN$, $\left.\dfrac{d}{dt}\right|_0 c\mapsto \left.\dfrac{d}{dt}\right|_0 f\circ c$, 在 p 的微分 (或导数) $D_pf=Df|_p$ 是在 T_pM 上的限制. **微分同胚**是具有可微逆的可微映射. 两个流形 M,N 称为**微分同胚或微分同胚等价**, 当且仅当存在微分同胚 $M\to N$. 流形 M 在流形 N 中的**嵌入**是 M 映上到 N 的子流形 V 的微分同胚 $f:M\to V$. 我们经常滥用术语, 将 M 的开子集到 M 的嵌入认为是一个 (**局部**) **微分同胚**. 流形 M 到流形 N 的**浸入**是一个到 N 的开子集的可微映射 $f:M\to V$, 它的微分处处是单射.

显然微分同胚的流形是同胚的. 但是, 其逆不真. 存在 "怪球" 和其他流形, 它们的微分结构不微分同胚于通常的微分结构. 注意, 浸入不需要是单射, 例如, $\mathbb{R}^2$ 中的单位圆是一条浸入直线. 但是即使单射浸入流形也可以不是拓扑子流形. 例如, 流的非平凡轨道是浸入直线, 但是非平凡的回复轨道 (例如 $\mathbb{T}^2$ 上具有无理数斜率的线性流的轨道) 的浸入拓扑与由环绕空间诱导的拓扑不同. 尽管如此, 我们还是将这样的对象看作为浸入子流形.

我们知道, 任何光滑流形可光滑嵌入 Euclid 空间, 所以, 每个光滑流形事实上微分同胚于 $\mathbb{R}^n$ 的子流形.

下面我们简要地回顾可微映射空间中的常用拓扑. 首先对可微映射自然存在 C^1 拓扑. 在紧光滑流形 M 情形, 它可描述如下: 在 M 上通过固定一个 Riemann 度量 (见 A.4 节), 利用纤维中诱导的 Euclid 度量提升它到切丛, 并考虑 C^1 可微映射空间到单位切丛 $\{v \in TM \| \|v\| = 1\}$ 上的限制的一致度量. 另一个方法可用坐标邻域的有限集覆盖 M, 并在所有卡上取通常的 C^1 距离的上确界. 这个方法可立刻推广到对任何 $r \in \mathbb{N}$ 的 C^r 拓扑. 利用射式空间也可将第一个定义推广, 但我们不准备在这里对射式作任何详细讨论 (见 6.6a 节). σ 紧流形的 C^r 拓扑
[719] 可通过考虑在紧子集上的限制定义. 由反函数定理, 微分同胚组成一个 M 到它自己的 C^r 映射空间 $C^r(M,M)$ 的一个开集 $\operatorname{Diff}^r(M)$, 因此不像同胚情形我们有 $C^r(M,M)$ 的一个自然的诱导拓扑. 用 C^r 拓扑允许我们在 Banach 空间中局部模拟 $\operatorname{Diff}^r(M)$. 即给定一个 $f \in \operatorname{Diff}^r(M)$, 它的任何一个邻近 $g \in \operatorname{Diff}^r(M)$ 可用

$$g = (\exp v) \circ f$$

刻画, 其中 v 是与点 $x \in M$ 相应的 C^r 映射, 切向量 $v(x) \in T_{f(x)}M$, exp 是 5.3d 节第一次提到并在 (9.5.1) 严格讨论过的指数映射. 由于这样的 v 形成一个 Banach 空间, 故可证明在 Banach 空间上给出模拟 $\operatorname{Diff}^r(M)$ 的局部卡. 但我们并不追求这个方法.

C^∞ 拓扑是接下来的 $\operatorname{Diff}^\infty(M)$ 上的拓扑, 它由所有 C^r 拓扑的收敛性得到. 不像 C^r 拓扑, 这个拓扑不是一个范数拓扑, 所以 $\operatorname{Diff}^\infty(M)$ 在 Banach 空间中不可局部模拟. 这是某些分析困难的根源, 例如当我们试图利用不动点定理时.

我们也关心实解析拓扑, 它出现在 Poincaré–Siegel 定理 2.8.2 的证明中. 在最简单的情形, 当问题中的流形是一个区域 $D \subset \mathbb{R}^n$ 且考虑实解析映射 $f : D \to \mathbb{R}^n$ 时, 我们将 f 扩展到 $\mathbb{C}^n$ 中 D 的 ρ 邻域内的一个全纯映射, 并考虑 D 中关于全纯映射的一致拓扑. 这个结构可扩展到解析流形, 但我们不需要它.

当将上面的讨论转到流情形时有一个重要的说明. 对 $r \geqslant 1$, 存在对于流的两个不同 C^r 拓扑. 直接的是通过考虑 C^r 流作为一个 C^r 映射 $M \times \mathbb{R} \to \mathcal{M}$, 并利用这些映射空间诱导的 C^r 拓扑得到. 对 $r = 0$ 这是唯一的可能. 对 $r \geqslant 1$ 我

们可以另外考虑产生流的向量场. 对 $r \geqslant 1$, C^r 流由 C^{r-1} 向量场产生, 但也可以不由 C^r 向量场产生. 反之, 存在不产生 C^{r+1} 流的 C^r 向量场. C^r 向量场的空间 $\Gamma^r(TM)$ 是一个具有给定自然 Banach 结构的线性空间, 例如, 在由 Riemann 度量诱导范数的紧 Riemann 流形上的 C^1 向量场情形.

现在我们定义 "叶层", 它是浸入子流形的适当凝聚族. 这个概念与有双曲结构的动力系统理论的背景有关.

定义 A.3.5. 假设 M 是一个微分流形, $X \subset M$. 光滑单射浸入的流形 $\{N_\alpha\}_{\alpha \in A}$ (称为叶) 的族 $\mathcal{N}$ 称为 X 上的一个*叶层*, 如果 $\alpha \neq \beta$ 时 $N_\alpha \cap N_\beta = \varnothing$, $X \subset \bigcup_\alpha N_\alpha$, 且对每个 $x \in X$ 存在邻域 U 和同胚 $h: U \to \mathbb{R}^n$, 使得对某个 $y \in \mathbb{R}^{n-k}$, h 映 $\bigcup_\alpha N_\alpha \cap U$ 的连通分支到 $h(U) \cap (\mathbb{R}^k \times \{y\}) \subset \mathbb{R}^n$.

下面是一个更好了解的叶层概念的弱化, 其中 $X = M$, 假设 h 光滑. 特别地, 叶层是 M 到光滑单射浸入子流形的分割. 这里我们仅对子集 X 的点得到子流形. 有时将 Anosov 微分同胚或流的稳定和不稳定叶族看作为叶层, 尽管 h 在此时通常不是光滑的. [720]

由常微分方程解的存在唯一性和光滑依赖性定理, M 上的 C^1 向量场诱导一个局部流, 即对每一点 $p \in M$, 存在曲线 $c_{v,p}: (-\varepsilon, \varepsilon) \to M$, 使得 $c_{v,p}(0) = p$ 且 $\dot{c}_{v,p}(t) := \frac{d}{dt} c_{v,p}(t) = v(c_{v,p}(t))$. 这里 ε 的选择可连续依赖于 p. 其中定义的映射 $\varphi_v : (p,t) \mapsto \varphi^t(p) := c_{c,p}(t)$ 与 v 一样光滑. 由 ε 的连续性它在任何紧流形上有界, 因此由群性质 $c_{v,p}(t+s) = c_{v(c_v,p(t)), c_{v,p}(t)}(s)$(此由唯一性得到), 紧流形上的每个向量场诱导一个*完全流*, 即 φ_v^t 对所有时间有定义. 如果 φ_v^t 和 φ_w^s 分别是向量场 v 和 w 的流, 则通常的微分同胚 φ_v^t 与 φ_w^s 不可交换, 即 $\varphi_v^t \circ \varphi_w^s \neq \varphi_w^s \circ \varphi_v^t$. 如果它们可交换, 则称向量场 v 和 w *可交换*. 两个向量场 v, w 不可交换的程度用它们的 Lie 括号 $[v,w]$ 判断, 它可如 $[v,w](p) = \lim_{t \to 0} \frac{1}{t}(w - d\varphi_v^t w)(\varphi_v^t(p))$ 计算.

现在我们简单地证明这些不变的概念是如何出现在局部坐标中的. 如果 (U,h) 是一个卡, 那么我们就说在 U 上有坐标 $(x^1, \cdots, x^n)$. 对 $p \in U$, T_pM 的典范基是由曲线 $c_i(t) := h^{-1}(h(p) + te_i)$ 诱导的导数 $\partial/\partial x^i$ 集, 其中 e_i 是 $\mathbb{R}^n$ 中第 i 个标准基向量. 于是切向量 $v \in T_pM$ 可以写为 $v = \sum_{i=1}^n v^i \partial/\partial x^i$, 而且如果 $f: M \to \mathbb{R}$ 光滑, 则 $vf = \sum_{i=1}^n v^i \partial(f \circ h^{-1})/\partial x^i$. 因此 TM 的诱导坐标是 $(x^1, \cdots, x^n, v^1, \cdots, v^n)$, 其中 v^i 是刚才定义的分量. 同样, 向量场局部地由表示

$v(p)=\sum_{i=1}^{n}v^i(p)\partial/\partial x^i$ 给出, 它是光滑的当且仅当 v^i 光滑. 为了看到这一点, 注意两个向量场 v,w 的 Lie 括号定义一个导子, 即以局部坐标计算的向量场. 就是说, 记 $v=\sum_{i=1}^{n}v^i\partial/\partial x^i$, $w=\sum_{i=1}^{n}w^i\partial/\partial x^i$, 又为方便起见, 将 $f\circ h$ 记为 f. 于是利用二阶偏导数可交换的 H. A. Schwarz 定理, 得到

$$\begin{aligned}(vw-wv)f&=v\sum_{i=1}^{n}w^i\frac{\partial f}{\partial x^i}-w\sum_{i=1}^{n}v^i\frac{\partial f}{\partial x^i}\\&=\sum_{i,j=1}^{n}v^j\frac{\partial w^i}{\partial x^j}\frac{\partial f}{\partial x^i}+\sum_{i,j=1}^{n}v^jw^i\frac{\partial^2 f}{\partial x^i\partial x^j}\\&\quad-\sum_{i,j=1}^{n}w^j\frac{\partial v^i}{\partial x^j}\frac{\partial f}{\partial x^i}+\sum_{i,j=1}^{n}v^iw^j\frac{\partial^2 f}{\partial x^j\partial x^i}\\&=\sum_{i,j=1}^{n}\left(v^j\frac{\partial w^i}{\partial x^j}-w^j\frac{\partial v^i}{\partial x^j}\right)\frac{\partial f}{\partial x^i},\end{aligned}\tag{A.3.1}$$

[721] 即 $[v,w]$ 事实上是由 $v^j\dfrac{\partial w^i}{\partial x^j}-w^i\dfrac{\partial v^j}{\partial x^i}$ 局部给出的向量场. 特别地, $[\partial/\partial x^i,\partial/\partial x^j]=0$. 不难用局部坐标验证 Lie 括号的几个重要性质. 首先, 由定义明显地有 $[v,w]=-[w,v]$, $[\cdot,\cdot]$ 是 $\mathbb{R}$ 双线性的, 即有 $[\alpha v+\beta w,z]=\alpha[v,z]+\beta[w,z],\alpha,\beta\in\mathbb{R}$. 其次, 注意, 对作为系数的函数, 利用类似于上面的坐标计算, 得到 $[fv,gw]=fg[v,w]+f(vg)w-g(vf)w$. 特别地, 这意味着 (对 $f\equiv 1$) 这个 Lie 导数是一个导子, 即满足积规则 $\pounds_v(gw)=g\pounds_vw+\pounds_vgw$. 此外, 存在基本的 Jacobi 恒等式

$$[v,[w,z]]+[w,[z,v]]+[z,[v,w]]=0.\tag{A.3.2}$$

这是坐标下的简单形式. 就是说, 从 (A.3.1) 我们知道其中仅出现一阶导数, 所以可通过去掉所有高阶导数使得计算简化. 由对称性剩余项可去掉. 另外记 $[v,w]=vw-wv$, 因此, 展开 (A.3.2) 即可看到所有项被去掉.

流形之间的可微映射的微分也可在局部坐标下简单地计算: 如果 $f:M\to N$, $(U,h),(V,k)$ 分别是围绕 $p\in M$ 和 $f(p)\in N$ 的局部卡, 那么 f 在 p 的导数由映射 $k\circ f\circ h^{-1}$ 在 Euclid 空间关于标准基的偏导数矩阵表示.

b. 张量丛. 切丛是下面定义的一个简单例子.

定义 A.3.6. 对具有群 G 结构的可微向量丛, M (底空间) 上的 $GL(m,\mathbb{R})$ 的子群是一个流形 P, 称为全空间或丛空间, 使得投射 $\pi:P\to M$ 可微, 此外局部地 $P=M\times\mathbb{R}^m$, 即每一点 $x\in M$ 有邻域 U, 使得存在微分同胚 $h:\pi^{-1}(U)\to$

$U\times\mathbb{R}^m, u\mapsto(\pi(u),\varphi(u))$, 令两个这种邻域的交 $U_1\cap U_2$ 中任一点 x 被 G 的元素平凡区分. 子丛或分布是一个丛, 其纤维包含在 P 的纤维内. 对两个分布 E,F, 定义 Whitney 和 $E+F$ 为满足 $(E+F)_p=E_p+F_p$ 的分布. 如果这个和是 (逐点) 直和, 则用 "$\oplus$" 记之, 即对所有 $p\in M$ 有 $E_p\cap F_p=\{0\}$. P 的截面是满足 $\pi\circ v=\mathrm{Id}_M$ 的映射 $v:M\to P$.

例子. M 的切丛 TM 就是这个形式: 其中 m 是 M 的维数, $G=GL(m,\mathbb{R})$ 通过基的坐标变换诱导切纤维中的线性坐标变换作用. 截面是向量场. 如果在 M 上存在一个非零向量场, 那么它在每一点张成的一维子空间定义一个一维分布.

注意, 微分流形 TM 依次有切丛 TTM. 这是一个重要对象. 因为一方面, 它
允许我们可对向量场微分. 另一方面, 经典力学中所包含的二阶常微分方程和二 [722]
阶导数的自然设置就是二次 (或二重) 切丛 TTM.

二次切丛 TTM 显然是 TM 上的一个向量丛. 然而, 事实上它也是 M 上的向量丛. 为此注意, M 中的坐标变换通过 M 中的坐标变换的线性部分由再次确定的坐标变换改变 TTM 中的坐标. 在 Riemann 流形的设置中我们将回到这个事实.

由切空间中的线性结构出现的线性对象不同于向量和线性映射 (例如, 微分). 就是说, 通常重要的是要考虑多重线性映射. 最容易的例子, 以及砌块, 是一次微分形式.

定义 A.3.7. 用 T^*M 记由线性映射 (余向量) $T_pM\to\mathbb{R}$ 的空间 $T_p^*M=(T_pM)^*$ 组成的余切丛. T_p^*M 的截面称为一次微分形式. 多重线性映射 $\underbrace{T_p^*M\oplus\cdots\oplus T_p^*M}_{k\text{ 次}}\oplus\underbrace{T_pM\oplus\cdots\oplus T_pM}_{l\text{ 次}}\to\mathbb{R}$ (即, 每个元素线性无关) 称为 (k,l) 型张量. 从 $TM\otimes\cdots\otimes TM\otimes T^*M\otimes\cdots\otimes T^*M=(TM)^{\otimes k}\otimes(TM)^{\otimes l}$ 的截面是一个 (k,l) 型张量场 (或张量). 一个张量称为光滑的, 如果它在光滑向量场和光滑余向量场中的值定义一个光滑函数 (或者, 如果它的系数在局部坐标下光滑).

因此向量是 $(1,0)$ 型张量, 一次微分形式是 $(0,1)$ 型张量, 定义 A.4.4 中定义的 Riemann 度量是 $(0,2)$ 型张量. T_pM 上的一次微分形式的空间的基由形式 dx^i, 即由坐标函数 x^i 的导数给出: $dx^i(\partial/\partial x^j)=\delta^i_j:=\begin{cases}0, & \text{若 } i\neq j,\\ 1, & \text{若 } i=j.\end{cases}$ 函数 f 的导数是一次微分形式 $Df(v):=vf=\displaystyle\sum_{i=1}^n\frac{\partial f}{\partial x_i}dx^i$. 如果 T 是一个 (k,l) 型张量, 则 $T=T^{j_1,\cdots,j_k}_{i_1,\cdots,i_l}\partial/\partial x^{j_1}\otimes\cdots\otimes\partial/\partial x^{j_k}\otimes dx^{i_1}\otimes\cdots\otimes dx^{i_l}$, 其中

$T^{j_1,\cdots,j_k}_{i_1,\cdots,i_l} = T(dx^{j_1},\cdots,dx^{j_k},\partial/\partial x^{i_1},\cdots,\partial/\partial x^{i_l})$. 存在一个自然方法将 Lie 导数推广到张量. 首先它对 (1,0) 型张量 (向量场) 已定义, 对 (0,0) 型张量 (函数) 我们可定义 $\mathcal{L}_v f := vf$. 现在通过令 $\mathcal{L}_v(\xi(w)) = \mathcal{L}_v(\xi)(w) + \xi(\mathcal{L}_v w)$ 将 $\mathcal{L}_v$ 推广到 (0,1) 型张量 ξ. 同样, 可通过积规则假设 $\mathcal{L}_v(\xi\otimes\eta) = \mathcal{L}_v\xi\otimes\eta + \mathcal{L}_v\eta\otimes\xi$ 将 $\mathcal{L}_v$ 推广到任何张量场. 如果 ω 是 N 上的一个 (0,1) 型张量, $f: M\to N$ 可微, 则可在 M 上通过 $f^*\omega(v) := \omega(Dfv)$ 定义 ω 的拉回 $f^*\omega$. 自然, 这也可对 $(0,k)$ 型张量工作. 同样可将 M 中的向量通过 Df 送到 N, 但是这仅当 f 是单射 (如果 $f(p) = f(q)$, 而且 v 是一个向量场使得 $Dfv(p) \neq Dfv(q)$, 则在 $f(M)$ 上存在没有定义的向量场 “f_*v”) 时才能将向量场送到向量场. 然而, 如果 f 是一个微分同胚, 这没有问题. 利用拉回, $(0,k)$ 型张量的 Lie 导数可通过由向量场 v 定义的流 φ^t 写为

$$\mathcal{L}_v w = \lim_{t\to 0}\frac{1}{t}((\varphi^t)^*\omega - \omega)$$

[723] 来计算. 任何 (k,l) 型张量的 Lie 导数可类似计算.

一个重要的特殊张量类是交错张量:

定义 A.3.8. 线性空间上的 $(0,k)$ 型张量 ω 称为*交错张量*或 *(外) 形式*, 如果对某个 $i\neq j$, $v_i = v_j$ 时 $\omega(v_1,\cdots,v_k) = 0$. 一个 $(0,k)$ 型张量场称为是交错的, 如果它在每一点是交错的, 交错的 $(0,k)$ 型张量场称为 *k 次微分形式*, *k 次微分形式*空间记为 $\Gamma\left(\bigwedge^k T^*M\right)$. 类似于矩阵的非对称部分, $(0,k)$ 型张量的交错部分 $\mathcal{A}\lambda$ 由 $\mathcal{A}\lambda = \dfrac{1}{k!}\sum\limits_{\pi\in S_k}\operatorname{sgn}\pi\eta\circ\pi$ 定义, 其中 π 置换元素, $\operatorname{sgn}\pi$ 是它的符号, 即 π 是奇数时它是 -1, 否则是 1. 因此 $\mathcal{A}$ 是 $(T^*M)^{\otimes k}$ 到 $\bigwedge^k T^*M$ 的一个投射. 我们用

$$\omega\wedge\eta := \frac{(k+l)!}{k!l!}\mathcal{A}(\omega\otimes\eta)\in\bigwedge^{k+1}T^*M$$

定义 $\omega\in\bigwedge^k T^*M$ 和 $\eta\in\bigwedge^l T^*M$ 的*楔积*或*外积*. $\Gamma\left(\bigwedge^k T^*M\right)$ 的非零元素称为体积元, 两个体积元 Ω,Ω' 等价, 如果对某个 $f\in C^\infty(M), f>0$ 有 $\Omega' = f\Omega$. 体积形式的一个等价类称为 M 的*定向*, M 称为是*可定向的*, 如果 M 上存在一个定向.

利用这些定义得到下面的标准事实: $\omega\wedge\eta$ 关于 ω 和 η 是 $\mathbb{R}$ 双线性的, $\eta\wedge\omega = (-1)^{kl}\omega\wedge\eta$ (因此对奇数 k, $\omega\wedge\omega = 0$), $f^*(\omega\wedge\eta) = (f^*\omega)\wedge(f^*\eta)$, 以及 $\omega\wedge(\eta\wedge\lambda) = (\omega\wedge\eta)\wedge\lambda =: \omega\wedge\eta\wedge\lambda$. $\bigwedge^k T^*_pM$ 的基由 $\{dx^{i_1}\wedge\cdots\wedge dx^{i_k}|1\leqslant i_j\leqslant n\}$ 给出, 其中 $\{dx^i|1\leqslant i\leqslant n\}$ 是 $\{\partial/\partial x^i|1\leqslant i\leqslant n\}$ 的对偶基. 因此 $\dim\bigwedge^k T^*_pM =$

$\binom{n}{k}$. 事实上, $\beta^1\wedge\cdots\wedge\beta^k\neq 0$, 当且仅当 $\{\beta^1,\cdots,\beta^k\}\subset T_p^*M$ 线性无关.

一个流形可定向当且仅当 $\Gamma\left(\bigwedge^n T^*M\right)$ 在 $C^\infty(M)$ 中是一维的. (即存在体积, 因此维数至少是 1, 对两个体积元 Ω 和 Ω' 函数 $\varphi:=\Omega'/\Omega$ 有定义, 因为 $\Gamma\left(\bigwedge^k T_p^*M\right)$ 是一维的, 而且也光滑.) 我们也可以验证可定向性等价于定向图册的存在性, 即对图册中的任何两个卡 h,h', $h\circ h'$ 保持 $\mathbb{R}^n$ 的定向. 在紧流形上积分体积形式可给出全体积. 这可通过卡如下进行: 对 $\mathbb{R}^n$ 中的任何体积 $\Omega=\Omega_{1,\cdots,n}dx^1\wedge\cdots\wedge dx^n$ 定义 $\int\Omega:=\int\Omega_{1,\cdots,n}dx^1\cdots dx^n$. 对保定向的微分同胚 f 得到 $\int f^*\Omega=\int\Omega$. 因此, 可通过取从属于卡 (V_i,h_i) 的覆盖的单位分解 $\{U_i,\psi_i\}$ 定义 $\int\Omega$, 以及定义 $\int\Omega:=\sum_i f(h_i)_*(\psi_i\Omega)$, 而且通过卡的这个定义与坐标无关.

c. 外微分. 接下来我们研究外微分形式的演算, 也称它为外演算.

定义 A.3.9. 外导数 $d:\Gamma\left(\bigwedge^k T^*M\right)\to\Gamma\left(\bigwedge^{k+1}T^*M\right)$ (对任何 k) 由下面 [724]
公理定义 (它唯一确定 d): 对函数 $df=Df$, d 是 $\mathbb{R}$ 线性的, 且 $d(\omega\wedge\eta)=d\omega\wedge\eta+(-1)^k\omega\wedge d\eta$, $d\circ d=0$, 另外 d 是局部定义的, 即如果两个形式在一个开集 O 上重合, 则它们的导数也在 O 上重合.

对维数用归纳法, 我们看到这是有定义的. 就是说, 如果 $\omega=\varphi d\psi^1\wedge\cdots\wedge d\psi^k$, 则必有 $d\omega=d\varphi\wedge d\psi^1\wedge\cdots\wedge d\psi^k$. 最后这个性质也递归地满足, 因为它对函数成立: $dd\varphi=\sum_{i,j=1}^n(DD\varphi)_{ij}dx^i\wedge dx^j=\frac{\partial^2\varphi}{\partial x^i\partial x^j}dx^i\wedge dx^j=0$. 此外 d 与拉回和 Lie 导数可交换: $f^*d\omega=d(f^*\omega)$(又如果 f 是一个微分同胚则 $f_*d\omega=d(f_*\omega)$), 以及当 $d\mathcal{L}_v=\mathcal{L}_v d$ 时 $\mathcal{L}_v(\omega^1\wedge\cdots\wedge\omega^k)=\mathcal{L}_v\omega^1\wedge\cdots\wedge\omega^k+\cdots+\omega^1\wedge\cdots\wedge\mathcal{L}_v\omega^k$.

有时为了方便, 我们利用 ω 与向量 v 的压缩记号 $v\lrcorner\omega:=\omega(v,\cdot,\cdots,\cdot)$. 这是 $\mathbb{R}$ 线性的, 且关于 v 是 $C^\infty(M)$ 线性的. 此外, $v\lrcorner(\omega\wedge\eta)=(v\lrcorner\omega)\wedge\eta+(-1)^k\omega\wedge(v\lrcorner\eta)$ 和 $v\lrcorner df=\mathcal{L}_vf$, 以及

$$\mathcal{L}_v\omega=v\lrcorner d\omega+d(v\lrcorner\omega).\tag{A.3.3}$$

最后, 对任何微分同胚 f 有 $f^*v\lrcorner f^*\omega=f^*(v\lrcorner\omega)$ 和 $f_*v\lrcorner f_*\omega=f_*(v\lrcorner\omega)$.

与微分形式相应的是以下面概念和定理为基础的上同调论:

定义 A.3.10. 称 $\omega \in \Gamma\left(\bigwedge^k T^*M\right)$ 是闭的, 如果 $d\omega = 0$; 是恰当的, 如果对某个 $\eta \in \Gamma\left(\bigwedge^{k-1} T^*M\right)$ 有 $\omega = d\eta$.

由于 $d^2 = 0$, 每个恰当形式是闭的. 其逆局部地也成立:

定理 A.3.11 (Poincaré 引理). *如果 ω 是闭的, 则对所有 $p \in M$ 存在 p 的邻域 U, 在这个邻域内 ω 是恰当的.*

证明. 我们利用同伦技巧 (见定理 5.1.27, 5.5.9): 假设 $p = 0 \in \mathbb{R}^n$ 并令 $v_t(x) = x/t$. 对 $t > 0$ 由 v_t 产生流 $\varphi^t(x) = tx$, 所以由于 $d\omega = 0$, $d/dt(\varphi^t)^*\omega = (\varphi^t)^* \mathcal{L}_{v_t}\omega = (\varphi^t)^*(d(v_t \lrcorner \omega)) = d((\varphi^t)^*(v_t \lrcorner \omega))$, 且 $\omega - (\varphi^{t_0})^*\omega = d\int_{t_0}^1 (\varphi^t)^*(v_t \lrcorner \omega) \cdot dt \xrightarrow{t_0 \to 0} d\int_0^1 (\varphi^t)^* v_t \lrcorner \omega dt =: d\eta$. 这个极限存在, 因为 $(\phi^t)^*(v_t \lrcorner \omega)_x(w_x) = \omega_{tx}(x/t, tw_x) = \omega_{tx}(x, w_x)$. □

对紧流形, 公认的上同调论是 de Rham 上同调: k 维上同调群是 k 次闭微分形式空间关于 k 次恰当微分形式空间的因子. 由 Poincaré 引理这是一个有限维向量空间. 它自然与流形具实系数的 k 维同调群 (见 A.7 节) 对偶. 它也具有由楔积诱导的自然乘性结构.

为了得到这个对偶性需要定义微分形式的积分. 为此首先注意, k 次微分形式在浸入 k 维单形上的积分可定义为拉回关于这个浸入的积分. 由变量变换公式这仅依赖于这个浸入的像. 微分形式的积分的一个有用结果是 Stokes 定理:

[725] **定理 A.3.12.** *如果 M 是一个 n 维流形, 可能带边界, ω 是 M 上的一个 $n-1$ 次微分形式, 那么 $\int_M d\omega = \int_{\partial M} \omega$.*

特别地, 在任何无边界的流形上恰当微分形式的积分为零. 现在任何 k 维浸入子流形可分割为 (直到相差交叠边界) k 维浸入单形 (三角剖分), 所以 k 次微分形式在浸入 k 维子流形上的积分可定义 (这再次与这个三角剖分无关). 特别地, k 次微分形式可在 k 维嵌入闭链上 (见 A.7 节) 积分. 较方便的是将闭链想象为嵌入无边界流形, 事实上由 Stokes 定理这些积分仅依赖于这个微分形式的上同调类. 另一方面, 对给定的微分形式这些积分仅依赖于这个闭链的 (具有实系数) 同调类, 因为两个同调流形组成流形的边界. 这给出微分形式的 de Rham 上同调与流形的单纯同调之间的对偶.

我们将有机会调用与上面结果相关的下面结果:

引理 A.3.13. *在 n 维流形上积分为零的 n 次微分形式是恰当的.*

d. 横截性. 在光滑流形上我们有一个 “零测度” 的自然概念, 因为如果一个集合在一个卡上的像有零测度, 那么它对任何卡也同样成立. 如果 $f: M \to N$ 是一个可微映射, 称 $x \in N$ 为正则值, 若对所有 $y \in f^{-1}(\{x\})$ 微分 Df_y 有最大秩, 即它的秩是 $\min(\dim M, \dim N)$. 不然, 称 x 为奇异值.

定理 A.3.14 (Sard 定理). 如果 $f \in C^\infty(M, N)$, 那么 f 的奇异值集合的 Lebesgue 测度为零.

定理的一个含意是由隐函数定理, 光滑 f 的几乎任何值都有流形作为等位集. 这个定理是局部的, 因为我们可取 M 为某个流形内一点的邻域. Sard 定理是横截性理论中的一个核心结果.

定义 A.3.15. 设 M 是一个光滑流形, $K, N \subset M$ 是光滑子流形. 称 K 和 N 在 $x \in M$ 是横截的, 如果 $x \notin K \cap N$ 或者 $T_xK + T_xN = T_xM$. 我们记为 $K \pitchfork_x N$. 特别地, 如果 $\dim K + \dim N = \dim M$ 和 $x \in K \cap M$, 则后一个条件等价于 $T_xK \cap T_xN = \{0\}$.

我们说 K 和 N (彼此) 横截, 记为 $K \pitchfork N$, 如果对所有 $x \in K \cap N$ 有 $K \pitchfork_x N$. 若 K 和 N 是带边界流形 (见定义 A.1.15), 说它们是横截的, 如果 (无边界) 流形 $\partial K, K \backslash \partial K, \partial M, M \backslash \partial M$ 在上面意义下两两横截.

横截性是一个 C^1 开性条件:

命题 A.3.16. 在 C^1 拓扑下横截相交是稳定的.

首先我们注意, 横截相交可带来 “规范形”:

引理 A.3.17 (适应坐标). 如果在 M 中 $K \pitchfork_x N$, $x \in K \cap N$, $k = \dim K, n = \dim N, m = \dim M$, 那么存在 x 的邻域 U 和 U 中的坐标 $(x_1, \cdots, x_m)$, 使得在这些坐标下 [726]

$$K \cap U = \{(x_1, \cdots, x_m) | x_{k+1} = \cdots = x_m = 0\}$$

和

$$N \cap U = \{(x_1, \cdots, x_m) | x_1 = \cdots = x_{m-n} = 0\}.$$

证明. 将 $T_xK \cap T_xN$ 的基扩展到 T_xK 的基和 T_xN 的基, 得到 x 邻域 U 内的局部坐标 $\psi: U \to \mathbb{R}^m$, 在此坐标下 $D_x\psi T_xK = \{v \in \mathbb{R}^m | v_{k+1} = \cdots = v_m = 0\}$ 和 $D_x\psi T_xN = \{v \in \mathbb{R}^m | v_1 = \cdots = v_{m-n} = 0\}$. 因此可在缩小 U 后存在 $\varphi: \mathbb{R}^k \to \mathbb{R}^{m-k}$, 使得 $\psi(K \cap U) = \operatorname{graph} \varphi$. 于是 $\phi: (x_1, \cdots, x_m) \mapsto (x_1, \cdots, x_m) - (0, \cdots, 0, \varphi(x_1, \cdots, x_k))$ 按要求有 $\phi \circ \psi$ 表示 K 的效应. 类似地, “直化”N 得到引理结论. □

命题的证明. 我们利用隐函数定理. 由于这个问题是一个局部问题, 通过适应坐标, 并注意 K 和 N 的 C^1 扰动 K' 和 N' 分别是映射 $\xi:\mathbb{R}^k\times\{0\}\to\mathbb{R}^{m-k}$ 和 $\eta:\{0\}\times\mathbb{R}^n\to\mathbb{R}^{m-n}$ 的图像. 这类 C^1 映射偶的空间是一个 Banach 空间 E. 因此是空间 $F=\mathbb{R}^{m-n}\times\{0\}\times\mathbb{R}^{m-k}$. 考虑映射

$$f:E\times F\to F,\quad ((\xi,\eta),(x,0,y))\mapsto(x,0,\xi(x,0,0))-(\eta(0,0,y),0,y).$$

它在 0 为零, 由横截性它在 0 沿着 F 方向的导数非奇异. 由隐函数定理得到 $x_{(\xi,\eta)}$ 和 $y_{(\xi,\eta)}$ 满足 $f((\xi,\eta),(x_{(\xi,\eta)},0,y_{(\xi,\eta)}))=0$ 或 $(x_{(\xi,\eta)},0,\xi(x_{(\xi,\eta)},0,0))=(\eta(0,0,y_{(\xi,\eta)}),0,y_{(\xi,\eta)})$. 因此 K' 和 N' 相交. 这个交是横截的, 因为在局部坐标下 K' 和 N' 的切空间是 K 和 N 的切空间的小扰动, 而且这个生成条件是开的. □

下面是引理 A.3.17 的一个直接推论:

推论 A.3.18. *如果 K 和 M 是紧横截流形 (可能有边界), 那么任何充分小的 C^1 扰动 $\widetilde{K}$ 和 $\widetilde{M}$ 也是横截的.*

定义 A.3.19. 设 $0\leqslant r\leqslant\infty$, M 是一个 C^r 流形. 称 M 的两个子流形 K_1 和 K_2 是 C^r 接近的, 如果存在 C^r 流形 K_0 和 C^r 嵌入 $f_i:K_0\to K_i$, 使得 f_1 和 f_2 是 C^r 接近的.

定理 A.3.20 (横截性定理). *设 M 是一个 m 维 C^∞ 流形, $N\subset M$ 是 n 维子流形. 那么在 k 维子流形 $K\subset M$ 中与 N 横截的子流形是 C^∞ 稠密的.*

证明. 考虑坐标邻域 U, 使得

$$N\cap U=\{(x_1,\cdots,x_n)|x_1=\cdots=x_{m-n}=0\},$$

[727] 令 T 是自然横截面,

$$T:=\{(x_1,\cdots,x_m)|x_{m-n+1}=\cdots=x_m=0\}.$$

此外, 对 $s=(s_1,\cdots,s_{m-n})$, 令

$$N^s:=\{(x_1,\cdots,x_m)|x_1=s_1,\cdots,x_{m-n}=s_{m-n}\},$$

π 为 U 沿着 $N^0=N\cap U$ 到 T 的投射, 即

$$\pi(x_1,\cdots,x_m)=(x_1,\cdots,x_{m-n},0,\cdots,0).$$

现在令 K 表示 C^∞ 嵌入 $\varphi:K_0\to M$ 的像, 以及 $\widetilde{K}_0=\varphi^{-1}(K\cap U)$. 考虑 C^∞ 映射 $\pi\circ\varphi:\widetilde{K}_0\to T$. 当点 $\{(s_1,\cdots,s_{m-n},0,\cdots,0)\}=T\cap N^s$ 是 $\pi\circ\varphi$ 的正则

值时 $(K \cap U) \pitchfork N^s$. 由 Sard 定理, 正则值集在 T 中有 Lebesgue 全测度, 因此存在任意接近于 0 的正则值. 从而存在与 K 横截的任意接近于 $N \cap U$ 的流形.

为了从这些考虑提取一个大范围结果, 首先我们取稍小的邻域 $U' \subset U$, 并取非负 C^∞ 冲击函数 ρ, 它在 U' 上等于 1, 在 U 外为零. 然后对任何 $s \in \mathbb{R}^{m-n}$ 构造一个 C^∞ 向量场, 它在 U 内为 $\rho \sum_{i=1}^{m-n} s_i \frac{\partial}{\partial x_i}$, 在 U 外为 0. 设 T_s 是由这个向量场产生的流的时间 1 映射. 对任何 $r \in \mathbb{N}$, 只要 $\|s\|$ 充分小, 微分同胚 T_s 是 C^r 接近于恒同的. 对这样的 s,

$$\widetilde{N}^s := (T_s \circ \varphi)(N)$$

C^r 接近于 N. 显然 $\widetilde{N}^s \cap U = N^s$, 因此, 如果 s 是 $\pi \circ \varphi$ 的正则值, 则 $\widetilde{N}^s$ 横截于 $K \cap U$. 现在用局部有限的坐标邻域 U_i $(i \in \mathbb{N})$ 覆盖 M, 即使得每个紧集仅与有限多个 U_i 相交. 此外, 取 $U_i' \subset U_i$ 使得 $\overline{U}_i' \subset U_i$, 且 U_i' 仍覆盖 M. 于是可用上述过程递归地产生向量 s^i 和对应的微分同胚 $T^i_{s^i}, i \in \mathbb{N}$, 使得 $\widetilde{N} := (\cdots \circ T^k_{s^k} \circ \cdots \circ T^1_{s^1})N$ (局部地这是一个有限复合) 横截于 K 而且 C^r 接近于 N. □

A.4. 微分几何

我们从简要地回到对丛的一般讨论开始. 由于向量丛 P 是一个微分流形, 它有一个切丛. 此时还存在另外一个结构:

定义 A.4.1. 在 T_uP 中称

$$V_u := \{v \in T_uP | v \text{ 是 } P \text{ 的纤维的切线}\}$$

为在 u 的铅垂子空间.

这是一个有用的概念, 因为我们现在可以微分向量场得到 TTM 上的一个向量场, 并投射到与 TM 等同的铅垂子丛, 因此在 TM 中得到一个称为原来向量场导数的新向量场. 但是为了投射到 V_u, 必须选取一个补子空间:

定义 A.4.2. TP 中的一个光滑分布 H 称为一个联络, 如果对所有 $u \in P, g \in G$ [728]
有 $T_uP = H_u \oplus V_u$ 和 $H_{ug} = g(H_u)$ (G 不变性).

联络的一般概念相当普遍且十分有用, 不过我们几乎仅在切丛中遇到它, 事实上在 Riemann 流形的讨论中, 那里它是借助微分更直接给出. 对切丛我们给出一个更易运算的定义:

定义 A.4.3. 设 M 是一个光滑流形. M 上的联络是一个 $\mathbb{R}$ 双线性映射 $\nabla: \Gamma(M)\times\Gamma(M)\to\Gamma(M)$, 满足 $\nabla_{\varphi v}w=\varphi\nabla_v w$ 和 $\nabla_v\varphi w=\varphi\nabla_v w+v(\varphi)w$. $\nabla_v w$ 称为 w 沿着 v 的共变导数. 向量场 w 沿着曲线 c 的共变导数定义为 $\nabla_{\dot c}w$. 称 w 沿着 c 是平行的, 如果 $\nabla_{\dot c}w=0$. 称曲线 c 为测地线, 如果 $\nabla_{\dot c}\dot c=0$, 即 $\dot c$ 沿着 c 平行 (没有加速度).

与上面定义相联系的简单事实是, 向量场 w 沿着 v 方向的导数是水平的, 当且仅当 $\nabla_v w=0$.

为了进行坐标计算, 令 Γ^i_{jk} 为由 $\nabla_{\partial/\partial x^j}(\partial/\partial x^k)=\sum\limits_i\Gamma^i_{jk}\partial/\partial x^i$ 定义的 Christoffel 符号. 通过坐标计算证明沿着一条曲线的共变导数有定义, 不管我们选择 $\dot c$ 的扩张如何, 它只依赖向量场沿着 c 的值. 利用 Christoffel 符号测地线方程 $\nabla_{\dot c}\dot c$ 变为

$$\ddot c^i+\sum_{jk}\Gamma^i_{jk}\dot c^j\dot c^k=0. \tag{A.4.1}$$

现在我们对出现在本书中的这些概念引入一个设置.

定义 A.4.4. Riemann 流形是一个在每个切空间上有内积 $g_p(\cdot,\cdot)=\langle\cdot,\cdot\rangle$ 的光滑依赖于基点的微分流形. Riemann 流形 (M,g) 和 (N,g') 之间的等距是满足 $f^*g'=g$ 的一个可微映射 $f:M\to N$.

注. 由于 Riemann 度量是一个 $(0,2)$ 型张量, 其光滑依赖性有很好的定义: 它可通过任何两个光滑向量场的内积是一个光滑函数来验证, 或者通过在局部卡下得到的 g 的矩阵表示验证系数的光滑性. 这个 Riemann 结构立刻给我们提供了向量的长度, 从而提供了光滑曲线的长度以及角度等概念. 通常只需长度概念就够了, 即在每个切空间定义一个范数. 这样的流形称为 Finsler 流形. 实际上, 我们通常利用 Riemann 度量作为一个辅助结构. 例如, 我们的双曲性定义是一个特殊的 (Lyapunov) Riemann 度量, 然而, 练习 6.4.1 和 6.4.2 给出的定义与 Riemann 度量 (或 Finsler 度量) 的选择无关. 在 Riemann 结构中特别有兴趣的唯一场合是我们研究测地流时.

[729] Riemann 流形上的一个自然拓扑由连接两点的曲线长度的下确界定义的长度度量给出. 由这个度量诱导的拓扑与作为拓扑流形的 Riemann 流形的拓扑重合.

每个 Riemann 流形有以下描述的自然联络.

定理 A.4.5. 如果 M 是一个 Riemann 流形, 则在 M 上存在唯一的联络 ∇, 称为 Levi–Cività 联络, 使得

(1) $\nabla_v w-\nabla_w v=[v,w]$,

(2) $u\langle v,w\rangle=\langle\nabla_u v,w\rangle+\langle v,\nabla_u w\rangle$.

证明. ∇ 由下面 Koszul 公式给出

$$2\langle v,\nabla_u w\rangle=u\langle v,w\rangle+\langle u,[v,w]\rangle+w\langle v,w\rangle+\langle w,[v,u]\rangle-v\langle w,u\rangle-\langle v,[w,u]\rangle. \quad \square$$

条件 (2) 意味着 g 是平行的, 即 $\nabla g=0$. 局部坐标计算 (练习 9.5.5) 显示, 对 Levi–Cività 联络我们的测地线方程 (A.4.1) 与由极小化长度导出的测地线方程 (9.5.5) 重合. 对任何形式的测地线方程证明 TM 中的曲线 $\dot{c}$ 是流的轨道, 它是完全的, 当且仅当 M 在定义 A.1.20 意义下是完全的, 例如, 是紧的 (Hopf–Rinow 定理). 此时的指数映射 (9.5.1) 是大范围定义的. 等距映测地线为测地线, 而且作为 (具有长度度量的) 度量空间, 它们又是 Riemann 流形的等距. 如果 $f_1,f_2:M\to N$ 是等距, M 是连通的, 而且存在 $p\in M$ 使得 $f_1(p)=f_2(p)$, 以及在 p 有 $Df_1=Df_2$, 那么 $f_1=f_2$, 就是说, 一个等距是由它在一点的导数确定. 这是因为由假设这种 p 的集合非空且是平凡闭的, 但是, 若将指数映射 (见 (9.5.1)) 考虑为一个局部参数化, 则它也是开的, 因此整个 M 是开的.

对两个其足点由唯一测地线段连接的单位切向量, 可以通过下述方式定义它们之间的距离: 利用这个测地线的长度和这两个向量之一与另一个沿着这个测地线的平行平移之间的角度的平方, 并将所得结果求平方根. 这是 (5.4.2) 的依据.

等距的一个很重要的不变量是 Riemann 流形的*截面曲率*. 一般地, Riemann 流形的*曲率张量*由 $R(u,v,w):=\nabla_u\nabla_v w-\nabla_v\nabla_u w-\nabla_{[u,v]}w$ 定义. 于是由正交向量 v 和 w 张成的二维平面 $\Pi_{v,w}$ 的截面曲率由 $K(\Pi):=\langle v,R(v,w,w)\rangle$ 定义. 用几何描述它是有用的. 称为 Gauss *曲率*的曲面的截面曲率显然就是点的函数. 对嵌入 $\mathbb{R}^3$ 中的曲面这可漂亮地解释. 就是说, 在 $p\in M$ 附近将从 M 到单位球面的映射 (Gauss 映射) 考虑作为一个法向量场. 于是在 p 的曲率是这个映射的 Jacobi. 因此, 对单位球面它是 1, 对半径为 r 的球面它是 $1/r^2$, 对鞍点形曲面它是负数, 对平面和柱面它是零. 一般地, 平面 Π 的截面曲率是局部嵌入 M 的曲面 $\exp\Pi$ 的 Gauss 曲率.

A.5. 曲面的拓扑与几何 [730]

这一节我们从各个观点回顾对紧曲面 (二维流形) 的分类. 每个可定向的紧曲面同胚于由带柄球面得到的空间. 带柄意味着去掉两个不相交的圆盘, 并将所得的两个边界圆周与柱面的边界圆周等同. 柄的个数称为这个曲面的*亏格*, 它是一个拓扑不变量. 事实上如微分流形、曲面, 直到相差微分同胚它们都由它们的亏格确定. 亏格 g 与曲面的 Euler *示性数* χ 通过 $\chi=2-2g$ 相联系. Euler 示性数可用不同方法刻画. 首先考虑曲面的三角剖分 (见定义 A.7.1), 即将一个曲面表示为具有三角形面的多面体, 设 f 是面数, e 是棱数, v 是顶点数, 则 $\chi = f - e + v$ 与这个三角剖分无关. (事实上, $\chi = \beta_2 - \beta_1 + \beta_0$, 其中 β_i 是定义 A.7.4 中的 Betti 数. 对亏格为 g 的曲面我们有 $\beta_0 = \beta_2 = 1$ 和 $\beta_1 = 2g$, 因此得到 $\chi = 2 - 2g$.) 其次, 可以考虑具有有限多个不动点的向量场 v. 于是由 Poincaré–Hopf 指标公式 (定理 8.6.6), v 的不动点指标之和是 χ. 最后, 令 $\langle \cdot, \cdot \rangle$ 是曲面上的 Riemann 度量, 以及用 $K(x)$ 记在点 x 的 Gauss 曲率. 则有

定理 A.5.1 (Gauss–Bonnet 定理). $\chi = \dfrac{1}{2\pi}\displaystyle\int K(x)d\,\mathrm{vol}$, 其中 vol 是由 Riemann 度量诱导的体积.

曲面的基本群可以用几个方法表示. 从带柄过程对 $i = 1, \cdots, g$ 得到生成子 $a_i b_i$, 其中每对对应于一个柄, 而且 $a_1 b_1 a_1^{-1} b_1^{-1} \cdots a_g b_g a_g^{-1} b_g^{-1} = \mathrm{Id}$. 这个表示也对应于在 $4g$ 百分度上作的等同得到作为等化空间的曲面. (对亏格 1 的环面, 这描述为 $\mathbb{R}^2/\mathbb{Z}^2$; 对亏格 2 的双联环面, 这类似于通过 5.4e 和 14.4b 节中给出的八边形的描述, 虽然它们的等同不同.)

回忆流形 M 上的一条单闭曲线是 M 中圆周 S^1 的同胚像, 或者等价地, 是 S^1 在连续单射 $S^1 \to M$ 下的像.

定理 A.5.2 (Jordan 曲线定理). 球面 S^2 上的单闭曲线将球面分成两个同胚于圆盘的连通分支, 即 $S^2 \backslash C = \mathcal{D}_1 \cup \mathcal{D}_2$, 其中 $\mathcal{D}_1$ 和 $\mathcal{D}_2$ 同胚于圆盘.

更一般地, 曲面的亏格可定义为互不相交的闭曲线的最大个数, 使得它们的并的补是连通的. 这是借助带柄球面对亏格描述的简易形象化.

对只有横截相交的可定向曲面上的任何两个定向闭曲线, 可以通过按照它
[731] 们在交点的切向量是否组成正的或负的定向偶计算 ± 1 来定义它们的交点指标. 这个指标实际上仅依赖于曲线的同调类, 并在 $H_1(M, \mathbb{R}) \times H_1(M, \mathbb{R})$ 上定义一个非退化的斜对称 (辛) 二次微分形式.

任何一个不是球面的可定向曲面的通有覆盖是 $\mathbb{R}^2$. 我们也可以将曲面看作为一维复流形: 球面是 Riemann 球面 $\mathbb{C} \cup \{\infty\}$, 环面是 $\mathbb{C}$ 关于格的因子, 高亏格的曲面由上半平面 $\mathbb{H} := \{z \in \mathbb{C} | \mathrm{Im}\, z > 0\}$ 或者 $\mathbb{C}$ 中的单位圆盘 $\mathbb{D}$ 作为如 5.4e 节描述的 Möbius 变换群的因子得到. Riemann 球面、$\mathbb{R}^2$ 和 Poincaré 圆盘, 它们每一个都允许有常数 Gauss 曲率 (对应地为正、零和负) 的度量以及这些递减的紧因子, 因此, 所有紧曲面允许有常数曲率的 Riemann 度量.

不可定向曲面可按类似的方法进行分类. 从最熟悉的例子开始是有用的, 由单位正方形 $[0,1] \times [0,1]$ 的两对边通过 $(0,t) \sim (1, 1-t)$ 等同得到的 Möbius 带是带边界的不可定向曲面. 它的边界是一个圆周.

任何紧不可定向曲面由带几个 Möbius 帽的球面得到, 即去掉圆盘并将所得的边界圆周与 Möbius 带的边界等同. 附上 m 个 Möbius 帽得到亏格 $2-m$ 的曲面. 另一个方法是用柄代替任何一对 Möbius 帽, 只要至少保持一对 Möbius 帽, 即我们可从球面开始并附上一个或两个 Möbius 帽再加任何个数的柄.

带边界的所有紧曲面是从闭曲面去掉几个圆盘得到. 因此, 一般地, 具有 h 个柄、m 个 Möbius 带并去掉 d 个圆盘的球面有 Euler 示性数 $\chi=2-2h-m-d$. 特别地, 具有非负 Euler 示性数的有限个曲面的列表如下:

曲面	h	m	d	χ	可定向否?
球面	0	0	0	2	是
射影平面	0	1	0	1	否
圆盘	0	0	1	1	是
环面	1	0	0	0	是
Klein 瓶	0	2	0	0	否
Möbius 带	0	1	1	0	否
柱面	0	0	2	0	是

A.6. 测度论

a. 基本概念.

定义 A.6.1. 设 X 是一个集合. 子集的非空族 $\mathcal{S}$ 称为一个 σ 代数, 如果

(1) 若 $A\in\mathcal{S}$, 则 $X\backslash A\in\mathcal{S}$.

(2) 若 $\{A_i|i\in\mathbb{N}\}\subset\mathcal{S}$, 则 $\bigcup\limits_i A_i\in\mathcal{S}$. [732]

测度是一个 σ 加性函数 $\mu:\mathcal{S}\to\mathbb{R}_+\cup\{\infty\}$, 即如果 A_i 逐对不相交, 则 $\mu\left(\bigcup\limits_i A_i\right)=\sum\limits_i\mu(A_i)$. 带测度的 σ 代数是 σ 代数与测度的偶 $(\mathcal{S},\mu)$, 测度空间是集合 X、子集的 σ 代数 $\mathcal{S}$ 以及测度 μ 的三元组 $(X,\mathcal{S},\mu)$.

显然 σ 代数在取差与可数交下是闭的, 而且包含 $\varnothing$ 和 X. 集合 $A\subset X$ 称为一个零集, 如果它包含在一个零测度集合 $A\in\mathcal{S}$ 内. 一个性质称为几乎处处 (a.e.) 成立, 如果它在零集的补上成立. 一个测度称为有限的, 如果 $\mu(X)<\infty$ (因此, 对所有 $A\in\mathcal{S}$ 有 $\mu(A)<\infty$); 称为 σ 有限, 如果 $X=\bigcup\limits_i A_i$, 其中 $\mu(A_i)<\infty$;

称为概率测度, 如果 $\mu(X)=1$. 具有概率测度的测度空间也称概率空间. 我们只考虑 σ 有限测度, 而且大部分时间考虑有限测度或者概率测度. 从测度空间到拓扑空间的一个映射称为可测的, 如果每个开集的原像是可测的. $(\mathcal{S},\mu)$ 称为完全的, 如果零集的每个子集在 $\mathcal{S}$ 中. 包含 $\mathcal{S}$ 和所有 μ 零集的极小 σ 代数 $\overline{\mathcal{S}}$ 称为 $\mathcal{S}$ 的完全化. 如果 $A,B\in\mathcal{S}$, 则定义伪度量 $d_\mu(A,B):=\mu(A\vartriangle B)$. 两个集合 $A,B\in S$ 称为模 0 等价的, 如果 $d_\mu(A,B)=0$. 用 $\mathcal{S}_0$ 记 $\mathcal{S}$ 中 mod 0 等价性的等价类集合. 可数并, 交, 补, 差, 以及包含等这些概念, 自然投射到这个因子, 以及伪度量 d_μ 投射到 $\mathcal{S}_0$ 上的度量. $(\mathcal{S},\mu)$ 和 $(\mathcal{T},\nu)$ 称为同构的, 如果存在一个双射 $\mathcal{F}:\mathcal{S}_0\to\mathcal{T}_0$, 使得对所有 $S\in\mathcal{S}_0$ 有 $\nu(\mathcal{F}(S))=\mu(S)$. 显然, 空间的测度以及原子的存在与测度都是同构不变量. $\mathcal{S}$ 的元素 A 称为一个原子, 如果每个 $B\subset A$ 等价于 A 或 $\varnothing$. 一个测度称为非原子的, 如果不存在原子. $(\mathcal{S},\mu)$ 称为可分的, 如果存在 $\mathcal{S}$ 的可数多个 d_μ 稠密子集 $\mathcal{D}$, 即由 $\mathcal{D}$ 生成的 σ 代数包含 $\mathcal{S}$ 的完全化. 换句话说, 对每个 $A\in\mathcal{S}$ 和 $\varepsilon>0$ 存在 $D\in\mathcal{D}$, 使得 $\mu(A\vartriangle D)<\varepsilon$. 如果 $(\mathcal{S},\mu)$ 是可分的, 则 μ 到任何子 σ 代数的限制是自身可分的.

实直线上的 Lebesgue 测度的构造从定义区间的长度开始, 然后沿着我们现在简要描述的一般扩展结构的方向进行. 集合 X 的子集族 $\mathcal{A}$ 称为一个半代数, 如果 $A\in\mathcal{A}$ 的任何补是 $\mathcal{A}$ 的元素的有限不相交并, 且 $\mathcal{A}$ 的两个元素的交在 $\mathcal{A}$ 中 (一个例子是 $\mathbb{R}$ 中的区间). 半代数 $\mathcal{A}$ 上的单调非负的集合函数 μ 在空集 (如果它在 $\mathcal{A}$ 中) 上是零, 可加, 即 $\mu(A\cup B)=\mu(A)+\mu(B)$, 如果 $A,B,A\cup B\in\mathcal{A}$ 且 $A\cap B=\varnothing$, 以及, 使得 $\mu\left(\bigcup\limits_{i\in\mathbb{N}}A_i\right)\leqslant\sum\limits_{i\in\mathbb{N}}\mu(A_i)$, 如果 $A_i,\bigcup\limits_{i\in\mathbb{N}}A_i\in\mathcal{A}$ 扩展到由空集和 $\mathcal{A}$ 中的集合通过公设可加性的所有有限不相交并组成的代数 $\mathcal{C}$ 上的加性函数 μ. 接下来, 函数 μ 在 X 的所有子集上通过 $\mu^*(E):=\inf\left\{\sum\limits_i\mu(A_i)\,\middle|\,E\subset\bigcup\limits_i A_i, A_i\in\mathcal{C}\right\}$ 诱导一个外测度. 因此, 集合 E 称为
[733] 可测的, 如果对每个 $A\subset X$ 有 $\mu^*(A)=\mu^*(A\cap E)+\mu^*(A\backslash E)$. 因此可测集族是一个 σ 代数, μ^* 在它上面定义一个测度.

直到相差一个同构这本质上没有产生新的柔空间:

定理 A.6.2. 每个具有概率测度的可分非原子 σ 代数同构于 $[0,1]$ 上具有 Lebesgue 测度的 Borel 集合的 σ 代数.

这个定理是 [Ha1] 中第 41 节的定理 C. 每个测度可典范扩展到 $\mathcal{S}$ 补上的完全测度. 作为例子, 注意 Lebesgue 可测集的 σ 代数是关于 Borel 集的 σ 代数的 Lebesgue 测度的完全化. 若 $(X,\mathcal{S},\mu)$ 和 $(Y,\mathcal{T},\nu)$ 是两个测度空间, 则称映射

$f:X\to Y$ (a.e. 定义) 为测度空间 X 与 Y 的一个同构, 如果 f 诱导 $\mathcal{S}$ 和 $\mathcal{T}$ 的完全化的一个同构 $\mathcal{F}:\overline{\mathcal{S}}\to\overline{\mathcal{T}}$. 因此, 测度空间直到相差一个同构可进行分类, 它们是同构的当且仅当它们带测度的 σ 代数是同构的.

测度空间 $(X,\mathcal{S},\mu)$ 的基 $\mathcal{B}$ 是一个可数集 $\mathcal{B}=\{B_i\}_{i\in\mathbb{N}}\subset\mathcal{S}$, 其并是 X, 且存在零集 N, 使得对 $x,y\in X\backslash N$ 存在 $B\in\mathcal{B}$ 满足 $x\in B, y\notin B$. 显然, d_μ 稠密集是一个基. 基按下述方式诱导集合和点之间的一对一编码: 以 $\omega_i\in\{0,1\}$ 为元素的序列 $\omega=(\omega_0,\cdots)\in\Omega_2^R$ 对应于交 $\bigcap\{B_i|\omega_i=1\}$. B_i 在这个编码作用下的原像是 Ω_2^R 中的柱体集, 它们生成唯一的极小 σ 代数. 一个基称为完全的, 如果编码点的序列集关于由柱体集生成的 σ 代数的完全化是可测的.

定理 A.6.3. 测度空间 $(X,\mathcal{S},\mu)$ 同构于标准测度空间 $([0,1],\mathcal{M},\lambda)$, 当且仅当 μ 是具有完全基的非原子可分概率测度, 其中 $\mathcal{M}$ 是 $[0,1]$ 上 Lebesgue 可测集的 σ 代数. 此时每个基是完全的.

这个结果背后的主要思想是 $[0,1]$ 与由二进制展开给出的 Ω_2^R 之间的自然对应, 因此是除了 $\mathbb{Q}$ 以外的一一对应, 从而也是几乎处处关于任何非原子测度的一一对应. $[0,1]$ 上 $\mathcal{M}$ 的基由无理数集 B_i 给出, B_i 中无理数的二进制展开中的第 i 个系数为零. 反之, 任何非原子可分的概率测度诱导 Ω_2^R 上的一个非原子概率测度, 由上面的说明, 它诱导 $[0,1]$ 上的一个非原子 Borel (柱体集是 Borel 集) 概率测度. 这个测度由分布函数 $f(x)=\mu([0,x])$ 给出, 因此同构于 Lebesgue 测度. 关于每个基的完全性论述可以在 [Rok1] 中找到.

定义 A.6.4. 称具有有限 μ 的测度空间 $(X,\mathcal{S},\mu)$ 为一个 Lebesgue 空间, 如果它同构于具有 Lebesgue 测度的 $[0,a]$ 与至多可数多个正测度的点的并.

由定义, Lebesgue 测度理论中的那些标准结果可逐字逐句应用到任一 Lebesgue 空间: Fatou 引理, 单调收敛定理, Lebesgue (控制) 收敛定理, 等等.

设 $(X,\mathcal{S},\mu)$ 和 $(X,\mathcal{T},\nu)$ 是两个测度空间, 称 ν 关于 μ 绝对连续, 记为 $\nu\ll\mu$, [734]
如果每个 μ 零测度集是 ν 的零集.

定理 A.6.5. 如果 $(X,\mathcal{S},\mu)$ 和 $(X,\mathcal{T},\nu)$ 是两个有限测度空间, 而且 $\nu\ll\mu$, 则存在一个关于 $\mathcal{S}$ 的完全化 $\overline{\mathcal{S}}$ 的可测函数 $\rho:X\to\mathbb{R}$, 使得对 $\mathcal{T}$ 的完全化中的每个 A, 有 $\nu(A)=\displaystyle\int_A\rho d\overline{\mu}$, 其中 $\overline{\mu}$ 是 μ 的完全化.

这由 [Ha1] 中第 31 节的定理 B 得到. 特别地, 我们断言 $\mathcal{S}$ 的完全化包含 $\mathcal{T}$ 的完全化.

b. 测度与拓扑. 接下来我们考虑有与可测结构相容的拓扑结构的空间上的测度.

定义 A.6.6. 设 X 是可分的局部紧 Hausdorff 空间, $\mathcal{B}$ 是 Borel 集的 σ 代数, 即由闭集生成的 σ 代数. 则当 B 紧时, Borel 测度是定义在 $\mathcal{B}$ 上满足 $\mu(B) < \infty$ 的测度 μ.

Borel 测度的主要性质是, 它们都是正则的, 即对每个 $B \in \mathcal{B}$ 有 $\mu(B) = \inf\{\mu(O)|B \subset O \text{ 开}\} = \sup\{\mu(K)|K \subset B \text{ 紧}\}$. 此外, 每个连续函数 $f : X \to \mathbb{R}$ 是 Borel 可测的, 即开集的原像是 Borel 集, 而且对每个紧集 K 存在具有紧支集的非负连续函数的递减序列 $\{f_n\}_{n\in\mathbb{N}}$, 使得逐点有 $f_n \to \chi_K$, 其中 χ_K 是 K 的特征函数. 由 X 的可分性这样的测度是可分的: 对可数稠密子集的每一点 x_i, 考虑有紧闭包 B_{ij} 的开邻域的可数族, 使得 $\bigcap_j B_{ij} = \{x_i\}$. 这定义一个基. 此外, 由正则性和 Hausdorff 假设每个原子是一个点.

定理 A.6.7. *可分的局部紧 Hausdorff 空间 X 上的任何 Borel 概率测度 μ 定义一个 Lebesgue 空间.*

证明. 不失一般性, 假设 X 紧以及 μ 是非原子的, 则 X 可度量化. 再利用下面结果:

引理 A.6.8. *存在 X 到任意小直径集合的有限分割, 这些集合包含在它们内点的闭包内, 它们的边界有零测度.*

证明. 给定所要求的直径 d, 考虑有限集 $\{x_i\}_{i=1}^k$, 使得中心在 x_i 的 $d/2$ 球覆盖 X. 给定一个 x_i, r 球 $(d/2 < r < d)$ 的边界两两不相交, 所以存在 r_i 使得围绕 x_i 的 r_i 球的边界有零测度. 考虑 $B(x_i, r_i)$ 的集合. 取 $C_1 = B(x_1, r_1)$ 并递归地取 $C_i = B(x_i, r_i) \setminus \bigcup_{j \leqslant i} C_i$. 这是所求的. □

[735] 现在递归地构造一个分割序列如下: 先从如引理中的任一分割为非空集开始. 给定第 n 个分割 ξ_n, 如前选择分割 $\widetilde{\xi}_{n+1}$ 为直径 2^{-n} 的非空集, 按下述方式从属于 $\xi_n : \widetilde{\xi}_{n+1}$ 的每个元素包含在 ξ_n 的元素之内, 此外取 $\widetilde{\xi}_{n+1}$ 使得每个 $c \in \xi_n$ 包含 $\widetilde{\xi}_{n+1}$ 的同样个数的元素. 最后取 ξ_{n+1} 分割的集合的每一个是 $\widetilde{\xi}_{n+1}$ 的元素的并, 每个 $c \in \xi_n$ 中恰好有一个元素.

接下来, 注意从这个构造得到序列 $B_i \in \xi_i$ 的闭包的任何交是一个点. 像这样按两个不同方法得到的点集包含在分割边界的并内, 因此是一个零集. 从而在全测度集上存在 X 与序列空间之间的一个双射对应, 因此它携带一个由 μ 诱导的 Borel 测度. □

A.7. 同调论

这一节我们引入同调论中的一些概念, 这些概念在我们定义映射的度和讨论 Lefschetz 数时要引用.

定义 A.7.1. 对 $k, N \in \mathbb{N}, v_0, \cdots, v_k \in \mathbb{R}^N$, 使得 $\{v_i - v_0\}_{i=1}^k$ 线性无关, $\{v_0, \cdots, v_k\}$ 的凸包 σ 称为由 $\{v_0, \cdots, v_k\}$ 张成的 (k 维) 单形, v_i 称为这个单形的*顶点*. 由 $\{v_0, \cdots, v_k\}$ 的子集张成的单形称为 σ 的*面*. *单纯复形* S 是使得任何两个单形相交于一个公共面的单形有限族. S 的单形的并记为 $|S|$. 流形 M 的一个*三角剖分*是由单纯复形 S 和从 S 到 M 的同胚 $h: S \to M$ 组成的偶 (S, h). 单形、面和顶点在 h 作用下的像也称为单形、面和顶点. M 中一个单形的顶点集 $\{v_0, \cdots, v_k\}$ 的两个序集等同, 如果它们通过一个偶置换相异. 我们称选择了顶点序的单形 (模偶置换) 为一个*定向单形*. 于是选定一个定向称为*正定向*, 另一个就称为*负定向*. 如果 σ 是一个定向单形, 则用 $-\sigma$ 记有负定向的同一单形.

注意, 单形的定向在每个面上诱导一个定向, 因为面的顶点组成单形顶点的一个子集.

现在固定 M 的一个三角剖分 (S, h), 并考虑形式和 $\sum n_i\sigma_i$, 其中 σ_i 是定向的 k 维单形, $n_i \in \mathbb{Z}$. 对 $n_i < 0$ 定义 $n_i\sigma_i := (-n_i)(-\sigma_i)$. 具有明显加法结构的这种形式和是由 k 维单形与满足关系 $\sigma + (-\sigma) = 0$ 和 $\sigma_i + \sigma_j = \sigma_j + \sigma_i$ 生成的自由群, 即有限生成的自由 Abel 群.

定义 A.7.2. 定向的 k 维单形的形式和 $\sum n_i\sigma_i$ 称为 *k 维链*. k 维链的集合记为 C_k. 对定向的 k 维单形 σ, 边界算子 $\partial: C_k \to C_{k-1}$ 由 [736]

$$\partial\sigma := \sum_{i=0}^{k} \sigma_i$$

定义, 其中 σ_i 是具有诱导定向的 σ 的 $k-1$ 维面, 并线性地扩张到 C_k. 对三角剖分 S, 令 $\chi := \sum_{k=0}^{\dim M} (-1)^k \text{card}\,\{\sigma | \sigma \text{ 是 } S \text{ 中的 } k \text{ 维单形}\}$.

因此, 对给定流形的不同三角剖分得到的数 χ 是相同的, 从而它提供了一个称为 M 的 Euler *示性数*的拓扑不变量.

一个重要的组合事实是边界的边界为零:

定理 A.7.3 (Poincaré 引理). $\partial^2 = 0$.

由于由定义 $\partial: C_k \to C_{k-1}$ 关于加法结构是一个同胚, 故 Poincaré 引理证明 *k 维边界*的集合 $B_k := \partial(C_{k+1}) \subset C_k$ 是 k 维闭链的群 $Z_k := \ker\partial = \{c \in$

$C_k|\partial C = 0\}$ 的一个子群. 由于 C_k 是 Abel 的, B_k 在 C_k 中是正规的.

定义 A.7.4. 称 $H_k(M,\mathbb{Z}) := H_k := Z_k/B_k$ 为 M 在整数上的 k 维同调群. 作为有限生成的 Abel 群 H_k, 可将它写为 $\mathbb{Z}^{\beta_k} \oplus F$, 其中 F 是有限 Abel 群. 称 $\mathbb{Z}^{\beta_k}$ 为 H_k 的自由部分, β_k 为第 k 个 Betti 数.

流形的零维同调群永远是 $\mathbb{Z}^n$, 这里 n 是连通分支的个数.

如果我们定义换位子群 $[\pi_1(M,p),\pi_1(M,p)] := \{aba^{-1}b^{-1}|a,b \in \pi_1(M)\}$, 那么我们有

定理 A.7.5 (Hurewicz). *流形 M 的一维同调群 $H_1(M,\mathbb{Z})$ 同构于 M 在任何点 p 的基本群 $\pi_1(M,p)$ 的 Abel 化*

$$\pi_1(M,p)/[\pi_1(M,p),\pi_1(M,p)].$$

称这个同构为 Hurewicz 同构.

命题 A.7.6. $H_n(M,\mathbb{Z}) \simeq \begin{cases} \mathbb{Z}, & \text{如果 } M \text{ 可定向}, \\ 0, & \text{如果 } M \text{ 不可定向}, \end{cases}$ *其中* $n = \dim M$.

证明. 注意 $B_n = 0$, 因此 $H_n = \mathbb{Z}_n$. 假设单形 σ 在 n 维闭链 c 中出现 i 次. 由于这个边界是零, σ 的 $n-1$ 维面必须被 ∂c 中的其他项消去. 因此每个附近的单形按适当定向必须出现 i 次. 从而 c 是三角剖分的所有 n 维单形的 i 重和, 它们都相容地定向. 在不可定向情形单形不可以相容地有序, 所以没有 n 维闭链, 而且 $H_n = \mathbb{Z}_n = 0$. 在可定向情形对每个 $i \in \mathbb{Z}$ 恰好存在一个这样的链, 因此 $H_n = \mathbb{Z}_n = \mathbb{Z}$. □

[737] **注.** 所有的同调群是同伦不变量.

命题 A.7.7 (Euler–Poincaré 公式). $\sum_{k=0}^{\dim M}(-1)^k\beta_k = \chi(M)$, *其中* $\chi(M)$ *是* M *的 Euler 示性数.*

例子. 对 S^m, Betti 数是 $\beta_0 = \beta_m = 1$, 且对 $0 < k < m, \beta_k = 0$.

例子. 由于 $\mathbb{T}^2 = \mathbb{R}^2/\mathbb{Z}^2$ 的基本群是 Abel 群, 它与一维同调群重合, 即 $\beta_1 = 2$. 其他的 Betti 数是 $\beta_0 = 1$ (连通分支的个数), $\beta_2 = 1$ (因为 $\mathbb{T}^2$ 是可定向的). 对 $\mathbb{T}^n$ 则有 $\beta_k = \begin{pmatrix} n \\ k \end{pmatrix}$.

例子. 对球, 仅有的非零 Betti 数是 $\beta_0 = 1$, 因为它同伦于一点.

为了了解映射 f 关于同调的性态, 需要 f 适应于一个给定的三角剖分.

假设 S 和 T 是三角剖分 M 的两个单纯复形. 称将 T 的单形线性地映为 S 的单形的映射 $s: T \to S$ 为单纯映射. T 称为 S 的加细, 如果 S 的每个单形被 T 的单形所三角剖分. 作为 $\mathbb{R}^n$ 的子集, S 和 T 自然等同, 而且我们将假设它们通过公共的同胚 h 三角剖分 M.

事实. 对任何映射 $f: M \to M$ 和 M 的任何三角剖分 S, 存在 S 的一个加细 S', 以及同伦于 $h^{-1} \circ f \circ h$ 的单纯映射 $s: S' \to S$.

称这样的映射 S 为 f 的单纯逼近. f 通过它作用在同调上: 注意, S 上的 k 维链 $c_k = \sum a_i \sigma_i$ 通过 S' 中三角剖分它的 k 维链代替每个单形 σ_i 在 S' 上诱导一个 k 维链 c'_k. 单纯映射 s 再次将 c'_k 映到 S 上的 k 维链 $s_* c'_k$. 可以证明这在 k 维同调上诱导了一个作用, 它与单纯逼近的选择无关. 因此, 特别在 $H_n(M, \mathbb{Z}) = \mathbb{Z}$ 流形 M 可定向时, 映射 f 诱导一个同胚 $f_*: \mathbb{Z} \to \mathbb{Z}$.

更一般地, 同调群的构造可在代替 $\mathbb{Z}$ 的任何交换环 R 上进行, 这给出同调群 $H_k(M, R)$, 它们都是 R 上的模. 我们从具有 R 中的系数的单形的形式和开始再如前进行. 特别地, 如果 $\mathbb{K}$ 是一个域, 则 $H_k(M, \mathbb{K})$ 同构于 $\mathbb{K}^{\beta_k}$, 因此由 $\mathbb{Z}$ 上的同调群的自由部分确定. 如我们在第 3 节指出的, k 维 de Rham 上同调群通过在闭链上的积分自然同构于 $H_k(M, \mathbb{R})$ 的对偶.

我们用平面拓扑的一个初等事实结束本节. 它并不用到许多同调, 但是证明可较容易用基本定义叙述.

引理 A.7.8. 假设 $O_1, O_2 \subset \mathbb{R}^2$ 是两个不相交的连通开集, 使得 $\partial O_1 \subset \partial O_2$. 那么 ∂O_1 是连通的.

证明. 首先证明, 如果 $F_1, F_2 \subset \mathbb{R}^2$ 是互不相交的闭集, 使得 $\mathbb{R}^2 \backslash F_i\ (i = 1, 2)$ 是连通的, 则 $\mathbb{R}^2 \backslash (F_1 \cup F_2)$ 是道路连通的. 为此, 三角剖分 $\mathbb{R}^2$, 并取 $x, y \in \mathbb{R}^2 \backslash (F_1 \cup F_2)$. [738]
于是在 $\mathbb{R}^2 \setminus F_1, \mathbb{R}^2 \setminus F_2$ 中分别存在 1 维链 κ_1, κ_2, 使得 $\{x, y\} = \partial \kappa_i$. 我们可以定向 κ_2 使得 $\kappa_1 + \kappa_2$ 同胚于 $\mathbb{R}^2$ 中的 0, 即 $\kappa_1 + \kappa_2$ 在 $\mathbb{R}^2$ 中界定一个紧二维链 K. 加细这个三角剖分使得可假设 K 没有胞腔与 F_1 和 F_2 相交, 用 K_1 记与 F_1 相交的胞腔的复形. 现在 $\kappa_0 := \kappa_2 + \partial K_1$ 有边界 $\{x, y\}$, 因为 ∂K_1 是一个闭链, 而且显然 $|\kappa_2| \cap F_2 = \varnothing$ 和 $|K_1| \cap F_2 = \varnothing$, 因此 $|\kappa_0| \cap F_2 = \varnothing$. 从而只需证明 $|\kappa_0| \cap F_1 = \varnothing$. 注意, $|\kappa_0| = |\kappa_2 - \partial K_1| = |-\kappa_1 + (\kappa_1 + \kappa_2 - \partial K_1)| \subset |\kappa_1| \cup |\kappa_1 + \kappa_2 - \partial K_1|$, 以及 $|\kappa_1| \cap F_1 = \varnothing$. 此外 F_1 与 $K - K_1$ 不相交, 且它的边界为 $|\kappa_1 + \kappa_2 - \partial K_1|$.

为了证明这个引理, 取 $F \subsetneqq \partial O_1$ 是闭的, 并注意任何 $x \in \partial O_1 \backslash F$ 有与 F 不相交的连通邻域, 所以 F 不分离 O_1 和 O_2. 但这意味着, 如果我们有不相交闭的 $\partial O_1 = F_1 \cup F_2$, 则得到与上面观察的相矛盾. □

A.8. 局部紧群与 Lie 群

在这一节中我们介绍在群运算下携有拓扑不变量的群. *拓扑群*是赋予拓扑的群, 关于它所有*左平移* $L_{g_0}: g \mapsto g_0 g$ 和*右平移* $R_{g_0}: g \mapsto g g_0$, 以及 $g \mapsto g^{-1}$ 都是同胚. 类似的例子是具有加法结构的 $\mathbb{R}^n$, 以及如圆周, 或者更一般地, n 维环面, 其中的平移显然是微分同胚, 如 $x \mapsto -x$ 就是. 其他重要的例子是矩阵群, 例如, 定义 A.3.1 后面描述的 $GL(n,\mathbb{R}), SL(n,\mathbb{R})$ 等. 一个拓扑群称为局部紧的, 如果每一点 (或者等价地, 恒同) 都有紧闭包的邻域. 这样的群具有关于所有右平移不变的局部有限的 Borel 测度, 它直到相差一个数量乘法是唯一的, 称之为*右 Haar 测度*. 类似地, *左 Haar 测度*是直到相差一个数量乘法是唯一的关于所有左平移不变的测度. 这些测度是有限的当且仅当这个群是紧的. 在大部分有趣情形右不变 Haar 测度也是左不变的, 例如 Abel 紧群, 或者更重要的, *幺模型线性群*, 即所有行列式为 1 的 $n \times n$ 矩阵群 $SL(n,\mathbb{R})$ 的闭子群. 一般地, 对这种左右 Haar 测度重合 (自然简单地称之为 Haar 测度) 的群称为*幺模的*, 我们将限于讨论这种群.

群 G 的子群 Γ 称为离散的, 如果它是闭的, 而且它的所有点在诱导拓扑下都是孤立的. 此时 R_g (对应地, L_g), $g \in \Gamma$ 的轨道的齐次空间 G/Γ (对应地, $\Gamma\backslash G$), 称为 G 关于 Γ 的右 (对应地, 左) 商 (除非 Γ 是一个正规子群, 这些商都不是一个群). 如果任何一个商 (因此是两个) 在商拓扑下是紧的, 则称 Γ 是*一致格*或*上紧格*. 不难看到对一致格 Γ, G 上的任何右 (对应地, 左) Haar 测度投射到齐次空
[739] 间 G/Γ (对应地, $\Gamma\backslash G$) 上的一个有限 Borel 测度. 更一般地, 一个离散子群 Γ 称为 G 中的一个格, 如果右 Haar 测度投射到 G/Γ 上的一个有限测度.

*非一致格*是一个格, 它的齐次空间不是紧的, 但仍有有限 Haar 测度. 最简单的例子, 也是特别重要的, 是在数论中行列式为 1 的所有 2×2 矩阵群 $SL(2,\mathbb{R})$ 中具整数元素的所有矩阵的子群 $SL(2,\mathbb{Z})$, 它推广到 $SL(n,\mathbb{Z})$ 是 $SL(n,\mathbb{R})$ 中的一个非一致格.

定义 A.8.1. Lie *群*是一个具有群结构的微分流形, 使得所有左平移和右平移, 以及 $g \mapsto g^{-1}$ 是微分同胚. Lie *子群*是一个子群, 它也是一个子流形.

$\mathbb{R}^n$ 的 Lie 子群例子是线性子空间, 以及一个固定向量的整数或有理数倍和它们的积. $\mathbb{Z}^n$ 是 $\mathbb{R}^n$ 的一个离散子群, $SL(n,\mathbb{Z})$(具有单位行列式的整数矩阵) 是 $SL(n,\mathbb{R})$ 的一个离散子群. 注意 $GL(n,\mathbb{Z})$ *不是* $GL(n,\mathbb{R})$ 的一个子群.

定义 A.8.2. Lie *代数*是一个线性空间 g, 其中反对称双线性运算 $[\cdot,\cdot]: g \times g \to g$ 满足 Jacobi 恒等式 $[v,[w,z]] + [w,[z,v]] + [z,[v,w]] = 0$. *理想*是满足 $[g,a] \subset a$ 的子代数 $a \subset g$.

如果 a,b 是 g 的理想, 则 $[a,b]$ 也是, 因此我们有理想的导出序列 $g\supset g':=[g,g]\supset g'':=[g',g']\supset\cdots$. 称 g 是 Abel 的, 如果 $g'=0$; 称它是可解的, 如果导出序列经有限步后终止于 0. 称一个 Lie 代数是半单的, 如果 0 是唯一可解的理想; 是单的, 如果此外不存在异于 g 和 0 的理想. g 的递减中心序列是理想的序列 $g^1:=g\supset g^2:=[g,g^1]\supset g^3:=[g,g^2]\supset\cdots$. 称 g 是幂零的, 如果这个序列终止于 0.

任何微分流形上的向量场组成一个具有定义 A.3.3 中定义的 Lie 括号的 Lie 代数. 由于左平移是微分同胚, 它们作用在向量场上. Lie 括号定义在左不变向量场 (即向量场在所有左平移下不变) 的空间 $\mathcal{L}(G)$ 上, 因此这个线性空间变成一个 Lie 代数, 称之为 G 的 Lie 代数. $\mathcal{L}(G)$ 自然同构于 G 在恒同的切空间. 因此它的维数是有限的, 并且有与 G 相同的维数. 反之, 每个 Lie 代数是唯一单连通 Lie 群的 Lie 代数. Lie 群的重要例子是矩阵群 $GL(n,\mathbb{R})$ (非奇异矩阵) 以及它的闭子群, 例如 $SL(n,\mathbb{R})$ (具有单位行列式的矩阵的特殊线性群), $O(\mathbb{R})$ (正交矩阵的正交群), 以及 $SO(n,\mathbb{R})$ (具有单位行列式的正交矩阵的特殊正交群). 这里 Lie 括号由换位子 $[A,B]=AB-BA$ 给出. 指数映射 $\exp(A):=e^A=\sum\limits_{n=0}^{\infty}\frac{A^n}{n!}$ 从切空间在恒同定义了一个映射, 即矩阵群的 Lie 代数. 事实上, 这是抽象指数映射 (9.5.1) 在微分几何中的明显表示. (这就是为什么称它为“指数”映射的来源.) 在任何 Lie 群上选择 $T_{\mathrm{Id}}G$ 上的内积, 由左平移产生左不变的 Riemann 度
量. 对这个 Riemann 度量通过 Id 的测地线正好是 G 的单参数子群. 于是 G [740]
是关于这个度量结构的一个完全微分流形, 而指数映射永远定义在 $T_{\mathrm{Id}}G$ 上. 通过 Id 的矩阵群测地线都有形式 $t\mapsto e^{tA}$, 因为这些正好是单参数子群. 因此, 注意作为从矩阵群 G 的单参数子群的逐个微分得到的矩阵的线性空间典范地给出 $\mathcal{L}(G)$. 这有助于等同对应于下面这些矩阵群的 Lie 代数. 它们是所有 $n\times n$ 矩阵的空间 $\mathcal{L}(GL(n,\mathbb{R}))=\mathfrak{gl}(n,\mathbb{R})$, 无迹矩阵空间 $\mathcal{L}(SL(n,\mathbb{R}))=\mathfrak{sl}(n,\mathbb{R})$ (因为 $\det e^A=e^{\operatorname{tr}A}$), 反对称矩阵空间 $\mathcal{L}(SO(n,\mathbb{R}))=\mathcal{L}(O(n,\mathbb{R}))=\mathfrak{o}(n,\mathbb{R})$. 满足 $A^tJA=J$ 的矩阵 A 的辛群 $Sp(n,\mathbb{R})\subset GL(2n,\mathbb{R})$ 有 Lie 代数 $\mathfrak{sp}(n,\mathbb{R})=\{A\in\mathfrak{gl}(2n,\mathbb{R})|JA+A^tJ=0=A^t+A\}$, 其中 $J=\begin{pmatrix}0&\mathrm{Id}\\-\mathrm{Id}&0\end{pmatrix}$, Id 是 $GL(n,\mathbb{R})$ 中的恒同矩阵. 矩阵 A 的群 $SO(p,q,\mathbb{R})$ 满足 $A^tI_{p,q}A=I_{p,q}$, 其中 $I_{p,q}=\begin{pmatrix}\mathrm{Id}_p&0\\0&\mathrm{Id}_q\end{pmatrix}$, Id_k 是 $k\times k$ 恒同矩阵, 它有作为它的 Lie 代数的矩阵 $\begin{pmatrix}A&B\\B&C\end{pmatrix}$ 空间 $\mathfrak{so}(p,q,\mathbb{R})$, 其中 A,C 分别是大小为 p,q 的反对称矩阵. 连通的 Lie 群 G 的自同构 (即微分

同胚的群同构) 由它在恒同的微分唯一确定. 由于 $T_{\mathrm{Id}}G$ 中的基通过左平移在 G 上定义一个基场, 故存在定义 Haar 测度的一个左不变体积. Abel 群, 紧群, 离散群, 半单群, 以及连通的幂零 Lie 群 (即 Lie 代数分别是半单和连通的 Lie 群) 都是幺模的. 格的存在性并不永远很清楚, 但在 $\mathbb{R}^n$ 中有很多, 对某个 $k \leqslant n$ 所有同构于 $\mathbb{Z}^k$ 的都是. Heisenberg 群中的格出现在 17.3 节中. 群 G 通过左平移的作用在右商上定义了一个重要的动力系统例子, 当然, 这里的 "时间" 可以是多维的. 例如在 $S^1 = \mathbb{R}/\mathbb{Z}$ 上 $\mathbb{R}$ 的作用是围绕圆周的单位速度流.

附注 [754]

第 11 章

第 1 节. 旋转数这个概念第一次出现在 Poincaré 的论文集 [Po1] 的第 3 卷第 15
章中. 这个概念是几个富有成果的推广的基础. 一方面我们可以对圆周的不可逆
映射定义旋转区间并对环面映射定义旋转集. 这些概念在许多情况都有用, 包括 [755]
Franks 和 Bangert 对二维球面上的任何 Riemann 度量存在无穷多个闭测地线
的最新证明 [B2], [Fr4]. 另一方面, 对于流的任何不变测度我们可定义一个渐近
闭链, 即第一同调群的一个元素, 它确定轨道的平均渐近的同调面貌 [Schw]. 这
个概念已得到发展并用于 14.7 节. 这一章介绍的 Poincaré 理论已被再生出许多
资源.

(1) 命题 11.1.11 的现象被应用数学家描述为 "锁频".

(2) 由于这些区域的形状和被 Arnold 研究过, 有时称它为 Arnold 舌.

第 2 节. Poincaré 的这个分类也出现在他的论文集 [Po1] 的第 3 卷第 15 章中. 具有无理旋转数的非传递圆周同胚的拓扑分类属于 Markley [Mark].

第 12 章

第 1 节. (1) 见 [D]. 按照 [Nit1] 我们叙述的是标准证明的一个.

第 2 节. 这个例子也出现在 [D] 中. 我们再次按照 [Nit1].

第 3 节. 这个 Arnold 定理第一次出现在 [Ar1] 中, 并开始有大的发展. Moser (例如 [Mos3]) 和 Rüssmann 对有限可微性情形得到了类似的结果. 自然要求可微性的次数和可允许的扰动大小依赖于用有理数逼近旋转数的速度的下界. 例如, 对几乎每个旋转数 Rüssmann 仅需假设 $C^{3+\varepsilon}$. Arnold 猜测任何具有 Diophantus 旋转数的解析映射解析共轭于一个旋转. 对几乎每个旋转数, 这个猜测被 Herman [Her1] 先化为小扰动情形得到证明. 进一步的发展集中在求旋转数的最佳条件和不依赖于 KAM 型步骤的新方法的进展. 这个计划的多个方面已由 Herman, Yoccoz [Y], Katznelson 和 Ornstein [KO] 以及其他人执行. 存在一些例子证明在大多数情形这个存在性条件是最佳的. 特别地, Yoccoz 证明这个 Diophantus 条件对 C^∞ 猜测是充分且必要的 [Y], [Br] 中的 Brjuno 条件对解析线性化是充分必要的. 另一方面, 对有界型 C^1 共轭的旋转数成立, 对 C^1 微分同胚, 其导数满足的条件非常类似于 Denjoy 理论中的条件 [KO].

第 5 节. 这个例子属于 Arnold. 见 [Ar1].

[756] **第 6 节.** 定理 12.6.1 中所用的方法被 Anosov 和 Katok 在 [AnK] 中第一次介绍过. 在它的应用中, 第一次用此法构造任意流形的遍历保体积的微分同胚, 以及构造允许有一个局部自由的 S^1 作用的流形的极小和唯一遍历的微分同胚, 等等. 这个方法的 Hamilton 形式见 [K1]. 后来 Herman 和 Yoccoz 进一步发展了这个方法, 用它求在完全可积的 Hamilton 系统的典型扰动中的具有非标准性质的不变环面.

Furstenberg [Fu1] 第一个证明推论 12.6.4 的结果. 这里的特别构造取自 Katok 和 E. A. Robinson 未发表的手稿 “遍历理论中的构造”.

第 7 节. 这个遍历性结果首先被 Katok [CFSin, 第 3.6 节] 和 Herman [Her1] 独立地对 C^2 微分同胚证明过.

第 13 章

这一章由变分法支配. 用非常类似的方法可将变分法应用于 Hamilton 系统. 最近的解释见 [FM].

第 2 节. 定理 13.2.6 由法国物理学家 Aubry [Au] 和 Mather [Mat1] 独立地证明. Mather 的方法利用到无限维空间中的变分技巧, Aubry 的方法以构造大范围极小状态 (如第 3 节) 为基础. 在数学家们知道 Aubry 的工作之前, Katok [K6] 曾建议在有理逼近的基础上简化 Mather 的结果. 在子节 a 我们遵循 [K6] 和 [K7]. Bangert [B1] 证明环面上关于大范围极小测地线的 Hedlund 的古典结果 [He1], 非常接近于对于流的 Aubry–Mather 集的反例构造.

(1) 见 [Her2].

(2) 见 [Mat3].

(3) 我们对定理 13.2.13 的证明简化了 Fathi 的证明形式 [F].

第 3 节. 这一节我们一般按照 Aubry 的方法 [Au], [AuD], 虽然叙述是按我们自己的思想. Mather 对极小 Aubry–Mather 集的唯一性的原来证明, 以及推论 13.3.11, 都利用了一个无限维变分问题.

第 4 节. 这一节的结果是通过 Katok 和 Mather 的参与得到, 但写是分开写的. Mather 的形式出现在 [Mat4]. 我们按照未发表的报告 Katok [K7]. 非常接近的结果已由 Aubry 等 [AuDA] 得到.

第 5 节. **(1)** 可以考虑改进这个估计. Mather 利用稍微不同的方法证明不变环 [757]
面对 $\lambda > 4/3$ 的不存在性. MacKay 利用迭代的计算机辅助证明, 改进这个估计到 $\lambda > 63/64$. 有趣的是由 de la Llave 的另一个计算机辅助证明显示, 在黄金分割附近和等于黄金分割时直到 $\lambda = 0.93$ 具有有理旋转数的不可数多个不变环面得到保持. 数值临界值出现在 0.97 周围.

(2) 这来自 [GuK].

(3) 这是 [Mat2] 中的.

第 14 章

第 1 节. 这个理论属于 Poincaré ([Po1] 的第 2 卷) 和 Bendixson [Ben]. 20 世纪上半叶通常将微分动力学称为常微分方程定性理论, 而且二维向量场 (特别是平面和环面上) 的研究是该领域的一个核心, 这类经典资源的代表是 [CL] 和 [NS]. 这期间的亮点是流形式的 Denjoy 理论 (见命题 14.2.4), Andronov 和 Pontryagin 的二维流的结构稳定性研究 [AP], Cherry 流的构造 (14.4a 节), 以及 Maĭer [M] 的高亏格曲面上流的轨道分类. 后来随着对双曲范例的更好的了解, 曲面上的流理论成了更多的外围知识.

第 3 节. **(1)** 见 [Sch].

第 4 节. **(1)** 在 [Ch] 中构造的 Cherry 流.

第 5 节. [Ke] 中第一次出现关于区间交换变换的拓扑结构的结果, 尽管它们可从 Maĭer 更早的工作 [M] 中提取. Keane 还猜测, 几乎每个不可约的区间交换变换都是唯一遍历的. 我们处理这个问题时的超越初等水平的一系列基本结果, 主要有 Veech [V1], [V2] 和 Masur [Mas], 它们断言唯一遍历的区间交换变换很普遍, 并描述了它们的度量性质. 特别地, 他们解决了 Keane 的猜测. 其主要思想是考虑区间交换的一个适当空间, 并在这个空间中引入一个动力系统, 使得区间交换的性质与这个动力系统的轨道的渐近性质有关. 在 Veech 的方法中这是通过一个适当的诱导构造来做. 引理 14.5.7 构成这个方法的第一步. Boshernitzan 利用更直接的组合方法对区间交换变换的研究做出了重要贡献. 以引理 14.5.7 为基础的区间交换变换的一个有趣的一般性质是它们永远不会是混合的.

[758] **(1)** 不变测度个数的估计是按照 Oseledec 的思想, 他首先用它估计 Lebesgue 测度的谱的重数.

(2) 这个结果和它的证明取自 Katok 和 E. A. Robinson 的尚未发表的手稿 "遍历理论中的构造".

第 6 节. (1) 在不假设存在正不变测度下对可定向曲面的更一般分类包含在 [M] 中, 它被 Aranson 推广到不可定向情形. 如在 Cherry 例子中主要区别是游荡域和无处稠密的拟极小集的存在性.

(2) 对有理弹子球和类似系统的研究的进一步发展与起源于 Teichmüller 理论的有效工具的使用有关. 这个思想属于 H. Masur, 它第一次出现在他对曲面上有测度的叶层研究, 以及作为 Veech 的另一个方法的区间交换变换 [Mas] 中. 这个方向的一个基本结果在 Kerckhoff, Masur 和 Smillie 的文章 [KMS] 中, 他们证明在有理弹子球系统中, 全测度的方向集合对应的流是遍历的. 这是跟随 Masur 和 Smillie [MS] 以后的一个主要绝技, 其中得到非唯一遍历系统集合的大小的非常精确信息.

第 7 节. (1) 由 Yoccoz 在 [Y] 中的结果, 这个结果在没有保面积假设下也成立.

(2) Schwartzman [Schw] 第一个引入渐近闭链.

(3) 这个子节的结果是按照 [K2] 的一个概述. 详细证明还没有出现在出版物中.

(4) 这个估计是精确的, 见 [S].

第 15 章

第 1 节. 这个事实是 Li 和 Yorke 在 20 世纪 70 年代初发表的, 他们并不知道 Sharkovsky 的一般结果. 他们的题为 "周期 3 意味着混沌" 的文章提出混沌这个含糊但强大的用以描述动力系统复杂性态的词.

第 2 节. 属于 Misiurewicz [Mis3] 的定理 15.2.1 和 15.2.11 建立在前面他与 Szlenk [MisS] 关于逐段单调映射工作的基础上. 我们的证明是这两篇文章的改进形式.

(1) 见 [Re].

第 3 节. **(1)** 定理 15.3.2 与定理 15.3.7 的前半部分第一次被证明于 [Sha]. 我们 [759]
按照 [BGMY] 的最易理解的阐述进行解释. 它的明显优势是构造给出熵估计的极小 Markov 模型.

(2) 我们对定理 15.3.7 的证明受了 [Nit2] 的影响.

(3) 这个平方根技巧要追溯到 Štefan. 事实上, 满足 $\mathcal{P}(f) = S_{2^n}, n \in \mathbb{N}_0$ 和 $\mathcal{P}(f) = S_\infty$ 的映射相继出现在二次族或者类似的产生相继倍周期分支的漂亮的单峰映射族中. 见 7.3 节的注.

第 4 节. 定理 15.4.2 和它的证明是从 [Mis2] 引来的. 这一节的所有结果组成对出现倍周期级联的极限参数的自相似结构的拓扑面貌的描述.

第 5, 6 节. 这两节的结果是著名的 Milnor–Thurston 理论 [MiT] 的简化形式. 我们的陈述是 [Me] 中这个理论的改写.

(1) 见 [PP], [Rue3].

第 16 章

第 2 节. 定理 16.2.1 中的双曲性描述是区间映射光滑理论中的主要范例. 它是一个尚未解决的现象, 看样子它似乎对典型族中参数的稠密集成立. 对二次映射最近已被 Graczyk 和 Świątek [GraSw] 证明, 他们的工作建立在 Sullivan, Świątek 和 Jacobson 以及其他人的工作基础上. 复动力学 (17.8 节) 的方法本质上是针对这个工作的. 尽管这个参数集没有全 Lebesgue 测度. 其他性态涉及在包含临界点的开集上支撑的遍历的绝对连续不变测度的存在性. 因此这个集合不是双曲的, 但它在我们补遗的第 4 节的非一致意义下是双曲的. 这种映射的一个范例是 $x \mapsto 4x(1-x)$ (练习 2.4.2 和 5.1.6). Jacobson 证明在一大类, 包括二次族, 这个性态出现在有正 Lebesgue 测度的参数集中 [J2]. 后来其他证明由 Benedicks 和 Carleson, Rychlik 和其他人给出. 猜想这两类性态的并在典型族包括二次族中用尽了参数的全测度集.

(1) 见 [Ma2].

第 4 节. 这一节以 [Me] 为基础.

第 17 章

第 1 节. Smale 在 [Sm5] 的 I.9 节中给出扩张映射的双曲吸引子构造的一般描述. 他称 "从扩张导出" 为 "DE". 我们按照 [AKK] 中的 Katok 文章的特殊描述.
Williams 提出基于分支覆叠的更一般构造 [Wi1], 特别是这个构造给出的吸引子 [760]

局部地不同胚于 Cantor 集与流形的积.

不是双曲集但具有某个非一致双曲性态的吸引子看来出现在各种模型的数值研究中. 在这些研究中最著名的是 Lorenz 吸引子和 Hénon 吸引子. 这两个对象是大家熟悉的奇怪吸引子. 为了严格证明它们的存在性人们已经做出了许多努力. 这个方向的主要结果是由 Benedicks 和 Carleson 做出的 [BC], 他们将二维 Hénon 映射考虑为一维二次映射的扰动, 并在二维二次映射族中, 对正测度的参数集证明存在非一致双曲性态吸引子. 这个推广的结果由 Jacobson 给出, 其他讨论在 16.2 节的注中. 我们对 Lorenz 的结果与其他奇怪吸引子的介绍和总结参考了 [Rob2].

第 2 节. **(1)** DA 映射在 [Sm 5] 中有介绍. 我们的陈述是按照 [PMe] 的.

(2) S^2 上的双曲吸引子的 Plykin 的原来构造 [Ply] 是直接的, 没有用到环面的投射. 后来曲面上的一维吸引子被 Aranson, Grines 和他们的学生广泛研究过.

第 3 节. 诣零流形的 Anosov 微分同胚的构造属于 Smale [Sm5], 他感谢 A. Borel 的一些贡献.

猜测, 紧流形的每个 Anosov 微分同胚有到有限覆盖的提升, 它拓扑共轭于诣零流形的自同构. 对流形, Franks 和 Manning [Fr1], [Fr2], [Man1] 证明这些是诣零流形的有限因子. 对环面的 Anosov 微分同胚我们在定理 18.6.1 中证明了这个问题. 另一个完全的拓扑分类情形是具有一维稳定或不稳定叶层的 Anosov 微分同胚的分类. 这些映射拓扑共轭于环面自同构 [Fr2], [New1]. 最后, 在 Benoist 和 Labourie 的最近工作中, 证明具有保仿射联络 (例如辛联络) 的光滑稳定和不稳定叶层的 Anosov 微分同胚光滑共轭于诣零流形的自同构的有限因子 [BL].

第 5 节. Gelfand 和 Fomin 最早用代数方法研究负常数曲率流形上的测地流, 他们利用无限维酉群表示理论得到可数的 Lebesgue 谱, 这是一个比混合性更强的性质 [GF].

第 6 节. 这一节的 Riemann 几何背景可以在这个主题的任何一本高级教科书中找到. 这方面 Klingenberg 的书 [K1] 值得推荐.

负截面曲率流形上的测地流的大范围性态是引入大范围双曲性态概念的主
[761] 要原因. 负弯曲曲面上测地流的遍历性是由 E. Hopf [Ho2] 证明的. 在高维这是属于 Anosov [An3] 的. 这两个情形用了 Hopf 论述 (第 5.4 节), 但在高维情形叶层不是总是 C^1 的, 因此它不能直接采用. 关键一步是先证明叶层绝对连续, 然后允许用 Hopf 的技巧 [An3], [AnSin].

Riemann 流形的测地流可以是 Anosov 的, 即使 Riemann 度量不是负曲率的. Klingenberg 找到按 Riemann 度量有 Anosov 测地流 (例如, 没有共轭点) 的必要条件, 以及相应的光滑流形上允许有这种度量的必要条件 (它类似于存在负曲线度量所要求的条件). 这类结果的某些综合报告和进一步参考文献可在 [K1] 的末尾找到.

第 7 节. 这一节讨论的有着特殊意义的例子属于 Benoist, Foulon 和 Labourie [BFL] 的结果, 他们证明任何具有 C^∞ 稳定和不稳定叶层的切触 Anosov 流有有限覆盖, 它 C^∞ 共轭于 (不仅仅轨道等价) 局部对称空间上的测地流. 三维情形的一个较早结果属于 Ghys [Gh], 以及由 Kanai, Katok 和 Feres 发展的重要的部分结果和工具. [Hel] 中有对称空间的综合处理, 特别地, 它包含了这一节讨论的所有必要背景.

(1) 见 [Hel] 的第 10 章, 表 5.

(2) 见 [HT1], [Fri], [Go]. Franks 和 Williams [FrW] 的一个特别惊人的例子证明了 Anosov 流的非游荡集可以不是整个流形.

第 8 节. Fatou [Fa] 和 Julia [Ju] 的古典工作仍然是复动力学的基础. 但有很长一段时间人们忽视了对这个主题的兴趣, 直到 20 世纪 60 年代大家才被 Brolin, Jacobson 和 Guckenheimer 的工作所唤醒, 他们带来这个主题的双曲动力学和遍历理论的近代观点. 20 世纪 70 年代开始鉴于研究动力学的工具的加细, 以及分析学家们对它增加了兴趣, 并带来了他们的有力方法和独特见解, 这致使这个主题的定性和定量结果经历了爆炸式增长. 我们不打算对其资源进行综合, 即使是对主要的. 由 Blanchard [B1] 作的综合性论文可为这个领域的介绍以及 20 世纪 80 年代中期的状态指导服务. 这个主题的主要贡献是由 Sullivan, Douady 和 Hubbard, Herman, Yoccoz, Mañé, Lyubich, Milnor 以及其他人做出的. 特别地, Douady 和 Hubbard 发展了二次映射的详细理论, 它的中心内容是对 Mandelbrot 集的细致分析.

第 18 章

第 1, 2 节. 碎轨定理的这个一般形式属于 Anosov [An5]. 它的证明发表在 [AKK] 的 Katok 文章中. 我们这个结果以及它的直接推论遵循这个论述.

第 3 节. 这个谱分解是由 Smale [Sm5] 得到的. 由于 Smale 原来的目的是对 “典 [762]
型的” 或 “好的” 动力系统进行大范围拓扑分类, 而不是他对半局部分析的标准假设 “公理 A”, 即非游荡点集是双曲的以及周期点在非游荡点集中稠密. 事实上双曲集对半共轭分析更有用, 因为它们出现在许多动力系统中, 包括某些不具有任何大范围双曲结构的经典力学. 我们基本上是按照 Anosov 建议的谱分解的半局部形式 [An5] 进行叙述.

对于流情形, 存在由 Anosov 第一个在 Anosov 流中找到的基本二分法: 谱分解的拓扑传递分支或者是拓扑混合的, 或者有常数回复时间的大范围截面, 即是一个同胚的扭扩.

碎轨概念是由 Bowen 引入的, 他证明了 [Bo3] 中的碎轨定理.

第 4 节. 我们对这个局部积结构的解释是按照 [AKK] 中 Katok 的工作.

第 5 节. 在定理 18.5.5 的证明中, 我们遵循显著地出现在第 20 章的 Bowen 的公理法 [Bo6].

第 6 节. 这一节是 Franks [Fr1], [Fr2] 和 Manning [Man1] 对诣零流形工作的修改 (见 17.3 节的注). 我们的形式是改进了的, 特别它避免利用 Markov 分割. 第一个引理的证明利用了 Anosov 的思想.

第 7 节. 离散时间情形的 Markov 分割 (对 Anosov 微分同胚) 的原来构造见 [Sin4], 对紧的局部混合双曲集见 [Bo2]. 对于流的这个构造是由 Bowen [Bo5] 和 Ratner [Ra] 独立完成的. Markov 分割是一个非常有用的工具, 因为它们允许我们将计算简化到符号情形, 在那里有精确的工具和结果可用. 这个方法的几个应用见 [Sin3], [Sin5], [Rue5] 和 [PP]. 我们对 Markov 分割的存在性说明接近于 [Bo7].

第 19 章

第 1 节. 与双曲系统有关的结构的 Hölder 连续性的第一个结果是 [An4] 中 Anosov 对稳定和不稳定叶层的 Hölder 连续性证明. 对映射和流的共轭的 Hölder 连续性, 看来在专家中间长时间已有着共识, 但我们不知道原来的文献是哪个.

E. Hopf [Ho2] 证明负曲率曲面上的测地流的稳定和不稳定叶层是 C^1 的. Anosov ([An3] 中的第 24 节) 构造了 Anosov 系统的一个例子, 其叶层是不可微的. Hirsch 和 Pugh [HP] 证明, 如果截面曲率严格在 -4 和 -1 之间, 则测地流的
[763] 稳定和不稳定叶层是 C^1 的. 后面这个假设对应于 (19.1.1) 中的 $\alpha > 1$. Hurder 和 Katok [HK] 跟随 Anosov 的观察找到了余维 1 叶层中 C^2 可微性阻碍, 在维数 3 中求得保体积 Anosov 流的弱稳定和不稳定叶层的确切正则性, 对维数 2 中的保面积 Anosov 微分同胚求得的是 $C^{1+O(x\log x)}$, 即这些叶层可微且它们的导数在光滑局部坐标下有连续性模 $O(x\log x)$. 这个正则性对所有这类系统刚好相同, 除了那些分别等价于线性映射或者常数曲率中的测地流的光滑轨道. 一般地, 束假说保证对不稳定分布或在局部光滑坐标下它的导数的某个 Hölder 指数, 而且

一般这个正则性次数不会被超过 [Has].

利用选择方便的记号通过坐标计算使得我们的证明保持初等性. 我们按照 Anosov 原来的思想对这个分布的 Hölder 连续性证明作了改写.

(1) 在定理 6.2.8 的证明中, 我们证明这个图变换是压缩的, 而且不难看到通过类似于定理 19.1.6 证明的论述它保持 Hölder 性质. 证明中的唯一困难是用在定理 6.2.8 证明中的大范围扩张并不提供来自双曲集的真叶层. 因此可以考虑水平锥中子流形的 Hölder 场 (例如在指数映射下由稳定分布得到的场), 并证明对应的图变换的作用保持 Hölder 条件.

(2) 不难看到, 对测地流, 截面曲率的收缩意味着测地流的聚束. 明确地说, 如果截面曲率在 -1 与 $-\alpha^2/4$ 之间, 则这个测地流是 α 束的.

(3) 这个练习的结论在光滑范畴内无需扰动假说也成立. 为了看到这一点, 我们在证明中用 Herman 和 Yoccoz ([Her1], [Y]) 的大范围共轭性结果代替 Arnold 定理 12.3.1.

第 2 节. 这个 Livschitz 定理原来出现在 [Liv] 中. 它立刻成为双曲动力学中的一个主要工具. Sinai 用它刻画生成相同的 Gibbs 测度的函数 [Sin5] (见我们的命题 20.3.10). 另一个早期应用 [LivSin] 证明对 Anosov 微分同胚, 和每个 $x \in \mathrm{Fix}\,(f^n)$, $Jf^n = 1$ 是存在绝对连续的不变测度的充分必要条件. 此外, 这个 Livschitz 定理用了 Hopf 论述的形式. 这比我们定理 19.2.7 的论断强.

(1) 事实上存在更高的正则性结果. Livschitz [Liv] 对环面双曲自同构, Guillemin 和 Kazhdan [GK] 对负曲面上的测地流, 以及 de la Llave, Marco 和 Moriyon [LlMM] 在完全一般性下都证明了 C^∞ 正则性. 他们还找到对 Anosov 系统的不同类的光滑分类的应用. Journé 以及 Hurder 和 Katok [HK] 找到了其他证明.

实解析正则性结果是由 de la Llave 得到的. 在这个谱的另一端 Hölder 条件 [764]
可以放宽到连续性模, 它们在等比数列上的值是可和的. 另一方面, 存在连续上闭链的反例.

第 20 章

第 1 节. 我们再次遵循 Bowen 的方法 [Bo6].

第 2 节. 我们的变分原理的证明是按照 Walters [W] 的, 他接着应用了 Misiurewicz [Mis1] 的方法.

(1) 见 [Rue1], [Rue5].

第 3 节. 我们按照 Bowen 的方法 [Bo6], 但在引理 20.3.5 中建立了双边估计, 它允许我们在定理 20.3.7 中证明这些平衡态是混合的. 事实上, 这些平衡态甚至满足比混合性更强的随机性质. 在 Bowen 的公理法的框架下 (扩张性, 碎轨性, $\varphi \in C^f(X)$) Ledrappier [Led] 建立了 K 性质. 一个甚至更强的 Bernoulli 性质是度量同构于一个 Bernoulli 移位, 它是由 Bowen 在 [Bo7] 中对对应于紧局部极大双曲集上的 Hölder 连续函数的平衡态建立的.

第 4 节. **(1)** 这是属于 Sinai [Sin5] 的, 在他的证明中用了 Markov 分割.

(2) 见 [LlMM] 或 [HK]. 这里相同的正则性结果, 是被用来证明 Livschitz 理论中的上同调方程解的正则性 (见 19.2 的注).

第 5 节. 我们这里遵循 Margulis 原来的文章 [Mar].

第 6 节. 这一节我们重叙 C. Toll [To] 的论述. 正如我们已经指出的, 在离散时间情形, 渐近轨道增长中的这个误差项是已知的低指数阶 (定理 20.1.6). 对在负常数曲率的测地流这也成立, 因为由于 Selberg 的迹公式在一般情形没有对应的. 对可变负曲率的紧流形上的测地流它的极限球面叶层是 C^1 的 (特别是曲面情形, 见 19.1 节的注). Dolgopyat [Do, DoP] 最近得到一个渐近式 $\mathrm{li}(e^{hT}) + O(e^{(h-\varepsilon)T}), T \to +\infty$, 其中 $\mathrm{li}(x) = \int_2^x 1/\log u du \sim x/\log x$. 存在属于 Parry 的建立在 Hölder 连续函数作用下的符号系统的特殊流的几个例子, 对此这个误差项不能指数式估计. 这个问题与 ζ 函数在临界直线 $\mathrm{Re}\,(s) = h$ 附近的性态密切相关 [PP].

练习提示与答案 [774]

10.0.1. $f(x)-x$ 不可能对所有 x 为正 (负).

10.0.2. 证明存在一个闭区间 $J\subset I$, 使得 $f(J)=[f(x),f^2(x)]$. 注意 $J\subset f^3(J)$ 并利用上一个练习.

10.0.3. 递归地在单位正方形 $[0,1]^2$ 内画出 f^n 图像的一部分, 可看到 $P_n(f)\geqslant 2^n$. 为了求周期轨道, 按需要利用类似于马蹄的构造 (2.5c 节). 与定义 15.1.10 比较.

10.0.4. 得到的单边 2 移位作为 f 在不变子集 $\Lambda_1\subset\Lambda$ 上的限制的一个因子. 见定理 15.1.5 的证明.

10.0.5. 见引理 5.1.18 的证明.

10.0.6. 首先证明对 $S^2\backslash\{\infty\}$ 上的坐标 z, $S^2\backslash\{0\}$ 上的坐标 w, 函数 f 在每一点 [775]
是全纯的.

10.0.7. 全纯映射在临界点不是单射.

11.1.2. 利用命题 9.6.4.

11.1.3. 解释 $\dfrac{F^n(x)-x}{n}$ 为圆周上函数的时间平均. 再利用 Krylov–Bogolubov 定理 4.1.1 和 Birkhoff 遍历定理 4.1.2.

11.1.5. 由单调性这个交是一个区间. 为了证明它非空, 证明 $\tau_{0,b}=0$ 和 $\tau_{1,b}=1$, 再利用连续性. 为了得到正长度, 证明可用命题 11.1.10, 因为 $f_{a,b}$ 是一个整函数.

11.1.6. 是: 如果 $\{O_1, O_2\}$ 是 $A_{p/q}$ 的不相交开覆盖, 证明可假设 $\overline{O}_1 \cap \overline{O}_2 = \varnothing$. 再利用紧性论述得到矛盾.

11.1.7. 如在命题 11.1.11 的证明中, 利用命题 11.1.9 和 11.1.10.

11.2.1. 利用轨道的 Poincaré 分类和命题 2.1.7 的论述.

11.2.3. 考虑稳定、半稳定和不稳定轨道的所有可能的组合.

11.2.4. f 有度 -1. 考虑 f^2.

11.2.6. 构造一个非原子的 f 不变测度, 它的支集是周期点集. 于是映它到 Lebesgue 测度.

11.2.7. 证明 $R_\tau \circ h_1 \circ h_2^{-1} = h_1 \circ h_2^{-1} \circ R_\tau$.

11.2.8. 如果无穷多个轨道破裂, 则 $f|_{NW(f)}$ 不是膨胀. 反之, 通过适当选择两个端点在极小集外的区间的有限并编码 (如果至多有两个轨道破裂, 则用这两个区间的任何一个和它的补编码). 利用极小性证明这个编码是一个单射.

11.2.9. 考虑算子 U_{R_α} 的特征值和特征函数 (见 4.1g 节).

11.2.10. 利用阶的保持, 界定分离轨道的个数.

12.2.1. 如果 Denjoy 集有零测度, 则这个不变测度显然是奇异的. 否则注意在 Denjoy 集上 $f' = 1$, 所以 Lebesgue 测度在 Denjoy 集上的限制是不变的.

12.2.2. 通过定义 l_n 对级数 $\sum n^{1-1/k}$ 进行适当的排列, 在证明开始用级数 $\sum 1/n(\log n)^{1+1/k}$ 代替.

12.5.1. 利用 Baire 范畴定理 A.1.22.

12.6.2. 通过保证在某些集合上 h_n 的导数非常接近于指定的值集来修改这个构造. 然后作关于测度足够小的相继扰动使得上述性质不被破坏.

12.6.3. 利用练习 7.1.6.

12.7.1. 利用 Poincaré 分类.

12.7.2. 从定理 12.5.1 或者定理 12.6.1(1) 中取一个例子, 并令 $\mu = h_* \lambda$. 再应用定理 12.7.2.

13.1.1. 利用 f 的一致连续性推导 "一致扭转模" 的存在性, 就是说, 存在函数 β 使得对所有 $y_2 > y_1$, $F(x, y_2) - F(x, y_1) > \beta(y_2 - y_1)$ 对 $x \in \mathbb{R}$ 一致成立. 这是 [K5] 中介绍的.

13.1.2. $\omega(t) =$ 常数 $\cdot \sqrt{t}$.

13.2.1. 利用变分原理 (定理 4.5.3) 和定理 11.2.9.

13.2.2. 直径和所有与焦点之间的线段内部不相交的轨道. [776]

13.2.5. 利用练习 9.2.3 和 13.1.1.

13.2.6. 对 $\tau_0 < p/q < \tau_1$, 首先证明 (p,q) 型 Birkhoff 周期轨道的存在性. 见 [K5].

13.2.7. 利用命题 13.2.21 和练习 13.2.6.

13.3.2. 所有有序轨道都是极小的, 除了对短直径的. 见练习 13.2.2.

13.3.3. 利用推论 13.3.8 和命题 13.2.21 或练习 13.2.3.

13.4.1. 设 $y(x)$ 是 y^+ 和 y^- 的公共值. 证明对间隙中的 x_1 和 x_2, $(x_1, y(x_1))$ 和 $(x_2, y(x_2))$ 的轨道适当地交结在一起.

13.5.1. 利用命题 13.5.1, 用在某种程度上类似于命题 13.5.3 的证明方法.

14.1.1. 证明周期点的周期有界, 然后利用 Kupka–Smale 定理 7.2.13.

14.2.1. 见练习 7.1.7, 并证明对每个 $t \neq 0$ 这个时间 t 映射是拓扑传递的 (参看定义 1.3.1).

14.2.2. 考虑一条闭横截线, 证明若这个 Poincaré 映射有定义, 则它是逆定向的.

14.2.4. 利用定理 12.6.1 的构造.

14.3.1. 利用命题 12.2.1.

14.3.2. 利用任何 $g+1$ 个不相交的闭曲线划分这个曲面的事实和 Poincaré–Bendixson 定理 14.1.1.

14.4.2. 利用任何 $g+1$ 个不相交的闭曲线划分这个曲面的事实和 Poincaré–Bendixson 定理 14.1.1.

14.4.3. 利用无理环面平移的极小性.

14.4.5. 这个亏格是 $[n/2]$. 对偶数 n 存在一个指标为 $2-2g=2-n$ 的不动点. 对奇数 n 存在两个指标为 $(1-n)/2$ 的不动点.

14.5.3. 只需考虑非原子测度. 于是 $\xi(I)$ 是一个单边生成子. 另外证明迭代分割 ξ^I_{-n} 的势线性地增长.

14.5.4. 见练习 4.2.10.

14.5.6. 从 $\beta = 2\alpha$ 开始, 如在推论 12.6.4 的证明中加入小片, 再用归纳法证明.

14.6.1. 首先在有洞的环面上构造一个保面积流, 环面的边界上有两个半鞍点, 边界的其余部分是鞍点连接.

14.7.2. 从分支环面上的两个线性流开始, 实现所要的通过生成子的流量. 然后在每个环面上打洞并修改流使得存在两个鞍点, 这个流是从一个环面到另一个环面的定向流.

14.7.4. 见练习 14.5.6.

15.1.1. 比较定理 15.1.5 或定理 15.1.9.

15.1.2. 改变单边移位以适应 (3.2.2) 和 (3.2.3). 注意这个标准映射的变差是它的 Markov 图中的箭头个数.

15.1.3. 移去 "周期陷阱". 也见定理 15.1.9.

15.2.2. 利用具有常数绝对值斜率的映射. 以任何方式调整单调性区间的个数或者不动点个数.

[777] **15.3.2.** 例如, 考虑 $f(x_i) = x_{i+1}, i = 1, \cdots, n-1$ 和 $f(x_n) = x_1$.

15.4.1. 改变引理 15.4.3 和 15.4.5 的论述: 为了得到矛盾, 假设 μ 是非原子的. 首先注意, $h_{\text{top}}(f) < \log 2/2$ 和 $h_{\text{top}}(f^2) < \log 2$ 意味着 f 和 f^2 都没有马蹄. 因此引理 15.4.3 和 15.4.5 证明的大部分都成立. 为了证明引理 15.4.3, 改变最后一段论述如下: 存在不动点 c 使得 $(x, c) \cap \operatorname{Fix} f \neq \varnothing$, 这与假设只有有限多个不动点矛盾, 从而证明了引理 15.4.3. 为了证明引理 15.4.5, 改变最后一段论述: 存在序列 $w_n < f(w_n) \leqslant a$ 和 $w_n < z_n < a < f(z_n)$ 使得 $w_n \to a, z_n \to a$, 这与逐段单调性矛盾, 从而证明了引理 15.4.5. 但这导致 f^2 不是遍历的, 因此 μ 不是原子的, 而且由遍历性对某个不动点 x 有 $\mu = \delta_x$.

15.6.1. 利用定理 15.6.1, 以及半共轭 h 是单射的, 除了 f 的所有幂在不相交区间是单调的外.

16.3.1. 利用推论 16.1.2 和后面的定理 16.3.1, 以及 15.2 节末尾的评论.

16.3.2. 证明这个 C^r 扰动是逐段单调的.

17.1.1. 紧连通集的任何递减序列 K_i 的交 K 是连通的. 为了证明这个, 取 K 的一个不相交开覆盖 $\{O_1, O_2\}$, 并注意如果对任何 i, j 有 $K_i \notin G_j$, 则对充分大 N 有 $\varnothing \neq \bigcap\limits_{i \geqslant N} (K_i \cap (\partial O_1 \cup \partial O_2)) \subset K \backslash (O_1 \cup O_2)$.

17.1.2. G 是二进制有理数离散群 $\{m\cdot 2^n|m,n\in\mathbb{Z}\}$ 的特征群. 将 Λ 与序列 $(\omega_0,\omega_1,\cdots)$ 群等同, 其中 $\omega_0\in S^1$ 和 $\omega_{n+1}^2=\omega_n$ 具有坐标式乘法.

17.2.4. 考虑在球面上围绕赤道对称地附上相距 $2\pi/k$ 的 k 个柄的曲面 S. 围绕北 – 南轴的 $2\pi/k$ 的旋转的轨道的等化空间显然是个环面. 现在在 $\mathbb{T}^2$ 上求一个 Anosov 映射, 它有两个不动点可提升到 S, 并如 DA 映射中的构造执行外科手术.

17.3.1. 在恒同的导数 DF 唯一确定这个自同构. 这些导数由整数矩阵 $\begin{pmatrix}a&b&0\\c&d&0\\\alpha&\beta&\gamma\end{pmatrix}$ 给出, 其中 $ad-cb=\gamma\notin\{0,\pm1\}$, 且 $\begin{pmatrix}a&b\\c&d\end{pmatrix}$ 是双曲的.

17.3.2. F 将平移变成平移且保持格, 因此必须保持 (直到相差定向) 任何平移不变测度.

17.3.3. 为了证明 $dxdydz$ 是左不变的, 注意, Heisenberg 矩阵的左平移仅改变常数元素.

17.3.4. 练习 17.3.2 证明 F 保 Haar 测度, 因此由练习 17.3.3 它有行列式 1, 由练习 17.3.1 从它得到 $\gamma^2=1$.

17.4.2. 考虑一条参数化闭曲线, 它的切向量接近于流的生成子. 固定曲线上的等距点的横截截面序列, 并考虑相应 Poincaré 映射的积. 在每个横截面上引入适应坐标, 再将这些 Poincaré 映射扩展到整个 Euclid 空间并保持双曲性. 然后重复 Anosov 封闭引理 (定理 6.4.15) 的证明. Poincaré 映射积的唯一不动点对应于流的周期轨道, 它经小的重参数化后停留在靠近流的原来轨道.

17.5.1. (1) 第二个极限圆流是 $\hat{H}_t(v)=-H_t(-v)$; 切向量沿着由 $\gamma(+\infty)$ 确定的极限圆移动.

(2) 向量围绕它的基点以单位速度旋转.

(3) 正交测地流: 切向量 v 沿着垂直于 v 的适当定向的测地线以单位速度移动.

17.5.2. 利用 Möbius 变换到椭圆型、抛物型和双曲型的分类. [778]

17.6.1. 通过积分由正交 Jacobi 场生成的体积元计算球的体积. 与练习 9.6.1 比较.

17.6.2. 利用上一个练习.

17.6.3. 证明 $\exp_x:T_x\widetilde{M}\to\widetilde{M}$ 是一个微分同胚.

17.6.4. 利用上一个练习.

17.7.1. 在类似于定理 3.2.9 证明的论述中, 利用定理 9.6.7 和练习 17.6.1.

17.8.1. 构造 J 的一个开覆盖 $C=\{C_1,\cdots,C_N\}$, 使得 $f(C_i)\cap C_j\neq\varnothing$ 蕴含着 $C_j\subset f(C_i)$.

17.8.2. 考虑从不动点到 ∞ 的 "切割" 和它们对编码的原像.

18.1.2. 围绕极点取两个小圆盘和它们之间的轨道段的充分稠密族. 于是在圆盘的外面任何 ε 轨道停留在充分接近于这些轨道段的一个. 在圆盘内它是平凡接近.

18.1.3. 再次只需考虑围绕临界点的圆盘和圆盘外面的轨道段的充分稠密族.

18.1.4. 利用跟踪定理的记号, 令 $f'=f=$ 问题中的映射, $g:\mathbb{T}^2\to\mathbb{T}^2$ 对应于倾斜环面上的时间 1 映射, 以及 $\alpha=\mathrm{Id}_{\mathbb{T}^2}$. 于是 $d_{C^0}(f,g)<\varepsilon$, 但是 f 与 g 显然不共轭, 因为 g 没有鞍点连接.

18.2.1. 对有适当双曲性条件的不可逆映射定义不稳定方向可能有些困难, 因为原像不唯一. 这个在这里没有问题, 因为由假设整个切空间是扩张的.

18.2.2. 由原像的非唯一性, 对 F 的某个扰动利用不稳定流形的非唯一性.

18.3.1. 证明在 $NW(\sigma_A)$ 中所有符号是本质且等价的, 因此可应用练习 1.9.9.

18.3.2. 在 $\mathbb{T}^2$ 上取两个双曲不动点和一条异宿轨道. 如果这个微分同胚保持光滑测度, 那么这是一个紧局部极大双曲集且在非游荡集内. 但是它的非游荡集只有两点.

18.3.3. 对 Δ 附上两个半圆, 在其中之一取一个汇 (即吸引不动点), 扩展这个映射将这个集合映到它自己. 在补中引入源将这个拓扑圆盘扩张到球面.

18.3.4. 通过证明这些轨道之一的不稳定流形的闭包整个包含另一个轨道来修改定理 18.3.6 的论述.

18.3.6. 利用这个不稳定流形是开集的事实.

18.3.7. 在周期点通过 $p\sim q$ 引入一个等价关系, 当且仅当 p 的弱稳定流形与 q 的弱不稳定流形相交, 反之亦然, 而且两个交都横截于至少一点. 注意这类等价关系是流不变且是开的.

18.4.1. 容易得到局部极大性: 对所有 $n\in\mathbb{Z}$, 由假设, 集合中的稳定流形和不稳定流形的交中的点接近; 因此有局部积结构和局部混合性. 反之, 假设有局部混合性并取论述中的点 y. 于是, 对正时间, y 在与 y 的轨道重合的 ε 轨道中; 对负时间, y 在 Λ 中. 它被点 $x \in \Lambda$ 的轨道跟踪, 因此正向渐近于它.

18.4.3. 在移位下每个闭不变集可通过 n 步拓扑 Markov 链任意逼近. 与练习 [779]
6.4.8 比较.

18.4.4. 利用上一个练习和练习 1.9.12 或练习 6.4.7.

18.5.1. 利用推论 1.9.12 和命题 3.2.5.

18.5.2. 由练习 8.7.1 得到 $P_n(F_L) = \prod_{i=1}^{m} |1 - \lambda_i^n|$. 按照 λ_i 是否在单位圆 (非双曲的) 上合并这些项. 双曲部分给出恰当的渐近, 非双曲部分虽然有界于 2, 但有任意接近于 0 的项.

18.5.3. 利用定理 18.5.1 和练习 8.7.1.

18.7.1. 利用练习 18.3.5 和 18.3.9.

18.7.3. 利用上一个练习证明对每个非原子测度, 这个半共轭几乎处处是一个单射. 然后利用变分原理.

19.1.4. 利用上一个练习和不变切触结构 (引理 18.3.7) 证明强稳定和不稳定叶层是 C^1 的. 然后利用定理 5.4.16 的 Hopf 论证. 这个结果也显示在 20.4 节中.

19.1.5. 扰动线性 Anosov 微分同胚使得这些叶层保持相同, 但在某个周期点一个特征值改变.

19.1.7. 考虑由横截于这个叶层的解析闭曲线上的叶层诱导的完整映射 (例如, $\mathbb{R}^2$ 中的 x 轴到 $\mathbb{T}^2$ 的投射). 利用 Arnold 定理 12.3.1 证明它解析共轭于一个旋转. 证明这个横截线上对应的线性参数通过 f 线性扩张. 利用它在通有覆盖上产生仿射坐标, 在这个坐标下 f 的提升 F 是线性的.

19.2.1. 证明这个差上同调于 f 的 Jacobi.

19.2.2. 证明由定理 19.2.1 得到的解 Φ 的 Fourier 系数超指数衰减.

19.2.3. 利用定理 19.2.5 证明中用的类似方法, 证明由定理 19.2.1 得到的函数 Φ 沿着稳定和不稳定叶层的叶是 C^∞ 的. 然后利用 Fourier 分析证明由此得到所要的光滑性.

20.1.1. 首先证明存在无穷多个周期轨道, 然后利用定理 18.5.5.

20.1.2. 注意由定义这个扩张性通过闭不变子集继承, 并证明这个碎轨由因子继承.

20.1.3. 由练习 1.9.11 它是一个 sofic 系统.

20.1.7. 利用上一个练习证明 $\lambda = \lim \mu_n$.

20.1.8. 利用上一个练习和练习 18.5.4.

20.3.1. 仅考虑一个坐标的函数.

20.3.3. 利用引理 20.3.4 证明由 $h_{\mu_\varphi}(f) = 0$ 得到 μ_φ 是原子的.

20.3.5. 利用上一个练习.

20.4.2. 利用引理 20.3.4 证明绝对连续性. 求导数的泛函方程, 并证明它的解唯一. 再证明 (20.4.5) 给出解.

20.4.3. 利用平衡态 μ_φ 和 μ_ψ 代替面积 (光滑测度), 其中 $\psi = \log J^s f$ (稳定 Jacobi). 然后利用上一个练习的结果.

20.4.4. 取线性映射的复合, 它的不稳定叶层 W 是二维的, 其中保体积的微分同胚保 W 的叶但改变周期点的特征值.

参考文献

[AM] Abraham, Ralph, and Marsden, Jerrold: *Foundations of mechanics.* Benjamin/Cummings, New York, 1978.

[ARo] Abraham, Ralph, and Robbin, Joel: *Transversal mappings and flows.* Benjamin, New York, 1967.

[ASm] Abraham, Ralph, and Smale, Stephen: Non-genericity of Ω-stability. In *Global Analysis, Proceedings of Symposia in Pure Mathematics*, vol. 14, pp. 5–8. American Mathematical Society, Providence, RI, 1970.

[AKM] Adler, Roy L.; Konheim, Alan G.; and McAndrew, M. Harry: Topological entropy. *Transactions of the American Mathematical Society*, **114** (1965), 309–319.

[AW] Adler, Roy L., and Weiss, Benjamin: Entropy, a complete metric invariant for automorphisms of the torus. *Proceedings of the National Academy of Sciences*, **57** no. 6 (1967), 1573–1576.

[A1] Alekseyev, Vladimir M.: Invariant Markov subsets for diffeomorphisms. *Uspehi Mat. Nauk*, **23** no. 2 (1968), 209–210.

[A2] —— : Perron sets and topological Markov chains. *Uspehi Mat. Nauk*, **24** no. 5 (1969), 227–229.

[A3] —— : Quasirandom dynamical systems I: Quasirandom diffeomorphisms. *Mathematics of the USSR, Sbornik*, **5** no. 1 (1968), 73–128; II: One-dimensional non-linear oscillations in a field with periodic perturbations. *Mathematics of the USSR, Sbornik*, **6** no. 4 (1968), 505–560; III: Quasirandom oscillations of one-dimensional oscillators. *Mathematics of the USSR, Sbornik*, **7** no. 1 (1969),

1–43.

[A4] —— : *Symbolic dynamics.* 11th Summer mathematical school. Mathematics Institute of the Ukrainian Academy of Sciences, Kiev, 1976.

[AKK] Alekseyev, Vladimir M.; Katok, Anatole B.; and Kušnirenko, Anatole G.: *Three papers in dynamical systems.* Translations of the American Mathematical Society (series 2), vol. 116. American Mathematical Society, Providence, RI, 1981.

[AP] Andronov, Alexander, and Pontrjagin, Lev: Systèmes grossiers. *Comptes Rendus (Doklady) de l'Académie des Sciences de l'URSS*, **14** no. 5 (1937), 247–250.

[An1] Anosov, Dmitriĭ V.: Roughness of geodesic flows on compact Riemannian manifolds of negative curvature. *Soviet Mathematics, Doklady*, **3** (1962), 1068–1070.

[An2] —— : Ergodic properties of geodesic flows on closed Riemannian manifolds of negative curvature. *Soviet Mathematics, Doklady*, **4** (1963), 1153–1156.

[An3] —— : *Geodesic flows on Riemann manifolds with negative curvature.* Proceedings of the Steklov Institute of Mathematics, vol. 90. American Mathematical Society, Providence, RI, 1967.

[An4] —— : Tangent fields of transversal foliations in "Y-systems". *Math. Notes of the Acad. of Sciences, USSR*, **2** no. 5 (1967), 818–823.

[An5] —— : On a class of invariant sets of smooth dynamical systems. In *Proceedings of the Fifth International Conference on Nonlinear Oscillations*, vol. 2, pp. 39–45. Mathematics Institute of the Ukrainian Academy of Sciences, Kiev, 1970.

[AnK] Anosov, Dmitriĭ V., and Katok, Anatole B.: New examples in smooth ergodic theory. Ergodic diffeomorphisms. *Transactions of the Moscow Mathematical Society*, **23** (1970), 1–35.

[AnSin] Anosov, Dmitriĭ V., and Sinai, Yakov: Some smooth ergodic systems. *Russian Mathematical Surveys*, **22** no. 5 (1967), 103–167.

[Ar1] Arnol'd, Vladimir I.: Small denominators I. Mappings of the circle onto itself. *Izvestija Akademiĭ Nauk SSSR Ser. Mat.* **25** (1961), 21–86; English translation: *Translations of the American Mathematical Society (series 2)*, **46** (1965), 213–284.

[Ar2] —— : Proof of a theorem of A. N. Kolmogorov on the invariance of quasiperiodic motions under small perturbations of the Hamiltonian. *Russian Mathematical Surveys*, **18** no. 5 (1963), 9–36.

[Ar3] —— : Small denominators and problems of stability of motion in classical and celestial mechanics. *Russian Mathematical Surveys*, **18** no. 6 (1963), 85–193.

[Ar4] —— : *Ordinary differential equations.* MIT Press, Cambridge, MA, 1973.

[Ar5] —— : *Geometric methods in the theory of ordinary differential equations.*

Springer Verlag, Berlin, New York, 1983.

[Ar6] —— : *Mathematical methods of classical mechanics.* Springer Verlag, Berlin, New York, 1978, 1989.

[ArAv] Arnol'd, Vladimir I., and Avez, André: *Ergodic problems of classical mechanics.* Addison-Wesley, Amsterdam, 1988.

[ArASI] Arnol'd, Vladimir I.; Afraimovich, Valentin S.; Shilnikov, Leonid P.; and Ilyashenko, Yuli S.: Theory of bifurcations. In *Encyclopedia of Mathematical Sciences, Volume 5, Dynamical Systems V*, pp. 5–218. Springer Verlag, Berlin, New York, 1994.

[Art] Artin, Emil: Ein mechanisches System mit quasiergodischen Bahnen. *Abhandlungen aus dem mathematischen Seminar der hamburgischen Universität*, **3** (1924), 170–175; in *Collected Papers*, pp. 499–504. Springer Verlag, Berlin, New York, 1965.

[ArM] Artin, Michael, and Mazur, Barry: On periodic points. *Annals of Mathematics*, **81** (1965), 82–99.

[Au] Aubry, Serge: The devil's staircase transformation in incommensurate lattices. In *The Riemann problem, complete integrability and arithmetic applications*, Lecture Notes in Mathematics, vol. 925, pp. 221–245. Springer Verlag, Berlin, New York, 1982.

[AuD] Aubry, Serge, and Le Daëron, Pierre-Yves: The discrete Frenkel-Kontorova model and its extensions. I. Exact results for the ground-states. *Physica D*, **8** no. 3 (1983), 381–422.

[AuDA] Aubry, Serge; Le Daëron, Pierre-Yves; and André, Gilles: Classical ground-states of a one-dimensional model for incommensurate structures. Preprint.

[B1] Bangert, Victor: Mather sets for twist maps and geodesics on tori. In *Dynamics reported*, vol. 1, pp. 1–56. Springer Verlag, Berlin, New York, 1988.

[B2] —— : On the existence of closed geodesics on two-spheres. *International Journal of Mathematics*, **4** (1993), 1–10.

[BDT] Beals, Richard; Deift, Percy; and Tomei, Carlos: *Direct and inverse scattering on the real line.* Mathematical Surveys and Monographs, vol. 28. American Mathematical Society, Providence, RI, 1988.

[Be] Beardon, Alan: *Iteration of rational functions: Complex analytic dynamical systems.* Springer Verlag, Berlin, New York, 1991.

[Bel] Belitskiĭ, Grigoriĭ R.: Equivalence and normal forms of germs of smooth mappings. *Russian Mathematical Surveys*, **31** no. 1 (1978), 107–177.

[Ben] Bendixson, Ivar: Sur les courbes définies par les équations différentielles. *Acta Mathematica*, **24** (1901), 1–88.

[BC] Benedicks, Michael, and Carleson, Lennart: Dynamics of the Hénon map. *An-*

nals of Mathematics, **133** (1991), 73–169.

[BL] Benoist, Yves, and Labourie, François: Sur les difféomorphismes d'Anosov affines à feuilletages stable et instable différentiables. *Inventiones mathematicae*, **111** no. 2 (1993), 285–308.

[BFL] Benoist, Yves; Foulon, Patrick; and Labourie, François: Flots d'Anosov à distributions stable et instable différentiables. *Journal of the American Mathematical Society*, **5** no. 1 (1992), 33–74.

[Bi1] Birkhoff, George D.: Surface transformations and their dynamical applications. *Acta Mathematica*, **43** no. 1–2 (1920), 1–119.

[Bi2] —— : On the periodic motions of dynamical systems. *Acta Mathematica*, **50** (1927), 359–379.

[Bi3] —— : *Dynamical systems*. Colloquium Publications, vol. 9. American Mathematical Society, Providence, RI, 1927.

[Bi4] —— : Proof of the ergodic theorem. *Proceedings of the Academy of Sciences USA* **17** (1931), 656–660.

[BiC] Bishop, Richard L., and Crittenden, Richard J.: *Geometry of manifolds*. Academic Press, New York, 1964.

[Bl] Blanchard, Paul: Complex dynamics on the Riemann sphere. *Bulletin of the American Mathematical Society*, **11** no. 1 (1984), 85–141.

[BGMY] Block, Louis; Guckenheimer, John; Misiurewicz, Michał; and Young, Lai-Sang: Periodic points and topological entropy of one-dimensional maps. In *Global theory of dynamical systems*, edited by Zbigniew Nitecki and Clark Robinson, Lecture Notes in Mathematics, vol. 819, pp. 18–34. Springer Verlag, Berlin, New York, 1980.

[Bo1] Bowen, Rufus: Topological entropy and Axiom A. In *Global Analysis, Proceedings of Symposia in Pure Mathematics*, vol. 14, pp. 23–41. American Mathematical Society, Providence, RI, 1970.

[Bo2] —— : Markov partitions for Axiom A diffeomorphisms. *American Journal of Mathematics*, **92** (1970), 725–747.

[Bo3] —— : Periodic points and measures for Axiom A diffeomorphisms. *Transactions of the American Mathematical Society*, **154** (1971), 377–397.

[Bo4] —— : Periodic orbits for hyperbolic flows. *American Journal of Mathematics*, **94** (1972), 1–30.

[Bo5] —— : Symbolic dynamics for hyperbolic flows. *American Journal of Mathematics*, **95** (1972), 429–459.

[Bo6] —— : Some systems with unique equilibrium states. *Mathematical Systems Theory*, **8** no. 3 (1975), 193–202.

[Bo7] —— : *Equilibrium states and the ergodic theory of Anosov diffeomorphisms.*

Lecture Notes in Mathematics, vol. 470. Springer Verlag, Berlin, New York, 1975.

[Bo8] —— : Entropy and the fundamental group. In *The structure of attractors in dynamical systems*, edited by Nelson G. Markley, J. C. Martin, and W. Perrizo, Lecture Notes in Mathematics, vol. 668, pp. 21–29. Springer Verlag, Berlin, New York, 1978.

[BoR] Bowen, Rufus, and Ruelle, David: The ergodic theory of Axiom A flows. *Inventiones mathematicae*, **29** (1975), 181–202.

[Boy] Boyle, Michael: Symbolic dynamics and matrices. In *Combinatorial and graph-theoretical properties in linear algebra*, edited by R. Brualdi, S. Friedland, and V. Klee, IMA Volumes in Mathematics and Its Applications, vol. 50, pp. 1–38. Springer Verlag, Berlin, New York, 1993.

[BP] Brin, Mikhael, and Pesin, Yakov: Partially hyperbolic dynamical systems. *Mathematics of the USSR, Isvestia*, **8** no. 1 (1974), 177–218.

[Br] Brjuno, Alexander D.: The analytical form of differential equations. *Transactions of the Moscow Mathematical Society*, **25** (1971), 131–288; *Transactions of the Moscow Mathematical Society*, **26** (1972), 199–238.

[Bu] Bunimovich, Leonid A.: On the ergodic properties of nowhere dispersing billiards. *Communications in Mathematical Physics*, **65** (1979), 295–312.

[C] Chen, Kuo-Tsai: Equivalence and decomposition of vector fields about an elementary critical point. *American Journal of Mathematics*, **85** (1963), 693–722.

[Ch] Cherry, Thomas M.: Analytic quasi-periodic curves of discontinuous type on a torus. *Proceedings of the London Mathematical Society (second series)*, **44** (1938), 175–215.

[CL] Coddington, Earl A., and Levinson, Norman: *Theory of ordinary differential equations.* McGraw-Hill, New York, 1955.

[CE] Collet, Pierre, and Eckmann, Jean-Pierre: *Iterated maps on the interval as dynamical systems.* Birkhäuser, 1980.

[Co] Conley, Charles: *Isolated invariant sets and the Morse index.* CBMS Regional Conference Series in Mathematics, vol. 38. American Mathematical Society, Providence, RI, 1978.

[CoZ] Conley, Charles, and Zehnder, Eduard: Morse-type index theory for flows and periodic solutions for Hamiltonian equations. *Communications in Pure and Applied Mathematics*, **37** no. 2 (1984), 207–253.

[Con] Connes, Alain: Une classification des facteurs de type III. *Annales scientifiques de l'École Normale Superieure*, **6** no. 2 (1973), 133–252.

[CFSin] Cornfeld, Isaak P.; Fomin, Sergei V.; and Sinai, Yakov G.: *Ergodic theory.* Springer Verlag, Berlin, New York, 1982.

[D] Denjoy, Arnaud: Sur les courbes définies par les équations différentielles à la surface du tore. *Journal de Mathématiques Pures et Appliquées (9. série)*, **11** (1932), 333–375.

[DGS] Denker, Manfred; Grillenberger, Christian; and Sigmund, Karl: *Ergodic theory on compact spaces.* Lecture Notes in Mathematics, vol. 527. Springer Verlag, Berlin, New York, 1976.

[De] Devaney, Robert: *An introduction to chaotic dynamical systems.* Addison-Wesley, Reading, MA, 1989.

[Di] Dinaburg, Efim I.: On the relations among various entropy characteristics of dynamical systems. *Mathematics of the USSR, Isvestia*, **5** (1971), 337–378.

[Do] Dolgopyat, Dmitry: On decay of correlations in Anosov flows. *Annals of Mathematics*, **147** no. 2 (1998), 357–390.

[DoP] Dolgopyat, Dmitry and Pollicott, Mark: Addendum to 'Periodic orbits and dynamical spectra' (by Viviane Baladi). *Ergodic Theory and Dynamical Systems*, **18** no. 2 (1998), 255–292.

[EL] Ekeland, Ivar, and Lasry, Jean-Michel: On the number of periodic trajectories for a Hamiltonian flow on a convex energy surface. *Annals of Mathematics*, **112** no. 2 (1980), 283–319.

[E] Ellis, Robert: *Lectures on topological dynamics.* Benjamin, New York, 1969.

[F] Fathi, Albert: Une interprétation plus topologique de la démonstration du théorème de Birkhoff. *Astérisque*, **103–104** (1983), 39–46.

[FLP] Fathi, Albert; Laudenbach, François; and Poénaru, Valentin: *Travaux de Thurston sur les surfaces.* Astérisque, vol. 66–67. Société Mathématique de France, Paris, 1979.

[Fa] Fatou, Pierre: Sur les équations fonctionelles. *Bulletin de la Société Mathématique de France*, **47** (1919), 161–271; **48** (1920), 33–94; **48** (1920), 208–314.

[Fe] Feigenbaum, Mitchell: Quantitative universality for a class of nonlinear transformations. *Journal of Statistical Physics*, **19** (1978), 25–52.

[FM] Forni, Giovanni, and Mather, John: Action minimizing orbits in Hamiltonian systems. In *Transition to chaos in classical and quantum mechanics*, edited by S. Graffi, Lecture Notes in Mathematics, vol. 1589, pp. 92–186. Springer Verlag, Berlin, New York, 1994.

[Fr1] Franks, John: Anosov diffeomorphisms on tori. *Transactions of the American Mathematical Society*, **145** (1969), 117–124.

[Fr2] —— : Anosov Diffeomorphisms. In *Global Analysis, Proceedings of Symposia in Pure Mathematics*, vol. 14, pp. 61–93. American Mathematical Society, Providence, RI, 1970.

[Fr3] —— : *Homology and dynamical systems.* CBMS Regional Conference Series in Mathematics, vol. 49. American Mathematical Society, Providence, RI, 1982.

[Fr4] —— : Geodesics on S^2 and periodic points of annulus diffeomorphisms. *Inventiones mathematicae*, **108** (1992), 403–418.

[FrW] Franks, John, and Williams, Robert F.: Anomalous Anosov flows. In *Global theory of dynamical systems*, edited by Zbigniew Nitecki and Clark Robinson, Lecture Notes in Mathematics, vol. 819, pp. 158–174. Springer Verlag, Berlin, New York, 1980.

[Fri] Fried, David: Transitive Anosov flows and pseudo-Anosov maps. *Topology*, **22** no. 3 (1983), 299–303.

[Fu1] Furstenberg, Hillel: Strict ergodicity and transformations of the torus. *American Journal of Mathematics*, **83** (1961), 573–601.

[Fu2] —— : The structure of distal flows. *American Journal of Mathematics*, **85** (1963), 477–515.

[Fu3] —— : *Recurrence in ergodic theory and combinatorial number theory.* M. B. Porter Lectures, Rice University. Princeton University Press, Princeton, NJ, 1981.

[G] Gallavotti, Giovanni: *The elements of mechanics.* Springer Verlag, Berlin, New York, 1983.

[Ga] Gantmacher, Feliks R.: *Applications of the theory of matrices.* Interscience Publishers, New York, 1959.

[GF] Gelfand, Israel M., and Fomin, Sergei V.: Geodesic flows on manifolds of constant negative curvature. *Uspehi Mat. Nauk*, **7** no. 1 (1952), 118–137.

[Gh] Ghys, Etienne: Flots d'Anosov dont les feuilletages stables sont différentiables. *Annales scientifiques de l'École Normale Superieure*, **20** no. 2 (1987), 251–270.

[Go] Goodman, Sue E.: Dehn surgery on Anosov Flows. In *Geometric Dynamics*, edited by Jacob Palis, Lecture Notes in Mathematics, vol. 1007, pp. 300–307. Springer Verlag, Berlin, New York, 1983.

[Goo] Goodman, Tim N. T.: Relating topological entropy and measure entropy. *Bulletin of the London Mathematical Society*, **3** (1971), 176–180.

[Gw] Goodwyn, L. Wayne: Topological entropy bounds measure-theoretic entropy. *Proceedings of the American Mathematical Society*, **23** (1969), 679–688.

[GH] Gottschalk, Walter H., and Hedlund, Gustav A.: *Topological dynamics.* American Mathematical Society colloquium publications, vol. 36. American Mathematical Society, Providence, RI, 1955.

[GraSw] Graczyk, Jacek, Świątek, Grzegorz: Generic hyperbolicity in the logistic family. *Annals of Mathematics*, **146** no. 1 (1997), 1–52.

[Gr] Grobman, David M.: Topological classification of neighborhoods of a singularity in n-space. *Mat. Sbornik*, **56** no. 98 (1962), 77–94.

[Gro] Gromov, Mikhael: On the entropy of holomorphic maps. Preprint.

[GH] Guckenheimer, John, and Holmes, Philip: *Nonlinear Oscillations, Dynamical Systems, and Bifurcations of Vector Fields.* Springer Verlag, Berlin, New York, 1983.

[GMN] Guckenheimer, John; Moser, Jürgen; and Newhouse, Sheldon: *Dynamical systems.* CIME Lectures, Bressanone, Italy, June 1978, Progress in Mathematics, vol. 8. Birkhäuser, 1980.

[GK] Guillemin, Victor, and Kazhdan, David: On the cohomology of certain dynamical systems. *Topology*, **19** (1980), 291–299.

[Gu1] Gutierrez, Carlos: Smoothing continuous flows on two-manifolds and recurrence. *Ergodic Theory and Dynamical Systems*, **6** no. 1 (1986), 17–44.

[Gu2] —— : A counter-example to a C^2 closing lemma. *Ergodic Theory and Dynamical Systems*, **7** no. 4 (1987), 509–530.

[GuK] Gutkin, Eugene, and Katok, Anatole: Caustics in inner and outer billiards. *Communications in Mathematical Physics*, **173** (1995), 101–133.

[H] Hadamard, Jaques: Sur l'itération et les solutions asympotiques des équations différentielles. *Bulletin de la Société Mathématique de France*, **29** (1901), 224–228.

[HMO] Hale, Jack K.; Magalhaes, Luis T.; and Oliva, Waldyr M.: *An introduction to infinite-dimensional dynamical systems—geometric theory.* Springer Verlag, Berlin, New York, 1984.

[Ha1] Halmos, Paul: *Measure theory.* Van Nostrand, New York, 1950. Springer Verlag, Berlin, New York, 1974.

[Ha2] —— : *Ergodic theory.* Chelsea, New York, 1956.

[HT1] Handel, Michael, and Thurston, William: Anosov flows on new 3-manifolds. *Inventiones mathematicae*, **59** (1980), 95–103.

[HT2] —— : New proofs of some results of Nielsen. *Advances in Mathematics*, **56** no. 2 (1982), 669–675.

[Har1] Hartman, Philip: *Ordinary differential equations.* Birkhäuser, 1982.

[Har2] —— : On the local linearization of differential equations. *Proceedings of the American Mathematical Society*, **14** (1963), 568–573.

[Has] Hasselblatt, Boris: Regularity of the Anosov splitting and of horospheric foliations. *Ergodic Theory and Dynamical Systems*, **14** no. 4 (1994), 645–666.

[He1] Hedlund, Gustav A.: Geodesics on a two-dimensional Riemannian manifold with periodic coefficients. *Annals of Mathematics*, **33** (1932), 719–739.

[He2] —— : Metric transitivity of the geodesics on closed surface of constant negative curvature. *Annals of Mathematics*, **35** (1934), 787–808.

[Hel] Helgason, Sigurdur: *Differential geometry, Lie groups and Symmetric Spaces.* Academic Press, New York, 1978.

[Hen] Henry, Dan: *Geometric theory of semilinear parabolic equations.* Lecture Notes in Mathematics, vol. 840. Springer Verlag, Berlin, New York, 1981.

[Her1] Herman, Michael R.: Sur la conjugaison différentiable des difféomorphismes du cercle à des rotations. *Publications Mathématiques de l'Institut des Hautes Études Scientifiques*, **49** (1979), 5–234.

[Her2] —— : *Sur les courbes invariants par les difféomorphismes de l'anneau.* Astérisque, vol. 103–104. Société Mathématique de France, Paris, 1983.

[HP] Hirsch, Morris, and Pugh, Charles: Smoothness of horocycle foliations. *Journal of Differential Geometry*, **10** (1975), 225–238.

[HPS] Hirsch, Morris; Pugh, Charles; and Shub, Michael: *Invariant manifolds.* Lecture Notes in Mathematics, vol. 583. Springer Verlag, Berlin, New York, 1977.

[HZ] Hofer, Helmut, and Zehnder, Eduard: *Symplectic invariants and Hamiltonian dynamics.* Birkhäuser, 1994.

[Ho1] Hopf, Eberhard: *Ergodentheorie.* Springer Verlag, Berlin, New York, 1937.

[Ho2] —— : Statistik der geodätischen Linien in Mannigfaltigkeiten negativer Krümmung. *Ber. Verhandlungen der sächsischen Akademie der Wissenschaften zu Leipzig*, **91** (1939), 261–304; Statistik der Lösungen geodätischer Probleme vom unstabilen Typus. II. *Mathematische Annalen*, **117** (1940), 590–608.

[HK] Hurder, Steven, and Katok, Anatole B.: Differentiability, rigidity and Godbillon–Vey classes for Anosov flows. *Publications Mathématiques de l'Institut des Hautes Études Scientifiques*, **72** (1990), 5–61.

[I] Irwin, Michael C.: *Smooth dynamical systems.* Academic Press, London, 1980.

[J1] Jacobson, Michael V.: Properties of the one-parameter family of dynamical systems $x \mapsto Axe^{-x}$. *Uspehi Mat. Nauk*, **31** no. 2 (1976), 239–240.

[J2] —— : Absolutely continuous invariant measures for one-parameter families of one-dimensional maps. *Communications in Mathematical Physics*, **81** no. 1 (1981), 39–88.

[Ji] Jiang, Boju: *Lectures on Nielsen fixed point theory.* Contemporary Mathematics, vol. 14. American Mathematical Society, Providence, RI, 1983.

[Ju] Julia, Gaston: Mémoire sur l'itération des fonctions rationelles. *Journal de Mathématiques Pures et Appliquées*, **4** (1918), 47–245.

[Kal] Kaloshin, Vadim: Exponential growth of number of periodic orbits is not topologically generic, in preparation.

[K1] Katok, Anatole B.: Ergodic perturbations of degenerate integrable Hamiltonian systems. *Mathematics of the USSR, Isvestia*, **7** no. 3 (1973), 535–571.

[K2] ——: Invariant measures for flows on orientable surfaces. *Soviet Mathematics, Doklady*, **14** (1973), 1104–1108.

[K3] —— : Monotone equivalence in ergodic theory. *Mathematics of the USSR, Isvestia*, **11** no. 1 (1977), 99–146.

[K4] —— : A conjecture about entropy. In *Smooth dynamical systems*, edited by Dmitriĭ V. Anosov, pp. 181–203. Mir, Moscow, 1977; English translation: *Translations of the American Mathematical Society (series 2)*, **133** (1986), 91–107.

[K5] —— : Lyapunov exponents, entropy and periodic orbits for diffeomorphisms. *Publications Mathématiques de l'Institut des Hautes Études Scientifiques*, **51** (1980), 137–173.

[K6] —— : Some remarks on Birkhoff and Mather twist map theorems. *Ergodic Theory and Dynamical Systems*, **2** no. 2 (1982), 185–194.

[K7] —— : More about Birkhoff periodic orbits and Mather sets for twist maps. Preprint IHES/M/82/35; Continuation of the preprint "More about Birkhoff periodic orbits and Mather sets for twist maps". University of Maryland preprint.

[K8] —— : Entropy and closed geodesics. *Ergodic Theory and Dynamical Systems*, **2** no. 3–4 (1982), 339–365.

[K9] —— : Nonuniform hyperbolicity and structure of smooth dynamical systems. *Proceedings of the International Congress of Mathematicians, Warszawa*, **2** (1983), 1245–1254.

[KKPW] Katok, Anatole B.; Knieper, Gerhard; Pollicott, Mark; and Weiss, Howard: Differentiability and Analyticity of Topological Entropy for Anosov and Geodesic Flows. *Inventiones mathematicae*, **98** no. 3 (1989), 581–597.

[KSinS] Katok, Anatole B.; Sinai, Yakov G.; and Stepin, Anatole M.: The theory of dynamical systems and general transformation groups with invariant measure. *Journal of Soviet Mathematics*, **7** (1977), 974–1065.

[KS1] Katok, Anatole B., and Spatzier, Ralf J.: First cohomology of Anosov actions of higher rank Abelian groups and applications to rigidity. *Publications Mathématiques de l'Institut des Hautes Études Scientifiques*, **79** (131–156), 1994.

[KS2] Katok, Anatole B., and Spatzier, Ralf J.: Subelliptic estimates of polynomial differential operators and applications to cocycle rigidity. *Mathematical Research Letters*, **1** (1994), 193–202.

[KS] Katok, Anatole B., and Stepin, Anatole M.: Metric properties of measure preserving homeomorphisms. *Russian Mathematical Surveys*, **25** no. 2 (1970), 191–220.

[KSt] Katok, Anatole B., and Strelcyn, Jean-Marie, with the collaboration of François Ledrappier and Feliks Przytycki: *Invariant manifolds, entropy and billiards; smooth maps with singularities.* Lecture Notes in Mathematics, vol. 1222. Springer Verlag, Berlin, New York, 1986.

[Ka] Katok, Svetlana: *Fuchsian groups.* University of Chicago Press, Chicago, 1992.

[KO] Katznelson, Yitzchak, and Ornstein, Donald: The differentiability of the conjugation of certain diffeomorphisms of the circle. *Ergodic Theory and Dynamical Systems*, **9** no. 4 (1989), 643–680.

[Ke] Keane, Michael: Interval exchange transformations. *Mathematische Zeitschrift*, **141** (1975), 25–31.

[KeS] Keane, Michael, and Smorodinsky, Meir: Bernoulli schemes of the same entropy are finitarily isomorphic. *Annals of Mathematics*, **109** (1979), 397–406.

[KMS] Kerckhoff, Stephen; Masur, Howard; and Smillie, John: Ergodicity of billiard flows and quadratic differentials. *Annals of Mathematics*, **124** (1986), 293–311.

[Kh] Khinchin, Alexander Ya.: *Mathematical foundations of information theory.* Dover, New York, 1957.

[Kl] Klingenberg, Wilhelm: *Riemannian Geometry.* de Gruyter, Berlin-New York, 1982.

[KN] Kobayashi, Shoshichi, and Nomizu, Katsumi: *Foundations of differential geometry.* vol. 1. Interscience Publishers, New York, 1963; vol.2. Interscience Publishers, New York, 1969.

[Ko1] Kolmogorov, Andrei N.: On dynamical systems with an integral invariant on the torus. *Doklady Akademiĭ Nauk SSSR*, **93** (1953), 763–766 (in Russian).

[Ko2] —— : Preservation of conditionally periodic movements under a small change in the Hamilton function. *Doklady Akademiĭ Nauk SSSR*, **98** (1954), 527–530 (in Russian); English translation: In *Stochastic behavior in classical and quantum Hamiltonian systems*, Volta Memorial conference, Como, 1977, Lecture Notes in Physics, vol. 93. Springer Verlag, Berlin, New York, 1979.

[Ko3] —— : A new metric invariant of transitive dynamical systems and automorphisms of Lebesgue spaces. *Doklady Akademiĭ Nauk SSSR*, **119** (1958), 861–864 (in Russian); *Proceedings of the Steklov Institute of Mathematics*, **169** no. 4 (1986), 97–102.

[KT] Kozlov, Valeriĭ V., and Treshchëv, Dmitriĭ V.: *Billiards; A genetic introduction to the dynamics of systems with impacts.* Translations of Mathematical Monographs, vol. 89. American Mathematical Society, Providence, RI, 1991.

[Kr] Krengel, Ulrich: *Ergodic theorems.* de Gruyter, Berlin-New York, 1985.

[Kri] Krieger, Wolfgang: On non-singular transformations of a measure space. *Zeitschrift für Wahrscheinlichkeitstheorie und verwandte Gebiete*, **11** no. 2

(1969), 83–97; II. 98–119.

[KB] Kryloff, Nicolas, and Bogoliouboff, Nicolas: La théorie générale de la mesure dans son application à l'étude des systémes dynamiques de la mécanique non linéaire. *Annals of Mathematics*, **38** no. 1 (1937), 65–113.

[KSz] Krzyzewski, Konstantin, and Szlenk, Wiesław: On invariant measures of expanding differentiable mappings. *Studia Mathematicae*, **33** no. 1 (1969), 83–92.

[Ku] Kuksin, Sergei B.: *Nearly integrable infinite-dimensional Hamiltonian systems.* Lecture Notes in Mathematics, vol. 1556. Springer Verlag, Berlin, New York, 1993.

[Kup] Kupka, Ivan: Contribution à la théorie des champs génériques. *Contributions to Differential Equations*, **2** (1963), 457–484.

[LY] Lasota, Andrzej, and Yorke, James A.: On the existence of invariant measures for piecewise monotonic transformations. *Transactions of the American Mathematical Society*, **186** (1973), 481–488.

[L] Lazutkin, Vladimir F.: The existence of caustics for a billiard problem in a convex domain. *Mathematics of the USSR, Isvestia*, **7** (1973), 185–214.

[Led] Ledrappier, François: Mésures d'équilibre d'entropie complèment positive. *Astérisque*, **50** (1977), 251–272.

[LedY] Ledrappier, François, and Young, Lai-Sang: The metric entropy of diffeomorphisms, Part I: Characterization of measures satisfying Pesin's entropy formula. *Annals of Mathematics*, **122** (1985), 509–539; Part II: Relations between entropy, exponents and dimension. *Annals of Mathematics*, **122** (1985), 540–574.

[Le] Levi, Mark: *Qualitative analysis of the periodically forced relaxation oscillations.* Memoirs of the American Mathematical Society, vol. 244. American Mathematical Society, Providence, RI, 1981.

[Lev] Levinson, Norman: A second order differential equation with singular solutions. *Annals of Mathematics*, **50** (1949), 127–153.

[Li] Liao, Shan-Tao (廖山涛): On the stability conjecture. *Chinese Annals of Mathematics*, **1** no. 1 (1980), 9–30.

[LM] Lind, Douglas, and Marcus, Brian: *An introduction to symbolic dynamics and coding.* Cambridge University Press, Cambridge, 1995.

[Liv] Livšic, Alexander: Some homology properties of Y-systems. *Mathematical Notes of the USSR Academy of Sciences*, **10** (1971), 758–763.

[LivSin] Livšic, Alexander, and Sinai, Yakov G.: On invariant measures compatible with the smooth structure for transitive Y-systems. *Soviet Mathematics, Doklady*, **13** no. 6 (1972), 1656–1659.

[LlMM] de la Llave, Rafael; Marco, José Manuel; and Moriyon, Roberto: Canonical perturbation theory of Anosov systems and regularity results for the Livšic cohomology equation. *Annals of Mathematics*, **123** (1986), 537–611; *Bulletin of the American Mathematical Society*, **12** no. 1 (1985), 91–94.

[Ly] Lyubich, Michael Yu.: Entropy of analytic endomorphisms of the Riemannian sphere. *Functional Analysis and its Applications*, **15** no. 4 (1981), 300–302.

[M] Maĭer, Artemiĭ G.: Trajectories on the closed orientable surfaces. *Mathematics of the USSR, Sbornik*, **12** (1943), 71–84.

[Ma1] Mañé, Ricardo: Lyapunov exponents and stable manifolds for compact transformations. In *Geometric Dynamics*, edited by Jacob Palis, Lecture Notes in Mathematics, vol. 1007, pp. 522–577. Springer Verlag, Berlin, New York, 1983.

[Ma2] —— : Hyperbolicity, sinks and measure in one dimensional dynamics. *Communications in Mathematical Physics*, **100** (1985), 495–524; Erratum. *Communications in Mathematical Physics*, **112** (1987), 721–724.

[Ma3] —— : A proof of the C^1 stability conjecture. *Publications Mathématiques de l'Institut des Hautes Études Scientifiques*, **66** (1987), 161–210.

[Ma4] —— : *Ergodic theory and differentiable dynamics.* Springer Verlag, Berlin, New York, 1987.

[Man1] Manning, Anthony: There are no new Anosov diffeomorphisms on tori. *American Journal of Mathematics*, **96** no. 3 (1974), 422–429.

[Man2] —— : Topological entropy and the first homology group. In *Dynamical systems — Warwick 1974*, edited by Anthony Manning, Lecture Notes in Mathematics, vol. 468, pp. 185–190. Springer Verlag, Berlin, New York, 1975.

[Man3] —— : Topological entropy for geodesic flows. *Annals of Mathematics*, **110** (1979), 567–573.

[Mar] Margulis, Grigoriĭ: Certain measures associated with Y-flows on compact manifolds. *Functional Analysis and Its Applications*, **4** (1969), 55–67.

[Mark] Markley, Nelson: Homeomorphisms of the circle without periodic points. *Proceedings of the London Mathematical Society*, **20** (1970), 688–698.

[Mas] Masur, Howard: Interval exchange transformations and measured foliations. *Annals of Mathematics*, **115** (1982), 169–200.

[MS] Masur, Howard, and Smillie, John: Hausdorff dimension of sets of nonergodic measured foliations. *Annals of Mathematics*, **134** (1991), 455–543.

[Mat1] Mather, John: Existence of quasi-periodic orbits for twist homeomorphisms of the annulus. *Topology*, **21** (1982), 457–467.

[Mat2] —— : Glancing billiards. *Ergodic Theory and Dynamical Systems*, **2** no. 3–4 (1982), 397–403.

[Mat3] —— : More Denjoy minimal sets for area-preserving diffeomorphisms. *Commentarii Mathematici Helvetici*, **60** (1985), 508–557.

[Mat4] —— : A criterion for the non-existence of invariant circles. *Publications Mathématiques de l'Institut des Hautes Études Scientifiques*, **63** (1986), 153–204.

[Me] de Melo, Welington: *Lectures on one-dimensional dynamics.* Instituto de Matemática Pura e Aplicada do CNPq, Rio de Janeiro, Brazil, 1988.

[MeS] de Melo, Welington, and van Strien, Sebastian: *One-dimensional dynamics.* Springer Verlag, Berlin, New York, 1993.

[Mi] Milnor, John: *Morse Theory.* Princeton University Press, Princeton, NJ, 1963.

[MiT] Milnor, John, and Thurston, William: On iterated maps of the interval. In *Dynamical Systems, College Park, 1986–1987*, Lecture Notes in Mathematics, vol. 1342, pp. 465–563. Springer Verlag, Berlin, New York, 1988.

[Mis1] Misiurewicz, Michał: A short proof of the variational principle for a $\mathbb{Z}_+^n$ action on a compact space. *Astérisque*, **40** (1976), 147–157.

[Mis2] —— : Invariant measures for continuous transformations of [0, 1] with zero topological entropy. In *Ergodic theory, Proceedings, Oberwolfach, Germany 1978*, edited by Manfred Denker and Konrad Jacobs, Lecture Notes in Mathematics, vol. 729, pp. 144–152. Springer Verlag, Berlin, New York, 1979.

[Mis3] —— : Horseshoes for mappings of the interval. *Bull. Acad. Polon. Sci., Ser. Math. Astron. et Phys.* **27** (1979), 167–169.

[MisP] Misiurewicz, Michał, and Przytycki, Feliks: Topological entropy and degree of smooth mappings. *Bull. Acad. Polon. Sci., Ser. Math. Astron. et Phys.* **25** (1977), 573–574.

[MisS] Misiurewicz, Michał, and Szlenk, Wiesław: Entropy of piecewise monotone mappings. *Studia Mathematicae*, **118** (1980), 45–63.

[Mo] Morse, Marston: A fundamental class of geodesics on any closed surface of genus greater than two. *Transactions of the American Mathematical Society*, **26** (1924), 25–60.

[Mos1] Moser, Jürgen K.: On invariant curves of area preserving mappings of an annulus. *Nachrichten der Akademie der Wissenschaften Göttingen, Phys. Kl. IIa*, no. 1 (1962), 1–20.

[Mos2] —— : On the volume element on a manifold. *Transactions of the American Mathematical Society*, **120** (1965), 286–294.

[Mos3] —— : A rapidly convergent iteration method and nonlinear partial differential equations. *Annali della Scuola Norm. Super. de Pisa ser III.* **20** no. 2 (1966), 265–315; no. 3 (1966), 499–535.

[Mos4] —— : Convergent series expansions for quasiperiodic motions. *Mathematische Annalen*, **169** (1967), 136–176.

[Mos5] —— : On a theorem of Anosov. *Journal of Differential Equations*, **5** (1969),

411–440.

[Mos6] —— : *Stable and random motions in dynamical systems (with special emphasis on celestial mechanics).* Princeton University Press, Princeton, NJ, 1973.

[Mu] Munkres, James R.: *Analysis on manifolds.* Addison-Wesley, Reading, MA, 1991.

[N] Nash, John F.: Real algebraic manifolds. *Annals of Mathematics*, **56** (1952), 405–421.

[Ne] Nekhoroshev, Nikolai N.: An exponential estimate of the time of stability of nearly-integrable Hamiltonian systems. *Russian Mathematical Surveys*, **32** (1977), 1–67.

[NS] Nemyckiĭ, Viktor V., and Stepanov, Viacheslav. V.: *Qualitative theory of differential equations.* Princeton University Press Princeton, NJ, 1960. (中译本 (译自俄文版): 涅梅茨基 (B. B. Немыцкий), 斯捷巴诺夫 (B. B. Степанов) 著. 微分方程定性论 (上册) [M]. 王柔怀, 童勤谟译. 北京: 科学出版社, 1956; 涅梅茨基 (B. B. Немыцкий), 斯捷巴诺夫 (B. B. Степанов) 著. 微分方程定性论 (下册) [M]. 王柔怀, 童勤谟译. 北京: 科学出版社, 1959.)

[vN] von Neumann, John: Zur Operatorenmethode in der klassischen Mechanik. *Annals of Mathematics*, **33** no. 3 (1932), 587–642; Zusätze zur Arbeit "Zur Operatorenmethode ···". *Annals of Mathematics*, **33** no. 4 (1932), 789–791.

[New1] Newhouse, Sheldon: On codimension one Anosov diffeomorphisms. *American Journal of Mathematics*, **92** (1970), 761–770.

[New2] —— : Entropy and volume. *Ergodic Theory and Dynamical Systems*, **8*** (Conley Memorial Issue) (1988), 283–300.

[New3] —— : Diffeomorphisms with infinitely many sinks. *Topology*, **13** (1974), 9–18.

[New4] —— : Quasielliptic periodic points in conservative dynamical systems. *American Journal of Mathematics*, **99** (1977), 1061–1087.

[Ni1] Nielsen, Jakob: Über die Minimalzahl der Fixpunkte bei Abbildungstypen der Ringflächen. *Mathematische Annalen*, **82** (1921), 83–93.

[Ni2] —— : Untersuchungen zur Topologie der geschlossenen zweiseitigen Flächen. *Acta Mathematica*, **50** (1927), 189–358; II. **53** (1929), 1–76; III. **58** (1932), 87–167.

[Nit1] Nitecki, Zbigniew: *Differentiable Dynamics.* MIT Press, Cambridge, MA, 1971.

[Nit2] —— : Topological dynamics on the interval. In *Ergodic Theory and Dynamical Systems II, Proceedings Special Year, Maryland 1979–1980*, Progress in Math., vol. 21, pp. 1–73. Birkhäuser, 1982.

[O1] Ornstein, Donald: Bernoulli shifts with the same entropy are isomorphic. *Advances in Mathematics*, **4** no. 3 (1970), 337–352.

[O2] —— : *Ergodic theory, randomness, and dynamical systems.* Yale University

Press, New Haven, CT, 1974.

[ORW] Ornstein, Donald; Rudolph, Daniel; and Weiss, Benjamin: *Equivalence of measure preserving transformations.* Memoirs of the American Mathematical Society, vol. 37, no. 262. American Mathematical Society, Providence, RI, 1982.

[Os] Oseledets, Valeriĭ I.: A multiplicative ergodic theorem. Liapunov characteristic numbers for dynamical systems. *Transactions of the Moscow Mathematical Society*, **19** (1968), 197–221.

[Ox] Oxtoby, John: Ergodic sets. *Bulletin of the American Mathematical Society*, **58** (1952), 116–136.

[OxU] Oxtoby, John, and Ulam, Stanislav: Measure preserving homeomorphisms and metrical transitivity. *Annals of Mathematics*, **42** (1941), 874–920.

[PMe] Palis, Jacob, and de Melo Welington: *Geometric theory of dynamical systems.* Springer Verlag, Berlin, New York, 1982. (中译本: 动力系统几何理论引论 [M]. 金成桴等译. 北京: 科学出版社, 1988; 动态系统的几何理论导引 [M]. 姚勇译. 上海: 上海交通大学出版社, 1986.)

[PT] Palis, Jacob, and Takens, Floris: *Hyperbolicity and sensitive chaotic dynamics at homoclinic bifurcations.* Cambridge University Press, Cambridge, 1993.

[P1] Parry, William: Intrinsic Markov chains. *Transactions of the American Mathematical Society*, **112** (1964), 55–56.

[P2] Parry, William: *Entropy and generators in ergodic theory.* W. A. Benjamin, Inc., New York-Amsterdam, 1969.

[PP] Parry, William, and Pollicott, Mark: *Zeta functions and the periodic orbit structure of hyperbolic dynamics.* Astérisque, vol. 187–188. Société Mathématique de France, Paris, 1990.

[Pe1] Peixoto, Maurizio: On structural stability. *Annals of Mathematics*, **69** (1959), 199–222.

[Pe2] —— : Structural stability on two-dimensional manifolds. *Topology*, **1** (1962), 101–120.

[Per1] Perron, Oskar: Zur Theorie der Matrices. *Mathematische Annalen*, **64** (1906), 248–263.

[Per2] —— : Über Stabilität and asymptotisches Verhalten der Integrale von Differentialgleichungssystemen. *Mathematische Zeitschrift*, **29** no. 1 (1928), 129–160.

[Pes1] Pesin, Yakov B.: Families of invariant manifolds corresponding to nonzero characteristic exponents. *Mathematics of the USSR, Isvestia*, **10** no. 6 (1976), 1261–1305.

[Pes2] —— : Characteristic exponents and smooth ergodic theory. *Russian Mathematical Surveys*, **32** no. 4 (1977), 55–114.

[Pes3] —— : Geodesic flows on closed Riemannian manifolds without focal points.

Mathematics of the USSR, Isvestia, **11** no. 6 (1977), 1195–1228.

[Pet] Petersen, Karl: *Ergodic theory.* Cambridge University Press, Cambridge, 1983.

[Pl] Plante, Joseph: Anosov flows. *American Journal of Mathematics*, **94** (1972), 729–755.

[Ply] Plykin, Roman V.: Sources and sinks for A-diffeomorphisms of surfaces. *Mathematics of the USSR, Sbornik*, **23** (1974), 233–253.

[Po1] Poincaré, Jules Henri: Mémoire sur les courbes définies par les équations différentielles, I. *Journal de Mathématiques Pures et Appliquées, 3. série*, **7** (1881), 375–422; II. **8** (1882), 251–286; III. *4. série*, **1** (1885), 167–244; IV. **2** (1886), 151–217.

[Po2] ——: *Les méthodes nouvelles de la mécanique céleste.* Paris, 1892–1899; English translation: *New methods of celestial mechanics.* Edited by Daniel Goroff. History of Modern Physics and Astronomy, vol. 13. American Institute of Physics, New York, 1993.

[Pol] Pollicott, Mark: *Lectures on ergodic theory and Pesin theory on compact manifolds.* Cambridge University Press, Cambridge, 1993.

[Pu] Pugh, Charles: The closing lemma. *American Journal of Mathematics*, **89** (1967), 956–1009; An improved closing lemma and a general density theorem. *American Journal of Mathematics*, **89** (1967), 1010–1021.

[PuRob] Pugh, Charles, and Robinson, Clark: The C^1 closing lemma, including Hamiltonians. *Ergodic Theory and Dynamical Systems*, **3** (1983), 261–313.

[PuShu] Pugh, Charles, and Shub, Michael: Ergodic attractors. *Transactions of the American Mathematical Society*, **312** no. 1 (1989), 1–54.

[R] Rabinowitz, Paul: Periodic solutions of Hamiltonian systems. *Communications in Pure and Applied Mathematics*, **31** (1978), 157–184.

[Pa] Ratner, Marina: Markov partitions for Anosov flows on n-dimensional manifolds. *Israel Journal of Mathematics*, **15** (1973), 92–114.

[Re] Rees, Mary: A minimal positive entropy homeomorphism of the 2-torus. *Journal of the London Mathematical Society*, **23** (1981), 311–322.

[Ro] Robbin, Joel W.: A structural stability theorem. *Annals of Mathematics*, **94** (1971), 447–493.

[Rob1] Robinson, Clark: Structural stability of C^1 diffeomorphisms. *Journal of Differential Equations*, **22** (1976), 28–73.

[Rob2] ——: *Dynamical systems; stability, symbolic dynamics, and chaos.* CRC Press, Cleveland, OH, 1994.

[Rok1] Rokhlin, Vladimir A.: On the fundamental ideas of measure theory. *Translations of the American Mathematical Society (series 1)*, **10** (1962), 1–54.

[Rok2] ——: New progress in the theory of transformations with invariant measure.

Russian Mathematical Surveys, **15** no. 4 (1960), 1–22.

[Rok3] —— : Lectures on the entropy theory of measure preserving transformations. *Russian Mathematical Surveys*, **22** (1967), 1–52.

[Ru1] Rudolph, Daniel: A characterization of those processes finitarily isomorphic to a Bernoulli shift. In *Ergodic Theory and Dynamical Systems I, Proceedings Special Year, Maryland 1979–1980*, Progress in Math., vol. 21, pp. 1–64. Birkhäuser, 1981.

[Ru2] —— : *Fundamentals of measurable dynamics: Ergodic theory on Lebesgue spaces.* Oxford University Press, New York, 1990.

[Rue1] Ruelle, David: Statistical mechanics on a compact set with $\mathbb{Z}^\nu$ action satisfying expansiveness and specification. *Transactions of the American Mathematical Society*, **185** (1973), 237–253.

[Rue2] —— : A measure associated with Axiom-A attractors. *American Journal of Mathematics*, **98** no. 3 (1976), 619–654.

[Rue3] —— : Zeta functions for expanding maps and Anosov flows. *Inventiones mathematicae*, **34** no. 3 (1976), 231–242.

[Rue4] —— : An inequality for the entropy of differentiable maps. *Boletim da Sociedade Brasileira Matemática*, **9** (1978), 83–87.

[Rue5] —— : *Thermodynamic formalism.* Addison-Wesley, Reading, MA, 1978.

[Rue6] ——: Ergodic theory of differentiable dynamical systems. *Publications Mathématiques de l'Institut des Hautes Études Scientifiques*, **50** (1979), 27–58.

[Rue7] —— : *Elements of differentiable dynamics and bifurcation theory.* Academic Press, New York, 1989.

[Rü] Rüssmann, Helmut: Über invariante Kurven differenzierbarer Abbildungen eines Kreisringes. *Nachrichten der Akademie der Wissenschaften Göttingen, Math. Phys. Kl.* (1970), 67–105.

[SZ] Salamon, Dietmar, and Zehnder, Eduard: KAM theory in configuration space. *Commentarii Mathematici Helvetici*, **64** no. 1 (1989), 84–132.

[S] Satayev, Evgeni A.: On the number of invariant measures for flows on orientable surfaces. *Mathematics of the USSR, Isvestia*, **9** no. 4 (1975), 813–830.

[Sc] Schmidt, Klaus: *Algebraic ideas in ergodic theory.* CBMS Regional Conference Series in Mathematics, vol. 76. American Mathematical Society, Providence, RI, 1990; *Dynamical systems of algebraic origin.* Progress in Math., vol. 128. Birkhäuser, 1995.

[Sch] Schwartz, Arthur J.: A generalization of a Poincaré–Bendixson theorem to closed two-dimensional manifolds. *American Journal of Mathematics*, **85** (1963), 453–458.

[Schw] Schwartzman, Sol: Asymptotic cycles. *Annals of Mathematics*, **66** (1957), 270–284.

[Sh] Shannon, Claude: The mathematical theory of communication. *Bell Systems Technical Journal*, **27** (1948), 379–423, 623–656; Republished, University of Illinois Press, Urbana, IL, 1963.

[Sha] Sharkovskiĭ, Alexander N.: Coexistence of cycles of a continuous map of the line into itself. *Ukrainskiĭ Matematicheskiĭ Zhurnal*, **16** no. 1 (1964), 61–71; English translation: *International Journal of Bifurcation and Chaos in Applied Sciences and Engineering*, **5** no. 5 (1995), 1263–1273; On cycles and structure of a continuous map. *Ukrainskiĭ Matematicheskiĭ Zhurnal*, **17** no. 3 (1965), 104–111.

[Shi] Shil'nikov, Leonid P.: The existence of a countable set of periodic motions in the neighborhood of a homoclinic curve. *Soviet Mathematics, Doklady*, **8** (1967), 102–106.

[Shu1] Shub, Michael: Endomorphisms of compact differentiable manifolds. *American Journal of Mathematics*, **91** (1969), 175–199.

[Shu2] —— : Dynamical systems, filtrations and entropy. *Bulletin of the American Mathematical Society*, **80** no. 1 (1974), 27–41.

[Shu3] —— : *Global stability of dynamical systems.* Springer Verlag, Berlin, New York, 1987.

[ShuS] Shub, Michael, and Sullivan, Dennis: A remark on the Lefschetz fixed point formula for differentiable maps. *Topology*, **13** (1974), 189–191.

[Si] Siegel, Carl Ludwig: Iteration of analytic functions. *Annals of Mathematics*, **43** (1942), 607–612.

[SiM] Siegel, Carl Ludwig, and Moser, Jürgen K.: *Lectures on celestial mechanics.* Springer Verlag, Berlin, New York, 1971.

[Sin1] Sinai, Yakov G.: On weak isomorphism on transformations with invariant measures. *Mathematics of the USSR, Sbornik*, **63** no. 1 (1964), 23–42.

[Sin2] —— : Dynamical systems with countably-multiple Lebesgue spectrum. II. *Izvestija Akademiĭ Nauk SSSR Ser. Mat.* **30** (1966), 15–68; English translation: *Translations of the American Mathematical Society (series 2)*, **68**, 34–88.

[Sin3] —— : Markov partitions and Y-diffeomorphisms. *Functional Analysis and Its Applications*, **2** no. 1 (1968), 64–89.

[Sin4] —— : The construction of Markovian partitions. *Functional Analysis and Its Applications*, **2** no. 3 (1968), 70–80.

[Sin5] —— : Gibbs measures in ergodic theory. *Russian Mathematical Surveys*, **27** (1972), 21–69.

[Sin6] —— : *Introduction to ergodic theory.* Princeton University Press, Princeton,

NJ, 1977.

[Sm1] Smale, Stephen: Stable manifolds for differential equations and diffeomorphisms. *Annali della Scuola Norm. Super. de Pisa ser. III*, **17** (1963), 97–116.

[Sm2] —— : Structurally stable differentiable homeomorphisms with infinitely many periodic points. In *Proceedings of the International Conference on Nonlinear Oscillations*, vol. 2, pp. 365–366. Mathematics Institute of the Ukrainian Academy of Sciences, Kiev, 1963.

[Sm3] —— : Diffeomorphisms with many periodic points. In *Differential and combinatorial topology*, pp. 63–80. Princeton University Press, Princeton, NJ, 1965.

[Sm4] —— : Structurally stable systems are not dense. *American Journal of Mathematics*, **88** no. 2 (1966), 491–496.

[Sm5] —— : Differentiable dynamical systems. *Bulletin of the American Mathematical Society*, **73** (1967), 747–817.

[Sp] Spivak, Michael: *A comprehensive introduction to differential geometry*. Publish or Perish, New York, 1975.

[St] Sternberg, Shlomo: Local contractions and a theorem of Poincaré. *American Journal of Mathematics*, **79** (1957), 809–824; On the structure of local homeomorphisms of Euclidean n-space, II. *American Journal of Mathematics*, **80** (1958), 623–631; The structure of local diffeomorphisms, III. *American Journal of Mathematics*, **81** (1959), 578–604.

[Str] Strogatz, Steven H.: *Nonlinear dynamics and chaos*. Addison–Wesley, Reading, MA, 1994.

[Sz] Szlenk, Wiesław: *An introduction to the theory of smooth dynamical systems*. PWN-Polish Scientific Publishers/Wiley, Warszawa/Chichester, 1984.

[T] Takens, Floris: Homoclinic points in conservative systems. *Inventiones mathematicae*, **18** (1972), 267–292.

[Te] Temam, Roger: *Infinite-dimensional dynamical systems in mechanics and physics*. Springer Verlag, Berlin, New York, 1988.

[To] Toll, Charles: A multiplicative asymptotic for the prime geodesic theorem. Thesis, University of Maryland, 1984.

[V1] Veech, William: Gauss measures for transformations on the space of interval exchange maps. *Annals of Mathematics*, **115** (1982), 201–242.

[V2] Veech, William: The metric theory of interval exchange transformations I: Generic spectral properties. *American Journal of Mathematics*, **106** (1984), 1331–1359; II: Approximation by primitive interval exchanges. 1361–1387; III: The Sah–Arnaud–Fathi invariant. 1389–1422.

[W] Walters, Peter: *An introduction to ergodic theory.* Springer Verlag, Berlin, New York, 1982.

[Wi1] Williams, Robert F.: Classification of one dimensional attractors. In *Global Analysis, Proceedings of Symposia in Pure Mathematics*, vol. 14, pp. 341–361. American Mathematical Society, Providence, RI, 1970.

[Wi2] —— : Classification of subshifts of finite type. *Annals of Mathematics*, **98** (1973), 120–153; Errata. *Annals of Mathematics*, **99** (1974), 380–381.

[Y] Yoccoz, Jean-Christophe: Conjugaison différentiable des difféomorphismes du cercle dont le nombre de rotation vérifie une condition Diophantienne. *Annales scientifiques de l'École Normale Superieure*, **17** (1984), 333–361.

[Yo1] Yomdin, Yosif: A quantitative version of the Kupka-Smale theorem. *Ergodic Theory and Dynamical Systems*, **5** no. 3 (1985), 449–472.

[Yo2] —— : Volume growth and entropy. *Israel Journal of Mathematics*, **57** (1987), 285–300.

[Z] Zimmer, Robert J.: *Ergodic theory and semisimple groups.* Birkhäuser, 1984.

索引

(条目后面的号码为英文原著页码)

A

B

C

D

E

F

G

H

K

L

M

N

P

Q

R

S

T

W

X

Y

Z